国家出版基金项目
NATIONAL PUBLICATION FOUNDATION

"十二五""十三五"国家重点图书出版规划项目

风力发电工程技术丛书

海上风电场设计与运行

Offshore Wind Farms

[马来西亚]Chong Ng，[英]Li Ran　著

《海上风电场设计与运行》翻译组　译

中国水利水电出版社
www.waterpub.com.cn

·北京·

内 容 提 要

　　本书是《风力发电工程技术丛书》之一，主要包括海上风能和海上风电场选址介绍、海上风电机组主要组件和设计、海上风电场并网、海上风电场的安装和运营等内容。

　　本书可作为海上风电的工程技术人员学习、培训用书，也可作为风电工程领域研发人员和高等院校研究人员参考。

This edition of *Offshore Wind Farms* by **Chong Ng，Li Ran** is published by arrangement with ELSEVIER Ltd. of the Boulevard, Langford Lane, Kidlington, Oxford, OX5 1GB, UK.

This translation was undertaken by China Water & Power Press.

This edition is published for sale in China only.

北京市版权局著作权合同登记号为：图字 01－2017－0713

图书在版编目（C I P）数据

　海上风电场设计与运行 ／（马来）吴崇，（英）冉李
著；《海上风电场设计与运行》翻译组译. -- 北京：
中国水利水电出版社，2017.3
　（风力发电工程技术丛书）
　书名原文：Offshore Wind Farms
　ISBN 978-7-5170-5544-0

　Ⅰ．①海… Ⅱ．①吴… ②冉… ③海… Ⅲ．①海上－
风力发电－发电厂－研究 Ⅳ．①TM62

中国版本图书馆CIP数据核字(2017)第126922号

书　　名	风力发电工程技术丛书 **海上风电场设计与运行** HAISHANG FENGDIANCHANG SHEJI YU YUNXING	
作　　者	［马来西亚］Chong Ng（吴崇），［英］Li Ran（冉李）	
译　　者	《海上风电场设计与运行》翻译组	
出版发行	中国水利水电出版社 （北京市海淀区玉渊潭南路1号D座　100038） 网址：www. waterpub. com. cn E - mail：sales@waterpub. com. cn 电话：（010）68367658（营销中心）	
经　　售	北京科水图书销售中心（零售） 电话：（010）88383994、63202643、68545874 全国各地新华书店和相关出版物销售网点	
排　　版	北京万水电子信息有限公司	
印　　刷	北京瑞斯通印务发展有限公司	
规　　格	184mm×260mm　16开本　30.5印张　720千字	
版　　次	2017年3月第1版　2017年3月第1次印刷	
定　　价	**120.00元**	

主要参编单位 （排名不分先后）

河海大学

中国长江三峡集团公司

中国水利水电出版社

水资源高效利用与工程安全国家工程研究中心

水电水利规划设计总院

水利部水利水电规划设计总院

中国能源建设集团有限公司

上海勘测设计研究院有限公司

中国电建集团华东勘测设计研究院有限公司

中国电建集团西北勘测设计研究院有限公司

中国电建集团中南勘测设计研究院有限公司

中国电建集团北京勘测设计研究院有限公司

中国电建集团昆明勘测设计研究院有限公司

中国电建集团成都勘测设计研究院有限公司

长江勘测规划设计研究院

中水珠江规划勘测设计有限公司

内蒙古电力勘测设计院

新疆金风科技股份有限公司

华锐风电科技股份有限公司

中国水利水电第七工程局有限公司

中国能源建设集团广东省电力设计研究院有限公司

中国能源建设集团安徽省电力设计院有限公司

华北电力大学

同济大学

华南理工大学

中国三峡新能源有限公司

华东海上风电省级高新技术企业研究开发中心

浙江运达风电股份有限公司

《海上风电场设计与运行》
翻 译 组

主　　译　蔡国军　杨新奇

翻译人员　巩　磊　徐　彬　李钢慕　李茂果　郭国勇　刘明晨
　　　　　　丁环宇　夏　莲　张　健　陈良勇　王　侠　郭　楼
　　　　　　李付新　吴传侦　房玉昌　黄延东　孙文龙　宋　双
　　　　　　杨　振　张小川　刘作鹏　李　振　高运航

校核人员　张少华　郭长伟　杜雪峰　张新国　李文岭　吕玉善
　　　　　　赵　峰　付贵雨

前　言

自 20 世纪 90 年代早期，全球第一座海上风电场在丹麦投入运行以来，利用更强劲、更稳定的海上风能发电就一直被列入风电产业发展的日程之中。随着陆上风电发展实践所积累的信心和技术的提高，在 2005 年前后，海上风电产业开始迅猛发展。海上风电成为一个新的焦点，欧洲则一直是海上风电领域发展的引领者。

海上风电场因基础设施建设、施工、安装和风电机组并网难度高，因此海上风电场费用通常高于陆上风电场。但海上风电场比陆上风电场的平均风速更高，稳定性也更高。这在某种程度上会弥补海上风电场建设产生的额外费用。

本书主要介绍了海上风能和海上风电场选址介绍、海上风电机组主要组件和设计、海上风电场并网、海上风电场的安装和运营等内容，可作为海上风电的工程技术人员学习、培训用书，也可作为风电工程领域研发人员和高等院校研究人员参考。全书共包含 20 章。第 1 章简要介绍海上风能与争议问题；第 2 章介绍海上风电场建设和运行的经济学研究；第 3 章介绍海上风电场风资源的特点与未来趋势；第 4 章介绍测量海上风况的遥感技术；第 5 章和第 6 章分别讨论转子叶片、制作材质以及风电机组的一些重量最大的部件；第 7 章介绍海上风电机组齿轮箱设计及传动系动力学分析；第 8 章介绍海上风电机组发电机的设计；第 9 章介绍电力电子部件建模；第 10 章介绍海上风电机组塔架的设计；第 11 章介绍漂浮式海上风电机组的设计；第 12 章介绍海上风电场阵列；第 13 章介绍连接海上风电机组和陆上设施的电缆的安装、保护及海底电缆的特性；第 14 章介绍海上风电机组与陆上电网的并网；第 15 章介绍海上风电场储能；第 16 章介绍水电的灵活性与输电网络拓展以支持海上风电的并网；第 17 章介绍海上风电场的装配、运输、安装和调试；第 18 章和第 19 章分别介绍海上风电机组的状态监控和海上风电场的健康和安全；第 20 章介绍海上风电机组基础分析和设计及未来展望和研究需要。

本书由中国电建集团核电工程公司新能源分公司组织翻译，翻译过程中参阅了国内外大量优秀的风电技术资料，同时得到相关单位的大力支持，译者在此表示由衷的感谢！

由于译者水平有限，书中难免会有不妥和疏漏之处，敬请读者给予批评指正。

译者

2017 年 3 月

目　录

第三部分 海上风电场并网

第一部分

海上风能和海上风电场选址介绍

第 1 章　海　上　风　能　介　绍

C. Ng

海上可再生能源开发中心，诺森伯兰郡，英国（Offshore Renewable Energy Cata-pult，Northumberland，United Kingdom）

L. Ran

华威大学，考文垂，英国（University of Warwick，Coventry，United Kingdom）

1.1　风　　　能

几千年前，人类就开启了采用风车的形式来利用风能的历史。在现代社会，风力发电是一种利用风能产生电能的技术过程。风力发电机组（本书可简称为风电机组）用来将风能转化为机械能，然后再通过风力发电机转化为电能。

自 20 世纪 90 年代早期，全球第一座海上风电场在丹麦投入运行以来，利用更强劲、更稳定的海上风能发电就一直被列入风电产业发展的日程之中。

随着陆上风电发展实践所积累的信心和技术的提高，可以看到，在 2005 年前后，海上风电产业开始迅猛发展，其总装机容量每 2～4 年便翻 1 倍。图 1.1 是欧洲风能协会（EWEA）所做的分析图，图中分析了自 1993 年起，欧洲的海上风电装机容量。基于《全球风能》（Global Wind）2014 年统计，全球 90% 以上的海上风电装机容量都位于欧洲海

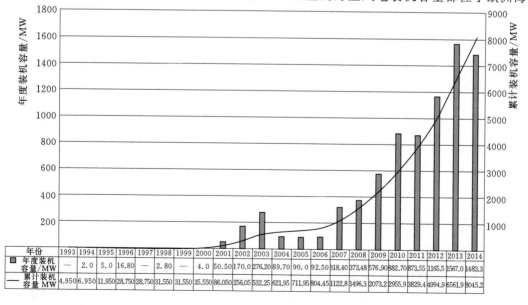

年份	1993	1994	1995	1996	1997	1998	1999	2000	2001	2002	2003	2004	2005	2006	2007	2008	2009	2010	2011	2012	2013	2014
▢ 年度装机容量/MW	—	2.0	5.0	16.80	—	2.80	—	4.0	50.50	170.0	276.20	89.70	90.0	92.50	318.40	373.48	576.90	882.70	873.55	1165.5	1567.0	1483.3
— 累计装机容量/MW	4.950	6.950	11.950	28.750	28.750	31.550	31.550	35.550	86.050	256.05	532.25	621.95	711.95	804.45	1122.8	1496.3	2073.2	2955.9	3829.4	4994.9	6561.9	8045.2

图 1.1　海上风能装机容量的年度数据和累计数据

域，分布在北海（63.3%）、大西洋（22.5%）和波罗的海（14.2%）。目前，英国占欧洲海上风能装机总量的一半以上，其累计装机容量达到 4494MW。欧洲国家之外的其他国家也都制定了积极进取的计划，以推动其风能产业发展。因此，海上风能成为一个新的焦点。在 2014 年，中国顺势成为仅次于英国和德国的全球第三大风能年度装机容量市场。

1.2　海上风电场

简单来说，海上风电发展可以分为两个阶段：风电场阶段和风电机组阶段。在风电场阶段，各个风力发电机所发的电通过一条各阵列间的连接线汇集起来，输送到一个或几个海上风电场变电站。所发的电采用交流电（AC）或直流电（DC）的形式，通过海底输电线路，输送到陆上。该海底输电线路有时会由多条连接线路组成，目的是提高其可用性和安全性。

早期的海上风电场多建在距离海岸 10km 以内、水深不到 20m 的地方。随着此类区域逐步用完，新的海上风电场已移至离岸更远、水深更深的区域。例如，全球在建的最大风电场之一，英国的道格海岸（Dogger Bank）风电场，建在距离海岸 100km 以上的海面上，目前，选址最长的离岸距离为 260km。通常来说，建设离岸更远的、更大的风电场能够取得更高的能源获得率，以及更高的经济回报。

未来，在海上风电开发中，扩大风电场规模，增加风电场的离岸距离，都将是不可避免的。为了降低对浅水水域的依赖，利用更远、更深的海上水域的风能，已经提议采用漂浮式风电机组。而且，在过去几年间，漂浮式风电机组也取得了较好的发展和突破。漂浮式风电机组技术尽管在近几年取得了跨越式发展，但仍然存在诸多问题，例如负载应力降低、设计边际计算、运行稳定性等。这些问题都有待解决，以实现漂浮式风力发电机组实用性。

1.3　能　量　成　本

众所周知，可再生能源发电业的成功很大程度上取决于单位电量成本（LCOE）。图 1.2 为 2015 年海上再生能源（ORE）设施的评估结果，该结果显示了海上风电的单位电量成本下降趋势：项目建成成本从 2010—2011 年的 136 英镑/（MW·h）降低到 2012—2014 年的 131 英镑/（MW·h）。2012—2014 年的最终投资决策项目的单位电量成本预计为 121 英镑/（MW·h）。

各种效率，包括设计效率、系统效率和运营效率以及系统的可用性（取决于其子系统的稳定性），是关于海上风电成本论证的关键因素，也是本书重点讨论的问题。与其他参数相比，在各项影响到能源成本指标中，风电场的年度可用性和运营及维护费用（OPEX）是最易测量的绩效指标。除了投入资本高之外，与陆上风电相比，海上风电的运营及维护费用也较高。海上风电设施生命周期的运营及维护费用接近于其投入资本的 90%。与大型的机械式链传动组件（如齿轮箱和轴承）不同，在电力电子系统领域，如电力变频器、电力调节器等领域，为了克服其系统脆弱属性，保持系统的高可用性，其设计原则通常都是通过采用容易更换的子系统，将系统进行模块化。在许多陆上项目，如不需要更换主要系统的现场维修项目，这一概念常常很有效。不过，对于海上项目来说，由于海上物流费用极其高昂，而且船期高度依赖于天气状况，电力电子系统的任何需要人工复位或组件更换的中断性故障，都会产生重大影响，很可能产生诸如机械部件故障等重大影响，对风电场的运行维护方面经费的使用造成重大影响。

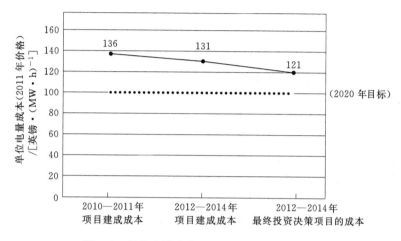

图 1.2　单位电量成本（LCOE）量化评估汇总

近几年，有大量英国和欧洲大陆资助的研究项目进行系统鲁棒性改进，健康状况监控和生命周期预测方法论等研究，目的是提高风电机组的整体可用性。在海上更深水域建设风电站，可能会进一步增加运营及维护费用。

1.4　风　电　机　组

目前，逆风水平轴向、高速齿传动双馈电感应发电机（DFIG），中速齿传动永磁同步发电机（PMSG）和低速直驱式永磁同步发电机（PMSG）是海上风电行业采用的三种主要风力发电机配置形式。绝大多数 4MW 以下的海上风电机组都还在采用 DFIG 式配置。目前的发展趋势是采用功率更大的混合型中速发电机。过去两年间也有一些大型厂商宣布，将在不久的将来，开发和部署大型直驱式 PMSG 型风力发电机。

正如本书第 2 章中详细分析的那样，在风电行业内，规模是取得经济效益的最重要因素。风电场规模持续增加，同时，海上风电行业也在推广和使用更大装机容量的风电机组以提高投资回报。不过，这样的风电机组也给其子结构或子部件带来技术方面的挑战，例如转子叶片、塔架设计和基础设计。本书在第 5 章和第 6 章中分别讨论了转子叶片、制作材质以及风电机组的一些重量最大的部件。这两章还解决了如何提高质量密度和可靠性的问题，并讨论如何设计更大装机容量的风电机组，以适应未来海上风电行业的发展。

增大风力发电机组的尺寸和机头质量将会对塔架及其基础产生直接影响。这个问题，以及严酷的海上环境、海风及海浪抵御能力，都将在第 10 章和第 19 章中予以讨论，这些问题也给海上风电机组的开发者们在设计上带来了新的挑战。

1.5 争 议 问 题

未来，在更远海域发展更大的风电场，所面临的挑战之一即将单台风电机组所发的电高效地汇集起来，再将其输送到陆上。为了搜集比道格海岸（Dogger Bank）风电场（1.2GW）规模还大的风电场的电，分布广泛的风电机组需要数倍的二次搜集平台，以减小电缆长度。在过去1～2年间，阵列间操作采用较高的汇流电压进行，例如，采用66kV AC 电压等级替代目前的 33kV AC 电压等级一直是讨论的焦点。一项英国碳信托基金资助的研究表明，只要通过将阵列间电压从 33kV 升高到 66kV，就能够节省1.5%的能源成本。另一方面，大量的研发人员和生产商建议，采用多终端 HVDC（高压直流）作为海上风电产业的较长期解决方案。

鉴于海上风电业未来发展中的不确定性，目前许多方面的实践，如规划、设计、部署和运行等还需要进一步论证。本书大部分章节都有关于影响目前实践的各种因素，以及未来可能发生变化的各种因素的讨论。

缩 略 语

AC	Alternative Current	交流电
CAPEX	Capital Expenditure	投入资本
DC	Direct Current	直流电
DFIG	Doubly Fed Induction Generators	双馈式感应发电机
EWEA	European Wind Energy Association	欧洲风能协会
EWEC	European Wind Energy Conference	欧洲风能会议
FID	Final Investment Decision	最终投资决策
GWEC	Global Wind Energy Council	全球风能委员会
HVDC	High Voltage Direct Current	高压直流
LCOE	Levelised Cost of Energy	单位电量成本
OPEX	Operation and Maintenance Expenditure	运营及维护费用
ORE	Offshore Renewable Energy	海上再生能源
PMSG	Permanent Magnet Synchronous Generators	永磁式同步发电机

参 考 文 献

［1］ European Wind Energy Association (EWEA). The European Offshore Wind Industry – Key Trends and Statistics 2014，January 2015.

［2］ Global Wind Energy Council (GWEC). Global Wind Report – Annual Market Update 2014，March 2015.

［3］ O. R. E. Catapult. Cost Reduction Monitoring Framework – Summary Report to the Offshore Wind Programme Board，February 2015.

［4］ A. Ferguson，P. D. Villiers，B. Fitzgerald，J. Matthiesen. Benefits in moving the inter – array voltage from 33 kV to 66 kV AC for large offshore wind farms，in：European Wind Energy Conference (EWEC)，April 2012. Copenhagen.

第 2 章　海上风电场建设和运行的经济学研究

P. E. Morthorst，L. Kitzing

丹麦科技大学，丹麦罗斯基勒（Technical University of Denmark，Roskilde，Denmark）

2.1　引　言

2.1.1　海上风电前景展望

海上风电发展前景光明，在欧洲尤其如此。根据欧盟成员国制定的国家再生能源分配方案（NREAP），到 2020 年，欧盟海上风电总装机容量预计将达到 43GW。不过，在现实中，风电的发展远未达到这么快的速度。到 2014 年年底，全球海上风电总装机容量为 8759MW，其中绝大部分都在欧洲（8045MW，占全球总量的 91%）。如果要达到 NREAP 的 2020 年目标，还有很长的路要走。面对这一现实，欧洲风能协会（EWEA）最近下调了其 2020 年预期，将电预期从实现 NREAP 的 2020 年目标下调到非常低的水平，即 2020 年海上风电装机容量在 19.5~7.8GW 之间。为达到这一水平，要求海上风电装机容量的年增长率要在 20%~27% 之间，这一增长水平非常接近于近几年的增长率，如 2012 年的增长率为 33%，2013 年的增长率为 31%，2014 年的增长率为 23%。

2.1.2　海上风电的发展

在许多国家，海上风电机组在风电发展方面正发挥越来越大作用，欧洲西北地区尤为如此。毫无疑问，主要原因是陆上选址数量有限，而且，这些选址的使用，在某种程度上，也会遭到当地居民的反对。与陆上选址相比，海上风电机组的产能大大高于陆上风电机组，这一点为大力发展海上风电做好了准备。

对于陆上风电来说，风况是衡量单位电量成本的最重要因素。一般来说，海上风况的特点与陆上风况相比，其平均风速更高，稳定性也更高。在丹麦 Horns Reef 风电场，测量到每年可利用风速时段的时长为 4200h 以上（按正常风况年调整）。因此，假如利用率接近 50%，这就相当于许多小规模的传统型发电厂产能的总和。对于大多数海上风电场来说，预计其年利用时间都超过 3000h，大大高于陆上风电。因此，这在某种程度上弥补了海上风电场建设产生的额外费用。

图 2.1 中，2014 年海上风电产能累计与发展的数据清楚说明了推动海上风电发展的几个国家：2014 年，英国海上风电的新增产能占总量的 47%，其次为德国（31%）、中国（13%）和比利时（8%）。未来几年，英国看起来仍能保持其领先位置，因为英国有许多

新的海上风电场正在建设，或处于规划阶段。

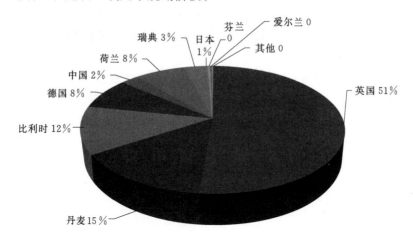

(a)截至 2014 年年底风电总装机容量分布

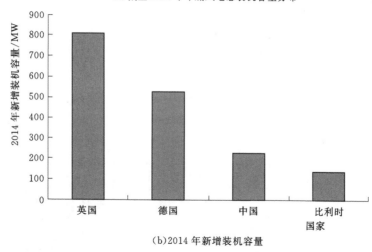

(b)2014 年新增装机容量

图 2.1 海上风电发展

虽然中国的海上风电也在快速发展，中国也确实拥有发展海上风电的巨大潜力，但是中国的海上风电发展还没有达到英国的发展速度。2014 年，中国海上风电装机容量为 214MW，总量达到 658MW。

2.2 投 资 成 本

2.2.1 投资成本的发展变化

海上风电场是资本密集型产业。海上风电场的前期投资约占整个生命周期总投资的 75%，与其他发电技术相比，其比例非常高。通常来说，传统发电厂的投资成本约占能源成本的 40%。从单位兆瓦投资来看，海上风电的单位投资也比陆上风电投资大约高 50%。

海上风电较高的投资费用是因为安装塔架需要更大的结构和更复杂的物流运输。海上风电场的基础建设、施工、安装和并网费用都大大高于陆上风电场。通常来说，海上风电机组的费用要比陆上风电机组高 20％，其塔架和基础的价格也是同等规模的陆上风电机组的 2.5 倍以上。

如图 2.2（a）❶ 所示，虽然风电场规模大大提升，产生规模经济效应，但是，总的来说，海上风电场的单位电量投资费用（×10⁶ 欧元/MW）却一直在上涨。产生这个问题的主要原因是，距离海岸越来越远，海水深度也越来越大。而且，在 21 世纪 90 年代后期，发生了供给端瓶颈和配件价格上涨问题。总的来说，海上风电场的单位投资费用的降低速度，并不与前述的建设陆上风电场的成本下降的速度一样。

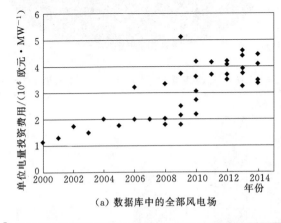

（a）数据库中的全部风电场

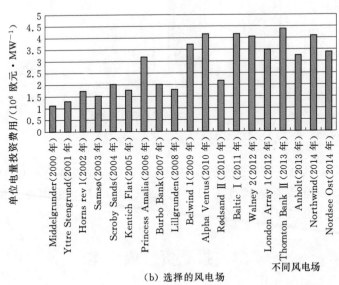

（b）选择的风电场

图 2.2　欧洲海上风电场单位投资费用

---

❶　本章在分析中采用了来自 Risø DTU、KPMG 和 4C 公司的数据，这些全面的数据库涵盖了欧洲 45 个大型海上风电场数据。数据库包含了全部大型海上风电场，这些风电场在 2013 年的产能占全球海上风电产能的 96％。因此，它们代表了欧洲的海上风电总产能。

另外，值得一提的是，一些国家的海上风电单位电量投资成本远低于其他国家，如图 2.3 所示。比利时的海上风电单位电量投资费用最高，其次为德国和荷兰。以前，瑞典❶ 的海上风电单位电量投资费用最低，然后是丹麦。不同国家间的成本差异可能是由风电场的年限、风电机组的规格、海水深度和离岸距离引起的。

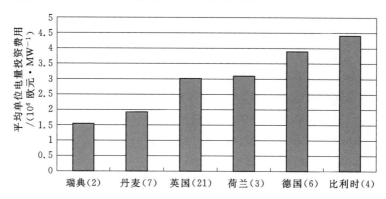

图 2.3 按国家分类的平均单位投资费用
（括号中数据为数据库中该国的代表性风电场数）

2.2.2 投资成本分解为成本要素

海上风电场的投资成本通常分解为几个成本要素，包括风电机组、基础和电缆等。表 2.1 说明了成本分类方法及包含的要素。

表 2.1 投资成本分解为多个成本要素

成本要素	成本细目样例
研发和项目管理	设计费、管理费、审核费、咨询费
风电机组	塔架、转子叶片、转子轮毂、转子轴承、主轴、主机架、齿轮箱、发电机、偏航系统、变桨系统、功率换流器、变压器、制动系统、机舱罩、电缆
基础	基础、过渡联结件
电气安装（海上）（包括装置找平衡）	汇流系统，集成系统、海上变电站。传输系统、无功补偿系统、电力设备、导出电缆（去海岸的主电缆）
并网（陆上）	陆上专用电缆、绝缘子、陆上电网运行人员监控的控制柜
安装（风电机组、基础、电缆和电气设备）	运输成本、船舶租金、劳动力成本
财务	融资、银行费用、债券
其他	服务、保险和其他管理费用

风电机组是海上风电项目中最昂贵部分，占全部投资成本的 $40\%\sim60\%$，风电机组的叶片和塔架约占风电机组总成本的 50%。通常来说，安装是风电机组之外最大的成本项目，约占项目总成本的 1/4。不过，成本细分中通常看不出来安装成本，因为安装成本

---

❶ 数据库中提供了瑞典两个风电场的数据，其中一个规模非常小。因此，瑞典数据可能没有代表性。

通常是分别作为风电机组成本、基础成本和电缆成本整体中的组成部分出现的。第三大成本是基础，约占投资成本的 20%。

总体上，投资总成本中，大约 1/3 为劳动力成本，1/3 为材料成本，剩余 1/3 为服务、保险和其他管理费用。材料成本中，主要材料为玻璃纤维、钢材、铁与铜，这些占到风电机组材料成本的 90%。

当然，不同风电场间成本元素的分解差异很大。不过为了更清楚地说明这些成本要素在总成本中的比重，这里举了两个例子：丹麦 Horns Reef Ⅰ 和 Rødsand Ⅰ 两个风电场的数据；以及瑞典 Lillgrunden 海上风电场。

Horns Reef Ⅰ 风电场于 2002 年竣工，位于加特兰德（Jutland），即埃斯比约（Esbjerg）西部西海岸约 18km 处，配备 80×2MW 风电机组，总装机容量 160MW。Rødsand Ⅰ 风电场于 2003 年竣工，位于罗兰德岛（Lolland）南部，距离海岸约 11km，配备 72×2.3MW 风电机组，总装机容量 165MW。两个风电场均在现场设有各自的变电站，通过输电电缆并入海陆上的高压电网。风电场在陆上控制站进行操作，不需要人员在海上风电场现场工作。

Lillgrunden 海上风电场位于连接哥本哈根和马尔默的 Øresund 桥的南部，距离瑞典的海岸大约 8km，配备 48×2.3MW 风电机组，总装机容量为 110MW。表 2.2 列出了这些风电场的相关平均投资成本，并分解为主要的成本要素。

表 2.2　三个海上风电场单位兆瓦平均投资成本（主要成本要素分解）

项　目	Horns Reef Ⅰ 和 Rødsand Ⅰ		Lillgrunden	
	投资/(10^3 欧元·MW^{-1})	占比/%	投资/(10^3 欧元·MW^{-1})	占比/%
风电机组成本价，包括运输和安装	872	49	1074	57
变电站和到海岸的主电缆	289	16	244	13
风电机组间内部电网	91	5	—	—
基础	375	21	361	19
设计、项目管理	107	6	60	3
环境分析检测等	54	3	—	—
其他承包商	—	—	80	4
其他事项	11	<1	54	3
合计	1799	约为 100	1873	约为 100

注：表中为 2007 年价格。Horns Reef Ⅰ 和 Rødsand Ⅰ 重新核算为 2007 年价格，汇率 1 欧元＝7.45 丹麦克朗＝9.31 瑞典克朗。

丹麦的这两个海上风电场中，其每个风电场的总成本都接近 2.6 亿欧元，而瑞典这个风电场的成本大约为 2.15 亿欧元。

与陆上风电场相比，成本结构的主要差别与下述两个因素相关：

（1）海上风电场基础费用要高很多。基础费用取决于海水深度和选用的构建原则。对于传统型陆上风电场来说❶，其基础占总费用的比例为 5%～9%。对于上述三个项目的平

---

❶　在 Horns Reef Ⅰ 风电场，采用的是单桩基础形式；而在 Rødsand Ⅰ 风电场，风电机组安装在各自的混凝土基础上。

均值来说，这一比例为 20%（表 2.2），因此，海上项目比陆上项目的基础费用要昂贵许多。

（2）变电站和海上输电电缆。与陆上选址相比，各风电机组与位于中心的变电站之间的电缆接线，以及从变电站到海岸之间的电缆接线，产生了额外的费用。就 Horns Reef Ⅰ、Rødsand Ⅰ和 Lillgrunden 风电场来说，连接变电站与海底输电线路的平均成本比重占 13%～16%之间（表 2.2）。对于与各风电机组之间的内部电网接线，Horns Reef Ⅰ和 Rødsand Ⅰ风电场中，这一比例较小，仅占 5%。

2.3 运 行 费 用

运行与维护费用（运维费）仅次于投资费用，构成了海上风电场总成本的很大一部分。因此，在风电机组整个生命周期内，运维费很容易就占到了单位电量成本的 25%～30%。如果是新装风电机组，这一比例可能只是 20%～25%；但是，在风电机组生命周期的后期，这一比例可能至少会升高到 30%～35%。因此，运维费正获得更多的关注。制造商试图通过创新风电机组设计，使风电机组定期维修更少和停机时间更短，来大大降低这些成本。对于海上风电机组来说，更少的定期维修和更短的停机时间尤为重要。工况监控也是一种正在研发的技术，可以将其融入已有设计和创新设计。

海上运行与维护费用与下面几个成本要素相关，包括保险、定期维护、维修、备件、进入平台和风电机组、行政管理。

对于海上风电场来说，一些运维成本很难估算。由于现场维护受天气限制，并且海上风电机组距离较远，因此，与陆上电场相比，人工相关成本可能会高得多，也更加不可预测。而且，对于陆上风电机组来说，可以签署标准的、长期保险和定期维护合同，但是对于海上风力发电机来说，情况就不同了。另外，维修和相关的备件费用也常常难以预计。随着风电机组使用年限的增加，各种成本要素都趋于增加，风电机组使用年限对维修和备件的成本影响非常大，这些成本开始时较低，随着时间推移而增加。

过去，生命周期内运维费平准化成本估算范围是 15～49 欧元/（MW•h）。表 2.3 列出了相关文献中的几种不同估算值。需要指出的是，一些早期风电场进行的一系列必要的、昂贵的革新改造使得现有的海上风电场运维数据有些失真。通过保修期和政治性早期服务协议定价的方式，其中也包含了一些无形成本。

表 2.3 海上风电场运维费估算（价格按 2012 年欧元实时价格）

项 目	运维费/［欧元•（MW•h）$^{-1}$］
风电场运行费用（2002—2009 年欧盟）	18
丹麦技术数据目录	19
德国项目	27
欧洲海上风电场	25～49

具体的运维费主要取决于风电场与海岸之间的距离，这一点影响着维修人员的场所和运送方法，这些都是需要考虑的重大的健康和安全问题。对于距港口 50km 以上的距离，

海上维护作业理念会比陆上维护作业理念更加有效。

因此，对于所讨论的海上风电场来说，其运维费将会是非常具体性的，其平均成本估算的不确定性非常高，使用时应予以注意。

2.4　海上风电场的主要经济驱动因素

如上所述，海上风电场的成本可大致分为资本支出和运维支出。其他费用，例如燃料费用和 CO_2 排放处理费用，可能成为化石燃料发电厂的主要成本，海上风电场不会产生这些费用。在这方面，海上风电场（和其他无燃料技术）的经济情况与化石燃料发电厂的经济情况有着根本性的不同。

为了使不同的能源转化技术具有可比性，通常采用单位电量成本（LCOE）这一指标进行衡量。这样，项目生命周期中，某种技术的各种不同成本要素都被合并到一个简单的衡量单位［如欧元/（MW·h）］中。不过，LCOE 通常不包括将海上风电（或其他技术）引入电网系统的全部价格。将风电并入整个能源系统还包含其他费用，主要受到平衡需求和电网基础设施两个方面的控制。最后，海上风电还会对电力销售市场产生降价效应。

从项目开发商方面来说，海上风电的经济情况受到几个不同的成本因素的影响。内部因素包括项目规模、项目选址（水深和离岸距离）、风电机组设计、组件的生命周期、规划和审批等。这些因素主要受到海上风电开发商技术或管理方式的影响。外部因素包括财务费用、汇率、商品价格和支持方案。这些因素主要受外部发展情况和参与者的影响，如会受到政策制定者的影响。

在一项对英国 2005—2010 年大规模涨价的研究中发现，主要的涨价因素依次为（按影响大小降序排列）：①材料、商品、劳动力价格；②汇率变动；③由于供应链紧张、市场情况和工程情况，风电机组价格上涨（除因材料成本上涨之外的上涨）；④选址的水深和离岸距离的增加；⑤供应链限制（船舶和港口方面）；⑥规划和审批拖延。

2.4.1　项目规模

单个项目的规模具有很大的重要性，因为一些成本要素（很大程度上）不取决于规模。因此，其他条件相同的情况下，风电场规模越大，单位投资费用（$\times 10^6$ 欧元/MW）越低。规模经济能够大幅降低海上风电场的总成本。

一直以来，欧洲商业性海上风电场的规模大幅增加。在 21 世纪前十年中，其项目平均规模为 88MW（项目规模范围为 10～209MW），过去五年，项目规模急剧增大。图 2.4 说明了这一点。2010—2014 年，欧洲海上风电场的平均装机容量为 244MW，项目规模范围从 48～630MW，后者为 London Array 1 风电场，于 2013 年竣工，当时是欧洲最大的风电场，也是全球最大的海上风电场。

回归分析被用来估算规模的经济效应。单位投资费用（$\times 10^6$ 欧元/MW）作为因变量，装机容量、离岸距离、水深和一个虚拟量❶作为解释变量，估算出来的规模经济效应

---

❶　这是一个对数方程，为处理风电机组供货条件的变化问题，此虚拟量一直用到 2009 年。

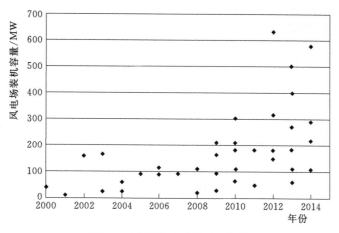

图 2.4 欧洲风电场的项目规模

约为 -0.08，说明风电场装机容量增长 10%，其成本则降低 0.8%。不过，这个装机容量系数几乎没有意义，因此，此估算结果非常不确定。

2.4.2 风电机组装机容量

单台风电机组规模是海上风电经济性的关键因素。过去，风电成本降低主要来自于风电机组装机容量的扩大。

迄今，欧洲商用海上风电场中，风电机组的装机容量为 $2.0\sim6.5MW$。图 2.5 以时间范围的形式说明了风电机组的装机容量。丹麦和英国的首批海上风电场采用的都是西门子或维斯塔斯生产的 $2\sim3MW$ 级别的风电机组。2009 年之后，比利时的 Thornton Bank 项目，德国的 Alpha Ventus 和 Nordsee Ost 项目才首次采用了更大装机容量的风电机组，比利时项目的装机容量是 5MW，德国项目的装机容量是 6.15MW（都采用的是 Repower 风电机组）。

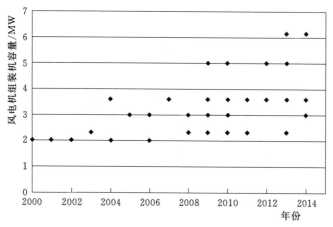

图 2.5 欧洲海上风电场风电机组的装机容量

更大的风电场项目通常采用装机容量更大的风电机组，对于这种经济影响，尚未专门估算其价值。

2.4.3　项目生命周期

海上风况波动没有陆上风况波动剧烈。因此，海上风电机组通常能保证在海上现场使用 25～30 年。而且，由于海上施工安装费高昂，可能会延长项目的生命周期。截至目前，还没涉及现有海上风电的场改造增容问题。

2.4.4　离岸距离与水深

目前，欧洲大部分商业性海上风电场安装在距离海岸 20km 以内、水深不超过 20m 的区域。欧洲 45 座大型商业性风电场的平均离岸距离为 18.8km，平均水深为 15.0m。目前运行的风电场中，BARD Offore 1 风电场与众不同，其离岸距离为 90km，水深为 40m。图 2.6 说明了所有欧洲海上风电场的这两个参数的发展变化情况。

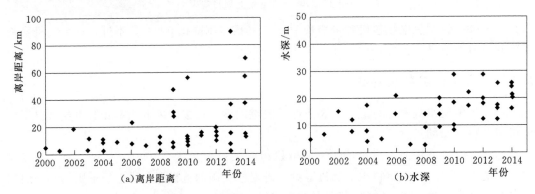

图 2.6　欧洲海上风电场的离岸距离和水深

离岸距离和水深影响投资成本和运维成本。图 2.7 说明了它们与投资成本的关系。

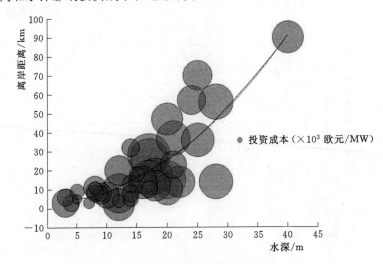

图 2.7　欧洲风电场的离岸距离、水深和单位投资费用之间的关系

图 2.7 说明了离岸距离和水深这两个方面是相互联系的。通常来说，离岸越远海水越深，成本也越高。该图还用圆圈的大小来说明单位兆瓦装机容量需要的单位投资费用。

离岸距离的增大主要影响安装成本和并网成本。因为从港口到现场的交通时间更长，更恶劣天气条件使得安装更困难，造成天气停工时间，海上作业停滞，安装成本通常占20%～30%。因为输出电缆长度增加，并网成本也增加。输出电缆成本（包括安装）估算为（0.5～1）×10^6 欧元/km，与距离呈线性关系。

水深增加主要影响基础成本。在浅水区，基础成本（包括安装）估算为（1.5～2）×10^6 欧元/MW。随着水深增加，基础成本呈指数级增加。

采用回归分析法，研究发现离岸距离与水深这两个变量之间有重大关系。这二者的系数都约为0.1，表明水深或离岸距离每增加10%，单位投资费用都会增加1%。总体来说，水深系数最具决定作用，因为该系数在统计上意义显著。不过，由于这两个变量之间的多重共线性关系，不可能将二者分开。

采用数据库进行简单的计算，就能得出表2.4结果，结果显示：由于离岸距离和水深的增加，成本增加非常明显。注意，由于这些计算的部分特性，几个其他参数也会影响计算结果，所以，不能只把较大的差异与离岸距离及水深联系起来。因为同样原因，也不能将这些数值与上述的统计分析结果进行直接比较。

表 2.4　欧洲风电场的单位投资费用（取决于离岸距离和水深）

内　　容		单位投资费用/(10^6 欧元·MW^{-1})
总体情况	平均值	3.0
	最小值	1.1
	最大值	5.1
离岸距离	0～10km	2.4
	11～20km	3.3
	>20km	3.8
水深	0～10m	2.2
	11～20m	3.2
	>20m	3.7

2.5　单位电量成本

单位千瓦时发电的总成本（单位成本）是通过把风电机组整个生命周期的投资和运维费进行贴现和单位化处理，然后除以年发电量计算得出，称之为单位电量成本。因此，LCOE 是作为风电机组生命周期的平均成本计算的。实践中，在风电机组服务初期，由于运维费低，实际成本会低于计算出的平均成本，随着风电机组使用时间增加而增长。对于单位电量成本来说，风电机组发电量是最重要的单一因素。风电场的盈利能力很大程度上取决于其是否处在风况很好的位置。

海上风电场的成本比陆上风电场成本高许多。不过，因为海上风速更高，海上风电场风电机组的发电量（利用率）更高，这在某种程度上缓和了其高成本的压力。对于陆上风电场来说，设备利用时间每年为2000～2300h；而海上风电场每年的设备利用时间通常为3000h 或更长。

例如，图 2.8❶ 中显示，算出的单位千瓦时发电成本是所选风电场风况的函数，对风

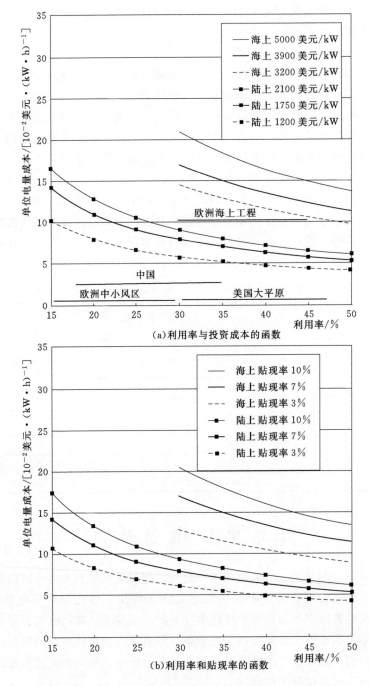

图 2.8　2009 年估算的海上和陆上风能的单位电量成本

---

❶　图 2.8 中，利用率用于描述风况。利用率为每年的满负荷小时数除以每年的小时数（8760h）。满负荷小时数为风力发电机平均年产能除以其额定功率。利用率越高（相应地满负荷小时数也越高），该风电场风力发电机的发电量也就越大。

电机组投资成本和所使用的贴现率都进行敏感性分析。敏感性分析涉及的海上风电场的投资成本的范围从 3200 美元/kW 到 5000 美元/kW，采用的折现率为 7% p. a.。折现率敏感性分析的范围是从 3% p. a. 到 10% p. a.，采用的平均投资成本为 3900 美元/kW。

如图 2.8 所示，LCOE 的变化很大程度上取决于利用率，也就是选址的风况如何。对于投资成本为 3900 美元/kW 的海上标准风电场来说，其成本波动范围是：平均风速风电场（利用率为 35%）的成本约为 15×10^{-2} 美元/(kW·h) [13.5 欧元/(kW·h)]，良好风速风电场（利用率为 50%）的成本约为 $(11 \sim 12) \times 10^{-2}$ 美元/(kW·h) [$(10 \sim 11) \times 10^{-2}$ 欧元/(kW·h)]。丹麦 Horns Reef Ⅰ风电场的利用率为 50%。投资成本敏感性分析表明，投资范围在 3200~5000 美元/kW 意味着 LCOE 的范围从大约 13×10^{-2} 美元/(kW·h) [11.5×10^{-2} 欧元/(kW·h)] 到大约 18×10^{-2} 美元/(kW·h) [16×10^{-2} 欧元/(kW·h)]。贴现率水平也会产生重大影响，利用率为 35% 的情况下，将贴现率从 3% p. a. 提高到 10% p. a.，则 LCOE 从大约 12×10^{-2} 美元/(kW·h) [10.5×10^{-2} 欧元/(kW·h)] 上升到接近 18×10^{-2} 美元/(kW·h) [16×10^{-2} 欧元/(kW·h)]。

如图 2.8 所示，海上风电场的发电成本大大超过陆上风电场的发电成本。在状况良好的陆上地区，陆上风电场的发电成本大约为 $(6 \sim 7) \times 10^{-2}$ 美元/(kW·h) [$(5 \sim 6) \times 10^{-2}$ 欧元/(kW·h)]。在欧洲海岸，此类地区主要分布在英国、爱尔兰、法国、丹麦和挪威。

上述成本估算中，未包括平衡各风电机组发电量的成本。一般情况，由风电场业主承担这些成本。根据丹麦以往的经验，平衡所需成本大约相当于 3.5×10^{-2} 美元/(kW·h) [3×10^{-2} 欧元/(kW·h)]。另外，平衡成本具有很大的不确定性，不同国家间的平衡成本的差异可能会很大。

上述成本是作为单一国家经济数据进行计算的，因此，这些成本不同于私人投资者的计算。私人投资的财务成本更高，而且要求风险溢价和利润。私人投资者还要在此简单成本计算中增加多少数额，除了其他因素之外，取决于对建立海上风电场技术风险和政治风险的认识，以及生产商和开发商之间的竞争情况。

2.6 未来海上风电的成本

尽管未来的成本很难预测，并且之前关于 20 世纪 90 年代到 21 世纪初期成本降低的预测已经反转为事实上的成本上涨，海上风电产业仍然前景乐观，预计今后十年间，其成本会大幅降低：对欧洲海上风电产业 200 位高管进行的一项调查表明，预计到 2023 年，该产业的投资成本平均会降低 23%。2013 年 "EWEA Offshore" 论坛的几个演讲声称，海上风电产业的目标是到 2020 年降低 40% 的成本。一项关于德国海上风电行业的研究得出结论，在市场条件最优的情况下，今后十年间，平准化成本最高降幅可达 39%。

未来，海上风电供应链成本降低的最重要因素是规模经济效应、更高产能的风电机组和技术创新。此外，物流基础建设的改善，如供应链地理集中度更高、船只提速，也都会在降低成本方面发挥作用。

所有这些因素都会降低不同成本要素的成本。例如，各投资成本要素中，三个最主要的投资成本要素（风电机组、安装、基础）也拥有最高的成本降低潜力，短期来说，这三个要素都各有 5%～7% 的降低潜力。风电机组成本将主要通过规模经济效应、更高产能等其他因素来降低。前文中，我们提到了欧洲海上风电场风电机组规模的发展情况，其中最大的装机容量为 6.15MW（截至 2014 年）。不久的将来，我们有望在欧洲水域看到 8MW，甚至 10MW 的风电机组。另外，海上风电领域还可能出现更激烈的竞争。在安装成本方面，预计仅采用某种更高效的安装工艺一项，就能使海上风电场总投资成本降低 1.65%。而且，更大的项目和更高的产能将有助于单位兆瓦装机成本的降低。通过规模经济效应、更高产能的风力发电机、技术创新和标准化的基础设计，也有望降低基础成本。此外，整体设计优化也有助于总成本最低化。例如，最近开发的夹套式基础，可以在 12h 内安装完毕，而单桩基础，通常需要长达 5 天的安装时间。因此，基础设计也能大大影响安装成本。投资成本在较长时间段的降低途径，则是采用 HVDC（高压直流）连接到陆上或并入陆上电网，这一方法能使多个海上风电场同时获益。

　　在运维方面，运维成本降低和性能优化潜力有望来自三个主要因素：可靠性、可维护性和运行管理。海上风电场的可靠性有望在高级状态监控和故障避免方面得到提高。例如，提高可维护性的方法可能包括采用自升式塔架，使维修工作最小化。运营管理方面的改善可能包括基于工况的维护和工作安排。由于海上风电场运维成本个性化程度非常高，很难在总体上对成本降低的潜力进行量化。

2.7　结　　论

　　对海上风电开发的期望很高，在欧洲尤其如此。预计到 2020 年，欧盟海上风电总装机容量将达到 43GW。目前，海上风电开发主要由几个国家掌控，大部分位于西欧。不过，截至目前，风电发展尚未达到这么快的速度，其主要原因仍是高居不下的成本。

　　海上风电业是资本密集型产业。海上风电的前期投资约占整个生命周期总投资的 75%，与其他发电技术相比，其比例非常高。通常来说，常规发电厂的投资成本约占能源成本的 40%。从单位兆瓦投资来看，海上风电的单位投资也比陆上风电投资大约高 50%。海上风电较高的投资费用是因为安装塔架需要更复杂的物流运输和安装。海上风电场的基础建设、施工、安装和并网费用都大大高于陆上风电场。不过，对 LCOE（单位电量成本）研究表明，海上风电场风电机组的发电量更高，这在某种程度上缓和了其高成本的压力。对于利用率为 35% 的海上标准风电场来说，LCOE 的范围从大约 13×10^{-2} 美元/(kW·h)［11.5×10^{-2} 欧元/(kW·h)］到大约 18×10^{-2} 美元/(kW·h)［16×10^{-2} 欧元/(kW·h)］。与此相比，利用率为 25% 的标准的陆上风电场，其 LCOE 的范围从大约 7×10^{-2} 美元/(kW·h)［6×10^{-2} 欧元/(kW·h)］到大约 11×10^{-2} 美元/(kW·h)［10×10^{-2} 欧元/(kW·h)］。因此，海上风电要在经济上具有竞争力，还有很长的路要走。

　　不过，海上风电成本看起来还有很大的降低潜力，如何最好地发挥这一潜力至关重要。

缩　略　语

CAPEX	Capital Expenditure　投入资本
DTU	Technical University of Denmark　丹麦技术大学
EEA	Electrical and Electronics Abstracts　电气与电子文摘
EWEA	European Wind Energy Association　欧洲风能协会
GWEC	Global Wind Energy Council　全球风能委员会
NREAP	National Renewable Energy Allocation Plans　国家再生能源分配方案
RAB	Radio Advertising Bureau　广播广告局
UKERC	UK Energy Research Centre　英国能源研究中心

参 考 文 献

［1］ DEA，2014. Technology Data for Energy Plants Generation of Electricity and District Heating，Energy Storage and Energy Carrier Generation and Conversion，May 2012 – Certain Updates Made October 2013 and January 2014. Danish Energy Agency and Energinet. dk.

［2］ EEA，2009. Europe's Onshore and Offshore Wind Energy Potential，an Assessment of Environmental and Economic Constraints. Technical report，No 6/2009. ISSN：1725 – 2237. European Environment Agency，EEA.

［3］ Green，R.，Vasilakos，N.，2011. The economics of offshore wind. Energy Policy 39，496 – 502. GWEC，2015. Global Wind Report. Annual Market Update 2014. Global Wind Energy Council，Brussels，Belgium.

［4］ Hobohm，J.，Krampe，L.，Peter，F.，Gerken，A.，Heinrich，P.，Richter，M.，2013. Cost Reduction Potentials of Offshore Wind Power in Germany. Short Version（Report Commissioned by the German Offshore Wind Energy Foundation，Fichtner and Prognos：Berlin and Stuttgart，Germany）.

［5］ IRENA，June 2012. 'Wind Power'，Renewable Energy Technologies：Cost Analysis Series，IRENA Working Paper. In：Volume 1：Power Sector，Issue 5/5. International Renewable Energy Agency.

［6］ Krohn，S.，Morthorst，P. E.，Awerbuch，S.，2009. The Economics of Wind Energy：A Report by the European Wind Energy Association. European Wind Energy Association EWEA，Brussels.

［7］ KPMG，2010. Offshore Wind in Europe：2010 Market Report. KPMG AG，Advisory，Energy & Natural Resources.

［8］ Morthorst，P. E.，Auer，H.，Garrad，A.，Blanco，I.，2009. Wind Energy the Facts. Part III：The Economics of Wind Power. European Wind Energy Association，Routledge，Taylor & Francis Group.

［9］ Ports，P. D.，2014. Offshore Wind Project Cost Outlook. 2014 Edition. Publisher：Clean Energy Pipeline，VB/Research Ltd，London，UK.

［10］ RAB，2010. Value Breakdown for the Offshore Wind Sector. Report Commissioned by the Renewables Advisory Board. RAB（2010）0365.

［11］ UKERC，2010. Great Expectations：The Cost of Offshore Wind in UK Waters – Understanding the Past and Projecting the Future. A report by the Technology and Policy Assessment Function of the UK Energy Research Centre，ISBN 1903144094.

［12］ Wiser，R.，Yang，Z.，Hand，M.，Hohmeyer，O.，Infield，D.，Jensen，P. H.，Nikolaev，V.，O'Malley，M.，Sinden，G.，Zervos，A.，2012. Wind energy. In：Edenhofer，et al. （Eds.），Renewable Energy Sources and Climate Change Mitigation，Chapter 7，pp. 535 – 607.

第3章 海上风电场的风资源：特点与评估

B. H. Bailey

AWS Truepower LLC 公司，奥尔巴尼，纽约，美国（AWS Truepower LLC，Albany，NY，United States）

3.1 风资源评估的关键事项

风资源是海上风电场在其规划生命周期内，必须可靠掌握的环境因素之一。风资源评估，是通过测量和建模描述大气环境特点，从而解决风电场开发、建设和运行阶段提出的诸多问题的过程。这些问题与项目选址、能源生产潜力、风电机组适用性及布局、工厂平衡设计、选址的可到达性及其他项目元素相关。

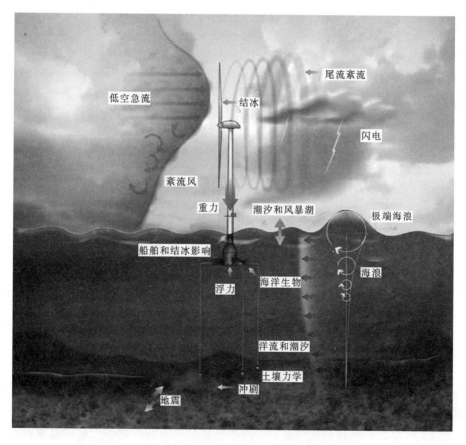

低空急流

结冰

尾流紊流

闪电

紊流风

重力

潮汐和风暴潮

极端海浪

船舶和结冰影响

浮力

海洋生物

海浪

洋流和潮汐

土壤力学

地震

冲刷

图 3.1 影响漂浮式海上风电场的各种海洋气象因素

气温、降雨量、湿度、气压和其他空气变量是风力资源评估中的不可或缺的要素。他们影响风力资源中的可用风能，以及风电机组获取和转化此风能的效率。海浪、洋流、海水表面温度及其他海水相关参数也都是影响参数。他们不但会对风电场基础和船舶施加大的负荷力，而且还会直接影响风电场上空大气的性质。根本上来说，关于风电场的物理设计和运行环境设计研究必须以整体性方式进行，因为气象因素和海洋学因素之间是相互作用的。例如，恶劣暴风雨时，会同时出现极端风力和极端海浪，这些就定义了风电场设计参照的极限数据。图3.1列出了许多海上风电场必须应对的海洋气象与大气因素。

海上资源描述中，最难表述的就是海洋环境本身。物理测量在物流方面困难大、费用高，因此物理测量点也相对分散。为弥补物理测量的不足，重点应放在采用气象卫星和气象预测数据模型，对许多海洋活动进行海洋环境描述。虽然气象卫星和气象预测数据模型对航海业和商业性捕捞业等专门用途很有效，但是，对于风能方面的应用，这些数据更是定性数据，而非定量性数据。其原因是，大多数测量仪器只关注于海洋表面或海洋表面上下几米的范围，并不测量大型风电机组相关的大气层（至少在海平面以上150m）。而且，因为风电机组固定在海底或流动基础之上，对于这个水柱的测量也很重要，而观测网络中通常不测量此水柱。

3.2　海上风资源环境的性质

与陆地环境相比，露天海洋环境最明显的特点是表面糙度低、地形变化少。具体有几个好处：更大的横向均质性使风力更强；风速因高度变化而产生的变化更小（如风剪力）以及紊流更小。表面粗糙度长度为大约0.001m，代表了海平面海浪较小。与此相比较，大多数覆盖植被地表根据其不同的植被类型和高度，其粗糙度长度为0.03~1.0m。表面粗糙度长度显示了表面粗糙度要素的堆积效应，其数值大约为这些要素高度的1/10。

在具体的IEC运行条件下，海上风电场采用的电力法则风剪力指数为0.14，极端情况下的较低值为0.11。实践中，风剪力随大气条件变化而变化，在北海和西太平洋地区，观测到的风剪力平均值为0.06~0.16之间。陆地上风剪力平均值要高许多，通常在0.14~0.30之间。紊流强度（TI），即风速样本与记录的风速平均值之间的标准偏差，在海上环境中观测到的平均值范围通常在0.05~0.10之间。强风引起的大浪会增大表面粗糙度，表面粗糙度又反过来增加紊流强度。海上的紊流强度值是地上紊流强度值的2倍。

临近海岸线和岛屿的地方，陆地对海上风况的影响越来越大，影响的方式也越来越多。当风中包含有海风时，就会在海上大气边界层（MABL）里产生一个过渡区，它能向海洋方向延伸几千米或几十千米。这个过渡区也称为内部边界层，它在陆—水界面处开始，陆地造成的剪力和紊流在其顺风方向上扩散，直至最终混为一体（图3.2）。与海岸平行的，长距离吹来的风，尤其是包含有高地形吹来的风可以加以渠化，形成海岸障碍射流区，也就是一个较高风速区，没有海岸时也能形成风。岛屿间的水流趋于汇集风力，并产生更高的风速；而由于阻碍效应，岛屿的上风口和下风口则风力更小。

水面和大气层之间明显的气温差别是海洋环境的重要特点之一。这种差别影响了海上大气边界层（MABL）的稳定性或垂直混合趋势。当暖空气在冷水上空移动时，这种情况

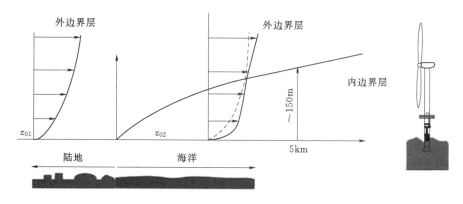

图 3.2 风从陆地吹向海洋时，形成的内部边界层图示

经常出现在北半球中纬度春季和夏季，MABL 的下层就变得温度稳定或浮力较低。产生的混合压力造成来自近地表的上层风分层减弱。海面起雾和形成云层都是这种天气的征兆。这种情况也会造成低空气流区的形成，也就是 MABL 上层中风速相对较高的区域。稳定层的厚度取决于形成稳定层的天气状况的持续时间、风区及其他因素，与风电机组的高度类似。因此，稳定气候情况下，有时候稳定气候一次可以持续数天或数星期，风力发电机转子会经受较高的风剪力。如果测量到的风资源数值不够高，不能达到整个转子平面（海面上空 150～200m），就检测不到这些高风剪力情况。

同样的气候条件会引起海风环流，区域压力梯度弱的情况下尤其如此（图 3.3）。这通常在受高压气流影响、天空相对晴朗的情况下发生。这种天气下，沿海陆地强烈的太阳热能引起陆地表层空气上升，临近水域上空的空气流向陆地，替代上升气流，几个小时之内，就会形成环流，流向更远的内陆，同时从更远的海上吸进空气。这种现象在几个小时内，通常从半下午到傍晚的时候，就能够将来自海岸的风速增大到 40km，更远海面的平静区也会形成这种环流。随着暮色降临，陆地开始冷却，海风减弱。在夜里，形成相反但较弱的循环，称为陆风环流。半永久性百慕大高压是一个著名的夏季气象，它能够在美国

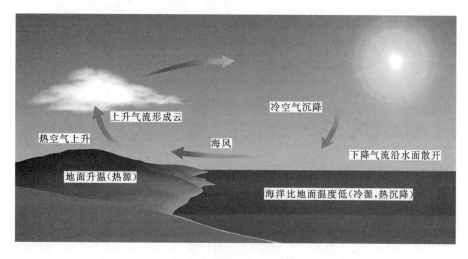

图 3.3 海风循环示意图

东部形成频繁的海风环流。当白天空调负荷最高时，同时出现强烈的海风循环，这对于该地区发展海上风电是很有吸引力的。

在（北半球）秋季和冬季，风温与水温相反是常有的事，寒冷的风在温暖的水上吹过。这种情况在较低的 MABL 处，会产生不稳定情况，云层堆积增强，气流垂直混合（热对流）频繁。气流垂直混合也会使 MABL 内部更加均匀化，这一点通过相对较低的风剪力可以得到证明。较小的空气和水之间的温差会形成近似于中性的稳定性，通常来说，与稳定气候和不稳定气候相比，这种情况发生得最频繁。

因为水热容量高，与陆地上空的边界层相比，MABL 的性质随时间变化较慢。陆地表面在一昼夜间迅速升温和冷却，造成稳定性和风剪力随昼夜情况剧烈变化。

强风暴为海岸环境带来极端风浪条件。两种主要的风暴类型分别是热带气旋和温带气旋。热带气旋为非锋面、暖芯风暴，通过释放聚合的潜热，生成其能量。热带气旋在温暖水域上空生成，因此，在向两极移动的过程中，会呈现出温带的特点（图 3.4）。当持续风速达到 33m/s 或以上时，根据其不同的生成的地点，强热带气旋分为飓风、台风或龙卷风。在大西洋和东北太平洋生成的强热带气旋称为飓风，在西北太平洋生成的强热带气旋称为台风，在南太平洋和印度洋生成的则称为龙卷风。夏季和初秋季节，海洋温度最高，热带气旋也最为频发。

图 3.4　2012 年 10 月 28 日飓风桑迪（后发展为温带风暴）
向北移动的卫星图像

温带气旋，包括美国东海岸生成的东北风暴，是冷芯锋面型气旋，通过不同气团之间的温度差生成其能量，可在陆地或水面上空形成。风速最大时，可达到飓风强度级别。温带气旋的半径通常比热带气旋的半径更大，来自风暴中心的强风吹得更远。与热带气旋相比，温带气旋发生的频率更高，而且从仲秋到仲春都一直盛行。因为温带气旋含有更冷的空气，所以也会带来更多降雨类型，当形成冰冻时，会在风电机组的叶片上积聚。

3.3　重　要　数　据　参　数

海上风电场的声规划和设计取决于对现场海洋气候环境的全面了解。海洋气候环境由一系列随时间空间变化的大气和海洋条件组成。这些条件的属性，包括风电场生命周期中可能遇到的极端情况，都必须事先解决，以保证风电场能够长期、可靠地提供能源并具有风暴抗毁性。用于定义大气和海洋条件的数据参数可以分为三类，即风和其他气象变量、海水和海床相关的变量以及共同特征。一些参数可以直接测量得到，而其他参数由一个或多个观测值推导得出。

本节中的参数反映了来自国际领先的标准指南、行业最优实践文档、风电机组制造商适用性形式和其他行业实践的建议。不过，在参数测量和建模工具、分析方法和时间范围方面，这些资料来源之间存有不同之处。

3.3.1　风与其他气象变量

在大气层内部，水平风速和风向的测量至关重要，尤其是在风电机组轮毂最高点的测量，最理想的是在风电机组的多个高点测量，如风力发电机转子高度范围区域的多个高点。在不同高度下，风速、风向的不同分别会造成风剪力和风转向。标准的风测量方案所采用取样率为 1~2s，每间隔 10min 做一次记录值/平均值统计。每个平均间隔内采样速度的标准偏差除以同一间隔的平均速度，得出紊流强度（TI），这也是一个推导出来的参数。极端风况的数据是从取样数据中推导出来的；采用统计方法，如 Gumbel 广义极值法，用于给定出现周期（通常为 50 年一遇、100 年一遇）出现的极值估算。

其他重要的大气直接测量值包括气温、大气压力和相对湿度。这三个数值用于确定空气密度，空气密度直接影响风电机组的性能；因此，应在风电机组轮毂的最高点测量这些数值。不过，如果无法在风电机组轮毂的最高点测量，可以使用简单假设进行高度调节。相对湿度和温度也会对材质和涂层产生侵蚀影响。在确定风电机组超出其安全运行和正常极限数据的概率方面，气温也是其参数之一。温度纵剖图可用于估算大气的热稳定性，也可用于估算海平面及其上面覆盖的空气之间的温度增量。

对于无法在轮毂顶部观测风和其他气象变量的情况，可采用外推法调整其他高度位置的数值。例如，可采用对数风剖面假设或采用适用剪力指数下的功率法则，将测量的风速调整到轮毂高度处的风速。这两种外推法对于大气稳定性的要求都很高，在近似中性稳定性条件下，得出的结果最可靠。为了将外推法相关的不确定性最小化，测量应尽可能地接近期望的高度位置。

其他影响风电场及其运行的天气变量还包括：降水、太阳辐射、闪电和能见度。降水包括多种形式，如降雨、冰冻、冰雹、降雪等。降水会影响风电机组的性能，如叶轮积冰。太阳辐射数据可用于估算叶片损耗率，确定辅助电源规模，也可以用作某些大气稳定性分类的基本数据。闪电的频次和特征数据可用于估算损伤和停机风险。能见性数据与风电场导航标识要求相关，可用于评估海岸观测视觉影响，也用于支持负责电场建设和运营的船只的运行。

表 3.1 列出了建议测量和推导的气象数据参数。大多数非风气象参数的采样记录频次都与风气象数据的采样记录频次相同。云层—地面闪电统计数据可从官办或民办的检测网络得到。政府气象办公室可提供飓风/台风/气旋的统计数据。

表 3.1　建议的气象数据参数

测量的气象数据	推导的气象数据
多个高度位置的水平风速	风速分布和标准偏差
多个高度位置的风向	紊流强度
垂直风速	风剪力
偏流（轴偏流）	极限风值
大气压力	极限变风向相关风
相对湿度	风向分布（风向图）
温度	风转向
闪电（云层—地面闪电）	空气密度
降水	热稳定性
太阳辐射	飓风/台风/气旋分类频率
能见度	

3.3.2　海水和海床的相关变量

海浪、洋流和水位构成了首要的水文地理参数。波谱图描述短期的海浪特征，用于确定各种海浪频率或方向情况下，海浪所包含的海浪能。这些参数是通过大浪高度、海浪周期和海浪方向的观测数据推导出来的。海浪陡度和破碎波是特殊参数，主要影响海浪对基础冲击性。长期性海浪气候研究通常是通过将某处观测到的数据，代入一个分布函数（如 Rayleigh、Weibull 或 Gumbel）进行推导。极值统计计算，可采用观测到的参数测量值和经验公式，或将观测值代入分布模型，并基于给定参考周期内观测到的事件频率，预计极值再次出现的次数。

不同高度水柱内部产生的洋流也表示为洋流剖面图。洋流剖面图由风生成的近水面洋流，潮汐波动引发的水面下洋流、大规模循环或密度梯度，以及近岸洋流组成。水位及其范围由天文上的潮汐波动及风暴潮形成，二者在某地同时发生会引起该地最大范围的水位波动。

其他与海水相关的变量包括水温、密度、盐度、电导率和结冰。由于水流量原因，影响海水密度的参数，如盐度和温度，也影响着结构性负载。此外，寒冷气候条件下，海水结冰和冰的物理属性也会大大影响结构性负载。

侵蚀潜力可以通过对水的化学性、水污染情况和盐度的观测进行估算。如果已知或假设水中溶解盐的比例，可以通过所测的水电导率的值来评估水的盐度。除了通过海洋生物影响结构性荷载特点之外，水温也影响侵蚀率。

风暴潮和海冰属性估算来自海洋表面观察。关于其他此处所列的参数，对水柱整体的全面观察，对于精确测量各开发点的气象条件至关重要。

表 3.2 汇总了与海上风电场建设相关的建议测量的海洋数据参数。

表 3.2　建议的海洋数据参数

测量的气象数据	推导的气象数据
海浪高度	大海浪高度
主要海浪期限	频谱
平均海浪速度	风暴潮
海浪方向和方向谱	水密度
多个高度位置的洋流	地震和海啸风险
静水位	
潮汐数据	
海床移动	
温度	
盐度	
电导率	
冰厚度（和其他属性）	
水深测量	
土壤类型	
阵雨	

3.3.3　共同特征

各种并发型气象与大气的参数组合推进了设计负荷分析过程，以及风电场风电机组布局和能源生产过程。需要进行风—气象、风—水和水—水气象这几种组合的分析。例如，一种设计负荷条件可以评估大海浪高度和高风速并发时的情况。另一种设计负荷条件可评估风和浪的方向不同时的疲劳负载。风电场的布局极大地受风速—风向频率分布的共同影响，风电场的布局是为了减少因涡区造成的损失，而最优化地安排和布置风电机组。风电机组的输出是风速、空气密度和紊流强度这三个参数的函数。

表 3.3 列出了相关的气象与大气联合参数。期望的参数、参数的应用以及现有的测量和建模技术可能会随时间推移而推广，因此，必须及时了解海上风电行业的发展和新的数据需求。

值得注意的是，表 3.1～表 3.3 中的许多参数经常被用于各种参考、推荐使用和应

表 3.3　建议的联合数据参数
联合分布
风方向—浪方向
风向—风速
重要的浪高—峰值时期—按浪方向
风形成的海流—风速
浪高—风速

用。不过，测量、计算和/或分析的手段会发生重大变化。设计标准和指导原则提供了一些一致意见或行业最佳实践，它们为某些参数提供了相应的程序。不过，这些参考文件之间，在程序和要求上也存在不同之处，而且，许多文件并不能平等地处理所有参数。例如，一些气象参数因为与设计相关而被提出来，但是却没有说明如何搜集、分析或解释这些参数。在其他情况下，某些气象与大气数据参数的特点，如相应的测量频率、回归期和探测方法等，都会受到项目选址和应用的影响。

3.4　观　测　方　法

由于严峻的海洋环境，以及需要合适的平台进行可靠观测，海上风况的测量提出种种特殊的挑战。历史上，锚定气象浮标一直是海上现场风测量的主要方式（图 3.5）。锚定气象浮标通常由政府机构运行维护，出于航海、海上搜救和科研的目的，报告风、浪和其他气象与大气情况。不过，锚定气象浮标的分布相对分散，风测量高度有限（通常为海面上空 3～5m），这些都限制了它们在海上资源评估方面的价值，因为风力发电机轮毂高度大约为 100m。

移动船舶采集的气象数据是海洋数据的又一来源。这些数据被传送至国家各气象服务机构，这也是全球气象组织自愿观测船（VOS）项目（www.vos.noaa.gov）部分之一。目前，有大约 4000 艘船舶参与此项目，接近于 20 世纪 80 年代中期项目高峰时期船舶数量的一半。采集的数据主要集中于北大西洋和北太平洋的主要船舶航线。船舶风况观测的质量可疑度很高，因为观测数据来自于目测的蒲福风级海况数据，以及观测到的风对船上物体的影响，或是风速测定法，但该方法受船舶上层结构的影响很大。

石油钻井平台是海上风况数据的另一来源，不过，它们只集中于世界的某些区域，如北海和墨西哥湾。仅有一小部分石油钻井平台进行了连续的风况测量，而且研究显示，由于平台对风区的扭曲作用，测量质量大打折扣。因此，钻井平台的数据应当谨慎采用。

3.4.1　卫星

自 20 世纪 80 年代晚期，专业气象卫星就一直提供海洋表面风况的信息。这些大都是极地轨道卫星，采用微波传感器，通过探测微波辐射量或小海浪的反射量，获得地表风况运行数据。因为风是这些小海浪的主要成因，把微波观测数据与表面风况关联起来的方法已经研究出来。气象浮标一直被用作主要的对比标准，从中可以得出观测风况与微波测量数据之间的统计关系。

探测海洋风况的卫星，主要使用三种类型的传感器。

（1）无源微波无线电辐射仪。其可以测量从海洋表面发射出来的不同的微波频率。这种辐射仪的空间分辨率大约为 25km，在这一距离内，由于陆地下降影响，它很难解决海

图 3.5　国家数据中心圆盘浮标位于美国佐治亚州沿岸海域

岸或岛屿风况测量问题。SSM/I 是第一颗这种型号的卫星，由美国航空航天局（NASA）于 1987 年发射，自那时起，另外还发射了几颗这种卫星。其他此种类型的卫星包括 TMI、AMSR－E 和 WindSAT。

（2）散射仪。它是另一种类型的传感器，它在地表发射微波脉冲，然后使用常规天线接收返回信号。它的分辨率也大约为 25km，这也限制了它在海岸线和岛屿附近的使用。使用散射仪的卫星包括 Quick SCAT/Sea Winds 和 ASCAT/METOP－1。

（3）合成孔径雷达（SAR，Synthetic Aperture Radar），可以主动发射和接受脉冲除了对表面风况的探测，这项技术也用来进行波浪测量、漏油检测等。相比于其他传感器，SAR 有更精细的分辨率（通常为 25m），因此可以观察近海风况。缺点是观察视野略狭窄，提供的覆盖面面积较少。使用 SAR 的卫星包括：RADARSAT－1、ERS－2/SAR、ALOS 和 RADARSAT－2。

各种方式下，卫星得出的海平面上方 10m 处的风速估算值精度为 1～2m/s。在估算轮毂高度处的风速时，外推法显示接近 100m 的高度时，风速出现很大的不确定性。还应指出，任何一个特定区域的卫星成像频次通常被限定到每天两次或更低。这种频次不能提供每日风况属性的详细信息。一般来说，在海上风能方面，卫星信息首要用于一次能源选址和显示区域风速。

3.4.2　测量方法

显然，上述关于海风测量现有方法说明，它们都不适于描述意向海上风电项目的风况特点。因此，这些知识数据库应视为项目选址帮助、一次能源生产估算和区域风向建模方面的指南。对开发新项目来说，针对海上风电项目需求和方位进行新的测量方面的投资是一个前提条件。

对于测量意向海上项目选址处的具体风况，建立目标明确的气象塔是首要的方法。最常见的设计是自支持式晶格型和锥管型设计（图3.6）。这些结构的目标是提供安全、稳定平台，从这个平台上，可以获取一年或多年的风、海洋和气象数据。气象塔的下部是牢牢固定到海床上的基础部分。除了许多传感器和安装支架外，气象塔还必须装配其他设施：电源（包括电池储能）、数据记录和通信设备、航空障碍警示照明、航海辅助设施、码头停泊设施、生物监控系统以及人员安全设施。整个气象塔系统必须按照抵抗飓风级强风、极端海浪和洋流及冰负荷设计。结构钢的腐蚀问题以及基础设计中潜在的侵蚀问题都必须予以解决。

(a)FINO3 平台 100m 晶格型气象塔　　　　(b)Cape Wind(海岬风)平台 60m 锥管型气象塔

图 3.6　气象塔常见设计

目前，还没有出台海上风况测量必须采用的国际标准，但是行业最佳实践鼓励采用高冗余和高鲁棒性传感器，以保证采集到可靠的数据。例如，建议在每个测量高度采用三种风力测定法，而不是采用两种路基测量方法，目的是达到期望目标——90％或更高的风力回收。这是因为当需要维护时，海上环境更恶劣，更难到达现场。海上气象塔也更大，因此，也更易产生风向扭曲问题。从气象塔各面伸展出的传感器，能够帮助检测风向扭曲，并进行后续修正。IEC 61400 - 12 - 1 标准建议，将风力传感器安装在气象塔支架上，以将扭曲效应最小化。根据塔的体积大小不同，这些支架应至少向外伸出 3～6 个塔身宽度。

虽然陆上风电项目风况测量方案采用多个气象塔，大多数海上项目最多也只会投资建设一个气象塔。最主要的原因是海上建塔费用高昂（根据选址和其他因素，1000 万美元上下 50％浮动），大约比常见陆基塔高两倍。另一个原因是，在海上建设多个塔的需求比地面建多个塔要小得多，因为意向项目海域内的地形和表面平整性很均匀。在实践中，通常就在风电场外面建设一个气象塔，位于拟建风电机组阵列周边的上风口。把塔建在这个位置，即使在风电机组阵列安装调试完毕后，这个塔还能继续提供有用的观测数据。采用数字建模法对气象塔在整个项目区域的观测条件进行推断。

海上建塔的高成本，以及在大约 40m 以上水深海域建塔受限，为选择其他测量方法提供了可能。首选的备选方法是风廓线雷达，它可以安装在固定的或移动的平台上；有时也采用声雷达，但声雷达仅适用于固定平台。在固定平台（如矮塔或自升式平台），对于同样的风况观测，遥感测量获得的数据与附近高塔获得数据显示了高度的可比性与相关性。这些技术可以通过对塔顶风的采样观测，例如对穿过涡轮转子翼展上部风的测量，作为塔基测量的补充。

除非能使用现有的固定平台，不然的话，投资建一个新的平台安装激光雷达或声雷达可能会非常昂贵。目前，安装在浮标上的漂浮激光雷达（图 3.7）商业上可行，并且也显示出测量高处风况的能力，而且能达到与高塔测量相同的精度。不过，在海上风电业完全接受漂浮激光雷达作为高塔测量替代品之前，还需要关于长期测量可靠性的更广泛的验证。只依赖激光雷达数据的缺点是，除非在同一地址部署一个以上的激光雷达，否则的话，没有后备测量系统将成为一个操作问题。而且，激光雷达不能测量温度情况，而高塔则很容易测量温度。

测量时间至少为 1 年整，2 年或 2 年以上更好，测量需要了解各个季节的风级、风变率和其他风况。与风电项目 20 年以上的寿命相比，这个期限相对较短，并不足以代表长期风况。测量相关预测（MCP）法通常用于在现场观测的基础上，得出风况的长期气候条件。MCP 法将现场的风观测结果与同一地区优质的、长期参照的同步数据关联起来，例如沿岸气象台数据或模型生成的再分析电网数据。然后，将两者之间已经建立的关系（如回归方程）应用于参照历史记录，预测项目选址处的长期平均风况特点。当然，这种方法是假设了过去情况是未来情况的可靠的指标数据。这种假设通常来说是可靠的，对于相关性良好的区域，假设的不确定率约为 2％，在这些区域，参照气象站的风况数据记录至少持续了 10 年。

由于缺乏现代海上风电机组轮毂高度处或接近轮毂高度处的风速测量数据，造成了风速估算方面极大的不确定性。大多数公开性的海上风况数据，都是由浮标采集的 5m 或 5m 高度以下的风速，也就是风速表高度的数据。卫星推导得出的海洋风况估算值能达到 10m 高度处的风速。图 3.8 描述了轮毂高度处风速估算值的较宽的范围，通过使用一系列

图 3.7　安装在浮标上的漂浮雷达样例

幂律风剪力指数，从已知的海面上空 5m 处的风速值，推导出海面上空 120m 处的风速值。这个 5m 处的风速值是 6.7m/s，该值是在 2013 年北大西洋的一个浮标观测到的年度平均值；在 80m 处的风速则在 7.5～11m/s 之间波动。平均风剪力指数表述了一系列海上环境代表性的指标值：

（1）0.05：极端风暴情况，如"东北风暴"。

（2）0.08：平均年度海上风况低端情况。

（3）0.11：IEC 明确的海上风力发电机的极端条件。

（4）0.14：IEC 明确的海上风力发电机的运行条件。

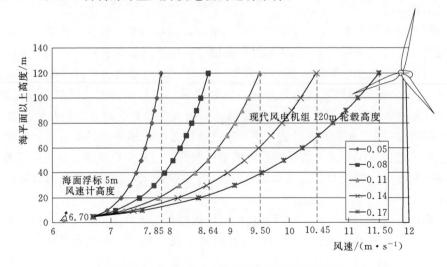

图 3.8　采用幂率方法从海平面测量值推导出的轮毂高度处的风速

（5）0.17：平均年度近海岸风况（海上高值）。

因为不直接测量风剪力就无法精确确定应使用的风剪力指数，而且，风剪力也会随高度、浮标变化，只采用卫星估算值不足以推导出关于轮毂高度处风况的可靠信息。

3.5 建 模 方 法

数字建模常用于同化来自不同来源的观测数据，在确定的时间和空间范围，建立一个综合的大气和海洋状况的近似值。这个近似值通常用于生成气象地图、气象预测和其他产品，用于服务公众需求及专业性的行业需求。近几十年来，主要是由于经济性的计算能力的巨大增长，以及来自气象卫星等数据源的新的数据输入，用于分析和预测应用的数字模型技术已经获得了极大的发展。本节回顾了海上风能领域如何应用数字建模模拟气象与大气条件，尤其是风、海浪和洋流状况。讨论重点放在风况的建模，因为风不但推动风电机组的运行，而且是产生大部分海浪和洋流的原因。

在很大时间和空间范围内会出现多种气候现象。图 3.9 举例说明了从数秒到数星期，从数米到数千千米范围的大气过程。这四个空间范围，小尺度、中尺度、大尺度和全球尺度，指大气运动的水平规模，从短暂的小尺度现象，如湍流漩涡、阵风到持续性更长的全球性长期浪潮以及信风。这几种范围的大气运动之间相互作用，也与陆地、海洋（及其他水体）以及海冰等相互作用。

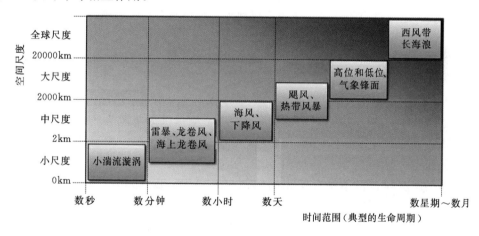

图 3.9 大气运动的时间和空间尺度

在气象科学中，就流体动力学建立了各种数字模型，即 Navier - Stokes 方程，它们的复杂程度（或非线性）各不相同。方程一般包括质量守恒定律、动量、能量、湿度，以及基于理想气体定律推导的空气状态方程。数字天气预测（NWP）模型和大漩涡模拟（LES）解决所有这些方程。由于计算运行时间、成本或其他限制因素，一些（较简单的）模型仅解决这些方程的一个子集。虽然大气总是在演化，各种气候变量的强度也在变化，但是，并不是所有的数字模型都能够及时跟进变化。预测性模型是指那些模拟大气条件随时间演化的模型，而诊断模型则模拟稳定状态的情况。

不同类型的模型，根据其应用情况，在不同的时间和空间范围运行。例如气候模型预测地球大部分（如在大尺度和全球尺度上）的大气属性（如平均温度、降雨量和风况）的长期变化。数字天气预测模型模拟较小区域内的短期变化，如国家的各个部分（如中尺度和大尺度）。这个范围与现代风电场的规模一致。小型模型用于在更小的区域里处理，例如单台风电机组规模上的个体风电场。如果采用有限的数据集，本质上，所有模型都代表三维格式模型的环境。大多数大气模型汇合了多种垂直层，一些高度甚至延伸了数千米。网格的解析度，尤其是水平维度的解析，通常与模型空间范围一致，与中尺度或小尺度数字天气预测模型相比，气候模型采用的网格解析度非常粗略。

当描述意向的风向现象时，建模的网格间隙和域值的选择至关重要。物理过程，例如湍流、积云等规模太小而不能通过格网比例明确解析的，需要利用意向参数进行近似解析。小于模型格解析的物理特点，如山脉、岛屿或不规则的海岸线，将被忽略。通常来说，后者包括比较细解析率格子更大区域的地区（类似于盒子内部的盒子）。网格嵌套用于把粗分辨率信息降低到更细分辨率格子，同时保证大气中足够的能源传送。

3.5.1　数字天气预测模型

建立数字天气预测模型主要是用于从几小时到几天不等时间范围内气象预报之目的。这些模型很大程度上依赖于初始海平面和大气状况的观测，包括海面气象站、浮标、船舶、无线电探空仪（气象气球）、雷达、飞行器和卫星（可见型、红外型和微波型）。海洋环境中，配备了大量中尺度数字天气预测模型用于精确模拟风向。有几项研究证明，这些模型能够代表海上环境中的许多复杂的风况现象，如山脉和岛屿阻碍、隘口风向、海岸障碍射流、内部边缘层扩展、稳定性转移、海风循环等。在海上区域，来自数字天气预测模型风速数据的均方根误差（RMSE）通常为 2～3m/s。除了几个不同高度下的风速分量外，数字天气预测模型还能输出几乎所有的大气变量。

对于大多数中尺度模拟来说，典型的模拟分辨率是大约数千米，也就是在小尺度和中尺度模拟之间的中间层。因为这一比例下的模拟不能提供大型风电场内部风况的详细情况，为了获得想要的详细信息，通常将中尺度模拟与小尺度模拟模型结合使用。结果证明，中尺度和小尺度数字天气预测模拟结合使用比单独使用中尺度模拟模型效果更好。中尺度模拟和小尺度模拟模型结合使用的案例包括 AWS Truepower's MesoMap 和 Site-Wind 系统，Risø 国家实验室的 KAMM - WAsP 系统和 Environment Canada 的 Anemo-Scope 系统。模型结合方法一直用于创建分辨率相对较高的全球性风况地图和图册。在北欧地区，2008 年开始的 NORSEWIND（北海风指标数据库）项目，已经通过使用海上风测量数据、卫星数据和数字模型数据，为爱尔兰海、北海和波罗的海制作了风况图册。

中尺度模型还考虑了子网格比例效应和物理学参数表示，如太阳能辐射、地表—大气相互作用、行星边缘层（PBL）、紊流、云对流和云微观物理学等。因为模型综合了能量和时间维度，数字天气预测模型能够模拟这些现象，如热驱动型中尺度环流（如海风、雷暴）、大气稳定性或浮力。在中尺度建模范围中，就如在真实世界中一样，因为能量不断在进行交换，所以风的表面永远不是平衡的。这种能量交换通过太阳辐射、辐射冷却、蒸发或降水以及紊流动能阶降至最小尺度等方式发生。

除了预报天气状况外，数字天气预测模型也用于推测历史时期的大气状况，如及时回顾历史情况。这种工作有时候被称为"后向预报（Hingcasting）"，它能够在发布目标海上地址的新测量数据时，基于现有的长期数据集，评估区域风况。目前，可以从各种来源，得到全球几十年范围的、大量的中尺度网格数据集。这些数据集作为"再次分析"的参照，已经采用固定的数据同化方法和数字天气预测模型进行编辑，其首要目的是消除潜在偏见或人为趋势，这些潜在偏见或人为趋势是几十年间，建模方法、观测类型和区域数据采集集中度的逐渐变化而产生的。例如从 20 世纪 40—70 年代，气象观测主要来自固定的地表气象站、浮标、气象气球、船舶和飞行器的观测数据。自 20 世纪 70 年代，开始了对云迹风和其他参数的卫星气象观测。从那时起，卫星数量和星载传感器类型的大量增加，使卫星成为全球主要的环境数据采集者。即使是非卫星类型的测量系统，随着时间推移，在许多方面也出现了巨大的变化，如表面和上层空气观测站的密度和数量、采集数据质量的提高、引入新的数据记录和数据传感技术用于替换旧的技术。因此，数据集合再分析可提供长期的、最连续性的大气状况记录。

原始的再分析数据集称为国家环境预测中心/国家大气研究中心（NCEP/NCAR）再分析Ⅰ。该数据集覆盖时间期限从 1948 年到现在，空间分辨率为 1.87°（约 205km）。自那时起，几个国家气象机构和国家研究实验室，包括欧洲中程气象预测（ECMWF），NCEP，美国航空航天局（NASA）和日本气象局（JMA），都发布了自己的再分析成果。这些成果包括 ERA—中期报告，气候预测系统再分析（CFSR），当代研究应用回顾分析（MERRA）和日本 55 年再分析（JRA-55）。这些成果都基于先进的数据同化方案和数字天气预测模型，并且都在比 NCEP/NCAR 再分析Ⅰ更细致的空间分辨率 0.5°~0.75°（55~83km）上生成数据。这些分析数据通常采用的间隔时间是 6h，不过，也有两个意外，MERRA 和 CFSR，他们对某些表面区域和几个压力级别提供数据的间隔时间是 1h。

如果风电场的意向选址距离海岸（岛屿）足够远，模型的网格单元不涵盖任何陆地部分，再分析数据图相对较粗略的网格分辨率（约 50km）就能够有效获得海上风向数据。不过，嵌套的、较高分辨率的网格也能够建模，模拟近海风循环。在把海上平台采集的短期时序测量值与长期气候记录关联起来方面，再分析数据集也很有价值。即使再分析和气象分析柱数据之间的平均偏差很大，再分析数据的价值主要依赖于他们与现场测量值之间的相关性，并不受偏差的影响。几项研究表明，最新一代再分析数据集，例如 ERA-中期，CFSR 和 MERRA 在与柱数据的相关性方面都拥有最高的精确性。

3.5.2 小尺度模型

按照复杂性由低到高的顺序，小尺度风向模型属于几个宽泛的领域，即质量守恒型、杰克逊-亨特线性型、计算流体动力学（CFD）和 LES 型。因为它们只解决了一个质量守恒物理方程问题，所以称为质量守恒型。大多数质量守恒模型如 WindMap 和 CALMET 都是设计用于从初始风场估算值中，去除最小的可能量，初始风场估算值是由观测站和/或中尺度模型的输出值推导得出的。质量守恒模型通常不用作单独的模型，而是经常与中尺度数字天气预测模型结合使用。线性风向模型，如：风图分析和应用程序（WAsP）、MS3DJH/MsMicro、混合谱有限差分模型（MSFD）和 Raptor 都基于 Jackson 和 Hunt（1975）的理论。这些模型超出质量守恒范畴，通过在几个假设条件（稳定状态风向、线性水平对流和一阶紊流闭合）下，解决 Navier - Stokes 方程的线性化形式，纳入了动量守恒。不过它们并没有考虑任何水平温度梯度或风向加速问题。

一种 CFD 模型也称为 Reynolds 均化 Naviere - Stokes（RANS）模型。随着个人计算机变得越来越强大，它也成为 Jackson - Hunt 风能应用模型的一种选择方案。本来，这些模型是用于模拟飞机主体、喷气式发动机和类似设备的紊流情况的。风能领域目前使用以下几种 RANS 模型：Fluent、CFX、Star - CCMt、OpenFOAM、Meteodyn WT、Wind-Sim、Ventos 等。RANS 和 Jackson - Hunt 模型之间的关键性差别是：前者解决的是非线性 Naviere - Stokes 动量方程，但它们都没有包括全部的能量守恒方程。RANS 模型假设稳定状态的风向。LES 是 RANS 模型未来的可靠备选方案，因为 LES 能够明确解决那些大于网格间隔的含能量气旋问题，同时通过子网格比例参数化方案，激发较小紊流气旋的效应。因为所需的计算能力非常大，所以 LES 模型主要用作研究工具。LES 能够包括整套物理参数方案：辐射、微物理学、地表——大气相互作用、紊流等。LES 模型基于原始运动方程，即不稳定的、非线性的 Navier - Stokes 方程。LES 和 RANS 模型之间的根本区别是：LES 解决能量守恒方程，这使得 LES 完全把握了热梯度形成的风循环，热梯度是海上风向的重要推动因素。LES 设计用于在非常精细的空间分辨率上运行，采用的网格间隔为 1～100m 范围。迄今为止，LES 很少用于确定海上风资源，因为它们计算费用昂贵，而且，在处理大面积平均风速时，数字天气预测模型和小尺度模型的表现都相对较好。不过，越来越多的研究者有意向采用 LES 模型来掌握不稳定的、非线性的涡轮形成的尾流以及边界层的双向相互作用。

3.5.3　涡轮形成尾流的建模

虽然上述关于模型的讨论集中于不同空间和时间范围内大气状况的表述，当风力发电机被纳入建模领域内时，另一个建模问题是对这些条件下的失真信息的理解。这些失真信息通常指"尾流"，它由风力发电机叶片、机舱和塔架产生的紊流气旋组成。作为紊流源和动能接收器，阵列中的逆风风电机组降低能量输出，增加顺风风电机组的结构疲劳。在大型风电场，如果排列不合适，多排风电机组引发的尾流复合效应造成的能源产量损失会超过 15%～20%。对于海上风电项目，风电机组尾流的重要性并不仅仅局限于个体风力发电机造成的尾流损失，整个风电场还会影响到临近的风电场。这种影响有时也称为风电场阴影效应。

从以往的经验来说，尾流效应预测一直基于几种计算机设计模型，最重要的是 Park 模型和气旋黏度（EV）模型。对于尾流损失及其向下游扩展的规模，Park 模型采用一个简单方程以及一个独立的可调整参数——尾流衰变常数。EV 模型则解决 Navier - Stokes 方程的轴对称形式，因此，它满足简单的 RANS 模型。随着大阵列风电项目的发展，人们发现，标准型 Park 模型和 EV 模型可能低估了海上风电场的尾流损失。这可能是因为：这些模型假设风电机组不对行星边界层（PBL）产生效应，而直接形成尾流。结果是制定了新标准，考虑双向 PBL -尾流相互作用，如开放风场（Openwind）中纵深阵列尾流模型（DAWM）和 Wind - Farmer 的大阵列风电场（LAWF）模型。DAWM 模型是基于表面—拖曳—诱发的内部边界层方法，这种方法通过增加涡轮阵列前面的下游距离，修正了

PBL 内部的风速廓线。Park 模型或 EV 模型也被保留用于估算直接尾流效应，因此，形成了混合型模型。LAWF 模型是标准尾流模型的扩展模型，在这个模型中，每台风电机组都被视为糙度元素的模拟干扰，糙度元素影响自由流，造成内部边界层的扩大。目前，两种方法都很常用，并且都显示了在原有模型上的重大改进。

　　动态尾流曲流（DWM）模型是另一个相对新型的，能够预测风电机组诱发的尾流的设计模型，这是一个位于上游风电机组之后的更详细的流场模型。该方法利用空气动力弹性法则中的曲流过程，目的是模拟下游风电机组进风流场情况并计算能源生产与荷载。Fuga 模型是在线性化的 RANS 模型中插入促动盘（风力发电机转子空气流效应的理想模型）模拟尾流。该模型与 WAsP 模型有一些相似之处，包括一个采用预计算查阅表的混合型谱解算机。另一种相对较新的商用 RANS 模型是基于 Ansys CFX 的 WindModeller 模型，它包括紊流闭合和促动盘。近年来，LES 模型一直被用于研究单台或多台风电机组诱发的尾流。对于单台风电机组诱发的尾流，LES 模型通过促动盘和/或促动线模型使风电机组参数化，能够顺利地与风洞测量值进行比较。如果拥有高性能的计算系统，采用 LES 法则模拟尾流是一个前途光明的方法。国家再生能源实验室（NREL）的开源海上/陆上风电场应用模拟器（SOWFA）和采用 LES 的 WRF 模型，都为学术界和产业界提供了机会，合作开发下一代风电机组诱发尾流的模型。

　　发展风电机组尾流模型的好处之一是，使风电机组和风电场控制系统能够用尾流相关的信息来优化运行。举例来说，在某些气候条件下，可以通过控制（偏转）逆风风电机组的定向，加强风电场的整个输出，这样，可以对它们的尾流进行操纵，以减轻其对下游风电机组的副效应。在风电场边界层条件（风、稳定性、紊流）的实时监控中，这种能力是非常可行的。

　　总的来说，商业性和研究性的风电机组尾流模型越来越多，但是来自运行中的海上风电场的有效数据集仍然有限。而且，私营实体采集的数据集通常也不公开共享。因为风电机组尾流是风电生产损失的一个重要原因，在大型阵列中尤其如此，目前进行的模型改进方法是期望通过改进布局和风电机组控制战略以及减小涡轮结构疲劳负载，来优化风电场的性能。

3.5.4　组合式大气—海洋模型

　　虽然将海风与海浪的建模结合起来很重要，不过，因为海洋对大气的热力影响（特别是洋流、风和降水对海面温度的影响）在 MABL 的回应上起着关键性作用，所以与海洋模型结合起来建模可能更重要。将大气、海浪和海洋模型结合起来的主要好处是平衡海面热量和动能的通量。不进行这种结合的话，封闭的模型趋向于通过各种不现实的离散性方式，寻找解决方案。组合式海浪—海洋—大气模型纳入了基于物理学的参数化过程，能够极大地提高沿海地区风况、海浪和洋流（包括飓风轨迹和强度）的模拟及预测，空气—陆地—海洋之间的差异在沿海地区形成了中尺度环流。当将要建设改善模型预测能力的新观测站时，目前拥有的建模技术，能够指出，在给定区域内，哪些测量类型和选址在进行高精度的预测中作用最大。

　　通过动量、质量和热量交换，跨界面连接紊流大气和海洋边界层，还需要更多的研究重点。单独的大气和海浪模型都是依赖于简化边界条件的封闭系统，这可能导致不精确的解决方案。组合式海洋—大气模型的发展将形成气象与大气不同变量之间的相互影响的越来越多的现实说明。

3.6　未　来　趋　势

随着海上风能开发在地理上展开，气象与大气条件测量新数据的需求将进一步增长。此趋势将促进新一代海上数据采集活动，并推动测量创新。它也会改善我们对更多地区的 MABL 的理解，尤其是新数据公开分享，研究团体积极参与。

漂浮式激光雷达是可能取得成功的测量创新之一。针对固定气象塔的初期的现场有效数据已经生成了很好的风速数据对比值，目前，商业上已经可以提供几种形式的漂浮式激光雷达。动能补偿可以集成到日常数据分析中，或者，因为控制了专业气象浮标的运动，完全不需要动能补偿。像这些为特定目的建造的浮标能够支持多种类型的气象与大气传感器，以及强大的电源、电池储能和通信系统。

在许多计划的项目中，因为内在优势，很可能继续使用气象塔，尤其是水深为 50m 以下的项目。传感器可以安装在意向的具体高度，野生生物监测设备也可以安装在同一平台上，使之成为多用途研究设施。部分上是由于成本原因，在开发阶段，海上风电项目可能只投资建设 1 座气象塔。不过，因为补充性漂浮激光雷达平台的部署和迁移到规划项目的其他区域更容易、更经济，作为固定资产，在风电场建成后，气象塔还可以支持检测活动，补充性漂浮激光雷达平台可能获得更广泛的应用。

扩大化的数据采集活动能够推进海洋和大气模型的发展，在一系列时空范围上，以更高的保真度模拟气象与大气条件。观测数据匮乏一直是了解 MABL 动态和精确预测中尺度和小尺度组合模型关键特点的主要障碍。建模的各种改进，包括组合式海洋—大气模型，将形成对重要的动态海上过程的更好表述。这些海上过程包括复杂的陆—海—空相互作用，这些相互作用影响海风环流、低层射流、温度曲线和其他海上边缘层现象。

气候变化及其对风暴强度和频次的潜在影响是未知的变量。风电场设计考虑能够抵御其生命周期内最恶劣的天气状况。极端状况的量值和回归期通常由历史数据推导得出。但是，随着海洋温度变暖、海平面上升和大气湿度升高，发生更强风暴的概率在升高。研究已经发现这些变化与热带风暴的破坏力之间存在相互关系。未来在规划海上风电场时，必须考虑气候变化。

缩　略　语

ABS	American Bureau of Shipping　美国航运局
ALOS	Advanced Land Observing Satellite　高级陆地观测卫星
AMSR - E	Advanced Microwave Scanning Radiometer - earth Observing System　高级微波扫描辐射计——地球观测系统
API	American Petroleum Institute　美国石油研究会

ASCAT/METOP - 1	Advanced Scatterometer/Meteorological Operations Satellite	高级散射仪/气象运行卫星
CFD	Computational Fluid Dynamics	计算流体动力学
CFSR	Climate Forecast System Reanalysis	气候预测系统再分析
DAWM	Deep Array Wake Model	纵深阵列尾流模型
DNV	Det Norske Veritas	挪威船级社
DWM	Dynamic Wake Meander	动态尾流曲流
ECMWF	European Center for Medium Range Weather Forecasts	欧洲中程气象预测中心
ERA	ECMWF Reanalysis	欧洲中程气象预测中心再分析
ERS - 2	European Remote Sensing Satellite 2	欧洲远程传感卫星 2
EV	Eddy Viscosity	气旋黏度
IEC	International Electrotechnical Commission	国际电工委员会
ISO	International Organization for Standardization	国际标准化组织
JMA	Japanese Meteorological Agency	日本气象局
JRA	Japanese Reanalysis	日本再分析
KAMM	Karlsruhe Atmospheric Mesoscale Model	卡尔斯鲁厄大气中尺度模型
LAWF	Large Array Wind Farm	大阵列风电场
LES	Large Eddy Simulation	大气旋模拟
MABL	Marine Atmospheric Boundary Layer	海上大气边界层
MCP	Measure - Correlate - Predict	测量相关预测
MERRA	Modern - era Retrospective Analysis for Research and Applications	当代研究应用回顾分析
Metocean	Meteorological and Atmospheric	气象和大气
MSFD	Mixed Spectral Finite Difference	混合谱有限差分
MS3DJH	Mason and Sykes Three - dimensional Extension of Jackson - Hunt	Mason 和 Sykes 对 Jackson - Hunt 模型的三维展开
NASA	National Aeronautics and Space Administration	美国航空航天局
NCAR	National Center for Atmosphere Research	国家大气研究中心
NCEP	National Center for Environmental Predictions	国家环境预测中心
NORSEWIND	Northern Seas Wind Index Database	北海风指数数据库
NREL	National Renewable Energy Laboratory	国家再生能源实验室
NWP	Numerical Weather Prediction	数字天气预测
PBL	Planetary Boundary Layer	行星边界层
QuikSCAT	Quick Scatterometer	快速散射仪
RADARSAT	Radar Satellite	雷达卫星
RANS	Reynolds - Averaged Navier - Stokes	

	Reynolds 均化 Navier – Stokes（RANS）模型
RMSE	Root Mean Square Error　均方根误差
SAR	Synthetic Aperture Radar　合成孔径雷达
SOWFA	Simulator for Offshore/Onshore Wind Farm Applications　海上/陆上风电场应用模拟器
SSM/I	Special Sensor Microwave Imager　专用传感器微波成像仪
TI	Turbulence Intensity　紊流强度
TMI	Tropical Rainfall Measuring Mission's Microwave Imager　用于热带降雨观测的微波成像仪
WAsP	Wind Atlas Analysis and Application Program　风图分析和应用程序
WRF	Weather Research and Forecasting　天气研究和预测
VOS	Voluntary Observing Ships　自愿观测船

参 考 文 献

［1］ Ainslie, J. F., 1988. Calculating the flowfield in the wake of wind turbines. Journal of Wind Engineering and Industrial Aerodynamics 27, 213 - 224.

［2］ American Bureau of Shipping (ABS), 2013a. Guide for Building and Classing Bottom - Founded Offshore Wind Turbine Installations.

［3］ American Bureau of Shipping (ABS), 2013b. Guide for Building and Classing Floating Offshore Wind Turbine Installations.

［4］ American Petroleum Institute (API), 2007. Interim Guidance on Hurricane Conditions in the Gulf of Mexico. API 2INT - MET.

［5］ Ayotte, K., Taylor, P., 1995. A mixed spectral finite - difference 3D model of neutral planetary boundary - layer flow over topography. Journal of the Atmospheric Sciences 52, 3523 - 3537.

［6］ Bailey, B., Wilson, W., 2014. The value proposition of load coincidence and offshore wind. North American Windpower 10, 10 - 11.

［7］ Barthelmie, R. J., Pryor, S. C., Frandsen, S. T., Hansen, K. S., Schepers, J. G., Rados, K., Schlez, W., Neubert, A., Neubert, L. E., Jensen, L. E., Neckelmann, S., 2010. Quantifying the impact of wind turbine wakes on power output at offshore wind farms. Journal of Atmospheric and Oceanic Technology 27, 1302 - 1317.

［8］ Barthelmie, R. J., Folkerts, L., Ormel, F., Sanderhoff, P., Eecen, P., Stobbe, O., Nielsen, N., 2003. Offshore wind turbine wakes measured by sodar. Journal of Atmospheric and Oceanic Technology 20, 466 - 477.

［9］ Beaucage, P., Brower, M., Robinson, N., Alonge, C., 2012. Overview of six commercial and research wake models for large offshore wind farms. In: Proceedings from the EWEA Conference, 16 - 19 April 2012, Copenhagen, Denmark.

［10］ Beaucage, P., Glazer, A., Choisnard, J., Yu, W., Bernier, M., Benoit, R., Lafrance, G., 2007. Wind assessment in a coastal environment using the synthetic aperture radar satellite imagery and a numerical weather prediction model. Canadian Journal of Remote Sensing 33, 368 - 377.

［11］ Beljaars, A., Walmsley, J., Taylor, P., 1987. A mixed spectral finite - difference model for neutrally stratified boundary - layer flow over roughness changes and topography. Boundary - Layer Meteorology 38, 273 - 303.

［12］ Berge, E., Hahmann, A., Bredesen, R., Hasager, C., Byrkjedal, O., Costa, P., Stoffelen, A., 2011. On the utilization of meso - scale models for offshore wind atlases. In: EWEA Offshore 2011, Amsterdam, The Netherlands.

［13］ Berge, E., Byrkjedal, O., Ydersbond, Y., Kindler, D., 2009. Modelling of offshore wind resources: comparison of a mesoscale model and measurements from FINO 1 and North sea oil rigs. In: Proc. EWEA Conference.

［14］ Brower, M. C. (Ed.), 2012. Wind Resource Assessment: A Practical Guide to Developing a Wind Project. John Wiley & Sons, New York, 280 pp.

［15］ Brower, M. C., Barton, M. S., Lledo, L., Dubois, J., 2013. A Study of Wind Speed Variability Using Global Reanalysis Data. Technical Report from AWS Truepower, 11 pp. Available at: https://www.awstruepower.com/knowledge - center/technical - papers/.

［16］ Brower, M., 1999. Validation of the WindMap program and development of MesoMap. In: Proceeding from AWEA's 1999 WindPower Conference. Washington, DC, USA.

[17] Brower, M., Robinson, N., 2009. The OpenWind Deep – Array Wake Model: Development and Validation. Technical report from AWS Truepower, Albany, NY, USA, 15 p. http://www.awsopenwind.org/downloads/documentation/DAWM _ WhitePaper.pdf.

[18] Calaf, M., Meneveau, C., Meyers, J., 2010. Large eddy simulation study of fully developed wind – turbine array boundary layers. Physics of Fluids 22, 015110. http://dx.doi.org/10.1063/1.3291077.

[19] Churchfield, M.J., Lee, S., Moriarty, P.J., Martinez, L.A., Leonardi, S., Vijayakumar, G., Brasseur, J.G., 2012. A large – eddy simulation of wind plant aerodynamics. In: Proceedings from the American Institute of Aeronautics and Astronautics, Nashville, TN, USA, 19 pp.

[20] Colle, B.A., Novak, D.R., 2010. The New York Bight jet: climatology and dynamical evolution. Monthly Weather Review 138, 2385 – 2404.

[21] Cox, S., 2014. Validation of the FLiDAR Floating LiDAR Offshore Wind Measurements Device. DNV – GL Report 14.09.01, Bristol, England.

[22] Decker, M., Brunke, M.A., Wang, Z., Sakaguchi, K., Zeng, X., Bosilovich, M.G., 2012. Evaluation of the reanalysis products from GSFC, NCEP, and ECMWF using flux tower observations. Journal of Climate 25, 1916 – 1944.

[23] Det Norske Veritas (DNV), 2013. Design of Offshore Wind Turbine Structures. DNV – OS – J101.

[24] Dvorak, M., Corcoran, B., Ten Hoeve, J., McIntyre, N., Jacobson, M., 2013. US East Coast offshore wind energy resources and their relationship to peak – time electricity demand. Wind Energy 16, 977 – 997.

[25] Dvorak, M., Pimenta, F., Veron, D., Colle, B., 2010. Electric power from offshore wind via synoptic – scale interconnection. Proceedings of the National Academy of Sciences of the United States of America 107.

[26] Elliott, D., Schwartz, M., Haymes, S., Helmiller, D., Scott, G., Flowers, L., Brower, M., Hale, E., Phelps, B., 2010. 80 and 100 meter wind energy resource potential for the United States. In: AWEA Poster, Windpower Conference, Dallas, TX, May 23 – 26, 2010. www.eere.energy.gov/wind/windexchange/pdfs/wind_maps/poster_2010.pdf.

[27] Frank, H., Rathman, O., Mortensen, N., Landberg, L., 2001. The Numerical Wind Atlas - the KAMM/WAsP Method. Report from the Risoe DTU National Laboratory, Roskilde, Denmark, 59 pp.

[28] Freedman, J., Bailey, B., Young, S., Zack, J., Manobianco, J., Alonge, C., Brower, M., 2010. Offshore wind power production and the sea breeze circulation. In: Proc. AMS Conf., Atlanta, GA.

[29] Gilliam, R., Bhave, P., Pleim, J., Otte, T., 2004. A year – long MM5 evaluation using a model evaluation toolkit. In: Presented at 2004 Models – 3 Conference, Chapel Hill, NC, Oct. 18 – 20, 2004.

[30] Hasager, C., Karagali, I., Badger, M., Mouche, A., Stoffelen, A., 2010. Offshore wind atlas for Northern European seas. In: ESA Living Planet Symposium, Bergen 2010.

[31] Hung, J., Hsu, W., Chang, P., Yang, R., Lin, T., 2014. The performance validation and operation of nearshore wind measurements using the floating lidar. Coastal Engineering 2014, 1 – 9.

[32] International Electrotechnical Commission (IEC), 2005a. IEC 61400 – 3, Wind Turbines – Part 1: Design Requirements, third ed.

[33] International Electrotechnical Commission (IEC), 2005b. IEC 61400 – 12 – 1, Wind Turbines – Part 12 – 1: Power Performance Measurements of Electricity Producing Wind Turbines, first ed.

[34] International Electrotechnical Commission (IEC), 2009. IEC 61400 - 3, Wind Turbines - Part 3: Design Requirements for Offshore Wind Turbines.

[35] International Organization for Standardization (ISO), 1975. Standard Atmosphere. ISO 2533: 1975 (E).

[36] Jackson, P. , Hunt, J. , 1975. Turbulent wind flow over low hill. Quarterly Journal of the Royal Meteorological Society 101, 929 - 955.

[37] Jensen, N. O. , 1983. A Note on Wind Generator Interaction. Technical Report from the Risø National Laboratory (Risø - M - 2411), Roskilde, Denmark, 16 p.

[38] Jimenez, A. , Crespo, A. , Migoya, E. , Garcia, J. , 2007. Advances in large - eddy simulation of a wind turbine wake. Journal of Physics: Conference Series 75.

[39] Johnson, C. , Graves, A. , Tindal, A. , Cox, S. , Schlez, W. , Neubert, A. , 2009. New developments in wake models for large wind farms. In: Poster Presentation at the 2009 AWEA Windpower Conf. , Chicago. Available from: www. dnvgl. com/search.

[40] Kalnay, E. , Kanamitsu, M. , Kistler, R. , Collins, W. , Deaven, D. , Gandin, L. , Iredell, M. , Saha, S. , White, G. , Woollen, J. , Zhu, Y. , Leetmaa, A. , Reynolds, R. , Chelliah, M. , Ebisuzaki, W. , Higgins, W. , Janowiak, J. , Mo, K. , Ropelewski, C. , Wang, J. , Jenne, R. , Joseph, D. , 1996. The NCEP - NCAR 40 - year reanalysis project. Bulletin of the American Meteorological Society 77, 437 - 471.

[41] Katic, I. , Hojstrup, J. , Jensen, N. O. , 1986. A simple model for cluster efficiency. In: Proceedings from the European Wind Energy Conference, Rome, Italy, 5 p.

[42] Kistler, R. , Kalnay, E. , Collins, W. , Saha, S. , White, G. , Woollen, J. , Chelliah, M. , Ebisuzaki, W. , Kanamitsu, M. , Kousky, V. , van den Dool, H. , Jenne, R. , Fiorino, M. , 2001. The NCEP/NCAR reanalysis. Bulletin of the American Meteorological Society 8, 247 - 267.

[43] Larsen, T. J. , Madsen, H. A. , Larsen, G. C. , Hansen, K. S. , 2012. Validation of the dynamic wake meander model for loads and power production in the Egmond aan Zee wind farm. Wind Energy 16, 605 - 624.

[44] Lee, C. , Chen, S. S. , 2012. Symmetric and asymmetric structures of hurricane boundary layer in coupled atmosphere - wave - ocean models and observations. Journal of Atmospheric Sciences 69, 3576 - 3594.

[45] Lileo, S. , Petrik, O. , 2011. Investigation on the use of NCEP/NCAR, MERRA and NCEP/CFSR reanalysis data in wind resource analysis. In: Presentation Given at the EWEA Conference, Brussels, Belgium.

[46] Mirocha, J. D. , Kosovic, B. , Aitken, M. L. , Lundquist, J. K. , 2014. Implementation of a generalized actuator disk wind turbine model into the weather research and forecasting model for large - eddy simulation applications. Journal of Renewable and Sustainable Energy 6, 013104. http: //dx. doi. org/10. 1063/1. 4861061.

[47] Montavon, C. , Hui, S. - Y. , Graham, J. , Malins, D. , Housley, P. , Dahl, E. , de Villiers, P. , Gribben, B. , 2011. Offshore wind accelerator: wake modelling using CFD. In: Proceedings from the EWEA Offshore Conference, 29 Nov. - 1 Dec. 2011.

[48] Ott, S. , Berg, J. , Nielsen, M. , 2011. Linearised CFD Models for Wakes. Technical Report from the RisøNational Laboratory (Risø - R - 1772), Roskilde, Denmark, 41 pp.

[49] Peng, Z. , 2014. Wave slamming impact on offshore wind turbine foundations. Coastal Engineering 1 (34) .

[50] Schlez, W. , Neubert, A. , 2009. New developments in large wind farm modeling. In: Proceedings from the EWEA Conference 2009, Marseille, France, 8 pp.

[51] Schwartz, M., Heimiller, D., Haymes, S., Musial, W., 2010. Assessment of Offshore Wind Energy Resources for the United States. Technical Report NREL/TP - 500 - 45880. National Renewable Energy Lab, Golden, CO.

[52] Scire, J., Robe, F., Fernau, M., Yamartino, R., 2000. A User's Guide for the CALMET Meteorological Model (Version 5). Report from Earth Tech, Inc., Concord, Massachusetts, USA, p. 332.

[53] Steele, C., Dorling, S., von Glasow, R., Bacon, J., 2013. Idealized WRF model sensitivity simulations of sea breeze types and their effects on offshore windfields. Atmospheric Chemistry and Physics 13, 443 - 461.

[54] Steele, C., Dorling, S., von Glasow, R., Bacon, J., 2014. Modelling sea - breeze climatologies and interactions on coasts in the southern North Sea: implications for offshore wind energy. Quarterly Journal of the Royal Meteorological Society 141 (690), 1821 - 1835.

[55] Stoelinga, M., Hendrickson, M., Storck, P., 2012. Downscaling global reanalyses with WRF for wind energy resource assessment. In: Presentation at the WRF Users Workshop, 25 slides.

[56] Stout, M., June 26, 2013. Protecting wind turbines in extreme temperatures. Renewable Energy World.

[57] Stull, R. B., 1988. An Introduction to Boundary Layer Meteorology. Kluwer, Dordrecht, The Netherlands.

[58] Sutton, O. G., 1953. Micrometeorology. McGraw - Hill Book Company, New York, 333 p.

[59] Taylor, P., Walmsley, J., Salmon, J., 1983. A simple model of neutrally stratified boundary - layer flow over real terrain incorporating wave number - dependent scaling. Boundary - Layer Meteorology 26, 169 - 189.

[60] Troen, I., Petersen, E., 1989. European Wind Atlas. Report from the RisøNational Laboratory, Roskilde, Denmark.

[61] Troen, I., 1990. A high resolution spectral model for flow in complex terrain. In: Proc. 9th Symposium on Turbulence and Diffusion. Roskilde, Denmark.

[62] Troldborg, N., Søensen, J., Mikkelsen, R., Sørensen, N., 2014. A simple atmospheric boundary layer model applied to large eddy simulations of wind turbine wakes. Wind Energy 17, 657 - 669. http://dx.doi.org/10.1002/we.1608.

[63] Wu, Y. - T., Porté - Agel, F., 2011. Large - eddy simulation of wind - turbine wakes: evaluation of turbine parameterizations. Boundary - Layer Meteorology 138, 345 - 366.

[64] Yu, W., Benoit, R., Girard, C., Glazer, A., Lemarquis, D., Salmon, J., Pinard, J., 2006. Wind energy simulation toolkit: a wind mapping system for use by wind energy industry. Wind Engineering 30, 15 - 33.

[65] Zang, J., Taylor, P., Tello, M., 2015. Steep wave and breaking wave impact on offshore wind turbine foundations—ringing re-visited. In: Proc. Int. Workshop on Water Waves and Floating Bodies. United Kingdom.

第4章　测量海上风况的遥感技术

M. S. Courtney，C. B. Hasager
丹麦技术大学（Technical University of Denmark，Lyngby，Denmark）

4.1　引　　言

4.1.1　数据需求

海上风电场的发展很大程度上取决于关于风况的可靠信息。风电场的收益与年度能源产量（AEP）成比例。关于风电场的其他所有事项会降低该收益，如资本费用（CAPEX）、运营费用（OPEX）、安装成本、可行性研究和设施停运。年度能源产量与风速的平方成比例。因此，即使风速的不确定性相对较小，也会大大增加年度能源产量的不确定性。海上风电场开发通常设计为大型风电场，其单个风电场的装机容量可达上千兆瓦，或者由大型风电场集群组成。选址处的风力资源是风电场规划的关键信息。而且，日常性、季节性和年度间的风变率以及极端风况，如10min和3s阵风风速的50年回归周期极值，都很重要。较短的时间范畴内，从秒级到分钟级的风变率也需要进行评测，风变率用于风电机组和风电场运行（即集群运行）控制和操作以达到电力平衡的目的。

理论上来说，风资源评估的理想数据是在接近风电机组轮毂高度处观测到的数年数据，并采用10min分辨率解析的数据。遗憾的是，海上气象风力观测的成本非常高，因此相关数据匮乏。此外，私营公司进行的观测并不公开分享，因为对于进一步发展风电场来说，关于海上大气状况的详细知识的竞争性利益是会产生实际价值的。相关性的关键参数包括10min风速和风向、风资源量、50年间的10min和3s极端风况最大值（即设计风速）、日常性、季节性和年度间的风变率以及风的质量，即短期风变率及其可预测性。最后，大气紊流也是设计标准的部分内容，也需要予以考虑，从而选择既定风况气候条件下的风电机组。在决定风电场布局时，风电机组尾流效应最为重要。风电机组运行所增大的紊流，会提高其下游风电机组的荷载。因此，不但要考虑潜在的尾流损失，即由于风电机组紊流效应造成的年度能源产量降低，而且，如果因为风电机组位于高紊流地区而需要更多维护和维修，还需要评估潜在的荷载和额外的费用。

海上风况中大气建模是一项复杂工作。中尺度建模可提供海上风力资源的最新测绘信息，但是所有的模型结果都需要进行验证，因为在关于输入数据、行星边界层方案及其他问题方面都有大量的备选方案。如上所述，测量成本较高，而不进行测量的代价则会造成年度能源产量的不确定性较高，通常，这种高不确定性会提高财务成本，也会限制最优规划，如最优布局的可能性。

4.1.2　海上的现实情况

当位于丹麦 Vindeby 的世界上第一座海上风电场投入运营时，许多人都认为它并不是真的位于海上。当时，我们正在那里进行测量工作，它的确就是在海上的。但是，在回顾和访问了现代化风电场后，如 Horns Rev Ⅰ 和 Ⅱ 风电场，才知道有海上风电场和真正意义的海上风电场！我们的观点是从风况建模和测量角度来说，我们需要解决各种类型的海上风电场选址。

许多风电机组建在码头和港口之上或与它们的距离非常近，通常拥有一个主要是开放水域的风区。显然，要从陆地上进行资源测量。虽然通常能够不湿脚就可以到达风电机组，但是，参照风况的测量数值（如发电性能确认）还需要在几百米之外的海上进行风速测量。当然，这就需要海上工作的方法和设备。

Vindeby 距洛兰岛（Lolland）和丹麦海岸 1.5～3.0km 之间，水深 2～6m。即使在这种最适宜的距离条件下，风资源量也与邻近海岸的风资源量也大不相同。而且，由于陆—海梯度非常大，很难进行精确建模。风电机组测量数值需要现场参照物，现场参照物由两个无支撑（即无支索）气象桅杆提供，气象桅杆安装在固定到海床上的单桩基础上。我们很快就发现，与海上运行相比，桅杆安装和运行意味着成本和物流难度将大大增加。尤其是，我们还遇到过严重问题（如在 Vindeby 和其他早期海上气象桅杆项目中），例如到达桅杆、盐侵蚀、自动电源故障以及海鸟造成的污垢。虽然关于这些问题更专业的解决方案目前都很普遍，但对于海上测量来说，这些仍然都是严峻的挑战。

现代海上风电场都比 Vindeby 大许多，通常距海岸 20～30km，水深 20～40m。传统的测量方法（即安装在测量杆上）已接近极限，因为测量杆的成本非常高（如可达数百万欧元）。

风速遥感有两种不同形式：利用风中携带浮质的反向散射，基于水面（如浮标或风电机组）的测量方式；利用表面张力波的反向散射，基于空间（如卫星）的测量方式。我们将在第 4.3 节和第 4.4 节中分别阐述这两种形式的理论基础。不过，为了解决这方面的问题，我们首先在第 4.2 节简单介绍下传统的测量技术。

对于各种海上选址，在降低风资源估算的不确定性方面，以及为风电场运行后的发电性能验证提供可跟踪的参照风速方面，基于水面的遥感技术都能发挥重要作用。在距离海岸几千米的地方，可采用基于空间的遥感技术进行资源估算，虽然其不确定性比水面遥感技术要高。在第 4.5 节所述的案例研究中，我们将描述如何利用这两种遥感技术对一座假设的、近海岸风电场（如距海岸 8～12km）进行开发、建设和性能验证。实际上，在这种近岸距离，能想到的所有技术都可以加以应用。在本章结束时，将阐述一些关于海上资源评估领域未来趋势的观点，以及其他一些信息的有用来源。

4.2　传　统　方　法

迄今为止，最被认可的（至少可以说）最精确的风测量方法，是采用安装在桅杆上的转杯风速表和风叶片进行的。与"遥感方法"相比，这些通常称为"传统方法"，它们是本章主要讨论的问题。

4.2.1 转杯风速表

看起来转杯风速表是一种研究深入、广泛认识的仪器。其工作原理简单合理，三个开放式、半球形风杯通过一个共同轴安装在支撑臂的根部，共同轴顺风的阻力比逆风阻力大，就引起了轴的转动。虽然初始转动速度很重要，但是，在很大程度上，转动速度与风速成正比例。在风杯上，共同轴连接了一种传感器，它能够测量速度。优质风杯采用的是一种磁性（簧片效应或霍尔效应）或光电脉冲发生器，一般产生 2～40 脉冲/转。旋转速度由连续脉冲间的时间决定，为了消除不对称效应，常常降低到每转一个脉冲；或是由一定时间（通常为 10min）内的脉冲数决定。脉冲数是一个很有用的平均值，但是它没有关于标准偏差（如紊流强度）或极值（如阵风或阵风暂息情况）方面的信息。因此，现代数据记录仪中不采用该数值。为了确定风杯转速和风速及初始速度（如偏移量）之间的比例常数，一般在现场使用前，有时候也在现场使用后，要在风洞中对风杯进行校准。

现场校准中，或者本文讨论的情况，即在海洋上空校准时，转杯风速表安装在所需测量高度的桅杆上，可以安装在侧面支架上，也可以安装在顶端。桅杆的存在，或者更准确些，桅杆支架或顶部的存在会引起我们想测量的流量的失真（如加速或减速、风向变化）。显然，失真的程度取决于支架长度形成的扭曲距离，以及支架上方仪器的中心高度。IEC 61400 - 12 - 1 标准提供了关于支架长度、仪器中心高度以及顶部排列的最小参考距离。遵循这个标准并配备 1 类风杯的桅杆称为 IEC 合规，但是这并不表示这种失真不会产生测量误差。因为误差影响，应该增加多少安装不确定性，在该标准中却非常模糊。通常来说，对于侧面支架安装型（即 IEC 合规型）转杯风速表，要增加 1% 的失真影响，对于顶部安装型，则增加 0～0.5% 的失真影响。

4.2.2 风向标

传统的风向测量是采用众所周知的风向标进行的。风向标包括固定到支臂上的一个垂直的平板，支臂以垂直轴为中心自由转动。作用于平板上的拉力和升力使平板与风向一致。可以通过测量轴的角位置来确定风向。角位置通常采用电位计风向标测量得到，不过，也可能遇到采用某种形式的光学编码器或磁性编码器的风向标。电位计风向标经常会有几度范围的死区，因此，对于在其公称北方的风向的确定很差，或者根本就不能确定。

当然，风向测量方面最大的不确定性与安装时该仪器与已知方向之间的一致性相关。取决于技术人员的操作技巧，其不确定性的范围可能从不到 1°直到 5°甚至 10°。而且，风向标安装出现 180°的总误差也并不少见。在海上，唯一的参照物通常是安装仪器的支撑架。即使很好地进行了调校工作，在海上精确确定支撑架的方向也并不容易，因为在海上，磁罗盘的测量值会受到铁质桅杆的很大影响。

风向标一旦安装、校准并投入使用，如果机械结构（平板或支臂）变形，也会进一步产生误差。基于这个原因（以及其他原因），强烈建议风向测量设备要拥有足够的冗余。一个桅杆上，至少要安装两个风向标，最好安装三个风向标。并且，要注意校准和定向问题。

4.3　基于表面的遥感技术

如第 4.1 节中所述，现代基于表面的遥感技术既能作为传统测量方法的补充，也能够在其成本和物流更合适时，尤其是水深增加时替代传统方法。本节中，我们将阐述遥感技术的基本测量原理，并介绍那些与海上风能具有特殊相关性的技术。在本节中，我们集中讨论基于表面的遥感技术，主要是激光雷达。据我们所知，在海上的运行性测量工作中，几乎任何地方都没有使用过声雷达。原因可能是支撑支架、风噪声和浪噪声会引起重大干扰。与支撑架的费用相比，传感器的资本费用通常非常低。在这些情况下，使用更精确的激光雷达系统更合理，而且其成本增加也并不大。

4.3.1　基本原理

4.3.1.1　原理简述

当使用遥感技术（遥感技术在本节中均指基于表面的遥感技术）测量风速时，辐射（声、光或微波）向已知的方向发射。很少一部分辐射被假设悬浮在风中的某些物体反射回来。这种反向散射的辐射符合多普勒效应移动规律——因为它是来自某种正在运动物体的反射，其频率被修改。如果遥感仪器能够探测到足够的反向散射辐射，则可以确定多普勒频移 F_{Doppler}，而且表明它与所发出辐射的方向（视线方向）上的风速分量 V_{los} 相关，计算公式为

$$F_{\text{Doppler}} = \frac{2V_{\text{los}}}{\lambda} \tag{4.1}$$

式中　λ——所发射辐射的波长。

为获得 2D 或 3D 风矢量，有必要把许多"视线"速度结合起来。理论上来说，只要每道光（以不同角度）穿过意向点，就能在多个分散的系统中进行测量。通常，会进行一些风速为横向均质性的假设，这样，就不用把同一点在不同方向上的所有"视线"风速都组合起来，这样做简单得多，成本也低得多。海上流量均质性假设，通常是非常接近实际情况的。不过，尾流测量不能作为均质性测量考虑，这时候采用多个激光雷达可能非常必要。

4.3.1.2　激光雷达如何测量视线风速

对于激光雷达来说，反向散射介质是风中携带的浮质（灰尘、盐、浪花）。

风速测量雷达采用红外线激光，波长大约为 $1.6\mu m$，选择此波长考虑了性能良好（波长小）和视觉相对安全。即使眼睛对此波长没有对其他（明显可见光）波长敏感，连续处于聚焦光束下，也会引起伤害。在测风激光雷达的设计中，通过对任何设定地点（移动光束或脉冲光束）的距离限制和曝光持续时间限制，保证这种伤害不会发生。只要满足了这些条件，这些仪器即可列为"眼睛安全"（激光安全 Ⅰ 类）类仪器，不需要特殊的保护。

式（4.1）说明在波长为 $1.6\mu m$ 条件下，对于 1m/s 视线风速，频移将达到 1.25MHz。采用相干检测理念，能够精确检测到这种相对微小的频移，在相干检测中，反向散射的光

与原始的、未发生频移的光混合（称为本机振荡器）。众所周知，对于机械和电气系统来说，两种相似频率的总和会导致差频调谐。通过把混合光照射到光电探测器上，检测到的则是这种调谐频率，因为个体原件的频率都位于传感器的带宽之上。

通过对光电探测器信号进行傅里叶分析，可得到频移的光谱。虽然对于单一实验来说，得到的光谱受到了光电噪声的严重污染。将许多光谱数值进行平均计算，则可实现噪声抑制，根据激光雷达的类型和情况，可使用 4000～15000 个光谱数值来进行平均计算。

关于这一点，上述说明适用于所有测风激光雷达类型。目前，测风激光雷达主要有两种类型：连续波型和脉冲型。

4.3.1.3 连续波激光雷达

从名称就可以看出，连续波激光雷达发射出连续激光束。为了区分激光雷达的感应高度，激光束精确地聚集在要求高度的相应范围。照耀光的强度和反向散射光的采集效率通过聚焦效应实现最大化，这样，在所有高度，其灵敏度都相同。聚焦的下侧是激光束所照亮的空气柱的有效长度（所谓的探测长度），它随测量距离的平方增加［是一个洛伦兹函数（Lorentzian function）］。而在较小距离范围情况下，探测长度可能是几厘米；在较高高度下，则可能达到几十米，这说明测出的视线速度是在一个较大高度范围内所测各数值的加权平均值。根据激光雷达的光学设计，激光雷达测量高度的有效范围在 200～300m 之间。

连续波激光雷达的另一个问题是无法明确知道反向散射源，这是因为关于聚焦效率的洛伦兹加权函数的尾部无限长（该函数永远不到 0）。只要反向散射浮质的浓度看起来保持不变，就可把收到的反向散射合理地假定为源自期望探测长度的内部。不过，如果在某一高度，浮质的浓度发生急剧变化（如出现雾或云层），很小的（但不为 0）聚焦效率乘以非常高的浮质浓度得到的积，会得出来自浮质浓度较高气层的强大的反向散射。因此，来自错误高度（由于风剪力、错误风速）的视线速度会产生重大甚至（对于雾气层）决定性影响，如果没有发现或进行更正，就会造成重大的测量错误。

4.3.1.4 脉冲激光雷达及其与连续波激光雷达的对比

检测高度差异的另一种方法是以离散脉冲的方式发射光，而不是以连续波的方式发射光。如果对反向散射光的接收进行精确计时，并与脉冲发射同步，反向散射的到达时间就能确定其来源（即来源距离范围），因为它只是光的速度和返回距离的函数。实践中，因为激光脉冲具有有限的持续时间（而不是瞬时闪烁），我们实际上只能知道反向散射源距离范围的上下限，此概念称为距离选通。我们也知道光的最大部分来自于该范围的中间部分，向上下限两端大约呈线性逐渐减弱（三角形加权）。重要的是，我们知道所有收到的反向散射（对于已知的距离选通范围）都必须来自于上下限之内。与聚焦式、连续波雷达不同，它不涉及云雾干扰问题。

因为激光雷达持续向外发出光脉冲，实质上，它可以同时测定来自许多不同距离范围的视线风速。通过连续获得反向散射光，然后从该时序中，选择与每个要求距离相应的时段，就可以实现这种测定。对于每个脉冲来说，每个时段都就进行了傅里叶转换。为达到必要的噪声抑制，许多脉冲都采用快速连续传送（如以 20kHz 脉冲重复频率发出 10000个脉冲），而且，每个距离范围的能谱都进行总体平均。

与连续波激光雷达相同，脉冲激光雷达的有效范围也有限度，但是其原因与连续波激光雷达不同。这也很好地解释了二者之间工作原理的不同。与强聚焦型连续波激光束不同（焦点决定检测距离），脉冲激光雷达发出基本平行的光束，对反向散射信号没有聚焦效应。因此，反向散射光的强度遵循典型的 $1/R^2$ 衰变（对于聚焦的、连续波系统，这是一个常数）。而且，取决于激光雷达的设计和浮质的浓度情况，在某些距离范围，信号可能太弱，无法可靠确定多普勒频率。在所有高度上，脉冲雷达的探测距离（假设大约是激光脉冲物理长度的一半）都保持恒定，而连续波雷达的探测长度作为 R^2 的函数增加。

非常直观地知道，脉冲激光雷达不能在比其脉冲长度低的高度内测量（对于测风激光雷达，一般采用 40m 最低高度）。在短距离方面，连续波、聚焦型激光雷达优于脉冲激光雷达，因为 R^2 探测长度函数相关性在短距离上有优势。相反地，因为同样的原因，在长距离方面，脉冲激光雷达则是唯一的正确选择。在浮质浓度低的情况下，连续波激光雷达具有优势，它们把光能集中到一个高度，可获得更好的数据（测量有效风速的时间比例）。在浮质浓度变化剧烈的情况下（云雾情况），连续波雷达在测量精确性方面可能会特别困难。

4.3.1.5　直接探测型激光雷达

检测风速的一个根本性不同的方法是使用所谓的直接探测型激光雷达。直接探测型雷达只测量反向散射光的强度，不测量多普勒频移，因此也不测量视线速度。而是采用相关性技术，沿不同方向上倾斜光束，依次测量浮质样本进行相互比较。其中的原理是，当一阵风经过激光雷达上方时，首先穿过一个光束，然后穿过另一个光束，浮质样本浓度变化基本保持不变。当在一束光上观测到的样本之后又在另一束光上观测到时，从这二者之间的时间差即得出风速，从两束光的相对位置即可得出风向。

与相干型探测系统相比，直接探测型雷达需要的元件更少，对元件的误差要求也较低（如激光波长的稳定性远远不像原来那么重要了），这就使得其价格便宜得多。另一个优势是，速度是直接测量得到，不需要基于均质性假设重新构建算法。虽然直接探测型雷达与海上测量不相关，这也说明，在风流量不均匀地区，最明显的是在地形复杂地区，直接探测型雷达能够进行精确测量。现有数据表明，平均来说，直接探测型系统能够测量精度合理的平均速度，虽然与多普勒测风激光雷达相比，其噪声（散射）稍微有些高。

4.3.2　测风激光雷达

为进行风资源和发电性能验证，测量风速廓线所用的雷达称为测风激光雷达。这种雷达的测量高度通常可达到 250～300m。它们安装在地面上或接近地面（海上雷达安装在塔基或浮标上），从许多不同的方位角方向发射出红外光光束，角度通常是比垂直线倾斜 30°。测风雷达基于这样一种假设：在任何已知高度，光束经过区域上空的水平风速是均匀的。在这种情况下，不同方向的视线风速可以假设为同一水平面上风速矢量的不同射影，这样，风速和风向就都可以确定（重构）了。

自 2006 年起，就出现了商用测风激光雷达。早期的测风激光雷达即使在陆地上使用，也很不可靠。只是在过去 3～4 年间，才出现海上专用型、适于离岸使用的测风激光雷达。海上"加强型"主要包括强化了密封标准、避免了外部线缆和接头、进行防腐保护、安装防鸟钉以避免海鸟造成的污染。还有重要的一点是，此激光雷达配备了强大的数据通信系统，在安装现场，提供了适合的 GSM 或卫星服务。在写作本文时，海上市场由两种测风激光雷达产品控制：ZephiR 300 和 Leosphere Windcube V2。我们将简要介绍这两种激光雷达。

4.3.2.1　ZephiR 300

ZephiR 是市场上最先出现的测风激光雷达，最初是由英国公司 QinetiQ 开发的。这是唯一的商业上可行的连续波测风激光雷达。自从引进最初的 ZephiR 之后，为了提高其可靠性和更易于安装，已经对该版本进行了重大的改进，现在称为 ZephiR 300。目前，已有海上专用型 ZephiR 300，可用于固定平台和漂浮平台。

连续激光雷达束通过不断旋转的棱镜射出，棱镜使光束从垂直位置偏转约 30°，这样光束表现为锥体的表面，每秒完成一个完整的旋转。把光束聚焦在想要测量的高度，每秒进行 50 次视线风速测量。ZephiR 采用零差相干检测，也就是说将反向散射的光与一个未经修正的激光源（本机振荡器）混合。其结果是，频移的极性，也就是视线风速的极性，不能恢复，只有其量值可以恢复。因此，作为方位角函数的视线速度，表现为一个正弦波，其两个波峰为逆风和顺风方向，但是还没有直接性方法知道哪个波峰是逆风，哪个波峰是顺风。为了解决这个问题，采用仪器本身来检测风向，距离检测方向最近的波峰确定为逆风。相应地，把激光雷达（或其本机测风传感器）安装在与风充分接触的位置（例如不能位于桅杆或容器内部）很重要，不然的话，风向的精度可能会被削弱。

在每个要求的高度按序列进行风况测量，不同高度间的聚焦切换会有亚秒级的延时，可按序列进行多达 10 个高度的通信问答。为了给云雾状况下的检测修正提供算法基础，在此序列中增加了两个额外的高度（非常高和非常低的高度）。

4.3.2.2　Leosphere Windcube V2

另一种主流测风激光雷达是 Leosphere Windcube。该雷达 2007 年投放市场，比 ZephiR 晚一年。与 ZephiR 一样，此雷达也已经经历了大型产业化过程，目前是 Leosphere Windcube V2 型产品，也有海上专用型产品。Windcube 是一种脉冲雷达。它有五个离散光束方向（视线方向），其中四个与垂直位置倾斜 30°，分别指向北、东、南和西，第五个为垂直位置光束。每个光束方向有其自己固定的望远镜和一个单独的激光源，检测器在五个方向之间进行光学切换，在切换至下一个方向前，发射大约 10000 个脉冲（在约 0.5s 时间内）。

Leosphere 中使用零差相干检测，说明激光源在发射前发生频移（幅度约为整个频移范围的一半）。反向散射光与一个未位移的激光源混合，这样，频移的极性，也就是视线风速的极性及等级就可以确定了。假设存在横向均质性，使用四个最近的非垂直光线的速度，就能够重新构建水平风速和风向。它提供的数据速率为 1/s，可以同时获得多达 10 个不同高度位置的风速。Windcube V2 能够测量 40m 及以上高度的风速，最大高度可达 300m，只有浮质条件较为理想的情况下，才能达到此最大高度。

4.3.2.3　测风激光雷达测量数据的精确性

对于资源评估和功率曲线验证来说，测风激光雷达数据除非其精确度能够确定，不然没有太大价值。也就是说，我们的测量结果可以与国际标准有偏差。许多学者，尤其是物理学家，发现测风激光雷达应进行校准这一观点会引起争议。因为激光雷达（在某些方面）是一种"绝对性"仪器，也就是说，如果我们知道了其元件的规格，其输出值（例如与杯形风力计不同）能够通过第一性原理确定。虽然这对于测量结果来说是有益的，但是，了解测量的不确定因素却难得多，因为每个元件本身也要求有经过认证的校准。此外，还有其他问题，例如，确定软件的算法是正确的，并且这些算法一直得到正确应用。

在受控状态下，对测风激光雷达的风洞进行校准是不可能的，因为测量体量巨大而且需要在正确范围内校准（这是精确性的一个重要部分）。目前，在实践中，测风激光雷达的不确定度是通过在露天状态下的校准，并与安装在气象桅杆上风杯风速计的参照数值比较加以确定的。这与理想状态相差很远，对于优质测风激光雷达来说，参照杯风速计的不确定度占不确定度的大部分，激光雷达的不确定度当然不可能比它更好。因此，需要更精确的参照仪器，或者通过更精细的设计和更好地理解（修正）紊流、温度和斜流的影响，大力改善风杯风速计的不确定度。

在即将发行的、重要的 IEC 61400 - 12 - 1 标准的下一个修订版中，已经制定了陆基遥感仪器的校准程序。该文件还阐述了一个分类方案，类似于风杯风速计的分级方案。分级方案试图为校准现场和应用现场两个环境变量之间的变化，赋予一个不确定度。不过，此方案的应用尚未产生令人信服的一致性结果，方案中是否考虑和如何考虑参照仪器的灵敏度也仍然不太清楚。

4.3.2.4　测风激光雷达如何测量紊流和阵风

把优质的测风激光雷达部署在满足假设的风力横向均质性的地方（大部分海上风电场都应如此），它们就能够非常精确地测量出平均风速。与此相反，即使能够精确测量到平均风速，测风激光雷达测量紊流（此处指水平风速的标准偏差）的能力也非常薄弱。具体来说，绘制的激光雷达风速 10min 标准偏差散点图与同位置同步风杯风速计的 10min 标准偏差散点图对比，显示出很大的离散度，回归线的斜率在 0.8～1.2 之间变化。

如 Sathe 等的著作所述，这种不良表现有几种原因。部分解释是，激光雷达的较大的探测长度造成这个后果，激光雷达不能发现比其探测长度小许多的紊流，与这种规模紊流相关的紊流能就衰减。衰减的量级取决于探测长度（对于 CW 激光雷达来说，它是高度的函数；对于脉冲激光雷达来说，它是一个固定值）和紊流的范围（表面粗糙度、高度和大气稳定性的函数）。

更复杂的是，激光雷达光束的倾角与探测长度的衰减在某种程度上抵消。简单说来，就是不同的紊流分量不可能完全分离开来，它们相互间交叉影响。例如，倾斜激光雷达光束测量的径向速度的变化，既来自水平方向上的速度变化（可能是我们最感兴趣的变化），也来自垂直方向上的速度变化。利用现有测风激光雷达的光束几何形状，实际上不可能完全将紊流的各个分量（及交叉分量）分开。为了做到这一点，至少需要两个不同张角下的六束光线。

总的来说，既有探测长度衰减问题，也有紊流分量交叉影响的问题。举例来说，测量的实际标准偏差与风杯测速计测量结果的对比，将取决于激光雷达的类型、测量高度、表面糙度，以及大气稳定性也很重要。所有这些效应的组合可以进行建模分析，其结果与实验观测结果的一致性也较好。这样就有了一些希望，至少可以更好地确定激光雷达紊流测量的不确定度；而且，如果我们对于情况（如温度梯度）的了解比激光雷达观测的更多一点，就有可能进行某种近似度修正。

由于测风激光雷达有测量紊流的问题，所以不太适于测量阵风（虽然在极端情况下，10min 平均速度就足够精确了）。目前，还没有很好地研究激光雷达测量阵风问题，但是，一些初步结果证实了这些猜测。基于测风激光雷达进行的 3s 阵风测量值，来外推 50 年的阵风数据，并不是一个好办法。在多个高度上，采用 CW 激光雷达测量会出现特殊问题。因为在这种状态下，激光雷达将以非常低的占空比测量每个高度（例如对于 5 个配置高度，略微低于 20%）。统计上来说，在发生最大速度期间测量的概率与占空比直接相关。

4.3.2.5　部署海上测风激光雷达

海上测风激光雷达的一个主要优点就是它们可以方便地、分散地部署在几乎任何位置。因为它们不是漂浮式设备，除非把它们部署在海上（第 4.3.3 节），否则它们无法漂浮在海面。本节中，我们将讨论把激光雷达部署在固定海上平台的可能性及相关问题。

测风激光雷达可以结合已有的或规划的海上桅杆部署。测风激光雷达的占地面积一般不超过 $1m^2$，重量大约 50kg。因此，如果桅杆侧面有足够高度，能避免极端海浪的地方，安装一个小型激光雷达阳台是可行的。如果桅杆内部有足够的地方，可以把激光雷达安装在桅杆内部。采用这种安装形式，重要的是桅杆不能阻挡激光束的方向。对于 ZephiR 雷达来说，不可避免地会出现模糊现象（因为光束运行轨迹是一个完整的圆）；中心安装型雷达（有几个分散的、封闭的光束方向）则最好采用侧面安装，并带有一个主导封闭的扇区。不过，这种情况下，应当注意，该仪表的现场风传感器足够暴露，能够测量可靠的风向。

把激光雷达部署在孤立的海上桅杆上，所面临的最大的挑战是需要向其提供 50～100W 的连续性电源。虽然自动供电系统是一种可能性（如光伏和风能供电的组合），但这也大大增大了物流的复杂性，而且可靠性好像也并不很高。也可以采用（或部分采用）柴油发电机供电，但是，设计和物流也不是简单的事。实践中，现有风电场内部或附近的桅杆，可能最适于部署桅杆安装型激光雷达，其电源可以通过海底电缆提供。这种情况，激光雷达的桅杆可以低些，并使得桅杆的风廓线大大超过转子的上边缘高度。

也可以考虑采用专用的激光雷达平台。例如，把单桩打入海床，桩上设有一个小平台供安装激光雷达及其电源。目前还不清楚，这种方案是否会比传统型海上桅杆（大部分成本是安装和拆除单桩）的造价低许多。无论如何，为了获得可靠的风紊流和大气稳定性数据，我们都主张新建一个中型桅杆（20～40m）。

测风激光雷达还可以部署在海洋上现有的构筑物上，例如油气平台。这个想法在 Norse - Wind 项目中进行过全面调研，该项目中，许多激光雷达（ZephiRs 和 Wind-cubes）都安装在北海和爱尔兰海的平台上。虽然项目研究人员在开始时怀疑在这些断崖地区测量的风况数值的质量，但是，大量的数字建模和风洞建模的结论显示，这些担心是毫无根据的。研究结果表明，在平台上方相当于一个平台高度的地方，流量失真最小。安装在油气平台上的测风激光雷达能够测量有用风况数据，尤其是，如果将其用于和 100m 高度以上的中尺度模型预测对比，就显得更为有用。安装在平台上的激光雷达显然不能精确测量海洋表面的风切变。物流运输方面来说，这些平台对于桅杆来说，也存在各种不同的困难。这些平台上电力和数据通信通常都是已有的，其主要问题可能是从平台业主获得使用许可，并且满足非常严格的平台安全管理条例。这些安全条例的目的通常是为了降低火灾和爆炸的风险。

4.3.3　漂浮式激光雷达

许多情况下，海上风电项目会规划在没有平台的区域，并逐渐向深水地区发展，而深水区就避免了单桩气象桅杆的可能性。这样，漂浮式激光雷达就成了一个好的解决方案，而且，已经有许多可实施的系统能够完成这项工作。笔者认为，在风能领域，漂浮式激光雷达技术是我们所见到的最令人激动的跨界应用，因为漂浮式激光雷达能够到达以前不可能达到的地区，提供那里的优质的风况测量值和风廓线测量值。这一领域也是正在快速发展领域，因此，在本章中，我们将努力说明其总体情况，而不是专注于讨论具体的系统。

4.3.3.1　漂浮式激光雷达系统的制作材质

将激光雷达安装在浮标上，配上电源和通信系统，成功部署并恢复运行，并期望它一次能够无故障或无维护运行几个月时间，这是一项非常具有挑战性的设计任务。曾经（海上）测风激光雷达到达就坏掉还很常见——在严酷的运输过程中坏了。如今，制作的测风激光雷达已经能经受严酷的海上使用条件，这也证明，该行业在过去几年间发生了很大变化，技术水平得到很大提高。

浮标必须适应测量点的风浪状况、水深和潮差。另一个重要的方面是，激光雷达平台要有多高的稳定性（将在后面的章节中更详细地研究这个方面）。平台可选择柱形浮标（一种竖直在水面上，固定在海床上的，高大的大浮力浮标）、波浪浮标（浮标形状可为矩形和长方形）和浮体浮标（船型浮标）。柱型浮标部署最难，造价也最高，因为它们要进行水平拖运，到现场后，还要部分淹没以将其转换到运行、垂直状态。其他类型浮标则从轮船甲板上拖运或部署。

浮标上已经部署了几种不同的激光雷达类型，值得注意的是已经部署了专用版 ZephiR 和 Windcube，以及 OADS Vindicator（脉冲雷达，同时发射 3 个光束）。除了要进行高等级的海上保护之外，这些激光雷达常常还包括动作传感器，包括倾斜和横摇倾斜仪及加速计，用于测量垂荡，也可能测量纵荡和横荡。这些输入数据可以用于修正激光雷达的输出，实现倾斜和运动的效果。

强大的电源是必不可少的。除了激光雷达之外，通信系统以及导航灯可能也需要供电，通常总计需要大约 100W 或更多。全部浮标系统主要依赖光伏和小型风电系统组合供电，某些情况下，采用柴油发电机作为备用电源。

最后，激光雷达必须拥有良好的通信系统，以定时传输记录数据及电源系统监控数据。常见的情况是利用基于卫星的服务来完成此通信任务。高可靠性绝对是至关重要的，因为通信系统故障会引发昂贵的现场维修，即使是小故障，也是如此。

4.3.3.2　处理运动的不同方法

正如上文所述，浮标的定向和运动会对激光雷达的精度产生有害效应。这里，我们将进一步探讨此问题，并且研究减小误差的方法。

例如，为了避免平均风速测量偏差，由于潮汐或风力作用于浮标一侧而引起的静态倾斜，可能是所要避免或纠正的最重要的状况。激光雷达倾斜会有两个后果：第一，假设的水平风速投射到倾斜激光雷达光束上的角度将会是错误的（除非进行修正）；第二，激光雷达感应到的水面上的高度也是错的，穿过风切变的风速也是错误的。如果从平台上的倾斜计可以知道角度，第一种误差源可以（在激光雷达的处理算法中）直接修正。通过脉冲激光雷达的距离动态适应功能（在采样数据中，轻微移动距离选通），可以非常容易地解决第二种误差源。聚焦式激光雷达需要一个动态适应焦点，以实现此目的。一些漂浮型激光雷达采用的简单的减小误差的手段是将激光雷达安装在平衡架（像轮船的罗盘）上，利用重力消除任何静态的横摇或倾斜。

修正动态运动造成的误差的难度更大，不过，动态运动对（10min）平均风速精度的影响较小。倾斜（和横摇）的影响（错误的投射角和错误的感应高度）也必须予以考虑，不过，对其影响，我们必须加上由浮标运动引起的诱导速度。所有这些影响都必须考虑重建方案和算法的动态变化。例如，当激光雷达光速在相反的方位角方向上扫描时（简化情况），由于波浪运动，浮标上下垂荡。如果浮标运动的时机是浮标上升（或下降）时，当时两个方向都被扫描到，水平风速上（因为符合同质性）就不会有诱导误差，而运动本身就成为一个垂直风速分量。如果浮标向上运动时，光束扫描一个方向，浮标向下运动时，光束扫描相反的方向，水平风速就会出现误差（因为不符合同质性），也不会检测垂直风速分量。

总的来说，平台的静态和动态运动都会对激光雷达检测的风速的精度产生影响。不过，海洋上空的风流（水平方向上）通常均质性很高，如果我们能精确测量浮标的运动，原则上来说，就能够修正大部分的影响。因此，用于漂浮测量的激光雷达通常都配有精密的倾斜仪和加速计。通常来说，激光雷达的算法能够利用其运动传感器的实时数据输入，直接修正风速数值。

4.3.3.3 漂浮式激光雷达的强项与弱项

如上节中提到的内容，只要考虑了所有静态偏差（无论是采用机械方式还是采用软件进行修正），漂浮式激光雷达就能够在合理精度范围内测量水平风速。激光雷达的运动很可能会对精度产生影响，而激光雷达运动是由浮标的类型、风况和海况以及机械稳定性程度确定的。采用分类理念（第4.3.2.3节）来弥补运动造成的不确定性是一种似乎可靠的方法。

风向对精确测量也很重要，因为盛行风向会极大地影响规划风电场的布局。事实上，陆上测风激光雷达能够精确测量风向（和风向变化），因为（与风向标相比）陆上测风激光雷达的校准更容易，也更精确。漂浮式激光雷达位于一个偏转（艏摇）的平台上，因此，必须连续测量浮标（或激光雷达）的方向，这样，才能精确确定真实的风向。早期的系统采用磁罗盘进行必要的方向测定，测量结果很差。经验证明，分布式GPS系统（浮标上有两个或两个以上天线）能提供精确得多的测量结果。

海上测风激光雷达不擅长测量紊流（第4.3.2.4节）。在这方面（指测量紊流，不是指测量平均速度），漂浮式激光雷达甚至更差。浮标运动残余的未修正结果不会对平均速度产生重大偏差影响，而是给速度信号增添了噪声，被认为是"额外"的紊流。截至目前，来自漂浮式激光雷达的紊流（和极值速度）测量值的质量都不足以用于设计的目的。在紊流具有特别重要性的场合，采用柱形浮标提供尽可能稳定的基础将是"最不坏"的选择。

4.3.4　扫描激光雷达和雷达

此前，我们已经讨论了具有固定扫描图形的测风激光雷达，它们安装在固定的或漂浮的基础上，测量风速和风向概况。而扫描激光雷达具有光束操控设施，这样，就可以发出一系列不同的射线轨迹，或者，在某种程度上任意控制光束（受操控机制动态约束的限制）。虽然短程（最大 250m）应用（如 2D 内的扫描流入和尾流）可使用连续光波扫描激光雷达，海上风能相关的扫描激光雷达采用的都是脉冲系统，因为脉冲系统在远程测量方面比连续光波系统要好许多。由于扫描仪工作机制的其他复杂性，扫描激光雷达通常更大、更重、更昂贵，可能也不如测风激光雷达可靠。

4.3.4.1　单一扫描激光雷达的用途

扫描激光雷达可以与测风激光雷达采用同样方法使用，通过向各个方位角方向发射倾斜光束（这称为 VAD 扫描或多普勒波束扫描），测量水平风速和风向的概况。由于需要时间重新定位激光雷达的光学系统，扫描激光雷达完成一个 VAD 周期的时间比专用的测风激光雷达略微慢一点。

扫描激光雷达能够执行的一种更为有效的扫描方法称为扇形扫描。这种情况下，光束扫过一系列方位角，同时光束的仰角保持不变。通过再次假设此扫描弧上水平风速均质，不同方位角下测量的视线风速为同一水平风速的不同投影。因此，视线风速与扫描方向的关系图接近于正弦波的一部分，其波幅与风速量级（乘以仰角的余弦）相关，其相位显示风向。

对于扫描激光雷达的扇形扫描，在海上有以下应用：

（1）用于发电性能验证。安装在风力发电机过渡联结件上的扫描激光雷达，能够利用扇形扫描轨迹，测量转子上游（距离通常为转子直径的 2.5 倍）的风速。这种方法也显示出与传统的桅杆安装型风速风向测定法相似的不确定性，当然，它不用在海上安装桅杆。

（2）也可视作海滨应用。扇形扫描激光雷达可安装在海岸线上（海拔高度最好达到接近轮毂的高度），测量向海面吹的风，根据激光雷达的规格，测量范围为 8～15km。该方法可用于海滨附近的风电场，其优势也是：风况数据精确、没有海上桅杆建设费用、还能测量一片区域而不仅仅是只测量一个点。

4.3.4.2　采用双多普勒雷达测量

目前为止，我们研究的所有激光雷达，无论是测风激光雷达还是扫描激光雷达，都是单独使用型激光雷达。因为激光雷达只能测量视线风速（沿视线方向的分量），为了能够推导水平风速和风向（或者可能甚至是完整的 3D 风向量），我们需要在不同方向上测量，这样，我们就会得到真实 2D（或 3D）风场的大量的不同投影。因为从单点测量，可以假设激光雷达光速在不同方向（因此也是不同位置）检测到的风场都是相同的。通常来说，在海面上尤其如此，这是一种非常合理的假设，至少，在（风能领域里）常用的 10min 平均时间段来说是一种非常合理的假设。对于测风激光雷达，在海面上空 100～200m 高度、100～200m 直径的圆形范围内，检测不受干扰的风，直觉上看来是一种合理假设。

对于能很好检测风电机组上游风况的扇形扫描激光雷达来说，这可能也是一种很理想的假设。

在具有明显的流量非同质性处，一个激光雷达是不够的，必须使用两个或更多的激光雷达。目前，激光雷达能够在空间上分开，如果同一地点的视线速度能够通过简单的几何排列，让风场位于交叉点，它们的光束就能够瞄准同一个点。为了获得3D风场图，形式上，需要三个不同的视线。海上视线为了让垂直风速（通常非常小）的测量精度合理，通常不可能将激光雷达安装成具有足够大的仰角。实践中，对于海上应用，垂直分量假设为0，采用两个扫描激光雷达来获得水平风速和风向。这种类型的测量称为双多普勒测量，因为两个多普勒风速（视线速度）混合成一个风速和风向。

风电场的流量测量是一个很好的例子，它说明了在何处使用双多普勒雷达有好处。尾流场的同质性是非常低的。虽然也可以采用单激光雷达测量，但是所获得的信息更是定性信息，而不是定量信息。例如，采用单个扫描激光雷达，能够获得尾流宽度的估值，但是不能区分尾流速度和方向的变化。风电场中，一直采用激光雷达和X—波段雷达进行双多普勒测量（该雷达尚未用于海上测量，但是在不远的将来就会用于海上测量）。该雷达是一种Ka—波段系统，最早由德州理工大学开发用于飓风和龙卷风的研究。该系统在岸上被部署用于专用型轻型卡车。目前，已经规划将其安装在海滨区域。正如我们所知道的，激光雷达探测量窄，但是非常长（长瘦型）。相比而言，Ka—波段雷达光束相对较宽（因为它覆盖大约1°的范围），但是通过使用脉冲压缩技术，只能达到大约10m的有效探测长度（短胖型）。虽然雷达的范围可能比激光雷达的范围要大，但是，因为其光束宽度呈线性增长，并不清楚更大的范围有什么用途。与激光雷达相比，这种雷达的可用性如何也不清楚，因为还不是非常了解这种雷达的方向散射源。

对于测量来自岸上的海滨风力资源来说，双多普勒测量可能也具有优势。从海滨到离岸10km范围的扇形扫描（采用单个激光雷达），其弧的长度可能是5km或更长。如果水平梯度太大的话，扇形扫描方法下的同质性假设可能会证明是不符合现实的。双多普勒测量要求两个空间分离的激光雷达，以某种形式的同步状态运行。它可提供扫描区的风速和风向，精度可能稍微高些，但是费用可能要高许多（两倍以上）。

4.3.5 舱式激光雷达

在风电场设立过程中，一项重要工作是发电性能确认，因为这项工作让开发商检查发电机性能是否能满足其所付费用想要达到的发电标准。对于单个项目的良性经济效应和风能的整体电力发电性能质量来说，它都是一项必要的规定。根据现行有效的IEC 61400 - 12 - 1标准，传统的发电性能确认，采用在轮毂高度安装一个桅杆安装式转杯风速计，提供进风风速值。桅杆位于风力发电机上游，两者距离为2.5～4倍转子直径。随着水深增加，此种桅杆的造价可能高达500万欧元甚至1000万欧元，显然，也有可能不用桅杆，采用其他替代方法。我们已经讨论过一种替代方法——在风电机组的过渡部分安装扫描激光雷达。这里，我们研究在风能领域已经获得一定认可的另一种可能性，安装在发电机机舱上的激光雷达，通过将其光束射到转子平面来测量上游风速。这种激光雷达称为机舱安装型激光雷达或简称为舱室激光雷达，它具有一个明显的特性，因为它与风电机组一起摇摆，所以它总是朝向上游方向。

因为目前需要测量上游至少在 2.5 倍距离处的风速，用于功率曲线验证的舱室激光雷达一直采用脉冲系统，因为在此距离下，脉冲系统能够以合格的距离分辨能力进行测量。第一代专用型舱式激光雷达仅使用两道水平发射的光束，采用 15° 半开角发射。采用常规的同质性假设和零垂直风速，能够容易地确定水平风速和相对于机舱位置的风向。不过，对于较短时间范围（几秒），两道光束之间（水平距离 100m 以上）的风速不能假设为同质性风速。结果，违反同质性假设（如阵风经过其中一道光束，而未经过另一道）的后果是：当采用数学模型，用所测的径向风速来计算水平风速时（称为重构风速），就产生一个虚构的侧风风变量（因为此数学模型只是一种通过突然的方向变化，表示径向速度的新模式）。如果平均风速是通过瞬时重构风速的平均值计算得来的，虚构的侧风变量总是会正向影响标量风速，并且，取决于紊流强度和规模的情况，会产生 1‰~2‰ 的偏差。以每 10min 为一周期，采用平均径向速度计算平均风速则是好得多的方法。在这样的周期里，同质性假设会得到很好的判定，也不会产生偏差。不过，计算得出的风速将是一个向量平均值，比标量平均值稍低（也取决于紊流强度），但是这个偏差远比与瞬时重构风速产生的偏差小许多。

因为主要目的是进行功率曲线验证，不确定性是首要的。与规格之间的偏差必须被证明为真实的偏差，也就是说，是那些统计上不太可能认为是由测量错误产生的偏差。鉴于此，已经制定了一个严格的校准方案，在该方案中，视线风速单独进行标定，然后再测量光束形状（开放角）。采用水平风速重构算法，能够把个体的不确定性融入重构水平风速的不确定中（这称为白盒标定）。舱式激光雷达报告的另一个重要测量参数（我们很快就将见到）是倾角。倾角测量拥有其自身的标定程序，它是基于手动检测光束位置和利用经纬仪精确测量相对高度来进行的。

利用校准程序的结果，已经为双光束舱式激光雷达建立了测量程序，测量程序也考虑了与机舱安装相关的其他不确定性。随着发电机转子上推力的增加，塔架会弯曲，机舱（在塔架自由端后面）向上方倾斜，使光束更高。这就是光束倾角有此相关性的原因，它告诉我们，风速实际上是在哪里（哪个高度）检测的。事先将光束稍微向下倾斜一点，通常就能够让整个测量高度范围处于轮毂高度 ±2.5% 范围内，这也是现行有效的 IEC 61400-12-1 标准的规格要求。偏离此范围之外则会遭受额外的不确定性。结果证明，舱式激光雷达功率曲线测量的整体不确定性，并不比传统型桅杆式测量的结果高太多。这是因为，激光雷达的标定（常规）主要受其参照物转杯风速计不确定性的影响，以及非常高的（2%）流量非同质性的不确定性分量对各功率曲线测量值（非常强制性地）施加的影响。

4.4　星　载　RS

利用卫星遥感技术进行海洋表面风况观测具有长期记录数据。这种连续记录始于 1987 年，目前几个卫星传感器都能提供信息。合成孔径雷达（SAR）提供最高的空间分辨率，覆盖从海边 1~2km 距离直到较远的海上区域。SAR 的风场反演方法基于一个为散射仪开发的地球物理学模型函数。SAR 仅有 1 个天线，因此，为了反演风速，风向是根据经验已知的参数。风向可以来自于大气建模、情景图中的风条纹（180°的方向不确定性）或来自当地观测。大气建模风向通常都很好，精度足以用于 SAR 风况反演算法。散射仪有 3 个天线（或旋转扫描天线），因此风速和风向都能通过观测进行反演。空间分辨率为 12.5~25km，因此，近海地区没有进行观测。与 SAR 相比，较低的空间分辨率能让更大的区域映射到一个扫描区域内。因此，它在某一具体地点的采样速度比 SAR 高许多。无源微波海洋风速观测具有 25km 的空间分辨率，观测非常频繁。几种相同的传感器已经飞行了许多年。因此，无源微波海洋风速数据提供了最频繁、最长时间的卫星海洋风况观测数据。风速是反演得出的，而风向则不是。

卫星海洋风况反演是基于微波，并进行昼夜观测。对于无源微波和某些散射仪的观测来说，提供了降雨（大雨）的影响结果和大雨标记。取决于期望的信息类型，也需要考虑观测值之间的差别。对于长期风速趋势分析来说，无源微波数据特别有用。而散射仪可能提供几十年的数据，如风向图数据。SAR 覆盖沿岸地区，并且对海洋表面风空间变化性的分辨率也高得多。这样，对于各种海上风力资源中尺度建模之间的比较来说，就提供了非常有用的数据。实际上，已经研究出方法，将 SAR 风况和中尺度建模结合起来，更好地评估风力发电机轮毂高度处的风力资源。将几种类型的海上风力资源估算的卫星数据综合起来也是可行的。

4.5 案例研究——近海风电场项目

作为简明案例研究，我们一直选择研究遥感技术如何应用于近海风电场的规划、建设和调试。

4.5.1 风力资源估算

对于建模来说，海岸线 10km 以内近海区域的风力资源估算最具挑战性。这要归因于海滨的非同质性、建模的分辨率和复杂的边界层过程。网格单元可能包括陆地和海洋，它们具有差别悬殊的空气动力糙度，表面温度也不同，因此，它们上空大气的稳定性也可能不同。而且，由于海滨地形差异，还会产生海陆风、沿岸地形喷流和其他几种现象。观察海滨离岸风对于精确预测风力资源很重要。卫星 SAR 是唯一来自太空的有用数据，而水平远距离扫描激光雷达可以部署在陆地上。不然的话，也可以使用装有激光雷达的现场浮标或气象桅杆。目前，尚未对各种方法的优势和局限性进行充分评估。在丹麦北海（RUNE 项目）地区，正在进行关于此课题的研究。图 4.1 描述了在日德兰半岛（Jutland）北部重点区域观测到的海洋表面风况的例子。海洋表面风况图来自于 Sentinel - 1A 卫星，观测的场景是 2015 年 4 月 25 日 05：40UTC（国际标准时）的情况，由 DTU Wind Energy 进行处理。北海中有很可能是来自大型船舶的强雷达回波，而卡特加特海中有来自 Anholt 海上风电场中风力发电机的强雷达回波。此风况地图的空间分辨率大约为 1km。

图 4.1 经 DTU Wind Energy 许可发布。Sentinel1A 卫星图像来自 Copernicus 卫星，

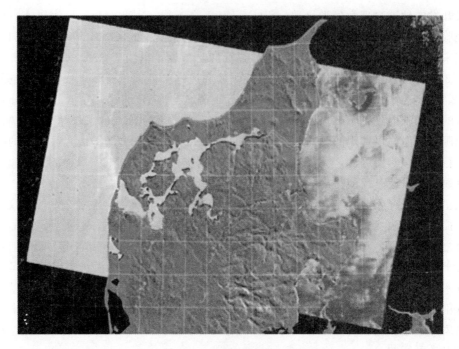

图 4.1　海洋表面风况图

由 DTU Wind Energy 的 Merete Badger 使用约翰霍普金斯大学应用物理实验室软件处理。此项工作由 RUNE 项目资助。

4.5.2　施工阶段

由于安全、物流和合同原因，施工期间天气情况监控和记录很重要。尤其是，如果测量数据要用于确定承包方施工条件的局限性时，各方都要重视所使用的风况测量设施的精确性，这一点很重要。在当地港口或其他合适的海上位置部署的测风激光雷达，都是用于此目的的便捷设备。对于较远的海上部署来说，漂浮式激光雷达能够提供必要的风速测量，而且，在任何情况下，都能够提供实际部署位置处的更精确的风速，但是成本也高得多。

4.5.3　验证测量设备

一旦风电机组进行安装并调试，通常要对至少其中一些机器进行发电性能验证。这时候，与采用传统型气象桅杆雷达相比，采用舱式安装或临时性激光雷达其成本要高效得多，而且，其测量不确定性也差不多相同。漂浮式激光雷达也可用于发电性能验证，但是其成本高许多（不确定性也较高），可能不太合适。宁可将昂贵的漂浮式激光雷达用于未来项目中的风力资源勘查，而不是将其用于功率曲线验证。对于功率曲线验证，有更便宜、更好的方法。

4.5.4　尾流测量

最后，在案例研究中，需要考虑若干年后当整个风电场输电量开始大幅减少时的情况。疑点是已建风电场上游几千米处的一个新风电场，它造成的尾流亏损（以及风电场的后续补偿）可能一直都被低估了。制定的计划是：在上游风电场的最后一排和已建风电场的第一排，安装远程扫描激光雷达。这些激光雷达利用卫星通信技术（不允许将两个风电场的网络连接起来）同步运行，能够测绘这两个风电场之间的风区，并执行此功能 12 个月的时间，覆盖一年周期中的各种稳定情况。基于这些测量值，而不是以前的纯建模方式就可以计算出来，从第一个风电场到第二个风电场的季节性尾流亏损的新加权值。

4.6　未　来　趋　势

表面远程遥感技术产业化程度越来越高，意味着该产业越来越强劲，拥有更多的软件，但是价格并不更低。对于海上测风激光雷达和舱式激光雷达，我们都已经看到了这一趋势。相反的，扫描型激光雷达尚未达到同等水平的成熟度和强劲度，不过，这也很可能在今后几年中发生，虽然它们的市场地位和认可度还有些不太明确。漂浮式激光雷达仍处于迅速发展中，还要经过几年，才能有许多技术上成熟的系统供选择使用。

激光雷达标准化和推荐标准有望取得重大进步。现行有效的 IEC 61400 - 12 - 1 功率曲线标准修订版，包括遥感技术及几个主要的新项目，预计在 2015 年通过委员会投票（CDV）阶段，并有望在 2016 年正式通过。此修订版已经作为双边协议的基础，非常广泛地加以应用。关于漂浮式激光雷达的 IEA 工业标准预计在 2016 年完成，这将补充现行的 IEA 工业标准中关于陆基遥感技术的内容。

海上风况星载遥感技术包括配备运行 SAR 的 Sentinel - 1 卫星。未来许多年，两颗 Sentinel - 1 卫星都将处于运行状态。这是提交运行卫星数据的欧洲哥白尼计划（European Copernicus Mission）的部分内容。此外，散射仪 ASCAT 与两颗执行任务的卫星共同运行，通过 EUMETSAT 项目纳入未来规划。海洋风况的无源微波遥感技术处于进行之中，并将为三颗将同时运行的卫星适时推出几台新仪器。不过，在很远的未来，这种数据系列计划将可能会终止。

缩　略　语

AEP	Annual Energy Production	年度能源产量
CAPEX	Capital Expenses	资本费用
CDV	Committee Draft for Voting（Stage of a Standard）	委员会投票（标准通过阶段）
CW	Continuous Wave（Lidar）	连续波（激光雷达）
IEA	International Energy Agency	国际能源署
IEC	International Electrotechnical Commission	国际电工委员会
NORSEWInD	Northern Seas Wind Index Database（EU - FP7 project）	北海风况索引数据库（EU - FP7 项目）
OPEX	Operational Expenses	运行费用

OWA　　　　　Offshore Wind Accelerator（Carbon Trust initiative）　海上风况加速器（碳信托行动）

RUNE　　　　Reducing Uncertainties in Near – coastal Energy estimates（ForskEL project）　降低近海岸能源估算不确定性（ForskEL 项目）

SAR　　　　　Synthetic Aperture Radar　合成孔径雷达

UniTTe　　　Unified Turbine Testing（Innovation Fund Denmark project）　发电机综合测试（丹麦创新资金项目）

参 考 文 献

[1] Albers, A., Franke, K., Wagner, R., Courtney, M., Boquet, M., 2012. Ground – based re-mote sensor uncertainty – a case study for a wind lidar. In: Proceedings of EWEA 2012.

[2] Courtney, M., 2013. Calibrating Nacelle Lidars. DTU Wind Energy E; No. 0020. Available from: http: //orbit. dtu. dk.

[3] Clifton, A., Elliot, D., Courtney, M., January 2013. Expert group study on recommended practices: 15. In: Ground – Based Vertically Profiling Remote Sensing for Wind Resource Assess-ment. IEA Wind.

[4] Gottschall, J., Wolken – Möhlmann, G., Viergutz, T., Lange, B., 2014. Results and conclu-sions of a floating – lidar offshore test. Energy Procedia 53, 156 – 161. http: //dx. doi. org/10. 1016/ j. egypro. 2014. 07. 224.

[5] Gottschall, J., Courtney, M. S., Wagner, R., et al., January 2012. Lidar profilers in the con-text of wind energy – a verification procedure for traceable measurements. Wind Energy 15 (1), 147 – 159. Special Issue: SI Pages.

[6] Hahmann, A. N., Vincent, C. L., Peña, A., Lange, J., Hasager, C. B., 2014. Wind climate estimation using WRF model output: method and model sensitivities over the sea. International Jour-nal of Climatology 35. http: //dx. doi. org/10. 1002/joc. 4217.

[7] Hasager, C. B., 2014. Offshore winds mapped from satellite remote sensing. Wiley Interdisciplinary Reviews: Energy and Environment 3. http: //dx. doi. org/10. 1002/wene. 123.

[8] Hasager, C. B., Stein, D., Courtney, M., Peña, A., Mikkelsen, T., Stickland, M., Old-royd, A., September 2013. Hub height ocean winds over the North sea observed by the NORSEWInD lidar array: measuring techniques, quality control and data management. Remote Sensing 5 (9), 4280 – 4303. http: //dx. doi. org/10. 3390/rs5094280.

[9] Hasager, C. B., Mouche, A., Badger, M., Bingol, F., Karagali, I., Driesenaar, T., Stof-felen, A., Peña, A., Longépé, N., 2015. Offshore wind climatology based on synergetic use of Envisat ASAR, ASCAT and QuikSCAT. Remote Sensing of Environment 156, 247 – 263. http: // dx. doi. org/10. 1016/j. rse. 2014. 09. 030.

[10] Hirth, B. D., Schroeder, J. L., Gunter, W. S., Guynes, J. G., March 2015. Coupling Doppler radar – derived wind maps with operational turbine data to document wind farm complex flows. Wind Energy 18 (3), 529 – 540. http: //dx. doi. org/10. 1002/we. 1701.

[11] Kristensen, L., 1993. The Cup Anemometer and Other Exciting Instruments (Doctoral thesis). Risø – R – 615 (EN). Available from: http: //www. windsensor. dk/technical/literature. htm.

[12] Sathe, A., Mann, J., Gottschall, J., Courtney, M. S., July 2011. Can wind lidars measure turbulence? Journal of Atmospheric and Oceanic Technology 28.

[13] Vasiljevic, N., 2014. A Time – Space Synchronization of Coherent Doppler Scanning Lidars for 3D Measurements of Wind Fields. DTU Wind Energy PhD; No. 0027 (EN). Available from: http: // orbit. dtu. dk.

[14] Wagner, R., Rivera, R. L., Antoniou, I., Davoust, S., Friis Pedersen, T., Courtney, M., Diznabi, B., 2013. Procedure for Wind Turbine Power Performance Measurement with a Two – Beam Nacelle Lidar. DTU Wind Energy E; No. 0019. Available from: http: //orbit. dtu. dk.

[15] Wagner, R., Courtney, M., Vignaroli, A., McKeown, S., Cussons, R., Krishnamurthy, R., Boquet, M., Langohr, D., 2015. Real world offshore power curve using nacelle mounted and scanning Doppler lidar. In: Proceedings of EWEA Offshore 2015, Copenhagen.

第二部分

海上风电机组主要组件和设计

第5章　海上风电机组叶片材质的研发

R. Nijssen，G. D. de Winkel

风力发电机材质和建设知识中心，维灵厄韦夫，荷兰 ［Knowledge Center Wind Tur-bine Materials and Constructions（WMC），Wieringerwerf，The Netherlands］

5.1　对叶片材质的主要要求

5.1.1　转子叶片上的负载

风电机组叶片要承受巨大数量的疲劳周期（大约为 $10^{8\sim9}$ 个周期，某些金属材料的疲劳极限尚未得到证明）。它有两个主要影响因素：一是风切变负载周期（由于垂直风切变，向下方向位置处的叶片负载比向上方向位置处的叶片负载低）；二是由叶片自身质量产生的重力负载（负载从一个水平位置向另一个水平位置反转）。

不能把转子叶片研发与风电机组的研发分开研究。从最先进的风电机组（越来越大的三叶片逆风电机组）上，可以识别出各种研发，例如采用更轻的材料（以降低重力疲劳负载），应用更硬的材料和结构（以避免大风时叶片碰到塔架）。因为叶片越来越细长，塔节变得相对更小了，为了保持塔节间负载的传送，有时候需要反复考虑连接问题。

对于海上风电机组来说，较高的（叶片）端速容许值可能会造成在顺风转子配置时采用双叶片涡轮（图5.1），产生关于材料的新的要求。较高的端速需要更好的尖端抗侵蚀材料。增大尺寸将提高对低重设计的要求和/或尾缘加固的要求。尾缘加固有助于在更长、

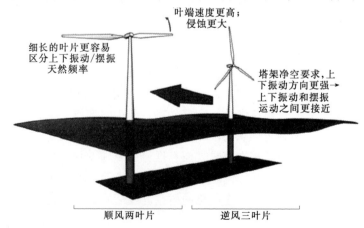

图5.1　海上风电机组的发展可能造成材料要求的变化

更细的叶片上，将叶片上下振动和摆振的天然频率区分开来。尽管如此，如果涡轮结构其他部分允许，涡轮结构的刚性及天然频率也可能降低，则可以使用成本更高效的材料（如避免使用碳材料）。

在海上安装，还可能受到更多的湿度和盐度的影响。

5.1.2　转子叶片的结构元素

图 5.2 显示了典型的叶片结构布局。转子叶片是中空结构。在接近底部，叶片底部连接螺栓埋入到管状、单片、通常为多轴线的薄板上，也就是说，在叶端方向和叶端方向±45°，都遵循主要的纹理方向。连接螺栓可采用 T -螺栓或嵌入螺栓。

沿着叶片的长度方向，通常大约在管状叶片根部位置，形成流线型的横截面，该结构内出现一个翼梁，一直延伸到接近叶端的位置。虽然这是整体性结构，但是该结构由拥有各自功能的组件构成；翼梁罩为单片板，主要是无定向板材（纹理从叶根到叶端），抗剪腹板通常为夹层结构。在重负荷区，叶片可能具有多达三层抗剪腹板。

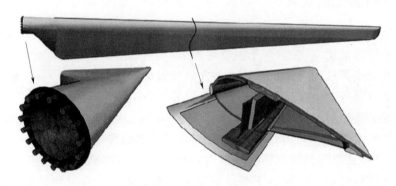

图 5.2　典型叶片布局图

如上所述，转子叶片的材质采用一种重量轻、负荷高的整体结构。过高负载要求需要针对生产、运营及维护和停运的最低成本进行平衡。在下一段中，讨论了叶片制造和运行的要求以及对成本的简单说明。

1. 制造

大多数叶片都是采用真空灌注工艺制造的，如图 5.3 所示。在该过程中，预制件、干燥织物、芯体材料及其他部件，如雷电保护系统，都放置于模具中，模具通常为叶片轮廓受压侧或吸入侧的形状（不同的叶片制造商采用其惯例进行其他形式的模块划分）。预制件包括叶片根部（如配有嵌入连接螺栓）和翼梁罩，因为它们厚度大、注入性较差。将辅助性材料，如流体介质，加到干燥织物堆垛上，整个堆垛上就形成了一层真空箔。所释放的介质（喷射、膜或织物）通常都在模具表面和堆垛层及辅助材料之间。其结果就是，未来的叶片壳体，其流线型表面侧采用刚性模具制造，其叶片内侧则采用柔性模具制造。然后采用真空辅助技术，向腔体内注入未硬化的树脂。随后在树脂硬化后，就形成带有预埋加固物的刚性聚合体。

注入工序的成功与否在非常大的程度上决定了最终产品的质量。注入和后续硬化的速

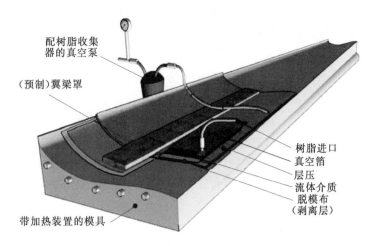

配树脂收集器的真空泵

(预制)翼梁罩

树脂进口
真空箔
层压
流体介质
脱模布
(剥离层)

带加热装置的模具

图 5.3　叶片制造结构示意图

度是制造时间和成本降低的重要推动因素。

　　注入速度部分取决于注入策略，这包括树脂通道和其他流体介质的选择、树脂和硬化剂系统以及相关温度和压力分布的选择，其目的是实现注入速度、织物浸渍、质量和纤维体积含量的最优化。已有模拟软件汇总了这些全部参数或部分参数，可以用于优化注入策略选择（图 5.4）。

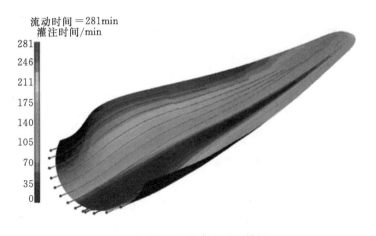

流动时间＝281min
灌注时间/min

281
246
211
175
140
105
70
35
0

图 5.4　转子叶片灌注时间模拟

　　从材料方面来说，树脂的硬化动力性能和织物的渗透性（最好在三个方向上进行研究）在注入策略设计方面起着重要作用。大多数树脂的配方都可以现场定制，通过控制温度、加速剂、催化剂和硬化剂的选用及相对含量，来获得更快或更慢的注入速度。在硬化期间，温度升高（树脂硬化是放热过程），树脂黏度逐渐升高，从水状黏度（对于较高起始温度来说，黏度更低）升高到聚合状态。

　　如果织物渗透性值确定，这就意味着，树脂硬化速度越快，注入路径就越短，就必须使用更多的树脂喷射和真空口。因此，快速硬化树脂就需要更多的准备性工作。更快的硬化通常与更高峰值的放热反应相关,在硬化期间,高树脂流量区,如厚层区(这也是这些部件进行预制的一个原因),能够自行加固。更高的峰值放热意味着冷却时产生更大的温度轨迹,也可能产生更严重的收缩/残余应力效应。相反的,慢硬化型树脂则顾及不太激烈的硬化过程、简化的模具制备,但是其缺点是周期时间更长。

最近,在潜在的树脂系统内有个新的发现。这些树脂系统并不是在根据树脂成分生成最终配方之后直接开始硬化,而是需要一个开始聚合反应的临界温度。理论上说,这就可能将慢硬化树脂的优势与快硬化树脂优势、以及可控的模具温度结合起来。

对于织物来说,良好的渗透性是成功注入的前提。通常来说,无纺布、朝着纤维的方向、在织物的平面上,其织物渗透性最好。高渗透性与松散的相干性相关,它与最终层的高纤维体积含量的强度和硬度要求相反。

许多制造商提出一个重要的非技术要求。不过,这个要求对转子叶片设计有重大影响,就是材料的可得到性。为了保证生产和维修不受阻碍,只有当材料能够由两家或两家以上独立供应商供货并可以互换使用时,即来自不同供应商的材料能够用于同一部件的生产,才能将其应用于设计之中。毫无疑问,这种策略保证了供应商之间的(对于材料购买商来说)有利竞争。这种策略也可能阻碍创新,因为新开发的材料在应用到转子叶片生产之前,可能需要花费一些时间。

2. 特性

随着叶片变得更长,为了在特定的风电现场获得更多能量,在材料选择方面,各种特性(相对于质量来说的强度和硬度)就变得更有影响力,更倾向于选择比强度和比刚度更高的材料而不是更重的材料。叶片由叶片自身质量的负载驱动,叶片质量产生周期应力,当叶片处于水平位置时,周期应力的最大值在前缘和后缘附近。虽然基本比例法则表明根部弯曲力矩比例为转子半径 R^{3+1}(质量比例根据平方—立方法则,力矩臂与转子半径成比例),叶片根部的实际应力也符合同样的比例法则。实践中,这可能低于比例值,因为叶片设计的改进已经形成低于立方值的历史性的质量提升。叶片根部半径也受到轮毂轴承和倾斜轴承设计考虑的限制,其结果是,与需要更高安装空间的 T 型螺栓连接相比,(部分)嵌入的叶根螺栓接头变得越来越普遍。

3. 成本

除了市场方面因素之外,如国际贸易政策或货币汇率波动造成的供应商成本变动,叶片制造成本主要取决于材料成本、加工成本和制造设备的成本,以及劳动力、管理和组织成本。风电行业的相关效应是材料处理方面投资的下降不会引起叶片成本的大幅下降——如果劳动力成本仅占叶片成本的 5%,那么,劳动力成本下降 20%,仅会使总成本下降 1%。这种情况下,努力降低周期时间被宣传为降低成本的更有效的方法。他们声称,较短周期时间的另外一个好处是质量更高,因为生产团队会以更高的频率生产同样产品,就能够更快地找到故障并从根本上加以解决。

通过更短的浇注时间也能够实现更短的周期时间,例如,可以通过开发更快的树脂系统(第 2.2.1.1 节)、更高的材料沉淀速度、更高的层厚度、结构性和辅助性材料同时沉淀等方式来实现。

5.2　叶片设计过程中测试材料和结构的作用

对材料、组件和同尺寸结构进行测试的一个主要原因是确认设计的可行性。设计是基于假设和简化模型进行的，这些模型本身的开发也需要丰富的实验基础，进行科学观测。不过，即使模型开发非常成功，能够精确可靠地预测所有可预见情况下的结构性能，这些模型本身也需要输入数据，用于校准材料系数和指标。最后，在开发适当的测试方法方面，材料模型的精度很大程度上决定了测试能力，从而精确表示运营条件。例如，转子叶片测试中的测试负载来源于采用疲劳寿命估算方法得出的设计负载，而疲劳寿命估算方法则源于取样试验。

实践中，转子叶片设计始于材料选择。因此，可基于材料在制造和生产过程中的性能、材料的可得到性和成本，进行候选材料储备。之后，对这些材料的选择要经过标准的材料测试。对于典型的叶片来说，可提交 5～10 种材料进行这种测试，这些材料要经过几种不同的准静态测试（如张力、压力、面内剪力、层间剪力），每个测试都进行标准化处理，生成规定格式的材料参数（通常是应力应变曲线图和泊松收缩比）。每种配置在同样条件下测试 6～10 次，以获得材料或特性的内在散布度的印象概念。在后面的步骤中，会用到关于散布度的信息，以获得事先确定的安全系数，或者在概率设计中，获得既定的可靠性。然后，通常是从最好的结果中，选几个材料进行疲劳测试。在疲劳测试中，一般来说，对 3 个 R 比率进行研究，数量达 10^7 个负载周期（R 比率的定义为，在疲劳测试中采用的最小周期负载与最大周期负载的比率；一般来说，R 比率的取值为 $R＝0.1$（全张力），$R＝-1$（反向负载）和 $R＝10$（全压力）。总的来说，叶片验证过程内进行的材料测试程序可多达 500 个单项测试，并持续几个月的时间。

系统工程理念在航天设计界一直特别盛行，也正在研究将其用于风力发电机设计。系统工程理念是关于检测升级的概念。系统工程包括通过在材料、子组件和同比例模型层次上依次进行检测，降低设计中的不确定性，如图 5.5 所示。

在设计实践中，直到 21 世纪的最初几年，转子叶片设计主要基于松散材料属性，即材料属性通过标准样本的实验室试验获得的情况，还很常见。在很大程度上，这种方法忽视了黏合层、接头和各夹层板内或周围各种不同材料（复合材料，或符合材料与金属的混合）之间的相互作用。这使得设计细节，而不是层压板更加至关重要。在欧洲项目中，例如 UPWIND，和更近些的 IRPWIND，子组件测试研发的概念非常细化。子组件测试是在可能发生

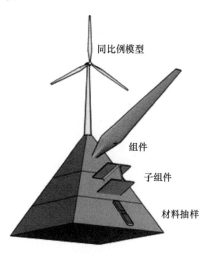

图 5.5　叶片检测升级示意图

故障（或根据同比例叶片运行经验已知的故障）的结构的独立部分进行机械实验，目的是推断出故障机制并了解其特性。一般来说，这些都是结构细节，而（数字）模型无法精确

预测其特性。

同样的，子组件级测试看起来是材料测试和同比例测试之间一个非常必要的中间步骤。同比例测试提出许多问题，如就整个生产来说，单个同比例叶片产生的预测发电能力是多少。在实践中，同比例测试不能符合关键设计细节（不能同时满足各处的理想优化设计）。就此而论，风能行业的组件测试的发展明显落后于航天行业，最近，才开始着眼引入一些设计指导原则。一个重要的原因是：在很多方面，风电机组叶片是一个比飞机机身更具整体性的结构。从结构方面来说，飞机至少可以分为大量的结构部件，它们由等向性材料构成，相互之间采用不同的方式连接，通常采用机械紧固件连接，如螺栓和铆钉连接。这在一定程度上简化了代表性检测样本的区分，以及对连接边界情况的适用描述（与结构其他部分的铆钉连接，可以采用与测试机器的螺栓连接或铆钉连接来代替）。其他原因可能包括快速变化的设计和设计范围（把以前的不太有用的结构细节测试程序用于下一代设计）。而且，对于把子程序测试引入常规设计实践中，标准化起着重大影响。子程序测试在一定程度上的标准化，对于纳入叶片测试验证过程是必不可少的。但是，某些叶片设计中结构细节拥有知识产权，这就使得它们不宜采用标准方式公开，而普通的子组件样本设计和测试配置只与有限的设计细节相关。

5.3　关于材料选择和叶片设计的案例研究

本节中，举例说明了对于材料特性和叶片设计的相关性。在这项研究中，全玻璃纤维（以下简称玻纤）加固型负载叶片元件翼梁罩，与全碳纤维（以下简称碳纤）加固型翼梁罩及玻纤—碳纤混合翼梁罩进行了比较。使用玻纤翼梁的优势是在进行无纺布加固时，成本低，材料容易得到。对于大型叶片，要求材料具有更高的强度系数和/或刚度系数。虽然几十年来，碳纤维一直被认为是可能性最高的候选材料，但是，直到最近几代的产品设计，碳纤维才被予以采用，较大的叶片不断地展示了全碳纤维结构元件。这种方案的缺点是：高成本（大约比玻纤贵三倍）、由于纤维直径较小造成注入性更差及纤维填充更密集、（在纤维方向上）压力负载对几何像差更明显的敏感度，如出现起皱或波纹现象。玻纤—碳纤混合层则在两种极端之间达成有趣的妥协，玻纤层数是树脂注入路径数的两倍，为压缩的碳纤层提供更多帮助，并限定了结构元件的整体成本。

在参考文献［14］所描述的近期研究中，对于每个层压板，都采用了三个不同层压板的实验测定的准静态特性和疲劳特性，以优化参照叶片的内部结构。三个层压板分别为全玻纤增强型环氧树脂，全碳纤增强型环氧树脂，玻纤—碳纤混合层。图 5.6 为 3R 比率疲劳测试中，测得的百万周期应力值。

在叶片设计中，还要考虑激光设计限值和边界条件。为了进行优化，叶片负载元件的质量转化为成本（采用一个直接乘数），提供了像使用替代层压板的总体概念。

叶片设计也考虑了以下基本设计限制：

（1）塔架净空。在最大运行风速时叶片弯曲的限值。

（2）翼面向和翼弦向疲劳。主翼梁法兰和后缘加固处（如有）疲劳损伤的限值。

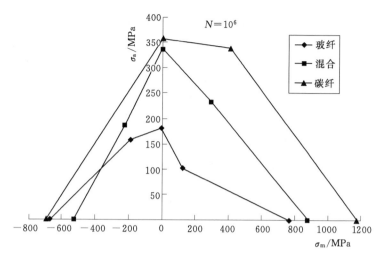

图 5.6 三种材料百万周期时的疲劳性能（横坐标为准静态应力）

（3）屈曲。避免翼梁法兰屈曲，不考虑蒙皮壁板的屈曲。

在本研究中，叶片设计优化工作包括找到翼梁罩厚度的最佳分布，也就是承担设计负载所需要的最小数量的材料（图 5.7）。

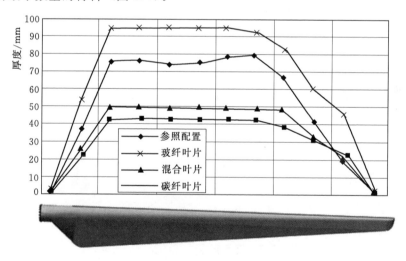

图 5.7 采用不同材料的优化的叶片翼梁罩厚度

图 5.8 为翼梁罩厚度分布优化后得出的质量和成本。使用碳纤，由于其刚度更高、疲劳特性更好，与混合型相比，其翼梁罩厚度可大约减少 50%。进一步去除玻纤，形成全碳纤维翼梁罩，则相对较小的质量减轻（约 35%），这可以部分归因于屈曲约束。在成本方面，由于材料成本较高，成本降幅比质量降幅要小许多。应该注意的是，本项研究中，采用的是参照性叶片设计，但是，为了提高样本测试性能和注入性，混合型和碳纤型叶片包含有多达 ±45° 的层数，玻纤翼梁罩以模拟软件优化的方式进行了修正，也包含 ±45° 的层数。这种方法促进了同类比较，但是，实际上优化后的玻纤翼梁罩（图 5.7 中玻纤叶片）比参照的（全 UD）翼梁罩（参照性叶片）重 2.7t。

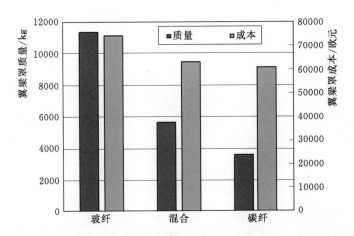

图 5.8　全玻纤、全碳纤和混合材料叶片的质量和成本对比

　　本项研究中，一次只能优化一个参数。更详细的程序会包括多参数优化，包括翼梁罩宽度和层数配置。为此单项研究所进行的部分人工优化中使用了合理数量的设计判断。不过，在设计部门中，一些集成设计软件包中含有更广泛的优化程序，这些程序可以用于将自动化优化最大化。此处讨论的研究表明，即使是在最新的发展水平上，叶片设计也仅仅是一定程度上的集成。如果不能说全部的叶片设计都是这样，但是在大多数叶片设计中，各单独的组件完成各项独立的任务。随着设计自动化和制造自动化变得可能更加流行，各种功能和优化也可能会获得进一步集成。

　　进行优化的（部分）转子叶片的更详细的参数化，能够容易产生非常多的参数。即使像图 5.9 中所示的相对简单的 UD 梁厚度分布也有一些地方，其厚度需要明确，甚至可以简化，不考虑个别减层问题。

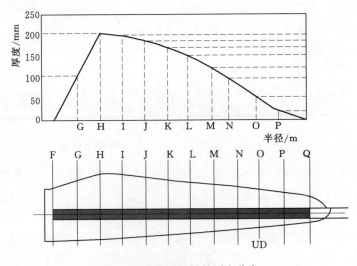

图 5.9　典型 UD 梁的厚度分布

　　此外，现有叶片设计的参数化可能很难而且耗时，叶片定义可能需要简化，以在优化中结束合理数量的参数。对一些近年的优化项目来说，厚度分布复杂的敷成层必须进行参

数化，FOCUS6 风电机组设计软件中实施了一种创新的参数化方法。不是对敷成层直接参数化，而是在叶片各敷成层厚度分布上，采用了外形修正器。使用的方法类似于图片编辑软件如 Photoshop 和 Gimp（图 5.10）中常用的调节颜色曲线功能。

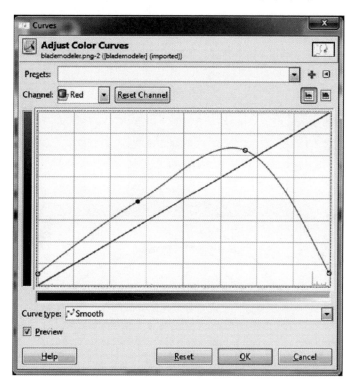

图 5.10　Gimp 软件的调节颜色曲线对话框屏幕

厚度分布可以在几度的自由度（图形里的标记）范围内改变。外形修正器用于现有的厚度分布，形成新的厚度分布。其优点是，优化的起点可能是复杂的厚度分布，而外形修正器仅有几度的自由度，因此，优化软件中只需要包括较少的参数。

对于形状函数，采用三度无因次多项式函数，在 $x=0\sim1$ 的域内，运算从 $j=0\sim1$，计算公式为

$$j(x,\alpha_1,\alpha_2)=x\left\{1+\frac{27}{2}(x-1)\left[\alpha_1\left(x-\frac{2}{3}\right)-\alpha_2\left(x-\frac{1}{3}\right)\right]\right\}$$

式中　　α_1，α_2——改变曲线形状。

在优化过程中，可以调整这些参数。参数 x 是敷成层内翼展方向的相对位置。式中，系数 α_1 和 α_2 定义为相对于翼展方向坐标位置的 1/3 和 2/3，不过，也可以定义为其他位置。

如果翼展方向厚度分布定义为 $t(s)$，采用形状函数的厚度分布为

$$t'(s,\alpha_h,\alpha_1,\alpha_2)=(1+\alpha_h)t[sj(x,\alpha_1,\alpha_2)]$$

函数 j 修正了厚度的翼展方向分布，而 α_h 则调整了厚度。

图 5.11～图 5.13 显示通过调节 α_1 和 α_2（左上图）和调整比例（α_h），改变外形调节器的曲线，从而修改厚度分布。如果 $\alpha_1＝\alpha_2＝\alpha_h$，就得到初始厚度分布。为获得合理的厚度分布，$\alpha_1$ 和 α_2 必须保持在 $-1/3$ 和 $+1/3$ 之间。本方法并不仅限于此处所用的三阶多项式函数。

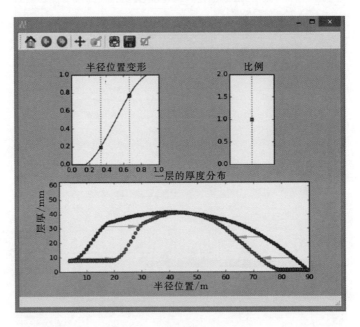

图 5.11　厚度分布——挤压

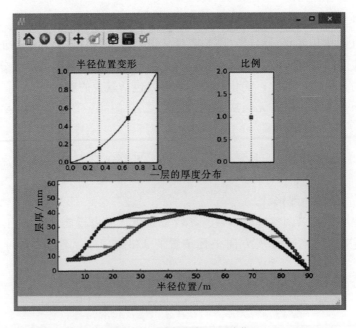

图 5.12　厚度分布——移位

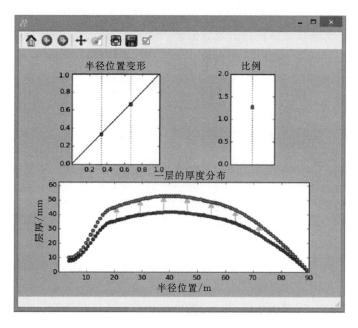

图 5.13　厚度分布——比例

5.4　未　来　趋　势

5.4.1　材料和结构减振

对于较大叶片和较细叶片来说（弦长更短，剖面厚度更小），在设计中，要求更多关于减振性能的知识，以进行更适当的稳定性检查。

5.4.2　多轴测试和损伤级别

在等向性材料特征鉴别中，检测通常设计用来引发材料的单向应力或张力。在多向应力的状态下，采用如冯米斯（von Mises）方程，将单向应力情况下的性能转化为多向应力情况下的性能。然而，在层压复合板中，应力状态或多或少定义为多向应力；不同刚性和不同方向的层压板相互间通过剪力和法向应力传递负荷。夹心复合板必须抵御从翼弦向产生的面内负荷，以及翼面向产生的叶片负荷。在较厚的层压板中，可能有一个贯穿厚度的组件。而且，详细来说，使用黏性黏合层时，会出现两种或三种应力状态；由于几何排列和制造问题，并不是所有的黏合层都受到纯剪力负荷（在黏合过程中，这方面情况很常见）。

已经有越来越多的人关注设计细节中，应力多向性的效应，但是还需要进一步的努力来开发检测材料等级的适当方法。在设计原则中，迄今还没有强调这一点。虽然大多数指导原则一直在使用，对于复合材料的准静态评测，采用多向失效准则，例如 Puck 准则或最大压力准则或修订的 Tsai - Wu 标准。

某种程度上,损伤的开始和扩散是一个相关话题,因为损伤通常开始于复杂设计的细节中,相对来说,用测试和设计原则难以解决。结果就是,目前结构失效的判定是基于那些能够说明完全失去负荷承载能力的数据。对于损伤容限更高的设计,如本节中讨论的内容,材料和结构的性能与出现损伤相关性很大,将需要检测和(实验室)监控方法以满足损伤级别量化的要求。

5.4.3　微观力学建模及与条件监控的相互作用

现有加固设施、树脂及合成复合材料的丰富多样性,对于定制设计,具有众多可能性的优势。尤其是越来越多人认为,层压板的长期机械性能取决于加固结构、层间(黏合剂与纤维相互作用之处)性能和环境影响,例如水分吸收。层内裂纹的开始和扩大会引起某些性能的宏观变化,可以量化为宏观损伤,宏观损伤在产品生命周期内累积,最后会造成失效。

在当前设计实践中,有一些对比计算模型,它利用层压板的松散属性和层压板宏观性能,依赖于失效的预测而不是损伤的累积。目前来说,这可能是令人满意的方法,正如本章前面所描述的那样,宏观结构组件,如黏合层和机械连接都是设计中最重要的部分,可以通过结构建模和子部件试验评估的组合来实现。

然而,随着设计细节越来越优化,设计师的重点将再一次转向松散材料。候选材料的准静态和疲劳属性都会影响优化层设计。

在各种材料研究学科中,微观机械建模是一种基于微观机械结构和材料属性预测宏观特性的方法。对于复合材料,分析性工作可以追溯到几十年之前,而近些年工作则一直关注利用数字模型。将疲劳损伤的开始和扩展纳入研究范围,是最近才在文献中出现的新增内容之一。不过,设计工具的应用还很有限。在风能行业方面,以及其他许多轻质复合设计的应用方面,基于层压板初始底层结构进行精确生命周期预测的潜力非常巨大,潜力主要在于优化材料检测程序以及将加固物和黏合准备(如编织或缝合)与生产参数综合处理等方面。

研发的下一步工作将是监控技术集成,在此过程中,负荷受到监控,而且,瞬时的材料状态(包括损伤)被输入到微观力学数字模型中。该模型可根据实际损伤状态和实际发生的负载,而不是假设的历史负载,实现剩余生命周期基点预测。此方法需要对各潜在的被测变量(裂纹密度和类型、局部硬度或刚性、局部树脂状态,如玻璃化温度和水分含量等)之间的联系有更深的理解。

5.4.4　涂层——防腐保护

出于绩效考虑,对于叶片和传动系来说,高叶尖速度比(叶尖速度与风速的比值)更为有利。随着大型海上风电机组叶片的一个限制因素(叶尖噪声)变得不太重要,这些风电机组采用了更高的绝对叶尖速度。这与更大的颗粒(砂子)或水(雨水侵蚀)摩擦相关,这就提高了涂层实验验证的需求,尤其是雨水侵蚀实验的需求。因为实验已经证明,雨滴侵蚀效应与第五力量的相对速度成比例。

雨水侵蚀检测方法主要有两种类型:①雨滴侵蚀,将一个雨滴(定时地)打到底层上，这种检测方法适于关于水滴与一个表面之间相互作用的更基础性的研究。②直升机检测法，这种方法是将一个或几个样本固定到一个快速转动的直升机转子，这个转子位于雨水模拟器下。虽然许多检测研究所都采用这种类型的检测，但是这种检测在速度、雨滴尺寸、流速等方面的标准化工作还仍然处于研究过程中。因此，很难将来自不同实验室的结果进行比较。侵蚀效应与相对速度之间强大相互关系的好处是能够大大地加速雨水侵蚀测试。因此，通过提高测试旋转速度，可以更快地比较几种不同候选材料的抗侵蚀能力。两种方法对侵蚀和抗侵蚀机制都有定性的或相对性的估算，但是都不能给出精确的、能够直接与实际操作性能相关的定量结果。

防腐保护通常是使用一条热塑基胶带，可将其用于叶片外切面的前缘。近期雨水侵蚀的结果显示了侵蚀保护寿命的重大进展。防腐保护的好处是实现更长的潜在的维修间隔周期，降低层板损伤的机会。对涂层的侵蚀损伤实际是一种空气动力学方面的损伤；如果下层层板损伤，就需要昂贵的维修费用，导致重大的长时间停运。

5.4.5 设计原则——安全寿命还是损伤容限

风电机组叶片设计是保证在预计的运行生命周期内100％可用。这符合安全寿命设计原则，也就是说设计中需要某种程度保留/保守性，这样材质就通常会在比其最大能力低的层次上运行，而材质（质量）内在的附加量就可以应对外部负载和材料及结构模型中的不确定性。

因此，在低重量设计中，采用损伤容限设计是合乎逻辑的。这种情况下，在设计阶段就要基于损伤开始和扩展方面的知识来考虑运行造成的损伤。损伤容限设计基于检查间隔周期的设计，并且与维修程序相关。因为检查维修与价格高昂的停运及成本密切相关，这使得损伤容限设计在风力发电机的设计，尤其是转子叶片的设计中不引人注意。一架商务班机可能花费大约4％的服役时间用于定期检查和维护（A～D级检查），特别是C级和D级检查要求特定的工况。鉴于海上风力发电机需要达到大约98％的可用性，叶片检测和维修最好在现场进行。

5.4.5.1 检查、维护和维修

对于叶片，不管采用任何设计原则，在保持其运行安全性方面，检查、维护和维修都起着重要作用。对于大多数叶片来说，在线工况检测/结构健康监控系统都很有限或者缺失，因此，对于操作人员来说，定期检测在发现结构损伤和/或影响空气动力性能的损伤方面很有价值。维护包括清洁工作、前缘保护胶带和空气动力学附加装置的运用或更换，如旋涡发生器。维修仍仅限于整形修复。将疲劳寿命恢复到期初始的期望值是不现实的。虽然少量的现场损伤情况的公开报道在统计上没有代表性，不过，大多数结构损伤看起来都是因为接近叶端处的碰撞和侵蚀引起的。因为接近叶端处的相对速度最高，而且因为闪电，也最可能电击到叶端。因此，许多情况下，进行整形维修就足够了。

5.4.5.2 工况监控的作用

在叶片的生命周期内，实际负载及其他外部影响与用作设计基础的相应数据会不同。这最终会造成转子叶片的过载或欠载。在叶片设计中，这种运行负载和设计负载在比值方面的不确定性，通过分项系数进行补偿。通过使用工况监控，可以催生更优化的设计。工

况监控实现运行负载的（连续的）量化，并与设计负载进行比较。因此，工况监控指运行期间对负载（及潜在的湿度、结冰等）情况的评估。

更深一步的工作是利用此信息评估剩余寿命情况。

5.4.5.3　寿命再评估和延长

将信息的使用从，例如应力传感器方面的应用，扩大到监控运行负载（工况监控），以及评估累计寿命耗费或损伤发展（结构健康监控，SHM），要求将运行负载测量数据与叶片设计模型联系起来。

这种 SHM 技术可以连续实施，但是，在当前实践中，这种技术尚未普遍，存在着几个原因。现实性原因之一是，在许多风电机或风电场现场，进行了"动力装置改建"，也就是说，根据当地规划和机构许可，采用更大的风力发电机替换了原有设备。然后，二手发电机就被运送到世界其他地方，在保修和证书方面，有着不同的条件。因此，风力发电机在其生命结束前许多年，就被更换运走了，所以，深度的结构健康检查可能就并不紧急了。另一个考虑是，大多数结构健康系统中，都没检查到早期故障，如叶片设计或叶片安装（根部连接）较差。

尽管如此，SHM 的应用提供了估算特定位置的转子叶片寿命的延展寿命的可能。这可以作为寿命延期保证的基础，或者，也可以是有条件运行的基础，在发电机剩余运行寿命内避免某些极端性或周期性负载，从而增大可以利用的风能数量，直至其退役为止。

缩　略　语

Crimp	The tortuosity of a fibre or roving due to the weaving pattern　由于编织模式形成的纤维或粗纱的弯曲度
R-ratio	疲劳负载下，最小周期值和最大周期值（波谷-波峰）的比值
SHM	Structural Health Monitoring　结构健康监控
UD	Unidirectional (refers to fibre direction in composite laminates)　单向性（指复合层板中的纤维方向）
WMC	Wind Turbine Materials and Constructions　风力发电机材质和建设

变　量

$t(s)$	翼展方向上的厚度分布
$t'(s)$	随形状函数变形的厚度分布
j	厚度分布形状函数
α_1, α_2	厚度分布形状函数的形状参数
α_h	厚度分布形状函数的范围参数

参 考 文 献

［1］ F. Sayer, F. Bürkner, B. Buchholz, M. Strobel, A. M. van Wingerde, H. Busmann, H. Seifert. Influence of a wind turbine service life on the mechanical properties of the material and the blade, Wind Energy 16 (2013) 163 – 174.

［2］ P. Brøndsted, R. P. L. Nijssen（Eds.）. Advances in Wind Turbine Blade Design and Materials, Woodhead Publishing, 2013.

［3］ A. Koorevaar. Simulation of liquid injection molding, in: Sampe – JEC Conference, Paris, 2002.

［4］ J. Teuwen. Thermoplastic Composite Wind Turbine Blades – Kinetics and Processability, Dissertation, Delft University of Technology, 2011, ISBN 978 – 94 – 6186 – 010 – 1.

［5］ H. Sambale. Latent Hardener for Rotor Manufacturing, Kunststoffe. de, August 17, 2009.

［6］ R. Wiser, Z. Yang, M. Hand, O. Hohmeyer, D. Infield, P. H. Jensen, V. Nikolaev, M. O'alley, G. Sinden, A. Zervos, Wind energy, in: O. Edenhofer, R. Pichs – Madruga, Y. Sokona, K. Seyboth, P. Matschoss, S. Kander, T. Zwickel, P. Eickemeier, G. Hansen, S. Schloemer, C. von Stechow（Eds.）. IPCC Special Report on Renewable Energy Sources and Climate Change Mitigation, Cambridge University Press, Cambridge, United Kingdom and New York, NY, United States, 2011 via srren. ipcc, wg3. de/report/IPCC _ SRREN _ Ch07. pdf.

［7］ P. Lillo. Static and Fatigue Analysis of Wind Turbine Blades Subject to Cold Weather Conditions Using Finite Element Analysis, Dissertation, University of Victoria, 2001.

［8］ R. Montejo, J. Saenz, I. Nuin, A. Ugarte, J. Sanz. Development and validation of an innovative joint system for sectional blades, in: Proc. EWEA, 2013. Paper 299.

［9］ S. van Breugel. Production at higher quality and lower cost, in: CWP Workshop, Beijing, October 2014.

［10］ UPWIND Project Site. http: //www. ewea. org/eu – funded – projects/completed – projects/upwind/.

［11］ IRPWIND Project Site. http: //www. irpwind. eu/.

［12］ E. Stammes, T. Westphal, R. P. L. Nijssen. Guidelines for Design, Stress Analysis and Testing of a Structural Blade Detail, Deliverable D 3. 1. 4/WMC – 2010 – 95, February 2011.

［13］ S. Pansart. Evolution in certification requirements for rotor blades, in: DNVGL Symposium on the Future of Rotor Blades for Wind Turbines, Hamburg, November 4, 2014.

［14］ T. Westphal, P. Bortolotti, R. P. L. Nijssen. Carbon glass hybrid materials for wind turbine rotor blades, in: Proc. EWEA 2013, February 2013. Vienna, Paper ID 281.

［15］ H. Dekker, G. de Winkel, J. Kuiken, K. Lindenburg. Optimization of the blade layup, in: Blade Manufacturing and Composites, May 12, 2015. London, UK.

［16］ B. Resor, B. Owens, D. Griffith. Aeroelastic instability of very large wind turbine blades, in: Proc. EWEA, 2012.

［17］ D. van Hemelrijck, A. Smits, T. P. Philippidis. Study of the behaviour of a glass fibre reinforced epoxy composite system used for wind turbine rotor blades under biaxial load conditions, in: Proc. EWEC, 2006.

［18］ Germanischer Lloyd Industrial Services GmbH, Rules and Guidelines, IV Industrial Services. Part 2 Guideline for the Certification of Offshore Wind Turbines, 2012.

［19］ DNV – DS – J102. Design and Manufacture of Wind Turbine Blades, Offshore and Onshore Wind Turbines, Det Norsk Veritas, 2010.

［20］ K. L. Reifsnider. The critical element model：a modelling philosophy，Eng. Fract. Mech. 25 （1986） 739－749.

［21］ C. Qian. Multi－Scale Modelling of Fatigue of Wind Turbine Rotor Blade Composites，Dissertation， Delft University of Technology，2013.

［22］ A. Thiruvengadam，S. Rudy，M. Gunasekaran. Experimental and analytical investigations on liquid impact erosion，in：Characterization and Determination of Erosion Resistance，ASTM STP 474， American Society for Testing and Materials，1970，pp. 249－287.

［23］ C. Claus. Latest Protection Methods Against Leading Edge Erosion for Increased Tip Speeds，Wind-Power Events－Blade Inspection，Damage & Repair Forum，Hamburg，September 2014.

［24］ K. B. Katnam，A. J. Comer，D. Roy，L. F. M. da Silva，T. M. Young. Composite repair in wind turbine blades：an overview，J. Adhes. 91 （1－2） （January 2，2015） 113－139.

［25］ R. Nijssen，A. van Wingerde，（WMC）. Fatigue of Long Reference and Repaired MD Specimens. OPTIMAT report ♯：OB ＿ TG4 ＿ R012 rev. 000，doc. no. 10324，from：http：// www. wmc. eu/public＿docs/10324＿000. pdf，accessible through http：//www. wmc. eu/optimat-bladesdocs. php.

［26］ O. Lutz. Deficiency，defects and damage spots in rotor blades，in：Proc. Wind Turbine Rotor Blades，Haus der Technik，Essen，Germany，June 2011.

第6章 海上风电机组叶片的设计

P. Greaves

海上可再生能源开发中心，诺森伯兰郡，英国（Offshore Renewable Energy Catapult，Northumberland，United Kingdom）

6.1 引　　言

风电机组（无论是陆上还是海上）叶片，必须满足大范围的设计需求，各种设计需求互相竞争。例如，为了使风电机组的升阻比最小化、能量产量最大化，空气动力学家希望使用厚度尽可能小的翼面。然而，这种空气动力轮廓在结构方面效率较低，因此，为了满足强度或刚性需求，则需要使用更多材料。整体设计要求不是要最大化能力产量，而是要最小化能量成本（一般通过将能量产出与叶片重量之比最大化来实现），同时保证叶片能够承受极值负荷和疲劳负荷的情况。

陆上风电机组的许多设计考虑因素在海上并不存在，因此，当开始考虑海上风电机组设计时，必须仔细地对陆上风电机组的优化设计进行假设。例如，经济性方面，仅有两叶片或三叶片风电机组可选，而三叶片风电机组占主导地位，因为与效率等同的两叶片风电机组相比，其噪声更小，视觉上也不那么突兀。不过，这些因素在海上风场方面并不存在，从运输和安装方面来说，两叶片风电机有更显著的优势。

而且风电机组本身的成本对海上能源成本的影响比其对陆上能源成本的影响小许多（表6.1）。进行年度能源产量权衡计算，来降低风电机组成本。例如，基于空气动力学性能，采用结构更高效的翼型，这对陆上风电机组可能是合理的，但是对海上风电机可能产生负面影响。海上风电机组基础的成本要高得多，因此，如果能源产量降低的情况下，基础承担的负载也能够降低，那么，能源的成本也有可能降低。关键是我们不能孤立地考虑风电机组本身，必须考虑整个风力发电系统。

表6.1 能源成本的相关构成比例

项　　目	陆上（每台机组）	海上（每台机组）
风电机组	0.57	0.30
电厂辅助设备	0.25	0.30
运行和维护	0.18	0.33
设备退役	0.01	0.07

本章的目的是为设计者提供叶片建模的全部工具，包括预测空气动力学负载的方法，预测材质性能及结构特性的方法。可以将这些方法输入风电机整体模型。其中一些技术是

传统技术，也有一些是更先进或更具商业性的技术，本章也将引导读者们了解相关资料。

目前流行的水平轴，变速/变螺距风电机组结构是本章研究的重点，因为这是读者们在实践中最可能遇到的风电机组类型。

6.2 空 气 动 力 学

关于风电机组空气动力学的详细讨论超出了本章的范围。因为这整本书都是关于风电机组空气动力学的研究，所以本章的重点就放在了与海上风电机组设计最为相关的各种方程。对于这些方程的来源感兴趣的读者可以查阅参考文献。

假设已经确定研究水平轴风电机组（旋转轴与风向成一条直线的风电机组），可以从流管的概念开始关于空气动力学的讨论。

6.2.1 动量原理

风电机组从风中吸取动能，动能计算为

$$KE = \frac{1}{2}mv^2 \tag{6.1}$$

每秒穿过转子平面的空气的质量为 ρAv，其中 ρ 为空气密度，A 为转子平面的面积，v 为风速。将此代入式（6.1），就得到了从风中可获得并转化为电能的方程，即

$$P = \frac{1}{2}\rho Av^3 \tag{6.2}$$

图 6.1 显示了穿过风电机组的空气的环形轴向流管。

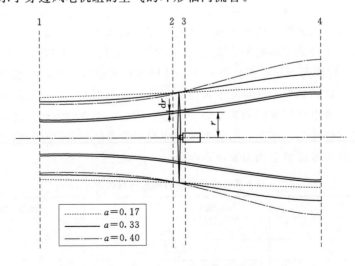

图 6.1 不同轴向感应系数的环形轴向流管

图 6.1 中有四个横断面，断面 1 为风电机组上游某处，断面 2 为转子平面前方，断面 3 为转子后，断面 4 为风电机组下游某处。可以假设断面 1 和断面 4 处的压力 p 相同，断面 2 和断面 3 处的速度 v 相同。断面 2 和断面 3 之间的能量被转子吸走了，因此压力将会

下降。如果利用伯努利方程，并且注意到力 dF_x 等于压力 p 乘以流管的截面积 $2\pi rdr$，那么就可以得出式（6.3），其中 ρ 为空气密度。

$$dF_x = (p_2 - p_3)2\pi rdr = \frac{1}{2}\rho(v_1^2 - v_4^2)2\pi rdr \qquad (6.3)$$

利用式（6.4）定义轴向吸入系数 a。使用式（6.5），就能够计算出 v_1 和 v_4。

$$a = \frac{v_1 - v_2}{v_1} \qquad (6.4)$$

$$v_2 = v_1(1-a)$$
$$v_4 = v_1(1-2a) \qquad (6.5)$$

将式（6.4）和式（6.5）代入式（6.3），就得到式（6.6），环上受到的轴向力。

$$dF_x = \frac{1}{2}\rho v_1^2 4a(1-a)2\pi rdr \qquad (6.6)$$

注意，电功率是由此轴向力乘以转子平面的速度，利用式（6.7）来计算电功率，电功率是轴向吸入系数的函数。

$$dP = \frac{1}{2}\rho v_1^3(4a^3 - 8a^2 + 4a)2\pi rdr \qquad (6.7)$$

对式（6.5）求导数，可以得出当 $a=0.33$ 时，可以吸取最大的电功率。

空气对叶片施加扭力，也就是说叶片对空气施加大小一样、方向相反的扭力。在叶片的上游，没有旋转发生。而在风电机组尾流中，尾流以角速度 ω 旋转。作用在叶片元素上的扭力 dT 等于式（6.8）中提供的空气穿过转子桨盘的角动量 L 的变化速度，在式（6.8）中，I 是转子平面流管的转动惯量，m 是通过环形流管的质量流率。式（6.9）中定义了轴向吸入系数 a'，式（6.9）中，Ω 是转子的角速度。

$$dT = \dot{L} = \frac{I\omega}{dt} = \dot{m}r^2\omega dr = 2\pi r\rho v_2 r^2\omega dr \qquad (6.8)$$

$$a' = \frac{\omega}{2\Omega} \qquad (6.9)$$

将式（6.5）和式（6.9）代入式（6.8）中，得到式（6.10），即作用在叶片元素上的扭力。

$$dT = 4\pi\rho\Omega a'(1-a)v_1 r^3 dr \qquad (6.10)$$

叶片从叶端发出涡流，减小作用在叶片上的各种力。式（6.11）中定义的普朗特叶端损失系数 Q 可以用于进行此修正。R 表示转子半径，B 表示叶片数量。

$$Q = \frac{2}{\pi}\arccos\left[\exp\left(-\frac{(1-r/R)B\lambda}{2(1-a)}\right)\right] \qquad (6.11)$$

考虑到叶端损失的原因，式（6.12）和式（6.13）给出了作用在环上的轴向力和扭力的方程。

$$dF_x = \frac{1}{2}\rho v_1^2 Q 4a(1-a)2\pi r dr \qquad (6.12)$$

$$dT = 4\pi\rho\Omega Qa'(1-a)v_1 r^3 dr \qquad (6.13)$$

6.2.2　叶片元素动量理论

实践中，转子并不总是在最优流入条件下运行。在非最优流入情况下，可运用叶片元素动量理论计算空气动力荷载。更复杂的是，虽然也有计算这些负载的其他方法（例如升力线模型和计算流体力学），但是这些方法的计算量比叶片元素动量理论的计算量要高许多。因此，计算转子叶片负载是最常用的方法，而且如果假设基础相同的话，它与那些较复杂方法的结果也是一致的。

叶片元素动量理论采用叶片翼面升力阻力查询表，升力系数 C_L，阻力系数 C_D 为攻角 α 关于相关雷诺数的函数。这些表格数据通过风洞测试、2D 翼剖面的 CFD 或采用板块法获得。并且还假设了被转子分成的环形流管之间不出现混合情况。

图 6.2 显示了一个叶片元素。我们看到，采用式（6.14）能够计算出相对合速度 W。

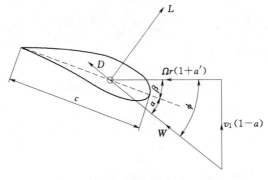

图 6.2　叶片元素处的相对合速度

$$W = \sqrt{v_1^2(1-a)^2 + \Omega^2 r^2(1+a')^2} \qquad (6.14)$$

使用式（6.15）能够知道作用在叶片元素上的升力 dL 和阻力 dD。使用式（6.16）和式（6.17）能够将各种力分解为轴向力和扭力。

$$dL = \frac{1}{2}\rho C_L W^2 c dr$$
$$\qquad (6.15)$$
$$dD = \frac{1}{2}\rho C_D W^2 c dr$$

$$dF_x = \frac{1}{2}\rho W^2 c B(C_L\cos\phi + C_D\sin\phi)dr \qquad (6.16)$$

$$dT = \frac{1}{2}\rho W^2 c Br(C_L\sin\phi - C_D\cos\phi)dr \qquad (6.17)$$

现在，有四个叶片元素轴向力和扭力的方程，这些方程可以采用迭代法求解。式（6.12）和式（6.13）由动量理论推导得出，式（6.16）和式（6.17）由作用在叶片元素上的各个力推导得出。

对 a 和 a' 赋予初始猜测值，然后，使用这些数值使式（6.12）和式（6.16）相等，获得 a 的下一个值的表达式，然后，使式（6.13）和式（6.17）相等，获得 a' 的下一个值的表达式。式（6.18）和式（6.19）给出了这些表达式。

$$a = \frac{g_1}{1 + g_1} \qquad (6.18)$$

$$g_1 = \frac{Bc(C_L \cos\phi + C_D \sin\phi)}{8\pi r Q \sin^2\phi}$$

$$a' = \frac{g_2}{1 - g_2} \qquad (6.19)$$

$$g_2 = \frac{Bc(C_L \sin\phi - C_D \cos\phi)}{8\pi r Q \sin\phi \cos\phi}$$

通过关于所述翼面的查询表，可查到进行下次迭代计算的升力和阻力系数，如图 6.2 中所示的来自流入角 ϕ 的 α 和翼面设置角度 β。继续进行上述过程，直至 a 和 a' 的连续值都在事先定义的容差之内。

6.2.3 优化叶片设计

能够通过分析的方法得出适于变速运行的最优的叶片排列，不过，此处先不讨论这个问题。感兴趣的读者可参考文献 [1] 和参考文献 [2]，了解最优叶片排列方程的全部推导过程。

在忽略阻力的情况下，轴向流入系数的最优值取 0.33。不过，随着轴向流入数值的增长，作用在转子上的推力负载也会增长。潜在来说，这可能会造成更高的能源成本，因为负载更重的转子会需要更多材料，因此，对于当 a 取值不是 0.33 时的情况，我们提供参考文献 [1] 中所述的方程。

式（6.20）定义了一些描述叶片的变量。叶端速率 λ 定义为叶片端速度（通过半径 R 乘以旋转速度 Ω 得出）与上游风速 v_1 的比。升阻比 k 是升力系数 C_L 与阻力系数 C_D 在迎角处的比，因为在迎角处，该值最大。该值会沿着叶片长度变化，因为由于结构设计限制，整个翼展不能使用同样的翼面。最后，x 是翼展方向位置 r 与叶片长度的比，0 表示在旋转的中心，1 表示在叶端。

$$\lambda = \frac{\Omega R}{v_1}$$

$$k = \frac{C_L}{C_D} \qquad (6.20)$$

$$x = \frac{r}{R}$$

为优化运行，沿切线方向流入系数 a' 赋值为 k，叶端速度比 λ，式（6.21）则给出了轴向流入系数 a。如前文所述，k 会随着叶片翼展变化。

$$a' = \frac{\sqrt{(k\lambda x)^2 + 2k\lambda x - 4ak[\lambda x - k(1-a) + 1]} - (k\lambda x + 1)}{2k\lambda x} \qquad (6.21)$$

式（6.21）中定义的叶端损失修正系数 Q 解决叶端涡流造成的损失效应。叶片数量由 B 赋值。

然后，我们就能够计算现场叶片排列 Λ，利用式（6.22）可以得出弦长 c 和现场流入角 ϕ。然后，可通过 k 值最大时的攻角 α 和 φ 来确定叶片设置角度 β。

$$
\left.
\begin{aligned}
\Lambda(\lambda,x) &= \frac{8\pi a(1-a)}{B\lambda(1+a')\sqrt{(1-a)^2+\lambda^2 x^2(1+a')^2}} \frac{Q}{\left[1+\dfrac{1-a}{k\lambda x(1+a')}\right]} \\[2ex]
\Lambda(\lambda,x) &= \frac{c(\lambda,x)C_L}{R} \\[2ex]
\varphi &= \frac{1-a}{\lambda x(1+a')}
\end{aligned}
\right\} \tag{6.22}
$$

利用式（6.23）可以得出功率系数 C_P，利用式（6.24）可以得出推力系数 C_T，利用式（6.25）可以计算出翼展比为 x_0 情况下的力矩系数 C_M。

$$
C_P(\lambda) = \int_0^1 \frac{8a(1-a)Q[k(1-a)-\lambda x(1-a')]\lambda x^2}{(1-a)+k\lambda x(1+a')}\,\mathrm{d}x \tag{6.23}
$$

$$
C_T = \int_0^1 8a(1-a)Fx\,\mathrm{d}x \tag{6.24}
$$

$$
C_M(x_0) = \frac{8a(1-a)}{B}\int_{x_0}^1 \frac{Q[\lambda x+(1-a)/k](x-x_0)}{(1-a)/k+\lambda x(1-a')}\,\mathrm{d}x \tag{6.25}
$$

这些方程在设计研究中很有用，但是它们不能用于计算最优运行点的卸负载。在这种情况下，这些方程必须通过叶片元素力矩理论，使用迭代法求解。

6.2.4　叶尖速度比的效应

叶尖速度比是叶片尖部速度与风速的比。在陆上，叶尖速度受到噪声限制，达到约 75m/s，但是原则上来说，风电机组设计者允许海上风电机组的叶尖运转更快，因为海上风电机组噪声可以更大。

这对于风电机组设计有几个好处。随着叶尖速度升高到设定的功率输出，优化的叶片轮廓变得更加细长，潜在降低了叶片中的材料用量。更重要的是，对于设定的功率输出，风电机组产生较低的扭力。这会降低轮毂、齿轮箱（和/或发电机）、机舱底座、塔架和基础的稳定负荷。对于顶部质量和整体材料用量也有潜在好处。

不过，因为前缘侵蚀和稳定性考虑，不能无限度地提高叶尖速度。叶片侵蚀发生在叶尖附近的前缘，该处入流速度最高。侵蚀是由粉尘或雨滴引起的，影响叶片表面，造成叶片涂层乃至下层结构的损伤。下文会详细讨论前缘侵蚀问题。

6.2.5　叶片数量的影响

从经济观点上来看，两叶片和三叶片转子能量成本类似。两叶片转子引起的功率系数的轻微下降，通过降低叶片的材料用量得到平衡（部分原因是叶片数量更少；部分原因是两叶片优化设计弦长更大，因此厚度更大，提高了结构效率）。

两叶片风电机组的一个缺点是当转子位于垂直位置时，风剪力效应和塔影效应同时出现，这对疲劳荷载有严重影响。可通过个体叶片桨距调节或使用倾斜轮毂的方法减小这种效应。

转子还有一个依赖于方位角的不同的惯性力矩，它在动力学方面很复杂（虽然解决此类问题的现代控制系统比那些陆上风电发展初期使用的系统更强大。在陆上风电发展初期，关于两叶片还是三叶片的争论达到高潮）。

三叶片风电机组在陆上占主导地位，因为对于给定的受风区，它们转动更慢，这就降低了噪声，并且视觉上更美观。如前文所述，它们的动态特性也更容易建模。这些因素使得三叶片风电机组成为陆上风电机组标准。而且，三叶片风电机组的使用也已经延续到海上，因为一些革命性的设计加大了风电场项目相关的风险。

目前，又在重新考虑两叶片风电机组，并且有几家公司在开发大型海上平台。两叶片风电机组的关键性好处与运输和安装相关。对于两叶片风电机组，机舱和转子可安装在一个升降机内，而三叶片风电机组至少需要两台升降机，其中一台将包含非垂直界面。这就要求要么适应转子（如果机舱在转子之后安装），要么，如果采用兔耳式安装，就要适应第三叶片（包括运输机舱时，轮毂事先装好，两个叶片也装好，像兔子耳朵一样指向上方）。

6.2.6 逆风转子与顺风转子比较

陆上风电机组倾向于采用逆风转子，因为逆风转子会降低塔影效应，塔影效应是噪声和疲劳负载的重要来源。疲劳负载可以通过采用桁架塔的方式来降低，出于美观原因，陆地上通常不采用这种方法。在倾斜轮毂中，各叶片围绕与转动轴垂直的轴旋转，大大降低叶片根部的疲劳负载，其代价则是更高的复杂性。

这就意味着在海上环境，随着美观和噪声限制的解除，顺风叶片变得越来越有吸引力。叶片设计不太会主要考虑塔架击打问题（刚性驱动型设计），更可能是强度驱动型设计。这可能走向降低叶片重量的设计思路。

而且为了增加塔架净空，转子通常为锥形。对于逆风转子，锥形叶片意味着离心力的作用是产生一个与空气动力学曲矩方向相同的曲矩。对于顺风叶片，离心力的作用是降低空气动力曲矩。

最后，顺风叶片可能会产生自由偏转（艏摇）的好处。这种情况下，必须认真考虑偏转动力学，转动区域内兆瓦级的电力输出并不是小事。

迄今为止，海上风电机组设计主要从陆上风电机组的设计发展而来，因此，顺风叶片还比较稀有。

6.3 材 料

有许多材料一直用于风电机组叶片制造。在风电产业发展早期，材料为钢材，因为其刚性高，加工技术成熟。不过，钢材的强度系数（屈服强度/密度）太低，很难形成扭力优化的叶片。也使用过铝材，但是铝材疲劳敏感度太高，刚性也不够。小型风电机组广泛使用木质叶片，但是木材性能通常变化太大，不能形成可靠设计。因此，虽然木材的抗疲劳性能卓越，但是很少将其大规模用于现代风电机组叶片的制造。

现代风电机组采用的主要材料为纤维增强塑料，由采用纤维增强的聚合物基体组成。之所以选择这种材料是因为其比刚度高、抗疲劳性好、密度低以及能够在不同方向上对材料属性进行设计。

无碱玻璃是最常用的增强材料。碳纤维也偶尔用作增强材料。可是，虽然碳纤维比无碱玻璃强度更大、刚性更强、抗疲劳更好、密度更低，不过，其成本却也高许多。因此，迄今为止，碳纤维在商用风电机组方面的使用还仅限于局部加固和叶片梁。表6.2中显示了这两种纤维系统的典型属性。

表 6.2　纤维系统的属性

特　　性	无碱玻璃	碳纤维
刚性/GPa	72	350
抗拉强度/MPa	3500	4000
密度/(kg·m⁻³)	2540	1770

聚合物基体的目的是将纤维黏合在一起，使其作用力完全一致。聚合物可以是热固性或热塑性，这两种材料的杨氏模量都较低（一般低于4GPa）。不过，聚合物基体会使复合材料强度更大。

通过将树脂与硬化剂混合，对热塑性基体材料进行处理。硬化剂与树脂反应，促进各聚合物链之间的交联。这种固化反应是不可逆反应，因此，热固塑料更难以循环。采用的基体材料通常为聚酯、乙烯酯和环氧树脂，其破坏应变为5%～8%。在风电产业早期，聚酯曾广泛应用，但是环氧树脂也正变成最常用的叶片材料。

目前，热塑型基材并没有广泛用于工程级的风电机组叶片，因为这些风电机组叶片尺寸较大，热塑型基材很难达到所要求的较高的基材处理温度，并保持要求的性能。叶片在寿命周期结束时能够更容易循环使用，这使得热塑型基材具有吸引力，因此，寻找使用热塑型基材制造叶片的方法是当前一个活跃的研究领域。

6.3.1　复合材料刚度属性评估

从采用混合法则得出的组分材料的刚度和密度，可以评估复合材料的刚度和密度属性。图6.3所示的坐标系用式（6.26）～式（6.29）中，E为杨氏模量，G为剪力模量，ν为泊松比，ϕ_F是纤维体积分数。下标F和M分别表示纤维和基体。

$$E_1 = E_F \phi_F + E_M (1 - \phi_F) \tag{6.26}$$

$$E_2 = \frac{E_F E_M}{E_M \phi_F + E_F (1 - \phi_F)} \tag{6.27}$$

$$G_{12} = \frac{1}{\dfrac{\phi_F}{G_F} + \dfrac{1 - \phi_F}{G_M}} \tag{6.28}$$

$$\nu_{12} = \upsilon_F \phi_F + \upsilon_M (1 - \phi_F) \tag{6.29}$$

采用有限元素方法开发微观机械学模型，能够获得对这些属性的更准确评估。不过在评估改变纤维/基体属性或体积分量的效果时，这些方程是有用的初步工作。知道了复合材料的属性后，我们就能够使用古典层板理论，从层片出发计算层板的刚度属性。

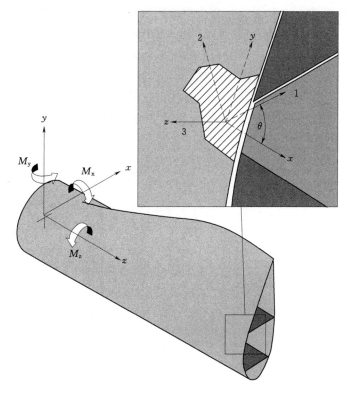

图 6.3　叶片、层板和层片坐标系

6.3.2　层板属性的计算

开始计算时，假设面外应力可忽略不计。对这种情况，式（6.30）提供了一个柔度矩阵为

$$\boldsymbol{\varepsilon} = [\boldsymbol{S}]\boldsymbol{\sigma}$$

其中

$$[\boldsymbol{S}] = \begin{bmatrix} \dfrac{1}{E_1} & -\dfrac{v_{21}}{E_2} & 0 \\[2ex] -\dfrac{v_{12}}{E_1} & \dfrac{1}{E_2} & 0 \\[2ex] 0 & 0 & \dfrac{1}{G_{12}} \end{bmatrix} \tag{6.30}$$

对于第 k 层，利用式（6.31）和式（6.32），将层片坐标系 $[\boldsymbol{S}]$ 旋转成层板坐标系 $[\bar{\boldsymbol{S}}]$。

$$[\boldsymbol{T}_k] = \begin{bmatrix} \cos^2\theta & \sin^2\theta & 2\sin\theta\cos\theta \\ \sin^2\theta & \cos^2\theta & -2\sin\theta\cos\theta \\ -\sin\theta\cos\theta & \sin\theta\cos\theta & \cos^2\theta - \sin^2\theta \end{bmatrix} \tag{6.31}$$

$$[\bar{\boldsymbol{S}}] = [\boldsymbol{T}_k][\boldsymbol{S}][\boldsymbol{T}_k]^{\mathrm{T}} \tag{6.32}$$

然后，利用古典层板理论就能够计算出层板的总体属性。利用式（6.33）可以算出层板的载荷—应变响应，$\boldsymbol{N}$ 和 $\boldsymbol{M}$ 是力和力矩矢量，$[\boldsymbol{A}]$、$[\boldsymbol{B}]$ 和 $[\boldsymbol{D}]$ 为层板延展刚度、耦合刚度及弯曲刚度矩阵，$\boldsymbol{\varepsilon}_0$ 和 $\boldsymbol{K}$ 是层板中平面应变和曲率。

$$\begin{Bmatrix} \boldsymbol{N} \\ \boldsymbol{M} \end{Bmatrix} = \begin{bmatrix} \boldsymbol{A} & \boldsymbol{B} \\ \boldsymbol{B} & \boldsymbol{D} \end{bmatrix} \begin{Bmatrix} \boldsymbol{\varepsilon}_0 \\ \boldsymbol{K} \end{Bmatrix} \tag{6.33}$$

通过合并式（6.34）所示层板，计算 $[\boldsymbol{A}]$、$[\boldsymbol{B}]$ 和 $[\boldsymbol{D}]$ 矩阵。式（6.34）中 $\overline{C}_{ij}$ 是层片刚性分量矩阵［利用方程式（6.34）计算得出的柔度矩阵的逆矩阵］，k 是层数（从最外层开始计算），z_k 是从层板中平面到第 k 层顶端的距离和古典层板理论中的表述一样。

$$\left.\begin{aligned} A_{ij} &= \sum_{k=1}^{N} (\overline{C}_{ij})_k (z_k - z_{k-1}) \\ B_{ij} &= \frac{1}{2} \sum_{k=1}^{N} (\overline{C}_{ij})_k (z_k^2 - z_{k-1}^2) \\ D_{ij} &= \frac{1}{3} \sum_{k=1}^{N} (\overline{C}_{ij})_k (z_k^3 - z_{k-1}^3) \end{aligned}\right\} \tag{6.34}$$

利用方程式（6.35）计算层板的等效杨氏模量 $\hat{E}_x$ 和剪模量 $\hat{G}_{xy}$，式（6.35）中 A_{ij}^* 为层板柔度矩阵的分量，该矩阵通过将式（6.34）中的矩阵转置得到。

$$\left.\begin{aligned} \hat{E}_x &= \frac{1}{h} \frac{1}{A_{11}^*} \\ \hat{G}_{xy} &= \frac{1}{h} \frac{1}{A_{33}^*} \end{aligned}\right\} \tag{6.35}$$

现在，我们将注意力转向单个层片内部的应力计算。当必须进行叶片强度检查时，这可能有用。

虽然当叶片弯曲时，叶片横截面内部各层也会弯曲，但是，为了简化应力计算，此处这种效应忽略不计。忽略弯曲力矩意思是，计算中平面应变，只需要常规流和剪切流，如式（6.36）中所示。扩展柔度矩阵 $[\boldsymbol{A}^*]$ 也就是使用式（6.34）得出的每层的扩展刚度矩阵的逆矩阵。常规流 N_x 定义为作用在层坐标系 x 轴方向上每单位长度的力，剪切流 q_{xy} 的定义也类似。它们的计算方法将在后文描述，目前，我们假设它们已知。假设弯曲后的平面截面仍为平面，意思就是 N_y 假设为 0。Kollar 和 Springer 所述的古典层板理论用于计算每层的应力状态。

$$\begin{Bmatrix} \varepsilon_x^0 \\ \varepsilon_y^0 \\ \gamma_{xy}^0 \end{Bmatrix} = [\boldsymbol{A}^*] \begin{Bmatrix} N_x \\ N_y \\ q_{xy} \end{Bmatrix} \tag{6.36}$$

那么，使用式（6.37）就能计算出层坐标系中单个层的平面应力。将式（6.30）所示的柔度矩阵的平面应力形式转置，就可得到第 k 层的分量 $\overline{C}$。

$$\begin{Bmatrix} \sigma_{cx} \\ \sigma_{cy} \\ \tau_{cxy} \end{Bmatrix} = \begin{bmatrix} \overline{C}_{11}^k & \overline{C}_{12}^k & \overline{C}_{16}^k \\ \overline{C}_{21}^k & \overline{C}_{22}^k & \overline{C}_{26}^k \\ \overline{C}_{61}^k & \overline{C}_{62}^k & \overline{C}_{66}^k \end{bmatrix} \begin{Bmatrix} \varepsilon_x^0 \\ \varepsilon_y^0 \\ \gamma_{xy}^0 \end{Bmatrix} \tag{6.37}$$

然后，使用式（6.38）就能把这种应力状态旋转为层坐标系。

$$\begin{Bmatrix} \sigma_{c1} \\ \sigma_{c2} \\ \tau_{c12} \end{Bmatrix} = \begin{bmatrix} \boldsymbol{T} \end{bmatrix}_k^{-1} \begin{Bmatrix} \sigma_{cx} \\ \sigma_{cy} \\ \tau_{cxy} \end{Bmatrix} \tag{6.38}$$

使用本方法过程，叶片横截面上任何层任何点的应力都能通过该点的常规流和剪切流得出，而该点的常规流和剪切流能够从截面所受荷载计算得出。

6.3.3　复合材料疲劳

疲劳分析与用于设计目的的最终强度分析不同，疲劳分析通常在层板级别上而不是层片级别上进行。这反映了这一事实，因为复合材料的强度和刚度的各向异性特点，平均应力对复合材料的失效有巨大影响。

采用风电机组模拟软件计算出负载，采用梁理论或有限元分析就能计算出合成应力或应变，然后进行疲劳分析。

此过程中第一步是采用周期计数的方法，如雨流计数，把变幅荷载时间历史缩短为一系列采用振幅和平均值定义的恒幅周期。此过程首先由 Matsuiski 和 Endo 描述，通常采用 Downing 和 Socie 所述的算法执行。

疲劳分析通常基于恒幅疲劳测试数据，恒幅疲劳测试数据是通过运转少量材料样本，直至其失效得出的。

使用图 6.4 中所示的术语描述对这些测试的特性。疲劳测试机为负荷控制型或位移控制型，在整个测试过程中，分别产生恒定应力或恒定应变（因为当复合材料运转时，其刚度趋向降低，所以，是选择应力控制还是应变控制很重要）。应力、应变或荷载通常用 S 表示，失效时的运转周期数用 N 表示。S 在一个周期内的最小值与最大值之比表示为 R 值，计算公式为

$$R = \frac{S_{\min}}{S_{\max}} \tag{6.39}$$

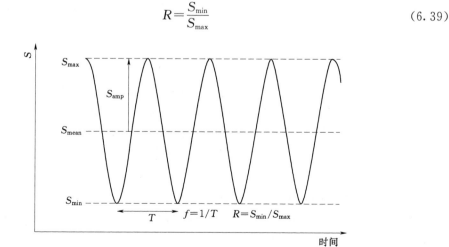

图 6.4　恒幅疲劳测试术语

因此，恒幅测试条件能够完全采用 R 值、周期内某些典型的 S 值（最大值、平均值

或振幅）和测试频率来描述其特点。这种类型疲劳测试的检测数据采用 SN 疲劳曲线表示。

　　因为疲劳数据为离散数据，通常对这些数据拟合一条曲线，这样，就可以在有实验数据的各负载间，插入相应数值。图 6.5 绘制了指数曲线拟合和幂律曲线拟合，这两种最为常用。式（6.40）中给出了幂律曲线拟合的形式，而式（6.41）中则给出了指数曲线拟合的形式。

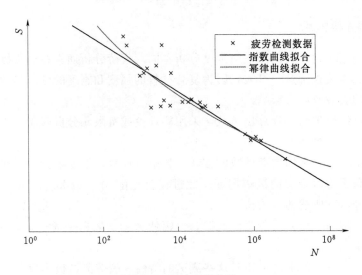

图 6.5　SN 疲劳曲线

　　式（6.40）、式（6.41）中 S 都为应力、应变或负载参数，N 都为失效时的周期数，A 和 B 为曲线拟合参数。虽然在两种情况下，A 表示截距，B 表示斜率，但是，对这两种曲线拟合来说，它们不会是同样数值。因为指数拟合曲线会截取 x 轴，如果使用该曲线，通常需要对材料假设一个疲劳极限值。这个极限值可以通过自热实验来确定。

$$S = AN^{-B} \tag{6.40}$$

$$S = A - B \lg N \tag{6.41}$$

　　取决于外加荷载是可拉伸的、可压缩的或两种性质都有，复合材料显示非常不同的特性。为了说明这个问题，对一系列不同的 R 值绘制了 SN 疲劳曲线，并将结果表示在古德曼图中。古德曼图说明了要考虑的平均应力效应，如图 6.6 所示。有时，古德曼图也称为定寿期曲线，因为它们是采用某一数量的失效周期数的等值线表示的。例如图 6.6 中，从外面数第 3 行表示 100 个周期失效。注意，在压缩侧（$R=10$ 和 $R=2$），各条线是非常密集，说明 SN 疲劳曲线的斜率非常小。

　　图 6.7 表示了古德曼图与 SN 疲劳曲线之间的关系，古德曼图是基于 SN 疲劳曲线生成的。

　　当原始数据在 SN 疲劳曲线上表示时，关于测试频率的信息丢失，当对 SN 疲劳曲线作拟合曲线生成古德曼图时，关于测试荷载和失效周期数真值的进一步信息丢失了。必须认真仔细，保证分散性不能太大，造成古德曼图失去意义。

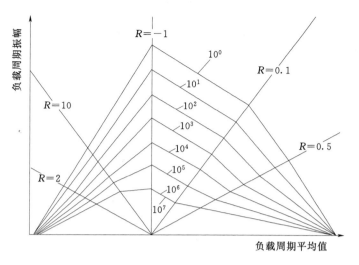

图 6.6 古德曼图

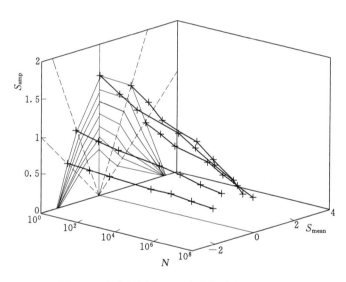

图 6.7 古德曼图与 SN 疲劳曲线之间的关系

采用损伤累积法则计算，在一个变幅时间段内，每个周期造成多少损伤。最常用的损伤累积法则是 Palmgren-Miner 法则。该法则表明一定周期的累积损伤为发生的周期数除以使材料失效的周期数。

$$D = \sum_i \frac{n_i}{N_i} \qquad (6.42)$$

当累积损伤值（损伤总数）等于 1 时，则认为会发生失效。当用于谱载荷时，这既是非保守性的，又是保守性的。因此，虽然它在风能产业中被广泛应用，但还是要求合理的高安全系数。对于任何 R 值，可以采用定寿期曲线（有时称古德曼图或赫氏图）来描述单轴疲劳特点。Palmgren-Miner 法则只是层板级方法。如果要想让结果有用的话，风力发电机叶片中每个明显不同的层片都要进行疲劳测试。

6.4　结　构　设　计

6.4.1　叶片结构

大型风电机组典型叶片的截面看起来类似如图 6.8 所示。叶片通常由一个承重梁和几个空气动力面组成，但也有些生产商将翼梁罩集成到空气动力面中，并且有单独的抗剪腹板，西门子公司采用单件式工艺制造叶片。

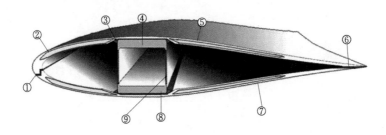

图 6.8　典型叶片结构

①—前缘黏接点；②—空气动力板，夹层结构，芯材为泡沫或轻木，以提高该板的截面惯性矩，从而提高其抗屈曲强度。通常，设计为±45°的层板占较大比例；③—吸入端铸模与翼梁罩之间的黏接点；④—吸入端翼梁罩。内部有高比例的纤维层板，其排列为 0°，目的是使该方向上的刚度最大化。为了降低其重量，翼梁罩可能由更贵但模数更高的材料制作（通常为碳纤维增强塑料）。翼梁罩的位置可以选择，因此它们位于翼面最厚的部分。出于制造原因，翼梁罩沿着叶片全长保持恒定宽度的情况并不少见，虽然这并不是一个最优方案；⑤—吸入端铸模。叶片的逆风侧和顺风侧通常分别制作，然后再黏到一起。有些情况，翼梁罩会并入铸模内，抗剪腹板作为单独部分；翼梁由抗剪腹板和翼梁罩构成；⑥—尾缘黏接点。必须严格控制之中容差，以保证黏接点达到设计性能；⑦—压力端铸模。因为压力端通常处于受力状态，和逆风侧相比，叶片的这部分更有可能产生疲劳问题；⑧—压力端翼梁罩。同样，叶片的这部分有可能产生疲劳问题；⑨—抗剪腹板。抗剪腹板是为了承受空气动力荷载产生的剪力。通常，层板设计为±45°占较大比例，目的是提高层板的剪力刚性。叶片不同位置抗剪腹板数量不同，这也并不少见。因为，在更多点将压力侧和吸入侧连接起来，是提高空气动力面抗弯阻力的非常好的方法

6.4.2　荷载

风电机组叶片的荷载并不只是作用在叶片本身的荷载。它们取决于整个风电机的设计。例如，发生电网扰动时，电源换流器和控制会对叶片荷载产生较大影响。随着荷载消除，风电机组会开始加速，也就意味着，当电网重新上线时（像作用在轴上的一个制动器），叶片惯性会产生巨大的边缘弯曲荷载。

因此，叶片设计程序开始是由空气弹性力学软件设计出一套荷载工况，该软件考虑了叶片本身的空气动力学和动态结构性能，机舱中旋转部件的惯性，塔架和基础的结构动力学性能，发电机、电源换流器和电网的电气动力学特点，控制系统的特性，以及环境情况（岸上风电场以及海上的风、浪和海潮）。这个程序是必要的，因为由于受到风力，叶片会扭转弯曲，从而改变它们的空气动力学属性。荷载工况通常由风电机的时间域模拟得出，并有随时间推移相关的荷载输出。

目前有几种风电机组分析标准。通常来说，它们采用多体模型、有限元方法或模态法

来模拟风电机组结构模型。空气动力学建模通常采用叶片元素动量理论，其中一些标准适于广义动态尾流。对于海上设施，海浪和潮汐拍打风电机组基础，引起额外的叶片荷载；流体力学荷载通常采用莫里森方程建模。

6.4.3　失效模式

叶片失效方式有好几种：由于极限荷载造成的层板面内失效；由于疲劳荷载造成的层板面内失效；由于分层造成的失效；黏合层失效；屈曲造成的失效；侵蚀造成的失效。

叶片设计者必须了解每种失效模式及应对设计，同时保证叶片能够制造出来，并且材料用量最小化。设计标准中明确了叶片设计必须能够承受的荷载工况，例如关于风电机的 IEC 标准和 DNV - GL 设计大纲。

6.4.4　横截面属性和应力的计算

叶片的横截面属性是空气弹性力学标准的核心内容。有一些非常精密的方法可用于计算横截面的属性，包括一直在计算机程序 VABS 内使用的变量渐近梁理论。

不过，如果叶片中使用的层板是平衡对称的（这样，延展力和剪力之间没有耦合），那么，使用本节中所述的方法，把复合材料作为类无向性材料处理，仍可以得出有用的结果。该方法是基于 Bauchau 和 Craig 在参考文献［12］中描述的内容。

被动荷载降低是目前研究中的活跃领域。在降低被动荷载过程中，为了使叶片弯曲时，扭曲成羽毛形状，叶片中使用的层板故意为不平衡设计。这个所述方法不应用于研究这种叶片，因为这个方法不能实现这个效果。

叶片横截面结构必须全面定义。因为叶片被视为一种薄壁梁，壁的位置必须已知。表示内表面、外表面或壁中部的一系列点都进行了定义，它们在下文中被称为节点。任两个节点间的叶片壁的属性都包含在项内。这些项通过它们所连接的节点定义，无论节点描述的是项表面还是层片组表面的中点，都是如此。应当注意，虽然使用了名词节点和项，横截面的弯曲和延展属性并不是使用有限元方法计算的，之所以借用这些术语，只不过是因为这是一种定义叶片横截面的方便方法。层片组通过一个表格描述，表格内容包括层片厚度、层片定向角和层片材质识别的编号。图 6.9 表述了这种层次划分。

首先是基于各项的中平面计算新的节点位置。式（6.43）中给出了长度为 l，厚度为 h 的元件的中平面终点（节点 1 或 2 的 j 等于 1 或 2）。如果中平面向右偏移，当从节点 1 向节点 2 看时，则 $k=-1$，如果不进行任何偏移，则 $k=0$，如果向左偏移，则 $k=1$。项的矩心用 x_{ic} 和 y_{ic} 表示，就是终点坐标的平均值。

$$\left.\begin{array}{l} x_{ijm} = x_{ij} + \dfrac{-kh(y_{i2} - y_{i1})}{2l} \\[2mm] y_{ijm} = y_{ij} + \dfrac{kh(x_{i2} - x_{i1})}{2l} \end{array}\right\} \tag{6.43}$$

然后，利用式（6.44）能得出弹性中心的坐标（x_{ec}，y_{ec}）和质量中心的坐标（x_{mc}，y_{mc}）。

$$
\left.
\begin{aligned}
x_{\mathrm{mc}} &= \frac{\sum\limits_{i=1}^{i=n} \hat{\rho}_i h_i l_i x_{ic}}{\sum\limits_{i=1}^{i=n} \hat{\rho}_i h_i l_i} \\[2mm]
y_{\mathrm{mc}} &= \frac{\sum\limits_{i=1}^{i=n} \hat{\rho}_i h_i l_i y_{ic}}{\sum\limits_{i=1}^{i=n} \hat{\rho}_i h_i l_i} \\[2mm]
x_{\mathrm{ec}} &= \frac{\sum\limits_{i=1}^{i=n} \hat{E}_i h_i l_i x_{ic}}{\sum\limits_{i=1}^{i=n} \hat{E}_i h_i l_i} \\[2mm]
y_{\mathrm{ec}} &= \frac{\sum\limits_{i=1}^{i=n} \hat{E}_i h_i l_i y_{ic}}{\sum\limits_{i=1}^{i=n} \hat{E}_i h_i l_i}
\end{aligned}
\right\}
\tag{6.44}
$$

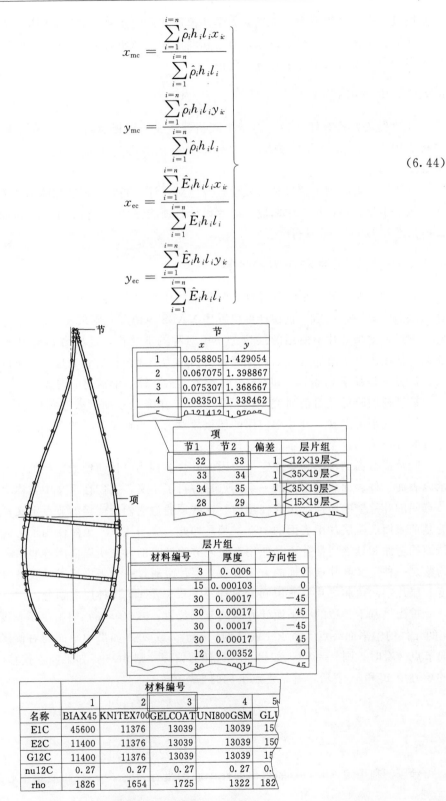

图 6.9　叶片横截面的离散化

有了这些已知值，利用式（6.45）就能得出每个项和 x 轴所成的夹角。利用大多数计算机语言中的 atan2 函数，这是很容易实现的。

$$\alpha_i = \begin{cases} \tan^{-1}\left(\dfrac{y_{i2m}-y_{i1m}}{x_{i2m}-x_{i1m}}\right), & x_{i2m}-x_{i1m}>0 \\[2mm] \tan^{-1}\left(\dfrac{y_{i2m}-y_{i1m}}{x_{i2m}-x_{i1m}}\right)+\pi, & y_{i2m}-y_{i1m}\geqslant0, x_{i2m}-x_{i1m}<0 \\[2mm] \tan^{-1}\left(\dfrac{y_{i2m}-y_{i1m}}{x_{i2m}-x_{i1m}}\right)-\pi, & y_{i2m}-y_{i1m}<0, x_{i2m}-x_{i1m}<0 \\[2mm] +\dfrac{\pi}{2}, & y_{i2m}-y_{i1m}>0, x_{i2m}-x_{i1m}=0 \\[2mm] -\dfrac{\pi}{2}, & y_{i2m}-y_{i1m}<0, x_{i2m}-x_{i1m}=0 \end{cases} \tag{6.45}$$

现在已知每个项的 α，利用式（6.46）就可以计算出全局坐标轴中的弯曲刚性（EI_{xx}、EI_{yy} 和 EI_{xy}），轴向刚性 EA，质量惯性力矩（ρI_{xx}、ρI_{yy} 和 ρI_{xy}），质量单位长度 ρA。对于质量惯性力矩，只要把 $\hat{E}_i$ 换成 $\hat{\rho}_i$、把 x_{ec} 和 y_{ec} 换成 x_{mc} 和 y_{mc} 即可。

$$\left.\begin{aligned} EI_{xx} &= \sum_{i=1}^{i=n}\frac{\hat{E}_i h_i l_i^3}{12}(\sin\alpha_i)^2 + \hat{E}_i l_i h_i(y_{ic}-y_{ec})^2 \\[2mm] EI_{yy} &= \sum_{i=1}^{i=n}\frac{\hat{E}_i h_i l_i^3}{12}(\cos\alpha_i)^2 + \hat{E}_i l_i h_i(x_{ic}-x_{ec})^2 \\[2mm] EI_{xy} &= \sum_{i=1}^{i=n}\frac{\hat{E}_i h_i l_i^3}{24}\left[\sin(2\alpha_i)\right] + \hat{E}_i l_i h_i(y_{ic}-y_{ec})(x_{ic}-x_{ec}) \\[2mm] EA &= \sum_{i=1}^{i=n}\hat{E}_i h_i l_i \end{aligned}\right\} \tag{6.46}$$

为了得到主轴的角度，我们需要得出产品弯曲刚性成为 0 时的角度。利用式（6.47）可以得出关于主轴 x 和 y 的新的弯曲刚性值 EI'_{xx} 和 EI'_{yy}。

$$\left.\begin{aligned} \phi &= \frac{1}{2}\tan^{-1}\left(\frac{2EI_{xy}}{EI_{xx}-EI_{yy}}\right) \\[2mm] EI'_{xx} &= \frac{EI_{xx}+EI_{yy}}{2} + \left(\frac{EI_{xx}-EI_{yy}}{2}\right)\cos(-2\phi) + EI_{xy}\sin(-2\phi) \\[2mm] EI'_{yy} &= \frac{EI_{xx}+EI_{yy}}{2} - \left(\frac{EI_{xx}-EI_{yy}}{2}\right)\cos(-2\phi) - EI_{xy}\sin(-2\phi) \end{aligned}\right\} \tag{6.47}$$

那么，利用式（6.48）就可以计算出每项的正常流量 N_{zi}。

$$N_{zi} = \hat{E}_i h_i\left\{\frac{F_z}{EA} + \frac{1}{EI_{xx}EI_{yy}-EI_{xy}^2}\left[(-M_y EI_{xx}+M_x EI_{xy})x_{ic} + (M_x EI_{yy}+M_y EI_{xy})y_{ic}\right]\right\}$$

$$\tag{6.48}$$

知道了弯曲刚性，就可以计算剪力特性。与轴向特性和弯曲特性的计算相比，涉及的内容更多。按照 Kindmann 和 Kraus 所述的方法，利用有限元素法确定翘曲进行一些改动，以保证该方法适于非同质性截面。与 Bauchau 和 Craig 描述的古典法相比，在确定横截面参数方面，有限元素法的鲁棒性要高得多。

主坐标系中的节点坐标利用式（6.49），可以得出。

$$\left\{ \begin{matrix} x'_{ijm} \\ y'_{ijm} \end{matrix} \right\} = \begin{bmatrix} \cos\phi & -\sin\phi \\ \sin\phi & \cos\phi \end{bmatrix} \left\{ \begin{matrix} x_{ijm} - x_{ec} \\ y_{ijm} - y_{ec} \end{matrix} \right\} \tag{6.49}$$

我们首先将全局刚度矩阵 $\boldsymbol{K}$ 与载荷矢量 f 组合起来，求出关于原点的翘曲纵坐标 $\overline{\omega}$。方法是使用有限元素过程标准的方法，第一步是创建 $\boldsymbol{K}$ 为 $N \times N$ 的零矩阵，f 为 N 乘以 1 列零矢量的矩阵（N 为节点数）。然后，对这些项进行循环，计算各项的刚度矩阵和载荷矢量，并将其各项加入全局矩阵和矢量的相关部分，计算为

$$\left. \begin{aligned} \begin{bmatrix} K_{i1i1} & \cdots & K_{i1i2} \\ \vdots & \ddots & \vdots \\ K_{i2i1} & \cdots & K_{i2i2} \end{bmatrix} &= \begin{bmatrix} K_{i1i1} & \cdots & K_{i1i2} \\ \vdots & \ddots & \vdots \\ K_{i2i1} & \cdots & K_{i2i2} \end{bmatrix} + \frac{\hat{G}_i h_i}{l_i} \begin{bmatrix} 1 & -1 \\ -1 & 1 \end{bmatrix} \\ \left\{ \begin{matrix} f_{i1} \\ \vdots \\ f_{i2} \end{matrix} \right\} &= \left\{ \begin{matrix} f_{i1} \\ \vdots \\ f_{i2} \end{matrix} \right\} + \hat{G}_i h_i \frac{1}{l_i} (x'_{i1m} y'_{i2m} - x'_{i2m} y'_{i1m}) \left\{ \begin{matrix} -1 \\ 1 \end{matrix} \right\} \end{aligned} \right\} \tag{6.50}$$

$\{\overline{\omega}\} = [\boldsymbol{K}]^{-1}\{f\}$ 任意节点的边界条件设定为 0。

翘曲纵坐标已知，可以计算剪力中心相对于弹性中心的位置［式（6.51）］以及相对于剪力中心的翘曲常数。

$$\left. \begin{aligned} EA_{\overline{\omega}} &= \sum_{i=1}^{i=n} \frac{1}{2} (\overline{\omega}_{i1} + \overline{\omega}_{i2}) l_i h_i \hat{E}_i \\ EA_{x\overline{\omega}} &= \sum_{i=1}^{i=n} \frac{1}{6} \left[(2x_{i1m} + x_{i1m})\overline{\omega}_{i1} + (x_{i1m} + 2x_{i1m})\overline{\omega}_{i2} \right] l_i h_i \hat{E}_i \\ EA_{y\overline{\omega}} &= \sum_{i=1}^{i=n} \frac{1}{6} \left[(2y_{i1m} + y_{i1m})\overline{\omega}_{i1} + (y_{i1m} + 2y_{i1m})\overline{\omega}_{i2} \right] l_i h_i \hat{E}_i \\ \overline{\omega}_k &= \frac{EA_{\overline{\omega}}}{EA} \\ x'_{sc} &= \frac{EA_{y\overline{\omega}}}{EI_{xx'}} \\ y'_{sc} &= -\frac{EA_{x\overline{\omega}}}{EI_{yy'}} \\ \{\omega\} &= \{\overline{\omega}\} - \overline{\omega}_k + \{x\} y'_{sc} - \{y\} x'_{sc} \end{aligned} \right\} \tag{6.51}$$

利用式（6.52）可计算抗扭刚度常数 GJ，它由一个开放部分和一个封闭部分构成。如果是封闭部分（风力机叶片通常是这种情况），则封闭部分常数通常是主导的。对于空气弹性力学软件来说，GJ 值以及剪力中心的位置都是有用的输入信息。

$$GJ = GJ_{\text{开}} + GJ_{\text{闭}}$$

$$GJ_{\text{开}} = \sum_{i=1}^{i=n} \frac{1}{3} \hat{G}_i l_i h_i^3$$ (6.52)

$$GJ_{\text{闭}} = \sum_{i=1}^{i=n} \left[r_{ti} \hat{G}_i h_i (r_{ti} l_i + \omega_{i1} - \omega_{i2}) \right]$$

其中
$$r_{ti} = (x'_{i1m} - x'_{sc}) \frac{y'_{i2m} - y'_{i1m}}{l_i} - (y'_{i1m} - y'_{sc}) \frac{x'_{i2m} - x'_{i1m}}{l_i}$$

然后就可以计算剪力流,以用式(6.36)计算出任何层片的应力状态。剪力流中有剪力产生的剪力流和扭力产生的剪力流。为了计算剪力产生剪力流,首先必须利用有限元素法计算剪力变形,见式(6.53)。

$$\left\{ \begin{matrix} f_{i1} \\ \vdots \\ f_{i2} \end{matrix} \right\} = \left\{ \begin{matrix} f_{i1} \\ \vdots \\ f_{i2} \end{matrix} \right\} + \hat{E}_i h_i l_i \left\{ \begin{matrix} \dfrac{V_{i1}}{3} + \dfrac{V_{i2}}{6} \\ \dfrac{V_{i1}}{6} + \dfrac{V_{i2}}{3} \end{matrix} \right\}$$ (6.53)

其中
$$V_{ij} = \frac{F'_y}{EI'_{xx}} y'_{ijm} + \frac{F'_x}{EI'_{yy}} x'_{ijm}$$

$\{\overline{\omega}\} = [K]^{-1} \{f\}$ 任意节点的边界条件设定为0,以及为式(6.50)计算的刚度矩阵。

然后,可以计算出各项的剪力流是作用在剪力中心和扭力力矩处的剪力的剪力流之和,见式(6.54)。

$$q_{xyi} = \frac{\hat{G}_i M_z}{GJ} h_i^2 + \left(\frac{\omega_{i1} - \omega_{i2}}{l_i} + r_{ti} \right) \frac{\hat{G}_i M_z}{GJ} h_i + \frac{\hat{G}_i h_i}{l_i} (u_{i2} - u_{i1}) + \frac{h_i l_i}{24} (-V_{i1} - V_{i2})$$ (6.54)

这是计算每层横截面属性和应力的高效计算方法,这在设计优化研究中是一种理想的方法。它提供了 DNV - GL 原则中要求的所有信息,说明了按照 Puck 理论进行纤维失效和纤维间失效的验证方法。

6.4.5 利用有限元素分析法进行应力分析

一旦采用风电机组模拟编码确定了所涉叶片设计的最终负载和疲劳负载,必须进行更深入的应力分析,以检查叶片能否经受服役负载。前文中所述的风力机叶片的壳单元表明,通常采用有限元素模型进行分析。虽然不能使用块单元代表叶片和黏胶的较厚的部分,模型通常从壳单元开始累积。

当结构厚度比其他两个维度小许多时,则使用壳单元。通常来说,不可能计算出全厚度方向应力(虽然在提高模型复杂性的代价下,连续壳单元也能算出这些应力)。当对复合材料建模时,还有一些隐含问题,因为脱层(复合材料各层分离)发生的部分原因是面外应力。

在结构必须进行建模时,块单元是有用的,并且不能视为壳单元。在风力机叶片中,这种情况可能发生在后缘或黏胶堆积较厚的地方。这类单元的好处是使得模型更精密,但是其代价是建模更难。

图 6.10 是一个典型的叶片有限元模型。

目前有许多种软件能够简化耗时的层板属性计算过程和建立叶片模型。其中一些是独

图 6.10　叶片有限元素模型

立开发的软件，如 Sandia 国家实验室的 NuMAD；还有一些是叶片生产公司自己开发的软件，如 LM 风电公司开发的 LM 叶片。

屈曲分析常常可以采用有限元素工具进行，可以是线性分析，也可以是非线性分析。DNV‐GL 设计原则提供了进行稳定性分析的指导。

6.4.6　前缘侵蚀

当雨点、冰雹或其他颗粒物击打叶片前缘时，就会发生前缘侵蚀。叶片端部的情况最严重，该处速度最快，因此，常常造成凝胶涂层开裂脱落。之后，如果问题没有解决，就会进一步损毁下层的复合材料层。

当前，前缘侵蚀限制的叶端速度大约为 100m/s。在直升机领域，这个问题众所周知。直升机的叶端速度（大约为 200m/s）远高于风电机组可能遇到的速度。直升机的解决方法是在前缘部分使用铝片，并且定期更换。不过，对风电机组来说，这个方法不可行。

解决这个问题的近期的工作一直围绕使用结实的柔韧性涂层，更好地吸收冲击力。通常采用的是聚氨酯弹性体涂层，此涂层能够以卷材的形式用作维修，也能够以模具的形式作为预防性措施。此涂层能够大大提高前缘抗侵蚀的能力，有效提高因侵蚀原因造成的叶端速度上限。如果该涂层用作卷材，那么，则会影响到能源生产，因为叶片表面会产生阶跃变化。不过，这种影响会低于叶片前缘损毁可能造成的影响。

6.5　制　　造

风力机叶片的制造方法最初来源于游艇船体建造方法。随着风电产业的发展，采用了劳动强度更小，工艺控制更好的方法。本节讨论风电产业目前在用的方法以及它们的优点和缺点。

6.5.1　湿敷法

湿敷法广泛用于风电产业早期。在叶片和所有内腹板的压力面和吸入面都制作开放式模具。模具内侧涂有凝胶涂层，然后将纤维层放入模具。一旦树脂和硬化剂混合，就将其倒入模具并用辊子展开，注入基质，保证纤维充分浸润。之后，叶片部件静置以硬化，再用胶安装叶片。

这种工艺技术已经不太受青睐。它的劳动强度高，采用开放模具加工还存在健康和环境问题，因为会释放挥发性有机化合物。此外，为了能手工操作，树脂需要较低的黏度（通常产生较低的材料属性）。采用不产生空隙的更先进的技术，很难实现最高的纤维量。

6.5.2　树脂传递模塑法和真空注入法

树脂传递模塑法通常包括关于湿敷法技术那样的纤维层敷设。然后，再采用真空袋覆盖模具，将树脂和硬化剂泵入模具，同时真空泵保证各层片牢固，所有纤维全部浸润。这种工艺的优点是自动化程度更高，也更容易控制工艺产生的排放，因为它是在真空袋内部进行的。

认真定位树脂注入点对于保证树脂准确流过模具并浸润所有纤维至关重要。这种工艺的缺点是会产生许多废弃的真空袋。

大多数采用这种方法的公司，通过使用黏胶将各部件粘接起来，来安装单个叶片部件（压力侧和吸入侧模具及横梁或剪力腹板），但是西门子已经研发出专利性整体叶片技术，整个叶片采用单件式工艺制作，没有黏接线。

6.5.3　预浸渍技术

预浸渍层首先是为飞机制造业开发的。层片采用未固化的树脂和胶黏状态下的硬化剂进行预浸渍。叶片以常见方式敷设，然后用真空袋来固化各层。与其他真空袋技术相比，模具必须加热，以把基质变为黏性液态并固化材料。对于风电机层板，要求的温度一般是80℃，在制造中当然也会对能源的使用有一些潜在影响。

预浸渍材料的主要缺点是保存期有限，需要低温下存储，以防止其固化（存储温度一般为－18℃，该温度下通常能存储6～12个月）。不过，该技术在工艺控制方面有很大好处，改善工作环境，获得高体积分量，同时保证不出现空隙。

缩　　略　　语

2D	Two-Dimensional　二维	
CFD	Computational Fluid Dynamics　计算流体动力学	
DNV-GL	Det Norske Veritas　挪威船级社，Germanischer Lloyd 德国劳埃德船级社	
IEC	International Electrotechnical Commission　国际电工委员会	
NREL	National Renewable Energy Laboratory　国家可再生能源实验室	
WMC	Wind Turbine Materials and Constructions　风力发电机材质和建设	

变　　量

a	轴向流入系数
a'	切线向流入系数
A	疲劳数据拟合截距参数
$[\boldsymbol{A}],[\boldsymbol{B}],[\boldsymbol{D}]$	层板延展、耦合和弯曲柔度矩阵
$[\boldsymbol{A}^*],[\boldsymbol{B}^*],[\boldsymbol{D}^*]$	层板延展、耦合和弯曲刚度矩阵
A_{ij}，B_{ij}，D_{ij}	i 行、j 列的层板矩阵分量
B	叶片数量，疲劳数据拟合的斜率参数
C_L	升力系数
C_D	阻力系数
c	弦长
$[\boldsymbol{C}]$	层片刚度矩阵
$C_M(x_0)$	转子比例 x_0 时的力矩系数
C_P	功率系数
C_T	推力系数
D	Palmgren-Miner 损伤合计
$\mathrm{d}D$	环孔处的阻力
$\mathrm{d}F_x$	环孔处的轴向力
$\mathrm{d}L$	环孔处的升力
$\mathrm{d}T$	环孔处的扭力
E_1，E_2	1 层、2 层方向上的杨氏模量
E_F，E_M	纤维和基质的杨氏模量
$\hat{E}_x$	x 轴方向上层板等同杨氏模量
EA	梁延展刚度
EI_{xx}，EI_{yy}，EI_{xy}	梁横截面关于 x 轴、y 轴截面的弯曲刚度和产品弯曲刚度
$EI_{xx'}$，$EI_{yy'}$	梁横截面关于主轴 x 轴和 y 轴截面的弯曲刚度
F_x，F_y，F_z，M_x，M_y，M_z	x 轴和 y 轴方向上的剪力，轴向力，x 轴和 y 轴的弯曲力矩，扭力
g_1，g_2	简化表达
$\hat{G}_{xy}$	xy 方向上层板等同剪力模量
G_F，G_M	纤维和基质剪力模量
G_{12}	1—2 方向上的层片剪切模量
GJ	扭力刚度
h	层板厚度
I	流管的惯性力矩

KE	动能
k	升力/阻力比
$\{K\}$	层板中间层曲率
l	横截面部件的长度
L'	角动量变化速度
m	质量
$\dot{m}$	质量流速
$\{M\}$	层板力矩矢量
N	失效时周期数
n	疲劳周期数
$\{N\}$	层板力矢量
N_x，N_y，q_{xy}	正常、横向和剪力流
P	功率
p	压力
Q	叶端损失系数
r	半径
R	转子半径
$[S]$	层片柔度矩阵
S	疲劳周期中的应力、应变或荷载
t	时间
$[T_k]$	第 k 层的转置矩阵
$\{u\}$	剪力变形
v	黏度
W	合速度
x	转子跨度比例，横截面 x 坐标
y	横截面 y 坐标
z_k	第 k 层层板中面距离
α	迎角，对 x 轴的截面夹角
β	叶片设置角
$\{\varepsilon\}$	层片应变矢量
$\{\varepsilon_0\}$	层板中平面应变矢量
ε_x^0，ε_y^0，γ_{xy}^0	层板中平面正常应变、横向应变和剪力应变
λ	叶端速度比
Λ	现场叶片排列参数
ν_F，ν_M	纤维和基质的泊松比
ν_{12}	层片的泊松比
ϕ	转子平面合力的流量角度，主轴的角度
ϕ_F	纤维量分量

ρ	密度
$\{\sigma\}$	层片应力矢量
σ_{cx}，σ_{cy}，τ_{cxy}	层板坐标系中的层片应力
σ_{c1}，σ_{c2}，τ_{c12}	层片坐标系中的层片应力
θ	层片角度
Ω	转子旋转速度
ω	尾流角速度
$\{\omega\}$	翘曲位移矢量

参 考 文 献

［1］ P. Jamieson, Innovation in Wind Turbine Design, Wiley – Blackwell, Hoboken, New Jersey, 2011.

［2］ T. Burton, D. Sharpe, N. Jenkins, E. Bossanyi, Wind Energy Handbook, John Wiley & Sons, Ltd, Chichester, 2001.

［3］ P. Brøndsted, H. Lilholt, A. Lystrup, Composite materials for wind power turbine blades, Annu. Rev. Mater. Res. 35 (1) (2005) 505 – 538.

［4］ L. P. Kollar, G. S. Springer, Mechanics of Composite Structures, Cambridge University Press, Cambridge, 2003.

［5］ M. Mutsuiski, T. Endo, Fatigue of Metals Subjected to Varying Stress, Japan Society of Mechanical Engineers, Kyushu, Japan, 1969.

［6］ S. D. Downing, D. F. Socie, Simple rainflow counting algorithms, Int. J. Fatigue 4 (1) (1982) 31 – 40.

［7］ L. Gornet, O. Wesphal, C. Burtin, J. – L. Bailleul, P. Rozycki, L. Stainier, Rapid determination of the high cycle fatigue limit curve of carbon fiber epoxy matrix composite laminates by thermography methodology: tests and finite element simulations, in: Fatigue Design, CETIM, Paris, 2013.

［8］ A. Palmgren, Die lebensdauer von kugellagern, VDI – Zeitschrift 68 (14) (1924) 339 – 341.

［9］ M. A. Miner, Cumulative damage in fatigue, J. Appl. Mech. 12 (3) (1945) 159 – 164.

［10］ IEC, IEC 61400 – 1 Wind Turbines – Design Requirements, IEC, 2005.

［11］ DNV – GL, Guideline for the Certification of Wind Turbines, DNV – GL, 2010.

［12］ O. A. Bauchau, J. I. Craig, Structural Analysis – with Applications to Aerospace Structures, Springer, London, 2009.

［13］ R. Kindmann, M. Kraus, Steel Structures Design Using FEM, Ernst and Sohn, Berlin, 2011.

［14］ A. Puck, Strength Analysis of Fibre – Matrix Laminates: Models for Practical Applications, Hauser, Munich and Vienna, 1996.

第7章 海上风电机组齿轮箱设计及传动系统动力学分析

S. McFadden

阿尔斯特大学，麦吉校区，北爱尔兰，英国（Ulster University，Magee Campus，Northern Ireland，United Kingdom）

B. Basu

都柏林圣三一学院，都柏林，爱尔兰（Trinity College Dublin，Dublin，Ireland）

7.1 引　言

齿轮箱是大型风力发电机组发电机系统（WTGS）传动系统中不可或缺的部分。在大多数 WTGS 中，齿轮箱都与所安装的用来发电的同步或异步发电机一起使用。小型风电机组转子转速大约为每分钟几百转，可能不需要齿轮箱。这种情况下，直接传动型永磁发电机或电极数量足够多的同步发电机可以直接与转子连接。不过，大型风电机组转速更慢，齿轮箱是现实性的需要。额定功率超过 500kW 的水平轴风电机组（HAWT）在齿轮箱设计方面有专门的 ISO/IEC 标准。图 7.1 为典型水平轴风电机组中主要子系统的示意图。齿轮箱与转子通过慢速轴连接，然后通过高速轴与发电机连接。在齿轮箱设计中，区分转子侧和发电侧是一个惯例做法。齿轮箱的基本功能是把机械轴的动力，从低速运转（海上风电机组为 10～18r/min）的转子侧，传送到运转速度较高（假设为 4 极同步发电机，1800r/min，60Hz 或 1500r/min，50Hz）的发电侧。出于安全原因，高速轴上可安装

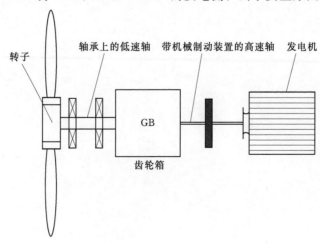

图 7.1　水平轴风电机组（HAWT）的主要子系统（模块式结构）

一个机械式制动装置。不过，出于安装或维护原因，在低速轴（主轴）上也装有锁闭系统。

统计表明，水平轴风电机组的运行和维护成本非常高。Marquez 等研究报告指出，一台 750kW 风电机组在 20 年运行生命周期内，其运行和维护成本为总发电量的 25%～30%或投资成本的 75%～90%。此外，Marquez 等的研究数据表明，装机容量越大的风电机组故障越频繁。Van Bussel 等也指出，25%的运行和维护成本是由于主要部件故障造成的。显然，所有的部件和子系统都产生运行和维护成本；不过，正如 Sheng 强调的，为保持 WTGS 的 20 年运行寿命，齿轮箱是 WTGS 子系统中成本最高的部分之一。Igba 等的报告中提供的数据表明，与其他子系统相比，齿轮箱的年度故障率相对较低，但是齿轮箱故障引起的停机时间相对较高。因此，齿轮箱也是一个主要的成本因素。

在此范围内，能够看出齿轮箱设计及相关运行事宜的重要性。因为风电机组齿轮箱是一套成熟技术的设备，设计过程趋向于迭代性。但是，从设计工艺分类方面来看，可以讨论图 7.2 中所示的分类别的设计周期。生命周期由五个阶段组成：概念、研发（详细设计）、生产、使用和支持、退役。在概念阶段，要求设计工程师理解手头的技术问题。在设计需求文档或产品设计说明书中，应列出问题陈述大纲。几个概念变量可能会提出一个关于问题的有效解决方案。典型情况是，针对技术或经济标准评估几个概念变量。在研发（详细设计）阶段，提出最适当的概念。详细设计阶段考虑所有齿轮箱部件和子系统。详细设计包括各系统的集成，并且通常在部件或子系统层次上，达到验证或有效性测试的顶峰。一旦研发阶段完成并经过验证，设计工作就进入生产阶段。生产阶段可以看作是部件生产和集成（安装）。使用和支持阶段通常是生命周期中最长的阶段。退役阶段使齿轮箱退出服役，以及部件的循环利用或回收加工。

图 7.2　分类别的设计生命周期

本章将审核 WTGS 齿轮箱设计的标准方法，并示范进行 WTGS 传动系动力学分析。如上所述，额定功率超过 500kW 的 WTGS 的齿轮箱设计方面有指定的标准（ISO/IEC 61400-4）。该标准由 IEC 技术委员会和 ISO 技术委员会联合制定。该标准是 IEC61400 的 WTGS 系列标准的第 4 部分，由 IEC 制定，适用于陆上或海上安装的 WTGS。齿轮箱标准（ISO/IEC 61400-4）适用于主要能流上的齿轮和齿轮部件，辅助性传动装置（如动力输出或偏航系统传动）除外或执行其他标准。

本章将研究 ISO/IEC 61400-4 中关于图 7.2 所述的设计生命周期方面的内容。应当指出，ISO/IEC 61400-4 提供了一张流程图，突出齿轮箱设计在详细设计阶段的迭代属性。不过，分类别的生命周期设计在广义上仍然适用。具体来说，在概念阶段（第 7.2 节），将阐述典型性 WTGS 齿轮箱基本的工作原理和概念变量；在研发阶段（第 7.3 节），将研究对 WTGS 齿轮箱内的齿轮、轴承、结构部件、润滑和密封的标准要求；在生产阶段（第 7.4 节），将研究关于齿轮箱部件生产和安装方面的问题。第 7.5 节描述了 DTD 建模工具，它能够模拟在动力负载情况下齿轮箱的性能。此类工具在预测 WTGS 在研发阶段和详细设计阶段的性能方面至关重要。

最后，得出了一些关于 WTGS 齿轮箱整体设计过程的结论，讨论了关于可靠性方面的问题，还简要强调了对 WTGS 齿轮箱的故障检测和条件监控系统的要求。

7.2 WTGS 齿轮箱设计——概念阶段

在着手设计工作之前，工程师必须了解即将出现的问题。为帮助了解这些问题，本节首先概述下 WTGS 齿轮箱的基本运行情况。然后，本节会回顾一些初步设计的考虑问题，并引申到一些设计师可能在设计初期需要考虑的设计变量。

齿轮箱概念设计的步骤如下：

第 1 步：根据要求的输入和输出速度，定义齿轮速度。

第 2 步：根据 WTGS 发电侧和齿轮箱输入速度，定义齿轮箱输入扭矩。

第 3 步：设计齿轮步骤，包括步骤数、齿轮分流比和齿轮宏观设计。

第 4 步：根据选择的齿轮步骤，选择齿轮。

第 5 步：壳体设计。

第 6 步：效率检查和润滑/冷却系统设计。

第 7 步：齿轮箱概念设计确定，包括生产能力、安装。

7.2.1 WTGS 齿轮箱的基本运行

在 WTGS 中，齿轮箱是增速的，其中，定义参数是齿轮箱速率比 u。此速度比与转子侧输入速度的关系是 Ω_{IN}，与风力发电机侧的输出速度的关系是 Ω_{OUT}。

$$\eta_g = \frac{\Omega_{OUT}}{\Omega_{IN}} \tag{7.1}$$

加速比可表示为一个比例（$X:1$）或一个数字（增速齿轮箱时，$\eta_g > 1$）。举例来说，当转子以 50r/min 转动，而发电机以 1500r/min 转动时，增速比为 30:1 或 $\eta_g = 30$。在 WTGS 中，齿轮箱的速比可能接近 100:1。

从动能方面来说，齿轮箱收到转子侧的动能 P_{ROTOR}，并将动能传递到发电机侧 P_{GB}。齿轮箱会遭受动能损失 P_{LOSS}，因为部件间摩擦（轴密封、齿轮、轴承等）产生热量，以及黏度损失（润滑系）。根据能量守恒定律，得

$$P_{ROTOR} = P_{GB} + P_{LOSS} \tag{7.2}$$

不过，齿轮箱的输出动能通常为转子的动能乘以齿轮箱的效率，齿轮箱效率主要受到齿轮损失和搅油损失（η_M）的影响。

$$P_{GB} = \eta_M P_{ROTOR} \tag{7.3}$$

而且，发电机侧齿轮箱和风能之间的关系 P_{WIND} 计算为

$$P_{GB} = \eta_M C_P P_{WIND} \tag{7.4}$$

式中，C_P 已知，为转子的功率系数。理论上来说，转子的功率系数不能超过贝兹极限（等于 16/27，大约为 0.593）。通常来说，HAWT 的功率系数在 0.3~0.5 范围内。图 7.3 为 HAWT 转子的一些典型的风洞测试数据。图 7.3（a）显示了三个不同风速下的转

子功率与转子速度的对比。在每个风速下，在特定转子速度下，转子功率有一个峰值。随着风速增加，整体功率水平呈现上升趋势。图 7.3（a）中采用了同样数据以生成图 7.3（b）。该图显示了功率系数 C_P 与叶尖速度比 λ 相互关系的典型情形。与转子动能类似，在特定的叶尖速度比下，功率系数也有一个峰值。

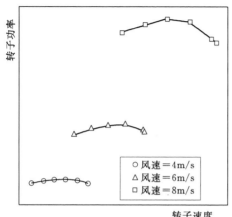

（a）转子功率与转子速度的对比

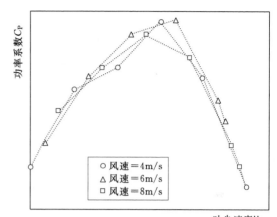

（b）功率系数与叶尖速度比的关系

图 7.3　HAWT 典型的风洞数据

扭力是齿轮箱设计中一个需要考虑的重要问题。需要扭力来确定接触点的齿轮受力，齿轮在接触点处相互啮合。此外，齿轮传动系所受的力矩必定受到齿轮箱内结构组件的反作用力，如壳体、安装点、法兰联轴器、扭力臂等。因为轴动力是力矩和转速的乘积，所以，可以展开式（7.3）得出

$$T_{GB}\Omega_{OUT} = \eta_M T_{ROTOR}\Omega_{IN} \tag{7.5}$$

式中　T_{ROTOR} 和 T_{GB}——转子侧（即齿轮箱输入）的力矩和发电机侧（即齿轮箱输出）的力矩。

通过式（7.5）变形，得出关系

$$\frac{T_{GB}}{T_{ROTOR}} = \eta_M \frac{\Omega_{IN}}{\Omega_{OUT}} \tag{7.6}$$

知道了本方程右边的速度关系为式（7.1）中所述的运动条件方程，就得出重要结论，齿轮箱的功率损失就是理想力矩输出的降低（其中理想力矩为 T_{ROTOR}/η_g）。

$$T_{GB} = \frac{\eta_M T_{ROTOR}}{\eta_g} \tag{7.7}$$

紧跟着图 7.3，图 7.4 显示了从转子端到发电机端，力矩—速度关系在整个齿轮箱是如何变化的。来自图 7.3 风洞功率数据用于获得图 7.3（a）中的转子力矩—速度曲线。随着风速增大，力矩水平升高。不过，假设风速为常数，随着轴速增加，力矩降低。为了帮助讨论，常数功率线也叠加到图 7.4 中。每行常数功率代表了各自风速的峰值功率。这些曲线表明，即使功率不变，力矩也一定随着轴速增加而降低。式（7.7）用于转子力矩—速度曲线，在图 7.4 中右下方给出了齿轮箱力矩—速度曲线。可以明显看出，在增速齿轮箱情况下，特定的速度值和速度值范围都增加了。而力矩水平和力矩值范围降低了。

此外，齿轮箱 GS 的力矩也因为机械效率进一步降低了。如果齿轮箱机械效率为 100%，GB 力矩曲线将是其功率常数相应曲线的切线，但是由于功率损失，GB 不会出现这种情况。

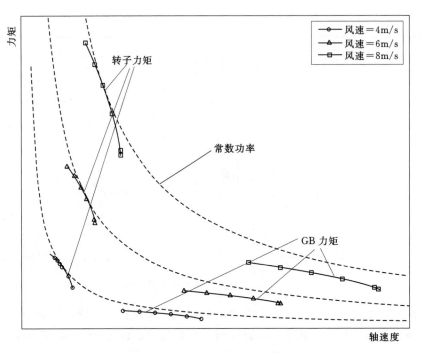

图 7.4 从转子端到发电机端力矩—速度关系的变化

接着这个分析，可以得到关于最终设计的几项重要观察结果。因为转子在最低速运行，它也在传递最大的扭力。因此，与高速轴的直径相比，低速轴直径更大。低速轴要求安装大型、坚固的轴承，以应对作用在转子上各种相对较大的力矩和力。应当指出的是，在高速轴上安装机械制动装置有一个显著的优势。机械制动装置作用在高速轴上的扭力，通过齿轮箱放大作用到转子上，是刚刚讨论的各种力的反作用力。

7.2.2 初步设计考虑

初期阶段，在设计过程中，齿轮箱设计者必须根据来自风电机组制造商和其他主要供应商的输入信息，如输入扭力、齿轮比、接口要求、最大机壳、最大重量和可制造性，制定齿轮箱概念设计方案。设计的可靠性是一项具体目标，目标设计寿命为 20 年。ISO/IEC 61400-4 建议，所有相关各方应在初期就参与项目，完成关键性的系统分析。该标准提出了系统分析中要考虑的一系列问题，提出了故障模式和效果分析（FMEA）。

齿轮箱设计必须考虑到整体系统结构，尤其是与 WTGS 中其他子系统的接口要求。齿轮箱与 WTGS 其他部分有机械接口，例如与低速轴、高速轴和机舱主机有机械式连接。齿轮箱有润滑系统，并且与外部润滑组件、如油箱、冷却器、油泵和过滤器有接口。还可能存在其他与齿轮箱输入输出的传感信息或信号流量和控制相关的接口。所有接口必须在设计初期予以明确。

某些情况下，由于系统架构的集成，接口功能可能重叠，例如低速轴。可以采用这样一种模块设计概念（图 7.1），低速轴在两个独立的轴承上运转，这两个轴承安装在齿轮箱的外部。另一种可选的模块配置，称为三点支撑架（悬挂式）传动系，在低速轴上有一个轴承，另一个轴承与齿轮箱成一个整体。在这种情况下，齿轮箱内部的轴承会有助于作用在主轴上的各种弯矩和力。也可以采用全部一体化的传动系，转子侧的齿轮箱内部轴承将承担所有低速轴荷载。

  任何机器工程设计的一个重要方面都是开发相关文档。ISO/IEC 61400-4 对整个设计周期，提出了一个建议的文档名称清单。任何设计过程中，产品设计标准都应在早期确定大纲。在其建议中，ISO/IEC 61400-4 标准建议风电机组制造商应该制定和颁布两个初始文档：通用标准和负荷标准。通用标准应概述技术性能的总体细节以及一些补充信息。负荷标准应提供关于设计载荷、疲劳载荷、极端载荷等方面的详细设计信息。

7.2.3 WTGS 齿轮箱的概念变量

  两种基本的齿轮布局安排一直主导 WTGS 齿轮箱的应用：平衡轴上的齿轮和行星齿轮系统（也称为周转轮齿轮系统）。大型 WTGS 中，典型的齿轮速度比大约为 30 : 1 到 100 : 1。这表明了转速的变化巨大。单级齿轮变速限制的速度比为大约 6 : 1。因此，大多数 WTGS 齿轮箱想达到期望的整体速度比，都需要多级变速。例如，要达到 100 : 1 速度比，可能使用三级变速。

  图 7.5 为单级、平行轴齿轮排列的示意图。输入齿轮（称为驱动齿轮）的齿数为 N_A，输出齿轮（称为从动齿轮）的齿数为 N_B。这种特定设置的速度比为

$$r = \eta_g = \frac{N_A}{N_B} \tag{7.8}$$

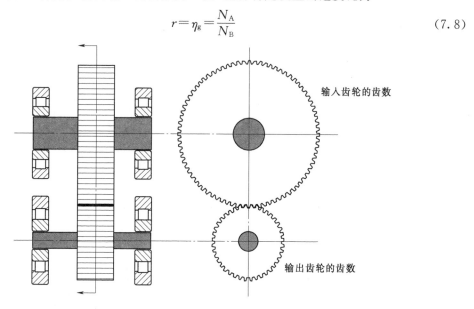

图 7.5　平行齿轮的轴排列（一级传动）

  显然，要获得增速比例（$r > 1$），输入齿轮端的齿数必须输出齿轮端的齿数多。

  图 7.6 两级、平行轴齿轮排列的示意图，将获得更高的整体速度增加。输入端的力为

P_{IN}，输出齿轮端的力为 P_{OUT}。这种情况下，引入中间轴，将轴力从输入齿轮传递到输出齿轮。整体速度比是每级齿轮的积。

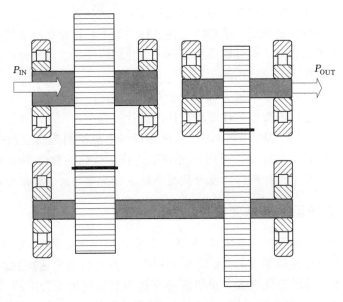

图 7.6 平行齿轮的轴排列（两级传动，有中间轴）

行星齿轮组比平行齿轮组的动力重量比更高，同时保持输入轴和输出轴同轴。因其与轨道行星系统相似，所以命名为行星齿轮系统。处于中心的齿轮称为太阳齿轮，围绕太阳旋转的齿轮称为行星齿轮，外圈的齿轮称为环齿轮。行星齿轮通常同等地围绕太阳齿轮分布，通过行星齿轮轴相互连接在一个行星齿轮架上。环齿轮为内齿轮，其他齿轮都是外齿轮。为提高速度，环齿轮保持在一个位置（即固定），输入动力作用在行星齿轮架上，输出动力来自太阳齿轮。图 7.7 说明了这些齿轮如何排列的。行星齿轮系来自动力分支传动，即多个行星齿轮分担传动力。动力分支传动有助于降低单个轮齿上的负荷。行星齿轮

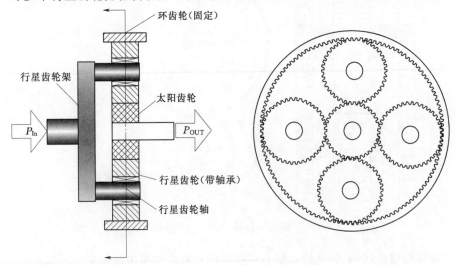

图 7.7 带四个行星齿轮的行星齿轮级别样例

非常适合承担高扭力。

行星齿轮的数量和齿数并不是任意的。太阳齿轮、行星齿轮和环齿轮的螺距必须匹配。对于 n 个行星齿轮的等空间行星排列，必须保持的关系为

$$\frac{N_S + N_R}{n} = \frac{2(N_S + N_P)}{n} = 整数值 \tag{7.9}$$

式中　N_R——环齿轮齿数；

　　　N_S——太阳齿轮齿数；

　　　N_P——行星齿轮齿数。

此外，齿数间必须保持的关系为

$$N_R = 2N_P + N_S \tag{7.10}$$

对于固定环的齿轮比，行星排列采用下述关系

$$r = \eta_g = \frac{N_R + N_S}{N_S} \tag{7.11}$$

各行星齿轮级可以串联使用，通过平行轴齿轮级，获得期望的总体比。如上所述，达到总体比可能需要两级或三级齿轮传动。通常来说，由于转子侧扭力要求较高，行星齿轮组用在传动系的第一级和/或第二级。

对于大型海上风电机组来说，采用分扭行星齿轮箱目前越来越受欢迎。分扭系统的好处是提高动力密度，它能够在很小的空间，传递非常大的扭力，这一点让分扭系统对海上风电机组的应用具有吸引力。这种齿轮系统采用的是在几个接触面之间分散传动力的原理，这种分散又提高了接触比。

7.3　WTGS 齿轮箱设计——研发阶段

在概念设计已经选定，主要决定已经作出（模块式或整体式布局、传动级数、行星轴还是平行轴等）之后，详细设计阶段就必须开始了。如果执行 FMEA，应该引导设计者考虑使设计安全所需的各种主要分析。ISO/IEC 61400-4 提供了关于确定传动系运行条件和负载的建议。建议是按照采用计算机模拟传动系负载提出的。尤其是 ISO/IEC 61400-4 概述了确定时间序列、疲劳和极端负载情况方面的实践。图 7.8 节选自 ISO/IEC 61400-4，提供了一个关于 WT 齿轮箱的建议性的设计过程的工作流程图。

此 ISO/IEC 标准对设计的几个方面也提出了详细的建议，如齿轮箱冷却、齿轮、轴承、轴、楔、机架接头、花键和固定件、结构部件和润滑。

在齿轮箱内部，距转子侧最近的齿轮扭力最大。随着齿轮轴在每个齿轮级上转速的增加，扭力逐渐减小。因此，在设计上，离转子侧最近的齿轮级通常比发电机侧的齿轮级承受更大的扭力。这个运行特点影响齿轮箱内部部件的设计。如上所述，由于行星齿轮间的

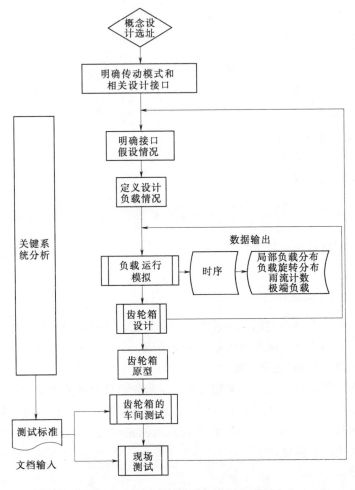

图 7.8　设计过程流程图——研发阶段

动力分枝传动，行星齿轮级可以传动更大的扭力。因此，有时候行星齿轮的更优选择是位于转子侧。否则同比的齿轮级数（假设螺距相同、螺旋角和齿数）其扭矩额定值不同，主要因为对于轴向齿轮宽度来说，窄齿轮比宽齿轮传送的扭力少。通过各级齿轮的速度增长情况会影响到轴承的选择。

　　齿轮可加工为正齿轮或斜齿轮。两种齿轮中正齿轮更简单，轮齿与齿轮轴沿轴向平行。斜齿轮的齿与齿轮轴成一定角度，称为螺旋角。引入螺旋角能实现齿轮更顺畅的啮合。原因是斜齿轮的接触比通常比正齿轮的接触比大，接触比是指任一时间下相互接触的齿牙的平均数量。不过，由于斜齿轮的反作用力，轴和轴承都必须设计为能够抵消更大的轴向推力。用于抵消轴向推力的另一种齿轮配置称为人字齿轮，同一个轴上使用两个反作用的斜齿轮。

　　采用 ISO/IEC 61400 - 4 要求也要采用其他通用型齿轮相关的标准。表 7.1 显示了可能发生的失效的常见模式以及应该遵循的相关标准。

表 7.1 齿轮组件设计适用的齿轮标准

失效模式	相关细节（引自 ISO/IEC 61400-4）
齿轮点蚀	ISO 6336 系列 最低安全系数 $S_H=1.25$
弯曲	ISO 6336 系列 最低安全系数 $S_F=1.56$ 生命周期系数 Z_{NT} 和 Y_{NT}，采用 0.85×10^{10} 周期确定
划痕	ISO/TR 13989-1 DIN 3990-4 ANSI/AGMA 925-A02+ISO/TR 13989-2
微小点蚀	ISO/TR15144-1
静力强度	ISO 6336 系列 在极端扭力下，利用静态生命周期系数 Y_{NT} 和 Z_{NT} 衡量 根部弯曲最低安全系数，$S_F>1.4$ 表面耐久性最低安全系数，$S_H>1.0$
表面下引发的疲劳	DNV 分类注释 41.2（2.13 款）

ISO/IEC 61400-4 给出了一些关于齿轮额定值系数的具体建议。例如，WTGS 齿轮箱的动力系数 K_v 应采用 ISO 6336-1 中方法 B 计算，并且最小值为 1.05，通过测量证明为另外情况的除外。动力学系数会大大影响齿轮额定值。

齿轮负载分担系数或啮合系数 K_γ，特别适用于将动力分枝传动进行汇总的各级齿轮，即行星齿轮的各级。齿轮的不精确性会引起负载分配的偏差，啮合系数基于行星齿轮的数量 n 来考虑这些偏差。表 7.2 提供了建议的啮合负载系数的数据。

表 7.2 基于行星齿轮数量的啮合负载系数

行星齿轮数 n	3	4	5	6	7
啮合系数 K_γ	1.10	1.25	1.35	1.44	1.47

基于表面应力（$K_{H\beta}$）和齿根应力（$K_{F\beta}$）上的齿轮面宽度，齿轮啮合负载分配系数考虑了非一致性的负载分配。ISO 6336 提供了计算面负载系数的程序，这些程序通常都适用于 WTGS 齿轮箱设计。不过，ISO/IEC 61400-4 提出了一些关于计算表面应力（$K_{H\beta}$）的面负载系数的具体建议。尤其是基于同 ISO 6336 中的不同程序来计算齿轮啮合的不一致性 f_{ma}（单位是 mm）。$K_{H\beta}$ 的最低建议值为 1.15。

7.4 WTGS 齿轮箱设计——生产阶段

生产阶段中会出现许多问题，影响到 WTGS 齿轮箱的运行性能和可靠性。普遍来说，可以把生产阶段视为部件制作和安装。在此阶段，必须制定优质方案，以保证不会对生产产生负面作用。

在制作单个部件时，采用了多个工序，例如成型工序（铸造和锻造）、减除工序（切割和打磨）和表面处理（抛光、热处理）等。完工的部件通常与期望的形状之间会有些偏差。这些偏差本质上是由于制作工艺的精度和精密性局限造成的几何问题。由于材料的化学或微观结构偏差造成的材料物理特性偏差，也与材料的加工有关。材料可能会遭受材料内部缺陷的影响，如瑕疵、空鼓或杂质等。设计人员必须通过更严谨的设计，才能抵御这些细微的偏差。制造工程师必须保证提供的部件都处于规格说明中列出的容差之内。这些内容也应构成质量方案的组成部分。考虑到几何中特定的偏差，对于所有部件，设计人员都应采用几何尺寸规格和容差标准。通常，按照标准，列出最低的材料要求。例如，齿轮部件必须符合 ISO 6336-5 标准的要求，轴承钢必须符合 ISO 683 标准的要求。

组装工序可以是永久性操作（如焊接）或非永久性操作（螺丝紧固等）。齿轮箱制作中使用的大部分组装工序都属于非永久性操作。这样，在操作阶段，其维修就更加容易；在退役阶段，其拆卸也更加容易。在所有螺栓连接处，组装时使用正确的力矩至关重要。某些情况下，如锥形滚柱轴承，轴承的预压缩也非常重要。通过对压缩轴承框的紧固螺母施加力矩，获得这种预载荷。所有力矩都必须适当应用。在壳体连接处，建议分离的平面壳体连接点采用正定位设施，如定位销，帮助进行安装。对于行星齿轮，建议环齿轮连接处能够承载摩擦力自身产生的最大的运行荷载（并预留一些安全边际）。如果螺栓力矩自身产生的摩擦力不够，设计人员应考虑采用实心销，承载法兰处的荷载。在使用实心销的情况下，计算过程中，摩擦力的影响应忽略不计。ISO/IEC 61400-4 标准中的这一规定说明了基于迭代设计周期经验而确定的具体的保守性设计要求。某些情况下，组装工序可能造成精度损失，一个已知的现象就是容差累积。在组装设计中，设计人员需要注意容差累积现象。

ISO/IEC 61400-4 标准含有齿轮制造相关的特定要求，自然包括制造方法和所有齿轮部件的加工工艺。在齿轮切割工序中，应避免发生磨槽；然而，如果在制作过程中，确实出现了齿轮槽，那么，应使用 ISO 6336-3 中 FEA 方法或 Y_{SG} 系数，来确定降低的齿牙弯曲应力。ISO/IEC 61400-4 标准中明确规定了拒收标准。

另外，应按照 ISO 1328-1 标准规定齿轮精度。ISO 1328-1 标准列出了 11 个齿轮精度等级。容差值随等级升高上升。ISO/IEC 61400-4 标准给出的最大精度等级为：外齿轮 6 级，内齿轮 7 级（对某些具体容差来说，如渗氮内齿轮，可达到 8 级）。容差改善会获得更稳定的性能，但是随着精度提高，相关的成本因素也应予以考虑。应当注意，精度等级适用于齿轮安装。如果齿轮在安装过程中精度损失，那么在安装后就应该考虑磨削。

齿轮部件的表面加工规定为，外齿轮 $R_a = 0.8\mu m$，内齿轮 $R_a = 1.6\mu m$。进行表面加工降低了齿轮表面出现小坑的风险。应该指出，不允许把齿轮侧面喷丸加工作为最终操作，因为这可能损坏表面加工。

ISO/IEC 61400-4 标准对于齿轮磨削后的表面回火提出了具体的建议，尤其是建议采用 100% 的取样方案。提出此要求是为了保证所有的齿轮都具有适当的表面特性，这也是表面处理的重要性所在。不当的齿轮齿牙表面处理会造成表面出现小型坑洼。根据经验推荐采用下述表面糙度值 (R_a)：R_a 选取小于 $0.7\mu m$ 的值用于高速和中间性小齿轮和齿轮；R_a<0.6μm 用于低速小齿轮和齿轮；R_a 选取小于 0.5μm 的值用于低速太阳齿轮和行星齿轮。重要的是齿轮表面糙度测量值要补偿齿牙的渐开线形式。齿轮通常使用滑块式触针变速。触针和滑块并排排列，更好地跟踪渐近线的形式。滑块在齿轮齿牙变速器上的半径大约是 0.8mm，通常小于常规变速的半径。

建议进行表面裂缝检测，根据供应商和客户同意，可采用磁粉检测、荧光磁粉渗透或着色渗透检测等方法（这种情况下应参照 ISO 6336 – 5 标准）。

7.5　动力传动系统动态分析

ISO/IEC 61400 – 4 建议，最低情况下，应进行动力传动分析以验证 WTGS 的空气动力弹性反应。下面案例讨论 WTGS 传动动态（DTD）模型，包括齿轮箱子系统。

7.5.1　可变负载

风力发电机齿轮箱的力矩等级是可变的。这种波动通常随风速变化，在 0 与额定力矩之间变化。对于定速桨距调节机器来说，可能出现额定力矩以上的偏移。这点可归因于桨距反应迟缓。力矩变化时间关系曲线图会被动态放大，并且事实上激发动力传动系统形成共振。瞬时性事件，如刹车，会引起不常见的量级大、持续时间短的力矩情况。如果刹车制动适用于低速轴，这种产生大振幅力矩的效应则可以被缓解。负荷—持续时间曲线的常规计算方法是把功率曲线与瞬时风速分布结合起来，进行计算。瞬时风速分布的计算是通过叠加韦伯分布平均时速上的每个平均速度的扰动变化而进行的。

7.5.2　动力传动系统动态

各叶片的旋转取样是风电机组力矩波动的来源。因为此现象是由旋转叶片的效应引起的，所以产生的频率是叶片通过频率及其倍数。因此，所有风电机组都经历这些频率下的空气动力力矩波动。这些波动的力矩与传动系统的动态相互作用，可能产生动态放大，并因此改变传动的力矩。如果是配有感应发电机定速风电机组，可以通过对适当的动力传统系统模型进行动态分析来评估所产生的动力传动系统的力矩变化。这种动力传统系统模型组成如下：

（1）旋转惯性和阻尼部件（代表风电机组转子）。

（2）扭力弹簧（代表齿轮箱和高速轴连接的刚度）。

（3）旋转惯性部件（代表主轴、转子锁死盘和发电机转子的惯性）。

（4）扭力阻尼器（模拟滑套连接的感应发电机产生的阻力）。

（5）电网。

上述所有惯性、刚度和阻尼参数必须是指同一个轴上的参数。

为了对动力传动系统进行详细的应力分析，需要为该系统建立一个精确的多部件模型。细化的模型可提供关于产生的偏移、应力和引起的损害方面的信息。不过，如果关于振动模式的动力学和控制算法的确定成为了关注的焦点，那么，可以使用简化的模型予以替代。利用第 7.5.3 节中所述的简化动态模型，能够得到振动的自然频率和模式，也能提供与扭力谐振相关的各种状态信息。

7.5.3　二体式传动系统轴模型

传动系统组件主要是将转子上产生的空气动力力矩，从转子轮毂传递到风力发电机。传动力矩经过传动系统，转化成机械力矩，然后再驱动发电机主轴。本节中，图 7.9 所示的简化型二体式机械传动系统建立了本传动系统的模型。与更高级的多体式传动系统模型相比，对于风力发电系统的瞬间稳定性分析，该二体式传动系统模型能够达到足够的精度。Muyeen 等对于不同类型的传统系统建模，进行了比较性研究。他们的研究发现，在有网络干扰情况下，就其表现出来的反应而言，高级传动系统模型（六体式或三体式）可以缩减为二体式传动系统模型，并且精度损失不大。

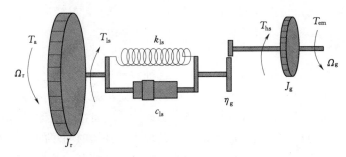

图 7.9　WTGS 传动系统的扭力振动模型

在考虑简化模型的情况下，用于表示传动系统动力学的因素如下：

（1）旋转惯性为 J_r 的部件（代表风电机组转子，即叶片）。

（2）扭力弹簧和扭力阻尼器（代表低速轴）。

（3）增速比为 η_g 的理想齿轮箱。

（4）刚性高速轴。

（5）旋转惯性为 J_r 的部件（代表发电机转子）。

使用刚性系数为 k_{ls} 的线性扭力弹簧表示传统系统的低速轴，阻尼系数为 c_{ls} 的扭力阻尼器表示传统系统的阻尼。

则叶片（风电机组转子）的动力学方程为

$$\dot{\Omega}_r(t) = \frac{T_a(t) - T_{ls}(t) - c_f \Omega_r(t)}{J_r} \tag{7.12}$$

式中　T_a、T_{ls}——风和扭力在低速轴上产生的空气动力扭力。

为了模拟摩擦损耗效应，也可以增加少量的阻尼，用 c_f 表示。

采用如下公式表示轴的动力学

$$T_{ls}(t) = k_{ls}[\theta_r(t) - \theta_{ls}(t)] + c_{ls}[\Omega_r(t) - \Omega_{ls}(t)] \tag{7.13}$$

方程中，θ_r 是转子的角位置；θ_{ls} 和 Ω_{ls} 分别是低速轴角偏差和速度。传动增速比 η_g（假定为理想齿轮箱）计算为

$$\eta_g = \frac{T_{ls}(t)}{T_{hs}(t)} = \frac{\Omega_g(t)}{\Omega_{ls}(t)} = \frac{\theta_g(t)}{\theta_{ls}(t)} \tag{7.14}$$

在式（7.14）中，θ_g 和 Ω_g 分别表示风电机组轴角位置和速度，T_{hs} 为提供给发电机的驱动扭力。最终，下面的差分方程表示了发电机机械部分的动力。

$$\dot{\Omega}_g(t) = \frac{T_{hs}(t) - T_{em}(t) - c_g \Omega_g(t)}{J_g} \tag{7.15}$$

式中　T_{em}——产生的电磁扭力；

　　　c_g——发电机侧的相关阻尼。

式（7.12）～式（7.15）表示了图 7.9 中的二体式传动系统的动力学特点。

为了研究产生的振动，还研究了描述传统系统动力学与柔性轴系统扭力模式之间关系的相关自由度。下面是关于传动系统扭力谐振的方程：

$$\dot{\theta}(t) = \Omega_r(t) - \frac{\Omega_g(t)}{\eta_g} \tag{7.16}$$

其中 $\theta = \theta_r - \theta_{ls}$，表示低速轴两端之间的角差。

除了空气动力造成的波动外，风电机组电气子系统出现故障，也会引起扭力传动系统的谐振。

7.5.4 机电耦合互动

现有参考文献 [20] ～ [24] 中一直强调机电耦合的重要性。这些研究强调了详细的机械模型对于理解风电机组对电气干扰的机械反应的必要性。此外，详细的电气模型也是至关重要的，因为故障产生的干扰是一种电气现象。因此，就需要将详细的机械模型和电气模型耦合到一起。为了进行耦合，需要辨别出这两种详细模型（电气模型和机械模型）中需要进行交流或交换的参数。

柔性转子叶片的动力学受空气动力负载控制。控制变速转子动力学的相应方程是叶片转子速度和加速度的函数。产生的空气动力扭力 $T_a(t)$ 构成了传动系输入值。在电气侧，发电机的动力学受式（7.15）控制。对于这个方程来说，来自传动系的动力（高速轴）为输入值。随后发电机速度和加速度以及电气端的扭力为输出值。因此，机械传动系和齿轮系构成了转子叶片和电气侧发电机之间相连接的联络环。图 7.10 描述了这种关系。式（7.12）、式（7.14）和式（7.16）描述了带轴的二质量传动系模型的动态。这些方程导出下列二阶线性差分方程，方程表示了传动系和空气动力扭力之间的扭转振荡，而发电机速度和加速度作为输入信息。

$$J_r \ddot{\theta} + (c_{ls} + c_f)\dot{\theta} + k_{ls}\theta = T_a - c_f \frac{\Omega_g}{\eta_g} - J_r \frac{\dot{\Omega}_g}{\eta_g} \tag{7.17}$$

此二阶线性差分方程的解提供了要求的意向数量，例如传动系扭转角位移和角速度，以及规定的初始条件。不过，为了解式（7.17），要求适当的初始条件。用于解方程而不损失通用性的初始条件是传动系的扭力状态值为 0（即无初始扭力），而且发电机额定速度相对于额定转子叶片速度无加速。利用式（7.13）和式（7.14）可以计算出高速轴的扭力。此外可以使用式（7.12）计算叶片转子速度和加速度。因此产生的输出是高速轴的扭力、叶片转子速度和加速度。高速轴扭力输入发电机，更新发电机动力情况，同时，叶片转子速度和加速度构成了转子叶片动力学方程的输入，以更新系统矩阵和计算变速转子叶

风电机系统

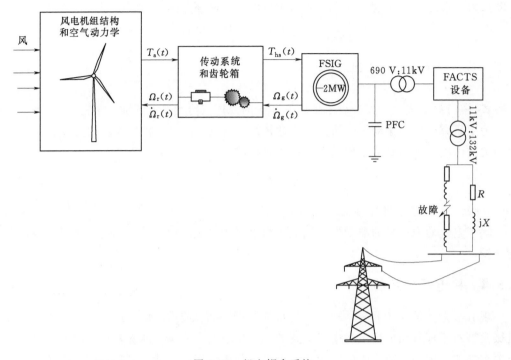

图 7.10   机电耦合系统

片动力学。采用机电耦合描述的计算方案包括的效应有有：①柔性的叶片边缘动力；②可变的转子叶片速度；③带轴的二质量传动系模型；④发电机动力。

7.5.5   齿牙变量负载疲劳设计的效应

齿牙疲劳设计受两个因素主导。侧面的接触应力和根部的弯曲应力，都必须在可接受的范围之内。一对在啮合点接触（即在两个齿轮中心连线上的一点）的正齿轮齿牙之间的压应力计算为

$$\sigma_c = \sqrt{\frac{F_t}{bd_1}\frac{E}{\pi(1-\nu^2)}\frac{u+1}{u}\frac{1}{\sin\alpha\cos\alpha}} \tag{7.18}$$

式中 F_t——从直角时到啮合时，齿牙之间的力；

　　b——齿轮面宽度；

　　d_1——驱动小齿轮或输入齿轮的小齿轮节圆直径；

　　u——齿轮比（大于 1）；

　　α——压力角，即在该角度下，齿轮间的作用力，通常为 $20°\sim25°$；

　　E——弹性模量；

　　ν——泊松比。

齿根处的最大弯曲应力计算为

$$\sigma_B = \frac{6F_t}{b}\frac{h}{t^2}K_S \tag{7.19}$$

式中　h——单齿牙在齿根以上部分的最大高度；

　　　　t——齿牙在齿根处的厚度；

　　K_S——齿根应力集中系数。

对于在额定扭力下运行的齿轮来说，证明弯曲应力合力乘以适当的安全系数小于耐久极限应力乘以系数（如寿命系数和许多应力修正系数）就足够了。对于接触应力来说，也必须遵守类似程序。

对于抗疲劳设计或疲劳损伤计算，应使用预测的涡轮载荷谱。这也应包括一些动力学结果。对于疲劳设计计算来说，计算耐久极限值下的设计等效力矩是必要的。这种计算通常采用 Miner 的疲劳损伤法则辅助计算，并计算无限寿命力矩，设计力矩谱为无限寿命力矩生成一个为 1 的损伤指数，同时，生成关于相关材质的特定 S-N（负载与周期数）曲线。在这种情况下，寿命系数可以设定为 1，因为它在无限寿命力矩计算中一直是间接因素。标准（如 BS 436）中规定了可以用于齿牙设计的力矩—耐久曲线样本。无限寿命力矩设计可以根据如下公式从持久载荷谱中计算得出

$$T_\infty = \left[\sum_i \left(\frac{N_i}{N_\infty} T_i^m \right) \right]^{1/m} \qquad (7.20)$$

式中　N_i——T_i 的力矩的周期数。计算中，小于 T_∞ 力矩不予考虑。在力矩—耐久曲线下拐点处，其周期数 N_∞ 为 3×10^6 时，产生齿牙弯曲。不过，对于接触应力来说通常会更高，并且会随使用材质的不同发生变化；

　　　　m——力矩—耐久曲线相关的指标，是接触应力—耐久曲线指标的一半，因为力矩与接触应力的平方成比例。

Burton 等的研究中有关于齿牙、轴承和轴的疲劳设计的更多详细信息。

7.6　总　　结

WTGS 中齿轮箱的作用一直在被突出强调。风力发电机齿轮箱的设计也得到特别的关注。提出了分类别生命周期法，开始是概念设计阶段，经过研发阶段、生产阶段、运行和维护阶段，最后是退役阶段。ISO/IEC 61400-4 是本领域关系最密切的标准，详细研究了标准中风力发电机齿轮箱设计要求。尤其是 ISO/IEC 61400-4 中概述的各部件按分类别生命周期进行了分类。重点放在了概念设计阶段，研发阶段（详细设计）和生产阶段，概述了传动系动力学分析，这类分析是 ISO/IEC 61400-4 中最低要求。

缩　略　语

DNV	Det Norske Veritas　挪威船级社
DTD	Drivetrain Dynamic　传动动态
FMEA	Failure Modes and Effects Analysis　故障模式和效果分析
GB	Gearbox　齿轮箱
GS	Generator Side　发电侧

HAWT   Horizontal Axis Wind Turbines　水平轴风电机组
ISO/IEC   International Electrotechnical Commission/International Electrotechnical Commission　国际标准化组织/国际电工委员会
RS   Rotor Side　转子侧
WTGS   Wind Turbine Generator Systems　风力发电机系统
WT   Wind Turbine　风力发电机

参 考 文 献

[1] Manwell JF, McGowan JG, Rogers AL. Wind energy explained: theory, design and application. 2nd ed. Wiley; 2009.

[2] ISO/IEC 61400 – 4. Wind turbines – part 4: design requirements for wind turbines gearboxes. 2012.

[3] Mathew S. Wind energy: fundamentals, resource analysis and economics. Heidelberg: Springer, Berlin; 2006.

[4] García Márquez FP, Tobias AM, Pinar Pérez JM, Papaelias M. Condition monitoring of wind turbines: techniques and methods. Renewable Energy 2012; 46: 169 – 78.

[5] Milborrow D. Operation and maintenance costs compared and revealed. Wind Stats 2006; 19 (3): 3.

[6] Vachon W. Long – term O&M costs of wind turbines based on failure rates and repair. In: WIND-POWER, American Wind Energy Association annual conference; 2002. p. 2 – 5.

[7] Tavner P, Spinato F, van Bussel GJW, Koutoulakos E. Reliability of Different Wind Turbine Concepts with Relevance to Offshore Application. In: European Wind Energy Conference, March 31 – April 3, Brussels: Belgium; 2008.

[8] Van Bussel GJW, Boussion C, Hofemann C. A possible relation between wind conditions, advanced control and early gearbox failures in offshore wind turbines. Procedia CIRP 2013; 11: 301 – 4.

[9] Sheng SS, editor. Wind turbine condition monitoring. Wind Energy May 2014; 17 (5): 671 – 2.

[10] Hahn B, Durstewitz M, Rohrig K. Reliability of wind turbines – experience of 15 years with 1500WTs. In: Proceedings of the Euromech colloquium wind energy; 2007. p. 1 – 4.

[11] Igba J, Alemzadeh K, Durugbo C, Henningsen K. Performance assessment of wind turbine gearboxes using in – service data: current approaches and future trends. Renewable Sustainable Energy Rev 2015; 50: 144 – 59.

[12] Stamatis DH. Failure mode and effect analysis: FMEA from Theory to Execution. ASQ Quality Press; 2003.

[13] Arabian – Hoseynabadi H, Oraee H, Tavner PJ. Failure Modes and Effects Analysis (FMEA) for wind turbines. Int J Electr Power Energy Syst September 2010; 32 (7): 817 – 24.

[14] Dooner DB. Kinematic geometry of gearing. 2nd ed. Wiley; 2012.

[15] Cogorno GR. Geometric dimensioning and tolerancing for mechanical design. 2nd ed. McGraw – Hill Education; 2011.

[16] Burton T, Sharpe D, Jenkins N, Bossanyi E. Component design. In: Wind energy handbook. Chichester, UK: John Wiley & Sons; 2001. p. 424 – 38.

[17] Boukhezzar B, Siguerdidjane H. Nonlinear control of a variable – speed wind turbine using a two – mass model. IEEE Trans Energy Convers 2011; 26: 149 – 62. http: //dx. doi. org/10. 1109/TEC. 2010. 2090155.

[18] Muyeen S, Tamura J, Murata T. Wind turbine modeling. In: Stability augmentation of a grid – connected wind farm, Green Energy and Technology. London, UK: Springer London; 2009. p. 23 – 65.

[19] Salman S, Teo A. Windmill modeling consideration and factors influencing the stability of a grid – connected wind power – based embedded generator. IEEE Trans Power Syst 2003; 18: 793 – 802. http: //dx. doi. org/10. 1109/TPWRS. 2003. 811180.

[20] Bossanyi EA. The design of closed loop controllers for wind turbines. Wind Energy 2000; 3: 149 –

63. http：//dx. doi. org/10. 1002/we. 34.

[21] Fadaeinedjad R，Moschopoulos G，Moallem M. Investigation of voltage sag impact on wind turbine tower vibrations. Wind Energy 2008；11：351 - 75. http：//dx. doi. org/10. 1002/we. 266.

[22] Bossanyi EA. Wind turbine control for load reduction. Wind Energy 2003；6：229 - 44. http：// dx. doi. org/10. 1002/we. 95.

[23] Jauch C. Transient and dynamic control of a variable speed wind turbine with synchronous generator. Wind Energy 2007；10：247 - 69. http：//dx. doi. org/10. 1002/we. 220.

[24] Ramtharan G，Jenkins N，Anaya - Lara O，Bossanyi E. Influence of rotor structural dynamics representations on the electrical transient performance of FSIG and DFIG wind turbines. Wind Energy 2007；10：293 - 301. http：//dx. doi. org/10. 1002/we. 221.

[25] Basu B，Staino A，Basu M. Role of flexible alternating current transmission systems devices in mitigating grid fault - induced vibration of wind turbines. Wind Energy 2014；17：1017 - 33. http：// dx. doi. org/10. 1002/we. 1616.

第 8 章 海上风电机组发电机的设计

A. McDonald，J. Carroll

斯特拉斯克莱德大学，格拉斯哥，英国（University of Strathclyde，Glasgow，United Kingdom）

8.1 发电机设计的关键问题

因其自身机电性质，发电机在风电机组的运作中至关重要。发电机是作为机械子系统（如转子和传动系统）与电气子系统（如功率转换器以及电网）之间的接口。尽管发电机的费用在海上风电场的开销中相对适中，但是对能量成本有很大的影响，因为发电机的类型和设计会影响发电效率、运行和维护（O&M）以及可用性。

之前已讨论过发电机在风电机组中的作用以及海上风电机组与传统发电厂中的应用不同，所以本章主要从概念视图的角度（第 8.2 节）以及实用工程学等几方面简单介绍发电机（第 8.3 节），之后将罗列实际海上风力发电机的类型并解释选择这些类型的原因（第 8.4 节）。作者将会继续介绍一些在未来几年可能会流行的先进风力发电机类型（第 8.5 节）。

8.1.1 发电机的作用

发电机是将输入的机械能转化为电能的装置。在海上风电机组中，机械能由叶片捕获风能，并在发电机中，由齿轮箱（或者其他的转矩——速度转化器）将高转矩低速变成低转矩高速的过程中产生。在其他形式的发电机中，机械能的来源很多。在传统常规电站中，机械能来源于由内燃机、蒸汽机、水轮机和汽轮机驱动的原动力。

根据法拉第的电磁感应原理，导体通过磁场的机械过程会产生电能。此过程会使导体的两端产生势差（电压）。由欧姆定律得知，有电阻的电路连接导体两端会有电流会通过。电流会与磁场相互反应并产生抵抗导体通过的阻力。为了使导体以相同的速度持续运动，不得不提供与阻力大小相同方向相反的力。结果机械功率（力×速度）会转化为电功率（电压×电流）。

发电机在机械能转化为电能的过程中其作用显而易见。发电机产生的转矩（旋转电机的轴心会产生向外辐射的力）对抗由风电机组转子和驱动系统产生的机械转矩。从电力角度来看，发电机是电压源（有电阻），其运行过程不但取决于自身的类型和设计，还在于风电机组和自身运行条件。

在很多发电机中，静止导体中很容易引发电动势（emf）并产生电流，所以静止导体位于发电机中不旋转的部分（称为转子），如图 8.2（a）所示。相反地，磁场会移动，由

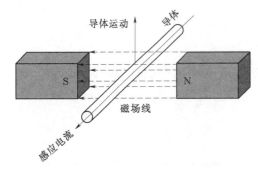

图 8.1　通过电磁场的导体

此产生的力会聚集在发电机转动的部分（称为转子）。称为气隙的间隙会把定子和转子分开。图 8.2（b）所示为发电机以及转子和定子。

在同步发电机中，使用永磁体或者能够诱发电磁铁产生磁场的直流电来产生转子磁场。当场激转子转动时，会在转子和定子的气隙之间产生转动磁场。定子包含很多导体，这些导体切割在气隙的磁场线，继而产生电流输出电能。在第 8.2 节中，将会详细解释同步发电机运行的具体细节并进行逐一介绍。

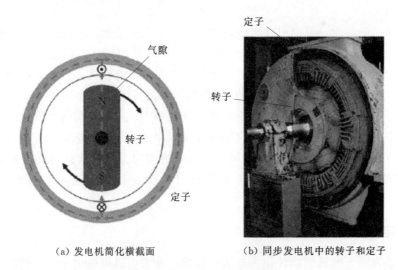

（a）发电机简化横截面　　　　　（b）同步发电机中的转子和定子

图 8.2　同步发电机示意图

8.1.2　优质发电机的条件

基于设计要求，优质海上风力发电机需满足以下条件：

（1）效率高，即额定功率以及功率曲线上的其他功率都很高。

（2）质量稳，即故障率较低并能短时间修复。

（3）效益好，即购置成本、运行成本以及维护成本都不高。

（4）重量轻，即易压缩易安装。

（5）性能全，即运行速度快转矩范围广。

在很多工程体系中，这些优良特质经常相互补给，然而某些情况下，这些优良特质却相互排斥。例如，质量稳定的发电机虽然维修费用低，但是效率不高而且建造费用昂贵。因此需要权衡利弊，选择使用针对某一特定目的的高性能发电机。对于发电机的设计者来说，平衡这些特质并估量其相对重要性的一个方法就是评估发电机设计怎样影响相异层次的能量成本。

图 8.3 展示了一些正在建设或者已经开始制造的大型风电机组。一般而言，优质的发电机效率较高，即使速度快转矩大也不会有损耗。就此而言，永磁铁同步发电机要好于电励磁机器，因为永磁体发电机不需要电流产生转矩磁场，因此发电机转子不会出现铜损耗。发电机应该性能可靠、损耗较少，永磁体同步发电机和鼠笼式感应电机均证明没有滑环和电刷的发电机性能更可靠，因为滑环和电刷会带来损耗且需定期维修。然而，提高发电机的性能会影响电能转换器的性能：由于永磁体同步发电机和鼠笼式感应电机需要变速运行，所以它们的全速转换器产生的损耗率高于双馈式感应发电机。由于陆上风电机组维修速度快，所以电源转换器产生的损耗不会引起长期停工。然而，对于海上风电机组成本大、风险高的特点来说，即使很小的损耗也会招致高额成本。制造成本效率和成本规划是风电机组的制造商着重考虑的一方面。因为制造永磁铁的稀土资源价格昂贵易变，因此永磁式发电机并不如电励磁机器受欢迎。

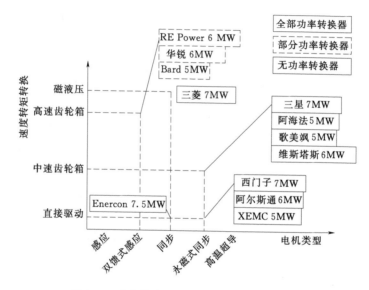

图 8.3 动力传动系统在大型风电机组的情况

8.1.3 发电机在常规电站和风电机组中的异同

风电机组和普通电站中的发电机有很多不同。这些差异的主要原因是机械输入功率的来源不同。一般而言，普通电站的原动机机械功率与风电机组的相比，其旋转速度更大。意味着，如果发电机与原动力（直接驱动）直接相连，在相同转矩测定中，常规发电站的发电机能够产生更多的电能。因此若原动力风力发电机想与常规电站发电机产生一样数量的电能，必须要有速度更高的转矩，因此成本会更高。由于常规电站倾向于使用高致密介质，所以涡轮机的额定功率为 $10^2 \sim 10^3\,\text{MW}$；即使海上风电机组设定的额定功率在 $10 \sim 20\text{MW}$ 范围内，但是实际额定功率却在 $2 \sim 8\text{MW}$ 内。虽然发电机的额定功率低成本低，但是因为多台风电机组才能生成 1000MW 的电能，而在常规电站中只需一台发电机，所以产生一样的电能，需使用多台风电机组，因此成本相对高。

常规电站中的发电机以定速运行，机械输出扭柜相对容易操作。常规电站经常使用与电网直接相连的同步发电机。产生的一个结果就是发电机和涡轮机的转动惯量自然而然有助于电网电频的稳定。由于激磁电流变化无常，所以控制发电机的功率并适时增大或减少功率已经成为可能。尽管早期的风电机组直接与电网相连，但是使用的还是感应电机，即风电机组速度恒定不会变化（在机械转载中，涡轮机速度能够变化更有利），而且消耗电网的无功功率，所以必须寻求补偿。

　　常规电站和海上风电场的另一个不同之处是发电机的安装位置，常规电站中，发电机的安装位置易于控制，易于接触，且很少受自身重量影响。但是，在海上风电机组中，发电机要安装在风电机组塔架顶部的电动吊篮里，只有大量功率才能带动发电机运作，所以需要大型风力发电机转子叶片。由于其转子叶片较大，所以发电机经常安装在海平面100m之上。事实上，如果发电机安装在高处，那么自身质量就成为了一个限制条件，因为任何附加质量都会增加塔架、地基、安装的成本。

8.1.4　陆上风电机组和海上风电机组的差异

　　陆上风电机组和海上风电机组的发电机也有很多不同之处。产生这些差异的主要原因是，海上风电场中存在地理位置差异，起重设备花费不同，转子叶片大小不同。

　　海上风电机组的能量成本高于陆上风电机组，其中一个主要原因是维修成本和运行成本很高。与20世纪90年代和21世纪初安装的风电机组相比，新安装的风电机组需要放置在离海岸线更远的地方。离海岸线越远，意味着安装地点的平均风速越大、需要适应的平均波形高度越高。由于保养和维修的提升容器受风速和操作高度的限制，所以离海岸线越远的安装地点，越不容易接触操作，陆上安装地点要比海上近岸地点更容易接近。与陆上市场相比，海上风电机组不易运维的问题引导很多制造商开始建立不同类型的发电机。制造商集中精力使海上发电机更加可靠，在各种服务之间引进并延长服务时间，以此保证海上风力发电机比陆路风力发电机少些维修保养频率。

　　影响海上风力发电机设计的另一个方面是置换费用。陆上使用起重机维修发电机，但是海上使用提升容器——一般每日租金为10^5英镑。为了避免过高租金带来的费用，制造商致力于将海上风力发电机模块化，以保证不管有没有提升容器都能成功维修置换。

　　一般而言，海上风电机组风轮直径大于陆上风电机组。一部分原因在于，这些大直径风轮可以提高每台风电机组的额定功率和年发电量以此缓和海上基础设施和电缆的成本费用。减少功率密度也意味着需要大型扫海区——以此提高风电机组的利用率和传输电缆使用率。

　　海上风电机组的一个优点是，相比于陆上风电机组，当地居民的反对声音较少。反对意见主要集中在轮毂高度、叶片长度、叶片的转动噪声。图8.4中展示了海上风电机组的长叶片。很明显，一些主要的制造商组会给7～8MW的风电机组提供最高154m（西门子D7）和164m（维斯塔斯V164）直径的风轮，但是在陆地，7.5MW的发电机最多只能运行直径126m的风轮（Enercon E—126）。

风轮直径126m　　　　　　　　　　　　　　　　风轮直径164m

（a）陆上　　　　　　　　　　　　　　　　　　（b）海上

图 8.4　陆上和海上风电机组的选取

8.2　电机的类型和操作原理

8.2.1　电机类型

（1）发电机。一种旋转电机，可将机械能转化为电能。

（2）电动机。一种旋转电机，可将电能转化为机械能。经常用于偏航驱动器和俯仰制动器。

（3）变压器。一种固定设备，可转换不同的电压水平。经常在电力采集系统中提高发电机中压水平。

基于控制方式、电气连接和机械接口，旋转电机即可作为发电机又可作为电动机，如图 8.5 所示。发电机主要有两种主要类型，使用/产生直流电（DC）或者使用/产生交流电（AC）。在常规电力系统，即电动机和发电机使用交流电，大部分发电机都是同步发电机而大部分电动机都是异步电机。在风电机组中，所有的同步发电机和异步发电机（又称感应发电机）都当作发电机使用。

图 8.5　在电机中机械能和电能之间的转化

第 8.1.1 节所描述的机器是原始同步机器。在同步发电机中，转子的旋转速度与电磁流波形在机器气隙中的流动速度一致。由于风电机组转子的旋转速度不断变化，机器的电频必须可变，即发电机定子需要与功率转换器相连并能从输电网频去耦。第 8.2.3 节中将会详细介绍同步发电机。

　　尽管与同步发电机的建造类似，但是感应发电机有着不同的操作系统。在这些机器中，转子绕组的现存交流电会产生旋转速度低于或者高于转子的转子磁场。磁场或者由定子上的电磁场产生（如鼠笼式感应发电机）或者由静态电源转换器的电流产生，这些转换器通过电刷装置和滑环与转子绕组相连（如双馈式感应发电机）。这些机器的操作原则将会在第 8.2.4 节中详细介绍。

8.2.2　电磁转换的原则

　　在旋转电机中有两种基本的电磁现象。

　　（1）当导体在电磁场中运动时，会诱发导体内部的潜在势差。这种现象早在第 8.1.1 节中详细介绍，并且在图 8.1 中有所展示。如果导体与闭合电路相连，电流流向会遵守弗莱明的右手定则，即伸开右手手掌，使拇指与食指和中指相互垂直。拇指方向为导体运动方向，食指为磁场方向，中指为感应电流方向。

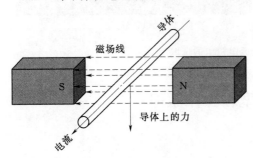

图 8.6　通电导体在磁场中的受力情况

　　（2）当通电电流进入磁场会产生机械力，如图 8.6 所示。导体产生的力会弗莱明左手定则，即伸开左手手掌，使拇指与食指和中指相互垂直。拇指所指方向为力的方向，中指为磁场方向，中指为电流感应方向。

　　若想求中图 8.6 中导体的感应电压 e（单位为 V），可使用式（8.1）计算为

$$e = Blv \tag{8.1}$$

式中　B——磁感应强度，T；

　　　　l——位于磁场中的导体长度，m；

　　　　v——线速度，m/s。

　　至于电力发电机，线速度是物体围绕磁场半径旋转的旋转速度。好的发电机能够产生有效的气隙通磁密度。在各个导体相连的阶段，可将导体的电压相加求和来计算感应电压。感应电压可以描述为电动势。

　　在旋转电机中，经常提到线圈（即一对对反平行的导体分布在机器的定子周围，这样一来便可经历同样大小但是方向相对的磁通量）。在线圈中，根据法拉第原理，感应电压与磁通量变化的阴性率成反比，即

$$e = -N \frac{\mathrm{d}\Phi}{\mathrm{d}t} = -\frac{\mathrm{d}\lambda}{\mathrm{d}t} \tag{8.2}$$

式中　N——线圈匝数；

　　　　Φ——磁通量，Wb；

　　　　λ——磁链（Wb - turns）。

　　B 是每单位面积的磁通量（$B = \Phi/A$），磁通量垂直通过线圈或者线圈周围的区域时会产生磁链。

$$f = Bli \tag{8.3}$$

若求图 8.6 中通电导体的力 f，可以使用式（8.3），即在这个公式里面，i 代表电流（A）。从每个导体中的力到电机中转矩的力，均需要将每个力相加，结果再乘以半径。

8.2.3 同步发电机

在同步发电机中，转子可承载带有激磁绕，电枢绕组安在定子之上。图 8.7 展示了同步发电机转子的三种不同类型。隐极转子，在地面永久安装的一个凸极转子和另一个转子，经常用于传统电站中的高速机器。凸极转子经常用于大型但是速度小的机器中，例如，水力发电机和其他直驱式风力发电机。这两种类型的转子都需要直流电，可通过电刷装置、滑环或者无刷励磁生成直流电（一般来说，发电机或者发电机设备都装在轴上）。大多数海上风电机组的发电机都有一个转子上有使用永磁式励磁的同步发电机。

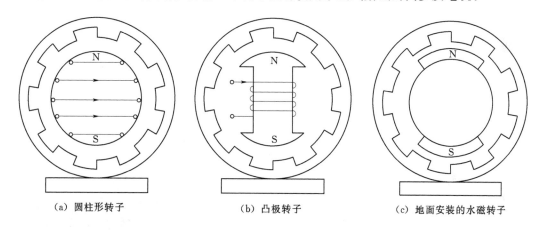

（a）圆柱形转子　　（b）凸极转子　　（c）地面安装的水磁转子

图 8.7　同步发电机中不同类型的转子

8.2.3.1　无载运行原则

图 8.8 中展示了两极转子（极对）。每一极都是由缠绕线圈的钢铁条组成，匝数为 N。励磁电流（I_f）会通过线圈。最终会产生 NI_f，即磁通势（MMF）。力是在气隙中产生的磁通量，但要基于磁通势（MMF）和气隙长度，发电机的转子和定子以及机器各部分的截面都可控制磁通量。至于直流电发动的同步机，如果可能磁通密度可由可变的 I_f 控制；对永磁式发电机来说，磁动势在特定的设计下是固定不变的。

在图 8.8 中所展示的简单机器有三个阶段：a、b 和 c。可由线圈 aa′、bb′和 cc′表示（其中 a′意味着导体在导体 a 的反方向）。这些线圈呈 120°分布或者彼此之间为 $2\pi/3$。当转子旋转时，每一阶段的磁链要基于转子旋转角度 θ。由于特定的旋转速度 ω，可用 $\theta = \omega t$ 表示。在图 8.8 中转子的初始位置意味着此时线圈 aa′的磁通链为 0。在图 8.8（b）中，可发现磁通链升至最大值时，此时线圈旋转至 90°或者至 $\pi/2$；当旋转角度 θ 继续增大，磁通链会下降到为 0，此时转子角度是 180°或者为 θ。当再次旋转时，磁链为负值，此时旋转角度达最大值 270°或者 $3\pi/2$，之后再转变为 0，此时的转子角度为 360°或者 2π。可从简单相对三角法中看出，磁链波形呈正弦函数。除了两者相对为 120°或者 $2\pi/3$ 时，这个磁链波形同样适用于其他两个阶段。

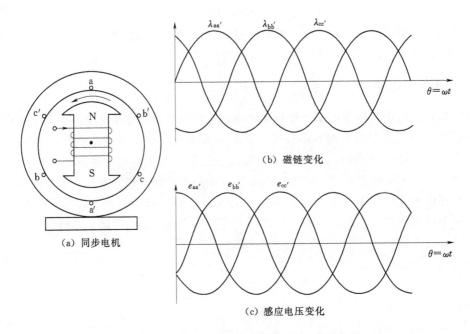

（b）磁链变化

（a）同步电机

（c）感应电压变化

图 8.8　简式同步电机中磁链和感应电压的变化

从式（8.2）中可看出，可通过区分磁链功能来发现感应电压波形。此时会形成图 8.8（c）中的波形。感应电压的大小取决于每一极的通量峰值（并与励磁电流成反比），线圈匝数，以及旋转速度。可以看出，这些变量在设计阶段都是确定的（如线圈匝数），还取决于运行环境（如旋转速度）和其他可被控制的（如励磁电流）。至于永磁式发电机，一旦发电机已经设计完成，磁通量也就固定了，因为磁动势是不可控制的。可看出，感应电压的速度受其他变量影响，即

$$E \propto \omega \tag{8.4}$$

感应电压的频率基于旋转速度和极对的数量 p。正如图 8.8 中所示，有两个极因此成极对（$p=1$）。大多数风电机组中，$p>1$；对 $p>40$ 的中速永磁式发电机并不常见；速度更慢的永久式直接驱动发电机中，$p>8$。频率为

$$f = \frac{p\omega_{\mathrm{m}}}{2\pi} \tag{8.5}$$

式中　ω_{m}——机器旋转速度，rad/s。

一个有用的概念为等效电角频率，可表示为

$$\omega_{\mathrm{e}} = 2\pi f = p\omega_{\mathrm{m}}$$

8.2.3.2　同步发电机等效电路

尽管只是一个电机装置，还是很有可能变成具有等效电路图表的同步发电机。这有助于理解电机的性能和限制条件以及与电力工程模化相关的内容（或设计、模仿电源转换器，或借助理解这些机器在电力系统中的作用）。这些机器的设计分为三个平行等效的阶段。就其本身而言，这三个阶段有等效电路就足够了。

目前，关于磁通量的讨论均集中在由转子磁场 Φ_{f} 生成的流量上面。因为电枢电流 I_{a}，

从电枢绕组中开始流动（电枢绕组装在定子上），另一个磁通量 Φ_a 接着产生。一部分磁通量与定子相连，称为漏通量 Φ_{al}。电枢磁通的另一个部分与转子相连成为电枢电抗通量 Φ_{ar}。这些通量均取决于电枢电流的大小并能导致电压下降，这些均可由图 8.9（a）中的 X_{al} 和 X_{ar} 表示。这些也可以结合成同步电抗，如图 8.9（b）中 X_s 表示。定子电阻绕组 R_a 会进一步引电压下降。一般来说，$R_x \gg R_a$，在一些情况下电阻可以被忽略。

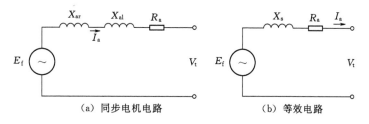

（a）同步电机电路   （b）等效电路

图 8.9　同步发电机的等效电路

8.2.3.3　同步发电机矢量图

矢量图表示电压与电流之间的关系。图 8.10 展示的是隐极同步发电机的矢量图。终端电压 V_t 是参考矢量。矢量图的表示公式为

$$\dot{E}_f = \dot{V}_t + \dot{I}_a R_a + \dot{I}_a j X_s \tag{8.6}$$

在图 8.10 中，φ 表示终端电压和电枢电流

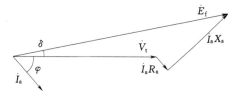

图 8.10　同步发电机的矢量图

的相位角，而 δ 表示负载角（有时又称为转矩角）。在特定的感应电势中，提高电枢电流会导致终端电压下降。当电流增大时，负载角会升高至一定极限。

8.2.3.4　同步发电机功率和转矩特性

如果电枢电阻忽略不计，那么对于三相圆柱形磁极或者地面永磁机的功率和转矩可由式（8.7）式（8.8）计算为

$$P = \frac{3|V_t||E_f|}{|X_s|} \sin\delta \tag{8.7}$$

$$T = \frac{3}{\omega} \frac{|V_t||E_f|}{|X_s|} \sin\delta \tag{8.8}$$

式中　ω——旋转速度，rad/s。

当弧度达到极限 $\pi/2$ 时，此时会生成峰值功率和峰值功率和峰值转矩。因此可得出额定功率越高的机器，额定电压越高，阶段越多。

至于显著性机器——例如图 8.7（b）所示，带有埋磁铁的永磁机——功率和转矩特性都经过了修改，归功于磁阴转矩组件。

在变速程序中，式（8.4）已经显示出感应电动势受转子转速影响。电抗受电频影响（$X = \omega_e L$，其中 L 是感应系数）。即功率和转子性能受风电机组运行速度的影响。为了同步发电机能够变速运行，终端发电机应该与电源转换器相连。电源转换器可以决定发电机的终端电压 V_t，以此控制发电机的功率和转子。

图 8.11 展示了一台风力发电机转子的转速平面。中轴线由风电机组转子转矩（T_{WT}

$=kT_{gen}$，其中 k 表示变速箱率，T_{gen} 表示发动机转矩）和旋转速度（$\omega_{WT}=\omega_m/k$）。一种曲线用来定义恒定风速，另外一组曲线用来定义风力发电机转子的恒定性能系数。这些曲线的形状基于 $c_p - \lambda$ 特性，在此案例中是任意的。满圆代表在不同的风速下空气动力峰值性能。因为同步发电机的转子有固定转速的特性，所以同步发电机只有不断调整速度才能达到这些峰值点。在终端发电机中，这些可以通过改变发电机电频而得到。在此例中，电源转换器用于改变电频，但改变范围是 $f_{low} \leqslant f \leqslant f_{high}$。

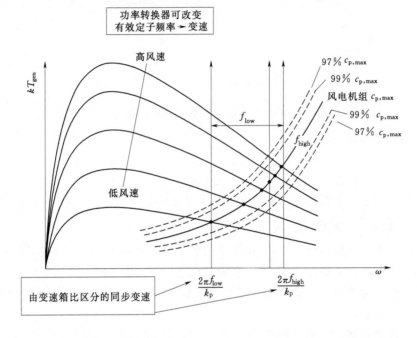

图 8.11　变速风力发电机的转子速度变化平面（不同频率变化的同步发电机）

8.2.4　异步发电机

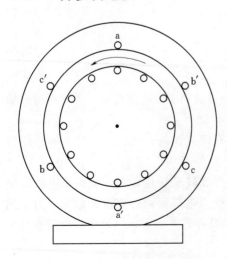

图 8.12　三相鼠笼式感应发电机

8.2.4.1　操作元件和原理

　　三相感应发电机经常用于工业。图 8.12 显示的是感应发电机的横截面。这个机器有固定的定子、气隙和转动的转子组成。定子与同步发电机中的定子类似。转子则不同：异步发电机中的转子使用交流电而非直流电。三相电流可诱发转子产生交流电，或者通过电刷装置或者滑环产生。转子由很多短路铜锭组成（常称为鼠笼式转子），绕线转子由三个与定子类似的线圈组成。

　　法拉第原理是感应发电机操作原理的基础。梯子的例子很好地解释了感应发电机是怎样工作的。图 8.13 展示了由导电材料制成的梯子形状。

梯子由两条棒固定形成短路 X 和 Y。当磁铁向梯级做相对运动时，磁通量切断了导电梯级。基于法拉第原理，电压会在梯子中感应产生，因为其有导电材料组成。感应电压会产生电流，通过梯级，磁铁在重新回到另一个梯级之前会经过并到达短路棒。此时会产生电极，最近的将会与永磁铁连成一体；梯子会在机械力的作用下向右移动。当梯子移动到右边，磁场切断导电级的速度快于梯子静止时的状态。此时电压会减少，电流和机械力会持续变低。如果梯子的移动速度与磁铁移动速度（同步速度）相同，那么电压、电流和机械力会降为零，因为此时的通电梯级不会切割磁场。从概念上讲，磁铁可被相同速度的电磁铁代替。进一步讲，通过变化的电流，移动的磁动势波形可由带电的分散电圈产生。

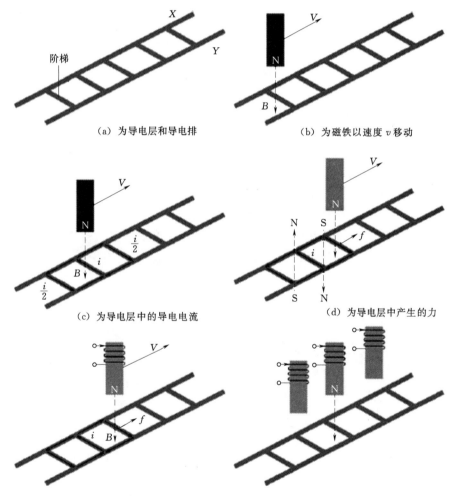

（a）为导电层和导电排　　　　　（b）为磁铁以速度 v 移动

（c）为导电层中的导电电流　　　　（d）为导电层中产生的力

（e）表示磁铁可被移动的电磁铁代替　（f）表示磁动势可由可变电流的电磁铁产生

图 8.13　感应发电机的梯子模型

　　如果之前描述的梯子排列成圆形，如图 8.14 所示，那么运行原理与旋转感应发电机中鼠笼式转子完全一样。在鼠笼式感应发电机中，当梯像之前例子中运动时，鼠笼两旁的棒子会产生电压。

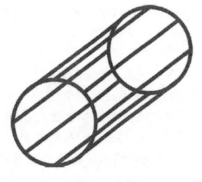

当鼠笼以与气隙通量的相同的速度（同步速度）旋转时，转子上不会生成感应电压或者机械力。当鼠笼转子的角速度与气隙通量的角速度不同时，会产生滑动。滑动 s，可用气隙通量速度（同步速度）的比，表示为

$$s = \frac{\omega_s - \omega_r}{\omega_s} = \frac{n_s - n_r}{n_s} \qquad (8.9)$$

式中　ω_s——同步速度，rad/s；

$\quad\quad\ \ \omega_r$——转子转速，rad/s。

图 8.14　鼠笼

同步速度与同步发电机的转速 ω_m 相同，正如式（8.5）中所示。很多感应电动机与电网直接相连，50Hz 的同步发电机转速为 3000r/min（两极）、1500r/min（四极）和 1000r/min（六极）。滑环与同步发电机转速变化一致。滑环的数值越大，转子损耗的额定功率越大，这会导致热量生成，所以越大的机器，其滑环越小。

当感应发电机作为发电机开始工作时，转子转速会超过同步发电机速度。

8.2.4.2　等效电路和转矩转速图

为了仿真电感应的感应网，发电机可由等效电路代替。感应发电机的等效电路与变压器类似，如图 8.15 所示。

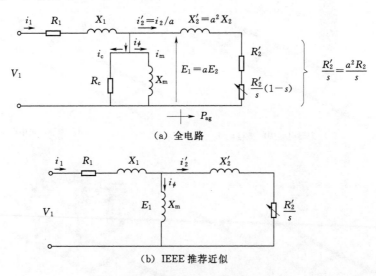

（a）全电路

（b）IEEE 推荐近似

图 8.15　感应发电机的等效电路

在图 8.15 中，V_1 是每一阶段的终端电压，R_1 是每一阶段的定子绕组，X_1 是定子绕组漏抗，E_1 是每一阶段定子绕组中的感应电压，X_m 是每一阶段的电磁，R_c 是静止的，R_2 是每一阶段的转子电路电阻，X_2 是每一阶段的转子漏阻。转子电路参数是指线圈匝数在定子和转子上面的比，$a = N_1/N_2$。

在图 8.16 中，显示的是感应发电机的转矩转速图标（为了方便，T 是生产过程的正值）。转矩速度变化曲线可从式（8.10）得

$$T_{mech} = \frac{3}{\omega_s} I'^2_2 \frac{R'_2}{s} \tag{8.10}$$

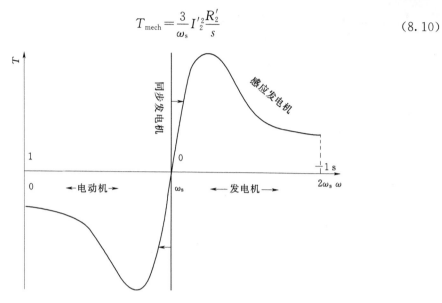

图 8.16 感应发电机转子速度变化曲线

可以看出，当滑环的速度接近零时（$s \to 0$，$\omega \to \omega_s$），转矩转速降为零。当感应发电机的运行速度与同步发电机速度相同时，会形成线性转矩转速关系。当转矩速度达到最高值时，发电机设计者通过调节转子转速，T_{max} 会发生变化。调节转子抗阻会改变转矩速度曲线的形状。

8.2.4.3 变化的运行速度

在与电网相连的早期风电机组中，鼠笼式感应发电机与电网直接相连直接使用。风电机组的速度是固定的，但是由于发电机滑环的负载低于与电网直接相连的同步发电机，所以滑环更加容易控制。

引进变速运行的第一步是使用鼠笼式感应发电机，其有两组可以转变的绕组；因此会生成不同的同步速度并导致粗制的变速运行水平。发电机绕组不断变化会加大电力和机械方面的压力，因此并不经常使用。

更好的改进方式是使用有不同转子电阻器的绕线转子。通过改变转矩形状——速度变化曲线，提高转子电阻，大滑环可有低转矩。这些均可通过连接带有电刷装置和滑环的外部电阻器与绕线转子实现，但是结果经常不尽如人意。一些机器上的电阻装在转子上，并带有可接受信号的光通，以此来转换不同的电阻。尽管可以进行速度操作，但会损耗电能。所以改进方式是有效利用滑环能量。

在双馈式感应发电机（DFIG）中，定子和转子的绕组会发生功率走失的情况，如图8.17所示。定子绕组直接与电网相连，转子绕组在与电网相接之前与电源转换器相连（主要通过电刷装置和滑环）。电源转换器可调节转子电流，因此转子频率和方向可以发生变化。如果速度同步，转子可以使用直流电，运行方式也如同步发电机一样。在次同步运行中，电网给转子提供功率。如果同步转速是 1500r/min 而转子转速是 1200r/min，此频率的电流会产生磁场，并以 300r/min 的转速与定子做相对运动。在次运作中，转子产生功率，并输送给电网。无独有偶，转速为 1800r/min 的转子需要的电流会产生磁场，并以 300r/min 的转速与转子做相对运动。相比于没有功率转换器的鼠笼式发电机，在双馈式感应发电机的配置中，通过转子转速围绕同步速度发生大幅变化，而且其所用的电子设备功率要少于一个完全额定转换器。电源转换器减少了动力传动系的稳定性，也不失为一种优势。然而，由于使用双馈式感应发电机的滑环和电刷装置，标准感应发电机的可靠性会降低。

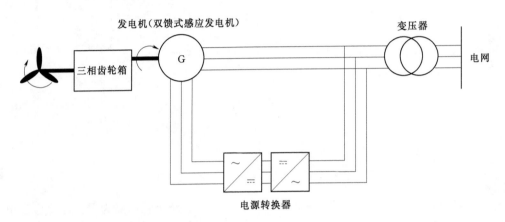

图 8.17　双馈式感应发电机的动力传动系统结构

完全额定转换器可用于鼠笼式感应发电机，以此变速运行。图 8.18 中展示的是当终端电压变化时，或者电频变化时，机器转矩转速的特性。这些结合起来可以满足转子转速的特点，这些特点正是变速风力发电机所需。

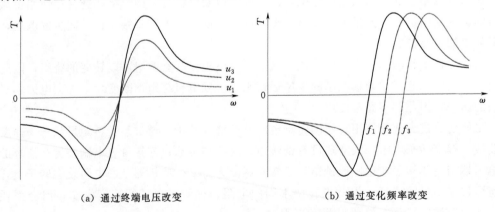

(a) 通过终端电压改变　　　　　　(b) 通过变化频率改变

图 8.18　改变感应发电机的转子速度

8.3　发电机的实际设计与制造

在设计和制造发电机的过程中，设计者和制造商会遇到很多零件和专业材料。发电机由定子和转子组成，在两者之间有轴承作为机械接口（电气接口的部分一般是电刷装置和滑环）。从电气这方面来讲，这些机器都会有线圈、不同类型的绝缘物质和电气接线柱。至于磁性方面，导通材料比如薄钢片很重要，以及任何永磁铁的规格都对成本和损失有很大的影响。对于辅助子系统有很多要求，比如加压气体或者液体冷化器以及机械零件都需要满足载重要求并为发电机提供保护。本节将会简单介绍发电机的组件以及设计。

8.3.1 转子

发电机的转子主要用来产生气隙间的磁通量，但是也可用在双馈式感应发电机中进行动力输出。通常来讲定子放在转子里面，并生成一条从较热转子通往周围环境的传导冷却路径。在其他情况下，如西门子直驱式风力发电机，一般使用外部转子。因为在同样大小的外直径下气隙直径可稍微大一些，而且在同样的输出下转矩更好。

发电机转子的制造过程取决于发电机的类型以及使用情况。在风能生产中两种最普遍的转子类型是永磁式发电机中的永磁转子和双馈式感应发电机中的绕阻转子。

永磁转子由永磁体产生，例如钕（NdFeB）。这些磁体有很高的能量产品，即通过使用质量相对较少的材料而生产强韧的磁通密度。不仅如此，这些磁体矫顽磁性较高，残余通量密度也高，但是相对渗透率却处于中等水平。这些特点致使永磁体不会出现去磁现象，不过，这些磁体自身导磁性能并不高，而且设计制造时一定要充分利用这些昂贵的磁体材料。图8.7（c）展示的是这些磁体安装在转子的表面之上。尽管这些是凸极电机，但是低透水性的特点意味着，当其中一个磁体围绕气隙半径做圆周运动时，气隙磁阻是恒定不变的。因为这些机器被当作隐极电机使用。一些机器使用的高能永磁材料较少，如铁氧体磁体，但是需要采用通量集中技术力量将杠杆之间的磁体掩埋。所以这些情况下，这些机器本身带有凸极电机。

有时转子上的磁体相对于定子的齿轮和插槽是倾斜的。这有助于减少齿槽转矩生热。因为转子磁体与定子齿轮排成一列，所以这些热量会增加机器转矩的无用波，而且意味着最小启动转矩可以启动发电机旋转。倾斜则表示，当一个磁极围绕一个机器两端做轴向运动时，磁极周围的位置会发生变化。减少齿槽转矩生热的方法有很多，包括改变磁体的半径、中轴线和周向尺寸。

双馈式感应发电机的绕线转子由铜线围绕圆柱芯的钢齿轮制成。在鼠笼式感应电机中，导电棒镶嵌在位于转子里面同一类型的插槽里。转子核心由钢薄片组成。在双馈式感应发电机中，转子轴经常与电刷装置或者滑环相连。

8.3.2 气隙

之所以将转子和定子之间的缺口称为气隙，原因有两点。其一在于转子和定子之间的物理距离。所以围绕气隙半径，所有点在任何时间都应该为非零值，否则转子和定子相撞会产生物理性损伤。这个缺口设计规格需要允许制造误差、转子和定子之间的偏心距、载荷变形以及风力发电机自身的载重影响。气隙 g 是设计更大直驱式发电机的前提条件，其制定规格取决于大拇指规则 $g=d_g/1000$，其中 d_g 是在气隙重点的直径。所以直径为5的机器其气隙直径为5mm。

从磁性角度来讲，气隙很重要，因为气隙会产生减少每极磁通量的磁阻。磁性气隙或者有效间隙是指如真实机器一般产生磁阻的概念性规格气体。可将插槽（会产生磁阻）产热的因素归结其中。实际和"有效"气隙值之间最大的不同可在地面安装的永磁机中找到。磁体的高度，有与空气一样的渗透性也包括在气隙的考虑范围内。所以高 15mm 的磁体和规格 5mm 的气隙可以形成 20mm 的有效磁气隙（如果忽略不计插槽产热）。气隙的物理距离从 5mm 减少至 4mm（减少了 20%），磁气隙会从 20mm 减少至 19mm，所以磁阻也会减少 5%。

8.3.3　定子

定子是发电机的一部分，在与定子做相对运动时要保持发电机的稳定性。定子由导体组成，一般来说，这些导体嵌在定子铁芯片表面插槽的内部。定子中的导体一般由铜绕组组成，也可由铝绕组组成。以防发生短路，相邻导体之间、导体与薄钢片之间，以及单相之间是绝缘的。通过使用真空压力浸渍可以进一步提高绝缘性能，即将定子浸泡在环氧树脂中然后在真空管中烘干。

钢薄片是被薄薄一层绝缘材料包裹的薄片。之所以使用钢片而非脱氧钢，是因为钢片可以减少涡流损耗。使用含硅的特殊电工钢主要为了减少磁滞损耗。发电机构架和外壳为发电机内部的运行工作提供了结构性支持和保护。在生产过程发电机的热量会不断增加，最后损耗功率，所以冷却体系是必要的。风力发电机中两种类型的冷却体系分别是气体冷却和液体冷却。

8.3.4　结构完整性

相对独立于风力发电机，高速钻机被认为是独立机器。从机器角度来说，最大的挑战有相对过高的旋转速度、齿轮箱高速轴的负载以及错边问题。

直驱式风电机组中的低速电机更大一些，因此更接近风力发电机的结构。当转矩测定增加时，气隙直径和轴向长度也会增加。由于引力磁力作用（在铁磁的定子和转子之间），必然会有外力试图关闭气隙。这与转矩负载一起意味着这些发电机需要能够产生足够坚硬度的可靠结构。至于大型直驱电机，其质量决定于生产电能的质量。

8.3.5　发电机损耗

直流发电机主要发生铜损耗和铁损耗。也会因为轴承摩擦和偏差而出现损耗机制（转子表面的空气动力阻力）。

电流从任何线圈（磁场或者电枢）绕组中流过会产生铜损耗。可以通过增大导体的横断面积（一般增大机器）、降低绕组温度（降低电阻率）或者使用能够降低电阻率的材料来减小阻力。铜经常用作导体材料，可通过提高冷却系统的性能增强电流密度，没有任何重大的额外损耗。

随着时间的移动，在导磁的组件中，铜损耗至关重要，经常称为核心损耗，有两种情况分别为机制磁滞损耗和涡流损耗。当护铁和护齿增加时，两种损耗也相对增加。磁滞损耗和电频成比例，涡流损耗与电频的平方成比例。在感应发电机中定子和转子的电工钢会受到影响，但是同步发电机中的定子受到的影响相对较少，因为相对于转子来说主要磁场相对稳定。

8.4 海上风电机组发电机的选择

8.4.1 西门子（Siemens）SWT 2.3MW

型号为西门子 SWT 2.3 的发电机使用鼠笼式感应发电机（SCIG），如图 8.19 所示。额定功率为 2.3MW 输出电压为 690V。通过一体式热量转换器和分离式恒温控制排风装置可以进行冷却，西门子公司表明这些装置可承受冷却操作温度，并延长了绕组绝缘设备的寿命。

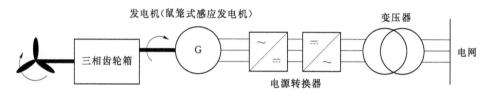

图 8.19 西门子 SWT 2.3MW 的动力传动系统结构

由于鼠笼式感应发电机通过电磁感应发电，所以不需要滑环或电刷装置。这样会提高可靠性，因为发电机出现故障的一半原因在于滑环和电刷装置。与永磁式发电机不同，鼠笼式感应发电机的生产不需要稀土材料。这个优势有助于制造商进行更好的成本规划。维斯塔斯公司也选择型号为 V112 3.0MW 的第二个版本的鼠笼式感应发电机而非作为第一个版本的永磁式发电机。

8.4.2 维斯塔斯（Vestas）V90：DFIG

发电机维斯塔斯 V90SHI 双馈感应发电机，如图 8.17 所示。当额定功率为 1.8MW、2MW 或者 3MW 时，V90 发电机可以进行使用。不过，3MW 的发电机输出电压为 1000V。此种类型的发电机有四极并可用液体冷却。

发电机利用滑环和电刷装置进行动力输出。与永磁式发电机相比，电刷装置和滑环降低了发电机的可靠性，然而双馈式感应发电机的价格却比永磁式发电机便宜 40%。双馈式感应发电机与鼠笼式感应发电机类似，不同于永磁式发电机，其制作材料不需要稀土资源。结合部分额定功率转换器，双馈式感应发电机允许电网编码的依从性。

8.4.3 阿海珐（Areva）M5000：中速 PMG

型号阿海珐 M5000 发电机为中速永磁式发电机（PMG），如图 8.20 所示，其额定功率为 5MW，输出电压为 3.3kV。与之前的风力发电机不同，这种型号的发电机是同步发电机而非感应发电机。因此永磁式发电机不需要电刷装置和滑环来转动转子，所以动力输出在定子上。

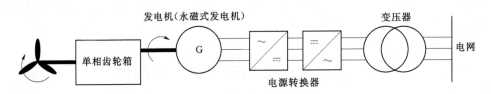

图 8.20　阿海珐 M5000 的动力传动系统结构

由于发电机的输出装置来自于单级变速箱，所以与之前风力发电机的类型相比，此发电机的速度变化范围很小，即转矩越高，带有绕阻和绝缘装置的发电机越大。由于失效模式，在之前两个风力发电机中，相比于高速发电机，低速发电机的绕组更容易出现故障，但是却低于直驱式永磁发电机。

单个转子主轴承，单级行星变速箱以及发电机都包装在紧凑的组织内。

8.4.4　西门子 (Siemens) SWT 6MW：直驱式 PMG

型号西门子 SWT 6MW 发电机是直驱式永磁发电机，如图 8.21 所示。额定功率为 6MW，输出电压为 690V。如阿海珐风力发电机一样，因为需要用电刷装置和滑环来运行转子，所以此发电机为永磁式发电机。由于发电机直接由转子输入功率，所以为低速高转矩输入。当发电机直驱时，会有外径为 6.5m 的更大型号转子。由于处于塔尖的逆风位置，且在风力发电机转子之后，所以这些发电机包括结构性元素以此发送从风力发电机转子到返回风力发电机之内的负载，也是通往风力发电机中心的接入信道。

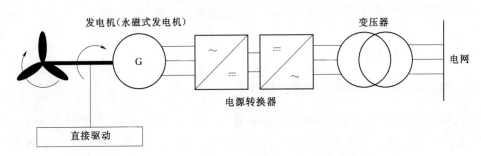

图 8.21　西门子 SWT 6MW 的动力传动系统结构

8.4.5　发电机选择的个例研究

接下来这部分基于参考文献 [2]、参考文献 [19] 和参考文献 [20] 的结果进行个例研究，将两种类型的风力发电机进行比较。其中一种型号的风力发电机有双馈式感应发电机，另外一种为永磁式发电机，都是基于能量成本进行比较，而比较结果将会在第 8.4.5.6 节中展示。接下来的部分所比较的结果会基于现代多百万瓦海上风电机组的操作数据。

8.4.5.1　能量成本

为了个案研究，在 Crown Estate 的海上风电成本削减研究中，能量成本研究不但可用来估算还可以用来进行假设。式 (8.11) 表示能量成本的计算方法为

$$能量成本 = \frac{初级资本成本 \times 固定费用率 + 年度运行成本}{年度能量成本}$$

资本成本包括发展成本、基础建设成本、风力发电机成本、电缆成本、安装成本、解除运作成本、保险及项目运行成本。除了风力发电机成本，比较其余几组成本数据，都是相同的。风力发电机成本之所以不同，在于发电机和变流器的成本。定义一个固定支出率有助于清晰地表现年度初级资金成本组成。年度运行成本包括运作和维修成本、保险成本、传输成本和海床租用成本。除了与两种类型的风力发电机都不同的运行和维修成本，这些数值与风力发电机成本都是相同的。由于风力发电机的效率不同、实用性也不同，所以两种类型风力发电机的能量生产也不同。

8.4.5.2 发电机成本

图8.22中为额定功率相同的永磁式发电机和双馈式感应发电机不同的成本。两种类型的发电机组成部分都不同，比如变流器。

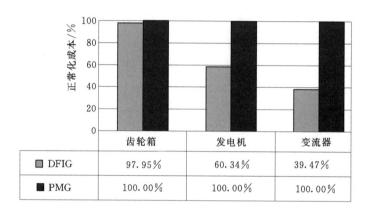

图8.22 永磁式发电机和双馈式感应发电机的成本对比图

8.4.5.3 效率和损耗

图8.23表示的是额定功率相同的双馈式感应发电机和永磁式发电机的电功率变化曲线。不同的变化曲线表明，永磁式发电机的效率之所以更高在于发电机转子上没有铜损耗。

8.4.5.4 有效性

图8.24所展示的分别为使用永磁式发电机和双馈式感应发电机的风力发电机其有效性情况。这些数据基于假想，假设100台风电机组位于离海岸线10km、50km和100km处。两种类型的发电机在损耗率和故障停机时间不同，使用的换流器也不同，所以运行情况不同。

8.4.5.5 运行和维护成本

图8.25表示，分别使用永磁式发电机和双馈式感应发电机的风电机组运行和维护成本情况。正如有效性一样，运行和维护成本的计算也是基于假想，即100台风电机组分别位于距海岸线10km、50km和100km处。这些不同主要来自于两种发电机的故障率、故障停机时间、维修成本、吊管成本和员工成本。图8.25的计入生产损耗时的运行和维修成本。

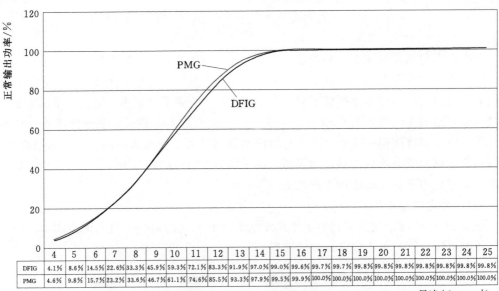

	4	5	6	7	8	9	10	11	12	13	14	15	16	17	18	19	20	21	22	23	24	25
DFIG	4.1%	8.6%	14.5%	22.6%	33.3%	45.9%	59.3%	72.1%	83.3%	91.9%	97.0%	99.0%	99.6%	99.7%	99.7%	99.8%	99.8%	99.8%	99.8%	99.8%	99.8%	99.8%
PMG	4.6%	9.8%	15.7%	23.2%	33.6%	46.7%	61.1%	74.6%	85.5%	93.3%	97.9%	99.5%	99.9%	100.0%	100.0%	100.0%	100.0%	100.0%	100.0%	100.0%	100.0%	100.0%

风速/(m·s⁻¹)

图 8.23 永磁式发电机和双馈式感应发电机正常输出功率变化曲线

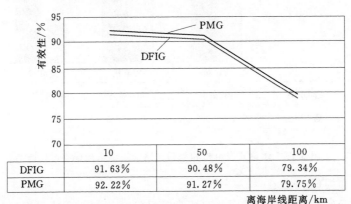

	10	50	100
DFIG	91.63%	90.48%	79.34%
PMG	92.22%	91.27%	79.75%

离海岸线距离/km

图 8.24 永磁式发电机和双馈式感应发电机在不同安装地点的有效性比较

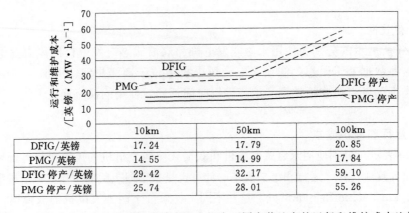

	10km	50km	100km
DFIG/英镑	17.24	17.79	20.85
PMG/英镑	14.55	14.99	17.84
DFIG 停产/英镑	29.42	32.17	59.10
PMG 停产/英镑	25.74	28.01	55.26

图 8.25 永磁式发电机和双馈式感应发电机在不同安装地点的运行和维护成本比较

8.4.5.6 分析

图 8.26 表示，假设在距海岸线 40km 处，双馈式感应发电机和永磁式发电机的能量成本比较。双馈式感应发电机的能量成本为 103.43 英镑/（MW·h），永磁式发电机的能量成本为 101.23 英镑/（MW·h）。正如第 8.4.5.1 节所假设，两种类型发电机特定部分的资本成本和运行成本是一样的。两种类型发电机的驱动程序差别为 2.20 英镑/（MW·h），主要在发电机成本、运行维修成本以及能量生产中。发电机成本、运行和维修成本数据的分析都基于制造商和供应商提供的数据，并无实际意义，所以没有考虑利润边际。这些利润边际提高操作人员的能量成本。从能量成本/（MW·h）的不同之处来看，有 100 台风电机组的海上风电场，每年可生产电能 12961MW·h，可连续生产 20 年，但是在使用这两种不同类型发电机的风电机组中，大概会有 5000 万英镑成本的差异，因此海上风电场使用永磁式发电机更好。同样来分析中速和低速永磁式发电机，会发现相对高速变速箱发电机的能量成本可进一步降低。

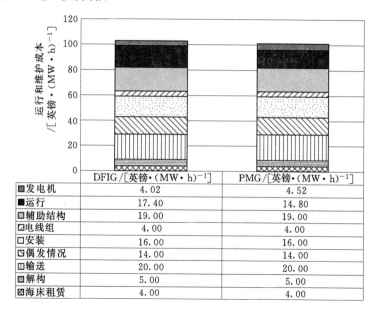

图 8.26 永磁式发电机和双馈式感应发电机在距海岸线
40km 处运行和维护成本比较

8.5 海上风力发电机的未来趋势

8.5.1 未来挑战

风电机组越大、离海岸线越远，挑战越多。距离海岸线较远的大型风电机组不得不提高发电机的成本、可靠性、易触性，也不得不加大负载，因此风险也越来越大。

当发电机尺寸增大，虽然组成材料成本会上升，但是最大的挑战却是大型发电机需要更多的稀土资源来制作永磁铁。用于永磁铁中的稀土资源（如镝）供应不足，而且只有少数几个国家在开采，因此价格不可控。浮动的价格（正是所有发电机制造商避免发生的情况）风险很大，发电机设计者需要避免。

　　发电机距离海岸线越远，其可靠性越重要，到达途径也越有挑战性。图 8.24 和图 8.25 表示，当离海岸线的距离增加，相同技术不同距离的发电机其实用性不高而且运行和维修成本也在增加。所以未来的发电机需要低故障率，维修时间和成本也应该尽可能地降低。减少海上风力发电机成本的一种方法是增加额定功率并增加风轮直径。假设稍速限制（如 90m/s）和扫海区的额定功率（如 350W/m²）相同，可以发现额定转矩从 5MW 发电机的 3.75MN·m 上升至 20MW 发电机的 30.0MN·m。尤其是直驱式电机，转矩增加至八倍，功率便会增加四倍（除非使用不同的技术），发电机的成本和型号增加必然会快速超过能量捕获速度。

8.5.2　正在发展的发电机技术

　　风力发电机的研究者、设计者和制造商正在探索并发展发电机技术，如无刷双馈式感应发电机和无铁永磁发电机，而且正在应用现代科技以提高稳定性和可靠性。

　　无刷双馈式感应发电机有利于风能工业发展，因为没有了电刷和滑环损耗率，额定换流器的部分损耗会大大减少。无刷双馈式感应发电机通过使用第二定子绕组运行（称为控制绕组）会代替电刷装置和滑环。两个定子绕组封装在相同的发电机结构中，但是它们之间没有直接耦合。

　　无铁永磁发电机的定子使用无铁绕组。这样可以清除定子中的强磁材料，以此清除在第 8.3.4 节中所描述的定子和转子之间的力，转而减轻 30%～50% 的重量，使定子更加容易修理并且不再需要齿槽转矩。

　　为了使发电机的持续性和可靠性增强，研究和设计人员正在为加大维修性的故障容差。和所有相关问题类似，当发电机离海岸线越来越远时，模块性和冗余已经大幅度提高。模块性允许发电机模块出现误差并在不需要置换整个发电机的情况下发生改变。

　　置换模块而非整个发电机的方式有着明显的优势，同样在租用吊管的成本节约上也很有利，因为模块不需要重型起重吊管，而重型起重吊管需要很长的等待时间且一天的花费可达 10⁵ 英镑。至于冗余可以允许发电机在发生故障之后，还能以全部或者部分额定功率继续生产能源。虽然生产这些发电机部件或者整个发电机的成本一般很高，但是近期调查显示维修和运行成本大幅减少，一定程度上弥补了复制成本。

8.5.3　发展更加先进的发电机

　　以上讨论了传统发电机和新兴发电机，很多发电机技术已经存在或者很有可能用于将来的风能生产。很多科技，如高温超导发电机和同步磁阻发电机都在调查研究之列。

　　其中高温超导发电机既可以是同步发电机也可以是异步发电机。没有直流电抗阻，超导发电机代替传统机使用超导材料。超导体可以为不同的负载提供更大的效率，而且与传统机相比，能生成更大的磁场。因此会产生高转矩密度并且尺寸可减小，尤其是直驱式发电机的质量变好。此种机器的一个挑战是这些机器不得不进行低温加热。这些低温恒温发电机的可靠性和维护周期是最大的束缚：至少需要一天的冷却时间才能达到运行温度。

　　同步磁阻发电机是另一种形式的发电机，成本较低并且不必使用永磁铁。同步磁阻发电机为凸显效果，转子的组成部分与圆柱同步发电机和凸极同步发电机不同。因为不必使用电刷装置和滑环，所以很多人开始详细研究这些机器。

8.5.4　使用高级转子和速率转换器的发电机

　　除了直驱式发电机，传统的转子和速度都可由机械变齿箱改变。由于齿轮箱和直驱式发电机的故障率很大，一直在调查风电机组的交替转矩速度类型。这些替换方法包括液压和电磁转换以及使用其他类型的发电机。

　　风力发电机中的液压或速率转换器使用液压泵、蓄电池、发动机，这些都会给发电机提供恒定速度。这些液压机组的模块会给发电机提供自己控制变速的性能，而非控制发电机。事实上，发电机可以以恒定速度运行，并能使用恒速同步机。其中一种发电机使用了液压转子或者液压速率，并使用无刷同步发电机（在此构造中，辅助电机安装在驱动轴上并用来产生调节直流电）。

　　电磁转矩转换和发电设备已经在风力发电机的单个结构中有发展。此结构类型成为后直驱式发电机。低速输入通过三个安装在各自两边的空心圆柱环变成高速输入。外环和内环有永磁铁，交替安装在南北方向。中环由铁片组成，可改变内环和外环之间的磁场。中环还与低速驱动轴相连。定子绕组围绕外部磁环，如图 8.27 所示。这样，当外部磁环围绕定子转动时，绕组中会产生电流。

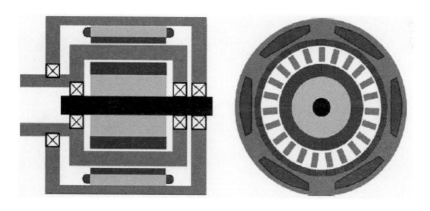

图 8.27　伪直驱式发电机

缩　略　语

AC	Alternative Current　交流电
DC	Direct Current　直流电
DFIG	Doubly Fed Induction Generators　双馈式感应发电机
Emf	Electromotive Force　电动势

MMF　　　　　Magnetomotive Force　磁通势

PMG　　　　　Permanent Magnet Generator　永磁式发电机

O&M　　　　　Operation and Maintenance　运行和维护

SCIG　　　　　Squirrel Cage Induction Generator　鼠笼式感应发电机

参 考 文 献

[1]　A. S. McDonald，O. Keysan. How can electrical machine and drive‐train design influence offshore wind cost of energy? UK Magnetics Society Seminar，Electromagnetics in Renewable Energy Generation，8th July 2015，Edinburgh，UK.

[2]　J. Carroll，A. S. McDonald，D. McMillian. Reliability comparison of wind turbines with DFIG and PMG drive trains，IEEE Trans. Energy Convers. 30 （June 2015） 663‐670.

[3]　S. Eriksson，H. Bernhoff. Rotor design for PM generators reflecting the unstable neodymium price，in：Electrical Machines （ICEM），2012 XXth International Conference on. IEEE，2012.

[4]　BVG Associates，Offshore wind cost reduction pathways：technology work stream，The Crown Estate （May 2012）.

[5]　I. Dinwoodie，et al. Development of a combined operational and strategic decision support model for offshore wind，Energy Procedia 35 （2013） 157‐166.

[6]　P. C. Sen. Principles of Electric Machines and Power Electronics，John Wiley & Sons，2007.

[7]　W. E. Leithead，S. de la Salle，D. Reardon. Role and objectives of control for wind turbines，Gener.，Transm. and Distrib.，IEE Proc. C 138 （2） （1991）. IET.

[8]　I. Boldea，S. Nasar. The Induction Machine Handbook，CRC Press，2001.

[9]　IEEE. IEEE Standard Test Procedure for Polyphase Induction Motors and Generators，IEEE Std 112‐2004 （Revision of IEEE Std 112‐1996），2004，pp. 1‐79.

[10]　R. Pena，J. C. Clare，G. M. Asher. Doubly fed induction generator using back‐to‐back PWM converters and its application to variable‐speed wind‐energy generation，in：IEE Proceedings‐Electric Power Applications 143. 3，1996，pp. 231‐241.

[11]　E. de Vries. Close up‐siemens SWT‐6MW 120 offshore turbine，Wind Power Mon. （June 2011）.

[12]　Arnold Magnetics. N40M Sintered Neodymium‐Iron‐Boron Magnets Data Sheet，accessed online on：18. 08. 15，accessed at：http：//www. arnoldmagnetics. com/Neodymium _ Magnets. aspx.

[13]　A. S. McDonald，M. Mueller，A. Zavvos. Electrical，thermal and structural generator design and systems integration for direct drive renewable energy systems，in：M. Mueller，H. Polinder （Eds.），Electrical Drives for Direct Drive Renewable Energy Systems，Woodhead Publishing，2013.

[14]　M. Whittle，J. Trevelyan，W. Shin，P. Tavner. Improving wind turbine drivetrain bearing reliability through pre‐misalignment，Wind Energy 17 （2014） 1217‐1230.

[15]　A. S. McDonald，M. A. Mueller，H. Polinder. Structural mass in direct‐drive permanent magnet electrical generators，in Renewable Power Generation，IET 2 （1） （March 2008） 3‐15，http：//dx. doi. org/10. 1049/iet‐rpg：20070071.

[16]　Siemens. Wind Turbine SWT 2. 3‐93，accessed online on：17. 05. 15，accessed at：http：//www. energy. siemens. com/nl/en/renewable‐energy/wind‐power/platforms/g2‐platform/wind‐turbine‐swt‐2‐3‐93. htm.

[17]　Vestas. "General Specification V112‐3. 3 MW." accessed online on：19. 05. 15，accessed at：http：//www. eastriding. gov. uk/publicaccessdocuments/documents/JAN2015/AAC0C504EFE411 E499AFF8BC12A86C8B. pdf.

[18]　Vestas. "V112‐3MW Offshore." accessed online on：19. 05. 15，accessed at：http：//www. vestas. com/files％2Ffiler％2Fen％2Fbrochures％2Fbrochure _ v112 _ offshore _ june2010 _ singlepage. pdf.

［19］ J. Carroll，A. S. McDonald，D. McMillian. Offshore cost of energy for DFIG PRC turbines vs PMG FRC turbines，in：IET RPG Conference，Beijing，September 2015.

［20］ J. Carroll，A. S. McDonald，D. McMillian. A comparison of the availability and operation & maintenance costs of offshore wind turbines with different drive train configurations，Submitted to Wind Energy J. （August 2015）.

［21］ C. Moné，et al. 2013 Cost of Wind Energy Review，Technical Report NREL/TP – 5000 – 63267，National Renewable Energy Laboratory，February 2015. accessed on 18. 08. 15，accessed at：http：//www. nrel. gov/docs/fy15osti/63267. pdf.

［22］ European Wind Energy Association. "Wind Energy Statistics and Targets." accessed on 18. 02. 15，accessed at：http：//www. ewea. org/uploads/pics/EWEA _ Wind _ energy _ factsheet. png.

［23］ Wind Technologies. "Technology Overview." accessed online on：22. 05. 15 accessed at：http：//www. windtechnologies. com/Wind/Wind – Technologies/Show/49/65/67/Technology/Innovative – drivetrain/Brushless – DFIG. aspx.

［24］ M. A. Mueller，A. S. McDonald. A lightweight low – speed permanent magnet electrical generator for direct – drive wind turbines，Wind Energ 12 （2009） 768 – 780，http：//dx. doi. org/10. 1002/we. 333.

［25］ NGenTec. "Design and Technologies." accessed online on：22. 05. 15，accessed at：http：//www. ngentec. com/design_and_technology. asp.

［26］ J. Carroll，I. Dinwoodie，A. S. McDonald，D. McMillan. Quantifying O&M savings and availability improvements from wind turbine design for maintenance techniques，in：EWEA Offshore Conference，Copenhagen，Denmark，April 2015.

［27］ O. Keysan. Application of high – temperature superconducting machines to direct drive renewable energy systems，in：M. Mueller，H. Polinder （Eds. ），Electrical Drives for Direct Drive Renewable Energy Systems，Woodhead Publishing，2013.

［28］ B. Boazzo，et al. Multipolar ferrite – assisted synchronous reluctance machines：a general design approach，Ind. Electron. ，IEEE Trans. on 62 （2） （February 2015） 832 – 845.

［29］ J. Carroll，A. McDonald，D. McMillan. Failure rate，repair time and unscheduled O&M cost analysis of offshore wind turbines，Wind Energ （2015），http：//dx. doi. org/10. 1002/we. 1887.

［30］ F. Spinato，P. Tavner，G. J. W. van Bussel，E. Koutoulakos. Reliability of wind turbine subassemblies，IET Renew Power Gener. 3 （4） （2009）.

［31］ Artemis. "Wind Turbines." accessed online on：22. 05. 15，accessed at：http：//www. artemisip. com/applications/wind – turbines.

［32］ A. Penzkofer，K. Atallah. Analytical Modeling and Optimization of Pseudo – Direct Drive Permanent Magnet Machines for Large Wind Turbines，in Magnetics，IEEE Transactions on 51 （12） （December 2015） 1 – 14，http：//dx. doi. org/10. 1109/TMAG. 2015. 2461175.

第9章 电力电子部件建模

R. A. Barrera‐Cardenas

筑波大学应用科学系，筑波，日本（Faculty of Pure and Applied Sciences，University of Tsukuba，Tsukuba，Japan）

M. Molinas

挪威科技大学工程控制系，特隆赫姆，挪威（Department of Engineering Cybernetics，Norwegian University of Science and Technology，Trondheim，Norway）

9.1 概　　况

在海上环境中，对于风能转化系统（WECS）的设计要求不但要考虑效率和可靠性，还要考虑大小和重量，因为必须要建立昂贵的海上平台来承载每个部件。在风力发电应用领域，电力电子换流器通常约占有效体积的 15%，有效重量的 10%。功率密度也是一个非常重要的性能指数，当大多数电源转换部件都将安装在风电机组的机舱或塔架内的时候，尤其如此。

电力系统的效率（η）是电力输出和电力输入（P_{in}）的比，电力输出是电力输入和 WECS 从输入到输出各步骤损失总额之间的差额，包括功率半导体元件和被动电子元件，如电感器和电容器。电力系统的效率计算为

$$\eta = \frac{P_{in} - \sum P_{loss,i}}{P_{in}} \times 100\% \tag{9.1}$$

式（9.1）定义的功率密度（ρ）描述了 WECS 的紧凑程度特性。ρ 取决于换流器的总容量和系统的功率损失。换流器容量（Vol_{Total}）是各部件个体容量 Vol_i 的和，带电部分对 Vol_{Total} 的使用通过容量利用系数 C_{PV} 表示，值通常为 0.5~0.7。

$$\rho = \frac{P_{in} - \sum P_{loss,i}}{Vol_{Total}} = \frac{P_{in} - \sum P_{loss,i}}{\dfrac{1}{C_{PV}} \sum Vol_i} \tag{9.2}$$

WECS 应位于风电机组的机舱、塔架或支柱中，因此，为了比较不同的设计，换流器的重量也有一定关系。式（9.1）定义的功率—质量比（γ）表示 WECS 的重量的程度。换流器总有效质量（$Mass_{Total}$）通过各部件个体质量 [$Mass_i$] 的求和计算得出。

$$\gamma = \frac{P_{in} - \sum P_{loss,i}}{Mass_{Total}} = \frac{P_{in} - \sum P_{loss,i}}{\sum Mass_i} \tag{9.3}$$

本章描述了通过计算功率损耗、主要部件容量和质量，如电源电子管、磁性元件

（AC 和 DC 滤波电感器）和电容器（DC 侧电容器和 AC 滤波电容器），来计算海上风电机组的 WECS 的 η、ρ 和 γ 的简单程序。

为了描述这个评定过程，一直考虑采用一种称为"两电平电压源换流器（2L - VSC）"基本拓扑结构。η、ρ 和 γ 额定值通过一套设计参数和限制得到。而且，为了比较不同的设计参数，还考虑了 η-ρ 的 Pareto 前沿和 ρ-γ 的 Pareto 前沿。

9.2　半导体元件和开关电子管

9.2.1　半导体功率损失

WECS 中使用的功率半导体器件（PSD）像开关一样操作，有两种静止状态——导电或闭锁，两种转换状态——打开或关闭。在任何这些状态中，都会产生一个能量耗散元件，这会加热半导体，并且加到开关的总功率耗散中。图 9.1 显示了简化的设备开关波形（电压和电流）以及与电源开关每种可能操作都相关的功率损失。

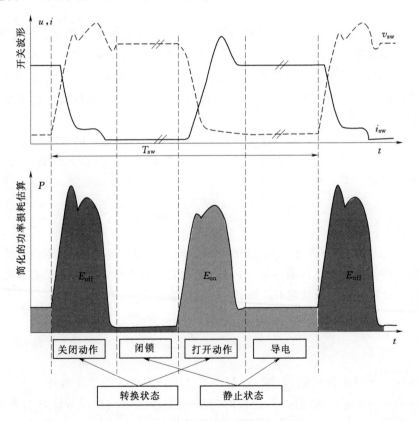

图 9.1　开关波形及简化的功率损耗估算

9.2.1.1　电导损耗

静态损耗由 PSD 的非线性电压—电流特性确定。图 9.2 为 PSD 的典型的电压—电流特性。还可以从图 9.2 中得出两个静止状态或区域，闭锁状态（$v_{sw} < 0$）的特点是将设备

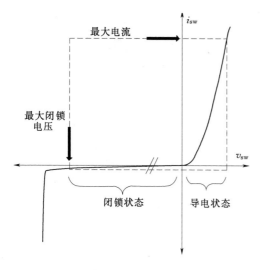

图 9.2 半导体器件典型的电流—电压特点

的一个非常小的电流和它的额定电流进行比较，而导电状态（$v_{sw} > 0$）的特点是低电压（与额定闭锁电压 V_{bk} 相比），电流小于设备最大允许电流。

半导体在静止状态下的瞬时功率损失为设备电压（v_{sw}）与电流（i_{sw}）的乘积。当开关处于闭锁状态时，对于任何电压低于 PSD 的额定电压 V_{bk} 的情况，设备泄漏非常小的电流（比额定电流小几千倍或几百万倍），闭锁损耗仅占总功率耗散的小部分；因此，PSD 中可以忽略这种损失。事实上，PSD 的生产商通常并不报告闭锁区的电压—电流特点。

电导损耗（P_{cond}）可以计算为

$$P_{cond} = V_{sw0}(T_{j,AVG}) \cdot I_{sw,AVG} + R_{C}(T_{j,AVG}) \cdot I_{sw,RMS}^{2} \tag{9.4}$$

式中 $T_{j,AVG}$——平均结温；

　　$I_{sw,AVG}$——平均电流；

　　$I_{sw,RMS}$——设备在一定期限传导的有效电流。

$I_{sw,AVG}$ 和 $I_{sw,RMS}$ 的值可以基于换流器的输入/输出电流计算，主要取决于换流器的拓扑模块策略以及输入/输出的功率因数。

利用各台设备的数据表，可以计算参数 V_{sw0}（阈值电压）和 R_{C}（导通电阻）。例如，图 9.3 中电源模块 Infineon FZ1500R33HE3 的数据单中描述了 IGBT（绝缘栅双极晶体管）及二极管的电压和电流之间的关系特点。图 9.3 显示电压—电流特点取决于结温（T_{j}），图 9.3 中每个设备选用了两个不同的 T_{j} 值。

为了描述曲线的温度相关性，参数 V_{sw0}（阈电压）和 R_{C}（导通电阻）可以随温度而确定。概算的顺序取决于不同运行温度下曲线数据的可得到性。通常来说，数据单包括两或三个运行温度的数据，因此，可进行线性概算，即

$$V_{sw0}(T_{j}) = V_{sw00}[1 + \propto_{V_{sw0}}(T_{j} - T_{j0})] \tag{9.5}$$

$$R_{C}(T_{j}) = R_{C0}[1 + \propto_{R_{c}}(T_{j} - T_{j0})] \tag{9.6}$$

式中 $\propto_{V_{sw0}}$ 和 $\propto_{R_{c}}$——V_{sw0} 和 R_{C} 的温度系数；

　　T_{j0}——T_{j} 固定参考值。

温度为 T_{j0} 时，V_{sw00} 和 R_{C0} 则表示为 V_{sw0} 和 R_{C}。

9.2.1.2 开关损耗

开关损耗（P_{sw}），基于换流期间的能量消散计算，$E_{sw,on}$ 和 $E_{sw,off}$ 分别表示开和关。这种换流能量损耗（E_{sw}）主要取决于在开（v_{swb}）之前或关（v_{swa}）之后时刻 PSD 中的电压，在开（i_{swa}）之后或关（i_{swb}）之前时刻通过 PSD 的电流。为了给这些相关性建模，建

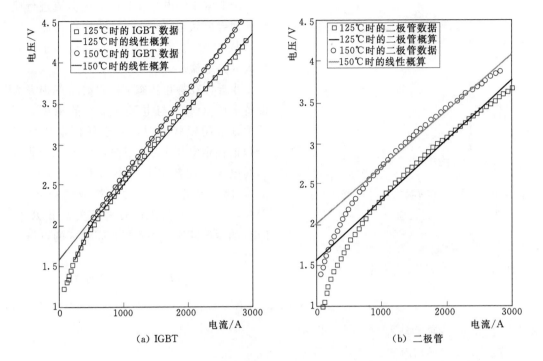

(a) IGBT　　　　　　　　　　(b) 二极管

图 9.3　电源模块 Infineon FZ1500R33HE3 在两种不同
结点温度下的电流—电压导电特性

议采用下面模型，利用设备数据单中常用数据，来计算 E_{sw}，即

$$E_{sw,on} = E_{sw0,on} \left[1 + \propto_{E_{on}} (T_j - T_{j0}) \right] \tag{9.7}$$

$$E_{sw0,on} = V_{swb} \left(K_{E_{on0}} + K_{E_{on1}} I_{swa} + K_{E_{on2}} I_{swa}^2 \right) \tag{9.8}$$

$$E_{sw,off} = E_{sw0,off} \left[1 + \propto_{E_{off}} (T_j - T_{j0}) \right] \tag{9.9}$$

$$E_{sw0,off} = V_{swa} \left(K_{E_{off0}} + K_{E_{off1}} I_{swb} + K_{E_{off2}} I_{swb}^2 \right) \tag{9.10}$$

式中　　　　　　　　　　$\propto_{E_{on/off}}$——$E_{sw,on/off}$ 的温度系数；

　　　　　　　　　T_{j0}——固定的温度参考值，温度为 T_{j0} 时，$E_{sw0,on/off}$ 可表示
　　　　　　　　　　　　为 $E_{sw,on/off}$；

$K_{E_{(on/off)0}}$、$K_{E_{(on/off)1}}$、$K_{E_{(on/off)2}}$——多项式回归系数，用于描述 $E_{sw,on/off}$ 的电流相关性。

　　所有这些参数，利用设备数据单都能计算出来。

　　举例来说，图 9.4 所示的电源模块 Infineon FZ1500R33HE3 数据单中，描述了 IGBT（绝缘栅双极晶体管）及二极管的 E_{sw} 和电流之间的关系特点。对于二极管来说［图 9.4（b）］，$E_{sw,on}$ 没有图示，是因为制造商通常不报告这种数据，原因是功率二极管在开时的开关损耗非常低，因此忽略不计。图 9.4 中的黑线代表式（9.8）、式（9.10）的二阶曲线。

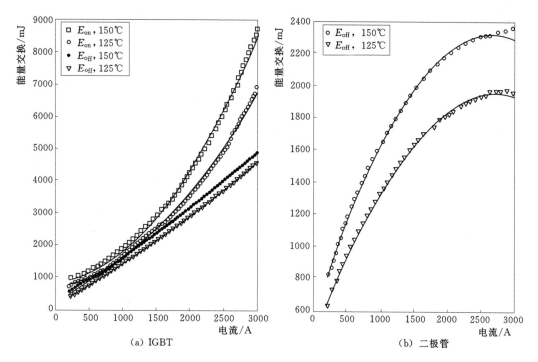

图 9.4 电源模块 Infineon FZ1500R33HE3 中 IGBT 和二极管电流与开、关状态
能量交换的关系（闭锁电压为 1800V，结点温度为 125℃、150℃）

一旦明确了能量交换模型，开和关的平均开关损耗可以表示为

$$P_{\mathrm{sw,on}} = \frac{1}{T} \sum_{j=1}^{N} E_{\mathrm{sw,on}} \qquad (9.11)$$

$$P_{\mathrm{sw,off}} = \frac{1}{T} \sum_{j=1}^{N} E_{\mathrm{sw,off}} \qquad (9.12)$$

式中 N——在某一基础时期 T 内，开关动作的数量，可以表示为开关频率（f_{sw}）或开
关周期（T_{sw}）的函数。

$$N = \frac{T}{T_{\mathrm{sw}}} = T f_{\mathrm{sw}} \qquad (9.13)$$

对于 T_{sw} 远低于 T 的应用，假设在 T 期间为运行常数 $T_{\mathrm{j,AVG}}$，注意在该应用中 V_{swb} 可
近似等于 V_{bk}，则建议采用如下简化形式

$$P_{\mathrm{sw,on}} = f_{\mathrm{sw}} V_{\mathrm{bk}} (K_{E_{\mathrm{on0}}} + K_{E_{\mathrm{on1}}} I_{\mathrm{swa,AVG}} + K_{E_{\mathrm{on2}}} I_{\mathrm{swa,RMS}}^2)[1 + \propto_{E_{\mathrm{on}}} (T_{\mathrm{j,AVG}} - T_{\mathrm{j0}})] \qquad (9.14)$$

式中 $I_{\mathrm{swa,AVG}}$、$I_{\mathrm{swa,RMS}}$——I_{swa} 的平均值和有效值。

$$P_{\mathrm{sw,off}} = f_{\mathrm{sw}} V_{\mathrm{bk}} (K_{E_{\mathrm{off0}}} + K_{E_{\mathrm{off1}}} I_{\mathrm{swb,AVG}} + K_{E_{\mathrm{off2}}} I_{\mathrm{swb,RMS}}^2)[1 + \propto_{E_{\mathrm{off}}} (T_{\mathrm{j,AVG}} - T_{\mathrm{j0}})] \qquad (9.15)$$

式中 $I_{\mathrm{swb,AVG}}$、$I_{\mathrm{swb,RMS}}$——I_{swb} 的平均值和有效值。

$I_{\mathrm{swa,AVG}}$、$I_{\mathrm{swa,RMS}}$、$I_{\mathrm{swb,AVG}}$ 和 $I_{\mathrm{swb,RMS}}$ 可基于换流器的输入/输出电流计算得出，它们主要依赖于换流器拓扑结构、调制测量和输入/输出功率因数。

9.2.2　电源模块的并联

海上 WECS 要求控制高额定功率。当低压/中压电源进入换流器，高电流应该由电源开关控制。在这种情况下，考虑采用 PSD 并联连接满足电流要求。PSD（n_{p}）并联连接的数量没有限制。不过，并联也有一些固有的缺点，如模块在静态和渡越状态下电流不平衡，这主要是因为所连接的 PSD 的特性不一样。

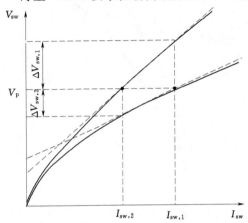

图 9.5　两个并联模块电压—电流特性上的
差异引起电流不平衡的实例

各模块电压—电流特点方面的差异是电力不平衡的主要原因。采用同样生产参数的两个模块之间的静电压差（ΔV_{sw}）是由摩擦工序产生的模块特性之间的微小差异造成的，或者是由模块间的 T_{j} 差别造成的。图9.5 显示了两个并联半导体静态特性上的差异是如何引起电流不平衡的实例。利用线性关系，为每个模块的电压—电流特点建立模型，为简单起见，假设两个模块的门限电压相等（$V_{\mathrm{sw0,1}}=V_{\mathrm{sw0,2}}$），并联连接中的平均电流（$I_{\mathrm{p,AVG}}$）可表示为

$$I_{\mathrm{p,AVG}}=\frac{I_{\mathrm{sw,1}}}{2}\left(\frac{R_{\mathrm{c,1}}+R_{\mathrm{c,2}}}{R_{\mathrm{c,2}}}\right) \tag{9.16}$$

式中　$R_{\mathrm{c,1}}$、$R_{\mathrm{c,2}}$——两个模块的 R_{c}，当 $R_{\mathrm{c,1}}<R_{\mathrm{c,2}}$ 时，模块 1 有一个来自 ΔV_{sw} 较高电流（$I_{\mathrm{sw,1}}>I_{\mathrm{sw,2}}$）。

电流不平衡率（δ_{CI}），表示共用电流在并联连接中的比例，定义为

$$\delta_{\mathrm{CI}}=\frac{I_{\mathrm{sw,1}}}{I_{\mathrm{p,AVG}}}-1 \tag{9.17}$$

图 9.6 说明了 ΔV_{sw} 和 δ_{CI} 之间的代表性关系。图 9.6 给出了三个 Infineon 的 IGBT 电源模块：FZ750R65KE3（6500V × 750A），FZ2400R17HP4（1700V × 2400A）和 FZ1500R33HE3（3300V×1500A）。如果 FZ1500R33HE3 的两个半导体模块并联连接，预计 ΔV_{sw} 在最大电流时为 1V，则 δ_{CI} 是 15%，即通过一个开关的电流比 $I_{\mathrm{p,AVG}}$ 高 15%。因此，为了不超过并联连接中任何半导体的最大电流，需要降低并联可能传导的总电流（降低额定值）。

高功率半导体制造商建议，开关的峰值电流不超过半导体最大电流的 80%。遵循这个建议来考虑 δ_{CI} 的值，当 n_{p} 模块并联连接时，必须满足

$$I_{\mathrm{psw}}\leqslant 1.6 I_{\mathrm{n}} n_{\mathrm{p}} k_{\mathrm{cdp}} \tag{9.18}$$

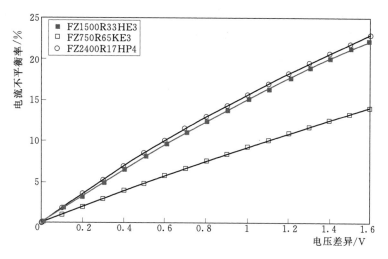

图 9.6 Infineon 的三个不同 IGBT 模块电流不平衡率与电压差异的关系

$$k_{cdp} = \frac{1}{n_p}\left[1 + \frac{(n_p - 1)(1 - \delta_{CI})}{1 + \delta_{CI}}\right] \qquad (9.19)$$

式中　I_{psw}——该并联连接的峰值电流；

　　　I_n——一个 PSD 的额定电流（通常为最大电流的一半）；

　　　k_{cdp}——额定值降低系数（降额系数），它是在最差情况下，可能达到的总电流降低数。

情况最差时，$(n_p - 1)$ 模块都是相同的，电流不平衡集中在那些挑出来的 R_c 值最小的模块。图 9.7 显示了 k_{cdp} 是 n_p 对不同 ΔV_{sw} 值的函数。可以看出，随着 n_p 增加，k_{cdp} 也将增加。而且，ΔV_{sw} 值的增加会引起 k_{cdp} 的降低，因为 δ_{CI} 增加了。

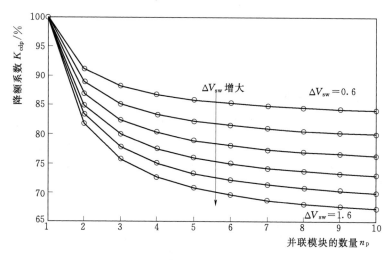

图 9.7 Infineon 电源模块 FZ1500R33HE3 中降额系数 K_{cdp} 与并联
模块数量在不同电压下的关系

另外，对于功率损失计算，并联连接中的电流不平衡应予以考虑，因为模块中不同的电流会产生不同的损失。并联连接中的功率损失可以通过用一个等效电流模块中的功率损失乘以 n_p 的损失得出。建议估算出等效电流 $I_{sw,eq}$，采用式（9.20）进行半导体功率损失计算，$I_{sw,Total}$ 是 IGBT 并联连接模块阵列的纵电流。

$$I_{sw,eq} = \frac{1 + \delta_{CI}/2}{n_p} I_{sw,Total} \tag{9.20}$$

9.2.3 电源模块的串联

如果 PSD 是串联连接，那么，所有设备在导电状态下，都通过同样电流；但是，因为各模块电压—电流特征不同，可以将正向电压中的一些差异表示出来。出于同样原因，在闭锁状态下，串联模块间可能存在电压不平衡。因为生产商通常不提供闭锁状态下的电压—电流特征数据，引入电压不平衡的计算方法可能没有用处。不过，所考虑的功率损失模型与正向电压和 V_{bk} 成比例；因此，在功率损失计算中，电压不平衡可以忽略不计，V_{bk} 平均值（总电压除以串联的设备个数）可以用于计算。

为了估计具体应用中需要的设备个数，并考虑来自半导体制造商的使用说明，必须满足下述要求（不考虑不同设备的串联造成的电压不平衡），即

$$\frac{V_{P,max}}{n_s} \leqslant k_{vp} V_{block}, \frac{V_{DC,max}}{n_s} \leqslant k_{vdc} V_{block} \tag{9.21}$$

式中　$V_{P,max}$——为串联阵列所要闭锁的最大电压振幅；

k_{vp}——峰值电压的安全系数（正常在 0.75 和 0.85 之间）；

$V_{DC,max}$——该阵列的最大 DC 电压；

k_{vdc}——DC 电压的安全系数（正常在 0.6 和 0.7 之间）；

V_{block}——单台设备的额定 V_{bk}；

n_s——设备个数。

为了在设备关闭期间，不让重复性过冲电压尖峰超过 V_{block}，并且保证设备在其安全运行区域内开启，考虑了安全系数 k_{vp} 和 k_{vdc}。

9.2.4 开关电子管的体积和质量

PSD 的温度模型可以用于计算最差操作条件下冷却系统所要求的热阻，然后就可以估算冷却系统电源开关的规格和重量了。高功率应用中，主要采用两种类型的冷却系统：强制性空气冷却和液体冷却。本章只讨论强制性空气冷却。

电源开关电子管的体积（Vol_{valve}）通过 n_p 或 n_s、半导体模块本身以及模块散热片（HS）得

$$Vol_{valve} = n_p n_s (Vol_{mod} + Vol_{HS}) \tag{9.22}$$

PSD 的数据表中可以查到半导体模块体积（Vol_{mod}），铝/铜结构体积决定 HS 的体积（Vol_{HSal}）和风电机组的风量（Vol_{fan}）。对于一定的风电机组速度（V_{fan}），Vol_{HSal} 与 HS（R_{thHS}）热阻成反比例，Vol_{fan} 与 Vol_{HSal} 成常比例。强制性空气模块散热片（HS）是基于固定的 V_{fan} 设计，并利用热阻定义（$R_{th} = \Delta T / P_{loss}$）得

$$Vol_{\text{HSal}} = K_{\text{HS0}} \left(\frac{1}{R_{\text{thHS}}} \right)^{K_{\text{HS1}}} = K_{\text{HS0}} \left(\frac{P_{\text{loss,mod}}}{\Delta T_{\text{HS,max}}} \right)^{K_{\text{HS1}}} \tag{9.23}$$

$$Vol_{\text{fan}} = K_{\text{fan0}} (Vol_{\text{HSal}} - K_{\text{fan2}})^{K_{\text{fan1}}} \tag{9.24}$$

式中　　　　　　　　　$\Delta T_{\text{HS,max}}$——HS 与环境温度的最大容许温差；

$P_{\text{loss,mod}}$——电源模块的全部功率损失；

K_{HS0}、K_{HS1}、K_{fan0}、K_{fan1} 和 K_{fan2}——比例回归系数，在关于 HS 和风机的资料中，可以找到这些数值。

图 9.8 以 DAU 鳍片式散热片 BF 系列风机为例，说明了 Vol_{HSal} 与 R_{thHS} 之间的关系。图 9.8 中列出了三个不同 V_{fan} 的数据。对于该系列的四个散热片结构，如图 9.9 所示，参数 K_{HS0} 和 K_{HS1} 取决于 V_{fan}，因为一定铝结构的 R_{th} 取决于 V_{fan}。表 9.1 显示了不同 V_{fan} 下，计算得出的参数 K_{HS0} 和 K_{HS1} 的值。

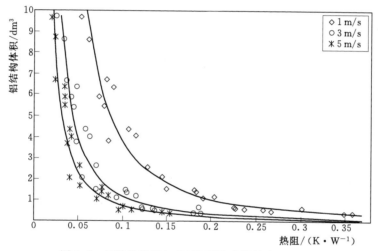

图 9.8　铝结构体积与 DAU 鳍片式散热片 BF 系列风机的热阻之间的关系

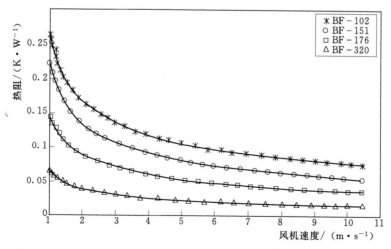

图 9.9　DAU 鳍片式散热片 BF 系列风机的热阻与风机速度之间的关系

表 9.1 不同风机速度下计算得出的所建议的铝结构散热片体积模型
回归系数（DAU 鳍片式散热片 BF-××系列风机）

风机速度/(m·s^{-1})	K_{HS0}/dm^3	K_{HS1}/dm^3
1	56.19×10^{-3}	1.8311
3	21.72×10^{-3}	1.7415
5	16.78×10^{-3}	1.6539
10	9.322×10^{-3}	1.4321

图 9.10 中描述了 Vol_{fan} 和 Vol_{HSal} 之间的相互关系，其中考虑了 SEMIKRON 系列 SKF-3 某型号系列轴流风机和 DAU 鳍片式 HS 系列 BF-××风机。计算得出的图 9.10 中所举例子的回归系数为 $K_{fan0} = 0.1992$，$K_{fan1} = 0.7467$ 和 $K_{fan2} = 0.1966$。

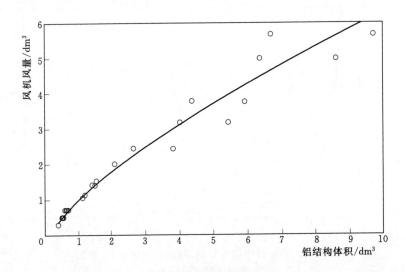

图 9.10 SEMIKRON 系列 SKF-3 某型号轴流风机的风机风量和 DAU 鳍片式
HS 系列 BF-××风机的铝结构体积之间的关系样例

$\Delta T_{HS,max}$ 是基于电力模块平均温度分析的基础上计算的。例如，如果考虑电力模块由 IGBT 和反向并联的二极管构成，考虑采用图 9.11 中所示的平均温度模型来计算 $\Delta T_{HS,max}$，并且可以采用下述模型：

$$\Delta T_{HS,max} + T_{amb} = K_{SFT} T_{j,max} - \max\left\{ R_{th,igbt} \frac{P_{igbt}}{N_{isxm}}, R_{th,diode} \frac{P_{diode}}{N_{isxm}} \right\} \quad (9.25)$$

$$P_{igbt} = P_{cond,igbt} + P_{sw,on,igbt} + P_{sw,off,igbt} \quad (9.26)$$

$$P_{diode} = P_{cond,diode} + P_{sw,off,diode} \quad (9.27)$$

式中　　K_{SFT}——温度设计的安全系数；

T_{amb}——环境温度；

N_{isxm}——每个模块上内部 IGBT/二极管的数量；

$R_{\text{th,igbt}}$ 和 $R_{\text{th,diode}}$——每个 IGBT 或二极管上的结- HS 的 R_{th}，可以通过加上 IGTB 和二极管的结壳热阻和结- HS 热阻（图 9.11 中 R_{thJC} 和 R_{thCH}）计算得出，PSD 的数据表中有这些热阻数据。

为了保证现实性的 HS 设计，应该考虑与 R_{th} 最小值相关的限制因素，它可以通过 Vol_{HSal} 与 Vol_{mod} 之间的最大比率（$\delta_{\text{HS,max}} = Vol_{\text{HSal}}/Vol_{\text{mod}}$）来定义，超过该比率，式（9.23）就失效（正常情况下，$\delta_{\text{HS,max}} \leqslant 6$）。然后，带有 $R_{\text{thHS,min}}$ 的 HS 的温升应小于或等于 $\Delta T_{\text{HS,max}}$，这确定了安装在 HS 上的模块能消散而不使自己本身过热的最大功率，可以表示为

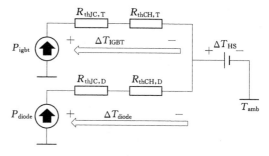

图 9.11　IGBT 电源模块的平均温度模型

$$R_{\text{thHS,min}}(P_{\text{igbt}} + P_{\text{diode}}) \leqslant \Delta T_{\text{HS,max}} \tag{9.28}$$

$$R_{\text{thHS,min}} = \left(\frac{K_{\text{HS0}}}{\delta_{\text{HS,max}} Vol_{\text{mod}}}\right)^{\frac{1}{K_{\text{HS1}}}} \tag{9.29}$$

因为导通损耗和开关损耗都取决于 T_{j}，解式（9.25）可能需要某种迭代计算。可选的方法是，可建立与最高接受温度 T_{j} 无关的式（9.4）、式（9.14）和式（9.15），并设计冷却系统保持 T_{j} 低于假设的最高温度。这种假设在设计中留出了一些热安全裕度，并且在本章所举的例子中予以考虑。

最后，电子管的质量可以通过每个部件（电源半导体模块、HS 和风机）的密度和体积表示为

$$Mass_{\text{valve}} = n_{\text{p}} n_{\text{s}} (\rho_{\text{mod}} Vol_{\text{mod}} + \rho_{\text{al}} Vol_{\text{HSal}} + \rho_{\text{fan}} Vol_{\text{fan}}) \tag{9.30}$$

密度值（ρ_{mod}、ρ_{al} 和 ρ_{fan}）可以从各部件的参考数据单计算得出。例如，电源模块 Infineon FZ1500R33HE3 的密度值为 $\rho_{\text{mod}} = 1187.2\text{kg/m}^3$，对于图 9.8 中的 HS 和图 9.10 中的风机，计算得出的密度值分别为 $\rho_{\text{al}} = 1366\text{kg/m}^3$ 和 $\rho_{\text{fan}} = 769.23\text{kg/m}^3$。

9.2.5　半导体参数

为获得高功率开关电子管，所选 PSD 的类型对换流器的 η 和 ρ 影响很大。常用于 WECS 中的 PSD 为绝缘栅双极型晶体管（IGBT）、集成门极换相晶闸管（IGCT）和注入增强栅晶体管（IEGT）。因为每种类型的 PSD 分析超越了本章的范围，第 9.5 节中仅考虑基于 IGBT 器件的开关电子管作为样例。不过，本节中的模型能够适应这三种设备（IGBT、IGCT 或 IEGT）中的任意一种。

表 9.2 为本章所述的开关电子管模式所需的半导体参数的汇总。此外，它包括三个额定值不同的 IGBT 模块的参数值。第 9.5 节中考虑了这三个模块，用于计算 2L - VSC 的功率损失、体积和质量。

表 9.2　半导体参数、Infineon 制造的 IGBT 模块用于三种不同的电压等级

	等级	1700V×3600A		3300V×1500A		6500V×750A	
通用信息	参照	FZ3600R17KE3		FZ1500R33HE3		FZ750R65KE3	
	体积/dm³	1.0108		1.0108		1.2768	
	质量/kg	1.5		1.2		1.4	
	类型	IGBT	二极管	IGBT	二极管	IGBT	二极管
电导损耗模型	V_{sw00}/V	0.964	0.959	1.436	1.359	1.890	1.412
	$\propto_{V_{sw0}} \times 10^{-3}/(℃)^{-1}$	−0.886	−1.36	−0.237	−3.193	0.582	−1.821
	$R_{C0}/m\Omega$	0.401	0.249	1.130	0.804	2.326	1.862
	$\propto_{R_C} \times 10^{-3}/(℃)^{-1}$	3.468	2.542	3.257	0.623	3.178	1.339
	$T_{j0}①/℃$	125	125	150	150	125	125
开关损耗模型（开）	$K_{E_{on0}}/(mJ·V^{-1})$	0.158	—	0.489	—	0.235	—
	$K_{E_{on1}}/(\mu J·VA^{-1})$	0.064	—	0.039	—	1.306	—
	$K_{E_{on2}}/(nJ·VA^{-2})$	0.034	—	0.463	—	1.119	—
	$\propto_{E_{on}} \times 10^{-3}/(℃)^{-1}$	3.101	—	2.759	—	3.538	—
开关损耗模型（关）	$K_{E_{off0}}/(mJ·V^{-1})$	0.037	0.328	0.116	0.314	0.021	0.185
	$K_{E_{off1}}/(\mu J·VA^{-1})$	0.404	0.334	0.731	0.728	1.546	1.118
	$K_{E_{off2}}/(nJ·VA^{-2})$	0.008	−0.027	0.045	−0.135	0.014	−0.326
	$\propto_{E_{off}} \times 10^{-3}/(℃)^{-1}$	3.276	4.250	2.435	5.333	1.429	5.333
并联连接	25℃时的 $\Delta V_{sw}/V$	0.450	0.400	0.550	0.750	0.400	0.500
	$T_{j,max}$时的 $\delta_{C1}/\%$	18.48	28.72	19.36	26.16	12.95	21.81
静态热模型	$R_{thJC}/(K·kW^{-1})$	6.30	14.00	7.35	13.00	8.70	18.50
	$R_{thCH}/(K·kW^{-1})$	8.7	19.5	10.0	11.0	8.8	14.0
	N_{isxm}	3	3	3	3	3	3
	$T_{j,max}/℃$	125	125	150	150	125	125
开关次数	在 $T_{j,max}$时的 $t_{on,max}/\mu s$	1.05	—	1.15	—	1.20	—
	在 $T_{j,max}$时的 $t_{off,max}/\mu s$	2.10	0.88	3.85	1.73	8.10	2.67
	$f_{sw,max}②/kHz$	4.00~4.96	4.00~4.96	2.00~2.97	2.00~2.97	1.50~1.67	1.50~1.67

① 对于所有温度系数来说是参照温度。

② 最大开关频率计算为每开关周期的通电时间高于 98%。

9.3　滤波电感器

9.3.1　电感器设计中的主要限制因素

电感器设计的起点是感应系数 L 定义的储能关系 [式（9.31）]，电感器峰值电流（$\hat{I}_L$），RMS 电流（I_L），RMS 电流密度（J_L），峰值磁通量密度（B_L），绕组导体填充系

数（k_{wc}），绕组窗口面积（A_w）和芯面积（A_{core}），则得到

$$L\,\hat{I}_L I_L = k_{wc} J_L B_L A_w A_{core} \tag{9.31}$$

式（9.31）中出现的乘积（$A_w A_{core}$），表示芯大小，称为面积乘积。对于给定的芯材，峰值磁通量密度受饱和磁通量密度（B_{sat}）的限制。对于绕组导体来说情况类似，它物理上限制了电感绕组的最大电流密度（J_{max}）。而且，如果导体类型和芯材类型对于电感器设计是固定的，绕组导体填充系数成为一个近似的设计常数。

当电感器的总尺寸减小目标是一些给定的电力参数时，如电感和电流参数，那么，设计者就应通过使峰值磁通量密度和电流密度尽可能接近物理极限和温度限制来解决，因为 $J_L B_L$ 的积与绕组面积和芯材面积成反比例。那么，对于给定的限制因素来说，最小面积乘积可以写为

$$A_w A_{core} \propto \frac{L\,\hat{I}_L I_L}{J_{max} B_{sat}} \propto E_L \propto L I_L^2 \tag{9.32}$$

9.3.2 面积建模

几何上来说，可以说明，面积乘积也与电感器的体积相关，即

$$A_w A_{core} \propto Vol_L^{4/3} \tag{9.33}$$

将式（9.33）和式（9.22）组合起来，电感器总体积就可以表示为

$$Vol_L \propto (L I_L^2)^{3/4} \tag{9.34}$$

那么，如果电感器设计技术（芯材、导体类型、芯材排列等）为不同的电感值和当前的要求保持不变，建议通过下述方程预测 Vol_L 和电感器总质量 $Mass_L$

$$Vol_L = K_{VL0} (L I_L^2)^{K_{VL1}} \tag{9.35}$$

$$Mass_L = K_{\rho L0} (Vol_L)^{K_{\rho L1}} \tag{9.36}$$

式中 K_{VL0}、K_{VL1}、$K_{\rho L0}$ 和 $K_{\rho L1}$——比例回归系数，通过查阅电感器参考技术数据得到。

图 9.12 说明了西门子公司三种不同电感器技术中，电感器体积和 $L I_L^2$ 乘积之间的关系。另一方面，图 9.13 显示了与图 9.12 中同类电感器的 $Mass_L$ 与 Vol_L 关系。表 9.3 列

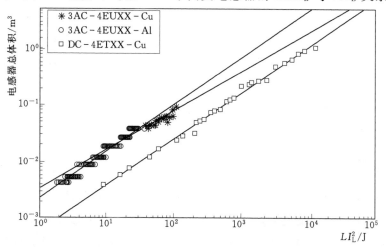

图 9.12　三种不同电感器技术电感器的体积和乘积（$L I_L^2$）之间的关系

出了图 9.12 和图 9.13 中电感器的大小和质量模型的计算得出的参数。

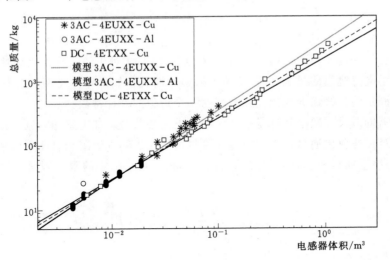

图 9.13　电感器总质量和总体积的关系

表 9.3　电感器模型参数

参　数	3 - AC 电感器		DC - 电感器
参照物	4EUXX 系列		4ETXX 系列
导体材质	铜（Cu）	铝（Al）	铜（Cu）
K_{VL0}	3.4353×10^{-3}	2.2818×10^{-3}	0.60434×10^{-3}
K_{VL1}	0.6865	0.82494	0.80946
$K_{\rho L0}$	4129.2244	2276.9539	2797.6215
$K_{\rho L1}$	1.0768	0.94879	0.99314
$K_{\rho w0}$	9412.0118	6005.6682	10，874.8628
$K_{\rho w1}$	0.85361	0.75117	0.82048
f_{Lref}	50	50	50
$K_{\rho c0}$	8242.2998	8805.6895	493.0059
$K_{\rho c1}$	0.99926	0.97691	1.0349
α_L	1.1	1.1	1.1
β_L	2.0	2.0	2.0
δ_{iLref}	—	—	0.3

9.3.3　绕组损耗

电感器功率损耗（P_L）分为绕组损耗（P_{wL}）和芯材损耗（P_{coreL}）。因为电源换流器中电感器的主要用途是过滤电流，为了限制峰值到峰值的波纹电流（ΔI_{Lh}），所以，期望电感器的电流具有谐波分量，而且，在计算 P_{wL} 时，这些谐波分量不能忽略。图 9.14 显示了电源换流器应用中的典型的电感器电流波形，将其分解为两个主要分量，基本分量

（I_{L1}）和波纹分量（I_{Lh}）。

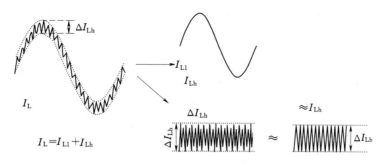

图 9.14　电源换流器应用中的典型的电感器电流波形

（分解为两个主要分量，基本分量和谐波分量）

为了估算电感器中的绕组损耗和芯材损耗，为了简化计算，建议将波纹电流近似处理为三角形波形，最大振幅等于最大波纹电流。此外，采用了绕组和芯材功率密度损耗的概念，表示绕组损耗为电力参数和参照电感器技术参数的函数，具体计算为

$$P_{wL} = \left\{ 1 + \left[\frac{2}{3} + \frac{4}{\pi^2} \left(\frac{f_{sw}}{f_{L1}} \right)^2 \right] \left(\frac{\delta_{iL}^2}{6} \right) \right\} \left[\frac{2}{3} + \frac{1}{3} \cdot \left(\frac{f_{L1}}{f_{Lref}} \right)^2 \right] K_{\rho w0} (Vol_L)^{K_{\rho w1}} \qquad (9.37)$$

$$\delta_{iL} = \frac{\Delta I_{Lh}}{\sqrt{2} I_{L1}} \qquad (9.38)$$

式中　$K_{\rho w0}$ 和 $K_{\rho w1}$——比例回归系数，通过从参照电感器技术中的数据获得；

　　　δ_{iL}——峰间波纹电流对最大基本额定电流的比例；

　　　f_{L1}——绕组损耗的基本频率；

　　　f_{Lref}——绕组损耗的参照频率，这些数据可以在数据表中查到。

图 9.15 为三种不同电感器的 P_{wL} 和 Vol_L 之间的关系。图 9.15 中电感器模型的计算参数已列在表 9.3 中。

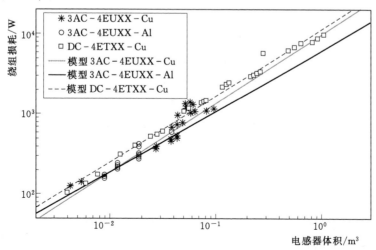

图 9.15　三种不同电感器技术电感器的绕组

损耗和总体积之间的关系

应当注意，式（9.37）对于带有与 DC 分量（$f_{L1} > 0$）不同的基本分量的电感器电流来说是有效的。当 DC 电流是电感器电流的主要分量时，假设绕组设计针对低频进行优化，其有效频率 $f_{L0} < 50\,Hz$，可以采用 Barrera - Cardenas 和 Molinas 建议的表达式，即

$$P_{wL} = \left\{ 1 + \left[1 + \frac{6}{\pi^2} \left(\frac{f_{sw}}{f_{L0}} \right)^2 \right] \left(\frac{\delta_{i_L}^2}{12} \right) \right\} K_{\rho w0} (Vol_L)^{K_{\rho w1}} \tag{9.39}$$

9.3.4　芯材损耗

芯材功率损耗密度（P_{cL}）可以利用经验性的 Steinmetz 方程进行近似计算为

$$p_{cL} = \frac{dP_{coreL}}{dV_{cL}} = K_{core} f_{eff}^{\alpha_L} B_L^{\beta_L} \tag{9.40}$$

式中　K_{core}、α_L 和 β_L——常用的 Steinmetz 系数，它们与芯材的材质相关；

　　　　B_L——峰值通量密度；

　　　　f_{eff}——非正弦波形（或考虑损耗的谐波效应）的有效频率，可以利用式（9.41）估算。

$$2\pi f_{eff} = \sqrt{\frac{\sum_{j=0\cdots\infty} I_j^2 w_j^2}{\sum_{j=0\cdots\infty} I_j^2}} = \frac{RMS\left\{ \dfrac{d}{dt} I(t) \right\}}{I_{RMS}} \tag{9.41}$$

其中 I_j 是傅里叶分量在频率为 w_j 下的 RMS 振幅。

本章中研究了 Barrera - Cardenas 和 Molinas 推导的用于估算 P_{coreL} 的表达式，该表达式基于芯材功率损耗密度理念，即

$$P_{coreL} = \left[\frac{6 + \left(\dfrac{\delta_{i_L} f_{sw}}{f_{L1}} \right)^2}{6 + \delta_{i_L}^2} \right]^{\frac{\alpha_L}{2}} \left(1 + \frac{\delta_{i_L}}{2} \right)^{\beta_L} \frac{p_{cL1}}{p_{cL*}} K_{\rho c0} (Vol_L)^{K_{\rho c1}} \tag{9.42}$$

式中　$K_{\rho c0}$ 和 $K_{\rho c1}$——比例回归系数，通过从参照电感器技术中的数据获得；

　　　　p_{cL*}——采用参照电感器技术的参照功率损耗密度。

假设 p_{cL*} 为参照频率（f_{Lref}）和参照通量密度（B_{Lref}），电感器设计按照最低损耗优化标准和 Hurley 等（1998）中的最优通量密度方法进行优化，参照频率和通量密度的关系为

$$(f_{Lref})^{\alpha_L + 2} (B_{Lref})^{\beta_L + 2} = K_{Lopt*} \tag{9.43}$$

式中　K_{Lopt*}——电感器设计参数中提供的常数。

采用的参照电感器技术，设计电感器，使 f_{L1} 高于 f_{Lref}，基本通量密度（B_{L1}）应根据式（9.43）变化，因此有

$$\left(\frac{f_{Lref}}{f_{L1}} \right)^{\alpha_L + 2} = \left(\frac{B_{L1}}{B_{Lref}} \right)^{\beta_L + 2} \tag{9.44}$$

比例（p_{cL1}/p_{cL*}）可以简化为

$$\frac{p_{cL1}}{p_{cL*}} = \left(\frac{f_{L1}}{f_{Lref}}\right)^{\alpha_L} \left(\frac{B_{L1}}{B_{Lref}}\right)^{\beta_L} = \left(\frac{f_{L1}}{f_{Lref}}\right)^{2(\alpha_L - \beta_L)} \tag{9.45}$$

如果 f_{L1} 低于 f_{Lref}，则假设 B_{L1} 为常数（因为磁饱和），则比例（p_{cL1}/p_{cL*}）可以简化为

$$\frac{p_{cL1}}{p_{cL*}} = \left(\frac{f_{L1}}{f_{Lref}}\right)^{\alpha_L} \left(\frac{B_{L1}}{B_{Lref}}\right)^{\beta_L} = \left(\frac{f_{L1}}{f_{Lref}}\right)^{\alpha_L} \tag{9.46}$$

当 DC 电流是电感器电流的主分量时，上述程序可以修改，得到 P_{coreL} 的表达式。在这种情况下，应该注意 DC 分量不产生芯材损耗；因此，参照数据是峰间波纹电流与最大 DC 电流（$\delta_{i_{Lref}}$）的比值和参照的波纹频率（f_{Lref}）。那么，就可以推导出

$$P_{coreL} = \left(\frac{2\sqrt{3} f_{sw}}{\pi f_{Lref}}\right)^{\alpha_L} \left(\frac{\delta_{i_L}}{\delta_{i_{Lref}}}\right)^{\beta_L} K_{\rho c0} (Vol_L)^{K_{\rho c1}} \tag{9.47}$$

图 9.16 表示了三种不同电感器技术的 P_{coreL} 和 Vol_L 之间的关系。图 9.16 中电感器模型的计算参数都列在表 9.3 中。

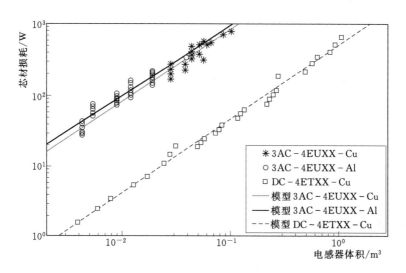

图 9.16　三种不同电感器技术电感器的芯材
损耗和总体积之间的关系

9.4　滤　波　电　容　器

9.4.1　大小建模

在 WECS 的应用中，几乎所有的传统电容都基于平板电容器结构建立。平板电容器的体积（Vol_{PC}）与平板的面积（A_{PC}）和平板的间距（d_{PC}）成比例。而且，平板间采用

的电压受到 d_{PC} 和介电材料（电击穿强度，E_{Bd}）限制。当希望增大电容器额定电压（V_{CN}）时，为了避免电击穿，必须增大 d_{PC}。

考虑到电容的定义和上文描述的关系，Vol_{PC} 和其电容（C）及 V_{CN} 的平方成如下比例：

$$Vol_{PC} \propto A_{PC}d_{PC} = \left(\frac{Cd_{PC}}{\varepsilon}\right)d_{PC} \propto \frac{C}{\varepsilon}\left(\frac{V_{CN}}{E_{Bd}}\right)^2 \tag{9.48}$$

那么，如果电容器技术（介电材料、制造工艺和几何排列）要求不同的 C 值和 V_{CN} 值，建议通过下述公式预测电容器整体体积（Vol_C）和电容器总体质量（$Mass_C$）：

$$Vol_C = K_{VC0}C^{K_{VC1}}V_{CN}^{K_{VC2}} \tag{9.49}$$

$$Mass_C = K_{\rho C0}(Vol_C)^{K_{\rho C1}} \tag{9.50}$$

式中　K_{VC0}、K_{VC1}、K_{VC2}、$K_{\rho C0}$ 和 $K_{\rho C1}$——比例回归系数，通过从参照电容器技术中的数据获得。

图 9.17 表示了不同 V_{CN} 和不同电容器技术之间，Vol_C 和 C 之间的关系。另一方面，图 9.18 显示了图 9.17 中同系电容器间 $Mass_C$ 与 Vol_C 之间的关系。表 9.4 中列出了图 9.17 和图 9.18 中电容器的大小和质量模型的计算参数。

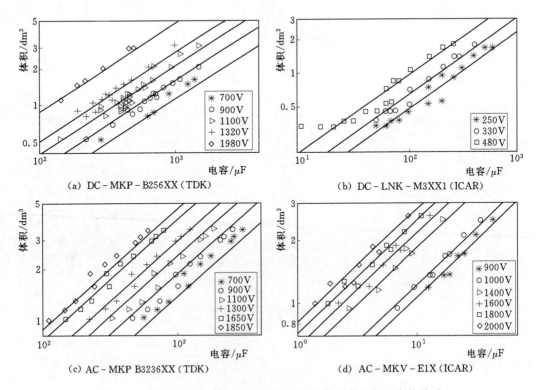

图 9.17　不同电压等级及不同技术的膜式电容器体积与电容的关系

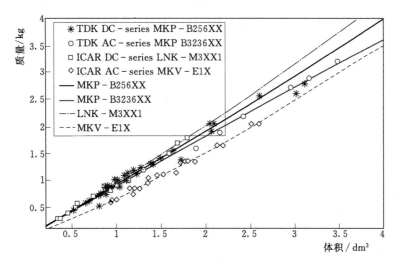

图 9.18 采用图 9.17 中电容器技术的膜式电容器质量与总体积的关系

表 9.4 电容器模型的参数

参数	DC 电容器		AC 电容器	
参照物	TDK MKP - B256XX	ICAR LNK - M3XX1	TDK MKP B3236XX	ICAR MKV - E1X
K_{VC0}	2.0734×10^{-5}	5.9622×10^{-5}	67.303×10^{-5}	13.406×10^{-5}
K_{VC1}	0.7290	0.7271	0.6770	0.5410
K_{VC2}	1.3796	1.2473	1.0706	1.2216
$K_{\rho C0}$	1.3428×10^3	0.8821×10^3	1.8079×10^3	2.7496×10^3
$K_{\rho C1}$	1.0543	0.9950	1.0923	1.2060
$\tan\delta_0$	2×10^{-4}	2×10^{-4}	2×10^{-4}	2×10^{-4}
$K_{\Omega C0}$	4.069×10^{-3}	2.3056×10^{-5}	1.5711×10^{-3}	4.9369×10^{-6}
$K_{\Omega C1}$	-0.3211	-0.0430	-0.3970	0.0783
$K_{\Omega C2}$	-0.4661	0.4986	-0.4539	1.0316

9.4.2 电容器介电损耗

电容器损耗（P_C）的建模为介电损耗（P_{eC}）和电阻损耗（$P_{\Omega C}$）的和。介电损耗计算为

$$P_{eC} = \pi f_c C \tan\delta_0 V_{Cac}^2 \qquad (9.51)$$

式中 V_{Cac}——应用于电容器的交流电压的最大振幅；

  f_c——有效频率；

 $\tan\delta_0$——介电损耗因子，取决于电容器的介电材质，在电容器正常工作频率范围内，可以认为是一个常数。例如，对聚丙烯材料来说，其典型的介电损耗因子值为 $2 \times 10^{-4} = 0.0002$，即图 9.17 和图 9.18 中电容的介电常数。

对于 CD 电容器来说，电压 V_{Cac} 是重叠波纹电压的峰值。当波纹电压近似于三角形波

形，频率等于换流器的 f_{sw}，峰间振幅等于最大波纹电压时，基于式（9.41），可得出

$$P_{\epsilon C}=\frac{\sqrt{3}}{2}f_{sw}C\tan\delta_0\delta_{Vdc}^2V_{DC}^2 \tag{9.52}$$

式中　δ_{Vdc}——峰间波纹电压与换流器 DC 电压（V_{DC}）的比值。

对于 AC 电容器来说，电压 V_{Cac} 是基本分量的峰值加上波纹电压峰值，有效频率可以近似等于基本频率，那么，介电损耗可以表示为

$$P_{\epsilon C}=\pi f_{c1}C\tan\delta_0\left(1+\frac{\delta_{Vac}}{2}\right)^2V_{acp}^2 \tag{9.53}$$

式中　δ_{Vac}——峰间波纹电压与基本频率为 f_{c1} 的基本电压峰值（V_{acp}）的比值。

9.4.3　电容器电阻损耗

电阻损耗发生在电极、接触和内部接线中，这些损耗可计算为

$$R_{sC}=K_{\Omega C0}C^{K_{\Omega C1}}V_{CN}^{K_{\Omega C2}} \tag{9.54}$$

式中　$K_{\Omega C0}$、$K_{\Omega C1}$ 和 $K_{\Omega C2}$——比例回归系数，通过从参照电容器技术中的数据获得。数据表中的系列电阻值是参照了电容器温度 20℃的情况，但是，可采用转换系数 1.25 来估算额定温度（通常，膜电阻的温度为 85℃）下的电阻值。

图 9.19 表示了按能量存储能力的系列电阻与采用不同 V_{CN} 和不同电容器技术的电容之间的关系。图 9.19 中的系列电阻指在额定温度（85℃）下的电阻值。

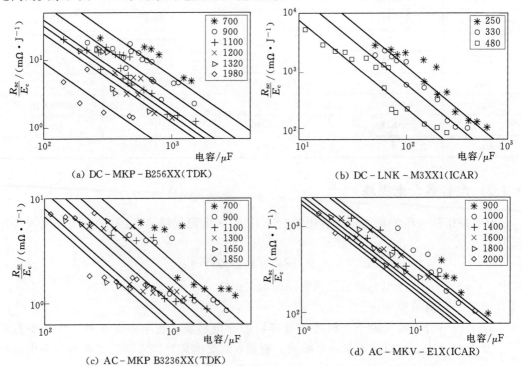

　　　　(a) DC－MKP－B256XX(TDK)　　　　　　　　(b) DC－LNK－M3XX1(ICAR)

　　　　(c) AC－MKP B3236XX(TDK)　　　　　　　　(d) AC－MKV－E1X(ICAR)

图 9.19　按能量存储能力的膜式电容器系列电阻与采用不同额定
电压和不同电容器技术的电容之间的关系

9.5 评价手段和设计方法

全功率换流器在发电机和电网之间采用直接在线连接，因为下文所述的几个原因，它已经成为风力发电机 WECS 的主要选择。它允许风力发电机的大范围变速运行，这提高了能量的获取，并且能够高效使用永磁式发电机。另一个原因是，它相对容易地实现电网故障不间断运行控制。因此，全功率换流器也逐渐在海上风电中加以应用。目前，海上电网中，商用全功率换流器的两种主要的拓扑结构从各种技术文献中脱颖而出，即两电平电压源换流器（2L-VSC）和三电平中点箝位逆变器（3L-NPC）。

计算 2L-VSC 的 η，ρ 和 γ 的值已被选为本章所介绍模型的应用案例。图 9.20 是 2L-VSC 的基本示意图，带有单向开关，通过配有反向并联二极管的 IGBD 进行操作。下文中，论述还将包括设计 2L-VSC 和评价其 η，ρ 和 γ 所需要的各个方面。

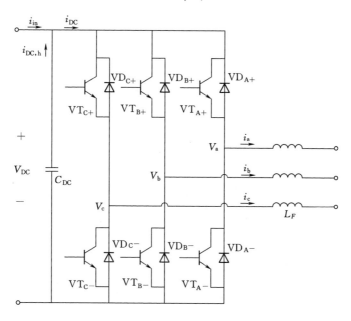

图 9.20　带 IGBT 的两电平电压源换流器（2L-VSC）

9.5.1　调制策略

选择适当的调制策略对换流器的 η 影响很大，因此，当设计换流器时，至少应对两个调制策略进行比较。本章中，讨论了三个调制策略：正弦 PWM（SPWM），空间矢量 PWM（SVPWM）（也称为次优化调制）和不连续调制策略，称为对称型平顶调制（SFTM）。

为了描述所假设的调制策略的特征，必须对两个主要变量进行计算：调制指数（M_S），和换流器桥臂（α_a）的相对接通时间。因为技术文献中对 M_S 有不同的定义，为了对所考虑的三种调制方式进行比较，将 M_S 定义为

$$M_{\mathrm{S}} = \frac{|v_{\mathrm{A}}^{*}|}{V_{\mathrm{A,om}}} \tag{9.55}$$

式中　v_{A}^{*}——期望的逆变器相电压峰值；

$V_{\mathrm{A,om}}$——相电压参照值的最大振幅，在该振幅下，调制方法进入过调制，这就意味着 M_{S} 在过调制边界成为 1。

$V_{\mathrm{A,om}}$ 的值取决于调制方法，对于调制方法考虑采用

$$V_{\mathrm{A,om}} = \begin{cases} \dfrac{V_{\mathrm{DC}}}{2}, & \text{适用于 SPWM} \\[2mm] \dfrac{V_{\mathrm{DC}}}{\sqrt{3}}, & \text{适用于 SVPWM 和 SFTM} \end{cases} \tag{9.56}$$

根据式（9.55）中的定义，逆变器参照的线间电压 RMS 值（V_{LL}）与 M_{S} 关系为

$$V_{\mathrm{LL}} = \sqrt{3} M_{\mathrm{S}} K_{\mathrm{mod}} V_{\mathrm{DC}} \tag{9.57}$$

$$K_{\mathrm{mod}} = \begin{cases} \dfrac{\sqrt{2}}{4}, & \text{适用于 SPWM} \\[2mm] \dfrac{1}{\sqrt{6}}, & \text{适用于 SVPWM 和 SFTM} \end{cases} \tag{9.58}$$

另一方面，为了计算 α_{a}，对每种调制方法，应定义相调制函数。在纯正弦三相换流器的情况下，根据相电压 $v_{\mathrm{a}*}$，输出假设为

$$v_{\mathrm{a}*}(\omega t) = \sqrt{\frac{2}{3}} V_{\mathrm{LL}} \sin(\omega t) \tag{9.59}$$

则通过式（9.60）、式（9.61）和式（9.62），分别对 SPWM、SVPWM 和 SFTM 三种调制方式的相调制函数 m_{a} 进行了定义。一旦得出了 m_{a}，可按照式（9.63），计算出 α_{a}。图 9.21 显示了相关调制方式的 α_{a}。

$$m_{\mathrm{a,SPWM}}(\omega t) = M_{\mathrm{S}} \sin(\omega t) \tag{9.60}$$

$$m_{\mathrm{a,SVPWM}}(\omega t) = \frac{2}{\sqrt{3}} M_{\mathrm{S}} \sin(\omega t) + v_0 \tag{9.61}$$

其中

$$v_0 = \begin{cases} \dfrac{v_{\mathrm{a}*}}{2V_{\mathrm{A,OM}}}, & |v_{\mathrm{a}*}| < |v_{\mathrm{b}*}|, |v_{\mathrm{c}*}| \\[2mm] \dfrac{v_{\mathrm{b}*}}{2V_{\mathrm{A,OM}}}, & |v_{\mathrm{b}*}| < |v_{\mathrm{c}*}|, |v_{\mathrm{a}*}| \\[2mm] \dfrac{v_{\mathrm{c}*}}{2V_{\mathrm{A,OM}}}, & |v_{\mathrm{c}*}| < |v_{\mathrm{a}*}|, |v_{\mathrm{b}*}| \end{cases}$$

$$m_{\mathrm{a,SFTM}}(\omega t) = \frac{2}{\sqrt{3}} M_{\mathrm{S}} \sin(\omega t) + v_0 \tag{9.62}$$

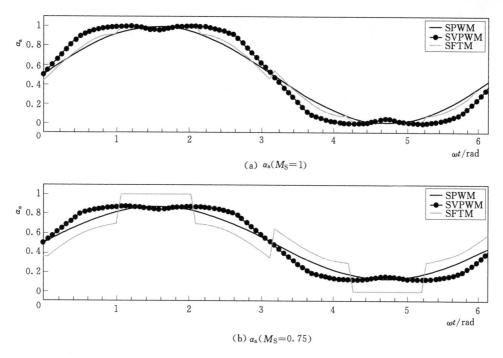

(a) $\alpha_a(M_S=1)$

(b) $\alpha_a(M_S=0.75)$

图 9.21 三种不同调制方法电压源换流器桥臂 α_a 的相对接通时间

其中

$$v_0 = \begin{cases} \dfrac{|v_{a*}|}{v_{a*}} - \dfrac{v_{a*}}{V_{A,OM}}, & |v_{a*}| > |v_{b*}|,|v_{c*}| \\[3mm] \dfrac{|v_{b*}|}{v_{b*}} - \dfrac{v_{b*}}{V_{A,OM}}, & |v_{b*}| > |v_{c*}|,|v_{a*}| \\[3mm] \dfrac{|v_{c*}|}{v_{c*}} - \dfrac{v_{c*}}{V_{A,OM}}, & |v_{c*}| > |v_{a*}|,|v_{b*}| \end{cases}$$

$$\alpha_a(\omega t) = \frac{1}{2}[1 + m_a(\omega t)] \tag{9.63}$$

9.5.2 PSD 电流计算

为了计算每个设备（IGBT 或二极管）的功率损失，有必要计算每个设备在一段时间内传输电流的平均值和 RMS 值［用于计算式（9.4）］，以及在开启/关闭动作时通过该设备的电流的平均值和 RMS 值［用于计算式（9.8）和式（9.10）］。遗憾的是，RMS 输出电流（I_a）和二极管中的电流（I_d）或 IGBT 中的电流（I_t）之间不是简单关系。二极管（VD_{A+}）和 IGBT（VT_{A-}）之间的电流分布是 α_a、M_S 及逆变器相电压和电流之间位移角（φ）的函数。

为了在输出电流和二极管电流及 IGBT 电流之间建立关系，图 9.22 给出了 2L-VSC 桥臂中元件的电流定义。

从图 9.22 得出，在任何时候二极管电流和 IGBT 电流之间的关系通过下式得出：

$$i_a = \begin{cases} i_{t+} + i_{d-} &, i_a > 0 \\ i_{t-} + i_{d+} &, i_a \leqslant 0 \end{cases} \tag{9.64}$$

因为电流 i_{t+} 和 i_{d-}（或 i_{t-} 和 i_{d+}）是正交的，这就意味着，当上部的 IGBT（VT_{A+}）在输电时，下部的二极管（VD_{A-}）则不输电，反之亦然；这样，通过 IGBT 和二极管的平均电流可分别计算为

$$I_{t,AVG} = \frac{1}{2\pi} \int_{\varphi}^{\pi+\varphi} \left[\alpha_a(\theta) i_a(\theta) \right] d\theta \tag{9.65}$$

$$I_{d,AVG} = \frac{1}{2\pi} \int_{\varphi}^{\pi+\varphi} \left\{ \left[1 - \alpha_a(\theta) \right] \cdot i_a(\theta) \right\} d\theta \tag{9.66}$$

假设纯正弦相电流 RMS 值 I_a，比较来自 Helle 和 Kolar 等的计算结果，可以发现，通过 IGBT 和二极管的平均电流与所选的调制方式无关，即

$$I_{t,AVG} = \left(\frac{\sqrt{2}}{2\pi} + \frac{K_{mod}}{2} M_S \cos\varphi \right) I_a \tag{9.67}$$

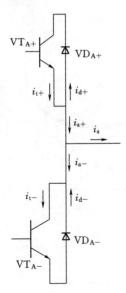

图 9.22　2L - VSC 桥臂元件的电流

$$I_{d,AVG} = \left(\frac{\sqrt{2}}{2\pi} - \frac{K_{mod}}{2} M_S \cos\varphi \right) I_a \tag{9.68}$$

类似的，可以得出通过 IGBT 和二极管的 RMS 电流为

$$I_{t,RMS} = \sqrt{\frac{1}{2\pi} \int_{\varphi}^{\pi+\varphi} \left\{ \alpha_a(\theta) \left[i_a(\theta) \right]^2 \right\} d\theta} \tag{9.69}$$

$$I_{d,RMS} = \sqrt{\frac{1}{2\pi} \int_{\varphi}^{\pi+\varphi} \left\{ \left[1 - \alpha_a(\theta) \right] \left[i_a(\theta) \right]^2 \right\} d\theta} \tag{9.70}$$

与平均电流类似，RMS 电流的表达式也与所选的调制技术相关。表 9.5 是 IGBT/二极管 RMS 电流与逆变器 RMS 相电流之比的解析表达式。

表 9.5　RMS 电流通过 SPWM，SVPWM 和 SFTM 三种不同调制方式的比

SPWM	$\left(\dfrac{I_{t,RMS}}{I_a} \right)^2$	$\dfrac{3\pi + 8M_s\cos\varphi}{12\pi}$
	$\left(\dfrac{I_{d,RMS}}{I_a} \right)^2$	$\dfrac{3\pi - 8M_s\cos\varphi}{12\pi}$
SVPWM	$\left(\dfrac{I_{t,RMS}}{I_a} \right)^2$	$\begin{cases} \dfrac{-M_s + 3\pi - 4M_s\cos\varphi^2 + 8\sqrt{3}M_s\cos\varphi}{12\pi} &, \lvert\varphi\rvert < \dfrac{\pi}{6} \\[2mm] \dfrac{3\pi + 2M_s\left(2 + \frac{\sqrt{3}}{2}\sin\lvert 2\varphi\rvert - \cos\varphi^2 - 2\sin\lvert\varphi\rvert + 2\sqrt{3}\cos\varphi \right)}{12\pi} &, \dfrac{\pi}{6} < \lvert\varphi\rvert < \dfrac{\pi}{2} \end{cases}$
	$\left(\dfrac{I_{d,RMS}}{I_a} \right)^2$	$\dfrac{1}{2} - \left(\dfrac{I_{t,RMS}}{I_a} \right)^2$
SFTM	$\left(\dfrac{I_{t,RMS}}{I_a} \right)^2$	$\begin{cases} \dfrac{(6 - 8M_s)\sqrt{3}\cos\varphi^2 + \sqrt{3}M_s(4 + 8\cos\varphi) - 8M_s\sin\lvert\varphi\rvert + (4M_s - 3)\sin\lvert 2\varphi\rvert - 3\sqrt{3} + 2\pi + 6\lvert\varphi\rvert}{12\pi} &, \lvert\varphi\rvert < \dfrac{\pi}{3} \\[2mm] \dfrac{(4M_s - 3)\sin\lvert 2\varphi\rvert + 3\pi - 3\lvert\varphi\rvert}{6\pi} &, \dfrac{\pi}{3} < \lvert\varphi\rvert < \dfrac{\pi}{2} \end{cases}$
	$\left(\dfrac{I_{d,RMS}}{I_a} \right)^2$	$\dfrac{1}{2} - \left(\dfrac{I_{t,RMS}}{I_a} \right)^2$

无论何时，有功功率流出逆变器时，如图 9.22 所示，即逆变器处于运行模式时，式（9.67）、式（9.68）和表 9.5 中的表达式都是有效的。在整流器运行的情况下（功率向相反的方向流动），二极管和 IGBT 的表达式必须进行互换。

为了计算开关损失，有必要计算每次接通后（$I_{\text{ta,AVG}}$ 和 $I_{\text{ta,RMS}}$），由通过 IGBT 器件电流构建的电流波形的平均值和 RMS 值；和每次关闭前（$I_{\text{tb,AVG}}$、$I_{\text{tb,RMS}}$、$I_{\text{db,AVG}}$ 和 $I_{\text{db,RMS}}$）通过 IGBT 器件电流构建的电流波形的平均值和 RMS 值。

因为通过上部 IGBT 的电流整流到下部的二极管，应当注意，上部 IGBT 的接通开关电流大约等于下部二极管的关闭开关电流（$i_{\text{ta}+} \approx i_{\text{db}-}$）。而且，对于开关频率远高于基本频率的情况，在一个开关时期内的电流大约为常数，因此，接通开关电流大约与关闭开关电流相同（$i_{\text{ta}+} \approx i_{\text{tb}+}$）。那么，通过所有设备（IGBT 和二极管）的开关电流的平均值和 RMS 值大约等于

$$I_{\text{swa,AVG}} = I_{\text{ta,AVG}} = I_{\text{tb,AVG}} = I_{\text{db,AVG}} \tag{9.71}$$

$$I_{\text{swa,RMS}} = I_{\text{ta,RMS}} = I_{\text{tb,RMS}} = I_{\text{db,RMS}} \tag{9.72}$$

开关电流的平均值和 RMS 值可计算为

$$I_{\text{swa,AVG}} = \frac{1}{2\pi} \int_{\varphi}^{\pi+\varphi} \left[\alpha_{\text{swa}}(\theta) i_{\text{a}}(\theta) \right] \mathrm{d}\theta \tag{9.73}$$

$$I_{\text{swa,RMS}} = \sqrt{\frac{1}{2\pi} \int_{\varphi}^{\pi+\varphi} \left\{ \alpha_{\text{swa}}(\theta) \left[i_{\text{a}}(\theta) \right]^2 \right\} \mathrm{d}\theta} \tag{9.74}$$

其中，α_{swa} 是换流器的开关函数，换流器是 α_{a} 的函数，通过下式得出

$$\alpha_{\text{swa}} = \begin{cases} 1, 0 < \alpha_{\text{a}} < 1 \\ 0, \alpha_{\text{a}} = 1 \text{ 或 } \alpha_{\text{a}} = 0 \end{cases} \tag{9.75}$$

从式（9.75）中可以发现，开关函数是常数，并且对于 SPWM 和 SVPWM 调制方式等于 1，但对于 SFTM 调制方式，则有不同的值。表 9.6 是开关电流平均值和 RMS 值的解析表达式，计算式（9.73）和式（9.74）中所考虑的调制方式。

表 9.6　在 2L‐VSC 中 SPWM，SVPWM 和 SFTM 三种调制方式下开关电流平均值和 RMS 值

项目	SPWM 和 SVPWM	SFTM
$\dfrac{I_{\text{swa,AVG}}}{I_{\text{a}}}$	$\dfrac{\sqrt{2}}{\pi}$	$\begin{cases} \dfrac{\sqrt{2}(2-\cos\varphi)}{2\pi}, \|\varphi\| < \dfrac{\pi}{3} \\[2mm] \dfrac{\sqrt{6}-\sin\|\varphi\|}{2\pi}, \dfrac{\pi}{3} < \|\varphi\| < \dfrac{2\pi}{3} \\[2mm] \dfrac{\sqrt{2}(2+\cos\varphi)}{2\pi}, \dfrac{2\pi}{3} < \|\varphi\| < \pi \end{cases}$
$\dfrac{I_{\text{swa,RMS}}}{I_{\text{a}}}$	$\dfrac{1}{\sqrt{2}}$	$\sqrt{\dfrac{\dfrac{\pi}{3} - \dfrac{\sqrt{3}}{4}\cos 2\varphi}{\pi}}$

9.5.3　2L‑VSC 的主要设计指南

为了计算换流器的 η 和 ρ，必须进行分量选择。分量的选择要符合应用的要求，如电流和波纹电压的限制或电流和电压的峰值的限制。在 2L‑VSC 的情况下，要确认三个主要部件：DC 连接、AC 滤波器和开关电子管。

9.5.3.1　DC 侧设计和半导体电压额定值的要求

在 2L‑VSC 中，设计 DC 侧包括选择额定 DC 电压 $V_{DC,N}$ 和图 9.20 中的电容值 C_{DC} 的规格。$V_{DC,N}$ 与额定 AC 电压有如下相关关系［式（9.57）］

$$V_{DC,N}=\frac{V_{LL,N}}{\sqrt{3}K_{mod}M_{S,nom}} \tag{9.76}$$

式中　$V_{LL,N}$——线电压 RMS 值；

　　　$M_{S,nom}$——标准运行下的 M_S。

假设应用中给出了 $V_{LL,N}$，那么，$M_{S,nom}$ 应该是确定的。

$V_{DC,N}$ 本身的设计，考虑了 VSC 运行的安全裕度，以保证异常条件下的可控性；而且，因为过调制的边界当 M_S 等于 1，则 $M_{S,nom}$ 应该小于 1，但接近 1。例如，$M_{S,nom}$ 取值 0.98 将给运行带来大约 2% 的安全裕度，也就意味着，此 VSC 能够掌控 2% 的电压升高，而不进入超调制的范围。$M_{S,nom}$ 低值则要求 $V_{DC,N}$ 取值更高，这主要受 PSD 技术的限制（如果要避免设备串联）。

在 2L‑VSC 配置中，每个电子管都将支持全部 $V_{DC,N}$，当不考虑半导体串联时，PSD 要求的 V_{bk} 最小值 $V_{block,min}$ 可通过下式计算得出［式（9.21）］

$$V_{block,min}=\begin{cases}\dfrac{V_{DC,N}k_{ovf}}{k_{vdc}} & ,\delta_{Vdc}\leqslant2\left(\dfrac{k_{vp}}{k_{vdc}}-1\right)\\[4mm]\dfrac{V_{DC,N}k_{ovf}\left(1+\dfrac{\delta_{Vdc}}{2}\right)}{k_{vp}} & ,\delta_{Vdc}>2\left(\dfrac{k_{vp}}{k_{vdc}}-1\right)\end{cases} \tag{9.77}$$

式中　δ_{Vdc}——峰间波纹电压和 $V_{DC,N}$ 之间的比；

　　　k_{ovf}——过电压系数，对于典型的工业网络来说，低压系统（$V_{DC,N}<1$）中，$k_{ovf}=$ 1.1，中压系统中，$k_{ovf}=1.15$。

电压设备额定值则选比 $V_{block,min}$ 高的下一个标准的设备额定电压值。商用 IGBT 电源模块的标准电压额定值（反向并联二极管的 IGBT）为 1.2kV，1.7kV，2.5kV，3.3kV，4.5kV 和 6.5kV。

图 9.23 显示，当 δ_{Vdc} 小于 20%，安全系数 $k_{vp}=0.8$，$k_{vdc}=0.65$ 时，对于 2L‑VSC 来说，选择 IGBT 电源模块作为 $M_{S,nom}$ 和 $V_{LL,N}$ 的函数。图 9.23（a）表示 SPWM 调制的选择图，图 9.23（b）则为采用 SVPWM 或 SFTM 调制时的选择图。为了图示简便，图 9.23 中仅考虑了三种标准的额定电压（1.7kV，3.3kV 和 6.5kV）。

从图 9.23 中可以看出，对于给定的额定线电压，因为 2L‑VSC 中 $M_{S,nom}$ 的降低，给定功率模块的适用性是有限的。而且，在这些条件下，中压系统中 2L‑VSC 的使用也受到 IGBT 模块技术的限制：对于 SPWM，应用额定线电压限制在 2.2kV 左右；对于 SVPWM 或 SFTM，应用额定线电压限制在 2.5kV 左右。

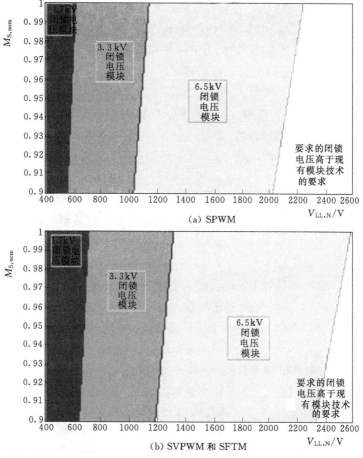

图 9.23 2L - VSC 中 IGBT 模块的选择与要求的闭锁电压的关系

DC 连接电容 C_{DC} 推导过程考虑了一个开关周期内，输入功率下降到 0，而逆变器保持最大输出功率，或相反情况，计算为

$$C_{DC} = \frac{P_N}{V_{DC,N}^2 (\delta_{Vdc} + 0.5\delta_{Vdc}^2) f_{sw}} \qquad (9.78)$$

式中 P_N——2L - VSC 的额定功率。因为 P_N 和 $V_{LL,N}$（定义为 $V_{DC,N}$）由应用标准提供，C_{DC} 将由 f_{sw} 和 δ_{Vdc} 的选择确定，f_{sw} 和 δ_{Vdc} 为设计变量，通常，其取值受设计约束所限制。

至于 f_{sw}，其最大值受开关设备的技术限制。对于 IGBT 电源模块，其开关频率有可能高达 4kHz（取决于额定电压）。δ_{Vdc} 的最大值由系统相关稳定性和可控性要求相关的技术说明中提供，可以限制到 6%。

一旦 $V_{DC,N}$ 和 C_{DC} 定义了，利用第 9.4 节中的模型可以计算体积、质量和电容器介电损耗。不过，为了计算电容器电阻损耗［式（9.54）］，应该计算电容器 RMS 的电流。根据图 9.20，电容器电流 i_C 可以通过 DC 连接输入电流 i_{in} 和 VSC 的输入电流 i_{vsc} 定义。鉴于 i_{vsc} 的 DC 分量由 DC 连接电流提供（这意味着 $I_{in,AVG} = I_{vsc,AVG}$），那么，i_C 由 i_{in} 和 i_{vsc} 的 AC 分量单独定义为

$$i_{\mathrm{C}} = i_{\mathrm{vsc,AC}} - i_{\mathrm{in,AC}} \qquad (9.79)$$

因为利用式（9.80）推导电容器 RMS 电流（$I_{\mathrm{C,RMS}}$）的过程非常复杂，可以考虑电流 i_{in} 和 i_{vsc} 不含共模谐波（当在不同的 f_{sw} 下，输入电流来自二极管整流桥或电压源整流器（VSR），之后，$I_{\mathrm{C,RMS}}$ 可通过下面公式近似得出

$$I_{\mathrm{C,RMS}}^2 = I_{\mathrm{vsc,AC,RMS}}^2 + I_{\mathrm{in,AC,RMS}}^2 \qquad (9.80)$$

为了计算 VSC 对 $I_{\mathrm{C,RMS}}$ 的影响（对于任何 PWM 调制方式，并假设为纯正弦相电流），考虑采用 Kolar 和 Round 的解析式，即

$$I_{\mathrm{vsc,AC,RMS}}^2 = \frac{\sqrt{6} \cdot K_{\mathrm{mod}} M_{\mathrm{S}}}{\pi} \left[1 + \left(4 - \frac{3\sqrt{6}\pi K_{\mathrm{mod}} M_{\mathrm{S}}}{2} \right) \cos^2 \varphi \right] I_{\mathrm{a}}^2 \qquad (9.81)$$

DC 连接输入电流对 $I_{\mathrm{C,RMS}}$ 的影响是由连接 2L-VSC 的整流器的类型决定的。简单起见，可以将它看作是设计 2L-VSC 的一个系统规定参数。该值可以定义为 DC 连接的 DC 分量的一个相对值，即

$$I_{\mathrm{in,AC,RMS}} = \delta_{I_{\mathrm{in}}} I_{\mathrm{in,AVG}} \qquad (9.82)$$

式中　$\delta_{I_{\mathrm{in}}}$——RMS 波纹分量与 DC 连接输入电流中 DC 分量的比。

因为 $I_{\mathrm{in,AVG}} = I_{\mathrm{vsc,AVG}}$，并且 VSC 的平均输入电流从上部设施（图 9.20 中 $\mathrm{VT_{A+}}$、$\mathrm{VD_{A+}}$、$\mathrm{VT_{B+}}$、$\mathrm{VD_{B+}}$、$\mathrm{VT_{C+}}$ 和 $\mathrm{VD_{C+}}$）的平均电流计算得出，平均 DC 连接电流可以表示为

$$I_{\mathrm{in,AVG}} = I_{\mathrm{vsc,AVG}} = 3(I_{\mathrm{t,AVG}} - I_{\mathrm{d,AVG}}) = 3K_{\mathrm{mod}} M_{\mathrm{S}} \cos\varphi I_{\mathrm{a}} \qquad (9.83)$$

图 9.24 说明，在两种位移系数值（$\cos\varphi = 0.6$ 和 $\cos\varphi = 1$）和 $\delta_{I_{\mathrm{in}}}$ 的不同取值时，DC 连接电容器电流 RMS 值（通过 RMS 相电流标准化）与递增的 M_{S}（$K_{\mathrm{mod}} M_{\mathrm{S}}$）的相关性。此外，图 9.24（b）提供了关于 DC 连接电容器电流 RMS 值与 M_{S} 和 φ（$\delta_{I_{\mathrm{in}}} = 30\%$ 的情况）的相关性的三维图。

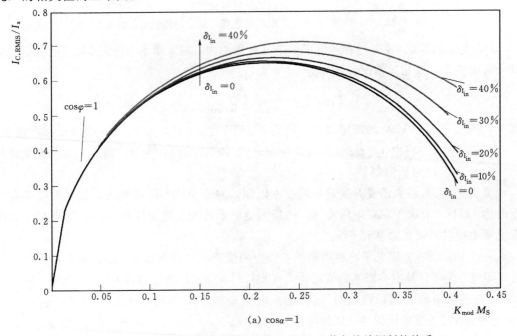

图 9.24（一）　2L-VSC 中 DC 连接电流 RMS 值与缩放调制的关系

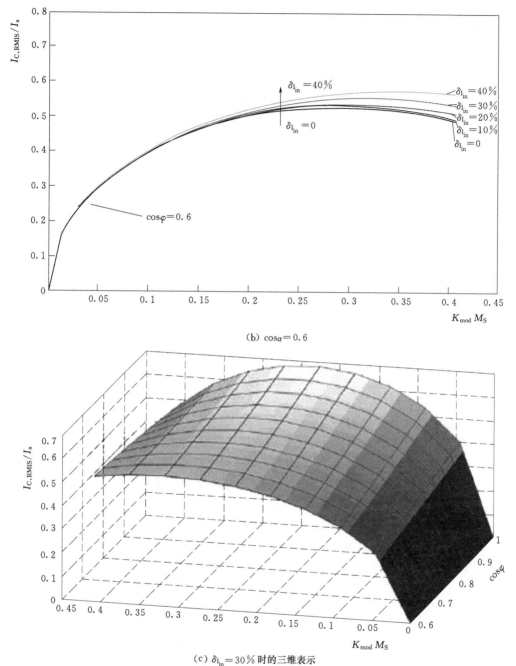

(b) cosα＝0.6

(c) $\delta_{I_{in}}=30\%$ 时的三维表示

图 9.24（二） 2L‑VSC 中 DC 连接电流 RMS 值与缩放调制的关系

9.5.3.2 AC 滤波电感器和波纹电流

输入电感 L_F 根据 Friedli 等的分类，对于给定线间电压振幅 V_{LL} 和 DC 连接电压（V_{DC}），基于峰间波纹电流，提出如下理论推导

$$L_F = \left(\frac{V_{LL}}{\sqrt{3}} - \frac{V_{LL}^2}{2V_{DC}}\right)\frac{1}{\Delta I_{Lh} f_{sw}} \tag{9.84}$$

因为 ΔI_{Lh} 最大值通常由 δ_{i_L} 确定，限制 ΔI_{Lh} 所需的电感值可按下述方程计算得

$$L_F = \left(1 - \frac{3}{2} K_{\text{mod}} M_{\text{S,nom}}\right) \frac{V_{\text{LL,N}}^2 \cos\varphi}{\sqrt{2}\delta_{i_L} f_{\text{sw}} P_N} \tag{9.85}$$

通常电感值受电感器电压与额定电源线间电压 δ_{VL} 之间的最大比所限制，而且，在 f_1 时，利用电感器 RMS 电流，可通过下式得出最大电感值的近似值

$$L_{F,\max} = \frac{3\delta_{\text{VL}} V_{\text{LL,N}}^2 \cos\varphi}{\pi f_1 P_N \sqrt{6 + \delta_{i_L}^2}} \tag{9.86}$$

此外，当 2L-VSC 与电机（电动机或发电机）连接时，该电机的每相电感 L_M 等效作用相当于一个额外的滤波器，因此，降低 L_F 是有可能的；而且，在某些条件下（当 $L_F < L_M$），AC 滤波电感器并不是必需的。那么，当换流器与电机连接时，L_F 计算为

$$L_F = \left(1 - \frac{3}{2} K_{\text{mod}} M_{\text{S,nom}}\right) \frac{V_{\text{LL,N}}^2 \cos\varphi}{\sqrt{2}\delta_{i_L} f_{\text{sw}} P_N} - L_M \tag{9.87}$$

最后，为了利用第 9.3 节中的模型计算电感器体积、质量和功率损耗，应当计算出电感器 RMS 电流 I_{LF}。并且，考虑到图 9.14 中的近似值，电感器 RMS 电流计算为

$$I_{\text{LF}} = \sqrt{I_a^2 + I_{\text{Lh}}^2} = \sqrt{1 + \frac{\delta_{i_L}^2}{6}} \frac{P_N}{\sqrt{3} V_{\text{LL,N}} \cos\varphi} \tag{9.88}$$

9.5.3.3　开关电子管的设计和 PSD 的选择

为了设计开关电子管，首先，应当计算要求的 V_{bk} 和该电子管的最大峰值电流。然后，电子管中所用 PSD 从现有设备中选择，此选择取决于偏好的接线类型（串联、并联或混联）以及现有设备的最大额定值。一旦选定了设备，就能计算出半导体在最差运行条件下的功率损耗，因此，利用第 9.2 节中的模型也能估算出模块冷却系统的规模。

简便起见，此处只详细讨论采用变量 IGBT 模块的 2L-VSC 的开关电子管的设计，但是应当注意，设计过程也很容易适用于串联连接的设备（第 9.2.3 节）。而且为了简化设备选择，只考虑表 9.2 中所列的 IGBT 模块（图 9.23 中也考虑了 IGBT 模块）。

因为没有优先选择串联方式，可以采用 PSD 要求的为 $V_{\text{block,min}}$ 推导的表达式［式 (9.78) 和图 9.23］，并且根据上文所述，对于所涉设备（最大值 $V_{\text{bk}} = 6.5\text{kV}$），其 $V_{\text{LL,N}}$ 限制在大约 2.5kV（采用 SVPWM 调制）。另一方面，并联连接（电子管）的最大峰值电流由相电流其波纹电流分量和过载系数 k_{olf}（通常为 30%，则 $k_{\text{olf}} = 0.3$）提供，可计算为

$$I_{\text{psw}} = \sqrt{2} I_a \left(1 + \frac{\delta_{i_L}}{2}\right)(1 + k_{\text{olf}}) = \sqrt{\frac{2}{3}} \frac{P_N \left(1 + \frac{\delta_{i_L}}{2}\right)(1 + k_{\text{olf}})}{V_{\text{LL,N}} \cos\varphi} \tag{9.89}$$

然后，从式 (9.78) 得出，利用式 (9.91) 可以计算出不超过设备电流额定值的所需最小值 n_p。因为开关通过带反向并联二极管模块的 IGBT 操作，并且 IGBT 和二极管具有不同的 δ_{CI}（例如表 9.2 中的模块），则 $n_{p,\min}$ 应从式 (9.91) 对 IGBT 和二极管参数的计算值中选择最大值。

$$n_{p,\min} = \left(\frac{I_{\text{psw}}}{1.6 I_n} - 1\right)\frac{1 + \delta_{\text{CI}}}{1 - \delta_{\text{CI}}} + 1 \tag{9.90}$$

图 9.25 显示的最小值 n_p 是表 9.2 的三个电源模块中，采用 SVPWM 调制方式的

2L - VSC 的 $V_{LL,N}$ 和 P_N 的函数。图 9.25 中假定的值为 $\cos\varphi = 0.85$ 和 $M_{S,nom} = 0.98$。虽然式（9.91）给出了最小值 n_p，以保证不超过最大值为 δ_{CI} 的并联连接模块的电流额定值，当换流器设计以相对较高的 f_{sw} 运行时，为了不超过安装在 HS 上的模块所耗散的最大功率，而又不使其本身过热［式（9.28）中的约束］，需提高 n_p。

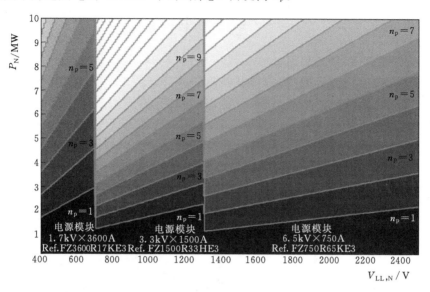

图 9.25　三个采用 SVPWM 调制方式的 2L - VSC 半导体电源模块并联连接器件数量
最小时，P_N 和 $V_{LL,N}$ 的关系（$\cos\varphi$ 假定为 0.85，$M_{S,nom}$ 假定为 0.98）

图 9.26 显示了从式（9.25）中计算得出的允许的最大 HS 温升，该值是 2MW 的 2L - VSC 的 f_{sw} 函数，此 2MW 2L - VSC 采用 SVPWM 调制，对表 9.2（根据图 9.25，假设每个开关一个模块）中的每个半导体电源模块有三种不同的 $V_{LL,N}$ 设计。图 9.26（a）中换流器设计为逆变器模式（VSI），图 9.26（b）为整流器模式（VSR），其中 $P_N = 2MW$，$\cos\varphi = 0.85$，$M_S = 0.99$，$T_{amb} = 40℃$，$R_{thHS,min} = 10K/kW$，$K_{SFT} = 0.85$。

从图 9.26，可以看出，当假定了式（9.91）中的最小值 n_p，则有一个极限开关频率（$f_{sw,limit}$），换流器可以在此频率运行，而不超过安装在 HS（图 9.26 中，$R_{thHS,min} = 10K/kW$）上的模块所耗散的最大功率。超出 $f_{sw,limit}$ 范围，R_{thHS} 在最差情况下不会超过最大值 T_j，并且低于 HS 技术提供的 $R_{thHS,min}$［式（9.28）中的约束］。

通过比较图 9.26（a）和图 9.26（b），能够了解到换流器的运行模式是如何影响换流器热设计的，热设计主要受半导体参数的影响（IGBT 和二极管）。因为高 V_{bk} 的电源模块具有更强的频率相关性（该电源模块要求较厚的硅板，较厚的硅板的开关损耗则更高），因此对于高 V_{bk} 的模块来说，$f_{sw,limit}$ 较低。

如果换流器设计运行的 $f_{sw} > f_{sw,limit}$，则 n_p 应该高于式（9.90）中的最小值。图 9.27 所示的 $f_{sw,limit}$ 是采用图 9.26 中同样设计条件的 2MW 2L - VSC 的 n_p 函数。从图 9.27 中可以看出，$f_{sw,limit}$ 与 n_p 关系的曲线具有渐近特点，随着 V_{bk} 值加大，f_{sw} 逐渐递减。因此，对于高 f_{sw} 值的设计，这种特点将降低高 V_{bk} 值设备的使用。

从图 9.27（a）中，可以观察到换流器运行模式对 $f_{sw,limit}$ 的影响。对于 1.7kV 模块，

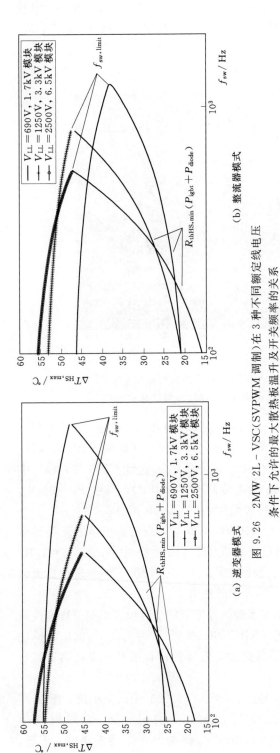

（a）逆变器模式

（b）整流器模式

图 9.26 2MW 2L - VSC（SVPWM 调制）在 3 种不同额定线电压
条件下允许的最大散热板温升及开关频率的关系

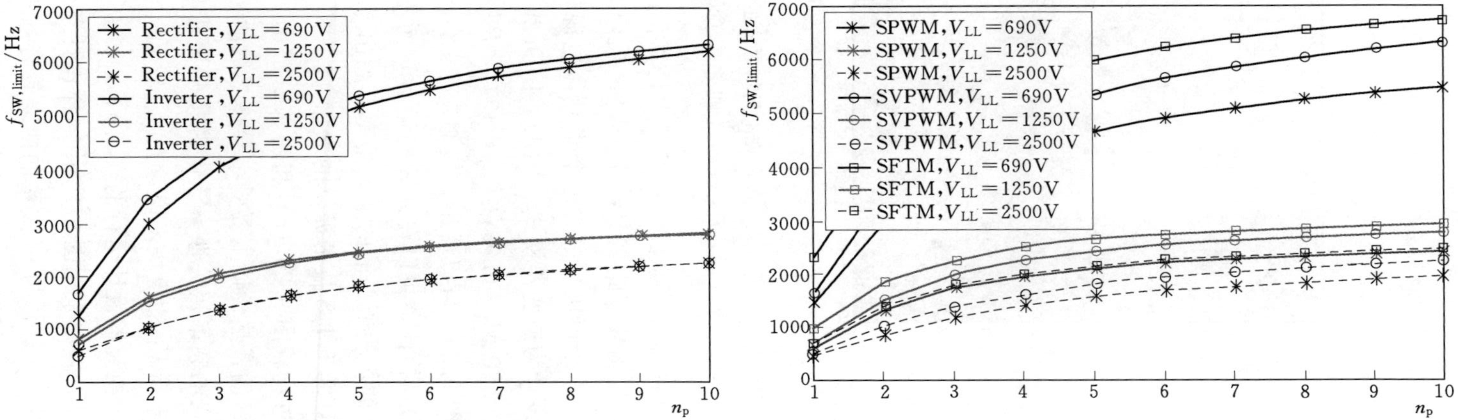

（a）SVPWM 调制的换流器模式

（b）逆变器模式

图 9.27 2MW 2L - VSC 在不同额定线电压条件下的限位开关频率与并联半导体模块数量的关系

VSI 允许比 VSR 更高的 $f_{\text{sw,limit}}$，但是随着 n_{p} 增加，这种差距降低。不过对于 3.3kV 和 6.5kV 模块，运行模式的影响不太明显，VSR 允许比 VSI 更高的 $f_{\text{sw,limit}}$。

此外，调制技术对 $f_{\text{sw,limit}}$ 的影响可以从图 9.27（b）中观察看出。在各种情况下，对于假定的各种设计参数和约束，SFTM 允许更高的 $f_{\text{sw,limit}}$ 值。而且，从图 9.27（b）中可以看出，调制技术对 V_{bk} 值较高的设备的影响相对较小，其中 $\cos\phi = 0.85$，$M_{\text{S}} = 0.99$，$T_{\text{amb}} = 40℃$，$R_{\text{thHS,min}} = 10\text{K/kW}$，$K_{\text{SFT}} = 0.85$。

最后，为了将电源模块的使用限制在其可以在不受损害的情况下管理的开关频率范围内，或者使该模块改变状态（开通和关闭的次数）的相对时间不超过实际限制（例如 2%），应考虑与 f_{sw} 最大值有关的约束。表 9.2 包含了每个模块的 $f_{\text{sw,limit}}$ 最大值，计算出该值是为了保证每个开关周期的通电时间高于该周期的 98%。

图 9.28 举例说明了每个模块的功率损失计算，它是 2MW 2L - VSC 的 f_{sw} 的函数，该 2MW 2L - VSC 采用 SVPWM 调制，其中 $\cos\phi = 0.85$，$M_{\text{S}} = 0.99$，$T_{\text{amb}} = 40℃$，$R_{\text{thHS,min}} = 10\text{K/kW}$，$K_{\text{SFT}} = 0.85$。

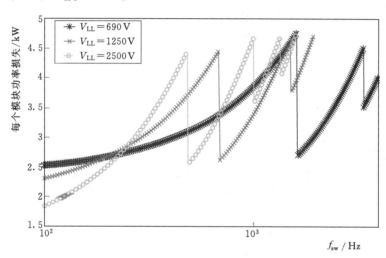

图 9.28　采用 SVPWM 调制的 2MW 2L - VSC 每个模块功率
损失与开关频率的关系

图 9.29 举例说明了每个电子管功率损失的计算，其值是与图 9.28 设计相同的换流器的函数。其中 $\cos\phi = 0.85$，$M_{\text{S}} = 0.99$，$T_{\text{amb}} = 40℃$，$R_{\text{thHS,min}} = 10\text{K/kW}$，$K_{\text{SFT}} = 0.85$。对 1.7kV，3.3kV 和 6.5kV 所假定的最大开关频率分别为 4kHz，2kHz 和 1.5kHz。

9.5.4　2L - VSC 的功率损耗、体积和质量计算

对于给定的设计参数、约束和变量，利用式（9.91），通过汇总开关电子管的损耗 P_{valve}，AC 滤波电感器的损耗 P_{LF} 和 DC 连接电容器的损耗 P_{CDC}，计算 2L - VSC 的总损耗，即

$$P_{\text{losses,VSC}} = 6P_{\text{valve}} + P_{\text{LF}} + P_{\text{CDC}} \tag{9.91}$$

$$P_{\text{valve}} = n_{\text{p}}(P_{\text{igbt}} + P_{\text{diode}}) \tag{9.92}$$

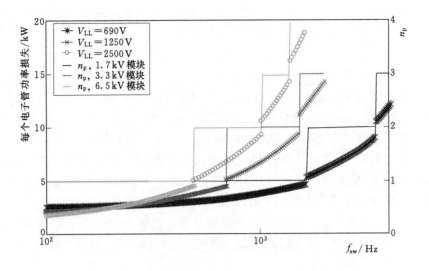

图 9.29　采用 SVPWM 调制的 2MW 2L‐VSC 每个电子管功率损失、
并联模块数及开关频率的关系

$$P_{LF} = P_{wLF} + P_{cLF} \tag{9.93}$$

$$P_{CDC} = P_{\epsilon C} + P_{\Omega C} \tag{9.94}$$

在这种情况下，换流器有 6 个开关电子管，每个由并联连接的 n_p 模块（反向并联二极管的 IGBT）在额定电流下控制，在第 9.2 节中，式（9.26）和式（9.27）明确了这些模块的 IGBT 和二极管功率损耗。

利用式（9.95），通过汇总各个真空管的体积［来自式（9.22）的 Vol_{valve}］、三相电感器的体积［来自式（9.35）的 Vol_{LF}］和 DC 连接电容器［来自式（9.49）的 Vol_{CDC}］体积，即可计算得出 VSC 总体积 Vol_{VSC}。对于 2L‐VSC，假设采用的体积利用系数 C_{PV} 为 0.6。类似的，通过式（9.96）即可得出 VSC 的总有效质量 $Mass_{VSC}$。具体计算如下

$$Vol_{VSC} = \frac{1}{C_{PV}}(6Vol_{valve} + Vol_{LF} + Vol_{CDC}) \tag{9.95}$$

$$Mass_{VSC} = 6Mass_{valve} + Mass_{LF} + Mass_{CDC} \tag{9.96}$$

一旦总功率损耗、总体积和总有效质量都计算出来，那么对式（9.1）～式（9.3）求值，就可以分别计算出 η、ρ 和 γ。

9.6　1MW 的 2L‐VSC 的计算案例

为了说明如何应用所建议的方法，将 1MW 2L‐VSC 的设计作为一个设计案例。表 9.7 中列出了案例中使用的系统参数、设计限制和参考模型，对 2L‐VSC（整流器或逆变器）的每种运行模式，将第 9.5.1 节中描述的三种调制策略进行了对比。而且，为了简化设备的选择，只考虑了表 9.2 中所述的 IGBT 模块。

尽管以前的研究表明 SPWM 的效率低于 SVPWM 和 SFTM，但是为了说明调制策略的选择如何影响考虑的性能指标，本章还是将 SPWM 作为一个基本案例。

表 9.7　设计案例 1MW 2L – VSC 使用的系统参数和设计限制的参考模型

系统参数	符号	数值	设计限制	符号	数值
额定功率	P_N	1MW	DC 电压安全系数	k_{vdc}	0.65
额定线电压	$V_{LL,N}$	690V	峰值电压安全系数	k_{vp}	0.8
功率系数	$\cos\varphi$	0.85	热设计安全系数	K_{SFT}	0.85
基本频率	f_1	50Hz	电感器相对电压最大值	$\delta_{VL,max}$	0.3
每相等效机器电感	L_M	50μH	散热板相对结构体积最大值	$\delta_{HS,max}$	6
过载系数	k_{olf}	0.3	AC 波纹电流相对最大值	$\delta_{I_L,max}$	0.2
体积利用率	C_{PV}	0.6	DC 侧波纹相对最大值	$\delta_{Vdc,max}$	0.02
DC 侧波纹电流相对输入	δ_{lin}	0.3	散热板型号：DAU 系列 BF – XX，带轴流风机，SEMIKRON 系列 SKF – 3XX，速度 10m/s		
额定调制指数	$M_{s,nom}$	0.99	电感器型号：西门子系列 4EUXX – Cu		
环境温度	T_{amb}	40℃	电容器型号：TDK 系列 MKP – B256XX		

9.6.1　采用 SPWM 调制的 1MW 2L – VSC 的 Pareto 前沿

首先，分析了 2L – VSR（与发电机连接）的 f_{sw} 和 δ_{i_L} 对总体积、额定功率损失和总有效质量的影响。假定 f_{sw} 从 500Hz 变更到 4kHz（或者 IGBT 模块能够达到的最大 f_{sw}），但是，没有显示与 IGBT 模块的温度和频率要求不对应的配置。

图 9.30 显示了额定功率损失、体积和质量与采用 SPWM 调制 2L – VSR 的 f_{sw} 的关系。因为假定 SPWN 的 $V_{LL,N}$ 为 690V，那么，应当采用 3.3kV/1500 A IGBT 模块，正如可以从图 9.23（a）中可以看到的情况，f_{sw} 被限制到 2kHz。此外，因为最大相对电感器的约束（它要求最大电感值 $L_{F,max}$ 为给定 δ_{i_L} 的 20%），f_{sw} 最小值被限制在约 700Hz。

图 9.30（a）表明不同分量对额定功率损失的影响。可以看到，与电感器和开关电子管的损失相比，电容器损失影响比较小。而且，可以注意到，超过 1.36kHz，越来越高的 f_{sw} 会要求每个电子管并联连接两个模块，因此，它会突然增加了电子管的损耗。

图 9.30（b）、图 9.30（c）分别表示体积和质量，及每个分量的影响。可以看出，对于具有表 9.7 所述特性的 2L – VSC，电感器是总质量和体积的主要影响因素。而且，还能注意到，随着 f_{sw} 增高，要求的电感和电容值降低，因此，电感/电容的体积和质量下降。

图 9.30（b）、图 9.30（c）说明了 η，ρ 和 γ 的值是 f_{sw} 的函数。可以看出，想要把 η 和 ρ（或 γ）最大化是两个相互冲突的目标。对于 f_{sw} 为 700Hz 的换流器设计来说，得到的最大值 η 为 97.5%，但是，在同样的 f_{sw} 取值下，得到的是 ρ 和 γ 的最小值。

从图 9.31 中可以看出，当假定了 f_{sw} 的最大值（2kHz），得到 ρ 和 γ 的最大值（分别为 1.93MW/m³ 和 1.28MW/t）；不过，如果换流器开关设置在 2kHz，就必须大幅降低 η

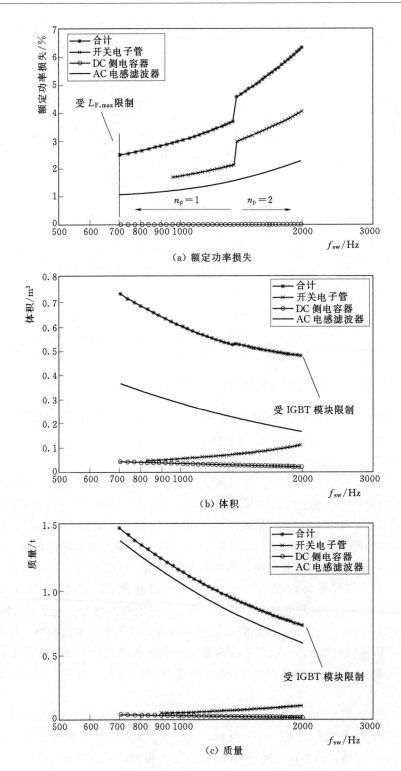

（a）额定功率损失

（b）体积

（c）质量

图 9.30 采用 SPWM 调制的 2L - VSR 中各参数与开关频率的关系

的值（从 97.5% 降到 93.7%）。

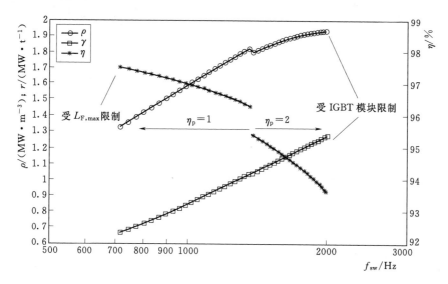

图 9.31   1MW 690V 2L‑VSC 的设计案例

图 9.32 表示了当换流器设计中 f_{sw} 始终保持为常量 1.25kHz 时，δ_{i_L} 最大值 $\delta_{i_L,max}$ 对额定功率损失、总体积和总有效质量的影响。从图 9.32 可以看出，$\delta_{i_L,max}$ 的变化只对 AC 电感滤波器设计有相关影响。因为换流器设计允许较高的 δ_{i_L}，电感器质量和体积降低，但是，电感器损耗增加。

图 9.33 表明 η、ρ 和 γ 的值是 f_{sw} 为 1.25kHz 时 δ_{i_L} 的函数。与 f_{sw} 变化的情况类似（图 9.31），从约束 $\delta_{i_L,max}$ 的角度来说，想要把 η 和 ρ（或 γ）最大化是两个相互冲突的目标。$\delta_{i_L,max}$ 的约束降低 10%（从 20% 到 30%），将分别造成换流器的 η 降低 0.75%，ρ 增加 23% 和 γ 增加 33%。

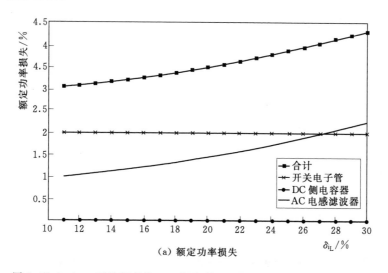

（a）额定功率损失

图 9.32（一）   开关频率为 1.25kHz 的 1MW 690V 2L‑VSC 设计案例

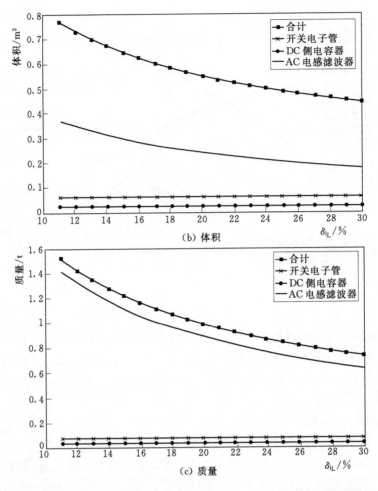

(b) 体积

(c) 质量

图 9.32（二） 开关频率为 1.25kHz 的 1MW 690V 2L‐VSC 设计案例

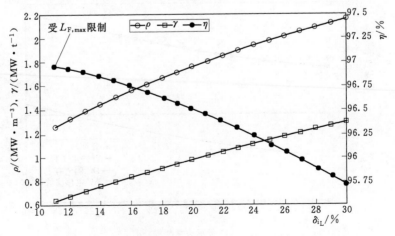

图 9.33 开关频率为 1.25kHz 的 1MW 690V 2L‐VSC
设计案例中 ρ、γ、η 的关系

最后，图 9.34 绘出了 1MW 690V 2L - VSC 的优化设计，它采用 SPWM 调制和整流器运行模式，考虑了不同的 f_{sw} 和来 δ_{i_L} 值。图 9.34 还包括了图 9.31（$\delta_{i_L} = 0.2$）和图 9.33（$f_{sw} = 1.25\text{kHz}$）两种设计案例。图 9.34（a）中表明了 η 和 ρ 的解空间关系，该图也说明了 η-ρ 关于 2L - VSC 型整流器（黑色曲线）Pareto 前沿的关系。图 9.34（b）中说明了 ρ-γ Pareto 前沿和 ρ-γ 的解空间关系。

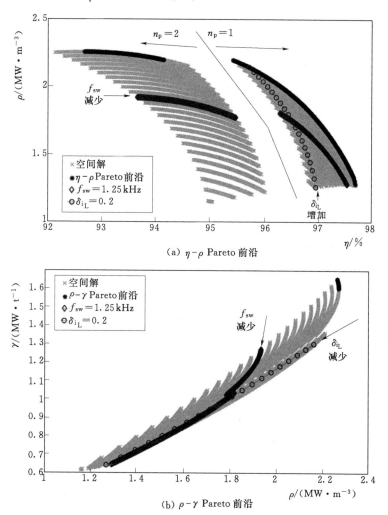

图 9.34 采用 SPWM 调制和整流器运行模式的 1MW 690V 2L - VSC 的 Pareto 前沿

从图 9.34（a）中还能观察得出，当 f_{sw} 保持不变时，δ_{i_L} 的变化是如何对 ρ 产生明显的影响，但是对 η 却影响很小。而且从图 9.34（a）中，还能看出 n_p 是如何满足热约束并对 η-ρ 空间解产生重大影响的，按照单模块解决方案中 n_p 的最高效率，对其进行了清晰的划分。此外，当两个 IGBT 模块并联连接时，f_{sw} 的增大对 ρ 的影响较小，但是对 η 的影响较大。

另一方面，如图 9.34（b）中所示，f_{sw} 或 $\delta_{i_{L,max}}$ 的增加会提高 ρ 和 γ，但是会降低方案的 η，如图 9.34（a）所示。而且图 9.34（b）说明，f_{sw} 的变化对 γ 的影响高于对 ρ 的

影响。方案中的 ρ-γ Pareto 前沿比 η-ρ Pareto 前沿短，这说明 ρ 和 γ 高度相关。

9.6.2 调制技术比较

本章中，基于三个假定的性能参数（η、ρ、γ），将第 9.5.1 节中描述的三种调制策略进行了对比。表 9.7 中列出了此对比中使用的系统参数、设计限制和参考模型。

图 9.35 和图 9.36 说明了三种调制方式（SPWM、SVPWM 和 SFTM）关于 η、ρ 和 γ 的对比，它们分别是 VSR 和 VSI 的 f_{sw} 的函数。可以看出，对于 f_{sw} 的范围，基于 SVP-WM 和 SFTM 的方案，比那些基于 SPWM 的方案更好。而且，根据图 9.23（b）的分析，SVPWM 和 SFTM 调制方式允许 1.7kV/3600 A IGBT 模块用于 690V 的 $V_{LL,N}$，因此，可以考虑频率高于 2kHz 的情况。

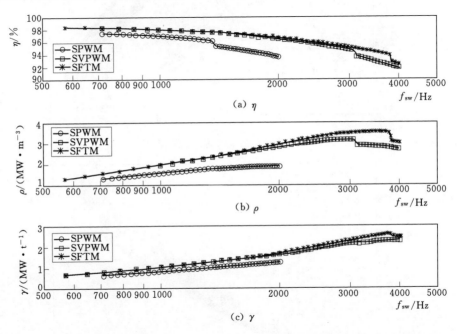

图 9.35　采用整流器运行模式的 1MW 690V 2L – VSC 的调制方式比较设计案例

就上述三个绩效指标来说，SFTM 看起来是最佳的调制方案，可以分别从图 9.35 VSR 和图 9.36 VSI 中得出。比较图 9.35 和图 9.36 可以发现，VSI 的每个性能指标的值比 VSR 的都高。然而，应当指出此结论受设定的系统参数和设计约束（表 9.7）的限制。

正如前文关于 SPWM 的说明，f_{sw} 增加会提高换流器的 ρ 和 γ，但是会降低 η。不过从图 9.35 和 9.36 中可以看出，f_{sw} 有一个最优值，超越该值，ρ 或 γ 都会下降。对于采用 SFTM 调制的 VSR，同样的 f_{sw} 值（3.79kHz）得到最大值 ρ（3.55MW/m³）和 γ（2.62MW/t）。对于采用 SFTM 调制的 VSI，f_{sw} = 3.79kHz 时，得到最大值 ρ（3.76MW/m³）；但是对于 f_{sw} 的最大可能值（4kHz），得到 γ 最大值（2.77MW/t），这说明 IGBT 技术限制了最大 γ 值。

图 9.37 说明了调制方式对 VSR［图 9.37（a）］和 VSI［图 9.37（b）］的 η-ρ Pareto

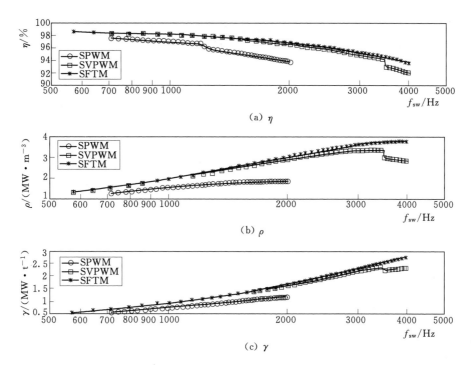

图 9.36　采用逆变器运行模式的 1MW 690V 2L‑VSC 的调制方式比较设计案例

前沿的影响。显然，SFTM 会在 η 和 ρ 之间获得最佳平衡，而 SVPWM 对于低值的 f_{sw}，也意味着低 ρ 值，只能得出比较性的解。

图 9.38（a）、图 9.38（b）分别说明了关于 VSR 和 VSI，采用三种调制方式的 2L‑VSC 的 ρ‑γ Pareto 前沿。SFTM 再次显示了 η 和 ρ 之间的最佳平衡，得到 Pareto 前沿关于最高开关频率的解。

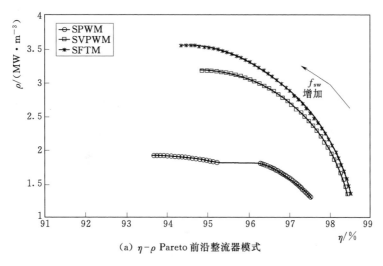

（a）η‑ρ Pareto 前沿整流器模式

图 9.37（一）　1MW 690V 2L‑VSC 的调制方式对 η‑ρ Pareto 前沿的影响

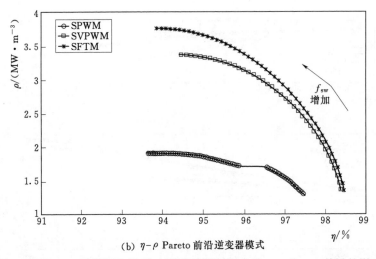

(b) $\eta-\rho$ Pareto 前沿逆变器模式

图 9.37（二）　1MW 690V 2L－VSC 的调制方式对 $\eta-\rho$ Pareto 前沿的影响

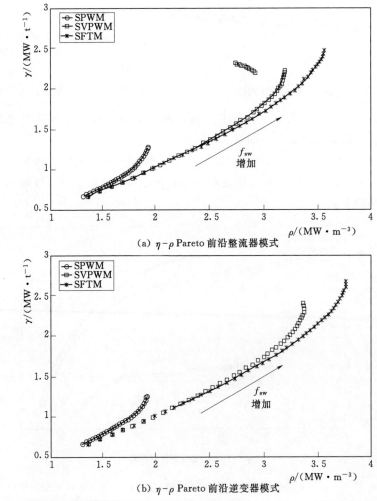

(a) $\eta-\rho$ Pareto 前沿整流器模式

(b) $\eta-\rho$ Pareto 前沿逆变器模式

图 9.38　1MW 690V 2L－VSC 的调制方式对 $\rho-\gamma$ Pareto 前沿的影响

9.6.3 2L‑VSC 最优开关频率的选择

从图 9.35 和图 9.36，可以看出，η 随 f_{sw} 降低，但是有一个 f_{sw} 值使 ρ（或 γ）最大。那么，对于给定的系统参数和设计约束，能够得到最优的 f_{sw}。选择 f_{sw} 的标准是将如下目标函数最大化：

$$\Lambda = \frac{\eta}{\eta_{max}} + \frac{\rho}{\rho_{max}} + \frac{\gamma}{\gamma_{max}} \qquad (9.97)$$

式中　η_{max}、ρ_{max} 和 γ_{max}——设计参数和约束的额定 η、ρ 和 γ 的最大值。

图 9.39 表明，目标函数是采用 SVPWM 和 SFTM 的 1MW 2L‑VSC 设计案例，在每个运行模式下（VSR 或 VSI）的 f_{sw} 的函数。当选定 f_{sw} 使式（9.97）最大时，表 9.8 列出了各性能指标的结果。

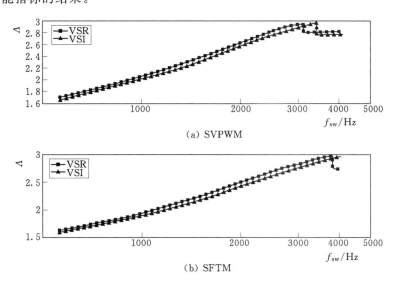

（a）SVPWM

（b）SFTM

图 9.39　对象函数作为设计案例 1MW 690V 2L‑VSC 的开关频率函数

表 9.8　按照 1MW 2L‑VSC 目标函数开关频率的最优选择结果

调制模式	运行方式	开关频率 /kHz	效率 /%	功率密度 /(MW·m⁻³)	功率质量比 /(MW·t⁻¹)	目标函数值
SVPWM	VSR	3.107	93.68	2.938	2.141	2.927
	VSI	3.437	94.22	3.360	2.409	2.956
SFTM	VSR	3.807	94.01	3.547	2.615	2.950
	VSI	4.000	93.64	3.754	2.773	2.950

最后，2L‑VSR 的优化设计是为表 9.7 中所述换流器的不同额定功率、参数和约束进行的。假设 2L‑VSR 与风电发电机连接，其等效发电机每相电感为 0.0001p.u.，并假设所有额定功率值都相同。为了获得输入滤波器的较高电感值，并观察当改变开关频率时，性能指标受到怎样的影响，所以一直选择这种较低的电感值。

图 9.40 显示，当为 2L‑VSR 选择 SVPWM 时，各参数的优化选择结果。图 9.40

（a）表明，f_{sw} 的选择基于四个标准，使 η、ρ、γ 或 Λ 最大。图 9.40（a）表示，当选定 f_{sw} 使得 Λ 最大时，所需要并联连接的 IGBT 模块数量。

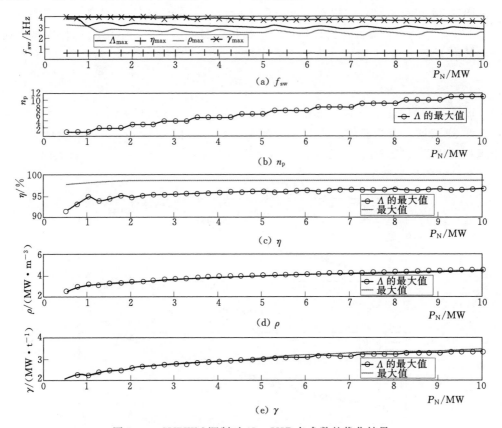

图 9.40　SVPWM 调制时 2L‐VSR 各参数的优化结果

　　图 9.40 中分别展示了 η、ρ 和 γ 为额定功率的函数。每个图都包括最大的可能值［通过在图 9.40（a）中选择对应的 f_{sw}］，以及当选定 f_{sw} 使得 Λ 最大时所得到的值。

　　图 9.41 显示，当为 2L‐VSR 选择 SFTM 时，各参数优化选择结果。因为对于给定的功率系数（0.85），SFTM 比 SVPWM 的效率更高，那么，更高的 f_{sw} 可用于 SFTM，因此，同样的 η，可得到更高的 ρ 和 γ。

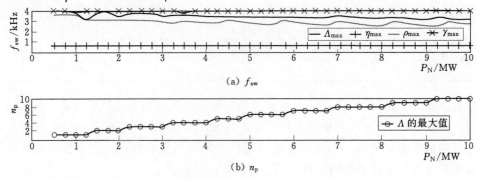

图 9.41（一）　SFTM 调制时 2L‐VSR 各参数的优化结果

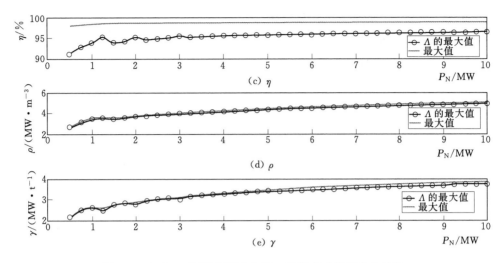

图 9.41（二）　SFTM 调制时 2L-VSR 各参数的优化结果

缩　略　语

AC	Alternative Current	交流电
DC	Direct Current	直流电
2L-VSC	Two-level Voltage Source Converter	两电平电压源换流器
3L-NPC	Three-level Neutral Point Clamped Converter	三电平中点箝位逆变器
HS	Heat Sink	模散热片
IEGT	Injection Enhanced Gate Transistor	注入增强栅晶体管
IGBT	Insulate Gate Bipolar Transistor	绝缘栅双极晶体管
IGCT	Integrated Gate Commutated Thyristor	集成门极换相晶闸管
PSD	Power Semiconductor Device	功率半导体器件
PWM	Pulse Width Modulation	脉冲宽度调制
RMS	Root Mean Square	均方根
SFTM	Symmetrical Fat-top Modulation	对称型平顶调制
SPWM	Sinusoidal PWM	正弦脉宽调制
SVPWM	Space-vector PWM	空间矢量脉宽调制
VSI	Voltage Source Inverter	电压源型逆变器
VSR	Voltage Source Rectifier	电压源型整流器
WECS	Wind Energy Conversion System	风能转换系统
WT	Wind Turbine	风力发电机

变　　量

α_a　　　　　　　　换流器桥臂（α_a）相对开通时间

α_{Vsw0}	V_{sw0} 的温度系数
α_{R_c}	R_c 的温度系数
$\alpha_{Eon/off}$	$E_{sw,on/off}$ 的温度系数
δ_{CI}	电流不平衡率
$\delta_{HS,max}$	Vol_{HSal} 到 Vol_{mod} 的最大比率
δ_{i_L}	峰间波纹电流与最大基本公称电流的比
δ_{Vdc}	峰间波纹电压与峰值基本电压的比
ΔV_{sw}	静电压偏差
$\Delta T_{HS,max}$	对环境温度的最大允许 HS
ΔI_{Lh}	峰间波纹电流
η	效率
ρ	功率密度
γ	功率质量比
A_w	电感器绕组窗口区
A_{core}	电感器芯面积
A_{PC}	电容器平板面积
B_L	电感器峰值通量密度
B_{Lref}	电感器参照通量密度
B_{sat}	饱和通量密度
C	电容
C_{PV}	体积利用系数
d_{PC}	电容器板间距
E_{sw}	换流能量损耗
$E_{sw,on}$	开通动作时，换流能量损耗
$E_{sw,off}$	关闭动作时，换流能量损耗
$E_{sw0,on/off}$	半导体器件在温度 T_{j0} 时的换流能量损耗
E_{Bd}	介电材料的电击穿强度
f	基本频率
f_{L1}	电感器基本频率
f_{Lref}	电感器参照频率
f_{eff}	非正弦波形电流的有效频率
f_{sw}	开关频率
HS	散热板
i_{L1}	电感器基本电流
i_{Lh}	电感器波纹电流
i_{sw}	半导体器件电流
i_{swb}	在开通动作前，通过 PSD 的电流
i_{swa}	在关闭动作后，通过 PSD 的电流

$I_{p,AVG}$	并联连接的 PSD 的平均电流
I_{psw}	并联连接的 PSD 的峰值电流
$I_{sw,AVG}$	半导体器件的平均导通电流
$I_{sw,RMS}$	半导体器件的 RMS 导通电流
$I_{sw,eq}$	用于功率损耗计算的，并联连接的 PSD 的等效电流
$I_{sw,Total}$	并联连接的 PSD 的总电流
$I_{swa,AVG}$	在开通动作后，通过 PSD 的平均电流
$I_{swa,RMS}$	在开通动作后，通过 PSD 的 RMS 电流
$I_{swb,AVG}$	在关闭动作前，通过 PSD 的平均电流
$I_{swb,RMS}$	在关闭动作前，通过 PSD 的 RMS 电流
$\hat{I_L}$	电感器峰值电流
I_L	电感器 RMS 电流
J_L	电感器 RMS 电流密度
J_{max}	最大电流密度
k_{cdp}	降额系数
k_{vp}	PSD 对于峰值电压的安全系数
k_{vdc}	PSD 对于 DC 电压的安全系数
k_{wc}	绕组导体填充系数
$K_{E_{(on/off)x}}$	用于描述 $E_{sw,on/off}$ 的电流相关性的多项式回归系数
K_{HSx}	散热板体积的比例回归系数
K_{fanx}	风扇体积的比例回归系数
K_{VLx}	电感器体积的比例回归系数
$K_{\rho Lx}$	电感器质量的比例回归系数
$K_{\rho wx}$	电感器绕组损耗的比例回归系数
$K_{\rho cx}$	电感器芯材损耗的比例回归系数
K_{VCx}	电容器体积的比例回归系数
$K_{\rho Cx}$	电容器质量的比例回归系数
$K_{\Omega Cx}$	电容器串联电阻的比例回归系数
K_{SFT}	热力学设计的安全系数
L	电感
M_S	调制指数
m_a	相位调制函数
$Mass_{Total}$	换流器总质量
$Mass_{valve}$	电源开关电子管质量
$Mass_L$	电感器总质量
$Mass_C$	电容器总质量
$Mass_i$	器件的单个质量
N	开关动作的数量

N_{isxm}	每个模块内部半导体器件的数量
n_p	并联连接器件的数量
n_s	串联连接器件的数量
P_{in}	输入功率
$P_{loss,mod}$	PSD 的总功率损耗
P_L	电感器功率损耗
P_C	电容器功率损耗
$P_{\varepsilon C}$	电容器介电损耗
$P_{\Omega C}$	电容器电阻损耗
P_{WL}	电感器绕组损耗
P_{coreL}	电感器芯材损耗
P_{cond}	导通损耗
P_{sw}	开关损耗
R_C	半导体器件的导通状态电阻
R_{C0}	半导体器件在温度为 T_{j0} 时的导通状态电阻
R_{thHS}	对于给定风扇速度 HS 的热阻
$R_{thHS,min}$	对于给定风扇速度 HS 的热阻最小值
$R_{th,igbt}$	IGBT 器件的热阻
$R_{th,diodet}$	介电器件的热阻
R_{thJC}	器件的结壳热阻
R_{thCH}	器件的结壳散热热阻
R_{sC}	最大热点温度时，电容串联电阻
T	基本期
T_{amb}	环境温度
T_{sw}	开关期
T_j	半导体器件的结温
T_{j0}	半导体器件的固定参照结温
$T_{j,AVG}$	半导体器件的平均结温
V_{bk}	半导体器件的额定闭锁电压
V_{CN}	电容器额定电压
V_{Cac}	应用于电容器的交流电压最大振幅
V_{fan}	风扇速度
$V_{DC,max}$	串联连接 PSD 阵列的最大 DC 电压
V_{LL}	线间 RMS 电压
$V_{p,max}$	为串联连接 PSD 阵列所要闭锁的最大电压振幅
v_{sw}	半导体器件电压
v_{swb}	在开通动作前，PSD 中的电压
v_{swa}	在关闭动作后，PSD 中的电压

V_{sw0}	半导体器件的阈电压
V_{sw00}	半导体器件在温度为 T_{j0} 时的阈电压
Vol_{Total}	换流器总体积
Vol_i	单个器件的体积
Vol_{mod}	半导体模块体积
Vol_{valve}	功率开关电子管的体积
Vol_{HS}	散热器体积
Vol_{HSal}	铝/铜结构的体积
Vol_{fan}	风扇体积
Vol_C	电容器总体积
Vol_L	电感器总体积
Vol_{PC}	平板电容器体积

参 考 文 献

［ 1 ］ Backlund, B., Rahimo, M., Klaka, S., Siefken, J., 2009. Topologies, Voltage Ratings and State of the Art High Power Semiconductor Devices for Medium Voltage Wind Energy Conversion. IEEE, Lincoln, NE.

［ 2 ］ Barrera – Cardenas, R., Molinas, M., 2015. Meta – parametrised Meta – modelling Approach for Optimal Design of Power Electronics Conversion Systems (PhD thesis red). Norwegian University of Science and Technology, Trondheim.

［ 3 ］ Blaabjerg, F., Chen, Z., Teodorescu, R., Iov, F., 2006. Power electronics in wind turbine systems. Power Electronics and Motion Control Conference, 2006. IPEMC 2006, vol. 1, p. 11.

［ 4 ］ Chivite – Zabalza, J., et al., 2013. Comparison of Power Conversion Topologies for a Multi – meg-awatt Off – shore Wind Turbine, Based on Commercial Power Electronic Building Blocks. IEEE, Vienna.

［ 5 ］ Drofenik, U., Kolar, J. W., 2005. A General Scheme for Calculating Switching and Conduction Losses of Power Semiconductors in Numerical Circuit Simulations of Power Electronics Systems. Japan, IPEC, Niigata.

［ 6 ］ EPCOS, 2012. Film Capacitors for Industrial Applications, s. l.: TDK.

［ 7 ］ Friedli, T., Kolar, J. W., Rodriguez, J., Wheeler, P. W., 2012. Comparative evaluation of three – phase AC – AC matrix converter and voltage DC – link back – to – back converter systems. IEEE Transaction on Industrial Electronics 59 (12), 4487 – 4510.

［ 8 ］ Fuji Electric Co, 2011. Fuji IGBT Modules Application Manual ［Internett］. Available at: http: // www. fujielectric. com ［Funnet 02. 12. 2014］.

［ 9 ］ Helle, L., 2007. Modeling and Comparison of Power Converters for Double Fed Induction Generators in Wind Turbines. First red. Aalborg: Aalborg University, Denmark.

［10］ Hurley, W. G., Wolfle, W. H., Breslin, J. G., 1998. Optimized transformer design: inclusive of high – frequency effects. IEEE Transactions on Power Electronics 13 (4), 651 – 659.

［11］ Infineon, 2013. Technical Information IGBT – Modules FZ1500R33HE3 ［Internett］. Available at: http: //www. infineon. com/ ［Funnet 05. 12. 2014］.

［12］ Kolar, J., Ertl, H., Zach, F., 1990. Influence of the modulation method on the conduction and switching losses of a PWM converter system. IEEE Industrial Application Society Annual Meeting 1 (1), 502 – 512.

［13］ Kolar, J. W., et al., 2010. Performance Trends and Limitations of Power Electronic Systems. IEEE, Nuremberg.

［14］ Kolar, J. W., Round, S. D., 2006. Analytical calculation of the RMS current stress on the DC – link capacitor of voltage – PWM converter systems. Electric Power Applications, IEE Proceedings 153 (4), 535 – 543.

［15］ Lai, R., et al., 2008. A systematic topology evaluation methodology for high – density three – phase PWM ac – ac converters. IEEE Transantions on Power Electronics 23 (6), 2665 – 2680.

［16］ Lee, K., et al., 2014. Comparison of High Power Semiconductor Devices Losses in 5MW PMSG MV Wind Turbines. IEEE, Fort Worth, TX, pp. 2511 – 2518.

［17］ Mirjafari, M., Balog, R., 2011. Multi – objective design optimization of renewable energy system inverters using a descriptive language for the components. s. l.: IEEE Applied Power Electronics Conference Exposition (APEC).

[18] Mirjafari, M., Balog, R., 2014. Survey of modelling techniques used in optimisation of power electronic components. IET Power Electronics 7 (5), 1192 – 1203.

[19] Mohan, N., Undeland, T., Robbins, W., 2003. Power Electronics: Converters, Applications, and Design, third ed. red. s. l.: John Wiley & Sons, Inc.

[20] Preindl, M., Bolognani, S., 2011. Optimized design of two and three level full – scale voltage source converters for multi – MW wind power plants at different voltage levels. s. l.: IEEE – 7th Annual Conference IEEE Industrial Electronics Society IECON.

[21] Sullivan, C., 1999. Optimal choice for number of strands in a litz – wire transformer winding. IEEE Transaction on Power Electronics, 14 (2), pp. 283 – 291.

[22] Volke, A., Hornkamp, M., 2012. IGBT Modules: Technologies, Driver and Application, Second red. Infineon technologies A. G., Munich.

[23] Wen, B., Boroyevich, D., Mattavelli, A. P., 2011. Investigation of tradeoffs between efficiency, power density and switching frequency in three – phase two – level PWM boost rectifier. Birmingham, IEEE; Proceedings of the 2011 – 14th European Conference on Power Electronics and Applications (EPE 2011).

[24] Xu, D., Lu, H., Huang, L., Azuma, S., Kimata, M., Uchida, R., 2002. Power loss and junction temperature analysis of power semiconductor devices. IEEE Transactions on Industry Applications 38 (5), 1426 – 1431.

第10章 海上风电机组塔架的设计

R. R. Damiani

RRD 工程，美国阿瓦达有限公司（RRD Engineering，Arvada，CO，United States）

10.1 简　　介

根据 IEC 61400 - 3 分类，塔架是支撑结构（SST）的一部分，应用于海上时包括底部结构（SBS）和埋入土地中的实际基础。与风轮机舱组合（RNA）中的活动部件相比，塔架相对简单。但是支撑结构约占陆上安装成本的 16% 和海上安装成本的 20%，因而通过优化塔架和支撑结构，可有效减少总体项目的成本。此外风轮机舱组合的持续增长和海洋选址挑战性的增强，比如在热带气旋区域的选址，增加了塔架工程的建设难度。出于以上原因，支撑结构的设计在当前进行的研究和开发中成为降低单位电量成本（LCOE）的关键。

沿着塔架需找到质量与刚度属性的合理分布，以保证在所有规定的外部条件下风电机组可以安全运行。外部条件包括环境作用、电网和控制系统的交互作用。轮毂高度决定塔架的必要长度，理想情况下可平衡在更高海拔获取能量和更高的塔架成本之间取得平衡。一直以来，塔架长度约为一个转子的直径长。低风速站点和海上设施不再遵循这一经验法则。为了使风力较弱的地区也可通过开发风能获利，可将轮毂高度提高至能利用更高风速和较少大气紊流的高度。另一方面，较低的风切变值和位于静止水位（SWL）上方几米处的塔架底部结构，使海上风电机组与陆上风电机组相比，倾向于更矮的塔架。尽管如此，解决以上两种情况风电机组塔架的设计问题意义非凡。考虑到近海设施固有的站点平衡（BOS）成本、对最大风电机组的改进，与陆上设施相比，通常以更重要的塔头质量和最终推力值为特征（比如一个典型的 6MW 海上设备的塔头质量为 350t，极限推力值为 1800kN）。以下原因也会产生一些极端负载：易腐蚀的环境、可能存在的其他负载（比如浮冰）、空气动力学产生的 10^9 周期和单负荷波产生的 10^8 周期带来的巨大疲劳负载。出于以上原因，设计师须确保整个系统同时满足以下结构标准：在应对外部和内部刺激方面，系统必须达到规定的模态行为，避免不稳定性或共振的风险；必须验证强度和挠度的极限状态，同时确保经济地优化整个塔架（和下方底部结构）的负载分配和材料利用率；约束制造工艺，比如必须核验钢罐的焊接壁厚度和板材的滚动度；最后，必须检查和量化运输、安装载荷和进程。就细节而言，必须包含以下重要的方面：风电机组机舱组件和过渡联结件（TP）的接口、法兰和焊接设计、检修门和检修口、电力电子设备的壳体、起重机和升降机以及所需的涂层保护。负载一般通过模拟空气弹性变形决定，应用于评估三维（3D）应力状态的有限元模型。该元模型用来确定模态特征。在这种情况下，与土壤结构相互作用（SSI）有关的效果评估、底部结构及桩子子系统提供的整体刚度会带来另外一个问题。

很明显，即使只关注塔架，也需应用多学科知识（比如土木与机械工程，结构动力学，冶金学）来有效、综合地解决设计问题。本章概述了当前可用的风电机组塔配置、布局和设计过程，以及可靠有效的设计需要解决的关键性工程问题。

10.2 塔架功能及类型

自从风力发电产业全面兴起以来，塔架就被认为是风电机组的关键部件之一，因为它执行两个基本功能：①通过将转子托在一个足够高的轮毂高度来获得良好的风力资源；②从风电机组向基础设施提供了一个安全可靠的载荷路径。接下来的部分是对应用于陆地和海上的支撑结构布局选项的概述。这些选项在几何布局、负载路径、所用材料上各有不同或都不相同。不管这些选择如何，塔架必须保证系统模态特性处于可接受的范围内，并远离发电机励磁频率带。同时必须对制造成本、运输和安装程序特别关注，这样可能使一种选项或多或少有利于某个特定位地点和某种风电机组配置。实际上，从系统角度来优化整个风电机组越来越关键，它要求考虑包括从结构性能到现场所有项目成本平衡的各个方面。

10.2.1 网格式、单管式和木制风电机组塔架

风电产业的发展历史开发了几种不同的结构。几个不同的标准促成了管式设计的广泛应用。网格结构在早期安装中很常见，如图 10.1 所示，基于美学和环境考虑，现大多被舍弃。从环境角度，这类塔架会为鸟类提供栖息/筑巢的地方，从而可能提高发生鸟击事件的概率。

管式塔架通常由长度为 20～30m 的圆柱或圆锥平截头体构成，这些部件单独进行运输，现场安装将其在端部（法兰）处用螺栓连接在一起。因此，管式塔架提供一个封闭的空间来安装电力电子和配电盘，并可保护维修人员免受环境影响。

网格式塔架的主钢架不设在中间轴线上，形成一个刚性而轻便的结构。早期网构式塔架的设计借鉴输电线路的经验，螺栓或焊接角钢组件构成网格。较大的风电机组，

图 10.1　自立式网格塔架示例

如图 10.2 展示的轮毂高度为 160m 的 Fuhrlander FL 2500，需要更大的部件且连接处不能采用螺栓连接，尤其当它们被大量应用于大型风电场中。对螺栓扭矩水平的检查、对塔架上的碎片和冰碴的清理，甚至连维修人员的安全通道，都因费用过高或施工难度过大而难以实现。还需要注意的是，过渡联结件需要安装偏航轴承。该组件的设计至关重要，因为它须使多边形能转变为圆形截面，须使偏航轴承上的分配负荷安全传递至主塔架集中

负荷。

　　次北瓦级的风电机组使用带有牵索的细桅杆，如图 10.3 所示。牵拉塔架重量轻，便于运输，维修时也可将整个结构拉至地面。但是尺寸较大的大型风电机组的牵索需占用非常大的空间，使安装变得更笨重。而且数量和线径尺寸也会影响风的质量，以及因自然事件环境因素带来的障碍。

图 10.2　Fuhrlander 2.5MW Laasow
（FL 2500）风电机组

图 10.3　GEV MP C 系列风电机组含安装在牵拉风
电塔上的双桨顺风风力发电机（转子直径
长达 32m，轮毂高度为 60m）

　　纤维增强聚合物塔架（图 10.4）和木制塔架在过去也应用于抽水风车，如今应用于小型风电机组。今天，有人支持公用事业规模风电机组采用木制塔架，TUJV 已经证实这类案例由德国 Timber‑Tower 股份有限公司（GmbH）建造（图 10.5）。由于层压板制造的简易性、竞争强度/重量比和稳定的成本，木制塔架有一些经济优势，也缓解了运输问

（a）小型风力发电设备

（b）准备接受结构测试的公用事业风电机组塔架

图 10.4　玻璃纤维增强塑料（GFRP）塔架的示例

题，还可直接利用当地资源。但是，木制塔架并没有广泛应用于风电产业。目前研究的是组合式复合材料风电机组塔架。原则上，复合材料可能呈现更好的疲劳特性、增加结构阻尼、降低物流成本及现场施工的可能性。但是还需证明这些优点可抵消制造和材料成本，使这一选择变得可行。

图 10.5 德国湾色斯 100m 高的 1.5MW 木制塔的示例
（由德国 TimberTower 股份有限公司建于德国汉诺威）

10.2.2 陆上制造和安装的挑战

在风力资源丰富、有可用电网、无环境问题或人类活动较少的低纬度地区，主要房屋建筑高度也不高，但仍需风电机组有较高的轮毂高度。在空中 80m 处（美国大多数公用事业风电机组的标准轮毂高度），许多站点的风力资源只能勉强达标，巨大的风切变的存在意味着开发轮毂高度为 120～150m 处的资源是经济可行的。例如，根据计算，在美国 237000 平方英里❶的区域，或者约为德克萨斯州（Texas）面积大小的区域，风力发电潜力可达 1800GW，这些风能可通过轮毂高度高达 140m 的风电机组获得。此外，在风力贫乏的区域，日益增大的风电机组转子是保证风力发电经济运行的必要因素，也意味着需要更高大的塔架。同时更新改造老风力发电场所用的新型大型风电机组，尝试采用有不同轮毂高度的交错选址来减少风阵尾流损失等行为，都需要更高的塔架。

钢管塔架已达到了在陆上应用的极限：更大的风电机组需要大基础直径，以达到安全频带标准，但运输上的限制（例如桥梁净空）增加了对最大牵引周长（美国为 4.3m）的限制。增加壁厚可局部缓解该问题，但加工过程费用高昂（因为厚板轧制和焊接限制）。在保证许可叶尖在地平面以上（AGL）约 200m 的情况下，大型陆上塔架的挑战是如何解决交通难题以及如何把风电机组安装到这个高度。例如，在美国只有极少 10 履带起重机（1250t 和 1600t）可用于建造 3～5MW 风电机组机舱和塔架。未来的设计必定为成品指向设计，将考虑到新型和现场制造技术、不同材料和/或创新性运输及安装策略。

---

❶ 1 平方英里＝2.5899881 平方千米。

10.2.3　混凝土塔架前景

增强型混凝土塔架和钢—混凝土组合塔架两种可选方案已成功应用于陆地上，它们可以至少部分绕开上述来自物流方面的限制。在钢—混凝土组合塔架里，混凝土基础（底座）支撑上面较常规的钢部分。使用混凝土有以下几种优势：混凝土性质耐用，可以在不同环境条件下保持所需的工程性质；向增强材料（钢或复合材料）提供防腐保护，并有高强度抗疲劳性和阻尼特性；它既可以同时在内部（例如达到不同强度的力度或实现抗裂和自愈特性），也可以在铸件形状、配筋上进行定制。混凝土可在本地采购，作为聚合材料也易于回收。控制预制板质量可保证工程无偏差。而已有的模板解决方案和移动式混合设备可以实现现场施工，使施工免遭交通阻碍。设计师可利用混凝土的多功能性沿着塔架调整结构性质，利用预制板的模块性，借助预应力用量少的钢材实现较高的轮毂高度。通过改变预应力来协调系统本征频率的可能性非常大。此外，只要基础设计可以承担更大的压力，通过后张力钢筋调整预应力水平就可在安装过程中给更大的机器再次提供动力。有人认为利用某些类型的预应力钢筋混凝土（预应力或后张力、钢或复合纤维增强材料）是避开陆路运输限制且实现最高轮毂高度的唯一技术。7.5MW 的 E-126Enercon（图 10.6）以底座直径为 14.5m、轮毂高度为 135m 的预制混凝土塔架为特征，显然，即使混凝土连锁板解决了运输物流的问题，寻求较低项目成本时，塔架和风电机组的安装仍然是一个艰巨的挑战。

（a）塔架全貌　　　　　　　　　　（b）塔架基础

图 10.6　预制钢筋混凝土塔架的示例（德国 Enercon E126 100m 7.5MW）

10.2.4　从陆上到海上

由于海陆环境存在显著的差异，陆上风电机组的丰富经验只能部分应用于海上风电机组。海上支撑结构和基础的多样性、水动力载荷、极端恶劣的腐蚀环境，与陆上风电场相比，由于极度高昂的运行与维修（O&M）费用，对维修费用最小化的需求显得更为迫切。当然，可以挖掘石油天然气（O&G）的经验，但是风能和石油天然气系统的不同，比如更大的风力载荷、结构动力学和非线性结构，依然使海上风电机组的设计非常独特。出于这个原因，所谓的全耦合方法是首选且最为严格的设计方法。它用专门的工具分析整个系统（从风力发电机到其基础，包括空气动力学、水动力学、伺服技术和结构动力学等影响）。

从负荷角度可列出一些重要差异。由于粗糙度降低，海上站点往往风切变更强、紊流风更少；这不仅降低轮毂高度，也降低了空气动力学周期性负载。然而，海上气候通常呈威布尔风分布特征，受风级和地形影响更大，带来更高的平均风速，出现较高风速及阵风的总体概率更大。此外，可以预测的是流入风电机组的阵列尾流效应在海上更为重要，因为尾部结构在紊流风较少的环境下腐坏得更慢。因此，在海上可以期待更大功率的输出和更高的平均负载水平。

此外，海上风电机组塔架的一个重要设计情况是转子停止工作或空载时无明显的阻尼。在某些情况下，例如高轮毂和深水站点，水动力负载可能主导疲劳损伤等效负载（DELs）。如果风电机组在疾风中停止工作，阻尼就会严重不足，导致这一状况的糟糕海况可能会诱发支撑结构的振动。类似的情况可能发生在操作过程中。如果海风和海浪是错位的，那么在侧向震荡时会有轻微的阻尼。这一方面与陆上相比，需要更多的考查，因为空转在陆上通常属于良性情况。因此，海上风电机组需要采用特定动态控制策略和阻尼装置。

海上风电机组支撑结构的具体方面进一步包括冲刷、海生物、船只带来的潜在的影响。冲刷可能带来共振带冲击，可能会降低海上风力发电系统的固有频率。测量数据显示，冲刷深度可深达嵌入桩直径的1.3倍。海生物将增大水下支撑结构的质量，增加其水动力负载。海生物的厚度和深度的范围由特定站点的基础设计文件或相关标准确定。船只挡泥板的塑性应变旨在抵消船只的影响，其他部位的偶然碰撞不能超过屈服强度。

如果建造过程中有水运通道（码头—周边地区），将大幅放宽海上设备的运输限制。鉴于这个原因和岸上系统的经验，海上风电机组大多使用钢管塔架。塔架连接至支撑结构，传递来自塔架基础的风力和惯性载荷，将波浪和当前的动力载荷传递至海底基础。过渡联结件可以采取形状多样的组件，确保塔架连接支撑结构，它对于保证风电机组的安全和可靠运行方面也起到很大作用。

海上风电机组最简单的建造方法是利用典型的钢管塔架，用所谓的单桩结构将钢管架扩展至海床下。桩很容易与上方的塔架分离，必须通过锤子或振捣锤打入地下，这两部分通过过渡联结件连接。通常桩为灌浆桩。最近的创新将过渡联结件合并至单桩组件中，加快了安装，但需要加厚桩的顶部来保证打桩过程不会使塔架—支撑结构联结件超出产品标准规定的公差范围。更深的水域和更大的风电机组需要更大的发电机，有严格的模态要求，必须有非常大的单桩，因此不经济。

其他底端固定结构包括格构底部结构（借鉴石油天然气经验的三脚架或套管式基础）和重力式基础（GBFs）（图10.7）。套管式基础的过渡联结件必须将负载传递到底部结构的主要构件（桩腿）上，且促进从多个部件到单管形状的过渡。到目前为止，并无混凝土塔架应用于海上，但重力式基础已使用钢筋混凝土（例如 Middelgrunden 和 Nysted 风电场）。灌浆过渡联结件可能是一种特殊的钢筋混凝土结构。考虑到第10.2.3节中提到的优势，可以预见预应力后张混凝土塔架在未来的适用性，尤其适用于有重力式基础的底部结构和轮毂高度。特别的，预制板可以在岸上的干坞上生产，并便捷运输至全程可利用后张法的安装现场。在极易腐蚀的环境中，必须充分保护增强型钢和钢筋。这应用于施工措施（混凝土外表面与钢筋之间的防护距离达到最小）和混凝土配方（混凝土的强度和密度）。重力式基础通过牵引操作和受控下沉进行运输，需要进行浮动稳定性检查。

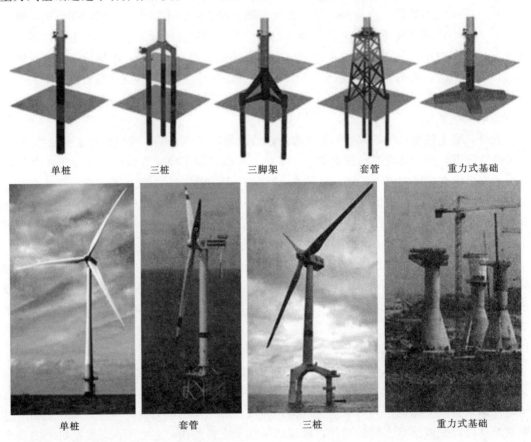

图 10.7　底端固定系统的示例

图 10.8　浮动式海上涡轮机底部结构示例

浮动式底部结构或平台包括半潜式平台（稳定性由过渡浮力保证）、桅杆式平台（稳定性由重力保证）和张力腿平台（TLP）（稳定性由剩余浮力保证）（图 10.8）。这些系统具有经济优势，尤其是在深水区域。深水区的材料和安装成本使底端结构建造在经济上不可行。当然浮动结构也有其专属挑战。安装在浮动式平台上的塔架依然按照与固定底部结构一样的设计程序来设计，但是波浪的激励作用及水动力载荷更为重要。由于风电机组是浮动的，控制的关键在于抑制整个系统，尤其是塔架的危险振动。目前的安装示例包括在桅杆上或半潜式平台上的风电机组。

有铰链的浮动塔架可提供具有一定优点的混合构架。塔架从平均海平面以上延至海床，可用长索来稳固。图10.9展示了一个有铰链的浮动塔架示例。

SWAY的系统包括一个顺风发电机，发电机由浮动式塔架/桅杆支撑，通过拉扭式桩腿固定在海床上，配备一个被动的水下偏航旋转轴承。整个结构可围绕这个点偏航。长索连接至该点，减少塔架和桅杆的压力，使其变轻。

图10.9 有铰链的浮动式塔架示例

另一个可选设计是一种从海床到轮毂为全格构式结构的设计。其中，塔架和底部结构无差别，但仍需在机舱底部设计过渡性来适应偏航轴承和风电机组的旋转。鉴于刚度要求的重要性，各个部件必须占有充足的比例，以保证足够的切变传递，并且接头处的连接必须进行验证并检查焊缝。因此，格构式结构的制造包括套管和三脚架底部结构，不适合自动化操作，质量方面可省下的潜在成本可部分抵消劳动力成本。只能采用环形焊接的浇铸接头罐可缓解这个问题，且本质上更抗疲劳。

需要强调的是，包含塔架和底部结构的支撑结构依赖于现场条件。然而风电机组本身是根据标准规格设计的，因此基于水深、波浪和当前状况、模态要求和风资源的统计数据，将支撑结构优化。

10.3 参 考 标 准

由于风电机组及其支撑结构是动态连接的，需要作力组合系统进行分析。因此，应协调发电设备设计和支撑结构设计。随之而来的是，对于海上风电机组及其组件的设计师而言，编制规范和标准将会是一项艰巨的任务。以下几个指南可帮助筛选设计标准。

到目前为止，大部分海上风电场及相关设备都位于欧洲，那里广泛采用负载电阻因子设计（LRFD）标准，这一标准属于国际标准化组织（ISO）和欧洲地方具体标准。在其他地区，设计实践和参考材料的选择应与当地的指南、建设申请程序、当局协议、材料规范和施工场地实践相匹配。参考文献［16］和参考文献［17］给出了板壳、法兰和螺栓钢材性能的常用标准。

美国风能协会（AWEA）发布了参考文献［18］，为美国海域安装海上风电设备提供了总体指导。参考文献［18］规定，当确定美国易受热带气旋影响的水域的甲板高度时，应考虑1000年内最大的波峰水平，这会反过来决定塔架底座法兰的高度，参考文献［19］也提到这一点。美国风能协会认识到现有的指南并没有充分涵盖海上风电机组的许多设计方面，如果本地法规和标准不能满足需求，设计师需要参考国际公认的规范和条例，这些规范和条例需得到服从业主的工程师的批准，可能带来安全可靠的设计。比如，诸如参考文献［19］、参考文献［22］的引用标准，就同时引用了参考文献［18］和参考文献［1］。

　　海上塔架本质上遵循出于结构考虑的参考文献［1］、参考文献［19］、参考文献［23］和若干不同的防腐蚀保护和建造规范（参考文献［24］～［26］）。在欧洲，参考文献［3］、参考文献［15］也适用于或配合于参考文献［1］；与底部结构和接口组件的疲劳极限状态（FLS）相关的设计（比如过渡联结件和灌浆联结件）会用到参考文献［11］。为确定海洋气象情况，比如参考文献［1］中的风浪环境，并将其转化为参考文献［27］中的设计参数，可利用参考文献［28］。结构上的设计调查通常根据 ISO 19900 系列，即参考文献［2］、参考文献［3］。后两个用于全球和本地/板壳屈曲验证。参考文献［15］、参考文献［29］也为防共振和支撑结构的频率配置提供指导（第 10.4.1.2 节）。

　　表 10.1 按优先级划分、筛选提供了可能用于支撑结构设计和认证准备的规范和准则。但是需要注意的是，设计结构细节时也应参考其他规范，因为当地条例可能需要不同层面的建议。

表 10.1　海上塔架设计规范标准的可能优先级

参考文献序号	名　　称	内　　容
［18］	美国风能协会离岸合规　建议准则	广泛的设计意图和指导
［1］	IEC 61400 - 3　风电机组　第三部分：海上风电机组的设计要求	数据链路控制（DLC）的应用。附件和二次钢材指导
［23］	IEC 61400 - 1　风电机组　第一部分：设计要求	数据链路控制的应用，风电机组件的设计总体指导
［21］	ISO 19902：2007　石油和天然气工业—海上固定钢结构	底部结构、过渡联结件、次要附件、疲劳曲线的一般指导和结构检查
［3］、［15］	GL IV　第二部分　海上风电机组的认证指导	数据链路控制，总体塔屈曲的结构检测和模态需求
［2］	欧洲规范 3　钢结构设计　第 1～6 部分：通用规则　外壳结构的补充规则	壳体屈曲检查
［30］	欧洲规范 3　钢结构设计　第 1～9 部分：疲劳	焊接的疲劳设计、细节分级、$S-N$ 曲线
［31］	ANSI/AISC 360 - 10　钢结构建筑规范	钢建筑、焊件、稳定性等的通用指导
［20］	ISO 19901—3：2014　近海石油和天然气产业对海上结构的具体要求　第三部分：上体结构	甲板主要和次要钢结构设计，包括起重机底座、桅杆、塔架、吊杆、直升机着陆垫
［19］	API RP 2A：2014　海上固定平台的规划、设计和建造—工作应力设计	数据链路控制组合、组件和联合结构检查、RSR 检查的一般指导
［11］	DNV - OS - J101　海上风电机组结构设计	灌浆连接、安全因素、次要附件
钢筋混凝土结构规范和标准		
［32］	ACI 318 - 14　结构混凝土的建造规范要求和注解	结构混凝土支撑结构

续表

参考文献序号	名　　称	内　　容
[33]	ACI 357R-84　海上固定混凝土结构的设计和建造指导	重力基础
[22]	ISO 19903：2006　石油天然气产业　海上固定混凝土结构	海上 RC 结构的通用指导
[34]	欧洲规范 4　复合刚和混凝土结构设计	
[35]	欧洲规范 2　混凝土结构设计	与参考文献 [34] 一起使用
[36]	混凝土结构标准守则 2010	高负载周期疲劳预应力混凝土设计
[37]	NS 3473　混凝土结构　设计条例	高负载周期疲劳预应力混凝土设计
浮动式风力发电机设计标准		
[11]	DNV-OS-J103　浮动式风力发电机结构设计	材料和有效载荷（PSFs），站点持久性
[38]	建造和分级指导　浮动式海上风电机组的安装	浮动式风电机组设计
其他参考标准		
[39]	AWS 结构焊接准则　钢铁	焊接规范和细节
[40]	VDI 2230　第一部分：高应力螺栓接头的系统计算	螺栓连接规范和详细说明
[41]	DNV-RP-C203　海上钢结构的疲劳强度分析	海上结构疲劳分析指导
[42]	ABS 建造和分级指导　有底部基础的海上风电机组的安装	飓风频发地区的独特数据链路控制
[43]	ABS 海上结构屈曲和极限强度评估指导	部件设计，屈曲评估，材料和有效负荷 PSF
[44]	海上结构疲劳评估 ABS 指导	部件设计，疲劳设计，$S-N$ 曲线
[27]	API RP 2MET　对港口环境监控系统设计和运行环境的推导	关于推导海洋条件的一般性指导
[45]	API RP 2SIM　海上固定结构的结构完整性管理	
[46]	API RP 2GEO　岩土和基础设计注意事项	基础设计的通用指导
[47]	NORSOK 分类注解 No.30.4：基础	适用于基础刚度，横向能力等
[48]	IEC 60364　建筑电气设备　第 5-54 部分：电气设备接地配置、保护导体和保护接合导体的选择和安装	接地保护
[49，50]	ISO 12944　油漆和清漆—钢结构保护漆系统的防腐保护	防腐蚀保护和涂层
[24]	NORSOK M-501　表面预处理和保护涂层	涂层
[16]	EN 10025：2004　欧洲钢结构标准	钢结构规格
[17]	EN 14399　用于预加荷载的高强度结构螺栓组件	螺栓组件属件

　　最后，所有的材料、制作、容差、工艺等必须符合设计规范。支撑结构的设计师必须遵循所有来自业主工程师、风力发电机制造商和认证检验机构建议（CVA）的必要的技术和程序要求。特别是支撑结构的焊接规格和细节应遵循参考文献 [30]、参考文献 [39]；只要经认证检验机构批准，也可以使用本地规范，因为他们是风力发电机认证代表的一个组成部分，WTG 认证不可或缺的一部分。

在美国，参考文献［18］遵循参考文献［51］将海上风电机组定义为 L2 结构（表 10.2），与结构坍塌事件的中等后果有关。坍塌主要带来以下后果：收入损失，国家政策对一个正在起步的产业潜在的负面影响。曝光类型直接影响可靠性水平预估（或故障概率）。台风过后的塔架坍塌如图 10.10 所示。

表 10.2　基于不同生命安全和后果范畴的曝光类型

生命安全范畴		后　果　分　类		
		C1 严重后果	C2 中等后果	C3 微弱后果
S1	载人，不可疏散	L1	L1	L1
S2	载人，可疏散	L1	L2	L2
S3	无人操作	L1	L2	L3

图 10.10　台风过后的塔架坍塌

参考文献［42］、参考文献［52］、参考文献［53］中，美国水域的可靠性水平至今仍有争论。特别是在飓风频发水域。实际上，有人认为依照欧洲情况进行校准的参考文献［1］的可靠性水平可能低于依照北海，即参考文献［42］的可靠性水平。一种与之辩论的说法是北欧的可靠性指数可能过于保守，因为它最初源于墨西哥湾的石油天然气经验。

技术标准委员会在未来几年将重新审视这些方面。举例来说，将有热带气旋区域进行设计的信息和保证适当安全水平的方法，将有报告性内容（符合参考文献［19］的稳健性和储存强度比验证）。

校正支撑结构可靠性的一种设计方法利用了所谓的风险曲线。曲线作为海生物事件脉冲周期（RPs）（图 10.11）的一种功能，通过对过载风险的评估识别故障风险。图 10.11（a）示意了支撑结构（或塔架）基础的倾覆力矩比例，在给定脉冲周期的情况下，该比例是最终极限状态（ULS）事件的计算结果，以及对脉冲周期为 50 年的相同载荷的回应。后者是通过最大阵风和波浪载荷说明的基础脉冲周期，比如参考文献［1］。在热带气旋（飓风和台风）地区，结构超载的风险可能高于温带风暴地区（图 10.10）。与新英格兰曲线截然相反的图 10.11（a）中墨西哥湾曲线的斜率指出了这一点。

一组风险曲线也可用于评估必要负荷系数（LF）来达到一定的可靠性水平。虽然这个主题比本章所涵盖内容更复杂，其概念可通过图 10.11（b）中的曲线展示。图 10.11（b）使用了与一个 500 年 RSR（参考文献［19］）有关的可靠性水平来决定热带气旋地区支撑结构（四腿式套管和塔架）的必要负荷系数。如图 10.11（b）所示，必要有效载荷大于参考文献［1］建议的 1.35。

多年以来，石油天然气产业已进行了几项严格的可靠性研究，这些研究在数以百计安装实例上得到验证。海上风力发电行业可依赖这些经验，但从结构角度、经济角度，海上风电机组与石油天然气平台有重大的不同，需要进行适当研究来达到最佳可靠性和成本之

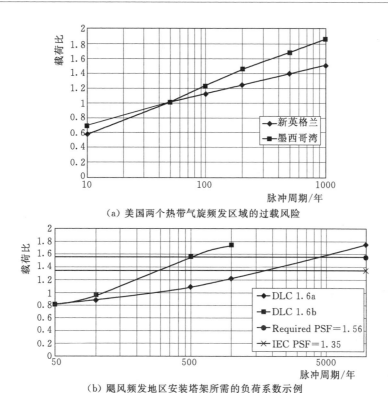

（a）美国两个热带气旋频发区域的过载风险

（b）飓风频发地区安装塔架所需的负荷系数示例

图 10.11　典型塔架的风险曲线和支撑结构负荷系数示例

间的平衡。风险曲线和可靠性研究是工具，最终可带来更为平衡的设计，使项目的总体使用寿命的成本（包括安装和寿命周期成本）达到如图 10.12 所示的最小值。

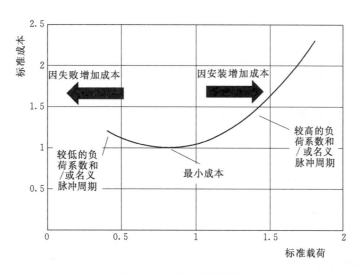

图 10.12　成本分析图表

一般来说，鼓励项目认证检验机构的早期参与，因为这可能会进一步对使用的标准进行筛选和优先级划分，而且允许设计师调整有效负荷，优化可靠性，做出最经济的设计。

217

10.4 螺旋设计过程和负荷分析

传统支撑结构的设计过程始于编辑所谓的设计基础文件，这些文件详细说明了发电机参数（负荷、规格、项目寿命、有效负荷等）、特定站点环境条件和参考标准的选择指导。基于这些规范和最初的布局概念，可完成初步设计，进行简单的结构检查（如接下来的章节要讨论的模式特性和 ULS 标准）。螺旋设计过程中的前几个步骤（图 10.13）严重依赖于施工队伍的经验。其次，螺旋上升的过程本身就倾向于根据支撑结构必备的结构及功能需求来引导选择。螺旋过程每一个接连的转弯处会有一个更明确和具体的分析周期，并伴随对几何形状的修改、对新的额外负荷的分析和精确的极限状态评估。每经过一个周期要满足更多的设计标准，且塔架布局趋向一个最终的几何形状。计算机辅助设计/制造（CAD/CAM）模型有助于推进该过程，因为它们可存储参数、更新数据，并有效交换几何、材料和基础设施信息。在进行此过程的同时，应鼓励所有海上风电机组组件的设计者进行互动，以实现一个完全集成的设计，并确认组件其中一部分的选择不会对另一部分的荷载状况产生不利影响。

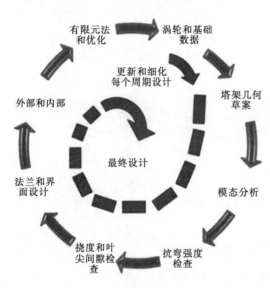

图 10.13 塔架的典型设计周期

正如海上风电机组任意其他组件，塔架的设计必须能维持它在系统使用寿命内所承受的负载，具有足够的安全裕度，并且基于一个结构可靠性目标值。因此，塔架反应必须基于 L2 暴露水平来分析所有现实生活中可能的负荷情况。负荷情况必须包括运行和停机场景。操作数据链路控制包括正常运行、电力生产以及启动、关机和故障工况。数据链路控制由相关设计工况和外部条件建构。为此，数据链路控制通常结合特定场址数据的使用数据，并参考其设计和认证标准提供。当参考该数据时，可依据参考文献［1］、参考文献［11］、参考文献［15］、参考文献［23］，描述了负荷分析中必须考虑的风速、海浪、水流、冰之类因素的配置文件、光谱和参数。在组合设计情况和外部条件时，数据链路控制占比最小：①正常运行和正常环境条件；②正常运行和极端环境条件；③故障工况和适当外部条件；④运输、安装、维修和适当的外部条件。

例如，表 10.3 就概述了参考文献［1］所规定的数据链路控制和环境场景。

总的来说，塔架载荷通过由专用计算机辅助工程（CAE）工具计算的数字气动—水动—伺服—弹性（AHSE）模拟决定。这些工具同时在各个数据链路控制追踪中模拟空气动力学、流体力学、结构动力学和控制系统动力学。

设计第一阶段可以简化计算，但是离岸系统的复杂性彻底杜绝了对无集成方法的系统

表 10.3 主要数据链路控制和负载场景

数据链路控制	设计工况	风况	海况 波浪	海况 水流	海况 海域	其他工况	分析类型
1.1-1.6	电力生产	NTM, ETM, ECD, EWS	NSS, SSS, SWH	NCM	MSL, NWLR	(COD, UNI) 和 (COD, MUL) 和 MIS	ULS 和 FLS
2.1-2.4	电力生产＋故障	NTM, EOG	NSS	NCM	MSL, NWLR	(COD, UNI) 一控制系统故障/电网损耗	ULS 和 FLS
3.1-3.3	启动	NWP, EOG, EDC	NSS	NCM	MSL, NWLR	(COD, UNI)	ULS 和 FLS
4.1-4.2	正常关机	NWP, EOG	NSS	NCM	MSL, NWLR	(COD, UNI)	FLS 和 ULS
5.1	紧急关机	NTM	NSS	NCM	MSL	(COD, UNI)	ULS
6.1-6.4	停机/空载	EWM, RWM, NTM	ESS,RWH,EWH, NSS	ECM	EWLR	(MIS, MUL) 和 (COD, MUL) 一电网损耗/极端偏航失调	ULS 和 FLS
7.1-7.2	停机/空载＋故障	EWM, RWM, NTM	ESS,RWH,EWH, NSS	ECM	NWLR	(MIS, MUL) 和 (COD, MUL)	ULS 和 FLS
8.1-8.3	运输/安装/维修	EWM, RWM, NTM	ESS,RWH,EWH, NSS	ECM	NWLR	(COD, UNI) 和 (COD, MUL) 一电网损耗	ULS 和 FLS
E1-E5	电力生产	NTM	温度波动带来的载荷、拱形效应、移动冰川、固定冰	NWLR	—		ULS 和 FLS
E6-E7	停机/空载	EWM, NTM	堆积冰、冰脊和移动冰川	NWLR	—		ULS 和 FLS

设计的尝试。但是，在最初的设计迭代期间，设计师的经验可能有助于筛选几个关键计算机辅助工程模拟和（设计驱动）数据链路控制来快速缩小候选塔架设计的范围。更为完整的载荷分析的模拟总量多达数千，因为必须要检查风速和海浪、水流、冰的状况相结合的各种情况，而且有必要更多地实现紊流风场环境和随机海浪模拟内的统计意义。因此，通常只在一个或两个最终筛选的配置上进行全套负荷模拟。在载荷和阻力系数设计中，载荷的分析结果用于验证极限状态、疲劳极限状态和使用极限状态（SLS）。

以往由型号合格审定验证了疲劳荷载。极限状态载荷不能通过现场测量轻易验证，需要通过数值计算验证。以往的模型和验证有多种方法和规范，这些经验会得出更好的结果并减小项目风险。

当设计螺旋趋近于最终塔架布局时，数据链路控制的数量持续增加，组件细节受到了更多的关注。虽然设计单独一个塔架相对简单，发电机和底部结构仍然是一个难点，实际上使流程比最初预期的更复杂。在设计过程结束时，认证检验机构需批准设计计算和报告，所批准的计算和报告必须能证明设计遵守规范、标准和认证检验机构的内部审查协议。通过这个第三方检验来进一步降低风险。

虽然前面描述的过程相当复杂，设计师对每个负载来源的相对作用、对主要结构要求和性能要求的至关重要的鉴别和理解有助于其完成设计工作。以下内容将讨论进行塔架初始设计时必须满足的主要载荷源和动态标准。

10.4.1　载荷来源

正如前文所述，塔架的一个基础作用是将载荷传递至底部结构或基础。从土木工程视角看，塔架负荷可分为永久作用（恒载荷）和活载荷。恒载荷是与结构自重有关的重力载荷，塔架内部组件（第 10.6.1 节）的重量、连接到甲板的附件（变压器、起重机等）和连接到单桩的附件（阴极保护、平台、码头等）。必须明白的是海上风力发电机的振动和挠度特性，甚至这些所谓的恒载荷，都有非常重要的动力效应，例如与转子机舱组合质心（CM）的位移有关的压力设备（PED）效应。

活载荷包括：①来自转子机舱组合的空气动力载荷，即途径传动系和底板的转子原始力和力矩；②风对塔架造成的拖动载荷，潜在的涡旋脱落载荷；③由湍流和剪切风环境、风轮的惯性和升面构造性能、底部结构振动（尤其在浮动底部结构和地震数据链路控制）激活的与系统振动模式有关的惯性载荷（不断增大的风轮机舱组合质量）；④安装方法（提升、倒放等）和维修行为（包括潜在的飞行器着陆）造成的载荷；⑤单桩部分的水动力载荷：浪、水流和冰载荷；⑥地震载荷；⑦底部结构活动和塔架基础反应带来的载荷；⑧冲击带来的载荷（来自登船操作、起重机操作和飞行器着陆）；⑨操作和控制设备带来的载荷（偏航、俯仰、制动、转矩控制机制）。

图 10.14 展示了转子机舱组合基地台载荷和水动力的大致位置，应用的是本章（以及主要参考标准）采纳的主坐标系。

只有上述载荷的粗略近似值可被手工计算。为了计算风对塔架的直接作用，可以使用基本空气动力学原理来计算相关剪力和弯矩。通过查阅标准，可利用参考文献［1］中的风切变值和动力放大系数（DAFs）（或如参考文献［61］～［64］的阵风因素）计算整合沿着塔架跨度的阻力。但是，大多数其他载荷组件的测定需要更严格的计算机辅助工程工具和耦合的数值模拟。

然而，只有详细的载荷分析才可量化所有载荷来源的耦合效应，可达成几个总则。塔架的主要载荷源来自转子产生的气动载荷。但是，计算塔架的稳定性和抗弯性时不能忽视重力和转子机舱组合质量的惯性载荷。极限状态载荷尤其如此。总之，疲劳载荷倾向主导法兰和焊接的设计，塔壳设计由模态和抗弯强度要求主导。此外，根据水深和海上风力发电机的大小，空气动力学在疲劳极限状态中的作用可能非常重要。在浅水处，塔架损伤等效负载由空气动力支配。随着水深增大，水动力载荷越来越重要。因为气动阻尼，如果风和浪出现偏差或机器空载（或停机），波浪涌动带来的损伤等效负载可能大幅增加。对预置海上风力发电机的实用性有很好地理解、使海上风力发电机对整个系统疲劳极限状态有正负反馈很重要。

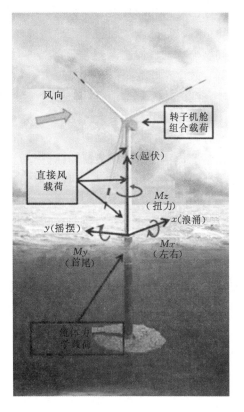

图 10.14　风电机组机舱组合基地台载荷和水动力的大致位置

10.4.1.1　发电机载荷（转子机舱组合载荷）

从稳态观点看，转子机舱组合负荷沿主坐标轴是三种力与力矩；它们由风切变和转子方向（非零偏移和倾斜角度）的非对称条件产生。结构性失衡、塔影效应和第 10.4.1.2 节所讨论的湍流采样造成进一步周期性负荷。除了正常的运行负荷，诸如停机和叶片、转子、偏航故障等瞬变会对塔架产生重要的极限状态负荷，不可被低估。其他重要的负荷由转子旋转时偏航带来的回转效应产生。

推力是产生沿塔架分配的弯矩的主因。如果发电机顺风，由机舱组件中心顺风偏移塔架中心线，而产生的重力载荷的额外影响可显著提高塔架的利用率。如果发电机逆风，转子机舱组合质量产生的弯矩最小。转子机舱组合质心的任何逆风偏移可保守忽略。此外，$P-\Delta$ 效应也倾向降低这种影响。

从疲劳极限状态观点，气动负荷倾向于主导除了深水站点的设计，因为深水站点的水动力刺激和低阻尼工况（第 10.4.1.2 节）也很重要。

针对刚性塔架，第一次估算转子机舱组合载荷可拟静力计算，但开始设计塔架时应使用动力放大系数。由于惯性和阵风影响，推力可以增加 1.5 倍或更多。由于缺乏高保真计算流体动力学（CFD）模拟，可由梁元动力理论（BEMT）、广义动态尾迹（GDW）或者自由尾涡方法（FWVM）计算转子负荷。梁元动力理论相当有效，通常精准，但倾向遗漏与流入气体动态变化和与风轮尾迹随时间演化有关的效应。广义动态尾迹理论解决线性化、非黏性运动方程，能更好捕捉这些效应。自由尾涡方法是一个高保真选择，可追踪风轮尾迹的漩涡和叶片上升路径的束缚漩涡（或表面，取决于保真度）。使用毕奥—萨伐尔定律可解决目标流场和转子诱导速度的问题，任何解决方案都需要考虑不稳定的空气动力和倾斜流场景（偏航误差大于 0°）的动态失速效应。模型的其他特征，如塔架堵流（或遮蔽）效应、叶片跟部和叶尖损失、完全湍流和 3D 气体流入场，可能造成场组内的尾流效应。空气动力学理论综述和涡轮气动弹性规范要求见参考文献［67］。

用户在使用涡轮专有气动—水动—伺服—弹性工具时，通常选择气动模块选项和启动求解方案。它们可以解释因轮毂弹性和刚性运动造成的叶片移动，并相当精准地说明偏航流体工况，良好地反馈载荷预估。

10.4.1.2　1P～nP 强迫、共振回避和模式要求

上述陈述中，塔架的主要载荷来自空气动力和风轮机舱组合惯性作用。湍流和不稳定现象使风轮空气动力复杂化，导致不能通过准静态方法来模拟效应。此外，叶片旋转带来的湍流和风切变取样产生显著的周期性载荷，频率相当于转子转动频率的 n 倍，或 nP（同时有更高的谐波）。n 代表转子的叶片数量。此外，塔架本身也会影响流场（塔架遮蔽或堵流效应），当对转子进行采样时，塔架会进一步产生一个 nP 强迫。最后，转子的失衡（空气动力学和结构刺激导致 $1P$ 励磁）。

现代海上风电机组支撑结构、叶片的自然频率和主转子的励磁频率处于可比范围。这引发不同组件振动模式潜在的耦合。

海上风电机组可被近似当作一个系列阻尼谐振子。通用 j - th 模式自由度（DOF）的运动方程如下：

$$\ddot{x}_j + 2\xi_j \omega_{0,j} \dot{x}_j + \omega_{0,j}^2 x_j = \frac{F_j}{m_j} \qquad (10.1)$$

式中　x_j——自由度变量；

　　　m_j——广义模态质量；

　　　$\omega_{0,j}$——本征频率；

　　　F_j——广义动态强制函数；

　　　ξ_j——阻尼系数。

式（10.1）用于 j - th 固有模式。

风力发电机动力强迫与结构性本征频率具有一致性是发生共振的条件，可导致大振幅压力，增大损伤率。图 10.15 中动力放大系数是静态响应中最大振幅动态响应所占的比例，即

$$\mathrm{DAF} = \frac{1}{\left[1 - \left(\dfrac{\omega_j}{\omega_{0,j}}\right)^2\right]^2 + \left(2\xi \dfrac{\omega_j}{j\omega_{0,j}}\right)^2} \qquad (10.2)$$

式中　ω_j——与 j - th 振动模式相关的扰动频率。

出于上述理由，设计风力发电机转子叶片和支撑结构时要避免潜在的共振。特别是，目前的风力发电机支撑结构设计实践中，塔架基础共振频率不符合转子（$1P$）或叶片通过（nP）频率。依据自然频率相对于可操作的 $1P$ 和 nP 范围的位置，支撑结构被定义为硬—硬、软—硬或软—软（图 10.16）。硬—硬选项可能大量使用钢架，出于成本考虑一

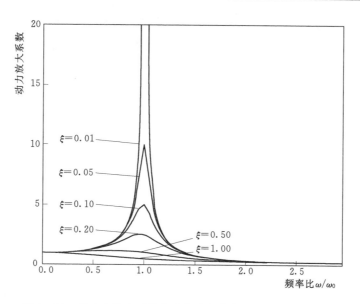

图 10.15 将动力放大系数作为扰动频率占系统固有频率比例
的二阶机械系统（阻尼谐振荡器）的典型响应

般避免使用。软—软结构从经济角度考虑非常有优势，但系统频率可能非常接近高能波谱带。到目前为止，软—硬方式是最佳选择，该方法使弯曲本征频率在 $1P\sim nP$ 范围内。总之，它对海上风电机组的结构设计非常重要，可成为塔架总质量、桩［单桩案例（MPs）中］和底部结构的第一推动力。

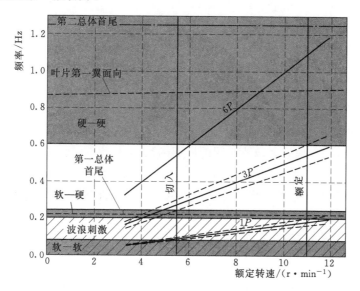

图 10.16 一个单桩支撑结构的 5MW 发电机的典型坎贝尔图

显然，必须评估与浮动式平台刚体耐海性模式有关的额外共振条件。

因此，支撑结构的第一固有频率（f_0）在整个系统动力学中扮演关键角色也不足为奇，它是塔架设计中首先需要评估的结构参数。前端工程设计（FEED）过程中（在图

10.13 的螺旋设计中心过程中），f_0 应通过 3D 有限元分析（FEA）商业软件进行模式分析精准计算。但在初步设计阶段，可使用近似表达式为

$$f_0 \approx \frac{1}{2\pi}\sqrt{\frac{3EJ_{xx}}{(0.23m_{twr}+m_{RNA})L^2}} \tag{10.3}$$

式中　L——塔架长度或支撑结构长度；

　　　m_{twr}——塔架质量或支撑结构质量；

　　　m_{RNA}——风轮机舱组合质量；

　　　E——杨氏模量；

　　　J_{xx}——横截面惯性力矩。

式（10.3）非常适用于非锥形刚性悬挑式塔架。参考文献［69］也提供了式（10.3）的延展式为

$$f_0 \approx \frac{1}{2\pi}\sqrt{\frac{3EJ_{xx}\gamma_K}{(\gamma_M+m_{RNA})m_{twr}L^3}} \tag{10.4}$$

其中，刚度（γ_K）和质量（γ_M）修正系数必须作为结构刚度、外施载荷、土桩（基础）和刚度的函数计算。

基于能量的方法，比如瑞利里茨法（广义位移法），可有效获得支撑结构第一模态本征值的良好近似值。使用瑞利里茨法，塔架节点位移［$y(z,t)$］的三角函数（或模式）f_0 可表示为

$$f_0 \approx \frac{1}{2\pi}\sqrt{\frac{\int_0^L E(z)J_{xx}(z)\,\hat{y}''(z)^2\mathrm{d}z}{\int_0^L \rho(z)A(z)\,\hat{y}(x)^2\mathrm{d}z+m_{RNA}\,\hat{y}(L)^2}} \tag{10.5}$$

结合

$$y(z,t)=\sum_j \phi_j(t)y_j(z)$$

$$\hat{y}(z)=\sum_j y_j(z)$$

其中，积分是横坐标 z 的功能，但也会轻易离散成为数值积分。

式中　$\phi_j(t)$　——j-th 模态系数或时间的周期函数；

　　　$\rho(z)A(z)$——分布质量；

　　　　　y——塔架沿跨距的横向偏转，由满足边界条件的函数线性组合表示（比如相似限制结构中已知的模式形态）；符号代表 z 的衍生品。

通过涵盖对土壤结构相互作用的刚性效应（假设 k_{rot}，k_{lat} 分别是等效转动和横向弹性常数）产生相同的方法，即

$$f_0 \approx \frac{1}{2\pi}\sqrt{\frac{\int_0^L E(z)J_{xx}(z)\,\hat{y}''(z)^2\mathrm{d}z+k_{lat}\,\hat{y}(0)^2+k_{rot}\,\hat{y}'(0)^2}{\int_0^L \rho(z)A(z)\,\hat{y}(x)^2\mathrm{d}z+m_{RNA}\,\hat{y}(L)^2}} \tag{10.6}$$

从上述方程可以看出，风轮机舱组合的质量和轮毂高度是影响 f_0 的两个主要参数。但即使在一个完全集成的海上风电机组设计方案中，风轮机舱组合质量可能也难以改变，

可以通过改变轮毂高度来调整塔架反应，这通常比改变塔架外壳直径和厚度效率更高。

由于被预测的强迫振幅和系统谐振频率的有限精确性，共振回避的一个问题被复杂化。一方面，转子气动载荷振幅依赖于气体流入随机特性；另一方面，谐振频率也是土壤和基础物理特性的应变量，只能在不确定性达到一定程度时获得。土壤—结构互相作用特性同样依赖时间（例如由于冲刷效应）。基础的完整性随冲刷和时间推移而降低，这尤其是一个问题。通过减少 f_0，这些效应可能使系统共振频率变低，在这些频率下，大量宽带波和阵风能量被固定，或与 1P 带更紧密地结合在一起。

如果土壤效应计算错误，实际 f_0 与计算结果最大误差可达 10％～20％。考虑到这种可能性，在调试阶段验证发电机的实际性能至关重要。如设计标准对共振回避提供指导。参考文献［29］建议避免在塔架（支撑结构）本征频率±10％时运行，而参考文献［15］推荐了偏离基础系统本征频率的最小距离为 5％。在标准建议值的基础上增加额外 10％ 的余量是一个好策略。在项目调试阶段，可调整控制系统和操作方案达到可接受参数，以防得到的模态性能在预期之外，可以设想对塔架配置进行高价改造，包括添加额外的阻尼器。

图 10.17 是内部为 f_0、外部为 1P 频率带的风力系统的响应例子，展示了一个典型 5MW 海上风力发电机泥线倾覆力矩（OTM）的功率谱密度（PSD）。图 10.17 表示 f_0 不良转变，不良转变可能由意料之外的土壤条件，退化或安装问题造成。可通过它观察支撑结构的反应如何被危险地放大直接影响疲劳负荷。

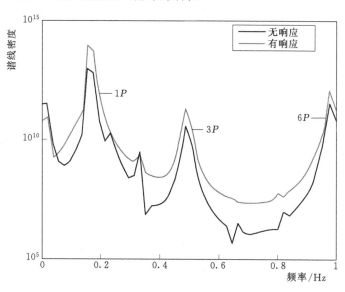

图 10.17　5MW 风力发电机运行过程中支撑结构首尾
在泥线弯矩的典型功率谱密度

除了结构的频率响应，产生负荷的另一个关键因素是系统振动。如果能保证充足的振动，例如使用调谐质量阻尼器（TMDs）或有源质量阻尼器（AMDs），接近共振可能不再是一个限制因素。依据 c_j 或更常见的依据与 $c_{c,j}$ 阻尼比有关的 δ_j 或 ξ_j，每个主要（j-th）振动模式的阻尼通常是给定的。

$$\xi_j = \frac{1}{\sqrt{1 + \left(\frac{2\pi}{\delta_j}\right)^2}} \tag{10.7}$$

$$\xi_j = \frac{c_j}{c_{c,j}}$$

$$c_{c,j} = 2\sqrt{m_j k_j} \tag{10.8}$$

阻尼依次源于贡献实体、气动效应、结构特征（材料和附加阻尼器）、土壤和水动力。气动阻尼主要与塔架顶部首尾（FA）振动时转子的空气动力有关。当塔架头逆风移动时，附近风速增加，因此叶片翼型的攻击角度增大，通常导致升力、阻力和推力的增加。当塔架头顺风移动时，情况相反。此外，塔架的阻力也按相似的模式增加阻尼，但它的效应总体较小，因为有效风速的变化微不足道，并且主要的效应通过前文所提的旋转叶片攻击角度（AOAs）的升力/推力机制产生。

由于上述内容，塔架的侧向振荡很少或者不产生阻尼，因为几乎没有气动阻尼。此外，在空载或停机情况下气动阻尼也最小。这对于波浪和风存在很大偏差、波浪强迫力可能下降到系统固有频率的荷载场景尤为重要。在风和浪偏差大的站点，侧向弯矩可能成为疲劳极限状态的设计驱动力。

结构阻尼主要源于支撑结构材料的内摩擦。大部分能量耗散发生在连接部位，尤其在灌浆连接处。

土壤阻尼主要源于因结构打桩产生的地面变形。

此外，一个适当的控制系统，比如作用于发电机转矩和桨距，可进一步减小塔架和支撑结构振动的振幅。对于浮动式发电机，转子叶片的专用集合和循环间距来实现沿着轴、俯仰角和偏航支撑结构阻尼。

现已提出不同的控制策略，比如通过作用于发电机转矩的所谓的转速窗口（或频率跳变）或通过作用于桨距的塔架反馈控制和独立变桨距控制（IPC）。这些策略在操作时颇有效果。如上所述，在水动力可能主导疲劳极限状态的深水区，具有严重的空载现象可驱动设计。这些情况下标准转矩和俯仰控制器无效，可以采用软—切出策略，但是这事实上提高了切出风速，从而减少强风/波条件下的空载时间。这些策略前景光明，可能获取更多能量，但需要精心设计。或者可以一开始就在支撑结构设计中加入调谐质量阻尼器（第10.6.1节）。

气动弹性工具直接解释航空动力学和调谐质量阻尼器的阻尼；土体和结构（内）阻尼可由用户施加。最近的研究表明，3.6MW 的风电机组可达到大约 12% 的对数衰减。

10.4.1.3　风的直接作用

风对塔架的直接载荷由结构外壳上的气动阻尼产生。风廓线可由式（10.9）获得，α_s 由标准如参考文献［1］中给定。

$$|U(z)| = |U_{hub}|\left(\frac{z}{z_{hub}}\right)^{\alpha_s} \tag{10.9}$$

标准的圆筒式塔架直筒或锥形筒部位在风力作用下的塔架拟静力负荷计算为

$$f_a = 0.5\rho_a \pi D_{sh} C_d G_f U |U| \tag{10.10}$$

式中　f_a——由空气动力阻力产生的单位长度上的力；

　　　ρ_a——空气密度；

　　　D_{sh}——塔架的外直径（OD）；

　　　U——风矢量；

　　　C_d——曳引系数（0.6～0.7）。

式（10.10）中变量都是 MSL 高度潜在的应变量。通过整合塔架跨度，包括风轮机舱组合的推力，可以获得沿塔架的总切变和弯矩。运行的数据链路控制中的转子推力通常是塔架弯曲应力的主要来源。直接风阻对疲劳极限状态验证不是那么重要。然而，极限状态下的停机情况可带来不可低估的巨大阻力负荷，尤其在轮毂高度高和转子较小的情况下。

式（10.10）的阵风系数解释了非同时出现的风在结构表面的峰值风压对风力作用的影响，也解释了湍流带来的结构振动效应。标准（如参考文献 [61]～[64]）提供了多种 G_f 的计算方法，参考文献 [65]、参考文献 [72] 提供了关注风力发电机塔架的较新处理方法。在参考文献 [63] 中，如果结构第一固有频率 f_0 小于 1Hz，可将结构定义为动态敏感（或灵活）（更多细节标准可见参考文献 [62]1～4 部分）。当满足这些标准时，G_f 远大于 1。

除了极限状态案例，湍流风对涡激振动很重要，可在不需要转子停止运行或安装、维修时观测。涡旋脱落的频率与斯特鲁哈尔数相关，临界风速可计算为

$$U_{cr} = \frac{f_0 D_{sh}}{S_t} \qquad (10.11)$$

式中　D_{sh}——塔架顶部外直径；

　　　S_t——斯特鲁哈尔数，依据塔锥比率在 0.15～0.20 内变动。

应确保临界风速在符合发电机运行规则的范围内，风轮转动的效应将倾向于破坏塔架的涡流形成机制。需要注意因转子阻尼减少产生的交叉风振荡的危险性，但交叉风振荡不可能出现在正常运行环境里。安装和维修期间，塔架固有频率高，应确定中低风速下激发测风振荡的可能性。

10.4.1.4　单桩塔架的水动力和冰载荷

波浪和水流运动对单桩塔架载荷的影响可通过莫里森方程计算为

$$f_w = 0.25\rho_w \pi D_{sh}^2 C_m \dot{U}_w + 0.5\rho_w \pi D_{sh} C_d U_w |U_w| \qquad (10.12)$$

式中　f_w——波浪和水流运动带来的单位长度上的力；

　　　ρ_w——海水密度；

　　　D_{sh}——塔架外直径；

　　　U_w——波浪和水流速度（向量和）；

　　　C_d——阻力系数；

　　　C_m——附加质量系数。

根据参考文献 [1]，应考虑两个海流速率因素：表层流附近的风和潮汐运动、风暴潮、大气压力变化产生的次表层流。

作为水深的一个应变量，次表层流速率可遵循幂律概要。近地表水流通常假设一个随水深变化的线性分布的水速，表层速度与每小时风速成比例，为 10m MSL，水深小于 20m，影响消失。波速和水流速度应进行矢量相加，获得 U_w，加大来涵盖结构偏转速度。

波浪质点运动速度可以通过线性波和惠勒拉伸理论计算。

C_d 和 C_m 系数应说明海洋经济增长，取决于雷诺兹和动黏度（KC）数，因此有特定数据链路控制。

因为衍射效应（绕射理论修正）和非线性波浪，已提议修改莫里森方程。此外，应验证破碎波出现的可能性（通常当 H_w/d_w 大于 0.78）和与支撑结构相关的砰击荷载；参考文献［11］中规定用一个简化方程来说明这些附加载荷。应预测到波峰和部件间的空隙（一个约 1.5m 的气隙）无法承受载荷的情况。

其他集中负荷可能源自二次钢结构，比如码头和 J 型管，它们可能吸引更多的波浪载荷。这些载荷通常来自较小的实体，但是主体钢材的焊接连接可能是形成裂缝和腐蚀的根源。应该花费精力验证裂缝不会在主要承载结构中扩大。

除了直接动力负荷，单桩塔架可能需要抵御海冰负载。冬季的一些水域中，冰载荷可能很严重，应调查的几种情况包括：①固定冰覆盖区域温度波动带来的水平载荷；②固定冰覆盖体到水位波动的水平和垂直载荷；③来自移动浮冰的水平载荷；④来自冰川和冰脊的压力。

图 10.18　安装在丹麦 Nysted 风力
发电场塔架底部的冰锥示例

评估的一个特别重要的方面是破冰频率动态锁定到风电机组本征频率，对疲劳极限状态和极限状态都带来影响的可能性。现有的计算机辅助工程工具可研究各种类型的冰负荷结构，并且研究标准也提供了良好的指导，但在初步设计期间应寻求北极工程经验，以避免后期的可靠性风险和昂贵的改造工作。所谓的冰锥（图 10.18）是使用单桩的一个典型特征，可在冰盖上产生使冰更易断裂的弯曲应力，从而减少支撑结构的压力。

其他需要考虑的方面与海床运动有关，包括砂波、沙洲和冲刷。这些影响会导致土壤—结构的相互作用，或垂直和横向支撑单桩，并改变整个支撑结构的动态属性。如果这些方面被认为是重要的，进行基础设计时需要考虑它们，修改嵌入长度，设计可能的冲刷保护。

10.4.1.5　重力、惯性和碰撞载荷

惯性和重力载荷是由振动、旋转、重力和地震动加速度引起的静态和动态载荷。海上风电机组的自重仅由各个部件的质量构成。设计塔架时必须精准确定风轮机舱组件的质量。由于竣工质量的不确定性，设重力负荷的 γ_f 约为 1.1（对比气动载荷 1.35）。运输和安装时，γ_f 约为 1.25。当单独计算时（即不通过气动—水动—伺服—弹性耦合方法），还应考虑其他惯性力（依据参考文献［3］，1.2 或 1.35 分别对于正常或者极端数据链路控制）。可以为了疲劳极限状态和极限状态假设统一负载因素。

地面加速度小于 0.05g 的地区通常不需要地震分析。但是对于一些站点，地震活动可能结合了增加的环境负荷（高达海啸类型波的大型波振幅），应将其作为一个附加数据链路控制调查，或者应保证标准数据链路控制的基础负荷包括这些负荷场景。

给定地面加速度随时间的变化，通过气动—水动—伺服—弹性模拟可分析地震的动态响应，也可使用响应谱分析。标准提供了一个正常情况下结合地震载荷和其他环境以及发电机载荷状态的方法。地面加速度应以 475 年为回归期评价，海上风力发电机使用寿命期间的平均运行负荷和与紧急停机相关的负荷中的较大者，应被叠加到地震载荷。地震载荷的有效负荷 γ_f 为 1。最近的研究证明了地震载荷对于更高轮毂高度和更大塔架顶部质量的重要性。

起重机操作、飞机着陆和船只碰撞的影响都应该被调查，其中最可能发生的情况是船只碰撞。专用船舶挡泥板的设计使其在碰撞时有可塑性变形，但是支撑结构其他部位应经得起没有超过屈服强度的一般碰撞。参考文献 [3] 规定了一个船只碰撞的水平负载（F_{si}）计算方法为

$$F_{si} = v_{si} \sqrt{c_{si} a_{si} m_{si}}$$ (10.13)

式中　m_{si}——碰撞船只的排水质量；

$\quad\quad v_{si}$——船只的碰撞速度；

$\quad\quad c_{si}$——船舶碰撞部位的刚度；

$\quad\quad a_{si}$——碰撞过程中的附连水质量系数（1.4～1.6 为侧面碰撞，1.1 为船头或船尾碰撞）。

最后，故障和紧急停机事件产生的负载会对整个海上风电机组带来危险撞击和冲击载荷，并可能导致巨大偏转和负荷。正如第 10.4 节中所讨论的，它们需要依照标准中的规定接受调查。

10.4.2　气动—水动—伺服—弹性模拟

鉴于分析型关系与利用拟静态随机方法的近似方程组可用于海上风电机组塔架的初级设计，更为广泛的负荷模拟在最终设计和优化中无可避免。这种必然性有多重原因。一方面，旋转机械复杂的结构动力和随机变化的环境负荷使得简化的途径过于粗糙。可能通过给线性方程附加更高的安全系数承担过于保守的风险（因此费用更高），或者因可能遗漏重要的动态耦合现象而承担更危险的风险。如前文所述，励磁频率与主要部件的本征频率实际上极为接近，因此提高了海上风电机组不同部位振动模式所耦合的可能动力。此外，从启动、关机和故障中产生的非线性空气弹性变形和关键瞬变负荷难以通过拟静态途径模拟，通常难以对其进行分析处理。基于以上原因，海上风电机组塔架和其他的部件的设计必须在可模拟全耦合负荷的协调式样中进行。现有多种计算机辅助工程工具，对不同部件的模拟有多种细节层次。转子气体力学、流体力学、控制动力学、土壤与基础动力学以及结构动力学可以通过规划设计，模态缩减系统以及有限元框架（图 10.19）说明。

全耦合工具的时间序列图示例分别如图 10.20 和图 10.21 所示。

工程师应一直研究自己的模型结果，在使用各种工具之前，了解对它们所进行的检验和确认很重要。海上风力发电行业尚不成熟，验证数据仍在起步阶段。此外，海上测量数据在质量控制方面的难点，从现实长期测量活动中筛选更多标准负载情况及测试成本、检验等都颇具挑战性。同更成熟和得到广泛验证的工具相比，编码—编码比较法提供了一个很好的方式来证实新代码的有效性。离岸编码比较合作（OC3）和 OC4 项目（图 10.22）都是这些验证的例子。总之，重要的是使用船载 CVA 进行测量，并批准使用精选的工具。

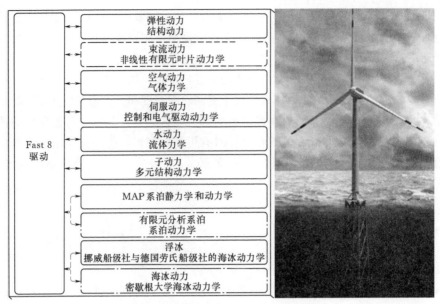

图 10.19　计算机辅助工程工具框架示例

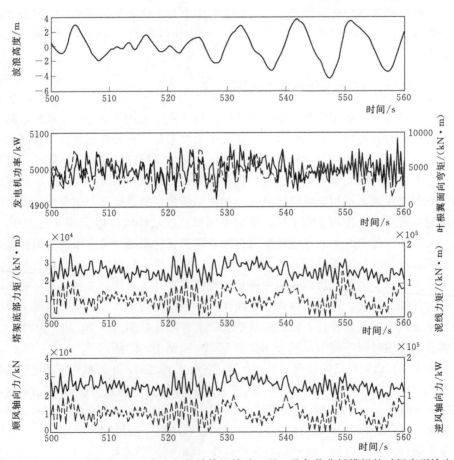

图 10.20　OC4 套管式 5MW 发电机的计算机辅助工程工具负载分析模拟的时间序列输出

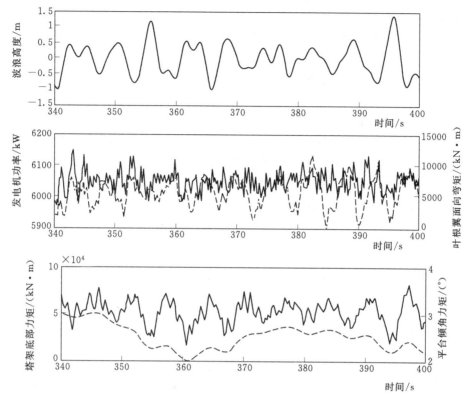

图 10.21 为安装在浮动平台上的 6MW 发电机载荷模拟输出示例

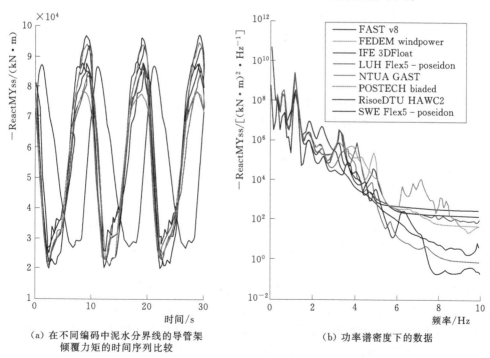

(a) 在不同编码中泥水分界线的导管架
倾覆力矩的时间序列比较

(b) 功率谱密度下的数据

图 10.22 FAST v8 开发的编码—编码验证的例子

随后对气动—水动—伺服—弹性模拟输出进行了后期处理，来验证极限状态和疲劳极限状态，用规范和标准指导检查结构完整性。

10.5　壳体和法兰尺寸

在采用钢管塔架的情况下，设计工作的重点是壳体分节和焊接和螺栓连接的尺寸。在下面的两部分章节里将概述极限状态验证和这些部件要满足的结构标准。物理原理可以扩展到其他塔架配置，但是需要增加具体的验证。对于桁格式塔架，主要设计成果是独立部件的尺寸和连接件的技术指标。可以按照适当的标准规定，通过进行部件和连接件检查来依大小排列。如果是混凝土塔架，加固件和预应力钢筋的尺寸和安排和混凝土的特点（例如密度和抗压强度）是需要根据具体的标准指南来确定的附加量。

10.5.1　载荷阻力系数设计：FLS、ULS 和 SLS 验证

从已经说明的情况来看，塔架必须满足一系列的结构性和模式特性标准。例如参考文献［1］描述了很多湍流和稳定风力模型和海况条件下运行、停车和故障载荷情况。这些 DLC 应该转化为应力和应变场，必须在 LRFD 方法中针对 ULS、FLS 和 SLS 极限状态进行验证。一般而言，塔架的不同部分可能会遭受不同的极限状态：例如上层绝大多数是受到 FLS 要求驱动，而底部或许绝大部分受到 ULS 驱动。这些因数或许会随着场地条件、水深、SbS 配置和发电机规模而变化。腐蚀和辅材（第 10.6.1 节）等附加效应使得验证阶段更加复杂。

通用的 ULS 极限状况验证可以表达为

$$\left.\begin{aligned} \gamma_n S(F_d) \leqslant R(f_d) \\ \gamma_f F_k \leqslant \frac{f_k}{\gamma_n \gamma_m} \end{aligned}\right\} \tag{10.14}$$

式中　$S(F_d)$——LRFD 步骤中，通用概率分布，设计（系数）载荷；

　　　　$R(f_d)$——材料系数阻力的类化作用；

　　　　$F_d(F_k)$——系数（非分量）特点载荷；

　　　　$f_d(f_k)$——材料系数（非分量）阻力；

　　　　　γ_n——故障 PSF（或重要性系数）后果；

　　　　　γ_m——材料 PSF。

因为很多 DLC 涉及一系列平均风速和波谱强力下的入射湍流的响应，特征载荷的超越概率必须根据预期的风力和波浪分布来进行计算。标准中提供了通过限期 AHSE 模拟结果的外推法来确定特征载荷的指南。这些标准还提供了 γ_f（表 10.4）和 γ_n 的建议值。载荷系数代表了载荷随机分布和载荷评估的不确定性。一般而言，设计标准允许那些通过测量建立的载荷量级等情况采用低于规定载荷 PSF，由此产生高度信任。重要的系数都是建立在各种部件的冗余和故障—安全特定基础上的。根据参考文献［23］中的分类，塔架被认为是 2 级（表 10.5），可以假设 $\gamma_n = 1$。

材料 PSF 可以从具体的公认的设计规范得到，或最低值可以从参考文献［23］（表

10.6）等主要设计标准中得到。

对于包括如叶片—塔架净高等关键挠曲分析的 SLS 验证，ULS 载荷系数可以与 PSF 结合使用，用于故障后果和材料阻力，如相应的标准所述，见表 10.5 和表 10.6。

表 10.4　ULS、SLS 和 FLS 载荷 PSFs 举例

极限状态	不利载荷 正常①异常运输和安装			有利载荷 所有 DLCs
ULS/SLS	1.35	1.1	1.5	0.9
FLS	1.0	1.0	1.0	1.0

① 标准提供了不同 DLC 的正常或异常属性。

表 10.5　部件类功能的最小 γ_n 值举例

部件功能	γ_n			注　释
	ULS	FLS	SLS	
1	0.9	1.0	1.0	故障—安全结构部件，其故障不会导致风力发电机（例如可替换的轴承）主要部件发生故障
2	1.0	1.15	1.0	非故障—安全结构部件，其故障可能会导致风力发电机主要部件发生故障
3	1.3	1.3	1.3	非故障—安全机械部件，将传动装置和制动器连接到主要结构部件，目的是执行非冗余发电机保护功能

表 10.6　故障模式功能的最小 γ_m 值举例

故障模式	γ_m		
	ULS	FLS	SLS
延性材料屈服	1.1	1.1（焊接和钢结构）到 1.7（复合材料）	1.0（如果全面测试证明弹性特点）；1.0（其他情况）
弯曲壳体的整体屈曲	1.2		
超过抗张或抗压强度导致破裂	1.3		

通用 FLS 验证可以表达为

$$D_{fat} = \sum_i \frac{n_i}{\hat{N}_i} \leqslant 1 \qquad (10.15)$$

$$\hat{N}_i = N_i(\sigma_{a,i}\gamma_f\gamma_n\gamma_m) \qquad (10.16)$$

式中　D_{fat}——疲劳损伤；

n_i——i-th 载荷范围的周期数；

$\hat{N}_i$——指数 N_i，即对应 PSF-加强的 i-th 载荷范围的故障周期数（$\gamma_f\gamma_n\gamma_m\sigma_{a,i}$）。

在第 10.5.2 节部分描述的考虑事项下的材料和结构要素的 N_i 值可以从 δ-N 曲线计算。表 10.4～表 10.6 中，同一设计和认证标准给出了 FLS、PSF。

最后，根据参考文献［18］，应该利用总体暴露分类 L2（第 10.3.1 节）来设计海上风力发电机及其部件，该分类要求对均一 PSF 进行 500 年稳健性检验。

10.5.2　结构载荷和壳体设计的近似推导

通过分析，可以解释式（10.17）～式（10.20）中的塔架载荷的各种分布。法向力（轴向，沿着 z 轴）可以写为

$$N_{\mathrm{d}}(z) = \gamma_{\mathrm{f}} F_{z\mathrm{RNA}} - \gamma_{\mathrm{fg}} m_{\mathrm{RNA}} g - \gamma_{\mathrm{fg}} \int_{z}^{L} \rho A g \, \mathrm{d}z \tag{10.17}$$

式中　N_{d}——重要塔架站的设计（系数）正常载荷；

$\qquad F_{z\mathrm{RNA}}$——沿着 z 轴的 RNA 的空气动力；

$\qquad \gamma_{\mathrm{f}}$——通用载荷 PSF；

$\qquad m_{\mathrm{RNA}}$——RNA 质量；

$\qquad g$——重力加速度；

$\qquad \gamma_{\mathrm{fg}}$——重力载荷 PSF；

$\qquad \rho$——材料密度；

$\qquad L$——塔架长度或 SSt 长度；

$\qquad A$——横截面面积；

$\qquad z$——沿着塔架跨度的原点。

沿着 x 轴和 y 轴（图 10.14）的剪力分量可以被写为

$$\left.\begin{aligned} T_{\mathrm{x}}(z) &= \gamma_{\mathrm{f}} F_{x\mathrm{RNA}} + \gamma_{\mathrm{fa}} \int_{z}^{L} f_{\mathrm{a}} \, \hat{i} \, \mathrm{d}\zeta \\ T_{\mathrm{y}}(z) &= \gamma_{\mathrm{f}} F_{y\mathrm{RNA}} + \gamma_{\mathrm{fa}} \int_{z}^{L} f_{\mathrm{a}} \, \hat{j} \, \mathrm{d}\zeta \end{aligned}\right\} \tag{10.18}$$

式中　$F_{x\mathrm{RNA}}$——指 RNA 沿着 x 轴的力；

$\qquad F_{y\mathrm{RNA}}$——RNA 沿着 y 轴的力；

$\qquad f_{\mathrm{a}}$——由空气动力阻力产生的单位长度上的力；

$\qquad \gamma_{\mathrm{fa}}$——空气动力载荷 PSF；

$\qquad \hat{i}$——沿着 x 轴的单位矢量；

$\qquad \hat{j}$——沿着 y 轴的单位矢量。

弯曲力矩分量可以写为

$$\left.\begin{aligned} M_{\mathrm{x}}(z) &= M_{x\mathrm{RNA}} - F_{y\mathrm{RNA}}(z_{\mathrm{RAN}} - z) - \int_{z}^{L} \{ f_{\mathrm{a}} \, \hat{j}\zeta + \rho A g [y(\zeta) - y(z)] \} \mathrm{d}\zeta \\ M_{\mathrm{y}}(z) &= M_{y\mathrm{RAN}} + F_{x\mathrm{RNA}}(z_{\mathrm{RNA}} - z) + \int_{z}^{L} \{ f_{\mathrm{a}} \, \hat{i}\zeta + \rho A g [x(\zeta) - x(z)] \} \mathrm{d}\zeta \end{aligned}\right\} \tag{10.19}$$

式中　M_{x}——相关站点的弯曲力矩沿着 x 轴的分量；

$\qquad M_{\mathrm{y}}$——相关站点的弯曲力矩沿着 y 轴的分量；

$\qquad M_{x\mathrm{RNA}}$——沿着 x 轴的 RNA 空气动力力矩；

$\qquad M_{y\mathrm{RNA}}$——沿着 y 轴的空气动力力矩；

$\qquad \zeta$——沿着 z 轴的虚拟坐标。

最终 z 轴的扭矩表示为

$$M_z(z) = M_{zRNA} - F_{xRNA}[y(z_{RNA}) - y(z)] + F_{yRNA}[x(z_{RNA}) - x(z)] \quad (10.20)$$

式中　M_z——相关站点沿着 z 轴的扭矩载荷。

注意，二阶微分 $P\text{-}\Delta$ 的效果在式 (10.19)、式 (10.20) 中得到解释，而不同载荷分量的 PSF 根据参考文献 [3] 等标准采用。RNA 力必须根据第 10.4.1.1 节中的规定进行计算。这样剪力和力矩分量可以合并达到特色设计值，即

$$\left.\begin{array}{l} T_d(z) = \sqrt{T_x(z)^2 + T_y(z)^2} \\ M_d(z) = \sqrt{M_x(z)^2 + M_y(z)^2} \end{array}\right\} \quad (10.21)$$

圆筒形塔架的通用横截面的正应力（沿着经线方向的 $\delta_{z,Ed}$ 和沿着圆周方向的 $\sigma_{\theta,Ed}$），剪应力（$\tau_{z\theta,Ed}$）和 Von-Mises 等效应力（δ_{vm}）可以保守地写为

$$\left.\begin{array}{l} \sigma_{z,Ed} = \dfrac{N_d}{A} + \dfrac{M_d D_{sh}}{2J_{xx}} \\[2ex] \sigma_{\theta,Ed} = \gamma_f(k_w - 1)q_{max}\dfrac{D_{sh} - t_s}{2t_s} \\[2ex] \tau_{z\theta,Ed} = 2T_d/A + \dfrac{M_z}{2A_{mid}t_s} \\[2ex] \sigma_{vm} = \sqrt{\sigma_{z,Ed}^2 + \sigma_{\theta,Ed}^2 - \sigma_{z,Ed}\sigma_{\theta,Ed} + 3\tau_{z\theta,Ed}^2} \end{array}\right\} \quad (10.22)$$

式中　k_w——计算环向应力的动压系数，这是根据参考文献 [2] 的一个圆筒尺寸和外部压力曲折系数的函数；

　　　t_s——壳体厚度；

　　　A_{mid}——中间厚度线内切的面积。

其中

$$q_{max} = 0.5\rho_a|U|^2 \quad (10.23)$$

式中　ρ_a——空气密度；

　　　U——风速，还可能包括结构运动部件（通常可忽略）。

虽然上面的处理足以进行概念性和初步评估，但是只有严格的载荷和 FEA 分析可以充分支持更加详细的设计。特别是通过 AHSE 模拟的耦合载荷分析是为海上风力发电机 SSts 的认证捕捉重要的相互作用和震动动力学并进行 FLS 和 ULS 认证的唯一途径。

FLS 认证必须决定在 SSt 设计使用寿命（通常 20 年）中的累计损伤，考虑适当的操作和非操作性 DLC。从前面的介绍可以看出，重点应放在风力—波浪不重合和空转 DLC 上，而此时震动阻尼可以忽略不计。根据 Palmgren-Miner 规则，总损伤要求可以表达为

$$D_{fat} = \sum_i \frac{n_i}{N_i} \leqslant 1 \quad (10.24)$$

式中　D_{fat}——疲劳损伤；

　　　n_i——i-th 载荷范围的周期数量；

N_i——在 i-th 载荷范围水平上时故障的周期数量。

N_i 值可以从所考虑的材料和要素（例如对接焊缝、钢板、法兰、螺栓如图 10.23 所示）σ-N 曲线中计算。

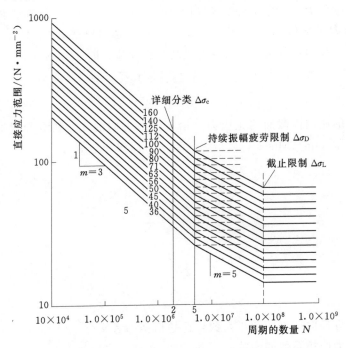

图 10.23 各种细节分类的 σ-N 曲线

典型的 σ-N 曲线可以从材料试样测试中获得，在第一近似值时，以如下方程表达：

$$\sigma_{a,i} = CN_i^{-1/m} \tag{10.25}$$

式中 $\sigma_{a,i}$——i-th 分级应力范围；

C——σ-N 曲线的常数，大约等于材料的极限强度；

m——σ-N 曲线的反指数，材料标准规范提供 m 值，对钢材而言，m 的范围在 3~5。

为了载荷、材料抗力和故障 PSF 未能达到计入 N_i 值（$\hat{N}_i$）的后果，把 $\sigma_{a,i}$ 计入式（10.25）是常见做法。因此，式（10.24）可以用式（10.15）替代，式（10.25）可以重写为

$$\sigma_{a,i} = \frac{C\hat{N}_i^{-1/m}}{\gamma_f \gamma_n \gamma_m} \tag{10.26}$$

注意，可能不同于 1 的载荷因数 γ_f 包含在式（10.26）内。这意味着补充分析计算的疲劳载荷可能被认为标准载荷。

为了解释非零平均载荷（由此产生的应力）的存在，式（10.27）（称为线性古德曼修正）可以变形出

$$\sigma_{eq,i} = \sigma_{a,i} \frac{\sigma_u}{\sigma_u - \sigma_{m,i}} \tag{10.27}$$

式中　$\sigma_{eq,i}$——古德曼修正之后的 i 分级应力范围，在式（10.26）中可以替代 $\sigma_{a,i}$；

　　　σ_u——极限强度；

　　　$\sigma_{m,i}$——i 分级应力范围中数。

为了计算每一个 n_i 值，不同 DLC 的 AHSE 模拟的载荷输出进行分级，并通过其发生的概率结合在一起，这是以预期的场地风力和波浪分布的联合概率和系统可用性的最佳估算为基础。在 MP 塔架的情况下，额外的损伤可能是由于打桩行为造成，应该添加到疲劳预算计算中。通过载荷分级和雨流循环计算方法，载荷范围（$S_{a,i}$）相对于循环数量（n_i）的表达可以实现。但是，直接使用式（10.24）［或式（10.15）更好］将要求每一个载荷范围转化为应力范围（$S_{a,i}$）。材料非线性度可能需要多个 FEA 运行，以实现这种转换。采用损伤等效载荷（DEL）可能会效率更高。对于通用载荷部件，DEL 代表零—中数载荷范围，如果用于周期的选择数值，会产生与实际载荷周期应用所产生的一样的损伤。换言之，DEL 是由于震荡载荷而产生的指定结构体中累积的损伤的一种衡量，该载荷可以从 FLS DLC 输出以雨流计数，并如上文所描述的在海上风力发电机的生命周期内合并。因此，通过等化式（10.24）所表述的实际和等效损伤，并利用式（10.25），在该式中应力符号用于显示载荷，可以显示为

$$DEL = \left[\frac{n_{DEL}}{\sum\limits_i \dfrac{n_i}{S_{a,i}^{-m}}} \right]^{\frac{-1}{m}} \tag{10.28}$$

式中　n_{DEL}——DEL 载荷范围的周期参考数值；

　　　$S_{a,i}$——i 分级载荷范围。

DEL 最终可以通过详细的 FEA 转化为损伤等效应力（DES），提出了应力场的三维描述，包括应力集中和热点。所获得的 DES（或者更好的是其参考的 $\sigma\text{-}N$ 曲线）应该按同样的载荷折减因子、由于施工质量而产生的材料抗力、细节的重要性和式（10.26）所表述的材料特征描述进行修改。可以根据预期的疲劳腐蚀率（第 10.6.1 节），包括额外的 PSF。初级海上风力发电机标准推荐载荷、材料抗力和故障 PSF 后果，而具体要素（如焊接和法兰）更多的折减因子直接并入由相应的参考标准提供的 $\sigma\text{-}N$ 曲线（图 10.23）。

DES 与式（10.26）产生 DES 应力范围（NDEL）在故障时的周期数，D_{fat} 可以计算为

$$D_{fat} = \sum_i \frac{n_i}{\hat{N}_i} \frac{n_{DEL}}{N_{DEL}} \tag{10.29}$$

式（10.29）可以用于简单计算沿着塔架的各个站点和在焊接、门加固物和螺栓连接中的 FLS 材料利用。

对于 ULS 验证，从 AHSE 模拟所获得的数据得到进一步后处理，获得最终载荷。对于运行的 DLC，这一过程可能需要标准指导的基于随机数据推断。要调查的 DLC 范围包括故障瞬变、极端阵风、风向变化以及紧急停止，可能的船只碰撞和海洋结冰造成的冲击。

ULS 结构性检查相当于确保材料利用低于 1，并以压弯钢构件的验证为基础。总而言之，可以证明对于不同的塔架部分，应力被保持低于允许的屈服强度，并保证在整体和局部层面的稳定性。这些限制可以表述为

$$\sigma_{vm} \leqslant \frac{f_y}{\gamma_m \gamma_n} \tag{10.30}$$

$$\frac{N_d}{\kappa N_p} + \frac{\beta_m M_d}{M_p} + \Delta_n \leqslant 1 \tag{10.31}$$

$$\left.\begin{array}{l} \sigma_{z,Ed} \leqslant \sigma_{z,Rd} \\[4pt] \sigma_{\theta,Ed} \leqslant \sigma_{\theta,Rd} \\[4pt] \tau_{z\theta,Ed} \leqslant \tau_{z\theta,Rd} \\[4pt] \left(\dfrac{\sigma_{z,Ed}}{\sigma_{z,Rd}}\right)^{k_z} + \left(\dfrac{\sigma_{\theta,Ed}}{\sigma_{\theta,Rd}}\right)^{k_\theta} - \left(\dfrac{\sigma_{z,Ed}\sigma_{\theta,Ed}}{\sigma_{z,Rd}\sigma_{\theta,Rd}}\right)k_i + \left(\dfrac{\tau_{z\theta,Ed}}{\tau_{z\theta,Rd}}\right)^{k_\tau} \leqslant 1 \end{array}\right\} \tag{10.32}$$

其中
$$\Delta_n = 0.25\kappa \overline{\lambda}^2 \tag{10.33}$$

式中　　　　N_d——设计轴向；

M_d——弯曲力矩载荷；

N_p 和 M_p——相关特征值、屈曲临界值和阻力值；

κ——弯曲屈曲的折减系数；

β_m——弯曲力矩系数；

Δ_n——塔架的细长度（λ）函数；

$\sigma_{z,Ed}$、$\sigma_{\theta,Ed}$、$\tau_{z\theta,Ed}$——轴向应力、环向应力和剪应力的设计值；

$\sigma_{z,Rd}$、$\sigma_{\theta,Rd}$、$\tau_{z\theta,Rd}$——响应的特征屈曲强度；

k_z、k_θ、k_τ 和 k_i——标准提供的常数。

式（10.30）声明了材料（f_y）的屈服阻力的限制。式（10.31）是整体（Eulerian）屈曲限制。式（10.31）是局部（壳体）屈曲限制。在计算式（10.31）、式（10.32）中的阻力值时，参考标准为制造质量系数的选择提供了指导。

如果是 MP 塔架，海底桩的稳定性必须得到验证。验证通过最大（ULS）桩顶载荷进行，桩顶位移和转动根据标准中的允许值进行检查。此外，埋置长度必须形成足够的垂直摩擦来抵消最大正向力。这些检查通常由基础工程集团进行。该集团也负责确保 SSI 超单元具有足够的刚度，从而向 SSt 提供所需的边界条件。

除了 FLS 和 ULS 检查之外，叶片和塔架设计的一项重要结构性检查是对塔架的潜在叶片打击进行验证，该验证可能被视为 SLS 的一部分。叶片最大偏转可能发生在瞬时事件时，如极端大风或故障情况。为了验证在塔架打击之前叶片偏转仍然在安全限度内，所有 ULS DLC 的最大偏转度必须确定。标准提供了这项计算中的 PSF 指南，参考文献［23］使用了与其他任何 ULS DLC 一样的载荷 PSF，然而参考文献［15］认为叶片间隙不得低于非载荷（静止）条件下的数值的 30%。

对于其他类型的塔架，例如桁格塔架和混凝土塔架，额外的结构性检查是必要的。对于桁格塔架，每一部分和每一个结合点都必须在所有 DLC 下评估（例如针对参考文献［19］所描述的结构性限制条件），这是一项至关重要但是耗时的活动。对于混凝土塔架而言，对于所有的 ULS DLC，需要验证：混凝土的抗压强度；加固物的弯曲强度；加固物的冲压、锚地和拔出强度；以及结构体带有剪力钢筋和没有剪力钢筋情况下的切变强度。对于 SLS 和 FLS，分析应评估变形限制裂缝宽度限制，以及预应力部件的应力。可用的指南标准见表 10.1，但是需要注意，预应力混凝土结构体的高载荷周期数疲劳仍然是研究的重点。

10.5.3 法兰和主要零件部件

法兰和其他零件部件是塔架的结构性能和功能的重要组成部分。螺栓连接和焊接件是其中最为重要的零件，因为他们确保结构体的结构完整性和安全性。同样重要的是门和检修孔加固件的零件和支持内部和辅材的支架。

一般而言，焊接钢结构体上的裂缝几乎可以肯定是从焊接点裂开。原因是焊接程序不可避免地留下微小的瑕疵，裂缝就是从这些瑕疵发展而来。因此，应该假设微小裂缝的存在，而绝大部分的疲劳周期将有助于这些裂缝的发展，而不是成核。此外，焊接的特点是表面坡度的变化，如对缝焊接的坡脚和填角焊接的坡脚和根部。这些区域的特点是重要的应力集中因数（SCF）。

门加固件也是高 SCF 的所在位置。为了恢复塔架在门洞的结构强度，通常采用焊接加固环（刚性元件）或增加壳体壁厚的方法或将二者结合使用。加固件有着双重目的，控制局部应力以及支持主要壳体屈曲。结构标准描述了可以用于通用设计的疲劳曲线，并以实际特征性焊缝形状的测试结果为基础（通常称为细节分类）。但是，特别是门洞区域，实际应力和靠近焊接的热点需要通过精确 FEA 分析（图 10.24）来进行评估。

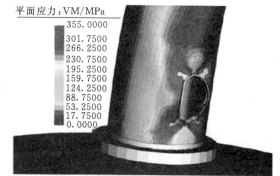

平面应力：VM/MPa

355.0000
301.7500
266.2500
230.7500
195.2500
159.7500
124.2500
88.7500
53.2500
17.7500
0.0000

（a）塔架较低部分的网格　　　（b）验证围绕门洞区域的壳体屈曲的分析结果

图 10.24　塔架门洞的 FEA 举例

参考文献 [2] 为推断热点应力提供了指南，并讨论以非完美模式（GMNIA）程序从几何学上和材料方面进行复杂非线性分析，以此来评估屈曲阻力。结构性焊接的弱化可能会大大减少整体的屈曲强度。因此壳体之间和法兰和壳体之间的连接的疲劳设计对于海上风力发电机的生命周期完整性至关重要，甚至间接地影响到其 ULS 能力。

此外，腐蚀性环境的影响可以加速裂缝的传播，并围绕连接细部有效地增加疲劳损伤。由于前面提到的在不合需要的频率段内动态响应问题（第 10.4.1.2 节），螺栓的腐蚀—疲劳或导致了刚度降低。

圆筒形塔架法兰将塔架各部分和整个塔架连接到 TP，或如果是陆上设备时连接到基础。他们构成了相当大一部分的材料和制造成本。法兰和螺栓需要根据 FLS 和 ULS 限制条件进行检查。一个常见方法是根据众所周知的 Peterson 方法或分段模型分析螺栓连接的法兰。在该模型中，法兰连接由个体的环形分段替代，而一个螺栓与相关的协作法兰和壳体区域一起考虑。新的单位连接加载了等效正向力（F_z），从壳体正应力获得（图 10.25），计算为

$$F_z = \frac{4M_d}{n_b D_{sh,m}} - \frac{N_d}{n_b} \qquad (10.34)$$

式中　M_d、N_d——法兰高度的分量弯曲力矩和分量正常载荷；

　　　　n_b——法兰连接中的螺栓数量；

　　　　$D_{sh,m}$——壳体间隔墙直径。

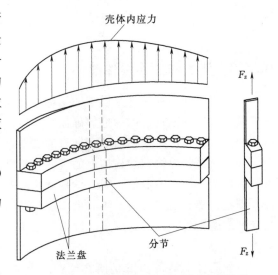

图 10.25　法兰螺栓连接减少到一个等效的单元—螺栓连接（法兰分段模型）

由于 N_d 在有利的方向作用，将 $\gamma_{fg} = 0.9$ 赋值重力载荷是常见实践，该载荷构成 N_d。式（10.34）很容易获得，考虑到三角法规则，连接的对称性和水平轴的简单的力矩平衡。

连接能力通过塑性铰线理论进行计算，考虑了三种故障模式，如图 10.26 所示（即螺栓断裂、壳体内的塑性铰线和法兰）。

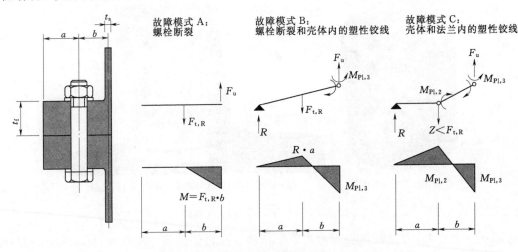

图 10.26　法兰连接的主要故障模式近似值

$$
\left.
\begin{aligned}
F_{u,A} &= F_{t,RD} \\[4pt]
F_{u,B} &= \frac{F_{t,RD}\,a + M_{Pl,3,MN}}{a+b} \\[4pt]
F_{u,C} &= \frac{M_{Pl,2} + M_{Pl,3,MN}}{b} \\[4pt]
F_{t,RD} &= \min\left(\frac{f_{y,b} A_b}{\gamma_{Mb,y}},\ \frac{0.9 f_{u,b} A_b}{\gamma_{Mb,u}} \right)
\end{aligned}
\right\}
\qquad (10.35)
$$

式中　　　　$M_{\text{Pl},2}$——壳体和法兰塑性弯曲阻力；

$F_{\text{u,A}}$、$F_{\text{u,B}}$、$F_{\text{u,C}}$——三种不同的故障模式的最终载荷。

$M_{\text{Pl},3,\text{MN}}$解释了拉伸—弯曲相互作用。

$M_{\text{Pl},2}$和$M_{\text{Pl},3,\text{MN}}$塑性绞线力矩计算为

$$\left.\begin{aligned} M_{\text{Pl},2} &= \frac{c_{\text{f}}t_{\text{f}}^2}{4}\frac{f_{\text{y,f}}}{\gamma_{\text{Mf,y}}} \\ M_{\text{Pl},3} &= \frac{c_{\text{s}}t_{\text{s}}^2}{4}\frac{f_{\text{y,s}}}{\gamma_{\text{Ms,y}}} \\ M_{\text{Pl},3,\text{MN}} &= \left[1-\left(\frac{F_{\text{ult}}}{N_{\text{Pl},3}}\right)^2\right]M_{\text{Pl},3} \end{aligned}\right\} \tag{10.36}$$

其中
$$N_{\text{Pl},3} = \frac{c_{\text{s}}t_{\text{s}}f_{\text{y,s}}}{\gamma_{\text{Ms,y}}} \tag{10.37}$$

$$\left.\begin{aligned} c_{\text{s}} &= \frac{\pi D_{\text{sh,m}}}{n_{\text{b}}} \\ c_{\text{f}} &= \frac{\pi D_{\text{bc}}}{n_{\text{b}}} - d_{\text{b}} \end{aligned}\right\} \tag{10.38}$$

式中　$M_{\text{Pl},3}$——简单的塑性弯曲阻力，没有拉伸—弯曲相互作用；

　　　t_{f}——法兰厚度；

　　　$f_{\text{y,f}}$——法兰特征屈服强度；

　　　$\gamma_{\text{Mf,y}}$——法兰特征屈服强度的材料 PSF；

　　　t_{s}——壳体厚度；

　　　$f_{\text{y,s}}$——壳体特征屈服强度；

　　　$\gamma_{\text{Ms,y}}$——壳体特征屈服强度的材料 PSF；

　　　$N_{\text{Pl},3}$——壳体的塑性阻力；

　　　D_{bc}——法兰连接中的螺栓圆直径；

　　　d_{b}——螺栓孔直径。

从式（10.36）可以看出，$M_{\text{Pl},3,\text{MN}}$如何引进了非线性，而非线性需要某些迭代来得到最终的连接阻力 F_{ult}，这是通过式（10.35）获得的表达式的最小值。如果出现以下情况，连接因此得到验证。

$$F_z \leqslant F_{\text{ult}} = \min(F_{\text{u,A}}, F_{\text{u,B}}, F_{\text{u,C}}) \tag{10.39}$$

由于预载荷的壳体载荷函数，螺栓应力呈非线性变化，Petersen 方法假定一种简化的螺栓载荷行为，如图 10.27 所示，并如以下方程所描述：

$$\left.\begin{aligned} F_{\text{t1}} &= F_{\text{p}} + K_a\lambda_{\text{f}}F_z, \quad F_z < F_{\text{zcr}} \\ F_{\text{t2}} &= \lambda_{\text{f}}F_z, \quad F_z \geqslant F_{\text{zcr}} \end{aligned}\right\} \tag{10.40}$$

此处

$$\left.\begin{aligned} \lambda_{\text{f}} &= \frac{a+b}{a} \\ F_{\text{zcr}} &= \frac{F_{\text{p}}}{\lambda_{\text{f}}K_{\beta}} \end{aligned}\right\}$$

式中　F_p——螺栓预载荷；

K_α 和 K_β——螺栓和法兰的总刚度。

$$\left.\begin{array}{l} K_\alpha = \dfrac{K_b}{K_b + K_f} \\[3mm] K_\beta = \dfrac{K_f}{K_b + K_f} \end{array}\right\} \tag{10.41}$$

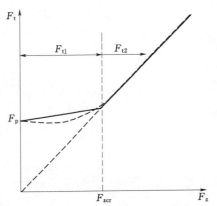

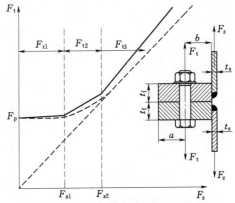

(a) Pertersen 方法下的试验（虚曲线）和估计趋势　　(b) Schmidt/Neuper 方法下的三个线性区域的
试验（虚曲线）和估计算趋势

图 10.27　螺栓载荷（F_t）作为壳体载荷（F_z）的一个函数

螺栓轴向刚度可以表示为

$$K_b = \left(\int_0^{L_b} \frac{1}{E_b A_b}\mathrm{d}z\right)^{-1} \approx \frac{E_b A_b}{2t_f} \tag{10.42}$$

此处 L_b，即螺栓有效长度可以通过 $2t_f$ 估算。受压配对法兰（K_f）的等效刚度可以写为

$$K_f = \left(2\int_0^{t_f} \frac{1}{E_f A_f}\mathrm{d}z\right)^{-1} \tag{10.43}$$

式中　A_f——扁平法兰的有效横截面面积；

K_f——有时候是 K_b 的 3～6 倍，可计算为

$$K_f = \frac{E_f A_f}{2t_f} \approx \frac{E_f(d_b^2 + 1.36d_b t_f + 0.26t_f^2)}{2t_f} \tag{10.44}$$

其他的标准和文献也可以参考用来确定 A_f 以及 K_f。

Petersen 的方法被视为足以进行 ULS 评估。与实验［图 10.27（a）］相比，该方法在低于 F_{zcr} 时是保守的，但是由于假设的理想弹性和纯边轴承行为，在有缺陷的法兰盘等于或高于 F_{zcr} 时，会变得不安全。更准确的 FLS 验证，可以采用 Schmidt/Neuper 方法。该方法采用了三个区、分段—线性函数来估算螺栓载荷，如图 10.27（b）所示，以及式（10.45）所描述的。

$$F_{t1} = F_p + K_a F_z, F_z \leqslant F_{z1}$$

$$F_{t2} = F_p + K_a F_{z1} + \left[\lambda_f^* F_{z2} - (F_p + K_a F_{z1}) \right] \frac{F_z - F_{z1}}{F_{z2} - F_{z1}}, F_{z1} < F_z \leqslant F_{z2}$$

$$F_{t3} = \lambda_j^* F_z, F_z \geqslant F_{z2}$$

$$F_{z1} = F_p \frac{a - 0.5b}{a + b}$$

$$F_{z2} = F_p \frac{1}{\lambda_f^* K_\beta}$$

$$\lambda_f^* = \frac{0.7a + b}{0.7a}$$

$$(10.45)$$

如图 10.27 所示，对于低壳体力量 F_z，Schmidt/Neuper 的方法没有 Petersen 的方法那么保守。该函数的第三部分考虑了法兰连接（$F_z \geqslant F_{z2}$）的最终边轴承行为，设计来解释小瑕疵的效果。Schmidt/Neuper 方法的使用范围为

$$\frac{a + b}{t_f} \leqslant 3 \tag{10.46}$$

这些方法都没有考虑螺栓中的弯曲应力；因此建议在选择疲劳细节曲线时要谨慎；建议最终的 FEA。

10.6 辅材、其他结构细节和涂层

虽然结构工程师通常关注主要结构，但是辅材和辅助系统不能忽略。一方面访问和安全系统确保了海上风电机组有效和安全的维护的可能性；另一方面，优化塔架内部会实现优化的且更苗条的初级钢在塔架主体壳体的分布。为了这一目的，采用阻尼系统可能会导致更加有效的整体设计，但是必须从阻尼器对海上风电机组剩余部分在性能和成本方面的潜在影响的角度对阻尼器进行仔细分析和分级。

此外，必须注意保护材料免受环境腐蚀行为的影响。如果不能做到这一点，可能会导致意想不到的后果，比如壳体壁厚降低，SSt 动态特征的变化，甚至与疲劳腐蚀相关的更加严重的后果。

10.6.1 辅材

在塔架的设计中，人孔和门加固体、通道楼梯、内部梯、人与货物升降机、电梯、平台、电气导管和电缆盘共同构成所谓的辅材或内部构件（图 10.28 和图 10.29）。在有些情况下，可以出现调谐质量阻尼器，而在海上则是其他靠近甲板或沿着单桩基础的附属物，例如船码头、直升机停机坪、吊车基座、阳极和 J 型管也被视为辅材。

图 10.28 塔架内部和辅助平台举例

(a) 梯子 　　　(b) 电缆盘、休息平台和攀爬辅助系统 　　　(c) 升降机

图 10.29　塔架内部和辅材举例

到达 SbS 和机舱的检查口、升降机和界面必须符合工艺安全规范，必须提供充足的多功能性，以便维护工具可安全有效地移动。

工程师应该特别希望发现充分的解决方案，确保安全快速地到达机舱。虽然大型海上风电机组可能在机舱上使用直升机停机坪，提供到达 RNA 顶部的快速运输对于减少脱机时间和收入损失至关重要。

通常采用允许减少塔架内部的焊接的解决方案来减少壳体厚度并减少材料数量。有些原始设备制造商已经采用了磁铁来将平台和其他内部设备吸引到塔架的墙壁。其他人已经在塔架内壁成功采用了固定到法兰上的张索或黏合剂。这两种方法减少了焊接接缝，并实现了劳动力和材料成本的节省。

可以使用 TMD（也称为减震器或阻尼，如图 10.30 所示）来减少塔架和海上风电机组由于气动弹性和惯性力而造成的低频和高频震动。阻尼的功能是以弹簧/质量系统为基础，抵消并降低结构响应（图 10.31）。一旦性能目标得以确定（例如偏转、载荷和加速度，共振频率），阻尼器可以根据第一定律和振动工程设计。在某些情况下，需要配有黏性减震器、力量放大桁架体系和主动控制执行器的更复杂的解决方案，才能实现确认的目标。这些解决方案更加难以正确设计，因为他们需要加倍重视细节，需要 FEA 分析耦合到系统气动模拟。

图 10.30　风力发电机 TMD 举例

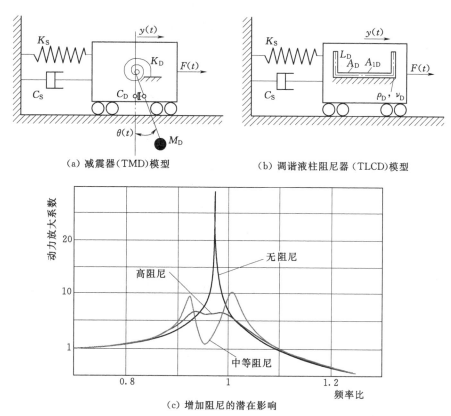

(a) 减震器（TMD）模型   (b) 调谐液柱阻尼器（TLCD）模型

图 10.31　振荡器和预期的 DAF 示意图

K_S—基本结构刚度；C_S—阻尼常数；K_D—阻尼器刚度；C_D—阻尼；M_D—质量；L_D—特征性长度；
A_D—横截面；A_{1D}—阻气门界面；ρ_D—流体密度；ν_D—黏度

　　基本上有两种阻尼器：TMD 和主动质量阻尼器（AMD）。多重调谐质量阻尼器（MTMD）是第一种，但是在同一结构体内拥有多重作用点。

　　主要参数，即阻尼器的质量及其位移是阻尼系统的质量函数。因此，对于大型海上风电机组，TMD 或许要求庞大的设备和有效冲程，这可能妨碍塔内的装置。典型的阻尼器质量实体是系统模型质量的 $1\%\sim10\%$。现实中，有 $2\%\sim3\%$ 可以在塔架中实现。但是 TMD 几何体可以设计用来放大初级结构性漂移，以及更高的阻尼系数，例如通过使用桁架、肘节和剪式千斤顶，如图 10.32 所示。

　　除了桁架系统，其他的装置在土木工程和海上工程行业中成功实施之后，最近也吸引了风力发电机配置领域的注意力。其中包括调谐液柱阻尼器（TLCD）[图 10.31（b）]和其他种类的半无源装置。这些系统可以克服一些较简单的 TMD 物流限制。

　　AMD 可以相当有效并绕过同样的 TMD 限制，但是有内在功率要求，价格一般更高。部分有源装置保留无源 TMD 的优势，但是也保证额外的按需活动，例如在突如其来的阵风情况下。

　　TMD 的理论效果[图 10.31（c）]是第一本征频率共振峰的完全衰减。原始的无阻尼模式被分割成具有同等阻尼比率的两种模式。虽然 TMD 通常可以调整成与系统的 f_0

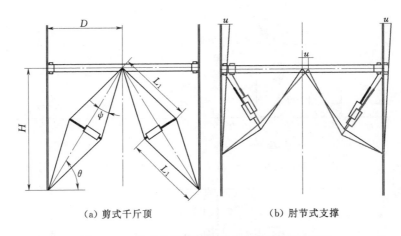

（a）剪式千斤顶　　　　　　　　　　（b）肘节式支撑

图 10.32　剪式千斤顶和肘节式支撑 MTMD 举例

一致，但是阻尼器和 SSt 本征频率之间任何的不一致（例如由于土壤状况）都实际上会造成载荷增加。将 TMD 调整成现有载荷的频率段可能会更加高效。TMD 相对于其他动态控制战略的另一个优势是在运行和停机/空转情况下仍然有效。

对于漂浮式发电机而言，振动阻尼主要作用于浪涌和俯仰自由度，但是对于固定底座的海上风电机组而言，主要功能是作用于摆动或边—边（SS）自由度，气动阻尼非常小。增加阻尼具有降低偏转和载荷以及增加整个海上风力发电机的使用寿命的可能。

增加塔架阻尼的直接后果转化为降低了所需钢材的数量。此外塔架偏转程度的降低可能对叶片—塔架净空具有正面效益，可以减轻转子重量。这些效果也可以合并并实现较轻的 SbS。

这些种类的设计选择分支可以进一步在 BOS 成本领域扩展，而制造和运输成本也可能会受到影响。很明显，对某些部件设计甚至在辅材领域内的注意力，实际上是如何对整个系统性能和单位电量成本产生重要的影响。

10.6.2　防腐设计

除了第 10.4 节中讨论的载荷之外，海上钢制 SSt 还必须承受海水、海上浪花、干湿循环、温度变化和生物积垢的腐蚀作用。腐蚀通过降低指定应力水平上的整体使用寿命、去除钢制件的疲劳极限（图 10.33）和诱发多裂纹发展来影响部件疲劳，与清洁环境中的单一疲劳裂纹行程形成对比。腐蚀斑点或许会比非腐蚀条件下预测的时间更早激发裂纹，而且裂纹传播速度更快。为了对腐蚀疲劳问题有一个良好的概括性了解，读者可以参考材料力学的课本。图 10.34 给出了腐蚀损害的举例。这些特点对于 SbS 结合点和焊接点特别重要，同样对于塔架法兰连接也是非常重要，如图 10.35 所示。因此，塔架设计人员应该从一开始就认识到结构体的预期腐蚀载荷；防腐蚀保护系统应该是整个结构设计不可或缺的一部分；而必须在保护成本和维修成本之间找到一个平衡。

海上石油和天然气行业已经在防腐蚀保护领域形成了丰富的经验，并开发了特殊的涂层来保护海上结构体。但是与石油和天然气平台相比，发电机塔架属于无人操作结构体，

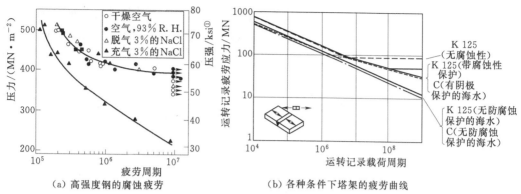

（a）高强度钢的腐蚀疲劳　　　　（b）各种条件下塔架的疲劳曲线

图 10.33　腐蚀性环境对钢材疲劳度的影响

① ksi 表示单位面积上所能承受的压力，为英制单位。英文表示：kilopounds per square inch。
1ksi＝6.895MPa。

（a）石油和天然气导管架　　　（b）单桩风力发电机内部
（注意解体的梯子扭曲）

图 10.34　广泛的腐蚀破坏举例

没有防腐蚀保护系统（CPS）的永久性检查。因此，虽然石油和天然气平台在检测到损害的时候可以快速修理，塔架的修复却需要产生很高的成本。Meuhlberg 认为，海上 CPS 的修理成本可能比塔架制造时初步应用的成本高出多达 50 倍。要注意的是，修理可能伴随较长的停机时间。

物理和化学腐蚀非常复杂，在这一方面已经有很多参考可用。腐蚀可以描述为一个由三个子系统组成的工艺系统：媒介、材料和界面。对于海上应用而言，媒介可以是空

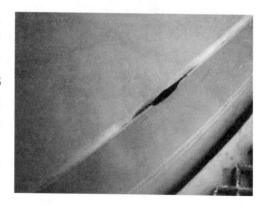

图 10.35　塔架法兰连接过渡件上的腐蚀

气、水或海浪中的两者混合物、内部空间的冷凝水和基础上的土壤。在所有情况下，高盐含量应在意料之中。材料包括非合金、低合金和不锈钢、铸铁、铝和铜合金和复合材料。

在本章中，塔架分节以钢材制成。界面由媒介中的材料氧化构成的化学化合物组成。

根据环境和载荷水平，各种类型的腐蚀可以识别，例如均匀腐蚀，电化学腐蚀，麻点腐蚀，缝隙腐蚀，微生物诱导腐蚀（MIC），应力（疲劳）的腐蚀和侵蚀腐蚀。腐蚀的这些所有形式都可发生在海上 SSt。

一般而言，媒介（有利环境）中水分的存在会刺激氧化反应。金属在媒介中失去电子，但是金属氧化物尚未形成，与干氧化相反，反应产物的形成或许不会在反应地发生。这是均匀腐蚀的基本机制。

如果另一种金属与主要金属发生电气接触并位于同一环境，进一步（电化学）腐蚀会发生，因为处于较低电化电位的金属会腐蚀（阳极），电子/离子电流发生时保护另一种（阴极）。这解释了为什么镀锌（电镀的）钢材塔架平台在水膜很薄的大气中进行了有效保护。同样的，电化学腐蚀可能在连接处发生，在这些部位不同的电化电位与塔架主要装置相接触。

由于媒介的存在，阴极和阳极反应或许会在同一金属的表面发生，如水和氧气与金属离子相互作用形成更加复杂的离子，并改变反应的热力学。从腐蚀观点看，这就是造成浪溅区如此活跃的原因。盐的存在加速了反应，使得金属氯化物（界面）的形成成为现实，金属氯化物经过水解作用从而降低媒介溶液的 pH 值。电化腐蚀率与电流强度成正比，与电极面积成反比。麻点和缝隙代表小的阳极区，在那儿会有高浓度的盐和更广泛存在的水汽。由于这些原因，麻点和缝隙腐蚀是快速腐蚀进程的例子。

MIC 是生物结垢的后果，生物结垢可以引起并加速微生物活动和钢材之间的相互作用。一般而言，在附着到 SSt 的生物层下面（例如海藻和贻贝）发展了厌氧环境。在厌氧环境中，硫酸盐还原细菌（SRB）等生物加强了 MIC 的发展。金属与硫化氢相互作用，形成了腐蚀产物金属硫化物和氢气。氢气倾向于渗透到金属基质中，使其变得更加易碎以及易于裂缝。这种类型的腐蚀也发生的海底附近。

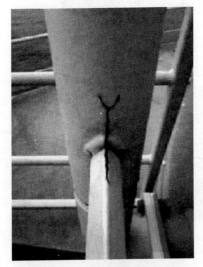

图 10.36　由于腐蚀疲劳而造成的二级结构体上的裂缝

当任何其他类型的腐蚀伴随着周期性载荷时，应力或疲劳腐蚀发生。腐蚀—疲劳断裂表面可能有或没有防腐产品涂层，取决于腐蚀和应力的相关影响（图 10.36）。在较低应力水平或较低应力频率循环时可以预期更多的腐蚀证据。最后，侵蚀腐蚀伴随着磨蚀行为，由于船只碰撞、浮冰影响、表面结冰和生物结垢造成。防腐蚀保护的标准根据腐蚀性分类和暴露分级将媒介和环境细分，见表 10.7。对于海上设施，分类 C5 - M 适用，而腐蚀速率可以根据参考文献 [1]、参考文献 [3]、参考文献 [11]、参考文献 [25] 的建议确定。必须要注意设施的气候区域，因为如在热带和亚热带区域较温暖的气候，会引起更高的腐蚀速率，如同较高盐分的环境也是如此。在北极地区，冰刻痕也可能通过去除涂层和氧化层会增加腐蚀速率，但是船只碰撞甚至破坏性更大（图 10.37）。

表 10.7 环境分类和一年暴露期后的预期厚度损失

分类	厚度损耗/mm		环境（举例）
	低碳钢	锌	
C1-非常低	≤1.3	≤0.1	干燥的室内空间，干净的大气
C2-低	≤25	≤0.7	室内空间，偶尔有冷凝。绝大多数情况是农村内陆室外大气
C3-中等	≤50	≤2.1	室内空间，高湿度和低污染。城市和工业室外空气，具有低盐度
C4-高	≤80	≤4.2	室内空间，化工厂、游泳池、船厂。工业室外区域，具有中等盐度
C5-I/M-非常高	≤200	≤8.4	室内空间，有永久冷凝和高污染。非常潮湿，化学腐蚀性室外大气，沿海和海上区域，具有高盐度

图 10.37 船只碰撞对于 SbS 的涂层损害和腐蚀举例

风电机组一般有五个腐蚀区域（图 10.38）：水下腐蚀区域（UZ）；中间腐蚀区域（IZ）；飞溅腐蚀区域（SZ）；大气腐蚀区（AZ）（C5-M）；内部或机舱腐蚀区（NZ）。对于每一个区域，可以赋予适当的设计防腐率，以及应该设计充足的 CPS。CPSs 包括：设计选择（例如通过选择结构性材料和方法排水）、涂层应用、电化学保护和监控和常规检测。

SZ 之上的 AZ 暴露于均匀腐蚀，必须以参考文献［25］等标准中规定的涂层保护。对于外部表面，例如塔架外表面，通常锌基底漆被额外的环氧和聚氨酯涂料覆盖。涂层需要以规定的间隔时间进行检查和修复。对于可能暴露于外部空气的内部表面，比如机舱和塔架内部表面，通常采用涂层等防腐蚀保护。腐蚀冗余可以替代 CPS 在 AZ 中意义不大的部件，且检查和修复可以实行。紧固装置的耐腐蚀材料（例如不锈钢）和格栅（GFRP）也可以接受。

腐蚀速率在 SZ 中最高，在该区域波浪载荷也最大，因此必须要特别注意这一区域的 CPS。SZ 在

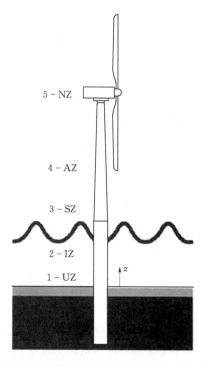

图 10.38 海上风电机组的传统腐蚀区域

249

最高静水水位（HSWL）时受 1 年波峰高度约束，在最低静水水位时（LSWL）受波谷高度约束。CPS 的维护并不是非常有效，阴极保护（CP）也是如此。涂层是强制性的，其材料应该保证可靠性，并遵循常规标准，但是他们不能是唯一的防腐蚀保护措施。因此腐蚀冗余（CA）应该用于部件，例如在 SZ 中的塔架、SbS 和过渡联结件。CA 可计算为

$$CA = \dot{C}(T_{\mathrm{L}} - T_{\mathrm{c}}) \tag{10.47}$$

式中　$\dot{C}$——腐蚀速率；

　　　T_{L}——部件预期使用寿命；

　　　T_{c}——预期的涂层有效寿命。

注意，T_{L} 应代表海上风力发电机生产后的存储时间、安装时间和有效运营。$\dot{C}$ 被假设为内部表面在 0.15mm/年和 0.20mm/年之间的变化，外部表面在 0.30~0.40mm/年之间的变化。在 MSL 之下，CP 也应该被使用。

在于 IZ 和 UZ 中，CP 是必要的，而涂层是可选项，用于减少所需的 CP 容量。内部表面应该用 CP 或 CA 保护。参考文献 [11] 建议使用腐蚀速率$\dot{C}$不小于 0.10mm/年。

CP 使用了铝基或锌基的保护阳极固定到位于海底和 MSL 之间的主要结构。CP 系统的设计必须满足最低使用寿命等于海上风力发电机的使用寿命的要求，各种标准保证了如何根据 I（一种保护性电流密度）和 Q（一种实用的电流能力）为基础的阳极制造商规格计算为

$$m_{\mathrm{a}} = \frac{A_{\mathrm{S}} I (T_{\mathrm{L}} - T_{\mathrm{c}})}{Q} j \tag{10.48}$$

式中　m_{a}——阳极质量；

　　　A_{S}——需要保护的总表面积；

　　　j——一种保护性电流密度，通常设置为 1.1。

外加电流阴极保护（ICCP），此处电流是由专用电源产生，可以用于替代电镀 CP，原则上可以由电网连接提供。专用电缆、整流器、控制装置和监控装置也需要。与这些装置相关的额外成本将通过 ICCP 与结构体的更多受控阴极极化和一般而言位于主体结构之外的阳极元件的优势进行衡量。

我们必须认识到，由于舱口和开口结构体的存在，完美的水密或气密几乎是不可能实现的，即使在最初作如此考虑的区域也是如此，例如靠近泥线的基础空洞。此外，由于海水的渗透和 SRB 的存在，以及在需要维修接入时外部空气的污染，塔架中的气密区和 SbS 仍然可能引起腐蚀。如果密封失败，在结构体孔洞内会发生潮汐变化。这种情况与靠近港口的情况类似，都是由于半停滞状态的干湿循环变化而发生加速腐蚀的情况。

10.7 优 化 考 虑

塔架是一种相对科技水平要求较低的部件，可以根据用途模块化。海上风电机组塔架和 SbS 构成海上风电机组总安装成本的相当大一部分；因此他们本身成为部件优化的最好选择。例如典型的锥形海上风电机组塔架，在直径增加时喜欢最佳的壁厚分布，同时仍

然维持所需的刚度水平。在陆上，塔架基础的最大外直径（OD）受到运输条件的限制。远海风电机组刚度和屈曲强度要求可能要求比近海更高，但是运输限制却可以充分放松。在另一方面，如本章所讨论的，海上 SSt 必须满足甚至比陆上同类更多的结构性要求，而他们的结构优化（SO）并非不重要。

结构优化学科主要在航天航空产业最为成熟。在该产业，计算资源的进步利用 CAE 和 FEA 工具中所取得的进展，已经打开了通往设计创新解决方案的新途径。在风电行业，部件优化，尤其是系统自动优化仍然处于起步阶段。但是仍然有些挑战存在，例如 WTG 的非线性动力学、复杂和随机的载荷情况，振动响应和疲劳的重要性，以及随之发生的对非常专业的模拟工具的需要。仅疲劳 FLS 载荷情况下的结构优化而言，目前没有多少文献支持；与此相对，静态（或 ULS）情况下的绝大部分工作已经完成，更容易实现，需要系统响应的知识有限。此外，各种部件之间的紧密耦合要求多学科设计优化，准确来说也是在时间域实施。因此，分析非常复杂也非常耗时。然而，频率域方法预示着大大减少分析时间。参考文献［121］对海上风电机组的结构优化的方法和挑战进行了很好的总结。为了克服这些挑战，发电机原始设备制造商和研究实验室正在做出新的努力。

一般情况下，结构优化可能包含以下三组不同种类的问题。

（1）分级优化。例如必须获得塔架分节的横截面面积。

（2）形状优化。例如当塔架外形（锥度处于圆筒形状）被作为设计变量。

（3）拓扑优化。例如当多个部件被允许加入桁架或桁格塔架和从中移除。

结构优化的基本限制是结构的响应应该对于不同的规格都是可接受的，即至少应该是根据适用标准（例如第 10.3 节中的规定）的可行设计。既然可能有很多可行设计，最好从成本最低、重量最低、性能最好或这些优点结合等方面选择最佳设计。例如，如果海上风电机组是圆筒形塔架，在 ULS 和 FLS 载荷情况下，结构优化归纳为有离散变量的分级优化（例如塔架分节的壁厚和外直径）。最终目的应该是将系统的单位电量成本最小化。

结构优化的基础是结构问题的数学公式，允许通过计算机计算法发现最佳解决方案。该问题的数学特点是非线性编程问题，在这种情况下，采用大约值和逐次非线性化来得到问题的迭代解。通用结构优化在数学术语中可以写为

$$SO = \min_{x_d} f_{obj}[x_d, u(x_d)], g_{cnt}[x_d, u(x_d)] \leqslant 0 \qquad (10.49)$$

式中　x_d——设计变量的阵列；

　　$u(x_d)$——设计变量的通用（状态）函数（例如简化模型的模态坐标，或更简单的横梁弹性轴的位移）；

　　f_{obj}——目标函数；

　　g_{cnt}——约束函数。

函数是阵列形式，即他们在输出和输入方面具有多重维度。

根据问题属于线性、凸函数、非线性、非凸函数或离散与连续参数的情况，已经开发了不同的方法来解决式（10.49）。函数的衍生和 Jacobians 行列式 f_{obj} 和 g_{cnt} 关于阵列 x_d 通常需要解决式（10.49）［通过所谓的基于梯度优化（GBO）］。如果可以得到衍生物的分析版本，采用了数字衍生物时优化可以以比替代更快的速度进行。但是，很少情况下可以确认结构问题函数的凸面；因此式（10.49）的 GBO 解决方案可能不一定产生整体最

优，可能采用多重迭代来确定最佳方案是必要的。为了解决这一问题，可以采用遗传算法（GA），这是适合具有连续或离散变量的复杂优化问题的方法。GA 在定位整体最优方面强大有力，但是是以大量的方程评估为代价；因此当变量的数量巨大时，他们才具有优势。

　　一个优化的例子是，一个 10MW 风电机组塔架壳体利用 GBO 算法优化质量。设想圆筒形塔架要固定到导管架的顶部，在基础高度大约 21m 的 MSL。钢密度增加说明了法兰、硬件和辅材和涂层的原因。为了简单化，只考虑了两种 ULS DLC，只选择了塔架基础和塔架顶部横截面特点和恒量横截面（塔腰）长度（$Htwr_2$）作为设计变量。一个更加精细的模型可以包括所有的壳体分节高度和相关的 D_{sh} 和 t_s 作为优化变量，以及更多的载荷情况和限制条件。此处，本举例的目的是展示在初始设计时优化算法的力量，因此一阶近似值是可以接受的。更多的验证需要更高的准确度，然后 AHSE 可能用于评估疲劳损害，从而被作为结构优化问题的额外 g_{cnt} 函数。本机构优化案例的主要发电机和环境参数，以及可制造性强加的约束（例如最小和最大 D_b，可焊接性的最小和最大 DTR 见表 10.8）。所实施的主要结构检查，以及目标 f_0（表 10.8）的目标模型性能见式（10.30）～式（10.32）。

表 10.8　海上风电机组塔架的简单优化研究的主要载荷和环境参数

参　　数	值	单　位	注　　释
RNA 数据			
质量	677	t	
CM_{zoff}	2.5	m	RNA CM 从塔顶法兰垂直偏移距离
轮毂高	119	m	
f_0	0.25	Hz	目标频率
DLC1.6			
U_{ref}	33	m/s	简单 DLC 载荷分析中的轮毂高度参考风速
最大推力	3.411×10^6	N	RNA ULS 无分裂推力
M_{xRNA}	9.95×10^6	N·m	与最大推力载荷有关的 RNA ULS 力矩
M_{yRNA}	1.322×10^7		
DLC 6.1			
U_{ref}	70	m/s	简单 DLC 载荷分析中的轮毂高度参考风速
最大推力	2.1×10^6	N	RNA ULS 无分裂推力
M_{xRNA}	0.0	N·m	与最大推力载荷有关的 RNA ULS 力矩
M_{yRNA}	1.572×10^6		
边界数据			
C_d	0.7	—	为简单化目的，塔架空气动力阻力系数的假设常数
ρ	8740	kg/m³	钢密度：密度增加说明了辅材、涂层和硬件等原因

续表

参　数	值	单　位	注　释
f_y	345	MPa	屈服强度
K_x	5.8×10^7	N/m	塔基的等效水平
$K_{\theta x}$	4.4×10^{10}	N·m/rad	塔基的弯曲弹簧常数
K_z	1.3×10^9	N/m	塔基的等效垂直常数
$K_{\theta z}$	6.46×10^9	N·m/rad	塔基的扭力弹簧常数
塔架法兰界面	20.7	m MSL	
设计范围			
D_b [min, max]	[4, 7.5]	m	塔基 OD 允许范围
D_t [min, max]	[3, 4]	m	塔顶 OD 允许范围
DTR_b [min, max]	[120, 200]	—	塔基 DTR 允许范围
DTR_t [min, max]	[120, 200]	—	塔顶 DTR 允许范围
$Htwr_2$ [min, max]	[0, 18]	m	从塔基到塔恒定横截面顶标高

优化程序的结果（图 10.39）见表 10.9。注意，对于该案例，DLC 1.6（最大推力，运行条件）倾向于推动塔架壳体的设计［图 10.39（b）］。这与前面提到的 RNA 载荷整体

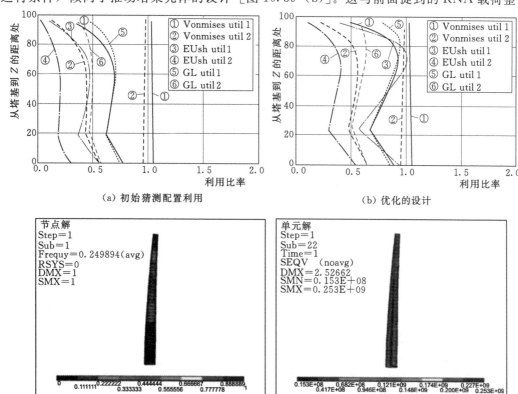

图 10.39　塔架的侧面和利用分布

重要性一致，除了水深非常深的场地，在这样的场地 FLS 可能受到流体动力推动。为了进一步优化壳体，应该将壳体位置包含仅设计变量中，这一效果将在稍后展示。

表 10.9　塔架简单优化研究的最小质量初始猜测和优化配置

设计变量	最初猜测	优化值	多节优化	单位
D_b	6.9	7.99	8.42（8.15）[①]	m
D_t	4	3.57	3.91（4.89）[②]	m
DTR_b	100	183	212（309）[①]	—
DTR_t	120	156	236（185）[②]	—
$Htwr_2$	15	24	48[③]，79[③]	m
质量	855	624	552	t
f_0	0.24	0.25	0.256	Hz

① 塔基之上第一节的直径和 DTR。
② 塔基之上第二节的直径和 DTR。
③ 塔基之上中间节的高度。

从表 10.9 的结果中很明显可以看出，塔架质量比布局的初始猜测值大大减少。此外，目标本征频率更好捕捉，而 ULS 最大局部屈曲利用达到统一。这是更详细设计的一个良好开端，在个人计算机上几分钟内可以实现。结果验证也通过 ANSYS® FEA 组件（FEA）得以进行［图 10.39（c）、图 10.39（d）］。

可以进一步研究设计空间来改善解决方案，或评估与设计变量变化有关的质量损失，例如那些由于制造和运输限制条件造成的质量损失。为了解决这些敏感性问题，在允许的范围通过变化设计变量对大约 4480 种情况进行了扫描，其中一些的结果如图 10.40 所示。图 10.40 显示了塔架质量的轮廓，本征频率和结构利用［即倾向于推动设计的整体屈曲利用率（GL）和壳体屈曲利用率（EU）］。由于扫描分析中的各种设计变量的离散化，图形仅表示在所得到的最佳解决方案中，一个问题多维空间的大约横截面（即 D_t＝3.5m，而不是 3.65m；DTR_t＝170，而不是 156；以及 $Htwr_2$＝23.95m，而不是 24m）。然而，可以看出获得的布局（以灰色十字表示）实际上是一个整体优化，从中偏离可能意味着质量的增加。例如，假设 D_b 的硬界限是 7.5m，一个可行的解决方案（满足这些限制条件）可能会导致 100t 的损失（图 10.40 中的黑色十字），至少只要 $Htwr_2$ 参数没有显著改变时结果会是如此。图 10.40 中的类似分析可能有助于加快设计决策。

图 10.41 等其他图可以用于进一步探索质量和其他参数对设计变量和目的的敏感性。在图 10.41（a）中，塔架质量和 GL 利用率的整体趋势与所获得的本征频率和沿着塔架跨度的平均 DTR 一起展示。可以观察到刚度更高的塔架（更高的 f_0）需要比预期需要更高的钢材质量，以及如何降低壁厚（增加 DTR），从而为了指定目标频率保留质量。这两种趋势显示 DTR -质量表面是如何比 f_0 -质量表面平缓，描述了壁厚为何在减少质量方面没有像塔架-基础直径减少一样有效，例如图 10.41（b）中所示的模拟图形。图 10.41（c）显示了同一个计算解决方案空间的二维（2D）图像，重点在于 EU 利用率。该图展示了如果频率目标高于当前的 0.25Hz，屈曲限制就不再是主要驱动力，会被模型性能要求取代。这当然是假设边界条件没有变化的情况，如 SbS 刚度的举例。还可以观察到计

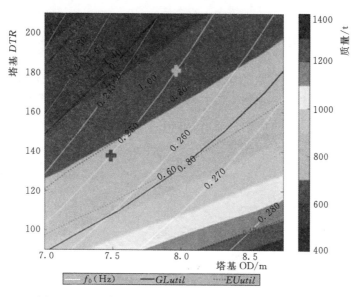

图 10.40 设计多维空间的横截面：塔基 OD 和 DRT 的
函数的质量—填充的轮廓

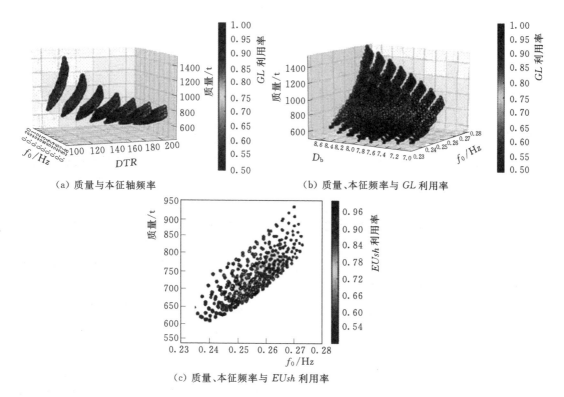

（a）质量与本征轴频率 　　　　（b）质量、本征频率与 GL 利用率

（c）质量、本征频率与 EUsh 利用率

图 10.41 支撑 10MW 风电机组的塔架初始设计的一般趋势

算的 f_0 有大约 12% 的变化，会造成 20% 的质量损失。

图 10.40 中本征频率以白色轮廓显示，而整体和局部利用（以 $GLutil$ 和 $EUutil$ 表

示）以黑色实现和虚线轮廓表示。塔顶直径和 DTR 分别为 3.5m 和 170；塔基之上塔腰的高度是 23.95m。灰色十字表示在这次研究中获得的优化配置的大约位置。黑色十字表示可行设计的大约位置，塔基 OD 硬限制为 7.5。

这些结果只需要一些设计变量实现，即只有两个塔节，并在底部塔节保持恒量横截面。通过放松后者的条件，并增加一个中间节，从而取得三个锥形塔节，塔架质量可以进一步减少。所获得的塔架侧面和沿着跨度的利用分布图如图 10.42 所示。

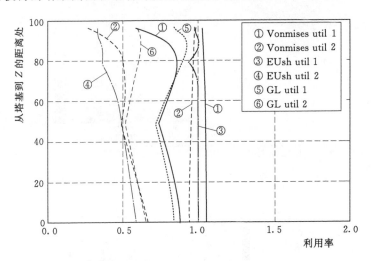

图 10.42　塔架侧面和沿着跨度的利用分布图

传统上，塔架由发电机设备制造商规定并由同一制造商或与第三方制造企业合作设计。

在另一方面，SbS 和基础通常由土木工程公司设计，同样会定义 TP。这样，就需要在 RNA 和塔架原始设备制造商工程师和负责剩余 SSt 的工程师之间反复交换信息。发电机设备制造商会将可采纳的系统频率带与预测的塔基载荷一起传递给 SbS 原始设备制造商；而 SbS 工程师反过来会将那些载荷结合到空气动力计算中，确保 SbS 基础系统的极限状态的验证。塔基的新的刚度值也会返回发电机原始设备制造商，而该制造商将根据这些最新信息重复载荷分析。这样的反复将会继续直到在计算值和模型限制之间达到平衡。这一过程中，必须确保建立沟通和数据分享协议，否则可能会在信息交换过程中引起知识产权问题。

原则上，ULS 分析可以采用分节法，因为最终载荷可能会在不同的 DLC 下更容易叠加，可能会产生非常保守的答案。但是，FLS 分析更加复杂，因为该分析必须捕捉液体—气动弹性—伺服—动力合并激发的振动耦合，而且随后以耦合方式进行的时间域模拟非常繁重。尽管如此，序贯算法对于位于北海的只有少数结构问题的较小型装置（例如 3MW 发电额定功率和 20m 水深）具有相对较好的效果。在有些情况下，关于单桩 TP 灌浆部分的疲劳问题已经导致了一些昂贵的改型。因此，新的单桩 TP 设计整合了剪力键和锥形部分来将混凝土中的张应力最小化。桁格 SbS 或导管架已经出现了一些疲劳问题，特别是靠近焊接连接缝的区域。

序贯耦合设计的另一个缺点是系统优化本质上受到阻碍，因为不能直接使用系统工程方法。因此，责任可能从塔架设计师传递到 SbS 和基础工程师，这些工程师可能需要增加钢材的数量来保证模型合规性超过纯载荷阻力所需的。这通常会导致次优的利用率。与此相反，整个 SSt 的同时优化，可能会导致整体的质量最小化（如果接受塔架质量的一些小损失的话）。

到目前为止，优化已经局限于单一部件和单一目标功能，例如塔架质量。但是，复杂系统的优化设计，例如海上风力发电机，应该满足几种优质函数，包括制造、安装、维护和停运的成本函数。更重要的是，子系统目标的最优设计，如部件质量最小化，不一定实现整体系统单位电量成本最小的最佳设计。理想情况是应该采用多目标功能优化，这样的优化不仅仅需要海上风电机组结构动力学的准确模型，还需要风电场的系统相互作用和与整体 BOS 相关程序的准确模型。阅读本章可以清楚地推断，海上塔架的设计与 SbS 的设计紧密相连。因此，为了实现整体 SSt 的最优设计，塔架和 SbS 应该同时设计和分析。

例如对一个 5MW 发电机导管架塔架进行了简单的质量优化，其主要的环境、几何和载荷参数见表 10.10，该表还列出了与这次研究相关的 RNA 数据和赋予的模型限制条件。首先，进行了一个连续优化的例子，在该举例中，四腿 SbS 得到优化，采用了固定塔架配置。该塔架是从陆上设计修改而来，最初设计是为了维持与那些海上系统一样的载荷，以及同样的目标频率。原始的塔架峰值 ULS 利用如图 10.43（a）所示。该结构必须在 22m 高度（法兰高度，见表 10.10）时截断，一边固定到 TP 顶端。最终的塔架侧面和利用如图 10.43（b）所示。导管架几何形状（倾斜、支腿部件尺寸、支架、TP 主梁以及包括支柱埋置长度）根据参考文献［19］在对连接部分、部件、支柱利用等额外的限制条件方面进行了优化。为了简化，只考虑了两种 ULS DLC（表 10.10），没有海生植物丛或腐蚀影响，没有风—浪错位，而载荷导向两个不相邻的支柱。图 10.43（c）显示了海底之上优化的 SSt 骨架三维图。

表 10.10　简单优化研究所用的主要载荷和环境参数

参数	值	单位	注　释
RNA 数据			
质量	350	t	
I_{xx}	1.15×10^8		
I_{yy}	2.20×10^7	$kg \cdot m^2$	惯性数量
I_{zz}	1.88×10^7		
I_{xz}	5.04×10^5		
CM_{xoff}	-1.13		
CM_{yoff}	0	m	RNA CM 从塔顶中心线偏移
CM_{zoff}	50.9×10^{-1}		
轮毂高度	90	m	
f_0	0.28	Hz	目标频率

续表

参数	值	单位	注　释
DLC1.6			
U_{ref}	33	m/s	简单 DLC 载荷分析中的轮毂高度参考风速
F_{xRNA}	$1.28×10^6$	N	RNA ULS 力
F_{yRNA}	0		
F_{zRNA}	$-1.12×10^5$		
M_{xRNA}	$3.96×10^6$	N·m	RNA ULS 力矩
M_{yRNA}	$8.96×10^5$		
M_{zRNA}	$-3.47×10^5$		
DLC6.1			
U_{ref}	70	m/s	简单 DLC 载荷分析中的轮毂高度参考风速
F_{xRNA}	$1.88×10^5$	N	RNA ULS 力
F_{yRNA}	0		
F_{zRNA}	$-1.65×10^4$		
M_{xRNA}	0	N·m	RNA ULS 力矩
M_{yRNA}	$1.31×10^5$		
M_{zRNA}	0		
环境数据			
土壤	沙土，坚硬的	—	假设一般坚硬的土壤
水深	41	m	
浪高	17.6	m	50 年波浪
T_p	12.5	s	与 50 年波浪相关的波浪周期
其他辅助数据			
C_d	0.7	—	为简单化，塔架空气动力阻力系数的假设常数
ρ	8740	kg/m³	钢密度：密度增加说明了辅材、涂层和硬件等原因
f_y	345	MPa	屈服强度
甲板高度	16	m MSL	
塔架法兰界面	22	m MSL	
最大足迹	16	m	各支腿之间的泥线距离
最大支柱 L_p	70	m	最大支柱埋置长度

　　重复优化行为，但是这次同时为整体 SSt 寻求最优设计。目标是将整体系统质量最小化，而限制条件则设置为满足塔架和 SbS 的模型性能标准和设计规范检查。源自优化配置的质量安排见表 10.11。从该表可以看出，所有子部件都从同时优化方法中受益，总质量降低大约 6%。这个例子没有考虑 FLS 的情况，但是可以认为，对于给定的恒定模态响应，也可以从那些 DLC 中推导出类似的结论。

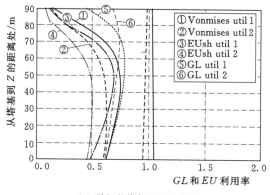

（a）最初的塔架配置和利用

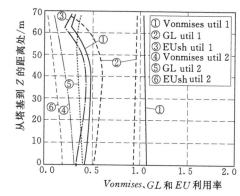

（b）为海上应用而修改的塔架和利用侧面图

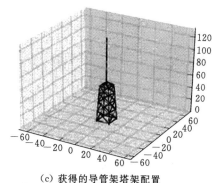

（c）获得的导管架塔架配置

图 10.43　根据此前为陆上用途优化的固定塔架导管架并对此修改以适应导管架的优化举例

表 10.11　在简单优化研究中 SSt 各种部件的质量安排

部件	序贯优化	同时优化	相对差异 （同时优化与序贯优化）
支柱	300	290	−0.03
导管架桁格	320	290	−0.09
导管架 TP	250	230	−0.08
导管架整体	570	520	−0.09
塔架	230	205	−0.13

　　在其他情况下，增加塔架的刚度并因此增加其质量，实际上由于 SbS 质量显著减轻，因此相当于整体减少系统质量，或产生 SSt 减少的足迹。较小的足迹甚至可以对运输成本产生积极的影响。努力捕捉这些并行效应很重要，因为他们参与最终的项目成本计算。注意，例如如果导管架支腿的外直径可以减少，相关液体动力载荷可以进一步减少，对整个海上风力发电机的设计产生积极的反馈，并对质量降低产生综合效应。虽然这些和其他的在单位电量成本上的并行后果不能以这一个简单的例子获得，但是很容易理解简单的 SSt 制造、运输和安装的效果。

　　因此重点应放在海上风力发电机设计的系统工程方法上，因为他们的部件（包括塔架和 SbS）在技术上和经济上的相互关联比陆上的同类更多。

10.8　结　束　语

虽然从陆上到海上的最初和自然进程要求塔架以 MP 配置的形式简单的扩展，但是更深的水深、更重的 RNA 和更高的轮毂高度要求更加复杂的支持系统分析。对模型性能的严苛要求只能部分通过更大数量的 SbS 来解决，而且为了防止他们变得成本过高，塔架变得更加重要。与陆上风电机组塔架相比，海上风电机组塔架设计在扩大的载荷情况下面临新的技术挑战，这些情况包括流体动力、海冰动力和应力—腐蚀作用。此外，虽然有大量的设计和认证标准可用，但是没有统一的指南。最后，最大的挑战仍然在于降低系统 LCOE 的追求。

塔架工程师必须认识到在陆上获得的经验和从石油和天然气行业获得的经验，只能部分克服这些艰巨的挑战。尽管如此，放松的运输限制条件、新材料、更新的控制战略、积极的阻尼系统，以及更多强大的计算资源，是新的激动人心的技术机遇，可以实现强大且经济的设计。

本章节已经提供了在设计海上塔架时必须要考虑的载荷情况和载荷资源的概述，以及可以用于计算载荷的技术和工具的综述。根据主要参考标准并利用了可靠性和暴露水平的概念，LRFD 理论中也介绍了极限状态认证。本章也对所谓的辅材和 CPS 战略给予特别关注，因为他们直接或间接地影响了结构钢的分布，属于次要方面。尽管重点在于更多严格的 FEA 评估，但是本章提供了简化的设计方程。核心是传统钢制圆筒塔架及其法兰和壳体的设计，因为他们仍然是海上应用的最常见配置。但是根据此处描述的相同的原则，并增加额外的详细分析，也可以设计其他的布局。例如，钢筋混凝土塔架可以提供非常经济的解决方案，特别是一体化的基于重力且配有高轮毂高度的 SSt。混凝土具有出色的动力（阻尼）和持久性特征，在形状和物理特性方面（强度、刚度、密度）非常灵活多用，因此适于现场生产以及预制模块化子部件。此外，筋预应力是保证整体强度、连接分散的预制环的一种非常有效的途径，也可以用于微调塔架的自然频率。所有这些特点为塔架设计师开创了大量的选择。其他的概念，例如桁格结构，或牵索和钢/混凝土结构体都可以设想为未来装置的潜在选择。在任何情况下，成功的布局是那个可以提供最小风电场 LCOE 的设计。

为了这一目的，塔架和海上风力发电机的其他部件应该同时设计，以及与 BOS 和 O&M 同时考虑。海上系统之间的结合比陆上系统更加紧密。因此，单一部件优化很可能产生次优整体设计，以及更高的 LCOE。因此应该追求多功能结构优化，但是出于多种原因，这仍然是一项艰巨的任务：①多个工程学科（例如岩土工程、土木、机械、造船、电气和工业工程）具有不同的模型精确度水平，但是这些学科必须合并才能进行准确的分析；②参数和设计变量的数量占有非常巨大的比例；③可以解释所有这些特点的 CAE 工具的数量有限，甚至可以在优化过程中轻松自动化的存在更少。

为了实现这一复杂的综合观点，能够将系统载荷响应特征作为完全组合的整体来描述、同时解释空气动力、液体力学、结构性和控制系统动力学的特征非常重要。例如，塔架（以及整体 SSt）设计能够也应该利用先进的控制装置和技术。还不应该忽视的是所谓的共同设计的经济优势，即参数控制配置可以与海上风电机组结构动力一起建模，从而实现可调整的最优系统布局。

但是，完全优化实现起来难度很大，对计算资源和分析时间有着很高的要求。在这样的背景下，简化的模型仍然具有很高的价值，所有设计团队（例如 WTG 设备制造商和 SSt 设计公司）之间的有效沟通对于风电项目的成功至关重要。最后，在每一个领域的经验丰富的设计师的作用不能低估。

政策和能源挑战将很快要求进一步降低海上风电 LCOE。虽然历史上海上风电机组部件设计已经在区划过程中进行，多学科优化和系统工程方法看起来在未来海上风电行业的蓬勃发展中不可缺少。

缩 略 语

2D	Two‐dimensional	二维
3D	Three‐dimensional	三维
AGL	Above Ground Level	地面以上
AHSE	Aero‐hydro‐servo‐elastic	航空—液压—伺服—弹性
AMD	Active Mass Damper	主动质量伺服器
ANSYS®	ANSYS® finite Element Analysis (FEA) Package	ANSYS® 有限元分析 (FEA) 包
AOA	Angle of Attack	迎角
AWEA	American Wind Energy Association	美国风力能源协会
AZ	Atmospheric Corrosion Zone	大气腐蚀区
BEMT	Beam Element Momentum Theory	梁单元动力理论
BOS	Balance of Station	站点平衡
CA	Corrosion Allowance	腐蚀冗余
CAD/CAM	Computer‐aided Design/Manufacturing	计算机辅助设计/制造
CAE	Computer‐aided Engineering	计算机辅助工程
CFD	Computational Fluid Dynamics	计算流体动力学
CM	Center of Mass	质量中心
COD	Co‐directional Wave and Wind	同向风浪
CP	Cathodic Protection	阴极保护
CPS	Corrosion Protection System	防腐蚀保护系统
CVA	Certification and Verification Agency	认证和验证机构
DAF	Dynamic Amplification Factor	动力放大系数
DEL	Damage Equivalent Load	损伤等效负荷
DES	Damage Equivalent Stress	损伤等效应力
DLC	Design Load Case	设计载荷情况

DOF	Degree of Freedom　自由度
ECD	Extreme Coherent Gust with Direction Change
	带有风向转变的极端连续阵风
ECM	Extreme Current Model　极端电流模型
EDC	Extreme Direction Change　极端方向变化
EOG	Extreme Operating Gust　极端运行阵风
ESS	Extreme Sea State　极端海洋状况
ETM	Extreme Turbulence Model　极端湍流模型
EWH	Extreme Wave Height　极端浪高
EWLR	Extreme Water Level Range　极端水位范围
EWM	Extreme Wind Speed Model　极端风速模型
EWS	Extreme Wind Shear　极端风切变
FA	Fore – aft　前后
FAST v8	CAE tool created by National Renewable Energy Laboratory（NREL）
	国家可再生能源实验室（NREL）创造的 CAE 工具
FEA	Finite Element Analysis　有限元分析
FEED	Front – end Engineering Design　前端工程设计
FLS	Fatigue Limit State　疲劳极限状态
FWVM	Free Wake Vortex Method　自由尾涡方法
GA	Genetic Algorithm　遗传算法
GBF	Gravity – based Foundation　基于重力的基础
GBO	Gradient – based Optimization　基于梯度的优化
GDW	Generalized Dynamic Wake　广义动态尾迹
GFRP	Glass Fiber – reinforced Polymer　玻璃纤维增强聚合物
GMNIA	Geometrically and Materially Non – linear Analyses with Imperfection Modes
	缺陷模式的几何和材料的非线性分析
HSWL	Highest Still – water Level　最高静水水位
ICCP	Impressed Current Cathodic Protection　外加电流阴极保护
IP	Intellectual Property　知识产权
IPC	Independent Pitch Control　独立变桨控制
ISO	International Standardization Organization　国际标准化组织
IZ	Intermediate Corrosion Zone　中间腐蚀区
LCOE	Levelized Cost of Energy　能源平准化成本
LF	Load Factor　载荷系数
LRFD	Load Resistance Factor Design　载荷电阻系数设计
MIC	Microbiologically Influenced Corrosion　微生物诱导腐蚀
MIS	Misaligned　错位
MP	Monopile　单桩

MSL	Mean Sea Level　平均海平面
MTMD	Multiple Tuned Mass Damper　多重调谐质量阻尼器
MUL	Multi-directional Wave Directions　多向波向
NCM	Normal Current Model　正常电流模型
NREL	National Renewable Energy Laboratory　国家可再生能源实验室
NSS	Normal Sea State　正常海况
NTM	Normal Turbulence Model　正常湍流模型
NWLR	Normal Water Level Range　正常水位范围
NWP	Normal Wind Profile　正常风速轮廓线
NZ	Nacelle Corrosion Zone　机舱腐蚀区
O&G	Oil and Gas　石油和天然气
O&M	Operation and Maintenance　运行和维护
OC3	Offshore Code Comparison Collaboration　海上代码比较协作
OC4	Offshore Code Comparison Collaboration Continuation　海洋代码比较协作延续
OD	Outer Diameter　外直径
OEM	Original Equipment Manufacturer　原始设备制造商
OTM	Overturning Moment　翻转力矩
OWT	Offshore Wind Turbine　海上风力发电机
PSD	Power Spectral Density　功率谱密度
PSF	Partial Dafety Factor　分项安全系数
RC	Reinforced Concrete　钢筋混凝土
RNA	Rotor Nacelle Assembly　转子机舱总成
RP	Return Period　回报期
RSR	Reserve Strength Ratio　储备强度比
RWH	Reduced Wave Height　降低波高
RWM	Reduced Wind Speed Model　降低风速模型
SbS	Substructure　子结构
SCF	Stress Concentration Factor　应力集中系数
SLS	Serviceability Limit State　正常使用极限状态
SO	Structural Optimization　结构优化
SRB	Sulfate-reducing Bacteria　硫酸盐还原细菌
SS	Sideeside　边—边
SSI	Soilestructure Interaction　土壤—结构相互作用
SSS	Severe Sea State　恶劣海况
SSt	Support Structure　支撑结构
SWH	Severe Wave Height　大浪高度
SWL	Still-water Level　静水水位

SZ	Splash Corrosion Zone 飞溅腐蚀区
TLCD	Tuned Liquid Column Damper 调谐液柱阻尼器
TLP	Tension – leg Platform 张力腿平台
TMD	Tuned Mass Damper 调谐质量阻尼器
TP	Transition Piece 过渡联结件
ULS	Ultimate Limit State 极限状态
UNI	Unidirectional Wave 单向波动
UZ	Underwater Corrosion Zone 水下腐蚀区

变　量

$1P$	根本旋转频率
A_b	螺栓应力区
A_f	扁平法兰的有效横截面积
A_s	要保护的表面积
A_{mid}	中间厚度线刻画的面积
A	横截面面积
CM_{xoff}	从塔顶中心线沿着 x 轴的转子机舱总成（RNA）的偏移部分
CM_{yoff}	从塔顶中心线沿着 y 轴的转子机舱总成（RNA）的偏移部分
CM_{zoff}	从塔顶中心线沿着 z 轴的转子机舱总成（RNA）的偏移部分
C_d	曳力系数
C_m	增加的质量系数
C	$\sigma - N$ 曲线中的常数
DTR_b	塔基 DTR
DTR_t	塔顶 DTR
DTR	直径厚度比率
D_b	塔基外直径（OD）
D_t	塔顶 OD
D_{bc}	法兰连接中的螺栓圆直径
D_{fat}	疲劳损伤
$D_{sh,m}$	壳体中间壁直径
D_{sh}	壳体 OD
$EUUtil$	壳体屈曲利用率
E_b	螺栓材料杨氏模量
E_f	法兰材料杨氏模量
E	杨氏模量
F_d	载荷阻力系数设计（LRFD）方法中的通用和设计（分量）载荷
F_j	与振动 j 模式相关的力量

F_{k}	LRFD 步骤中的通用和特征载荷
F_{p}	螺栓预紧力
F_{t}	螺栓拉伸载荷
F_{z}	壳体拉伸载荷
F_{si}	船只冲击造成的水平载荷
$F_{\mathrm{t,RD}}$	螺栓强度载荷
$F_{\mathrm{u,A}}$	根据法兰分节模型在故障模式 A 下的壳体等效载荷
$F_{\mathrm{u,B}}$	根据法兰分节模型在故障模式 B 下的壳体等效载荷
$F_{\mathrm{u,C}}$	根据法兰分节模型在故障模式 C 下的壳体等效载荷
F_{ult}	法兰连接的极限阻力载荷
F_{xRNA}	沿着 x 轴来自 RNA 的力量
F_{yRNA}	沿着 y 轴来自 RNA 的力量
F_{z1}	Schmidt/Neuper 方法中的 F_z 张力载荷阈值
F_{z2}	Schmidt/Neuper 方法中的 F_z 张力载荷阈值
F_{zRNA}	沿着 z 轴的来自 RNA 的空气动力
F_{zcr}	可能引起法兰分离的 F_z 张力载荷
$GLUtil$	整体屈曲利用率
G_{f}	阵风系数
H_{w}	浪高
H_{twr2}	塔腰高度
I_{xx}	关于 x 轴的惯性的质量惯性力矩
I_{xz}	关于 x 轴和 y 轴的惯性的质量交叉力矩
I_{yy}	关于 y 轴的惯性的质量惯性力矩
I_{zz}	关于 z 轴的惯性的质量惯性力矩
I	保护性电力密度
J_{xx}	惯性的横截面力矩
K_{a}	螺栓刚度与总连接刚度之比
K_{β}	法兰刚度与总连接刚度之比
K_{b}	螺栓轴向刚度
K_{f}	扁平法兰对的等效刚度
K_{x}	沿着 x（$=y$）轴的等效土壤—结构相互作用（SSI）弹簧常数
K_{z}	沿着 z 轴的等效 SSI 弹簧常数
K_{qx}	等效 SSI 弯曲［关于 x（$=y$）轴］弹簧常数
K_{qz}	等效 SSI 扭力［关于 x（$=y$）轴］弹簧常数
L_{b}	弹簧有效长度
L_{p}	支柱埋置长度
L	塔架或 SSt 长度
M_{d}	相关站点的设计（分量）弯曲力矩载荷

M_p	相关站点的弯曲力矩载荷阻力
M_x	在相关站点沿着 x 轴的弯曲力矩分量
M_y	在相关站点沿着 y 轴的弯曲力矩载荷分量
M_z	在相关站点沿着 z 轴的扭矩载荷分量
$M_{Pl,2}$	根据法兰分节模型故障模式 C 下的法兰等效塑性弯曲（阻力）载荷
$M_{Pl,3,MN}$	根据法兰分节模型故障模式 B 和 C 下的壳体等效塑性弯曲（阻力）载荷，解释了弯曲和张力相互作用
$M_{Pl,3}$	根据法兰分节模型故障模式 B 和 C 下的壳体等效塑性弯曲（阻力）载荷
M_{xRNA}	沿着 x 轴的 RNA 气动力矩
M_{yRNA}	沿着 y 轴的 RNA 气动力矩
M_{zRNA}	沿着 z 轴的 RNA 气动力矩
N_d	塔架相关站点的设计（分量）正常载荷
N_i	i 载荷范围水平时故障周期数
N_p	塔架相关站点的正常（轴向）载荷阻力
N_{DEL}	损伤等效应力（DES）范围的故障周期数
$N_{Pl,3}$	根据法兰分节模型故障模式 B 和 C 下的壳体等效塑性弯曲（阻力）载荷
$P-\Delta$	$P-\Delta$ 效应
Q	实用电流容量
$R_{(fd)}$	在 LRFD 中通用和设计（分量）材料阻力的可能性分布
$S_{(Fd)}$	在 LRFD 中通用和设计（分量）载荷的可能性分布
S_t	斯特鲁哈尔数
$S_{a,i}$	i 分级载荷范围
T_L	部件的预期寿命
T_c	涂层的预期有效寿命
T_d	相关站点的设计（分量）剪力载荷
T_x	相关站点沿着 x 轴的剪力载荷分量
T_y	相关站点沿着 y 轴的剪力载荷分量
U_{cr}	涡旋脱落临界风速
U_{ref}	简单设计载荷情况（DLC）载荷分析下的轮毂高度参考风速
$\dot{C}$	腐蚀速率
$\hat{N}_i$	在 i 载荷范围水平时故障周期数，解释分项安全系数（PSFs）
$\hat{i}$	沿着 x 轴的单位矢量
U_w	波流速度
U_{hub}	轮毂高度的风速
U	风速
f_a	由于风气动阻力而产生的单位长度力量
f_w	由于浪流运动而产生的单位长度力量

$\omega_{0,j}$	与 j 振动模式相关的第一自然频率（以拉德为单位）
a_{si}	碰撞时增加的质量系数（1.4～1.6 侧面碰撞，1.1 船头或船尾碰撞）
a	从螺栓中心线到法兰边缘的距离
b	从螺栓中心线到法兰连接中的壳体中间壁中心线
c_f	法兰圆形分节净长度（分解模型）
c_j	j 振动模式的阻尼系数
c_s	壳体圆形分节长度（分解模型）
$c_{c,j}$	j 振动模式的临界阻尼系数
c_{si}	船只撞击处的刚度
d_b	螺栓孔直径
d_w	水深
f_0	第一自然频率，单位 Hz
f_d	LRFD 步骤下通用和设计（分量）阻力
f_k	LRFD 步骤下通用和特征性材料阻力
f_y	特征性屈服应力
f_{obj}	优化问题构想中的目标功能
$f_{u,b}$	螺栓特征极限强度
$f_{y,b}$	螺栓特征屈服强度
$f_{y,f}$	法兰特征屈服强度
$f_{y,s}$	壳体特征屈服强度
g_{cnt}	优化问题构想中的限制功能
g	重力加速度
j	保护性电流密度
k_i	局部屈曲利用计算的相互作用（轴向—环向应力）系数
k_j	与 j 振动模式相关的刚度
k_w	计算环向应力的动压力系数——根据 [2] 圆筒尺寸和外部压力屈曲因子的函数
k_z	屈曲利用率计算中轴向应力比率指数因子
k_{lat}	横向约束弹簧常数
k_{rot}	弯曲约束弹簧常数
m_a	阳极质量
m_j	与 j 振动模式相关的模型质量
m_{RNA}	RNA 质量
m_{si}	冲击船只的排水质量
m_{twr}	塔架或 SSt 质量
m	$\sigma - N$ 曲线的反指数
nP	n 叶片次数基本转动频率
n_b	法兰连接中的螺栓数量

n_i	i 载荷范围的周期数量
n_{DEL}	损伤等效载荷（DEL）范围的参考周期数量
n	转子叶片数量
$q_{\max}$	最大风动压力
t_{f}	法兰厚度
t_{s}	壳体厚度
$u_{(\mathrm{xd})}$	优化问题构想中的状态
v_{si}	船只冲击速度
x_{d}	优化问题构想中的状态
x_j	与 j–th 振动模式相关的自由度（DOF）变量
y	局部塔架站点水平位移
z_{RNA}	RNA 质量中心（CM）的 z 坐标
z_{hub}	平均海平面（MSL）之上的轮毂高度
z	平均海平面之上的海拔高度

希 腊 符 号 列 表

Δf_n	表示整体屈曲利用计算中部件细长度的系数
α_{s}	风幂律法则指数
$\bar{\lambda}$	降低的细长度，见参考文献 [3]
β_{m}	整体屈曲利用计算中的弯曲力矩系数
δ_j	j 振动模式的数字衰减阻尼
γ_{K}	刚度纠正系数
γ_{M}	质量纠正系数
γ_{f}	通用载荷 PSF
γ_{m}	材料 PSF
γ_{n}	故障 PSF 的后果
$\gamma_{\mathrm{Mb,u}}$	螺栓特征极限强度的材料 PSF
$\gamma_{\mathrm{Mb,y}}$	螺栓特征屈服强度的材料 PSF
$\gamma_{\mathrm{Mf,y}}$	法兰特征屈服强度的材料 PSF
$\gamma_{\mathrm{Ms,y}}$	壳体特征屈服强度的材料 PSF
γ_{fa}	气动载荷 PSF
γ_{fg}	重力载荷 PSF
$\hat{y}$	假设本征模的线性合并
κ	整体屈曲利用计算中的减缩因数
λ_{f}^{*}	Schmidt/Neuper 方法中法兰连接的几何参数
λ_{f}	法兰连接的几何参数

ω_j	与 j 振动模式相关的受迫振动频率
ϕ_j	j 模型系数，或时间周期函数
ρ_a	空气密度
ρ_w	海水密度
ρ	材料密度
σ_u	极限强度
$\sigma_{\theta,Ed}$	环向设计（分量）应力
$\sigma_{\theta,Rd}$	环向屈曲强度
$\sigma_{a,i}$	i 分级应力范围
$\sigma_{eq,i}$	古德曼修正后 i 分级等效应力范围
$\sigma_{m,i}$	i 分级应力范围中数
σ_{vm}	冯·米塞斯应力
$\sigma_{z,Ed}$	轴向（子午线）设计的（分量）应力
$\sigma_{z,Rd}$	轴向（子午线）屈曲强度
$\tau_{z\theta,Ed}$	剪力设计（分量）应力
$\tau_{z\theta,Rd}$	剪力屈曲强度
ξ_j	与 j 振动模式相关的阻尼比率
ξ	阻尼比率
ζ	沿着 z 轴的虚拟坐标
k_τ	局部屈曲利用计算中，指数因子剪应力比率
k_θ	局部屈曲利用计算中，指数因子环向盈利比率

参 考 文 献

［1］　IEC 61400 – 3. Wind Turbines—Part 3：Design Requirements for Offshore Wind Turbines，2009.

［2］　European Committee for Standardisation，Eurocode 3：Design of Steel Structures – Part 1 – 6：General Rules – Supplementary Rules for the Shell Structures，1993.

［3］　Germanischer Lloyd，Guideline for the Certification of Offshore Wind Turbines，2005.

［4］　S. Tegen，E. Lantz，M. Hand，B. Maples，A. Smith，P. Schwabe. 2011 Cost of Wind Energy Review，Technical Report NREL/TP – 5000 – 56266，National Renewable Energy Laboratory，Golden，Colorado，March 2013. Contract No. DE – AC36 – 08GO28308.

［5］　P. Vionis，D. Lekou，F. Gonzalez，J. Mieres，T. Kossivas，E. Soria，E. Gutierrez，C. Galiotis，T. Philippidis，S. Voutsinas，D. Hofmann. Development of a mw scale wind turbine for high wind complex terrain sites；the MEGAWIND project，in：EWEC 2006，EWEA，Athens，Greece，2006.

［6］　S. Lim，C. Kong，H. Park. A study on optimal design of filament winding composite tower for 2 MW class horizontal axis wind turbine systems，Int. J. Compos. Mater. 3（1）（2013）15 – 23，http：//dx. doi. org/10. 5923/j. cmaterials. 20130301. 03.

［7］　UDRI exploring composite towers for wind turbines，Compos. Technol. 16（2）（2010）14. Trade publication.

［8］　A. Kayaran，C. S. Ibrahimoglu. Preliminary study on the applicability of semi – geodesic winding in the design and manufacturing of composite towers，in：The Science of Making Torque from Wind 2012，2012，http：//dx. doi. org/10. 1088/1742 – 6596/555/1/012059.

［9］　J. Cotrell，T. Stehly，J. Johnson，J. Roberts，Z. Parker，G. Scott，D. Heimille. Analysis of Transportation and Logistics Challenges Affecting the Deployment of Larger Wind Turbines：Summary of Results，Technical Report NREL/TP 5000 – 61063 TP 5000 – 61063，National Renewable Energy Laboratory，2014.

［10］　A. Bromage，A. H. Triclebank，P. H. Halberstadt，B. J. Magee. Concrete Towers for Onshore and Offshore Wind Farms，Tech. rep. ，The Concrete Center and Gifford，UK，2007.

［11］　DNV. Design of Offshore Wind Turbine Structures，2013.

［12］　B. Skaare，F. G. Nielsen，T. D. Hanson，R. Yttervik，O. Havmller，A. Rekdal. Analysis of measurements and simulations from the hywind demo floating wind turbine，Wind Energy 18（6）（June 2015）1105 – 1122.

［13］　D. Roddier，C. Cermelli，A. Aubault，A. Weinstein. WindFWind：a floating foundation for offhore wind turbines，J. Renew. Sustain. Energy 2（3）（2010）.

［14］　O. Dalhaug，P. Berthelsen，T. Kvamsdal，L. Froyd，S. Gjerde，Z. Z. Zhang，K. Cox，E. Van Buren，D. Zwick. Specification of the NOWITECH 10 MW Reference Wind Turbine，Technical report，Norwegian Research Centre for Offshore Wind Technology，Trondheim，Norway，2012.

［15］　Germanischer Lloyd. Guideline for the Certification of Offshore Wind Turbines，2012.

［16］　EN 10025，2004 – European Structural Steel Standard，April 2004.

［17］　EN 14399，High – Strength Structural Bolting Assemblies for Preloading，2005.

［18］　AWEA. Offshore Compliance Recommended Practices Recommended Practices for Design，Deployment and Operation of Offshore Wind Turbines in the United States，2012.

［19］　API. Planning，Designing and Constructing Fixed Offshore Platforms – Working Stress Design，aPI RECOMMENDED PRACTICE 2A – WSD，November 2014.

［20］　ISO 19901 – 3：2014 – Petroleum and Natural Gas Industries – Specific Requirements for Offshore

Structures—Part 3: Topsides Structure, 2014.

[21] ISO 19902: 2007 – Petroleum and Natural Gas Industries – Fixed Steel Offshore Structures, 2007.

[22] ISO 19903: 2006 – Petroleum and Natural Gas Industries – Fixed Concrete Offshore Structures, Revised in 2010, 2006.

[23] IEC 61400 – 1. Wind Turbines—Part 1: Design Requirements, 2005.

[24] NORSOK. M – 501: Surface Preparation and Protective Coating, June 2004.

[25] ISO 12944 – 2: 1998 Paints and Varnishes – Corrosion Protection of Steel Structures by Protective Paint Systems—Part 2: Classification of Environments, 1998.

[26] ISO 20340: 2009 Paints and Varnishes – Performance Requirements for Protective Paint Systems for Offshore and Related Structures, 2009. https: //www. iso. org/obp/ui/ # iso: std: iso: 20340: ed – 2: v1: en.

[27] API. ANSI/API Recommended Practice 2met – Derivation of Metocean Design and Operating Conditions, November 2014.

[28] ISO 19901 – 1: 2005 (modified) – Petroleum and Natural Gas Industries – Specific Requirements for Offshore Structures – Part 1: Metocean Design and Operating Considerations, aNSI/API Recommended Practice 2MET, November 2014.

[29] DNV – Risø. Guidelines for Design of Wind Turbines, 2002.

[30] European Committee for Standardisation, Eurocode 3: Design of Steel Structures—Part 1 – 9: Fatigue, 2005.

[31] AISC. ANSI/AISC 360 – 10 – Specification for Structural Steel Buildings, Supersedes the 2005 Edition, 2010.

[32] ACI 318 – 14 – Building Code Requirements for Structural Concrete and Commentary, 2014.

[33] ACI 357R – 84 – Guide for the Design and Construction of Fixed Offshore Concrete Structures, Reapproved 1997, 1984.

[34] European Committee for Standardisation, Eurocode 4: Design of Composite Steel and Concrete Structures, Re – Approved 2004, 1994.

[35] European Committee for Standardisation, Eurocode 2: Design of Concrete Structures, December 2004.

[36] Model Code for Concrete Structures 2010, November 2013, 434 p.

[37] NS 3473 – Concrete Structures – Design Rules.

[38] ABS. Guide for Building and Classing – Floating Offshore Wind Turbine Installations, Revised July 2014, January 2013.

[39] AWS. AWS 01. 1: 2000 – Structural Welding Code – Steel, 2000.

[40] VDI – Fachbereich Produktentwicklung und Mechatronik, Vdi 2230 Systematic Calculation of Highly Stressed Bolted Joints – Part I , December 2014.

[41] DNV. Fatigue Design of Offhore Steel Structures, October 2012.

[42] ABS. Guide for Building and Classing – Bottom – founded Offshore Wind Turbine Installations, Revised July 2014, January 2013.

[43] ABS. Guide for Buckling and Ultimate Strength Assessment for Offshore Structures, February 2014.

[44] ABS. Guide for Fatigue Assessment of Offshore Structures, February 2014.

[45] API. ANSI/API Recommended Practice 2sim – Structural Integrity Management of Fixed Offshore Structures, November 2014.

[46] API. ANSI/API Recommended Practice 2geo – Geotechnical and Foundation Design Considerations,

Also ISO 19901 – 4：2003（Modified），Petroleum and Natural Gas Industries Specific Requirements for Offshore Structures，Part4 Geotechnical and Foundation Design Considerations，November 2011.

[47] NORSOK，DNV NO304：Foundations，February 1992.

[48] IEC 60364 – Electrical Installations of Buildings—Part 5 – 54：Selection and Erection of Electrical Equipment Earthing Arrangements，Protective Conductors and Protective Bonding Conductors，June 2002.

[49] ISO 12944 – 1：1998 – Paints and Varnishes – Corrosion Protection of Steel Structures by Protective Paint Systems – Part 1：General Introduction，1998.

[50] ISO 12944 – 8：1998 Paints and Varnishes – Corrosion Protection of Steel Structures by Protective Paint Systems – Part 8：Development of Specifications for New Work and Maintenance，1998.

[51] ISO 19900：2013 – Petroleum and Natural Gas Industries – General Requirements for Offshore Structures，Revision to 2002 edition，2013.

[52] R. Damiani，W. Musial. Factors affecting design and reliability of offshore wind turbines and supports for the vowtap project，in：AWEA Offshore Wind – Power 2013，American Wind Energy Association，Providence，RI，2013. Poster.

[53] R. Damiani，W. Musial. Hurricane design guidance for us waters：engineering offshore wind systems to survive hurricanes，in：AWEA Offshore Wind – Power，American Wind Energy Association，Atlantic City，NJ，2014. Invited Talk.

[54] F. Moses，L. Russell. Applicability of Reliability Analysis in Offshore Design Practice：Api – prac Project 79 – 22，Final report，Tech. rep. ，American Petroleum Institute，API Publishing Services，1220 L Street，NW，Washington，DC 20005，1980.

[55] DNV. Guideline for Offshore Structural Reliability Analysisapplications to Jackets，Tech. Rep. 95 – 3203，Det Norske Veritas AS，Veritasveien 1 – N – 1322 HVIK，Norway，November 1996. Joint Industry Project.

[56] G. Stewart，M. Efthymiou，J. Vughts. Ultimate strength and integrity assessment of fixed offhore platforms，in：T. Moan，N. Janbu，O. Faltinsen（Eds. ），International Conference on Behaviour of Offshore Structures（BOSS1988），Tapir Publishers，Trondheim，Norway，1988，1205 – 1221.

[57] O. Kübler，M. Faber. Optimality and acceptance criteria in offshore design，J. Offshore Mech. Arct. Eng. 3（126）（2004）258 – 264，http：//dx. doi. org/10. 1115/1. 1782641.

[58] G. Ersdal，O. Kübler，M. H. Faber，J. D. Søensen，S. Haver，I. Langen. Economic optimal reserve strength for a jacket structure，in：ASRANet International Colloquium 2004，Barcelona，Spain，2004.

[59] I. Energo Engineering，Reliability vs. Consequence of Failure for API RP2A Platforms Using RP2MET，Final Report 609，US DOI – MMS，381 Elden St. ，Herndon，VA 20170，March 2009.

[60] M. Efthymiou，J. W. van de Graaf. Reliability and（re）assessment of fixed steel structures，in：ASME 2011 30th International Conference on Ocean，Offshore and Arctic Engineering（OMAE2011），vol. 3，ASME，Rotterdam，The Netherlands，2011，pp. 745 – 754，http：//dx. doi. org/10. 1115/OMAE2011 – 50253.

[61] Din 1055 – 4（2005 – 03），Action on Structures—Part 4：Wind Loads，March 2005.

[62] European Committee for Standardisation，Eurocode 1：Actions on Structures—Part 1 – 4：General Actions – wind Actions，April 2010.

[63] SEI. Minimum Design Loads for Buildings and Other Structures，American Society of Civil Engineers，2005 aSCE Standard，ASCE/SEI 7 – 05.

[64] SEI. Minimum Design Loads for Buildings and Other Structures（ASCE/SEI 7 – 10），third ed. ，A-

merican Society of Civil Engineers, 1801 Alexander Bell Drive, Reston, Virginia 20191, 2010. ASCE Standard, ASCE/SEI 7 – 10.

[65] T. Burton, D. Sharpe, N. Jenkins, E. Bossanyi. Wind Energy Handbook, first ed. , JohnWiley and Sons, Inc. , 111 River St. , Hoboken, NJ 07030, USA, 2005.

[66] D. A. Peters, C. J. He. Correlation of measured induced velocities with a finite – state wake model, J. Am. Helicopter Soc. 36 (3) (1991) 59 – 70.

[67] R. Damiani. Algorithmic Outline of Unsteady Aerodynamics (Aerodyn) Modules, RRD Engineering, LLC Final Report Subcontract No. AFT – 1 – 11326 – 01, NREL, Golden, CO, September 2011.

[68] J. F. Manwell, J. G. Mcgowan. A. L. Rogers. Wind Energy Explained: Theory, Design and Application, second ed. , John Wiley & Sons, Ltd. , Chichester, West Sussex, PO19 8SQ, United Kingdom, 2010, 705p.

[69] S. Adhikari, S. Bhattacharya. Vibrations of wind – turbines considering soilstructure interaction, Wind Struct. 14 (2) (2011) 85 – 112.

[70] T. Fischer, W. de Vries. Final Report Task 4. 1 – Deliverable d 4. 1. 5 – (wp4: Offshore Foundations and Support Structures), Upwind Project 4. 1, Universit at Stuttgart, Allmandring 5B, 70569 Suttgart, Germany, 2011. Contract No. : 019945 (SES6) .

[71] I. Prowell, A. Elgamal, C. – M. Uang, J. E. Luci, H. Romanowitz, E. Duggan. Shake table testing and numerical simulation of a utility – scale wind turbine including operational effects, Wind Energy 17 (7) (2013) 997 – 1016, http: //dx. doi. org/10. 1002/we. 1615.

[72] P. J. Murtagh, B. Basu, B. M. Broderick. Gust response factor methodology for wind turbine tower assemblies, J. Struct. Eng. 133 (1) (2007) 139 – 144, http: //dx. doi. org/10. 1061/ (ASCE) 0733 – 9445 (2007) 133: 1 (139) .

[73] J. D. Wheeler. Method for calculating forces produced by irregular waves, J. Pterol. Eng. 249 (1970) 359 – 367.

[74] S. K. Chakrabarti. Hydrodynamics of Offhore Structures, WIT Press, Southampton, UK, 1987, 440p.

[75] Germanischer Lloyd. Guideline for the Construction of Fixed Offhore Installations in Ice Infested Waters, 2005.

[76] European Committee for Standardisation, Eurocode 8: Design of Structures for Earthquake Resistance Part 1: General Rules, Seismic Actions and Rules for Buildings, December 2004.

[77] R. E. Kjörlaug, A. Kaynia, A. Elgamal. Seismic response of wind turbines due to earthquake and wind loading, in: A. Cuhna, E. Caetano, P. Ribeiro, G. Müller (Eds.), 9th International Conference on Structural Dynamics, EURODYN2014, Porto, Portugal, 2014.

[78] H. Huang, J. Ma, R. Xu, X. Wu. Seismic consideration for high rise concrete wind turbine towers, in: 14th World Conference on Earthquake Engineering, Bejiing, China, 2008.

[79] P. Passon, M. Khn, S. Butterfield, J. Jonkman, T. Camp, T. Larsen. OC3 benchmark exercise of aero – elastic offshore wind turbine codes, J. Phys. Conf. Ser. 75 (012071) (2007), http: //dx. doi. org/10. 1088/1742 – 6596/75/1/012071. The Science of Making Torque from Wind.

[80] W. Popko, F. Vorpahl, A. Zuga, M. Kohlmeier, J. Jonkman, A. Robertson. Offshore code comparison collaboration continuation (OC4), phase i results of coupled simulation of offshore wind turbine with jacket support structure, in: 22nd International Offshore and Polar Engineering Conference (ISOPE), vol. 1, ISOPE, Rhodes, Greece, 2012, pp. 337 – 346.

［81］ W. Popko, F. Vorpahl, J. Jonkman, A. Robertson. OC3 and OC4 projects verification benchmark of the state‐of‐the‐art coupled simulation tools for offshore wind turbines, in: 7th European Seminar Offshore Wind and Other Marine Renewable Energies in Mediterranean and European Seas (OWEMES), Rome, Italy, 2012, pp. 403‐407.

［82］ ANSI. Specification for Structural Steel Buildings, 3rd printing: 2013, June 2010.

［83］ European Committee for Standardisation, Eurocode 3: Design of Steel Structures—Part 1‐1: Gen‐structures and Rules for Buildings, 2005.

［84］ DNV. Offshore Standard DNV‐OS‐C501‐composite Components, October 2010.

［85］ A. Z. Palmgren. Die lebensdauer von kugellagcrn, Z. Ver. Deutsch. Ing. 68 (1924) 339‐341.

［86］ M. Miner. Cumulative damage in fatigue, J. Appl. Mech. 12 (1945) A159‐A164.

［87］ S. D. Downing, D. F. Socie. Simple rainflow counting algorithms, Int. J. Fatigue 4 (1) (1982) 31‐40.

［88］ M. Veljkovic, C. Heistermann, W. Husson, M. Limam, M. Feldmann, J. Naumes, D. Pak, T. Faber, M. Klose, K. Fruhner, L. Krutschinna, C. Baniotopoulos, I. Lavasas, A. Pontes, E. Ribeiro, M. Hadden, R. Sousa, L. da Silva, C. Rebelo, R. Simoes, J. Henriques, R. Matos, J. Nuutinen, H. Kinnunen. High‐Strength Tower in Steel for Wind Turbines (Histwin), Final Report EUR 25127 EN, Directorate‐General for Research and Innovation‐European Commission, Luxembourg, Europe, 2012. Contract No RFSR‐CT‐2006‐00031.

［89］ C. Petersen. Grundlagen der berechnung und baulichen ausbildung von stahlbauten, Stahlbau 66, Vieweg‐Verlag, Braunschweig, Germany.

［90］ P. Schaumann, M. Seidel. Failure analysis of bolted steel flanges, in: X. Zhao, R. Grzebieta (Eds.), Proceedings of the 7th International Symposium on‐Structural Failure and Plasticity (IMPLAST 2000), Melbourne, Australia, 2000.

［91］ R. Juvinall, K. Marshek. Fundamentals of Machine Component Design, fifth ed., John Wiley & Sons, Inc., 111 River Street, Hoboken, NJ, 2012.

［92］ K. Brown, C. Morrow, S. Durbin, A. Baca. Guideline for Bolted Joint Design and Analysis: Version 1. 0, SANDIA REPORT SAND2008‐0371, Sandia National Laboratories, Albuquerque, New Mexico, January 2008.

［93］ H. Schmidt, M. Neuper. Zum elastostatischen tragverhalten exzentrisch gezogener l‐ste mit vorgespannten schrauben, Stahlbau 66 (3) (1997) 163‐168.

［94］ M. Seidel. Zur bemessung geschraubter ringflanschverbindungen von windenergieanlagen (Ph. D. thesis), Hannover University, Hannover, Germany, 2001.

［95］ M. Brodersen, J. Hgsberg. Damping of offshore wind turbine tower vibrations by a stroke amplifying brace, in: Energy Procedia, ERA Deep‐Wind 2014, 11th Deep Sea Offshore Wind R&D Conference, Trondheim, Norway, vol. 53, 2014, pp. 258‐267.

［96］ A. Tsouroukdissian, C. Carcangiu, I. Pineda, T. Fischer, B. Kuhnle, M. Scheu, M. Martin. Wind turbine tower load reduction using passive and semi‐active dampers, in: EWEA 2011, 2011.

［97］ A. Sigaher, M. Constantinou. Scissor‐jack‐damper energy dissipation system, Earthq. Spectra 19 (1) (2003) 133‐158. eERI.

［98］ M. Constantinou, P. Tsopelas, W. Hammel, A. Sigaher. Toggle‐brace‐damper seismic energy dissipation systems, J. Struct. Eng. 127 (2) (2001) 105‐112. aSCE.

［99］ H. Gao, K. Kwok, B. Samali. Optimization of tuned liquid column dampers, Eng. Struct. 19 (6) (1997) 476‐486.

[100]   S. Colwell, B. Basu. Tuned liquid column dampers in offshore wind turbines for structural control, Eng. Struct. 31 (2) (2008) 358 – 368, http: //dx. doi. org/10. 1016/j. engstruct. 2008. 09. 001.

[101]   C. Roderick. Vibration Reduction of Offshore Wind Turbines Using Tuned Liquid Column Dampers, Mechanical Engineering, University of Massachusetts Amherst, Amherst, MA, September 2012.

[102]   A. Wilmink, J. Hengeveld. Application of tuned liquid column dampers in wind turbines, in: EWEC 2006, EWEA, Athens, Greece, 2006.

[103]   J. Li, Z. Zhang, J. Chen. Experimental study on vibration control of offshore wind turbines using a ball vibration absorber, Energy Power Eng. 4 (2012) 153 – 157, http: //dx. doi. org/ 10. 4236/epe. 2012. 43021.

[104]   M. Pirner. Acutal behavior of a ball vibration absorber, Wind Eng. Ind. Aerod. 90 (8) (2002) 987 – 1005.

[105]   B. Fitzgerald, B. Basu. Active tuned mass damper control of wind turbine nacelle/tower vibrations with damaged foundations, Key Eng. Mater. 569 – 570 (2013) 660 – 667, http: //dx. doi. org/ 10. 4028/www. scientific. net/KEM. 569 – 570. 660.

[106]   G. M. Stewart. Load Reduction of Floating Wind Turbines Using Tuned Mass Dampers, Mechanical Engineering, University of Massachusetts Amherst, Amherst, MA, February 2012.

[107]   N. E. Dowling. Mechanical Behavior of Materials – Engineering Methods for Deformation, Fracture, and Fatigue, fourth ed. , Prentice Hall, 2012, p. 960.

[108]   J. Barsom, S. T. Rolfe. Fracture and Fatigue Control in Structures, third ed. , in: Applications of Fracture Mechanics, ASTM, 100 Barr Harbor Dr. , West Conshohocken, PA 19428 – 2959, 1999, 548. p.

[109]   S. Suresh. Fatigue of Materials, second ed. , Cambridge University Press, 1998 http: //dx. doi. org/10. 1017/CBO9780511806575.

[110]   R. P. Gangloff. Corrosion Tests and Standards, No. MNL 20 in ASTM Manual Series, second ed. , ASTM, West Conshohocken, PA, 2005, pp. 302 – 322. Astm Manudal Series 26 – Environmental Cracking – Corrosion Fatigue.

[111]   H. H. Lee, H. H. Uhlig. Corrosion fatigue of type 4140 high strength steel, Metall. Trans. 3 (11) (1972) 2949 – 2957.

[112]   A. Momber. Corrosion and corrosion protection of support structures for offshore wind energy devices (owea), Mater. Corros. 62 (5) (2011) 391 – 404, http: //dx. doi. org/10. 1002/maco. 201005691.

[113]   R. Sheppard, F. J. Puskar. MMS TA&R Project 627 Inspection Methodologies for Offshore Wind Turbine Facilities Final Report, Energo Report Energo Project No. : E08147, Minerals Management Service (MMS), Houston, TX, January 2009.

[114]   K. Mühlberg. Corrosion protection on offshore wind turbines a challenge for the steel builder and paint manufacturer, J. Prot. Coat. Linings 27 (3) (2010) 20 – 32.

[115]   R. E. Sheppard, F. J. Puskar, C. Waldhart. Inspection guidance for offshore wind turbine facilities, in: OTC (Ed.), Offshore Wind Energy Special Session – Offshore Technology Conference, OTC, Houston, TX, 2010, http: //dx. doi. org/10. 4043/20656 – MS.

[116]   P. Hogg. Durability of wind turbine materials in offshore environments, in: SUPERGEN Wind Phase 2 – 4th Training Seminar, SUPERGEN Wind, Manchester, UK, 2012.

[117]   M. de Jong. Adaptations to a Marine Climate, Salt and Water OWEZ$_{r1}$ 11$_2$ 0101020. Results Corrosion Inspections Offshore Wind Farm Egmond aan Zee, 2007 – 2009. Tech. Rep. 50863231 – TÜS/

NRI10 – 2242，KEMA Nederland B. V，Arnhem；The Netherlands，October 2010.

[118]　L. R. Hilbert, A. R. Black, F. Andersen, T. Mathiesen. Inspection and monitoring of corrosion inside monopile foundations for offshore wind turbines，in：E. Conference（Ed.），Eurocorr 2011，no. 4730，EFC，Stockholm，Sweden，2011.

[119]　A. R. Black, Hi. Corrosion monitoring of offshore wind foundation structures，in：EWEA Offshore 2013，EWEA，2013.

[120]　J. Van der Tempel. Design of Support Structures for Offhore Wind Turbines（Ph. D. thesis），TU Delft，Stevinweg 1，2628 CN Delft，The Netherlands，April 2006，209p.

[121]　M. Muskulus, S. Schafhirt. Design optimization of wind turbine support structures – a review，J. Ocean Wind Energy 1 (1) (2014) 12 – 22.

[122]　K. Dykes, R. Meadows, F. Felker, P. Graf, M. Hand, M. Lunacek, J. Michalakes, P. Moriarty, W. Musial, P. Veers. Applications of Systems Engineering to the Research, Design, and Development of Wind Energy Systems，Tech. Rep. TP – 5000 – 52616，NREL，1617 Cole Boulevard，Golden，Colorado，December 2011. Contract No. DE – AC36 – 08GO28308.

[123]　AWEAWindPower 2012，AWEA，Atlanta，GA，2012，p. 1. Poster NREL/PO – 5000 – 54717.

[124]　K. Dixon, E. Mayda. Blade design at siemens wind power，in：NREL 2nd Wind Energy Systems Engineering Workshop，NREL，2013. Presentation.

[125]　S. A. Ning, R. Damiani, P. J. Moriarty. Objectives and constraints for wind turbine optimization，J. Solar Energy Eng. 136 (4)，12.

[126]　http：//www. fusedwind. org/.

[127]　P. W. Christensen, A. Klarbring. An Introduction to Structural Optimization，in：Solid Mechanics and Its Applications，vol. 153，Springer，2009.

[128]　J. Arora. Introduction to Optimum Design，third ed.，Academic Press – Elsevier，225 Wyman St.，Waltham，MA 02451，USA，2011，896p.

[129]　S. A. Burns. Recent Advances in Optimal Structural Dlesign，SEI – ASCE，2002，312p.

[130]　R. Levy, O. Lev. Recent developments in structural optimization，J. Struct. Eng. ASCE 113 (9) (1987) 1939 – 1962.

[131]　M. P. Kamat. Structural Optimization：Status and Promise，in：Progress in Astronautics and Aeronautics，vol. 150，AIAA，1993.

[132]　A. Cherkaev. Variational Methods for Structural Optimization，in：Applied Mathematical Sciences，vol. 140，Springer – Verlag，New York，Berlin，Heidelberg，2000，627p. http：//www. math. utah. edu/books/vmso/.

[133]　R. Damiani, H. Song. A jacket sizing tool for offshore wind turbines within the systems engineering initiative，in：Offshore Technology Conference，Houston，Texas，USA，2013，http：// dx. doi. org/10. 4043/24140 – MS.

第11章 漂浮式海上风电机组的设计

M. Collu

英国克兰菲尔德大学（Cranfield University，Bedford，United Kingdom）

M. Borg

丹麦技术大学［Technical University of Denmark（DTU），Lyngby，Denmark］

11.1 介 绍

随着众多国家计划利用风能生产更多的电力，海上风能资源的开发变得越来越重要。在水深大于50m的海上，明显更多的风力资源已经激起了各国开发风电机组漂浮式支撑结构体的兴趣，因为固定基础在经济上不具有可行性。鉴于大西洋沿岸的日本、美国以及很多欧洲国家，其浅水区（水深低于50m）的面积非常有限，漂浮式支撑结构可以克服单桩基础和导管架结构体等固定支持结构体的经济障碍。

在追求在海上环境中部署漂浮式风组的电机过程中，少量的大规模原型已经在海上进行了测试，使得该技术距离市场更近，将技术就绪指数提高到了7～8级。但是这些设计在降低所涉及的风险时本质上保守，因此成本更加高昂。因为安全边际量虚增的相关资本成本，传统海上石油和天然气行业的设计标准和技术的使用也增加了成本。

11.1.1 漂浮式风电机组的分类

11.1.1.1 基于静态稳定性的分类

漂浮式风电机组一般是根据所采用的支撑结构体的配置来划分。支撑结构体是根据实现旋转自由度（俯仰和横滚）稳定性要求所采取的主要方法划分，即结构体如何抵消作用在风电机组上的气动力倾斜力矩。

总起伏/横滚恢复力矩（抵消倾斜力度）可以作为三个贡献量的总和来计算：

$$M_{R,roll} = (\underbrace{\rho g I_{xx}}_{\alpha} + \underbrace{F_B \cdot z_{CB} - mg \cdot z_{CG}}_{\beta} + \underbrace{C_{44,moor}}_{\gamma})\sin(\phi)$$

$$M_{R,pitch} = (\overbrace{\rho g I_{yy}}^{\alpha} + \overbrace{F_B \cdot z_{CB} - mg \cdot z_{CG}}^{\beta} + \overbrace{C_{55,moor}}^{\chi})\sin(\theta)$$

(11.1)

此处 α 是水线面积贡献量，与海水密度（ρ）、重力加速度常数（g）和水线面积二次矩（横滚 I_{xx}，起伏 I_{yy}）成比例。如果这是横滚/俯仰恢复力矩的主要贡献量，那么支撑结构体被认为是"水线稳定的"；β 是浮力中心（B）和重力中心（G）相对位置的贡献量，通常不太准确地被称为"压载"贡献量，虽然该贡献量不仅仅与 G（惯性特征）的垂直位置相关，也与 B（几何特征）的垂直位置有关。因为通常有大量的压载物用在接近结构体龙骨位置来降低整体 G 点的位置，所以才有了这样的称呼。F_B 是浮力，而 m 是支撑结构体的总质量。由于锚泊系统向漂浮式支撑结构体施加了向下的力，一般情况下 F_B 大于漂浮式海上风电机组（FOWT）的总重量。如果这是横滚/俯仰恢复力矩的主要贡献量，支撑结构体被称为"压载稳定的"；γ 是锚泊系统的贡献量。对悬链式锚泊系统而言这一贡献量可以视为微不足道，但是却是 TLP（张力腿平台）系统的主要俯仰/横滚恢复力矩。在这种情况下，漂浮式海上风电机组被称为"锚泊稳定的"。

11.1.1.2　船级社

法国船级社（Bureau Veritas）采用了上文的分类标准，该标准共有三个类别：压载漂浮式平台（β）、张力腿平台（γ）和浮力漂浮式平台（α）。

美国船级社（Bureau of Shipping）采用了基于不同漂浮式支撑结构体的结构体要素的标准，并没有明确提到稳定机制。该船级社区分了"TLP-型""SPARType"和"支柱稳定的"漂浮式支撑结构体。尽管如此，三种类型分别与式（11.1）中的 γ、β 和 α 相关。

在挪威船级社（Det Norske Veritas）海上标准《漂浮式风力发电机结构体设计》中，所采用的标准不同于前面的这些，而是考虑了结构体是否受限制（厘米量级的位移）或遵守（米或更高量级的位移）运动全局模式。

11.1.2　漂浮式风电机组举例

11.1.2.1　SPAR：Hywind demo by Statoil

Hywind demo by Statoil 是一个 2.3MW（西门子 SWT-2.3-82）漂浮式海上风电系统，使用了 SPAR 作为漂浮式支撑结构体。2010 年安装，位于挪威斯塔万格港（Stavanger）北部，距离 Karmøy 岛 12km。这是世界上第一台完全漂浮式风电机组。

对于每一个 SPAR 系统，其特点是具有较高的吃水深度（100m），这使得它成为仅适合深水区的解决方案。一个 SPAR 系统主要依赖式（11.1）中的项 β 来确保其在横滚和俯仰中保持静态稳定性，即处于 G 点相对于 B 点的一个较低的垂直位置。对 Hywind 而言，这是通过重型材料（岩石）和位于船体底部的海水压载舱共同实现的。

11.1.2.2　半潜式/三浮体：Principle Power 的 WindFloat 原型（WF1）和福岛 FORWARD 一期（Mirai）

WindFloat 原型是由 Principle Power 于 2011 年 10 月部署的，距离葡萄牙阿古萨多拉（Aguçadoura）海岸 5km，配备了一个维斯塔斯 2MW 风电机组。这是一个三条腿的半潜式漂浮平台。这一配置也称为"三浮体"。在这种情况下，静态稳定性主要是通过水线面积的大型二次矩式（11.1）中的 α 实现，依靠三个相对较大的穿水圆柱体（直径 10.7m）和一个中心到中心距离等于 56.4m 的支柱。

这使得这一结构体具有相对较浅的吃水线，因此可以部署在相对较浅的区域。Principle Power 称 5MW WindFloat 系统的吃水深度可以低于 20m，又可以部署在水深高于 40m 的区域。

这一系统在每一个立柱的基础上配备了专利产品压水板（垂荡板）。这一系统有两个主要效果：它增强了增加质量的起伏，降低了其自然频率（增强其自然周期，进一步远离波峰值能源频率），特别是靠近系统的垂荡自然频率。

福岛 FORWARD 一期：在 2011 年日本大地震之后，日本启动了大量的检查可再生能源技术能力和组合的举措。其中，建立了福岛 FORWARD（Floating Offshore Wind farm Demonstration）联盟，由日本经济产业省提供资金。FORWARD 项目分为两个阶段：一期（2011—2013 年），在此期间，设计、制造并调试了一座漂浮式变电站（Fukushima Kizuna）和一个 2MW 的紧凑型半潜式风电机组，该项目已经在 2013 年 11 月开始发电；二期（2014—2015 年），目前正在考虑设计、制造和调试两个 7MW 漂浮式海上风电机组替代设计：一个先进的 SPAR 和一个 V 型半潜式。

Fukushima Mirai 的浮体设计、制造和调试已经由三井造船有限公司（Mitsui Engineering & Shipbuilding Co. Ltd）协调。该项目由一个中央支柱（支柱上安装了一个 2MW 风电机组）和三个穿水式边柱组成，边柱直径大约为 7.5m，高 32m，一个约 16m 的尾水管，中心到中心距离约 50m，与 WindFloat 原型类似，由于面积的二次矩而提供了静态稳定性。这三个边柱通过六个水平横撑和三个对角撑连接到中央支柱。主要不同在于一期原型 FORWARD 风电机组是安装在中央支柱上，而 WF1 原型没有中央支柱，风电机组安装在其中一个边柱顶端。FORWARD 一期的另一个有趣的特点是风电机组转子控制系统不仅优化了依靠风速的发电，还通过风电机组将浮体运动最小化。这是一个先进的特点，由 Statoil 在 Hywind 项目中首创。

11.1.2.3 TLP：BlueH 公司的 BlueH 一期原型

作为概念的佐证，BlueH 集团技术有限公司在意大利南部海岸部署了一个 TLP 系统 75% 比例的原型，配备了一台小型风电机组（0.08MW）。在海上运行 6 个月之后，该装置于 2009 年年初退役。

总之，一个 TLP 系统可能称为海上风电机组最适合的平台之一，因为其位移可以达到最小。与其他漂浮式支撑结构相比，主要缺点是锚泊系统的成本高昂。很多公司和研究院已经调查并建议了 TLP 概念。遗憾的是，文献中几乎没有关于 BlueH 的信息，但是该系统是其中最早部署的 TLP 原型之一。BlueH 称这一技术可以在水深超过 60m 的环境部署，因为其专利技术是可展开的 TLP 系统。

原则上，一个 TLP 系统有很小的水线面积和相对较高的 G 点垂直位置，因为俯仰/翻滚的必要稳定性是通过平台张力腿刚度实现的［式（11.1）中的 γ］。尽管如此，小的水线面积和相对较高的 G 点可能在运输阶段且锚泊系统还没有连接到平台上时对稳定性造成重大挑战［式（11.1）中的 γ］。由于这个原因，漂浮式支撑结构体通常是混合配置，在运输阶段利用其他两个稳定系统，在运营场地利用锚泊系统。

BlueH 原型也是如此，运输阶段的稳定性通过穿水式多支柱系统（水线面积的二次矩）和一个降低 G 点位置的重型压载系统（部分可展开的 TLP 锚泊系统）组合实现。

11.2 漂浮式海上风电机组设计：主要预备步骤

如果分析现在的漂浮式海上风电机组概念和原型，那么设计重点在于漂浮式支撑结构体，而不是整个系统的设计，因为趋势是采用市场上可以买到的为固定海上风电市场开发的水平轴风电机组（HAWT）。这一方法具有优势，但是也有局限性。

下面的内容中将讲述推动漂浮式海上风电机组设计的主要要求和限制条件。然后将重点放在如何分析流体静力并确保结构体的静态稳定性。下面将提供关于分析结构体对于海洋气象动态响应最佳方法的注意事项，对于将要分析的其他方面给出结论。

11.2.1 主要要求和限制条件

11.2.1.1 漂浮性

漂浮性第一个要求是垂直力之和等于零，即浮力能够抵消系统总重量加上系泊力等所有其他下向力的总和。

这一要求可以解释为最低要求吃水深度，足以获得所需的排水体积 V。但是这一要求通常不如其他对于吃水深度要求（例如避免砰击载荷的最低吃水深度）严格。因此，压载舱（一般装满海水）需要满足其他更加严格的最低吃水要求。

11.2.1.2 最大倾斜角

漂浮式海上风电机组系统可能经历相对较大的倾斜角（横滚和/或俯仰），陆上和固定到海底的海上风电机组没有这样的倾斜角。因此，在估算风电机组在大型倾斜角上的性能方面几乎没有经验，文献中提供的数据相对很少。

考虑到海上风电机组的很多子系统（轴承、变速箱和发电机等）已经设计成为接近直立状态运行，有必要施加一个最大横滚/俯仰倾斜角。

这个最大倾斜角的精确值仍然在讨论中，根据文献记载，初始值最好是 10°。比较重要的是，这是倾斜的总角度，振动的静态和动态角度之和，分别由于倾斜力矩的平均值（主要是由于风力）和振动幅度（主要是由于波浪）。至于设计，这一要求可以解释为漂浮式支撑结构体最低转动刚度。

11.2.1.3 干舷高度和最低吃水深度

在暴风雨中，漂浮式海上风电机组和波浪之间的相对垂直运动可能会导致所谓的"甲板上浪载荷"，是由于大规模水体流到支撑结构体顶部造成的。

为了避免这些载荷，有必要考虑在平均不受干扰海水水位和支撑结构体顶部等不考虑甲板上浪载荷高度之间的最小垂直距离：这一距离是最小干舷高度。这一数值取决于本地海洋气象条件，但是对于概念性/初步设计而言，初始值最好是 10m。

砰击可以定义为"一种广义地描述为严重影响水面和船体一侧或底部的现象，这种影响会造成'冲击一样的打击'"。当结构体和水面之间的相对运动是漂浮式结构体的底部位于水位之上时，发生这种现象。

为了避免这一点，根据当地海洋气象条件施加一个最低吃水深度要求。如前面所提到的，一般情况下这一最低吃水深度比漂浮性的最低要求更加严格，因此需要压载舱。初始值最好是 15m。

11.2.1.4 风力和海浪力量的最佳动态响应

波浪作用力对漂浮式海上风电机组施加了振荡运动，而这些运动可能会对系统性能造成不利影响，因此应该尽可能减少。为了评估对于风力和波浪作用力的响应，采用了两种主要方法：频域和时间域。

1. 频域方法

通过频率分析方法，可以估算系统体制响应。一旦风电场位置选定了，就可以模拟相对波谱，描述波浪能量在频率方面如何传播。一旦定义了漂浮式海上风电机组的概念/初步设计，就可以获得整个系统的主要材料（质量和惯性矩）特点和系统水下部分的几何特点。从这些特点可以获得两个链接系统的波浪幅度和运动幅度的主要转移函数。结构体的振动幅度（频率 ω）在第 i 自由度（d.o.f.）和单位幅度的波浪频率 ω 之间的最终传递函数称为 RAOi（幅值响应算子）。

利用指定地点的波谱和所考虑的漂浮式海上风电机组的幅值响应算子，可能估算在指定地点的漂浮式海上风电机组的波响应谱。为了尽可能降低漂浮式海上风电机组的位移和加速，该波响应谱应该尽可能减少。重要的一点是漂浮式海上风电机组的自然频率（周期）应该处于波谱最有活力的频率（周期）之外。这取决于所在位置，但是一般情况下，波谱最有活力的范围为 5～25s（1.25～0.25rad），因此结构体的目标应该是使自然周期在所有自由度中高于 25s 或低于 5s。

这是应该强调的一个重要方面，因为这是误解的来源。RAO 概念仅仅在估算对波浪的体制响应方面是严格有效的，且根据其定义这是一种线性方法。因为漂浮式海上风电机组遭遇大幅度的空气动力，从数学上讲，如果考虑了这些力，RAO 概念不再有效。但是，RAO 概念仍在使用，指明它只对指定的风速（和指定的风力发电机转速）有效，有时候被称为"伪幅值响应算子"。因此，记住以下几点很重要：① 这些"伪幅值响应算子"仅对于指定风速有效；②由于空气动力载荷与风速不成线性关系，每一种风速条件都需要一个 RAO。这也突出了分析漂浮式海上风电机组的力学时频率方法的局限性。

2. 时间域方法

采用时间域方法时，可采用动力学的时间域耦合模型，因此能够考虑非线性力并估算瞬变状态。

在这种情况下，可以估算系统在所有自由度上的位移、速度、加速度和时间响应，以及作用到结构体的载荷。通过统计性分析，可以估算这些参数的最大值、最小值、中间值、方差、标准偏差和有效值。

这一方法的优势是可以对这些数值有一个更加实际的估算，缺点是更难深刻理解如何修改设计，以便获得对风力和波浪作用力更加合适的响应。

11.2.2 流体静力和稳定性

下面将对漂浮式海上风电机组实施的流体静力学和稳定性分析做一个快速回顾，主要是以 Borg 和 Collu（2015）的著作为根据。

11.2.2.1 简化的方法和相关假设

浮体的流体静力学的基本原理众所周知，例如 Patel。在本章中，该原理用于漂浮式海上风电机组。浮体的流体静力特点可以采用第一原理获得，即作用到物体水下面积的压力的积分，但是这里提供了一种简化的方法和相关假设，在概念/初步设计层面上有助于快速探索并压缩设计空间。简化假设是：

（1）浸入物体的液体被视为处于静态。

（2）物体总是处于均衡状态，因此在旋转过程中（准静态），浸没体积量是一个常数。

（3）物体的倾斜角很小（小角近似）。在绝大多数情况下，对漂浮式海上风电机组而言，这意味着一个低于 $10°$ 的角度。

这通常称为"初稳性"分析。当前的方法分析了俯仰转动自由度（沿着 y 轴的转动），但是可以很容易地扩展到横轴。

11.2.2.2　坐标系和参照点

定义了正交轴系统，x 与风向一致，z 与 x 轴垂直且垂直向上，原点与浮心（F）重合。作用到漂浮式风电机组系统上的力和力矩如图 11.1 所示。

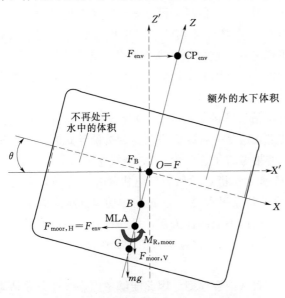

图 11.1　作用到漂浮式风电机组
系统上的力和力矩

浮力中心（B）是物体水下体积的质心，假设通过它总浮力起作用。漂浮中心（F）是水线面积的质心，水线面积即水线围绕的面积。水线是自由水面和物体模型表面之间的交叉线。假设构成系统的所有重量通过重心（G）起作用。

此处锚绳作用（MLA）中心定义为 z 轴的系泊力水平分量作用线的交叉线，是锚绳作用的参照点。

作用到漂浮式海上风电机组环境力量是：空气动力、流体动力和水流力。如果平衡状态被认为没有波浪，恒定的风速和水流力、环境力量的压力中心（CP_{env}）被定义为环境力量（F_{env}）施加作用的点。

11.2.2.3　垂直力的平衡

作用于平衡状态结构体上的主要垂直力是系统的总重量（mg）、缘于锚泊系统总的垂直组件的 $F_{moor,v}$ 和浮力 F_B。因此：

$$F_B - mg - F_{moor,v} = 0$$
$$F_B = mg + F_{moor,v} \tag{11.2}$$

11.2.2.4　倾斜和恢复力矩

如图 11.1 所示，环境力量的总和的水平分量 F_{env} 被锚泊系统力的水平分量（$F = F_{env}$）抵消。那么倾斜力矩（xz 平面上）可以估算为 F_{env} 乘以 CP_{env} 和 F_{env} 被抵消的一点之间的垂直距离 C_{MLA}，或

$$M_I = F_{env}(z_{CP_{env}} - z_{MLA})\cos\theta \tag{11.3}$$

抵消倾斜力矩的力矩，其和是恢复力矩，可以依靠三个系统特点：几何、惯性（质量和 G）以及在拉紧的锚泊系统情况下（例如 TLP）依靠锚泊系统。B 的初始位置和水线面积（当平台倾斜时，连接到 B 的运动）的二次距是决定恢复力矩几何贡献量的特点。

对于自由浮动物体（例如船舶等），F_B 等于 mg（总系统重量），而所有的贡献量都概括为一个叫定倾中心高度的参数 GM。对于海上漂浮式风电机组，F_B 可能大于 mg，由于锚泊系统的下向力。因此，首选是将稳定机制分类：考虑了水线面积贡献量（几何），考虑了 G 和惯性 B 位置相对位置（几何—惯性）的项（也称为"压载"项），与（可能）锚泊系统贡献量相关的项，具体如下：

$$M_R = \underbrace{\rho g I_y \theta}_{\text{水平面}} + \underbrace{(F_B z_{CB} - mg z_{CG})\theta}_{\text{B-G相对位置}} + \underbrace{C_{55,\text{moor}}\theta}_{\text{锚泊系统}} = C_{55,\text{tot}}\theta$$

$$= M_{R,\text{WP}} + M_{R,\text{CG}} + M_{R,\text{moor}} \tag{11.4}$$

此处 I_y 是相对于 x 轴的初始水线面积（处于小倾角近似值内，水线面积保持为恒量）的二次矩，θ 是偏航倾斜角，F_B 是浮力，z_B 是 B 的垂直位置，m 是系统的总质量，z_G 是 G 的垂直位置，$C_{55,\text{moor}}$ 是锚泊系统对于俯仰刚度的贡献量。

海上漂浮式风电产业已经采用了几种锚泊系统。一般而言，其对于漂浮式海上发电机组的总刚度贡献量可以由一个 6×6 的矩阵表示，因为它可以产生所有自由角度的反作用力，且有耦合项。对于当前的 1 d.o.f. 分析，假设俯仰恢复力矩仅仅与俯仰转动位移成比例（与其他自由度分离）。

11.2.2.5 浮动性和最大倾斜角要求

对于浮动性，使用式（11.2）施加的要求。

在设计阶段施加的最大倾斜角度（$\theta_{\max}$）相当于在考虑到倾斜力矩［式（11.3）］后，施加的最低总刚度，或

$$\frac{M_I}{C_{55,\text{tot}}} = \theta_{\text{equilibrium}} \leqslant \theta_{\max}$$

$$C_{55,\text{tot}} \geqslant \frac{M_I}{\theta_{\max}}$$

$$C_{55,\text{tot(min)}} = \frac{M_I}{\theta_{\max}} \tag{11.5}$$

11.2.3 动态响应

11.2.3.1 时间域与频域

在模拟漂浮式海上风电机组的其中一个主要选择是进行频率或时间域的分析，从而评估结构体的动态响应。

频域分析已经被广泛用于海上石油和天然气行业，因为该方法计算效率非常高，在知道指定地点的波谱和所考虑系统的幅值响应算子，评估系统响应谱相对较快。频域法也已经用于大量的海上漂浮式风电机组支撑结构体的初步设计中。

无论如何，频域分析所要求的线性化不允许轻易地接纳任何非线性动力。其中一个例子是幅值响应算子：这被定义为系统对于统一幅度和指定频率的波浪的响应与频率（所考虑的自由度）。这一概念经常随着漂浮式海上风电机组扩展，包括在响应分析中的非线性

空气动力，从而导致在同一个自由度（有时称为伪幅值响应算子）需要多个幅值响应算子表现，目的是表示不同风速时的响应。频率法也仅仅能够表达风况响应，而不是动态响应的瞬时相位，这对于漂浮式风电机组的设计至关重要。

这在当前所有漂浮式风电机组设计规范以及垂直轴风电机组（VAWT）中都很明显：气动弹性水电伺服耦合动力学模型倾向于采用时间域方法。Jonkman（2007）对时间域集成动态设计规范做出了重大贡献。Jonkman 为漂浮式 HAWT 耦合动态响应开发了一种综合性模拟工具，然后根据 IEC 61400 - 3 设计标准对一台安装到驳船式平台上的 HAWT 进行了综合动态分析。这一工具已经集成到 FAST，一种应用最为广泛的海上 HAWT 设计规范中。

11.2.3.2　最大倾斜角

在考虑最大倾斜角要求时，动态响应分析可以提供动态振荡在俯仰/横滚自由度方面的估算值。

对于 HAWT 而言，这是式（11.3）中描述的或多或少的恒定倾斜力矩的典型"静态"角加上系统波浪作用力自然振荡的动态角之和。对于 VAWT，由于空气动力的高度振荡特点（以及因此产生的推力和倾斜力矩），会产生俯仰和横滚方向的振荡响应，即使没有波浪作用力。

在任何情况下，应该回到最大倾斜角要求，考虑相关转动自由度上的最大动态振荡。

11.2.4　意见：进一步考虑的方面

当前的方法描述了概念/初步设计中应该重视的主要要求和考虑事项，尽管如此，在设计中尽早考虑其他重要方面。

指南、推荐的实践和分类和主要认证机构发布的认证文件，在设计初期也是很好的参考点。

在设计初期就考虑到其他阶段（不仅仅是操作阶段）很重要，如施工、运输到运营场地、安装和调试阶段，因为这些阶段会在流体静力学和稳定性层面提出更多和更加严格的要求。例如，漂浮式海上风电机组的 TLP 系统主要限制条件是静态稳定性要求，是由拉紧的锚泊系统实现的，但是该系统不能用于从港口到操作场所的运输阶段。

即使是在这些早期阶段，也可以得到一个总成本的粗略估值。这可以单单依靠"材料清单"方法实现。只考虑主要材料（如钢材和/或水泥），他们的估算重量乘以每吨成本估算值。即使是估算值，在比较所分析设计空间的几种配置时也非常有用，缩小到三到五种在后面的设计阶段进行更加详细分析的最适合配置。

11.3　漂浮式海上风电机组设计的关键问题

下面将介绍海上漂浮式风电机组产业正在和将要面对的关键挑战。

11.3.1　缺乏设计集成

引用 DNV GL 关于"Project FORCE"（DNV GL，2013）的报告：

……发电机制造商设计了优化的发电机，在发布信息技术之前传递最低的可能的生命周期成本，以便分别设计支撑结构体。这种方法的问题在于，每一个部件的设计对于其他的部件有着微妙但是重大的影响。有可能设计出一个具有更加先进特点的发电机，该发电机或许略更加昂贵，但是减轻了支撑结构体的载荷，足以在钢材制造方面减少成本，从而实现总体成本净值的节约。在作为一个整体的发电机/支撑结构体系统上进行这种优化，可以消除任何独立部件设计造成的意外的保守——节约了成本。

这同一份报告声称通过采用集成的风电机组支撑结构体方法，短期内（5 年）可以降低 10% 的能源成本。

可以通过一个重要的观察区分 HAWT 和 VAWT。这份报告还认为：利用今天的技术，成本节约是真实并可以实现的，唯一的障碍是商业上的；目前，在单独的支撑结构体合同下的开发人员正在采购风电机组，这是集成设计方法的一个障碍，一般造成设计不是最佳的。海上 HAWT 市场的完备程度在这种情况下也是一个障碍，一个很难克服的障碍。在另一方面，这也是海上漂浮式风力发电机市场（例如 VAWT）的新型风力发电机概念的一个机会，他们的相对新颖性为风力发电机和漂浮式支撑结构体在设计初期的集成设计提供了可能性。

11.3.2 石油和天然气行业遗产

目前海上风电行业所处的地位与 20 世纪 40—50 年代石油和天然气行业所处的地位没有多大不同，当时第一个远海石油和天然气储量开始开采，新颖的漂浮式概念被定义为用于远离海岸的水深较深区域。

在过去的几十年里积累了大量的经验，开发研究了新的研究领域，使得石油和天然气行业开发了海上漂浮式平台，这些代表了漂浮式支撑结构体设计的一个理想起点。尽管如此，一个典型的石油和天然气平台和海上风电机组驱动参数之间有着很大的差异。

第一个重要差异是石油和天然气平台的设计考虑了那些是永久性载人结构体，一般而言海上风电机组系统应设计为无人系统。这对于设计标准而言有着巨大的影响，因为如石油和天然气结构的安全系数对于可再生能源装置而言可能过于保守，导致风电机组系统过度设计，最终反映在了所产能源的较高最终成本。

第二个重要差异与平台数量有关。设计用于石油和天然气行业的漂浮式支撑结构体一般是预制的一次性设计。油田得到了详细的研究并描述了特点，相关的石油钻塔设计是针对特定地点，也考虑了根据具体情况逐案确定的环境载荷，相关设计标准是以这种预制程序为基础的。

与此相反，海上漂浮式风电机组开发的新标准是以不同的"环境等级"概念为基础。基本上，以这种方法设计并注册的风电机组不仅仅适合一个具体的地点，还适用于一"类"地点或地区，这些地点的海洋气象可以视为极大的类似。这鼓励了大规模生产方式，即使是只考虑一个风电场。

"伦敦阵列"（London Array）风电场，即使利用了固定到海底的风电机组，也可以被视为一个远海漂浮式风电机组的先驱。该风电场于 2013 年 4 月全面投产，总额定功率

630MW，由 175 个风电机组组成，占地面积约 $100km^2$。大规模生产优势是降低海上风能成本急需的一个机会，将要开发的漂浮式风电场当然需要利用这个机会。

11.3.3 数字模拟的限制

在设计漂浮式风电机组的过程中，理想情况下使用最高保真度的数字模型来评估并优化设计。但是，目前设计工程师可用的计算资源，例如综合计算流体动力学和有限元分析，将这样的数字模型使用限制到最后的设计阶段，来调查非常具体的操作条件。因此降阶工程模型更方便进行初步设计和优化研究。

这样的工程模型的使用意味着在数字模型构成过程中使用大量的假设，当模拟在海上环境中的漂浮式海上风电机组时，评估这些假设的有效性很重要。环境载荷来自伴随的风流，很大范围的表面波、洋流和潮汐，以及在寒冷地区的冰载荷，为在工程数字模型中充分表现这些自然现象带来了挑战。

目前，绝大部分最先进的漂浮式海上风电机组设计工具利用了基于叶素动量空气动力模型来推导发电机与流入风力之间的相互作用造成的载荷。这种准稳定方法已经得到修改，将动态失速、叶尖损失和斜气流等次发效应包含在内。虽然这对于 HAWT 已经足够，得到设计指南的支持，但是对于漂浮式 VAWT 而言，有太多的不确定性。VAWT 内在的不稳定特点导致准稳定模型不足以预测瞬时叶片力量，即使是对于陆上的发电机也是如此，这对于发动机结构性设计至关重要，正如 Ferreira 等（2014）所描述的。尽管计算效率略有下降，转到顶点模型等高阶工程模型会产生更多成本高效的设计，因为它们在结构性设计阶段的不确定性小。

流动动力载荷体系严重依赖漂浮式支撑结构体的几何形状，入射海浪的相对大小和作业海洋状态。最先进的设计工具综合利用了基于潜流的 Cummins 方程和 Morison 方程。这两种模型理论和半经验的结合，分别允许设计工程师来模拟构成漂浮式支撑结构体的各种各样低体积和高体积物体。也已经开发了高阶工程模型来调查自然现象极端条件的特别环境，例如非线性脉冲理论和 Paulsen 等的动力场域分解策略。

各种部件的结构灵活性可能对数字模拟产生关键性影响，最先进的设计工具主要利用降阶 FEM，虽然多体构想由于提高了的计算效率和足够的数字准确性而更有影响力。类似的，最先进的设计工具在模型锚泊系统实施了多体构想，包括通过上面提到的 Morison 方程得到的流体动力载荷。

在追求开发结构和成本明显更加高效的漂浮式海上风电机组设计过程中，设计工具的验证和确认❶对于减少模拟不确定性并改善设计指南至关重要。理想的情况是，照原尺寸的漂浮式风电机组的实验性数据可以用于验证这样的设计工具，但是显著重大的金融支持和商业问题让这一设想不太可能。鉴于此，国际能源机构 23 号任务已经通过基于参考系统的代码到代码比较，对于漂浮式 HAWT 设计工具进行了广泛验证并发起了对漂浮式 VAWT 的设计工具验证。为了支持这一工作，在海洋据点的可控条件下进行广泛模型尺

---

❶ 虽然有时候验证和确认可以交换使用，验证是核实数字模型已经正确实施的过程（"正确地解开方程式"），而确认则是确定实施的数字模型事实上表现在现实中发生的情况（"解开正确的方程式"）。

寸的测试，为数字模拟中未曾经历过的不可预见动力提供了验证和洞察力，最为著名的是在 DeepCwind 倡议下实行的那些。

11.3.4　漂浮式平台对于发电机载荷和控制的影响

11.3.4.1　载荷

与固定的海上或陆上基础相比，漂浮式支撑结构很明显提供了非常柔软的基础，因此大大地修改了系统本征模和频率，这样影响了环境激励的动态响应和经验载荷。

Jonkman 和 Matha 对三种漂浮式 HAWT 概念（驳船式、单柱式和 TLP）进行了系统研究，发现所有概念中发电机都经受增加的疲劳和极端载荷。这种情况直接导致的是当将陆上发电机设计转为海上发电机用途时，发电机部件需要加强。

Borg 和 Collu 详细调查了 VAWT 频域中的气动载荷对平台运动的影响，得出结论：当峰值气动载荷没有发生大的改变，平台运动的整个频域有显著的数量级增加。这主要与各种发电机部件的疲劳评估有关。

11.3.4.2　控制

发电机控制系统的主要目标是降低漂浮式风电机组整个工作范围的载荷并将电力生产最大化。需要格外考虑漂浮式海上风电机组，特别是发生不利气动阻尼的情况下，也就是说控制器实际上增加了发电机载荷和平台运动。当平台前后俯仰时，发电机经受入射风力的变化，控制器试图周期性纠正这一点。这通过增加控制器参数得到补救，从而得到对风速变化的较慢的响应速度。

VAWT 的控制与 HAWT 略有不同；VAWT 通常具有固定螺距叶片，控制通常是仅仅利用发电机扭矩管理实现。虽然对 HAWT 而言，漂浮式平台内在横滚恢复刚度适合发电机产生的扭矩，但是对 VAWT 而言，则是不同的构想，由此锚泊系统必须足以在偏航自由度方面适合发电机扭矩。结合突出了绝大多数锚泊系统配置的相对较低的偏航锚泊刚度，修改一个合适的控制器来维持具体的控制战略颇具挑战性。

11.3.5　漂浮式海上风电机组的成本

海上风电机组的成本来自不同的来源。从生命周期成本的角度来看，成本可以划分为资本支出（CAPEX）、运营支出（OPEX）和停机支出（DECEX）。CAPEX 是由与场地评估和开发相关的预付投资成本；发电机、支撑结构体和电网基础设施的工程、采购和制造成本，和与发电机组在场地的运输和场地安装有关的成本等组成。OPEX 包括与海上风电场运营相关的所有成本，包括维护和维修；风电场监督和控制；维持备用电源容量等成本。DECEX 与运行寿命结束时发生的成本、从海上场地移除发电机组和废料成本有关。根据 Myhr 等，固定和漂浮式风电场（在相同的条件下）的 OPEX，分别是 115 千欧元/MW 和 131 千欧元/MW（2014 年情况），而固定（单桩基础和导管架基础）和漂浮式风电场的 CAPEX 则是类似，$(3.5\sim3.8)\times10^6$ 欧元/MW，例外情况是漂浮式 "Wind-Float"，成本大约 4.6×10^6 欧元/MW。

这些成本规定了风电场所生产电力的最终价格；通常称为能源成本（LCOE）。因为还没有安装任何的漂浮式风电场，预测 OPEX 成本并非易事，设计具有不确定性。虽然可以利用底部固定的风电场经验合理估算一些成本，但这两种类型的风电机组结构体之间的差异会导致不同的运营成本。对于漂浮式风电机组的 LCOE 和这种类型的海上风电机组的成本动因，已经有了相对较少的研究。除了其他因素之外，Myhr 等对大量的固定式和漂浮式海上风电机组的 LCOE 进行了比较研究，估计 LCOE 的范围在 130～180 欧元/（MW·h）之间，具体取决于风电场的规模。

　　这一研究的一个主要结果是 LCOE 严重依赖大量的因素，很可能不能对漂浮式风电行业一概而论，而是要具体到每一个项目。

11.4　总结：案例研究

11.4.1　背景和地点描述

　　为了描述上文详细介绍的设计阶段，下文提供了 Lefebvre 和 Collu（2012）进行的 5MW HAWT 漂浮式支撑结构体的初级设计的案例研究。这一研究的目的是设计位于北海多格滩（Dogger Bank）的 NREL 5MW 参考发电机，这是英国政府建议的 Round 3 海上地点之一，多格滩地点特点见表 11.1。

表 11.1　多格滩地点特点

水深/m	18～63（假设 40）	
距离海岸距离/km	192.7	
	JONSWAP 波谱参数	
	运行状态	幸存状态
H_s/m	4.928	10.0
菲利普斯常数 α	0.008074	0.008110
JONSWAP 常数 β	3.3	3.3
峰值频率/(rad·s^{-1})	0.6283	0.4488

11.4.2　漂浮式支撑结构体的开发

　　对不同的漂浮式平台进行评估，包括两种驳船式和单柱式、TLP、半潜式和三浮体各一种，对这些进行了初步的规格和成本估算，三浮体成为最为适合的配置。Van Hees 等的著作中假设最大允许倾斜角为 10°，考虑运行中的发电机诱发的最大翻转，推理最小要求俯仰恢复刚度。

　　采取的下一步措施是对三浮体结构进行详细的分析，三浮体配置的结构部件如图 11.2 所示，研究了静态和动态稳定性和潜在的锚泊配置。在这一过程中，通过增加刚性元件把壁厚从 20mm 降低到 15mm，支柱内部结构图如图 11.3 所示，因为动态分析显示，原始的壁厚导致不必要的结构体成本增加。在这一阶段得到了加强筋的实际直径，加强筋尺寸如图 11.4 所示，考虑到相关安全因子，这样没有超过钢材的屈服强度。

图 11.2 三浮体配置的结构部件

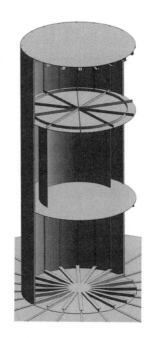

图 11.3 支柱内部结构图

与评估结构相结合，初步评估中再次强调了流体静力的稳定性，现在正在考虑精确的支撑结构组成。考虑了完整的和受到损害的情况，虽然在受到损害情况下，假设发电机不能在这样的情况运行，因此规定了20°的最大允许倾斜角。在任何情况下，稳定性模拟分别为完整的和受到损害的情况下产生9°和14.5°的倾斜角，完全处于规定的允许倾斜角范围。

与此类似，进行了流体动力稳定性

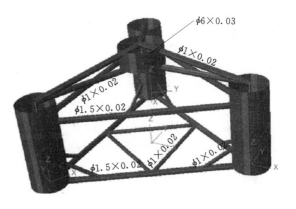

图 11.4 加强筋尺寸

评估，据此进行了数字模拟来推理在运行和幸存海况下系统 RAO 和动态响应。在初始流体动力稳定性分析过程中，可以看到系统垂荡自然频率完全处于绝大部分高能波谱频率范围之内，为了减少垂荡运动，支柱垫板添加到每一个支柱的底部，以增加垂荡自然频率，如图11.2所示。在添加了支柱垫板之后，发现系统自然频率超过绝大部分的高能波谱频率，在运行或生存海况下都没有超出最大允许倾斜角。

最后，由于相对较浅的水深，考虑了拉紧的锚泊系统。考虑了三线和九线锚泊系统，利用流体动力分析，对线长、预加张力和刚度进行了调整，除了线延伸率必须超过10%的要求之外，还使上述要求得到满足。因为两个系统都满足要求，因为九线系统明显更加昂贵，所以最终采用了三线系统。

11.5　未　来　趋　势

11.5.1　规模在 10MW 及以上的海上风电机组

海上风电机组的规模多年来已经在不断扩大。总体而言，风电机组的额定功率越高，最终 LCOE 越小。

已经有商业上可用的额定功率为 8MW 风力发电机[1]，目前正在研究开发额定功率 10～12MW 及以上的风电机组（INNWIND FP7 项目[2]，HiPRWind FP7 项目[3]）。这一趋势当然会继续，有些最新的项目正在考虑 15～20MW 额定功率的海上风电机组，即使对于 HAWT 而言有些迹象表明越来越难以重新设计提高这些系统。

11.5.2　垂直和水平轴风电机组

虽然 HAWT 已经成为陆上风电机组的首选配置，但是由于漂浮式海上环境中显著不同的条件，其他的风电机组配置可能会在技术和经济层面上具有更多优势。

由于 VAWT 具有几项潜在优势，研究人员对于 VAWT 用于漂浮式基础应用又重新有了兴趣。这导致不同的研究人员对此类发电机进行了大量的研究。

尽管如此，只有少数的研究试图量化比较 HAWT 和 VAWT 在漂浮式海上风电机组的应用。Borg 和 Collu（2015）重点比较了漂浮式 HAWT 和 VAWT 系统的静态和动态响应。比较显示了 VAWT 的配置如何以较小的倾斜力矩、较低的风电机组质量和较低的发电机 G 点位置定义，所有因素都可以利用来降低支撑结构体的成本，从而最终降低 LCOE。尽管如此，作用到 VAWT 系统上的空气动力的高振荡特点得以突出，为这些风电机组的设计带来了不同的挑战。

第 11.3.1 节中提到的 VAWT 风电机组，尽管他们在商业上不如 HAWT 成熟，但是仍然有机会在早期阶段采用集成设计方法（风电机组＋支撑结构），确保优化程序可以找到修改支撑结构和风电机组设计的解决方案。这可以大大降低 LCOE。

11.5.3　多用途平台集成

在有些情况下，未来的漂浮式风电机组可以集成到其他的能源采集装置上，例如海浪和潮汐，以及水产养殖等其他的海洋利用。集成这样不同技术的主要感知利益是电网连接、转换设备和漂浮式支撑结构等基础设施可以共享，从而降低能源的成本。

已经有很多举措对这样的综合设计进行调查研究：H2OCEAN（www. h2ocean－project. eu），TROPOS（www. troposplatform. eu）和 MERMAID（www. mermaidproject. eu）项目评估了多用途平台的可行性；MARINA 项目（www. marina－platform. info）、Aubault 等（2009）、Roddier 和合作者（Peiffer 等，2011）、水上电站（www. floating-

---

[1]　http：//www. mhivestasoffshore. com/Products－and－services/The－Turbines/V164.

[2]　http：//www. innwind. eu/.

[3]　http：//www. hiprwind. eu/.

powerplant. com）和 Borg 等（2013）就是研究综合风力-波浪能源采集设备的几个案例；SKWID（www. modec. com/fps/skwid）概念将风力和潮流能提取结合在了一起。

目前主要挑战是对这样复杂的系统进行综合的工程和物流设计从而提供具有竞争力的产品。

11.5.4　面向综合多学科设计和优化

风电机组，特别是海上漂浮式风电机组，可以视为复杂系统，与飞机、汽车和轮船的复杂性类似。

这些复杂系统的设计、分析和优化经常需要多学科方法。多学科设计、分析和优化（MDAO）是专注于涉及多个领域或子系统的系统设计的数字工具使用的工程领域。MD-AO 的主要原因是这样的系统不能通过分别设计、分析和优化几个子系统来优化设计，而是需要考虑他们的相互作用。

MDAO 首先用于机翼设计，因为空气动力、结构和控制方面问题之间的强耦合。然后这一方法扩展到完整的飞机和其他工程系统（例如桥梁、建筑物、轨道车辆、汽车、航天器等）。

在最近几年里，已经提出利用 MDAO 方法对风电机组进行现场研究，用于陆上和海上固定基础风电机组系统。此外，第一个开源程序已经可用。FUSED - Wind 是：“一个用于风能系统多学科优化和分析（MDAO）的开源框架，由 DTU 和 NREL 共同开发。”NREL - WISDEM “是建立在 FUSED - Wind 软件框架之上，包括一整套的风电场模型，包括涡轮空气动力、部件结构分析、部件成本、电场辅助设备成本、金融模型、风电场布局和风电机组气动弹性模拟”。

在不远的将来，多学科设计、分析和优化方法将在降低海上（固定和漂浮式）风电结构成本方面起到十分重要的作用。

缩　略　语

ABS　　　　 Burear of Shipping　美国船级社
ASME　　　 American Society of Mechanical Engineers　美国机械工程师协会
BV　　　　　 Bureau Veritas　法国船级社
CAPEX　　 Capital Expenditures　资本支出
DECEX　　 Decommissioning Expenditures　停机支出
DNV　　　　 Det Norske Veritas　挪威船级社
d. o. f.　　　 Degree of Freedom　自由度
DTU　　　　 Technical University of Denmark　丹麦技术大学
EUR　　　　 Euro　欧元
EWEA　　　 European Wind Energy Association　欧洲风能协会
EWEC　　　 European Wind Energy Conference　欧洲风能会议
FORWARD Floating Offshore Wind farm Demonstration　漂浮式海上风电场示范项目

FOWT	Floating Offshore Wind Turbine System	漂浮式海上风力发电机系统
GL	Germanischer Lloyd	德国劳埃德船级社
HAWT	Horizontal Axis Wind Turbines	水平轴风电机组
IEC	International Electrotechnical Commission	国际电工委员会
ISOPE	International Society of Offshore and Polar Engineers	国际海洋与极地工程师协会
ITTC	International Towing Tank Conference	国际拖曳水池会议
MDAO	Multidisciplinary Design，Analysis and Optimisation	多学科设计、分析和优化
MLA	Mooring Line Action	锚绳作用
NREL	National Renewable Energy Laboratory	国家可再生能源实验室
OPEX	Operating Expenditures	运营支出
RAO	Response Amplitude Operator	幅值响应算子
TLP	Tension‐Leg Platform	张力 S 平台
VAWT	Vertical Axis Wind Turbines	垂直轴风电机组
WF1	Wind Float Prototype Wind Float	原型

变　　量

B	浮力中心
$C_{55,\mathrm{moor}}$	归因于锚泊刚度（N·m/rad）的旋转刚度系数（俯仰）
$C_{55,\mathrm{tot}}$	总旋转刚度（俯仰）（N·m/rad）
CP_{env}	环境力量压力中心
d. o. f.	自由度
F	漂浮中心
FB	浮力（N）
F_{env}	环境力量（风力和洋流）之和（N）
$F_{\mathrm{moor,V}}$	锚泊系统总力量的垂直分量（N）
G	重力中心
M	总质量（kg）
I_{xx}	横滚水线面积二次矩（m⁴）
I_{yy}	俯仰水线面积二次矩（m⁴）
M_{I}	倾斜力矩（N·m）
$M_{\mathrm{R,roll}}$	横滚恢复力矩（N·m）
$M_{\mathrm{R,pitch}}$	俯仰恢复力矩（N·m）
RAO_i	幅值响应算子（m/m），i‐th d. o. f.（$i=1$，2，3）（m/m），幅值响应算子 i‐th d. o. f.（$i=4$，5，6）（deg/m）
V	排水容量（m³）

X	坐标系水平轴（m）
Y	坐标系横轴（m）
Z	坐标系纵轴（m）
$z_{CP_{env}}$	CP_{env}的垂直坐标（m）
z_{MLA}	MLA 的垂直坐标（m）
θ	倾斜角（°）
ρ	海水密度（kg/m³）

参 考 文 献

[1] ABS，2013. Guide for Building and Classing Floating Offshore Wind Turbine Installations.

[2] Ashuri, T., 2012. Beyond Classical Upscaling：Integrated Aeroservoelastic Design and Optimization of Large OffshoreWind Turbines. Delft University of Technology. Available at：http：// mdolab. engin. umich. edu/content/beyond – classical – upscaling – integrated – aeroservoelasticdesign – and – optimization – large (accessed 01. 12. 14.) .

[3] Aubault, A., Cermelli, C., Roddier, D., 2009. WindFloat：a floating foundation for offshore wind turbines part Ⅲ：structural analysis. Engineering 1 – 8.

[4] Blue, H., 2004a. Blue H – Concept. Available at：http：//www. bluehgroup. com/concept/index. php (accessed 25. 02. 15.) .

[5] Blue, H., 2004b. Blue H – Products – Phase 1. Available at：http：//www. bluehgroup. com/product/phase – 1. php.

[6] Borg, M., Wang, K., et al., 2014. A comparison of two coupled model of dynamics for offshore floating vertical axis wind turbines (VAWT) . In：Proceedings of the ASME 2014 33rd International Conference on Ocean, Offshore and Arctic Engineering OMAE 2014. ASME, San Francisco, CA.

[7] Borg, M., Collu, M., 2015. A comparison between the dynamics of horizontal and vertical axis offshore floating wind turbines. Philosophical Transactions of the Royal Society A 373 (2035) .

[8] Borg, M., Collu, M., 2015b. Frequency—domain characteristics of aerodynamic loads of offshore floating vertical axis wind turbines. Appl. Energy 155, 629 – 636.

[9] Borg, M., Collu, M., 2014. Offshore floating vertical axis wind turbines, dynamics modelling state of the art. Part Ⅲ：hydrodynamics and coupled modelling approaches. Renewable and Sustainable Energy Reviews 46, 296 – 310. Available at：http：//www. sciencedirect. com/science/article/ pii/S1364032114009253 (accessed 01. 12. 14.) .

[10] Borg, M., Collu, M., Brennan, F. P., 2013. Use of a wave energy converter as a motion suppression device for floating wind turbines. Energy Procedia 35, 223 – 233. Available at：https：// nbl. sintef. no/project/DeepWind 2013/Deepwind presentations2013/E/Borg. M. _ Cranfield Univ. pdf (accessed 18. 11. 13.) .

[11] Borg, M., Collu, M., Kolios, A., 2014a. Offshore floating vertical axis wind turbines, dynamics modelling state of the art. Part Ⅱ：mooring line and structural dynamics. Renewable and Sustainable Energy Reviews 39, 1226 – 1234. Available at：http：//www. sciencedirect. com/science/article/pii/S1364032114005747 (accessed 03. 11. 14.) .

[12] Borg, M., Shires, A., Collu, M., 2014b. Offshore floating vertical axis wind turbines, dynamics modelling state of the art. Part Ⅰ：aerodynamics. Renewable and Sustainable Energy Reviews 39, 1214 – 1225. Available at：http：//www. sciencedirect. com/science/article/pii/S1364032114005486 (accessed 01. 12. 14.) .

[13] Bulder, B. H., 2002. Study to Feasibility of and Boundary Conditions for Floating Offshore Wind Turbines (Studie naar haalbaarheid van en randvoorwaarden voor drijvende offshore windturbines).

[14] BV, 2010. Classification and Certification of Floating Offshore Wind Turbines, Bureau Veritas.

[15] Chakrabarti, S. K., 2005. Handbook of Offshore Engineering. Structure，I, pp. 2005 – 2006. Available at：http：//books. google. com/books? hl＝en&lr＝&id＝Snbuzun9LUQC&oi＝fnd&pg＝ PP2&dq＝HANDBOOK＋OF＋OFFSHORE＋ENGINEERING&ots＝vceQzo3 Fnx&sig＝Lgs OQlU5AvXIOAHYJ8F2k4SV2To.

[16] Collu, M. , et al. , 2010. A comparison between the preliminary design studies of a fixed and a floating support structure for a 5 MW offshore wind turbine in the North Sea. In: RINA Marine Renewable and Offshore Wind Energy.

[17] Cordle, A. , Jonkman, J. M. , 2011. State of the art in floating wind turbine design tools. In: ISOPE 2011 Conference, pp. 367 - 374.

[18] DNV, 2013. DNV - OS - J103 Design of Floating Wind Turbine Structures.

[19] DNV GL, 2013. PROJECT FORCE - Offshore Wind Cost Reduction Through Integrated Design.

[20] Driscoll, F. , et al. , 2015. Validation of a FAST model of the statoil hywind demo floating wind turbine. In: Proceedings of the ASME 2015 34th International Conference on Ocean, Offshore and Arctic Engineering. St. John's, Newfoundland, Canada, pp. 1 - 10.

[21] Ferreira, C. S. , et al. , 2014. Comparison of aerodynamic models for vertical Axis wind turbines. Journal of Physics: Conference Series 524 (1), 012125. Available at: http: // stacks. iop. org/1742 - 6596/524/i=l/a=012125 (accessed 01. 12. 14.) .

[22] Fuglsang, P. , Bak, C. , Schepers, J. , 2002. Site - specific design optimization of wind turbines. Wind Energy 5, 261 - 279. Available at: http: //onlinelibrary. wiley. com/doi/10. 1002/we. 61/abstract (accessed 01. 12. 14.) .

[23] Fuglsang, P. , Madsen, H. , 1999. Optimization method for wind turbine rotors. Journal of Wind Engineering and Industrial Aerodynamics 80 (1 - 2), 191 - 206. Available at: http: //www. sciencedirect. com/science/article/pii/S0167610598001913 (accessed 01. 12. 14.) .

[24] Van Hees, M. , et al. , 2002. Study of Feasibility of and Boundary Conditions for a Floating Offshore Wind Turbines.

[25] IEC, 2007. IEC 61400 - 3, Wind Turbines—Part 3: Design Requirements for Offshore Wind Turbines.

[26] ITTC, 2014. ITTC Wiki. Available at: http: //www. ittcwiki. org/doku. php.

[27] Jonkman, J. , 2010. Definition of the Floating System for Phase IV of OC3. Available at: http: // www. nrel. gov/docs/fy10osti/47535. pdf (accessed 02. 12. 14.) .

[28] Jonkman, J. M. , 2007. Dynamics Modeling and Loads Analysis of an Offshore Floating Wind Turbine. ProQuest. Available at: http: //books. google. com/books? hl=en&lr=&id=66F _ VT7Px - kC&oi=fnd&pg=PA1&dq=Dynamics＋Modeling＋and＋Loads＋Analysis＋of＋an＋Offshore＋ Floating＋Wind＋Turbine&ots = N91pZfiBw1&sig = 0lbYYU9zsz1HrcfoCVBt31eCYFs (accessed 10. 02. 12.) .

[29] Jonkman, J. M. , et al. , 2010. Offshore code comparison collaboration within IEA wind task 23: phase IV results regarding floating wind turbine modeling. In: EWEC.

[30] Jonkman, J. M. , Matha, D. , 2010. Dynamics of offshore floating wind turbines - analysis of three concepts. Wind Energy.

[31] Journée, J. , Massie, W. W. , 2001. Offshore Hydromechanics. TU Delft, 2000.

[32] Kenway, G. , Martins, J. , 2008. Aerostructural shape optimization of wind turbine blades considering site - specific winds. In: Proceedings of 12th AIAA/ISSMO Multidisciplinary Analysis and Optimization Conference. Available at: http: //arc. aiaa. org/doi/pdf/10. 2514/6. 2008 - 6025 (accessed 01. 12. 14.) .

[33] Larsen, T. , Hanson, T. , 2007. A method to avoid negative damped low frequent tower vibrations for a floating, pitch controlled wind turbine. Journal of Physics: Conference Series 75 (1), 012073. Available at: http: //iopscience. iop. org/1742－6596/75/1/012073 (accessed 01. 12. 14.).

[34] Laura, C. - S. , Vicente, D. - C. , 2014. Life - cycle cost analysis of floating offshore wind farms. Renewable Energy 66, 41 - 48. Available at: http: //www. sciencedirect. com/science/article/

pii/S0960148113006642.

[35] Lee, K. H., 2005. Responses of Floating Wind Turbines to Wind and Wave Excitation. Massachusetts Institute of Technology.

[36] Lefebvre, S., Collu, M., 2012. Preliminary design of a floating support structure for a 5 MW offshore wind turbine. Ocean Engineering 40, 15 – 26.

[37] Martins, J., Lambe, A., 2013. Multidisciplinary design optimization: a survey of architectures. AIAA Journal 51 (9). Available at: http: //arc. aiaa. org/doi/abs/10. 2514/1. J051895 (accessed 01. 12. 14.).

[38] Merz, K. O., Svendsen, H. G., 2013. A control algorithm for the deepwind floating vertical – axis wind turbine. Journal of Renewable and Sustainable Energy 5 (6), 063136. Available at: http: // scitation. aip. org/content/aip/journal/jrse/5/6/10. 1063/1. 4854675 (accessed 01. 12. 14.).

[39] Myhr, A., et al., 2014. Levelised cost of energy for offshore floating wind turbines in a life cycle perspective. Renewable Energy 66, 714 – 728. Available at: http: //linkinghub. elsevier. com/retrieve/pii/S0960148114000469.

[40] Patel, M. H., 1989. Dynamics of Offshore Structures. Butterworth – Heinemann Ltd.

[41] Paulsen, B. T., et al., 2014. Forcing of a bottom – mounted circular cylinder by steep regular water waves at finite depth. Journal of Fluid Mechanics 755, 1 – 34. Available at: http: // journals. cambridge. org/abstract _ S0022112014003863 (accessed 01. 12. 14.).

[42] Paulsen, U., et al., 2015. Outcomes of the DeepWind conceptual design. In: 12th Deep Sea Offshore Wind R&D Conference. Trondheim, Norway.

[43] Peiffer, A., Roddier, D., Aubault, A., 2011. Design of a point absorber inside the WindFloat structure. In: Ocean Space Utilization; Ocean Renewable Energy, Volume 5. ASME, pp. 247 – 255. Available at: http: //proceedings. asmedigitalcollection. asme. org/proceeding. aspx? articleid =1624862 (accessed 01. 12. 14.).

[44] Principle Power, 2012. WindFloat Prototype. Available at: http: //www. principlepowerinc. com/ products/windfloat. html.

[45] Robertson, A., et al., 2013. Summary of conclusions and recommendations drawn from the DeepCWind scaled floating offshore wind system test campaign. In: ASME 2013 32nd International Conference on Ocean, Offshore and Arctic Engineering. ASME, Nantes, FR.

[46] Sclavounos, P. D., 2012. Nonlinear impulse of ocean waves on floating bodies. Journal of Fluid Mechanics 697, 316 – 335. Available at: http: //journals. cambridge. org/abstract _ S0022112012000687 (accessed 01. 12. 14.).

[47] Shires, A., 2013. Design optimisation of an offshore vertical axis wind turbine. Energy 166 (EN1), 7 – 18. Available at: http: //www. icevirtuallibrary. com/content/article/10. 1680/ener. 12. 00007 (accessed 29. 12. 13.).

[48] Statoil, 2010. Hywind Demo. Available at: http: //www. statoil. com/en/TechnologyInnovation/ NewEnergy/RenewablePowerProduction/Offshore/Hywind/Pages/HywindPuttingWind PowerTo-TheTest. aspx? redirectShortUrl＝ttp: //www. statoil. com/hywind.

[49] Tjiu, W., et al., 2015. Darrieus vertical axis wind turbine for power generation II: challenges in HAWT and the opportunity of multi – megawatt darrieus VAWT development. Renewable Energy 75, 560 – 571. Available at: http: //www. sciencedirect. com/science/article/pii/S0960148114006661 (accessed 01. 12. 14.).

[50] Wayman, E. N., et al., 2006. Coupled dynamic modeling of floating wind turbine systems. In: Offshore Technology Conference. Houston, Texas.

第三部分

海上风电场并网

第12章 海上风电场阵列

O. Anaya‐Lara

斯特拉斯克莱德大学，格拉斯哥，英国（University of Strathclyde，Glasgow，United Kingdom）

12.1 海上风电场阵列的基础

海上风电场由风电机组阵列结构组成，其集电系统是由风电场内各个风电机组之间互连的海底电缆组成。集电系统将每台风电机组产生的电能输出汇集至变电站。该系统也被称为风电机组间或阵列内系统。

这种电缆管道可以将每台风电机组产生的电能输送到最近的变电站，其电压等级在英国是33kV，在欧洲大陆是20kV。由于尾流效应现象，风电机组之间的间距要达到数倍转子直径的距离，这也是风电场的一个重要特征。这往往导致风电场的跨度达到数十千米，导致连接各个风电机组与变电站的电缆也需要大量布线。由于集电系统的电缆遍布整个风电场，其线损也就占到整个风电场电能损耗的最大比例。因此，减少集电系统的电能损耗极为重要，这对减少风电场整体电能损耗意义重大，进而建成更高效、高产的风电场。从长远角度来看，这将为风电场所有者带来更多回报。减少线损最简单的办法就是优化风电机组间的电缆布线。

风电场集电系统是在所有风电机组和变电站都就位以后进行设计的。设计一个风电场要经历很多环节，设计集电系统就是其中之一。这是一个复杂的过程，工程师们需要在减少电缆线损和降低海底电缆系统开发成本之间找到合理的平衡点。

12.2 设 计 原 则

电气阵列系统应满足以下一般要求：

（1）具有单一故障冗余，为辅助需求提供动力。

（2）健康和安全系统的设计应最大限度减少对人员和公众的健康和安全所产生的负面影响，必须遵守相关H&S法案。

（3）符合所有相关规则，如国家电网规则、配电网规则、系统操作机构与输电业主规则（System Operator‐Transmission Owner Code，STC）以及相关标准，如IEC标准，IEEE标准等。

（4）输出容量应大于的风电场的满载输出。

（5）最小资本支出（CAPEX）要求：材料和安装成本。

（6）最小运营成本（OPEX）要求：损耗和维护需求。

（7）可用性和可靠性最大化。

（8）低环境影响要求（低生命周期碳排放，可循环利用，可回收）。

（9）强大的组件供应链。

（10）适用于不同的风电机组和不同规模的风电场。

此外，可以根据具体的风电场或电网接入点位置要求签署双边协定，明确特定的项目需求。

12.3　主　要　内　容

12.3.1　风电机组

为了适应海上运行条件，现有的安装在海上的风电机组是由标准陆上风电机组做出重大升级改造而成的。这些改进包括加强塔架以应对海浪带来的附加荷载；同时，还有具备环境控制功能的风电机组加压舱罩，用来隔绝腐蚀性海浪对关键性传动机构和电气部件的侵蚀。

海上风电机组的功率通常大于标准陆上风电机组，当前功率范围在 2～5MW 之间。海上风电机组的发展如图 12.1 所示。目前海上风电机组采用三叶片水平轴结构，带偏航控制，具有主动顺桨控制，具有直径范围在 80～130m 不等的迎风转子。海上风电机组一般较大，因为对风电机组组件和装配设备运输的限制相较陆上风电机组要小。另外，对于特定项目地点，大型风电机组要比小型风电机组产生更多的电能。在开发特大型风电机组时面临一个关键难题，这就是在不改变现有技术的情况下很难进一步增大风电机组部件的物理尺寸。

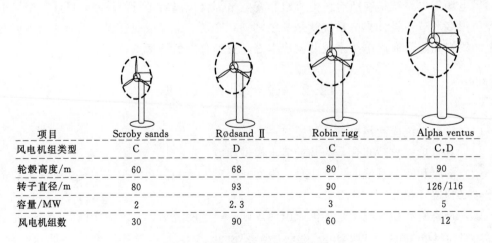

项目	Scroby sands	Rødsand Ⅱ	Robin rigg	Alpha ventus
风电机组类型	C	D	C	C,D
轮毂高度/m	60	68	80	90
转子直径/m	80	93	90	126/116
容量/MW	2	2.3	3	5
风电机组数	30	90	60	12

图 12.1　海上风力发电机的发展

在陆上风电机组中，传动机构通常围绕一个模块化的三级固定传动比齿轮箱进行设计，低速侧采用行星级传动，高速侧采用螺旋级传动。因为海上风的切面比较低，所以相同输出情况下，海上风电机组塔架高度要比陆上风电机组的低，这就压缩了通过增加塔架高度提高能量捕获的潜在空间。

12.3.2 海上变电站

变电站的主要目的是将电压水平从集电器的电压等级（例如 33kV）提高到更适合的电压等级，以便使海上风电场产出的电能输出到电网，一般来说是 132kV。电压逐级抬升的目的是在远距离输电过程中减少损耗，因为海上风电场的安装位置通常要远离海岸。

当海上风电项目规模较大（＞100MW）或者风电场远离海岸大于 15km 时，变电站就十分必需了。海上变电站约占整个风电场投资的 7% 左右。例如，一个 500MW 的海上风电场，其中海上变电站将耗资 8 千万英镑，重达 2000t。

一个海上变电站的布局如图 12.2 所示。

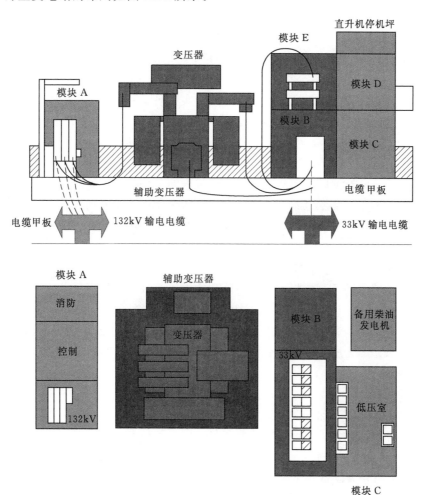

图 12.2　海上变电站的布局

通常来说，海上变电站最大能够支持 500MW 风电场风电机组阵列的电能输出。随着风电场规模不断增加，变电站的数量也会随之增加。海上变电站通常作为与供应商签署合同中的一部分，重量一般从 1800～2200t（以 500MW 风电场为例）。平台一般高于海平面 25～30m，面积可以达到 800～1200m²。这些海上变电站通常不是基于服务的，但仍可以内置小型工作间。

海上变电站的主要组件可以分为以下三类：

（1）电气系统相关组件。

（2）工具相关组件。

（3）结构相关构件。

电气部分相关组件如下：

（1）海上变电站的主要部分是变压器。变压器的作用是升高电压，从而根据需要完成功率传输，实现损耗最小化。

（2）海上变电站同时配有一台后备柴油发电机，用来在出口电缆停电时紧急供电。

（3）开关柜是海上变电站另一组成部分，它的作用是连接出口电缆和风电机组阵列电缆。

（4）如果功率输出的是高压直流输电（HVDC），还需要在海上变电站配备交直流转换器。

（5）无功补偿装置用于平衡无功功率，用于实现向陆上电网传送最大功率时获得适宜的无功功率［例如电抗器组、电容器组、静止无功补偿装置（SVC）或静止同步补偿器（STATCOM）等］。

（6）变电站需要合理接地，以防安全和短路问题发生时的破坏。

一个典型的变电站可以支持从风电场传送过来的 500MW 功率输入。根据风电场规模不同，可能需要不止一个变电站。而且只要资金状况允许，风电场往往会设计多个变电站来提高输出的可靠性。目前世界上最大规模的运营中风电场伦敦阵列 1 期项目，就具有两个完全相同的变电站。

12.3.2.1　变压器

海上变电站的主要任务是将风电机组阵列的电压等级提升到更高电压等级，从而减少损耗。专门设计的 SF_6 绝缘变压器具有阻燃的优点。这对于海上变电站非常重要，因为海上变电站远离海岸，通常情况下无人值守，所以如不能及时处理，任何火灾等隐患，将会带来严重后果。因为所有带电部分都被可靠地封装在接地金属结构中，因此在需要检修时可以方便地进行。

12.3.2.2　开关柜

开关柜是用来控制、保护和隔离风电机组阵列的。当风电机组发生故障时，需要将其与系统其他部分隔离开来，从而进行检修工作，同时其他工作风电机组应该继续工作输出电功率。

SF_6 气体绝缘开关设备对于海上变电站来说非常有用，这是因为它不但结构紧凑，而且相比真空绝缘或者油绝缘的同类产品来说具有更高的安全性。

12.3.2.3　保护装置

当系统内部发生故障时，保护装置能够识别并隔离故障部分。交流保护系统由互感器、继电器、断路器、开关组、辅助电源和连接它们的线路组成。直流断路器技术目前仍不成熟。例如，在高压直流系统的保护系统中并没有直流断路器，而是靠交直流转换器交流侧的交流断路器来实现断路器功能。

中压断路器在海上风电场中用于保护，它们安装在每一台风电机组和海上变电站中。它们的数量和保护类型各有不同，这取决于设计考虑、电网拓扑结构和可用性水平的要求。

在每一台风电机组中都有用于保护的中压和低压断路器。低压保护用于识别风电机组内部故障，而中压保护用于识别低/中压变压器内部故障，以及风电机组之间的电缆故障。中压断路器可以具备岸上远程操作功能。此外，气体绝缘开关柜用于手动断路以及变压器和电缆接地操作。

海上变电站的保护环节可以针对中/高压变压器的故障，并且在馈线发生故障时使之断开。海上变电站的变压器还具备例如油温保护、压力保护等其他一些保护功能。

内部电网结构不同，保护类型也会有所差异。例如，在链式结构的风电场中，仅在馈线首端安装开关就足够了，因为这样可以在馈线某处发生故障时断开整条馈线线路。不同电网拓扑结构的断路器和手动开关配置示例如图 12.3 所示。当故障发生时，最近的断路器可以隔离并切除故障区域，使其电流降为零。随后，远程手动操作开关可以进一步精确隔离故障，使得非故障部分的电网能够继续带电运行。

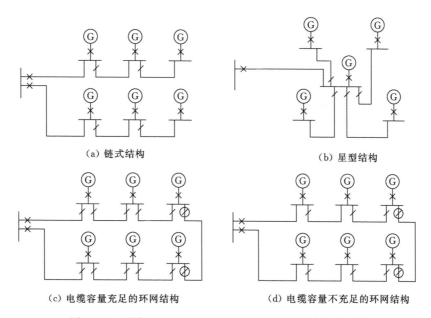

（a）链式结构 　　　　　　　　　　（b）星型结构

（c）电缆容量充足的环网结构 　　　　（d）电缆容量不充足的环网结构

图 12.3　不同电网拓扑结构的断路器和手动开关配置示例
✕—电路断路器；/—常闭开关；⊘—常开开关

此处，电缆容量仅够负载最大 4 台发电机的输出，如果在前两段电缆处发生故障，则两台风电机组的功率将丢失。

12.3.2.4　变电站选址

变电站的选址问题是集电系统设计的关键问题。变电站的安装位置在很大程度上影响着电缆分布，进而对项目开支有很大影响。理想情况下，变电站的位置应使连接所有风电机组的电缆总长度最小。

变电站的数量由以下因素决定：

(1) 风电场的面积以及总电缆长度。

(2) 电压等级，这决定了馈线的最大长度。

(3) 风电场的总容量以及变压器和高压电缆的容量。

对于离海岸较近的风电场，小型风电场可以直接与陆上电网连接。在这种情况下，中压等级用于与陆上电网对接。馈线分为不同组，分别连接到不同的陆上变电站。开关柜位于陆上电缆末端，所以没必要修建海上变电站。随着风电场装机容量的增加，部署海上变电站的需求也随之增加。这是因为在海上风电场整个生命周期中，通过中压方式传送功率所带来的电能损耗支出已经可以够用来修建一座海上变电站。当风电场远离海岸，海上变电站用来提升输出功率的电压等级从而实现远距离输电。另外，更大的风电装机容量也意味着更大的占地面积。也就是说，在风电场内需要更长的电缆用来连接内部各台风电机组和海上变电站。但对于中压电压等级，为了限制线路损耗，电缆长度有上限要求，同时需要对电压损失进行补偿。因此，解决办法是根据占地面积将风电场的风电机组分成若干组，每一组风电机组配备一个海上变电站。每一个海上变电站具有一条独立的线路与陆上部分连接。影响海上变电站数量决策的其他条件包括该海上风电场区域的海上工业、船舶作业、海底电缆，海底管线等。

更高电压等级可以增加传输容量，同时允许铺设更长的电缆。如果陆上部分不能直接连接 33kV 的电压水平，具有更高中压电压等级的风电场可以直接与这样的陆上部分连接。更高的中压电压水平为远离海岸的小型风电场和靠近海岸的较大风电场与陆上部分直接连接提供了更大的可能性。对于具有更高中压水平的大面积海上风电场，可以允许更长的电缆布线，这可以降低对海上变电站数量的需求。

对于大装机容量的海上风电场，即便靠近海岸，也需要考虑中压输电带来的损耗而建设海上变电站。与之对应的是小规模风电场可以直接与陆上部分连接而无需海上变电站。

海上变压器容量是总输电容量的一个限制因素。对于数百兆瓦容量的风电场，可以采用数台变压器并联从而达到传输更多功率的目的。同时，这也可以增强风力发电的可靠性，当因为某台变压器因故障退出运行，至少部分功率可以继续传输。变压器的价格与物理尺寸和重量成正比。这也意味着，海上平台的投资成本应该允许变压器和开关柜的增加。

12.3.3　海底电缆

交联聚乙烯绝缘海底电缆是用于海上风电场内部阵列连接的常见类型。它们具有低电损耗的优点。除此以外，具有高可靠性和环境友好性。导电介质可以是铝或者铜材质，其中铝材质导体因载流容量较小而直径较粗，弯折半径较大，所以较为少用。

海底电缆可以由三根电缆组成，每根独立的电缆是一相，这被称为单芯电缆。也可以制成三根电缆捆扎在一起共享屏蔽层和铠装的形式，这被称为三芯电缆。单芯电缆相对于三芯电缆有更高的载流容量，但是同时，单芯电缆也比三芯电缆损耗更高。这是因为在单芯电缆中，电缆铠装会有电流流过造成附加的损耗。单芯电缆相间距离小于 50m 时，相间会存在互感。如果电缆敷设中不换位，电磁互感会造成三相阻抗差异，从而出现三相系统不平衡。在三芯系统中，三相间的互感很小或者为零，这样系统可以保持三相平衡状态。单芯电缆的每一相都需要分别敷设，而三芯电缆是三相一起敷设的，所以三芯电缆的敷设成本更低。总之，单芯电缆比三芯电缆昂贵。无论三芯还是单芯电缆，屏蔽层都要可靠接地来防止过电压。为了提高可靠性，在单芯系统或者三芯系统中，都可以增加一根与其他电缆平行敷设的电缆。同时，在三芯系统中可以加入一根光缆用于通信目的。

靠近变电站的阵列间电缆需要承载所有联接的风电机组输出总功率，这就要求这些电缆具有更高的载流能力。因此，所有可联接的风电机组总数就受限于海底电缆的最大载流能力。如前所述，三根单芯电缆比一根三芯电缆获得更大的载流能力。但是，附加损耗需要处于合理范围。

海底电缆的横截面积可以从 $95mm^2$ 到超过 $1000mm^2$ 不等。最大预期的载流量是集电系统电缆尺寸选择的决定因素之一。针对风电场的不同

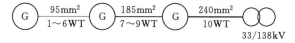

图 12.4　在 Lillgrund 风电场使用的不同截面尺寸电缆

布局，电缆的型号规格也有所不同。例如，位于瑞典南部的 Lillgrund 海上风电场采用链式布局，其使用的不同截面尺寸电缆如图 12.4 所示。位于馈线末端的电缆尺寸要比位于馈线首端靠近变电站变压器的电缆尺寸小。在对相近尺寸电缆进行细分选择时，发热和损耗也是需要考虑的因素。

世界上主要的海底电缆制造商包括 ABB，JDR Cable Systems，Nexans，Prysmian，NSW 和 Parker Scanrope 等。

12.4　拓　扑　结　构

随着海上风电场发电容量的不断增加，风电场电气系统的裕量变得至关重要。在很大程度上，风电场整体的性能、可靠性、效率和成本依赖于电气系统的设计。集电系统的主要功能是从分散的风电机组收集电能，并最大限度地实现总发电量的最大化。根据风电场的规模和对集电系统可靠性水平的要求，集电系统可以有不同的布局方式。有些集电系统的布局类型已经投入使用，而有些还处于概念阶段。风电场集电系统基本设计方式如图12.5 所示。

1. 链式设计

放射状的链式设计是风电场集电系统最直接的方式［图 12.5（a）］。一组风电机组以串级的形式连接在一根电缆馈线上，这组风电机组的最大数量由发电机的容量和海底电缆的最大额定值决定。这种设计的优点是易于控制，而且节省投资，因为电缆的总长度更小，同时电缆容量可以随着远离母线逐渐减小。这种设计的主要缺点是可靠性较差，因为一旦电缆或者开关在母线端发生故障，它会影响所有下游的风电机组的输出功率。

2. 单侧环网设计

相对于链式布局来说，通过增加一些电缆布线，环网布局可以提供一条备用的功率通道，从而在某种程度上解决了安全性缺失的问题。在风电机组数量一定的情况下，另一种

额外的损耗来自于串级回路中较长的电缆线路和较高的电缆额定参数。单侧环网设计需要一条单独的电缆将最后一台风电机组（例如 G7）连接至母线。在故障发生时，这条电缆必须能够载流串级回路中所有风电机组的最大功率之和［例如 7 台单台装机容量是 5MW 的风电机组串联达到 35MW，这种情况对应图 12.5（b）中断路器 B1 开路状态］。

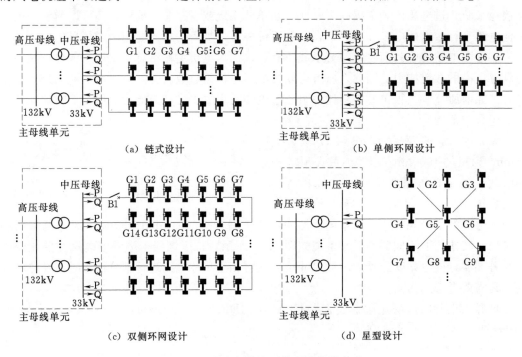

（a）链式设计　　　　　　　　　　　　（b）单侧环网设计

（c）双侧环网设计　　　　　　　　　　　（d）星型设计

图 12.5　风电场集电系统基本设计方式

3. 双侧环网设计

在这种配置中，一条串级回路的最后一台风电机组与另外一条串级回路的最后一台风电机组相连［如图 12.5（c）中的 G7 和 G8 两台风机］。考虑到一条回路所有风电机组的满载输出功率需要流经对侧回路，对侧回路在母线端的电缆应该能够承受双倍的风电机组输出功率。

4. 星型设计

星型设计的目标是减少电缆额定值，并从整体上提高风电场的安全水平。一般来讲一根电缆的退出只会影响到一台风电机组。这种设计的额外成本是位于星型结构中心点位置的风电机组，它需要更复杂的配置［图 12.5（d）中的风电机组 G5］。

12.5　变流器连接方式和集电装置设计

目前，海上风电机组是基于陆上风电机组设计而来的，以交流的方式直接连接到电网，应遵循电能质量和故障响应的相关电网规范。要想理解控制方法如何适用于风力发电，就需要把电气系统当作一个整体来看，也就是风电机组的拓扑结构（变流器连接规划）、风电场集电装置和海上输电类型（例如交流或是直流）。下面讨论两个关于变流器连接方式和安装位置的例子。

12.5.1　风电机组中的变流器

12.5.1.1　交流方式

常规的交流方式如图 12.6 所示。风电机组使用的是笼型转子异步发电机（SCIG）或者永磁发电机（PMG）连接至一个完全功率变流器，或者也可以使用一台双馈感应发电机（DFIG）连接至部分额定功率变流器。变流器输出侧电压升高至集电网络电压水平，并且所有发电机在回路中串联。串联的风电机组数量由可用电缆的额定电压、额定电流以及发电机额定功率决定。电压水平受限于水下绝缘电缆的水树效应（Water - treeing Effect），而带有铅绝缘护套的干绝缘电缆又太过昂贵。同时，较高的电压水平也需要配套更高额定电压的变压器，这会增加投资和占地面积。由于交流电流存在集肤效应，电流的额定水平也有限制，电流不会在电缆中心流通，所以过大的截面积没有意义。出于这个原因，交流电缆的成本会随着电流容量增加而快速提高。

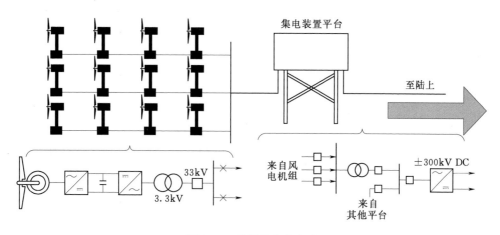

图 12.6　常规的交流方式

12.5.1.2　直流方式

直流回路连接方式如图 12.7 所示。在此系统中，发电机输出直流电压，并升压变换至集电平台的输电电压水平。在多数研究中，发电机输出直流电压水平在 40～50kV 范围，这需要具有这一电压水平的交流—直流转换能力。可以使用多个开关设备串联，采用较低电压的交流—直流转换器，然后使用直流—直流转换方式进行升压。例如可以采用直流 5kV 的较低电压变换器，好处是可以不用发电机侧变压器，而是使用常规的 3.3kV 三级变换器。然而，在回路中的电流值会相当高，需要使用厚电缆而且会产生很高损耗。直流系统可以简化交流和直流之间的转换，从而具有吸引力，但需要注意的是如果变换器的升压比很高，就需要一个变压器先将电压变为交流，通过变压器升压后再变回直流。

由于直流电缆没有水树老化现象，故可以经受更高的电压而无需使用干绝缘电缆，而电流在直流电缆中可以利用全部导体截面，所以电缆的价格会随着载流量线性增长，这与交流电缆的指数方式增长不同。因为这些因素，采用直流回路的风电机组集电回路要比直流方式更便宜。然而，具体节省量很难量化，因为所需的配置和电压等级不一定有适用的商用电缆，而且通过之前的单芯高压直流电缆很难外推更高电压等级的多芯高压直流电缆的价格。

另一个有关直流集电网络的话题是故障保护问题，直流电不会像交流电那样不断改变方向，所以在开关断开的时候就不会因为电流换向而自然熄灭电弧。现在提出了很多种直流断路器，但是高压直流断路器的价格不断在增加。直流集电输电网络在设计的时候考虑使用电压升高或降低的变换器，这可以限制故障电流，但这也会提高成本。

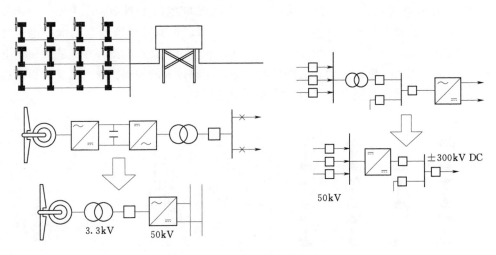

图 12.7　直流回路连接方式

12.5.1.3　直流串联环网结构

直流集电网络也可以采用一组风电机组的直流串联方式连接，直流串联环网连接方式如图 12.8 所示。每台风电机组的直流输出串联在一起并组成环网。这可以让高压集电装置免去高压变流器，不过风电机组的变流器需要对地绝缘，这可以使用隔离变压器或者可高压偏移的发电机。另外一种方案是在风电机组中采用带有隔离变压器的变流器，变流器的高压侧只由无源整流二极管组成，这可以使对地绝缘实现起来更容易。

虽然电缆的额定电流并没有改变，但因为只需要使用单芯电缆构成环网即可，所以这种布局可以缩减电缆成本。在有风电机组发生故障的情况下，可以利用机械开关绕过故障的风电机组，但是故障如果发生在电缆上，意味着所有风电机组将停止输出功率。

另外一种相近的设计是增加风电机组的输出电压，并加长串联回路长度，这样就可以无需集电平台而实现所需的输出电压。这种设计因为电压的提升使得损耗最小，同时因为免除了集电平台而大大降低了投资成本。多条并联的串行回路可以提高对故障的承受能力。这一设计的缺点是每台风电机组的变压器和变流器的绝缘水平要按照全压水平设计，而小功率的高压变压器目前还没有投入商用。直流串联环网连接方式如图12.8 所示。

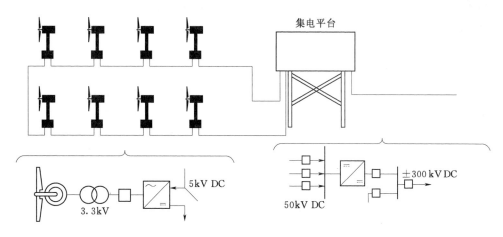

图 12.8 直流串联环网连接方式

12.5.2 集电平台变流器

12.5.2.1 多路交流回路

在有关连接方式规划的研究中，带有定速感应发电机的风电机组连接至交流变频集电网络，多台这样的风电机组串联后通过一个变流器输出。这个变流器位于集电平台中，便于故障检修，而且一个大的变流器要比多个小的更便宜。在集电平台上可以使用交流或直流集电系统，多路交流连接方式如图 12.9 所示。

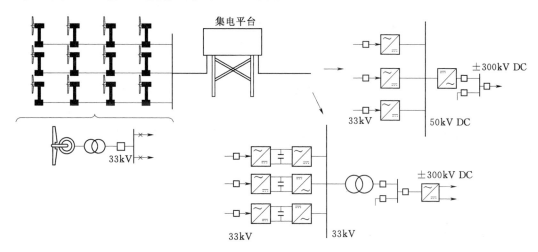

图 12.9 多路交流连接方式

由于是定速发电机，所以在某一路串联的风电机组中，只需从整体上追踪当前风速的最大功率工作点，而无需对单个风电机组进行转速控制。由于感应发电机转差率的存在，风电机组之间的转速会有一个微小的差异，转速大的风电机组其转差率和转矩也就稍大。这样，根据一组风电机组的数量不同，最后总的输出功率会有不同程度的差异。

该系统也会对风电机组传动系统的负荷产生影响，因为风电机组不能因突发阵风而加速转化为额外电能，这样会导致瞬时转矩增加并施加在传动系统和叶片根部。有关对运行中的风电机组的研究表明，变速风电机组相比定速风电机组具有较小的桨叶故障率。

12.5.2.2　多路并联直流回路

多路并联直流回路如图 12.10 所示，这种方法在风电机组中使用永磁发电机和无源整流器，每一路风电机组配一台直流—直流变流器。风电机组的转速由该回路的直流电压决定，所以这一系统的工作方式有点类似于上述的多路交流回路，也同样面对相似的因阵风带来的传动系统转矩变化的问题。无源整流器比有源变流器具有更好的可靠性。

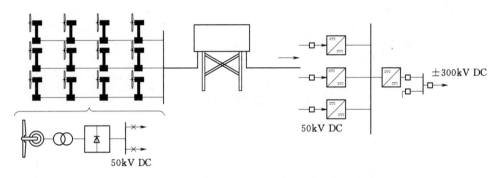

图 12.10　多路并联直流连接方式

对于特定的直流电压，风电机组转速的可调量取决于发电机电感值，较大的电感可以有较大的转速调整量。无源整流器无法为发电机提供无功功率，如果发电机电感值过高，最大转矩会减小，其电感值通常比直驱风电机组中采用的低速风电机组高很多，可以在发电机和整流器中直接使用电容器补偿所需的无功功率。相比多路交流连接方式，直流方式最主要的优势在于永磁式发电机的效率高于交流系统所使用的感应发电机。直流电缆允许更高的电压和电流水平，允许设计更大规模的回路组，降低电缆投资成本，但同时也会减少功率的输出量。直流系统还可以通过减少变换环节和附加损耗来提高效率。

12.5.2.3　多路串联直流回路

多路串联直流连接方式的特点在于串联在一起，形成环网，每一路环网由一个变流器控制，如图 12.11 所示。在这种设计中，变流器可以控制每一环路的电流，而电流决定了风电机组中发电机的输入转矩，这与传统的风电机组控制方法非常类似。由于每台风电机组可以

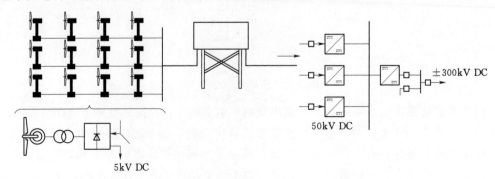

图 12.11　多路串联直流连接方式

单独控制转速，瞬时转矩突变就不是问题了。这种全新的设计尚处于研究的初期阶段。

12.5.3　交流集电装置的选择：定频或变频

海上风电场采用定频交流操作比较可行且常见，同步（高压交流）和异步（高压直流）都可以作为海上风电场的连接方式。在集电网络中，变频交流操作方式只有在海上风电场与陆上电网通过高压直流输电系统连接时才具有经济性。这是因为海上高压直流整流器可以独立于陆上电网对频率进行控制，而对于同步交流输电连接来说，还需要安装一个额外的交流—交流或者交流—直流—交流的转换系统。下面将列举几个使用直流集电装置的风电场配置方案。

12.5.3.1　变频集电配置实例

在集电网络双馈感应发电机中采用变频操作和高压直流输电技术是一个正处于初期研究阶段的概念，它的目的是为了实现以下目标：

（1）降低双馈感应发电机变流器的额定值。

（2）在保持双馈感应发电机变流器额定值不变的情况下，扩展发电机的调速范围从而使输出功率达到最大化。

人们正在研究一种面向海上风电场的基于允许变频操作的电压源变流器型高压直流输电的多端配置。这一设想有点类似于参考文献［14］中 Jovcic 和 Milanovic 提出的集电网络配置，只不过他们提出的多端高压直流输电是基于强制换向的电流源型变流器，例如绝缘栅双极晶体管。后者情况下，风电机组不需要变压器将电压升至输电电压水平，因为电流源型变流器是串联在一起的。这两种方案在每台风电机组端都不需要额外的变流器，一组容量为 2MW 的永磁发电机连接至中心变流器同步运行，并且所有发电机以相同转速运行。

另一种风电机组的拓扑结构也在研究阶段，其中采用面向多工况的允许变频操作的鼠笼型感应发电机。这种拓扑结构采用单级循环变流器取代全额定的背靠背变流器，位于风电机组与海上变电站之间进行频率解耦。这种方案有以下特点和优点：

（1）每一台风电机组和海上变电站内的 50Hz 三相变压器由单相中频（400～500Hz）变压器取代。变压器的绝缘必须设计满足不断增加的电压，同时由于变流器的缓冲电容器产生的阶跃电压会导致很大的电压变化率（dV/dt），这也给变压器绝缘带来压力。

（2）海上变电站使用的是单相变流器而不是三相变流器，所需串联设备的数量大幅减少，导致投资成本和传导与开关损耗显著降低。当然，单相变流器在应对满载运行时也会面临成本和损耗问题。

（3）循环变流器的软开关方式和电压源型变流器高压直流海上变流器可以大大减少损耗。

（4）循环变流器中的晶闸管取代绝缘栅双极晶体管可以降低功率损耗和成本。

12.5.3.2　交流变频集电方式的评价

根据参考文献［12］可知，海上集电网络采用变频操作，连接高压直流输电线路，同时配合具有双馈感应发电机的风电机组，可以最大限度提高功率输出能力，并在整体上降低风电场的成本。但是使用变频方式以后，涉及开关柜、保护方式、变压器操作以及海上电网设备的电压电流额定值都需要认真研究。标准的电力变压器是专为特定操作频率（50Hz 或 60Hz）设计的，正常的允许偏差是 ±5%，例如对于 50Hz 单元来说频率范围在 47.5～52.5Hz 之间。对于低频变压器的设计，需要更大的铁心来保持所需的电压变比、额定电流和避免达到饱和的合理磁通密度。不过这个问题可以通过将电压与频率等比例地降低来克服。另外一个需要研究的问题是，随着频率的改变，流过变压器和电缆的无功功率的变化情况。

变频的电压源变流器高压直流输电已经在大型油气平台中得到实践验证。在这个应用中，来自电压源变流器高压直流的变频输出用来控制感应电动机的速度。而对于海上风电场，变频技术仅对发电机转子有好处，但是还需要进一步研究是否在每台发电机终端实现要比在集电网络中实现更加经济。

12.5.4　更高集电电压（>33kV）

随着海上风电场装机容量的增加，现在的集电网络电压水平也从 11kV 提高到了 33kV。功率从风电机组输出，经由 48kV 或者 66kV 电缆，通过 48/132kV 或者 66/132kV 变压器连接至陆上电网，而非采用 132kV 海底电缆直接连接，同时 33/132kV 的变压器也正在研发阶段。研究表明，对于远距离（>25km）海上输变电来说，33kV 变 132kV 是最为经济的方式，因为海上变电站的成本要远低于高压电缆的成本，而且损耗也会大幅降低。

对于大型海上风电场（>300MW）来说，使用更高电压水平电缆的另一个好处是，由于集电网络每条电缆容量的增加，可以减少电缆回路的数量。尤其是随着风电机组尺寸的增加，这更能成为一个解决办法。例如 33kV 的电缆最多可以串联 4 台 8MW 的风电机组，而在伦敦风电阵列中，可以在同一回路最多连接 9 台 3.6MW 的风电机组。对于一定容量的风电机组，虽然在设计时还是要考虑整体损耗水平，但更高的电压水平可以减少故障率，并降低电能传导损耗。另外，因为高压电缆可以覆盖更远的输电距离，所以以集电网络电缆可以敷设更远，从而可以减少海上"子输电"（sub-transmission）平台的设计数量。这样的实例见于 BARD 海上 1 号风电场至德国北部电网的 400MW 电压源变流型高压直流输电线路，其集电网络电压在两个独立的"子输电"平台分别从 30kV 升至 155kV。然后，再通过 155kV 电缆连接至海上 400MW 高压直流变电站，功率以直流的方式跨越 203km 传输至陆上电网。

在集电网络中使用高于 33kV 的电压水平，目前主要面临如下挑战：

（1）对于干式变压器，33kV 以上电压水平的容量偏小，同时从 3.3kV 这样的发电机出口电压升压至 33kV 以上电压水平也有一定的技术难度。同时，干式变压器也比普遍使用的 33kV 变压器成本更高。在海上环境中，油浸式变压器有泄漏风险，对环境有潜在威胁，所以不宜使用。

（2）低于 33kV 的集电网络电缆可以采用"湿式设计"（Wet Design），不需要在绝缘芯外设计防水隔潮屏蔽作用的外护套层。这种外护套或基底层是由聚丙烯（或黄麻纤维）绳网制成。海水进入电缆的空隙可以直接接触到绝缘芯的外皮。现有的高压海底电缆普遍设计为"干式"，采用铅护套作为海水屏蔽层。其缺点是更高的投资成本以及可能由额外重量带来的安装成本，而且铅护套容易因移动或者振动造成疲劳破损。

对于具体的项目，需要做详细的成本效益分析（例如成本、供应链、认证、保险等），在此基础上对采用33kV还是更高电压等级做出明智的选择，这将对整个风电场的设计意义深远。

12.6　风电场尾流布局——尾流效应

风电场内风电机组的分布取决于地形、风速、风向和风电机组尺寸等条件。为了实现风能的最大化输出，风电场的布局设计应考虑使尾流效应最小化。为了做到减小尾流效应而实现功率最大化输出，最简单的选择是将风电机组彼此尽可能远离直到尾流效应可以忽略不计。然而，这种方法势必会导致风电机组之间的电缆投资成本增加和占地浪费。因此，避免不必要的多余间距显得非常重要，在场地设计开发阶段需要平衡尾流效应和可能发生的功率损耗。另外，对于常见的矩形布局，一些风电场布局优化的研究建议风电机组应该采用分散模式分布。一般来说，在平坦地形中（例如在海面），风电场的布局主要考虑多数时间的风向。如果风速均匀，而且没有固定的风向，风电机组行与列之间的距离可以是 5D（其中 D 是指风电机组转子的直径）。但是，如果有一个主导风向，一般在垂直风向的方向间隔 1.5D 和 4D 的距离，在主导风向方向间隔 5D 和 12D 的距离。

一般来说，风电机组尾流的特点是流向（轴向）速度亏损，这将导致下风向的风电机组可用风能减少。这也会带来更多的震荡而增加风电机组的疲劳负载。尾流可以对处于下风方向 15D 范围内的其他风电机组带来显著影响。这种效应会对处于尾流内的下游风电机组产生严重的影响。相对于无尾流影响的风电场，根据风电机组之间的距离和风电场布局的不同，有尾流效应的风电场其发电能力最高会降低23%。实际上，这种受风能量的衰减从无尾流影响的风电机组下游第一台风电机组开始就表现得很明显了。再接下来的影响也存在，但越往下游所受到影响的降幅就会越小。由于尾流原因导致的疲劳负载增幅可以达到80%，这将导致风电机组转子桨叶寿命缩短。风电机组的尾流设计取决于很多因素，包括风力条件（风速、风向和湍流强度），场地地形拓扑和表面粗糙度，上游风电机组操作条件等。对于处在另一台风电机组尾流范围内的风电机组，其操作性能取决于这些参数以及他们之间的距离。风电机组尾流效应对其工作的影响示意图如图12.12所示。

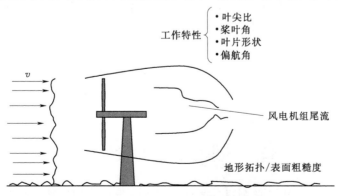

图 12.12　风电机组尾流效应对其工作的影响示意图

12.7　控　制　目　标

风电场内部的风电机组要满足高能效、遵循电网规范、高可靠性三个控制目标。科学的控制方法可以增加电能的输出，例如最大功率跟踪法。然而，对风电场内风电机组之间的输电进行控制也很重要。例如，电压水平、损耗因子和连接拓扑结构都对风电场的容量产生影响。在某种情况下，风电机组在默认临界风速下的功率输出恰好等于发电机和集电平台之间的传输和转换损耗，尤其是链式拓扑结构情况下。相反地，在星型（环网）拓扑结构中可以实现灵活的功率传输，在风力条件较差的情况下可以缩短输电路径，从而达到降低损耗的目的。电压源控制型直流输电线路有很大的可调功率传输范围，这样电压水平偏差就能控制在一定范围之内（例如，额定电压的 25%），从而减少风电机组的输出损耗。

对风电场内部进行开关控制和参量调节的第二个任务是满足电网规程。现代电网规程对风电场提出了严格的要求，尤其在发生电压和频率事件时。电压事件包括直接相间故障，风电机组必须以最快的速度切除故障，而且在故障后需要以最快的速度提供足够的无功功率/电流，用来维持正常的电压水平。

风电场的内部控制和操作对限制故障电流起到重要作用，在故障初期就能在风电机组侧检测到，而不是在公共耦合点。在直流输电的情况下，通过相应的控制装置可以在故障发生后最短的时间内，利用储备在线路电容当中的无功功率为电压提供支撑。风电场还需提供对频率进行控制的辅助服务，与无功支持类似，储存在电缆电容中的能量可以以有功功率的形式输出，用来维持频率水平不会降低。对于发生的超频事件，正确的操作（风电机组间灵活多样的开断操作）可以减小功率输出，使发电机的负载尽快达到平衡。风电机组阵列内部的合理控制还可以减缓功率波动，尤其是风电场内各风电机组之间距离很大的情况。

风电场的可靠性在很大程度上取决于风电机组阵列的拓扑结构。灵活且可扩展的控制方法提供多种功率传输的运行方式，可以提高风电场整体的可靠性，减小无可输送的功率量。即通过开关装置控制实现连接拓扑结构的可变性，在某些元件退出的情况下实现功率路径的重构。这在设备检修的情况下也很有用，对于集电平台来说，可以分割为多个部分（而不是整体退出运行）来提高风电场的可靠性。

所应用的控制方法不能过于复杂，而且对于所需信号的合理采样率和电力电子变换器的平均开关频率应精确有效。过于复杂的控制方法意味着在参考信号输入和控制部件响应之间会有过长的时延。而且，会增加控制设备中集成的 CPU 和 FPGA 器件成本，等效的仿真模型需要更大的计算量以及存储空间，计算精度也是个问题。同样，复杂的控制算法也需要更高的开关频率，这会增加电力电子装置的损耗和发热。这些问题在直流输电中表现得比交流输电情况下更加明显。

12.8　集电装置的设计过程

在 12.2 节中介绍了电气阵列设计的高级要求。设计过程需要考虑和解决一些涉及传输与集电网络的技术问题，包括以下几点：

（1）至陆上电网连接点的距离。这将决定采用交流还是直流方式输电（依据详细的特定站点成本效益分析）。

（2）风电机组的尺寸和风电场布局。风电机组的尺寸用来设计风电场的布局。需要知道风电机组和区域内海上变电站的位置，才能本着最小运行成本去设计优化集电网络，这取决于电缆长度、损耗和有效性。一些研究表明，更大的风电机组有助于在一定程度上减小集电网络的运行成本，然而较短的集电网络内部电缆只能节约总体成本的一小部分，更大的风电机组不足以对整个风电场实现最优化。

（3）最优的风电机组出口电压。对目前的标准工频 50Hz 交流输出做出改变并不能对集电网络本身带来有说服力的好处，而仅仅是对风电机组有益。研究发现，由于直流电压的升压困难性，对于集电网络来说直流方式是不可行的，同时市场上的直流断路器还不成熟。如果所需的变换控制功能可以在海上采用电压源型高压直流变流器实现，那么这种变频方式可以省去在风电机组处的电力电子变换器的使用，从而能够降低成本。好的设计需要公正对比不同情况下的成本，才能决定采用 66kV 电压而不是 33kV 电压。

（4）最佳的输电线路和海上变电站数量。这在某种程度上取决于采用的是交流还是直流输电。由于高压交流电缆的功率传输极限小于直流电缆，直流输电条件下就需要更多的线路接至大型海上变电站，这会带来更多的建设冗余。

对于一个具体的项目，集电和传输网络的最优设计需要在上述问题得到解决的情况下再去进行。

参考文献 [7] 介绍了一种分步的海上风电场内部集电网络电气系统设计过程。由于设计方案高度依赖于具体情况，其中成本数据很难在通用层面获取得到。这个概要介绍并不提供最好设计的秘诀，目的在于描述哪些电气工程事项需要事先考虑，以什么顺序去解决以及具体面临哪些选项。这个设计过程是面向当下或者不远未来的工程项目，所以解决方案或者是当下可实现的，或者是在不远的将来有望实现的。海上风电场电气集电网络的设计流程图如图 12.13 所示。该流程图由选择、计算和决策环节组成。

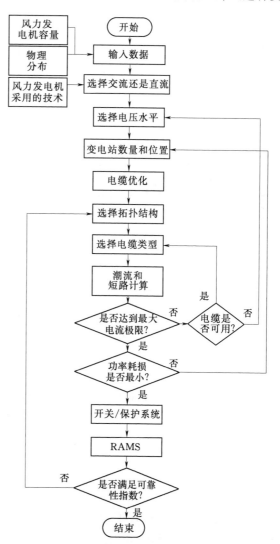

图 12.13　海上风电场电气集电网络的设计流程图

这个设计过程假设风电场的容量设计和物理布局已经事先完成定义。这意味着风力模式、尾流影响、结构限制和所有与地理位置相关的研究都是已知数据。

在该流程图中，RAMS 代表可靠性（Reliability）、可用性（Availability）、可维护性（Maintainability）和适用性（Serviceability）。一般来说，海上风电场需要具备很高的可靠性，因为设备部件维修的难度和实现成本都很高。整体可靠性是通过具体计算一些组件级别的可靠性指数加以表示的。例如，这些指数包括故障率和维修间隔。可用性指的是风电场输出最大功率的能力。它以可靠性为基础，但可以通过提高冗余度改善可用性。

风电场可靠性/可用性水平来自于额外投资成本和降低功率损耗之间权衡。这种决策影响着风电场的电网结构、开关选型和保护系统。

一旦可靠性指数得到确认，RAMS 评估完成。根据这些信息，可以修改拓扑结构来提高风电场的可用性，或者降低系统的成本。如果拓扑结构的修改改变了所有的功率路径，短路分析需要重新完成用来保证电缆和保护系统的计算正确性。

缩 略 语

CAPEX	Capital Expenditure	资本性支出
CPU	Central Processing Unit	中央处理单元
D	Diameter	直径
DC	Direct Current	直流
DFIG	Doubly Fed Induction Generator	双馈感应发电机
FPGA	Field Programmable Gate Array	现场可编程门阵列
GIS	Gas – insulated Switchgears	气体绝缘开关柜
HVAC	High – voltage Alternating Current	高压交流
HVDC	High – voltage Direct Current	高压直流
IEC	International Electrotechnical Commission	国际电工委员会
IEEE	IEEE Institute of Electrical and Electronics Engineers	电气与电子工程师协会
LV	Low Voltage	低压
MPT	Maximum Power Tracking	最大功率跟踪法
MV	Medium Voltage	中压
OPEX	Operational Expenditure	运营成本
PCC	Point of Common Coupling	公共耦合点
PEC	Power Electronic Converter	电力电子变换器
PMG	Permanent Magnet Generator	永磁发电机
RAMS	Reliability, Availability, Maintainability and Serviceability	可靠性，可用性，可维护性和适用性
SCIG	Squirrel – cage Induction Generator	鼠笼式感应发电机
SCT	System Operator – Transmission Owner Code	系统操作机构与输电业主规则

STATCOM   Static Compensator   静止同步补偿器
SVC   Static Var Compensator   静止无功补偿装置
VSC   Voltage Source Converter   电压源变流器
WF   Wind Farm   风电场
XLPE   Cross – linked Polyethylene   交联聚乙烯

参 考 文 献

［1］ Aten M, Philip G, Anaya – Lara O. Electrical array system report. Helmwind Project. 2010.

［2］ Anaya – Lara O, Campos – Gaona D, Moreno – Goytia EL, Adam GP. Offshore wind energygenera-tion: control, protection, and integration to electrical systems. Wiley; May 2014, ISBN 978 – 1 – 118 – 53962 – 0.

［3］ E. ON Climate and Renewables. E. ON offshore wind energy factbook. 2012. www. eon. com ［last accessed 04. 09. 13］.

［4］ Dolan D, Jha A, Gur T, Soyoz S, Alpdogan C, Camp T. Comparative study of offshore wind tur-bine generators (OWTG) standards. Oakland, CA: MMI Engineering; 2009.

［5］ The Crown State. A guide to an offshore wind farm. www. thecrownestate. co. uk/media/. . . /guide _ to _ offshore _ windfarm. pdf ［last accessed 21. 10. 13］.

［6］ Bazargan M. Renewables offshore wind: offshore substation. Power Eng 2007; 21 (3): 26 – 7.

［7］ Endegnanew A, Svendsen H, Torres – Olguin R. Design procedure for inter – array electric design (D2. 2). EU FP7 EERA – DTOC Project. 2013.

［8］ Quinonez – Varela G, Ault GW, Anaya – Lara O, McDonald JR. Electrical collector system options for large offshore wind farms. IET Renewable Power Gener 2007; 1 (2): 107 – 14.

［9］ Sanino A, Liljestrand L, Breder H, Koldby E. On some aspects of design and operation of large off-shore wind parks. In: Sixth international workshop on large – scale integration of wind power and transmission networks for offshore wind farms, Delft, The Netherlands; 2006. 85 – 94.

［10］ Parker M, Anaya – Lara O. The cost and losses associated with offshore windfarm collection net-works which centralise the turbine power electronic converters. 2013. IET – RPG, 2013.

［11］ Hyttinen M, Bentzen K. Operating experiences with a voltage source converter HVDC – light on the gas platform troll A. ABB Website; 2002.

［12］ Feltes C, Erlich I. Variable frequency operation of DFIG based wind farms connected to the grid through VSC – HVDC link. In: IEEE Power Engineering Society general meeting, 2428 June 2007; 2007.

［13］ Jovcic D. Interconnecting offshore wind farms using multi – terminal VSC – based HVDC. In: IEEE Power Engineering Society general meeting, 2006; 2006.

［14］ Jovcic D, Milanovic JV. Offshore wind farm based on variable frequency mini – grids with multi – terminal DC interconnection. In: The 8th IEE International Conference on AC – DC Power Trans-mission (ACDC 2006), London, UK, 28 – 31 March 2006; 2006.

［15］ Meyer C, et al. Control and design of DC grids for offshore wind farms. IEEE Trans Ind Appl No-vember/December 2007; 43 (6); 1475 – 82.

［16］ Lundberg S. Performance comparison of wind park configurations. Technical Report. Chalmers Uni-versity of Technology; 2003.

［17］ McDermott R. Investigation of use of higher AC voltages on offshore wind farms. In: EWEC 2009, Marseille, France 16 – 19 March 2009; 2009. In: www. ewec2009 proceedings. info/allfiles2/283 _ EWEC2009presentation. pdf.

［18］ Stendius L. Nord E. ON 1 400 MW HVDC light offshore wind project. In: EOW 2007, Berlin, 5 December 2007; 2007. In: http: //www. eow2007proceedings. info/allfiles/290 _ Eow2007 presen-tation. ppt.

［19］ Anaya – Lara O, Tande JO, Uhlen K, Undeland T, Svensen H. Control challenges and opportunities for large offshore wind farms. Internal Report. SINTEF Energy; December 2012.

[20] Mustakerov I, Borissova D. Wind turbines type and number choice using combinatorial optimization. Renewable Energy 2010; 35: 1887 – 94.

[21] Mardidis G, Lazarou S, Pyrgioti E. Optimal placement of wind turbines in a wind park using Monte Carlo simulation. Renewable Energy 2008; 33: 1455 – 60.

[22] Høstrup J. Spectral coherence in wind turbine wakes. J Wind Eng Ind Aerodyn 1999; 80: 137 – 46.

[23] Dahlberg J – Å Thor S – E. Power performance and wake effects in the closely spaced Lillgrund wind farm. Proceedings of European offshore wind 2009 conference and exhibition, 14 – 16 September, Stockholm, Sweden.

[24] Sanderse B. Aerodynamics of wind turbine wakes: literature review. Energy Research Centre of the Netherlands (ECN) Report ECN – E – 09 – 016. 2009.

[25] Du C. VSC – HVDC for industrial power systems. In: Energy and environment. Chalmers University of Technology; 2007.

[26] Anaya – Lara O, Ledesma P. D2. 5 Procedure for verification of grid code compliance. University of Strathclyde; 2012.

[27] Tsili M, Papathanassiou S. A review of grid code technical requirements for wind farms. Renewable Power Gener, IET 2009; 3 (3): 308 – 32.

[28] Junyent – Ferre A, Pipelzadeh Y, Green T. Blending HVDC – link energy storage and offshore wind turbine inertia for fast frequency response. IEEE Trans Sustainable Energy 2015; 6: 1 – 8. PP (99) .

第 13 章　连接海上风电机组和陆上设施的电缆

Narakorn Srinil

纽卡斯尔大学，英国（Newcastle University，United Kingdom）

13.1　介　　绍

通过长距离运输，电缆系统将大规模的电力资源送至数以百万计的家庭和人民的生活当中，因此，在将海上风电场整合为国家电网或电力传送网络的过程中，电缆系统起着至关重要的作用。随着海底电缆需求的逐步增加，电缆产业在过去的几年发展极为迅速。很多国家承诺建立海上可再生风力发电厂，并和本国的国家电网互通有无。因为越来越多处于深水区、有着多变环境条件影响的海上风电场都计划提高他们的金融收益，所以，发展高产能和更大直径电力电缆的先进电缆科技，是目前所需的。

海底电缆想要进行安全又廉价的电力传输，就要进行最合理化的设计，而这取决于风力涡轮机位置、海上和陆上的基础设施、地球物理特征和地质技术特征。鉴于国际上承诺要大幅度增加海上风力产能，海上风力发电产业将风电场内部的风电机组排列和电力输出系统及出口的电缆系统视为要对其相关费用进行节俭的关键领域之一。在实践中，通过增加电缆的电压等级可以节约很大一笔支出。对于一个特定的风电场来说，尤其是对于风电场内部的机组排列和电力输出系统和出口电缆来说，通过安排电缆安装程序、顺序和故障预防，用于维护电缆使用寿命的花销将大大减少。而这些都是由包括海上风力发电场和海岸线的构造、水深，风力涡轮机的尺寸，固定或浮动基础子结构类型，环境海洋状态和海床的条件以及建筑物的排列、运输和安装在内的几个具有影响力的因素控制的。

本章致力于通过回顾海上风电场电缆、当前存在的科技挑战以及潜在的科技发展和创新的一般和实践特质，最大化的减少电缆安装费用、损坏率以及因此带来的保险费用。现在一些理论背景和分析公式都将重点放在了柔性电缆的全球结构力学行为上，而非它们的电力配件、生产合作和材料对应上，而这些都可以在其他优秀的教科书和广为认同的海洋标准中找到。

13.2　海上风电场电缆

组成一座海上风电场需要大量的风电机组、下部结构与支撑基础。而受来自上游或附近的涡轮机带来的风力影响，风电机组、下部机构与支撑基础要选准安装位置才能减少整体的经营成本和能源损耗。同时，还要详细地评估风电场对环境所产生的影响，例如，已经完成过的 Beatrice wind farm（2011）评估。海上风电场科技中所需的电力传送系统包括不同规格的海上集电或变电所，以及转换器基础设施的风电场内部的机组排列和电力输出系统、内部平台电缆和出口电缆。复合材料制成电缆的关键机械参数，除去动力特性，例如自然频率、模态振型和黏性潮湿的协同因素以外，还包括外径、干重和浮重、长度、轴向硬度和弯曲硬度以及端部连接。这些参数的选择都是不定地，取决于风电场位置的物理和环境特征、涡轮机的频率和大小、配电网的链接和操作电压、聚合物的绝缘性能，例如交联聚乙烯或乙丙橡胶、导体材料（铜或铝），还有横截面区、嵌入的光纤通信控制线、外护套保护和海上链接陆地设施的路线。

海上风电场电缆系统在固定和浮动基础设施上的不同功能如图 13.1 所示。电缆性能、内部平台电缆性能、出口电缆性能见表 13.1～表 13.3。

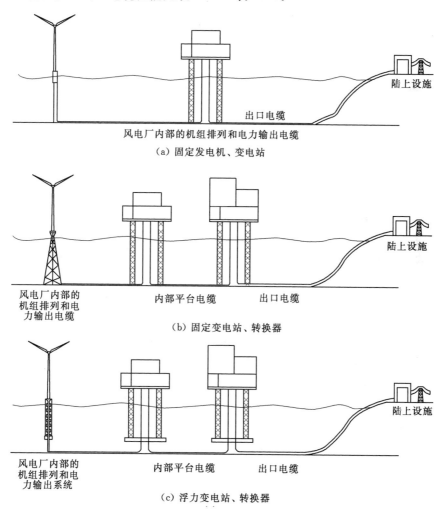

图 13.1　海上风电场电缆系统在固定和浮动基础设施上的不同功能

13.2.1　风电场内部的机组排列和电力输出电缆

风电场内部的机组排列和电力输出电缆将几台风电机组连接至海上的变电所平台，在电力被传送至陆上设施以前，先收集并转化每台风电机组所产生的电力。在风力机组塔架内部，每只电缆终端都最终接到高压的开关设备上，这样能够隔绝开电缆的失效部分，并保证涡轮机的其他部分正常运转。根据涡轮机的风轮直径 D_R 和两台涡轮系统的最小间距的要求［通常在 $(50\sim70)D_R$ 间］，风电机组间的电缆长度相对较短，约短于 1500m。但是，那些相互连接的涡轮机与海上的变电站的距离可以略长，约 3000m。

　　发电厂内部的机组排列和电力输出电缆通常都是三线芯的铜导体，外面裹有钢丝和导体/绝缘体防护部件。电力输出系统名义上的操作电压是中等电压值，例如 33kV。从传统意义上来说，33kV 的电缆是海上风电场的分布标准，但是高压电缆目前正在测试中，有望在未来的海上风电产业中为高速率风电机组和更大规模的风力发电厂服务。有着小横向截面的和更低电流的 66kV 高压电缆则可以容纳更多的电力，并且可以减少系统的能源消耗。

表 13.1　电　缆　性　能

细节信息	导体横截面图/mm²			
	95	120	185	240
外部直径/mm	104	106	114	119
重量/(kg·m⁻¹)	16	18	21	23

表 13.2　内部平台电缆性能举例

细节信息	导体横截面图/mm²			
	300	400	500	800
外部直径/mm	167	168	176	194
重量/(kg·m⁻¹)	48	51	58	74

表 13.3　出　口　电　缆　性　能　举　例

细节信息	导体横截面图/mm²			
	300	800	2000	3000
外径/mm	102	118	140	155
重量/(kg·m⁻¹)	22	33	53	70

　　此外，在削减整体电缆配件需求经费的要求下，一些配有极轻变压器的海上变电所将会得到发展。若将发电机组空间的最大化，与风电场内部机组排列和输电电缆布局以最合理的方式结合，高压传送还将会减少很多经费。若通过使用铝制导体，成本还可能再削减 1/3。但是，因为铝非常轻，在水中安装时必须要特别注意大规模动态电缆的活动和更高的弯曲半径。

　　近来，英国碳信托公司评估到，风电场内部机组排列和电力输出系统使用 66kV 的电缆可以减少近 1.5％海上风电成本。因此，有些生产商已经开始着手设计、研发并制造符合标准的 66kV 电缆，并旨在将其用在那些相关规格的开关设备和转换器上。

13.2.2 内部平台电缆

很多海上的电力收集平台通常都需要通过内部平台电缆从风电机组中收集电力（图13.1）。海陆距离的增加导致损耗升高，为了在这一过程中将电力运输的损耗降至最低，电力收集器平台上的升压器通常会将电压增高到更高等级（例如132kV或更高）。如果为在远离大陆的风电场利用高压直流电出口电缆（距离超过60~100km或平均80km），海上电力收集器平台的电力资源将会通过高压交流电内部平台电缆传送到转换平台。高压交流电将会转换成高压直流电，并且其电压可能会升至525kV。

除了绝缘层的厚度以及因此产生的外径不同，风电场内部的机组排列和电力电缆与内部平台三芯电缆在本质上都是相同的，外径会根据电缆携带的不同电压有所不同（风电厂内部机组排列和电力电缆最厚达到250mm，内部平台电缆最厚达到300mm）。高压交流电内部平台电缆可能会用到单芯电

(a) 三芯 33kV 电缆   (b) 单芯高压直流电力电缆

图 13.2 电力电缆

缆。一根三芯铜质的交联聚乙烯33kV风电场内部电力电缆如图13.2（a）所示。一个为福岛海上风电场设计的三芯交联聚乙烯66kV电缆结构的横截面示意图如图13.3所示。

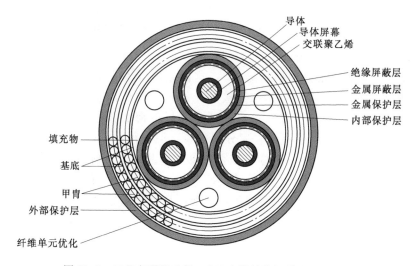

图 13.3 三芯交联聚乙烯 66kV 电缆结构的横截面示意图

13.2.3 出口电缆

海上出口电缆最主要的功能就是以最有效并且损失最小的传送方式，将电力从海上风

电场传送至位于着陆点的电缆连接设备上。出口电缆可用高压直流电（单芯）或高压交流电（单芯或三芯）科技来操作，这要依据几个平衡因素，特别是海上到岸上的距离、风电场的总发电量、材料和运算成本。高压直流电要求海上（交流/直流）和陆上（直流/交流）都要有交流器站，而建立一个海上交流站的费用是相当高的。高压直流电和高压交流电电缆的费用对比如图 13.4 所示。如果要进行大量并且长距离的电力输送，高压直流电电缆同高压交流电电缆在减少电力损耗这方面具有非常大的优势。此外，高压直流电减少了所需的电缆数量和电缆所受的限制，使得输送过程能更好地抵抗风暴。

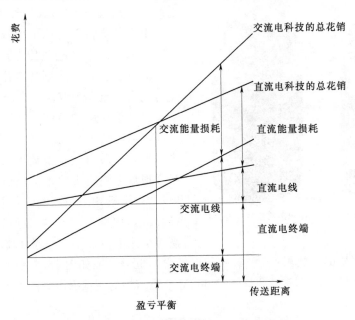

图 13.4　高压直流电和高压交流电电缆的费用对比

海上出口电缆设计的基础设想是给每一个变压器平台配两条单芯的高压直流电电缆（通常是绝缘的交联聚乙烯外加铜质导体），这两条电缆有非常高的对地正负电压。每条高压直流电路的两个电缆和与其相连接的光纤电缆或健康监测传感器可能会捆绑在一起，作为一个单元，在接近着陆点之前埋在同样的海底沟槽中。根据电缆掩埋计划和当地的海床条件，还可以选择将它们分别安装。但值得注意的是，一个捆绑单元出口连接每千米的安装费用要比单个电缆安装费用低。单芯高压直流电力电缆如图 13.2（b）所示。

根据 2014 年 12 月底的一份报告显示，目前，在英国水域上有 21 个海上变电站使用了 47 条出口电缆，并有 1309 架风力涡轮机在运行当中。

13.2.4　电缆布局和空间

对于海上风电机组的选址，大部分情况下取决于盛行风向和岩土性质这两个因素，所以在风电场内部的布局和空间位置这两项上，风电场内部的风电机组排列和电缆比内部平台电缆和出口电缆要更受限制。从成本的角度看，内部风电机组排列和电缆到变电站平台的最短路线应该考虑几个因素并且进行风险评估，以明智的决定做最优的计划。目前，几

个海上发电场的风电机组都是相隔一段距离
的，这种间隔也影响到后续活动的安排，包
括电缆安装（敷设和掩埋）和风电机组结构
的维护。考虑到当地情况和不同的风电场的
环境，电缆的布局和间隔分析都要因地制宜。

根据每条路线上涡轮机的数量、路线的
数量、变电站和变压器的位置、风电场内出
口电缆的位置，几个海上风电场内部风电机
组排列和电力输出系统与出口电缆的海底布
局如图 13.5 所示。主要类型包括辐射（开
环）设计、径向分支设计和环形（闭环）设
计。涉及电缆长度、投资费用、操作中的能
量损耗，径向分支的网络可能比辐射类的网
络更适合风电机组的位置。在所有的布局方
案中，如果能安装韧性更高的弯曲半径，那

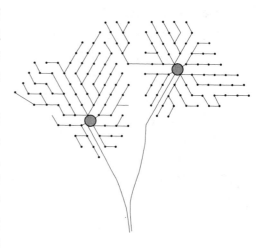

图 13.5　海上风电场内部机组排列和电力
输出系统与出口电缆的海底布局例图
（同 Gwynty Mor 风力发电厂类似）

么使用 66kV 带有铝制导体的电缆将可能削减海上电缆的费用。

13.3　海上电缆的安装、保护和挑战

位于深海水域的大型海上风电场进行相关的海底电缆安装活动时会面临一些技术挑战
和不可预期的延误。电缆敷设和掩埋技术以及后续工程的建议和标准都需要考虑到削减工
期和经营费用。同时，伴随着电缆运输和安装，电缆的长期使用也会受到影响。金融、技
术以及相关保险所花费用和公司名声损坏的潜在风险，这些都具有重大的意义。所以海上
电缆要求制定在设计最初期就能最小化潜在风险的方案。

海上电缆安装的关键步骤一般包括安装前调研、道路清理、电缆平铺和掩埋和安装后
评估。为了保护海底电缆不受环境破坏，海上电缆的安装工作通常都在非冬季的月份进
行，以 24h 为基础，将电缆安装在狭窄的沟槽里，或根据土壤的条件，按照预先设定的深
度将电缆埋在海底。如果电缆掩埋无法实施（例如在风电机组位置的附近）或条件不够
（例如活跃的海床冲刷），那么此时就要考虑实施可行的保护方案。例如控制岩石位置摆
放，岩石脱落、预制混凝土垫、水泥袋和沙砾袋的位置，管道和保护套的使用。与电缆安
装相关的安装时间和成本评估可以在凯泽和施耐德的著作里找到。

13.3.1　安装前调研

安装前调研和绘制海上的岩土、环境、考古和气象条件的地图，这些都要做到细节清
晰，因为它们对于海底电缆路线、通道、布局、安装计划和方法论的选择有必要性。同
时，这些可以帮助识别影响电缆敷设和掩埋的操作过程中的潜在危险和障碍。特别是在
北海区域，这些阻碍包括巨石、遇难船舶残骸、未爆炸武器、贴近水产养殖场的区域和
已存的管道和电缆设施。整体上看，所有安装电缆船舶附近的区域，都要求有 500m 的建

议安全空间，而在风电场区域，每台安装的风电机组之间要求有 50m 的建议安全空间。出口电缆路线的沿途要有 250m 的建议安全空间。

在风电场内部和潜在出口电缆沿途，为完成沿途工程技术的勘探，安装前的大致工作包括锥探仪、钻孔和在海底水平线下最深 5m 处的样本土壤震动岩心探测。掩埋电缆的试验可能会提前进行，这是为了确保指定的掩埋仪器适用于真正的海底条件，并能达到掩埋深度的要求。这样的试验进行应该覆盖一定比例的长度（例如 1km），其中还要覆盖住不同类型的土壤。

从地球物理学的角度，应对电缆路线沿途的沙波位置和移动性进行评估，判断其是否可以对这样的特征进行规避。如果不能，判断对海底的准备和清理是否要求其要保证稳定的海底特征，也就是保持掩埋深度的指数并且在短时间内不覆盖被掩埋的电缆。

13.3.2 电缆的敷设和掩埋

在实践中，有几种可行的电缆安装方法，但是最终的选择将基于对安装前地址的调查所获的整体的数据。对于像 Dogger Bank Creyke Beck 这样的大型海上风电场，根据水深、电缆路线沿途的海底条件和沉积物变量的等级，安装电缆时会考虑用到犁耕、喷气式推进和开挖沟槽这几种方式。而出口电缆的安装路线是从风电场内部向陆上的方向，或是从反方向开始。风电场电缆敷设和掩埋的最佳方法，大致可以归为以下几类。

13.3.2.1 电缆敷设和掩埋同时进行

敷设和掩埋工作相辅相成。电缆是由带有掩埋仪器的转车同时进行敷设和掩埋的，例如一个犁耕，由一个有自立推进的大型船舶拉动，耕出一条狭窄的沟槽，从沟槽里刨出土，放入电缆，然后再把沟槽填满。这种持续化的操作通常用于长的出口电缆安装上，因为出口电缆又长又重。

这个方法的最大优势就是减少电缆暴露的风险。但是，因为敷设效果是由掩埋速度决定，所以此方法要求同时控制好敷设和掩埋的各种因素，还要在夏季控制大型的、依赖性较强的空气窗。慢速的掩埋过程可能会因此拉低整个电缆敷设操作的速度，而这尤其会增加每天的开销，最高可能达到每天 20 万英镑，这些花费用在进行电缆调度的特殊大型电缆装载船舶上面。此外，达到目标掩埋深度所用的犁耕的功效取决于犁耕仪器几何学，还取决于存在着巨大挑战的硬土或密沙的海床条件。对于非常坚硬的基岩型海底层，则交替使用现代化的机械挖沟机来解决。

敷设海底电缆若有延迟会导致经营成本增加，这一点可以在西部群岛路易斯风电场的案例中看到，此风电场由于电缆敷设、电缆方案评估的延期，导致整个项目被召回。

13.3.2.2 电缆敷设后期掩埋

电缆敷设和掩埋程序是相辅相成的。敷设电缆用的船舶提前将电缆分别敷设好，随后由动力定位船舶分别掩埋，例如，一个高压的水力喷射机和一个远程遥控车跟踪系统。

电缆敷设后期掩埋方法的优势是可以较快完成敷设程序，与此同时，进行较慢的掩埋程序能在一个合适方便的时间内单独完成。这种电缆掩埋方法可以由一个每天速率较低的船舶来完成。但是，如果在某个时段海底电缆处于无保护状态就有可能引发风险。这会导致电缆在横向和垂直方向的运动，也就是俗称的"海床上的稳定性运动"，这会因打捞器具引起的穿透力和在海底捕鱼并进行船舶定位活动时的拖锚而带来损害。因此，如果采用敷设后掩埋的方法减少安装的时间和成本，那么要保证电缆裸露的时间是有限的（例如几个小时），并且要有一艘护卫船在电缆沿途路线进行巡逻，提醒渔船勿靠近。告知渔民有尚未掩埋的电缆这点非常重要，这些电缆可能会给他们的捕鱼活动带来风险。从大加伯德海上风电场事件可以看出，渔民对覆盖摆放不恰当海底垫的未掩埋电缆持批评态度。

敷设后期掩埋方法的一个例子就是 Gwynt y Mor 海上风电场工程，其有 4 根带有铜导体、交联聚乙烯绝缘体、132kV 额定电压和平均长度 21.3km 的高压交流电出口电缆。此外，还有 161 个总长 148km 的带有铜导体、交联聚乙烯绝缘体的 33kV 的内部机组排列和电力输出系统的电缆。

13.3.3 电缆掩埋深度确认

海上风电场电缆安装的最大挑战之一就是确认最浅掩埋深度，这个深度需要在工程实施期间，为海底电缆提供长期的安全保护，抵御水下灾害或像渔网、打捞工具或渔船抛锚这样的威胁。

这一点非常重要。因为电缆系统出现任何的损坏、能量损耗或失误都是很难修补的，并会产生很大的能量损耗和保险费。根据海底条件以及电缆所受保护的等级和遭遇风险的等级，风电场的电缆掩埋深度通常是在 0.5～2m 之间，这是根据一份细致的掩埋深度风险评估和广为认同的"掩埋指数"（BPI）确定的，掩埋指数来源于真实的犁耕数据。最初，这一指数用来发展光纤长途电信电缆。

近来，碳信托海上风力加速器（OWA）联合工业项目为达到最佳的电缆掩埋评估理论方法（CBRA）而提出了一些建议，以决定电缆最优、最短的沟槽深度。从电缆保护角度来看，电缆有受击可能性，所以这是一个既实用又实惠的方法。通常来说，电缆安装意义重大，电缆掩埋风险评估的测量方法是用来减少掩埋过程中的守旧性和不确定性，而掩埋的深度通常是由利益相关方或经营方所决定的。根据不同的地点更新调查的数据，在风电厂的设计、路线、犁耕、铺设和停用这几方面的发展过程中，电缆掩埋风险评估的方法可以被反复利用，并且此方法也可独立应用在内部机组排列和电力输出系统电缆和出口电缆上。沟渠参数如图 13.6 所示。值得人们注意的是因为采用了电缆掩埋风险评估所建议的沟槽最小目标深度，电缆安装的整个经费将会有所削减。

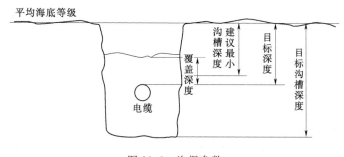

图 13.6 沟渠参数

13.3.4　有 J 型管界面和无 J 型管界面

通常，在电力输出系统电缆、内部平台电缆和出口电缆的终端，通过所谓的 J 型管入口和接口系统，都连接着风机组、变电站或转换器平台。这个 J 型钢导管可能会被安置在基础子结构的内部或外部（单桩基础、保护罩、重力基线或三脚架），位置固定（在管道的内部或外部），或根据最佳高度和角度进行调整（在管道的外部）。

J 型管是垂直走势，从位于海平面以上的塔基电缆终端或悬浮点一直向下到海床底部，并在低端有一个向外开的喇叭口，电缆经过此口通过电缆吊线和曲柄被牵引过来。为了保证在牵引的过程中有一个顺利的电缆传送，不损坏或扯烂电缆，喇叭口的半径应该大于电缆最小的转弯半径（MBR）。单桩基础和导管架基础的外部/内部 J 型管道和无 J 型管系统如图 13.7 所示。

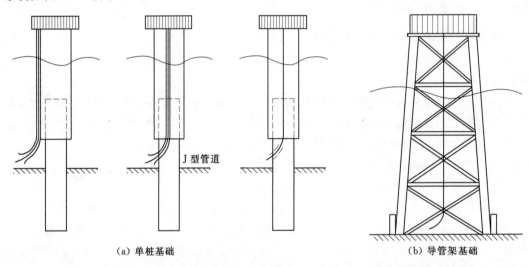

（a）单桩基础　　　　　　　　　　　　　（b）导管架基础

图 13.7　单桩基础和导管架基础的外部/内部 J 型管和无 J 型管系统

每台风电机组和变电所需要的 J 型管的数量和尺寸取决于风电场的发电能力和海底电缆布局。涡轮发电机通常有两根 J 型管。J 型管里的电缆，在接近底部端口的部分应该有更宽松的额外运动或延伸的空间。对于能够存放几根电缆的一个单一、大型的 J 型管，例如，一个连接变电站平台的 J 型管，要特别注意其内部的热量和压力条件。考虑到 J 型管的造价昂贵，使用时会产生摩擦，所以混合材料的 J 型管可能会投入设计使用。为了通过去除保护性 J 型管和嵌入工程，削减电缆安装的时间和经费，最近，一个全新的无 J 型管进入系统的理念被引进现代海上风电场。因为挂在悬浮位置的电缆很灵活，并易产生运动，所以这个无 J 型管系统应从风电机组结构内部穿过，避免浪潮或水流等动态的环境影响。对于自由悬挂电缆设计的可行性、优势和风险的发掘都应该带着谨慎的态度，尊重电缆动力学，充分理解由电力测试结果得出的机械疲劳，并根据风电场发展计划存在的潜在影响，决定现实的资金流和经营成本。

不论是 J 型管道还是无 J 型管的界面，都需要电力输出系统电缆的风电机组基础结构外部悬挂段（通常约 120m）的海底保护。这种保护通常是基于一些已得到认可的技术，包括排岩的运用（同时也用于冲洗保护）、水泥垫加沙袋和可膨胀的水泥浆袋，其中有些需要潜水员的介入和帮助。若不需要潜水员操作，则需要用石油、天然气产业里传统的标准方法来实施静态或动态的弯曲限定器的安装。

13.4　悬浮风电机组和变电所的动态电缆

对于海上悬浮风电机组，其电缆要有最高级的灵活度和柔软度，并且在动态环境下也能有浮体运动和抗疲劳强度，还要注意此类电缆的发展、设计和最优化配置。连接浮动器的电缆上的浪潮、水流、海底支撑互动和活跃的浮子运动至关重要。这些需要通过全球流动构造的相互作用和带有实验测试的多提耦合模型进行全面的调查。

动态的电力电缆概念如图 13.8 所示。图 13.8 展示了运用在油田和天然气田中用来将液体从海底油井运往平台和潜能装置，支持浮动涡轮机或平台电缆的海底立管，其中包括所谓的 W 型电缆和波浪形电缆。后者的概念最近已经被考虑运用到某些浮动风电机组上了，例如 Statoil Hywind，还有一些也应用到福岛的海上电场。

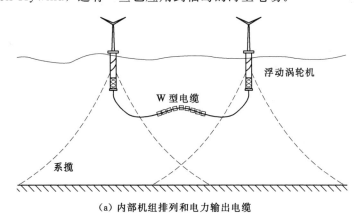

（a）内部机组排列和电力输出电缆

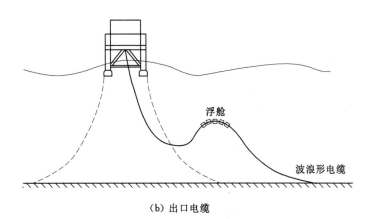

（b）出口电缆

图 13.8　动态的电力电缆的概念

W 型电缆可能会用于连接两座浮动风电机组或连接浮动变电站和风电机组，而波浪形电缆可能会用于内部机组排列和电力输出系统、内部平台电缆和出口电缆。在所有案例中，都对浮舱的设计有一个要求，就是在中层水域的电缆沿线分布。

浮舱的安全紧固件和精确位置能够通过内部扣夹的使用得到保证。这种分布式浮舱的用处主要是通过减少来自海底电缆触地点平台运动的余波来减少整体电缆的动态特性，缓解电缆的动态张力或恶劣环境下的曲度变化。因为 W 型或波浪形电缆配置都是由额外的浮力变化来控制，所以设计师必须准确地估计出浮舱的细节，例如半径、密度和空间。为了避免任何的浮舱丢失和下滑，应对这些数据持续进行监控和调整。

动态电缆配置的浮舱分布改变的影响如图 13.9 所示。图 13.9 展示了浮力变化对不同的悬浮链、背部弯曲链和触地链波浪形电缆的影响。根据电缆的悬挂角度、水深、平台开端位置、电缆所占空间以及泥土坚硬度的计算，易产生局部静态张力的区域通常位于电缆悬挂点以及电缆产生的浮力区域的两端，然而，局部最大静态弯矩最易发生的区域同发生最大弯曲的下沉区、凸起区和触地区相一致。这些参数应当通过电缆形状敏感度研究得到系统化的证实。不过，在实践中，总有像平局阻力、波浪和水流方向、海生植物和安装缺陷等因素，同电缆裸露部分相比，导致不均匀电缆部分的设计中，流体力学的阻力系数具有多变性及不确定性。在运用较复杂的有限元或计算流动结构动力的软件时，这些影响因素都要被算入其中。

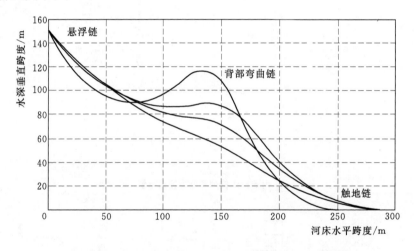

图 13.9　动态电缆配置的浮舱分布加深部分改变的影响

自由悬挂动态电缆在平台的悬挂位置也需要一个特别的保护措施，海底终端位置也要使用弯曲加固物或者限定器以避免高度弯曲压力，这会加大电缆的损坏程度。

13.5　海底电缆的机械特性

电缆是一个内部很柔韧的单维结构，它具有细长、高深宽比、高轴压但是较低弯曲度的特性。三维大型电缆错置和相关的轴向或弯曲压力，可以在电缆安装操作期间由不同的压力引发。因此，理解海底电缆结构安装的机械特性和基础设施并且连接不同的支持性结构，在实践中具有重要的意义。在早期的电缆设计和分析中，为了评估电缆的静态、动态特性和其损耗，需要对很多模型、公式和控制因素（例如热能、电力、机械、边界条件等）进行数据化的考虑。关键的机械和整体结构的一部分分析都在图 13.10 船舶正在敷设电缆装置中有所讨论。

13.5.1 导线构形

根据一个简单的悬链线理论，一个在铺设操作中的单跨电缆可以这样描述，如图 13.10 所示，可以假设电缆配置只取决于其在水中长度的有效重量和轴向拉力。因为静态变形、弯曲力矩和拉力的影响的重要性容易不为人所重视，可能会被忽视。

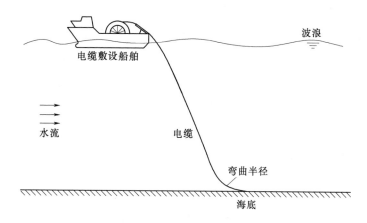

图 13.10　船舶正在敷设电缆装置

通过进一步假设在电缆海底触地点的切线斜率为零，一个水平的受拉构件 T_H 因此要持续的和海床底部的压力保持一致。因此，卡迪尔 X-Y 和弧长的公式可以表达为

$$x = \frac{T_H}{w} \sinh^{-1}\left(\frac{ws}{T_H}\right) \tag{13.1}$$

$$y = \frac{T_H}{w}\left[\cosh\left(\frac{ws}{T_H}\right) - 1\right] \tag{13.2}$$

13.5.2　最小弯曲半径（*MBR*）

在纵向电缆铺设期间，最大弯曲应力通常发生在有最小半径（最大曲率）的海床附近。利用线性力矩与曲率关系和式（13.1）与式（13.2），海底的最小弯曲半径（*MBR*）可以大致简化为

$$MBR = \frac{T_H}{w} \tag{13.3}$$

如果电缆的总长（*L*）、悬浮点的垂直位置或电缆的敷设地点（*H*）都已知，还可以表示为

$$MBR = \frac{L^2 - H^2}{2H} \tag{13.4}$$

对于一个以纵向向四周辐射进行操作的电缆敷设工程来说，如果一条直线的敷设方法

因阻碍物而行不通时，《Worzyk（2009）》建议到，可以带入两点安全因素和索土横向摩擦系数：

$$MBR = \frac{2T_H}{\mu w} \qquad (13.5)$$

13.5.3　电缆敷设的压力和悬挂角度

随着船舶将电缆纵向的敷设下去，敷设轮（T_L）处的电缆张力大致为

$$T_L = \sqrt{T_H^2 + (wL)^2} = T_H + wH \qquad (13.6)$$

相对来说，在敷设轮的横向水面上电缆卸载角度和悬浮角度大致可以表现为

$$\phi = \tan^{-1}\left(\frac{wL}{T_H}\right) = \cos^{-1}\left(\frac{T_H}{T_L}\right) = \sin^{-1}\left(\frac{wL}{T_L}\right) \qquad (13.7)$$

13.5.4　底部稳定性

在水下环境高度活跃的浅水区，了解风电场内部机组排列和电力输出系统电缆的底部稳定性是非常必要的，电缆先敷设后掩埋，这一过程是为了减少电缆安装的经营成本。对于一个特定的时间段来说，波浪和水流撞击土壤以及水中电缆而引起的水动升力和拖动装载可以检测出有多少未掩埋的电缆在横向或竖向上有错误安置。在实践中，可能会通过《DNV-RP-F109 导览》（2007）对电缆底部稳定性进行初步的核实，本书是特意为了在深水区进行管道安装而写的。有两种相关方法可以达到绝对的、广义的横向稳定性，这两种方法分别将电缆的错误安置范围降到 0～10m 之间，10m 为最高值。

在《DNV-RP-F109 导览》（2007）中，用来保持管道稳定性的特定重量很大程度上取决于管道的直径。广义稳定性曲线的设计是从大量平坦海底的单维动态分析得来的，而这一分析忽略了管道的弯曲度、轴向变形和管道（例如对于 24 号的管道，直径为 24～42in，水下重量为 489kg/m）相比，电缆的直径和单元重量（例如 11-13/16 的输出电缆和 68kg/m 水下重量的 132kV HVAC 电缆）要小的多，因此，相比来说，电缆更加灵活。此外，因为风电场目前大都位于浅水区，所以海底电缆水动力荷载影响具有非常重要的意义。

根据天气和土壤的条件，海底电缆在空间和时间上的运动通常都很复杂，应用管道设计规范可能会比较保守，很难实现电缆稳定性的要求。根据电缆—土壤—液体的模块和动态交互作用的调查，在了解真正的物理机理时，需要用到动态稳定性的方法。

13.5.5　涡激振动

在水流经过一个类似水下电缆的长的圆柱形弹性物体时，在圆柱体的后方很自然地会产生交替的漩涡，并且因为水流的共振，或所谓的在漩涡脱落和结构自然频率间的"锁定"条件下，还会引发圆柱体振动。这个锁定通常称为电缆的"弹奏"，发生宽泛的流速内，取决于雷诺兹参数、结构性流体阻尼比率、电缆的自然频率和振型等其他一些参数。对于在深基固定点和浮基自由悬挂动态电缆附近的自由跨度静电电缆，因涡激振动引发的疲劳效应可能会产生有害影响，这是由在光缆跨度沿线联合的脉动升力和拖拽力中加上放

大了的平均阻力分量导致的。

尽管在过去几十年已经进行了很多类似的理论和实验研究，但在实践中，想要精准地预测因联合的、复杂的流体结构互动机制引起的涡激振动所带来的长期定量损害影响，是非常具有挑战性的一项任务。

不过根据一定量的参数去检查涡激振动发生的概率具有可行性的。从理论上来说，漩涡脱落的赫兹频率为

$$f_s = S_t \frac{V}{D} \tag{13.8}$$

式中 S_t——斯德鲁哈尔数（通常在 0.2）；

      V——流速；

      D——电缆外部直径。

想要计算共振的数值，自由跨度电缆的横向固有频率以赫兹表示，为

$$f_n = \frac{n}{2L}\sqrt{\frac{T}{m+m_a}}\sqrt{1+\frac{n^2\pi^2 EI}{L^2 T}} \tag{13.9}$$

式中 n——模数；

      L——电缆长度；

      T——平均张力；

      m——水中每单位长度的电缆质量；

      m_a——联合的附加质量；

      EI——弯曲刚度。

需要注意的是，式（13.9）适用于拉紧两端不可移动的电缆（张弦梁或张梁）。对于具有显著垂跨比的电缆，超过 1/8 和/或不同的边界条件下，就应该用到分析数值方法，寻找可以被归类为平面的（平面结构弯曲率）和非平面的（平面外）模型。因为交叉流和同一水平线上涡流激振的刺激，这些平面的和非平面的模型相互联合在一起，而且，交叉流和涡流激振的刺激也会因电缆弯曲率的影响而使流体结构交互作用变得更为复杂。因为涡激振动分析中已经给出了流速的数值，所以在锁定的条件下就应能实现多模响应。

其他能影响流体物理和电缆涡激振动，但很少在文献中被重视的参数，包括因波浪、水流方向、水域深度变化产生的变量，因电缆跨度而引起的振荡流，因斜轴电缆引起的水流撞击的角度，距海床和自由液面的接近程度，海洋生物的生长度和在不同自由程度上的浮式平台运动。为了了解这些单个或联合的影响，就必须要进行实验和计算流体动力学研究，还要配合精确的降阶模型开发工具。

13.6 海上风电场展望

未来的海上风电场电缆将会安置在深水区和远离海洋的偏远区域，届时风电场内部机组排列和电力输出系统会有更大布局以及更长的距离，可供出口电缆传输大型风电机组

（约 5MW）所产生的更大风能。特别是风电机组和海底电缆的布局都将会更复杂，并且除了一个合适的路线调查和根据一定地理条件所进行的选址外，还要根据风、浪和水流方向将布局最优化。

根据张力腿、护具和半潜式概念所打造的浮动风电机组平台和变电站新模型是解决深水区问题具有潜力的办法，并且会考虑分布式浮标动态电缆的混合装置，并会加入在石油和天然气产业中应用的类似柔性立管的设计理念。同时，还有必要充分了解与受制于不同环境水流条件的移动漂浮器相连接的悬浮电缆的非线性力学性能。

海上风电产业将会集中在几个有削减经费潜力的领域，包括海上安装、操作、保养，还有风险规避和海底电缆中的传输损失。研究重点将集中在创新型海上电缆科技上。

（1）设计一个划算并坚硬的保护外壳，能阻止海水侵袭和极端压力的水下电缆。

（2）压力大（例如大于 525kV）并划算的高压直流电出口电缆的发展。

（3）发展和鉴定由英国碳信托海上风力加速器所研发的 66kV 的内部机组排列和电力输出电缆。

（4）66kV 铝和铜电缆的发展。

（5）标准化和最合理化电缆建造和安装过程。

（6）为多方向内部机组排列和电力输出电缆发展有效的后期掩埋操作方法。

（7）发展性价比高的安置-掩埋同步技术。

（8）针对不同类型土壤确定最佳电缆掩埋深度。

（9）利用 J 型无管道电缆进入系统进行带入操作。

（10）在活跃的动态环境中，使用自由悬挂内部机组排列电力输出电缆的可行性。

（11）无需潜水员的电缆鲁棒性和保护、维修策略。

海底电缆的健康性监测和调节技术也将具有实践和工业上的意义，因为任何一个未知的或难以辨别的错误都能导致电缆的破损，导致整个发电厂停工数个星期，并且还会花费高额保险费和修复费用。进行修补活动可能会需要两艘船舶，包括将海底未掩埋的电缆和其他电缆拉起至海洋表面进行修补。比起陆上操作，这些修补操作困难、费时。同其他的海上基础设施一样，海上修补也要在相对凉爽的天气下进行。因此，削减电缆修补和重新安装的时间将会显著地减少相关的成本。

缩　略　语

ASZ　　　　Advisorysafety Zone　建议安全空间

BPI　　　　Burial Protection Index　掩埋保护指数

CBRA　　　Cable Burial Risk Assessment　电缆掩埋风险评估

DNV　　　　Det Norske Veritas　挪威船级社

DoL　　　　Depth of Lowering　深度

EPR　　　　Ethylene Propylene Rubber　乙丙橡胶

HVAC　　　High Voltage Alternating Current　高压交流电

HVDC　　　High Voltage Direct Current　高压直流电

MBR	Minimum Bending Radius	最小弯曲半径
OWA	Offshore Wind Accelerator	海上风力加速器
ROV	Remotely Operated Vehicle	远程控制工具
VIV	Vortex – induced Vibuation	涡激震动
XLPE	Cross – linked Polyethylene	交联聚乙烯

参 考 文 献

[1]　ABB launches world's most powerful cable system for renewables, 2014. From: www. offshorewind. biz (retrieved 09. 02. 15.).

[2]　Bai, Q. , Bai, Y. , 2014. Subsea Pipeline Design, Analysis and Installation. Elsevier.

[3]　Beatrice Offshore Windfarm, 2011. Beatrice Transmission Works: Environmental Scoping Report Beatrice.

[4]　Beindorff, R. , van Baalen, L. R. , 2013. Theory on submarine power cable protection strategies. In: Paper Presented at the EWEA Offshore.

[5]　Berteaux, H. O. , 1976. Buoy Engineering. Wiley.

[6]　Burton, T. , Jenkins, N. , Sharpe, D. , Bossanyi, E. , 2011. Wind Energy Handbook. Wiley.

[7]　Cable fault shuts 400MW Anholt, 2015. From: www. renews. biz (retrieved 23. 02. 15.).

[8]　Carbon Trust, 2015. Offshore Wind Cable Burial Risk Assessment Methodology.

[9]　Carbon trust launch race for next generation of offshore wind cables, 2013. From: www. carbontrust. com (retrieved 25. 01. 15.).

[10]　Department for Business Enterprise & Regulatory Reform, 2008. Review of Cabling Techniques and Environmental Effects Applicable to the Offshore Wind Farm Industry.

[11]　DNV, 2007. DNV – RP – F109 On – bottom Stability Design of Submarine Pipelines.

[12]　DNV, 2012. DNV – RP – F401 Electrical Power Cables in Subsea Applications.

[13]　DNV, 2014. DNV – RP – J301 Subsea Power Cables in Shallow Water Renewable Energy Applications.

[14]　EWEA, 2015. The European Offshore Wind Industry – Key Trends and Statistics 2014.

[15]　Ferguson, A. , de Villiers, P. , Fitzgerald, B. , Matthiesen, J. , 2012. Benefits in moving the inter – array voltage from 33kV to 66kV AC for large offshore wind farms. In: Paper Presented at the EWEA2012.

[16]　FOREWIND, 2013. Dogger Bank Creyke Beck Wind Farm: Cable Details and Grid Connection Statement.

[17]　Gevorgian, V. , Hedrington, C. T. , 2010. Submarine power transmission. In: Paper Presented at the U. S. Virgin Islands Clean Energy Workshop. University of the Virgin Islands.

[18]　Greater Gabbard OWF's Cabling Infrastructure Worries Local Fishermen, 2014. From: www. offshorewind. biz (retrieved 09. 02. 15.).

[19]　Gwynty Môr cabling complete, 2015. From: www. maritimejournal. com (retrieved 16. 12. 14.).

[20]　Jenkins, A. M. , Scutariu, M. , Smith, K. S. , 2013. Offshore wind farm inter – array cable layout. In: Paper Presented at the IEEE, Grenoble.

[21]　Kaiser, M. J. , Snyder, B. F. , 2012. Offshore Wind Energy Cost Modeling: Installation and Decommissioning. Springer.

[22]　Lewis wind farm backer pulls out over cable delay, 2014. From: www. bbc. co. uk (retrieved 23. 02. 15.).

[23]　Mole, P. , Featherstone, J. , Winter, S. , 1997. Cable protection – solutions through new installation and burial approaches. Dossier. http: //dx. doi. org/10. 3845/ree. 1997. 059.

[24]　Offshore wind farms: Floating solutions for deep – water cables, 2010. From: www. powerengineering int. com (retrieved 13. 04. 15.).

[25] Sarpkaya, T., 2004. A critical review of the intrinsic nature of vortex - induced vibrations. Journal of Fluids and Structures 19 (4), 389 - 447.

[26] Srinil, N., 2004. Large - amplitude Three - dimensional Dynamic Analysis of Arbitrarily Inclined Sagged Extensible Cables (Ph. D. dissertation). King Mongkut's University of Technology Thonburi (KMUTT), Bangkok.

[27] Srinil, N., 2010. Multi - mode interactions in vortex - induced vibrations of flexible curved/straight structures with geometric nonlinearities. Journal of Fluids and Structures 26 (7 - 8), 1098 - 1122.

[28] Srinil, N., 2011. Analysis and prediction of vortex - induced vibrations of variable - tension vertical risers in linearly sheared currents. Applied Ocean Research 33 (1), 41 - 53.

[29] Srinil, N., Wiercigroch, M., O'Brien, P., 2009. Reduced - order modelling of vortex - induced vibration of catenary riser. Ocean Engineering 36 (17 - 18), 1404 - 1414.

[30] The Crown Estate, 2012. Submarine Cables and Offshore Renewable Energy Installations.

[31] The Crown Estate, 2015a. Offshore Wind Operational Report.

[32] The Crown Estate, 2015b. PFOW Enabling Actions Project: Sub - sea Cable Lifecycle Study.

[33] Tominaga, Y., Nakano, H., Koji, T., et al., 2014. Dynamic cable installation for Fukushima floating offshore wind farm demonstration project. In: Paper Presented at the AORC Technical Meeting.

[34] United States Department of Interior Bureau of Safety and Environmental Enforcement, 2014. Offshore Wind Submarine Cable Spacing Guidance.

[35] Worzyk, T., 2009. Submarine Power Cables: Design, Installation, Repair, Environmental Aspects. Springer.

第 14 章　海上风电机组与陆上电网的并网

O. D. Adeuyi，J. Liang
卡迪夫大学，卡迪夫，英国（Cardiff University，Cardiff，United Kingdom）

14.1　介　　绍

　　1991 年，首个装机容量 4.95MW 的海上风电项目 Vindeby 风电场投入运行，它位于距丹麦海岸电网连接点 2.5km 的海上。截至 2014 年，63.3% 的海上发电容量位于北海（the North Sea），22.5% 位于大西洋（Atlantic Ocean），14.2% 位于波罗的海（Baltic Sea），总装机容量约 8045MW，与欧洲 11 个国家的电网连接。欧洲的海上风电装机容量预计在 2020 年将达到 23.5GW。风电场集电网络将电能从各个风电机组处汇集，通过海底输电系统将电力从海上送至陆上电网。本章将介绍风电场集电系统技术，阐述基于高压直流（HVDC）技术的海底输电基本原理。

14.2　风电场集电系统

　　风电场集电系统使用阵列电缆将风电机组连接到一起，它可以基于交流或者直流技术。交流集电系统比较成熟，而直流集电系统是最近才发展起来的，相比交流集电系统，它的占地面积更小。

14.2.1　交流集电系统

　　一种交流集电系统。如图 14.1 所示。通过阵列电缆将海上风电场永磁同步发电机（PMSGs）产出的电能汇集起来。通过这种方式，每一台风电机组的输出功率先由交流整流变换为直流，然后使用全功率变换器将直流变换回交流。

　　风电机组通过工作在 33kV 或者 66kV 的中压阵列电缆连接至中压交流母线系统。33kV 回路的额定有功功率 P_{string} 约为 35MW，接至母线的总回路数量 n 受限于中压电缆容量 S_{MVA}，S_{MVA} 为

$$S_{MVA} = \sqrt{3} I_{rated} V_{L-Lrms} \tag{14.1}$$

电压 V_{L-Lrms} 为 33kV，额定电流 I_{rated} 为 2500A，则下游回路容量 S_{MVA} 为

$$S_{MVA} = \sqrt{3} \times 2500A \times 33kV$$
$$= 142MVA$$

连接至 33kV 母线的回路数量 n 为

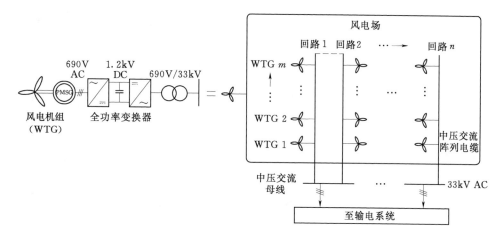

图 14.1 交流集电系统

$$n = \frac{S_{MVA}}{P_{string}} = \frac{142 MVA}{25 MW} \approx 4 \tag{14.2}$$

每条回路能够连接的风电机组数量 m，取决于每一台发电机的额定功率 P_{wt}。如果每台风电机组的额定功率是 5MW，那么一条回路中总共可以有 m 台发电机，m 为

$$m = \frac{P_{strng}}{P_{wt}} = \frac{35 MW}{5 MW} = 7 \tag{14.3}$$

连接至风电场集电系统母线的所有风电机组数量 T_{mn} 为

$$T_{mn} = m \times n = 28 \tag{14.4}$$

阵列电缆的电压从 33kV 提升至 66kV，可以降低电能损耗，增大输电距离，对于确定的导体尺寸可以增加传输容量，同时减少海上交流变电站的数量。电压提升至 66kV 以后，随着风电机组额定容量提高，每一回路中的风电机组数量 m 可以维持不变。

14.2.2 直流集电系统

直流集电系统使用直流阵列电缆连接汇集各台风电机组的输出功率。每一条电缆把不同的风电机组连接在一起形成回路。直流阵列电缆系统可以采用中压或者低压方式组网。

14.2.2.1 中压等级

工作在直流 33kV 的中压直流阵列电缆系统如图 14.2 所示。在这种设计中，风电机组的输出功率首先使用交流—直流变换器进行整流，然后通过直流—直流变换器升压至更高等级的直流电压。这种直流—直流的电压变换器可以省去海上风电场集电系统的交流变压器和平台，从而降低项目的投资成本。

如图 14.2 所示，这种直流—直流的变换器采用三级结构：逆变器、变压器和整流器，可以实现 1.2kV/33kV 的直流变压。这种方式会提高复杂度，并降低效率。在英国，预计到 2020 年中压直流阵列电缆的需求会超过中压交流阵列电缆。

14.2.2.2 低压等级

低压直流阵列电缆系统如图 14.3 所示，阵列电缆工作在 1.2kV 的直流电压。在这种设计中，发电机输出功率经过单级变流器整流变换。风电机组通过低压直流回路连接至中

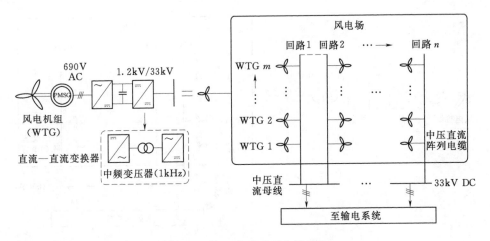

图 14.2　中压直流阵列电缆系统

压直流变流器，在那里电压升至 33kV 的集电电压。中压直流变流器安装部署于海上平台。

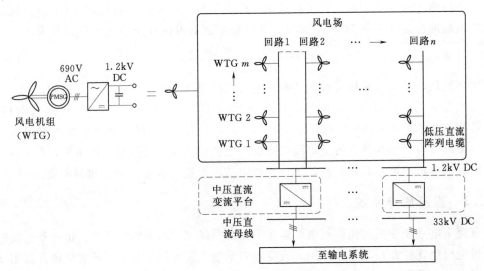

图 14.3　低压直流阵列电缆系统

14.3　海上风电输电系统

　　海上风电输电系统使用海底电缆将海上风电场发出的电能传输到陆地，与不同国家的交流电网相连。三种海上风电的输电技术如图 14.4 所示。它们是中压交流、高压交流和高压直流。本节将具体介绍这三种输电技术。

14.3.1　中压交流输电

　　图 14.4（a）为中压交流输电系统，风电场产生的电能通过中压输电电缆连接到陆上

变电站，最大传输距离是 20km。输电电缆工作在 33kV 的中压水平。陆上变电站使用升压变压器将电压升至陆上电网的电压水平。这是一种最简单的海上风电输电方式。

14.3.2 高压交流输电

高压直流输电技术已经比较成熟，适用于距离在 20～70km 范围内的海底电能传输。图 14.4（b）为高压交流输电系统，其中交流阵列电缆用来连接海上风电机组与海上变电站。海上变电站的变压器将集电电压从 33kV 升至 132kV 或更高水平。高压交流出口电缆连接海上变电站与陆上变电站，将汇总功率传输至陆上。采用三芯交联聚乙烯电缆，其工作电压最高可以达到 245kV（不过更常见的电压水平是 150kV）。对于输电距离大于 80km 或者电压水平高于 150kV 的情况，由于分布电容及由此产生的充电电流，高压交流的方式是不实用的。

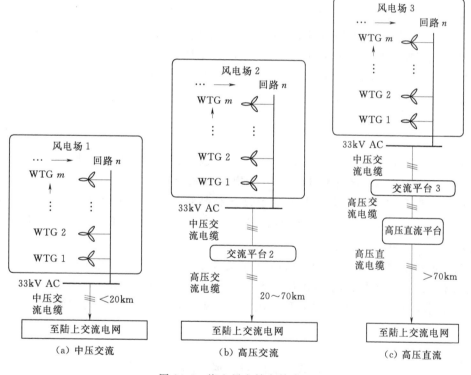

图 14.4 海上风电输电技术

14.3.3 高压直流输电

图 14.4（c）为高压直流输电系统，海上交流变电站与高压直流网络通过高压交流出口电缆连接。海上换流平台、海底电缆和陆上换流站构成了高压直流网络的三个关键部分。高压直流海底电缆也可以连接多个国家的电网，从而形成海上电网。

14.3.3.1 海上换流平台

海上换流平台由上部结构和基础支撑结构两个主要部分构成。上部结构容纳海上高压直流换流站，基础支撑结构为上部结构提供场所。基础支撑结构可以有固定式、自升式和重力基座式三种形式。

固定平台使用在海床上打桩附着的导管架支撑。上部结构和导管架使用驳船上的重型起重机进行安装。自升式平台具有一套位于子结构上的自安装上部结构。这些上部结构容纳海上换流平台，拥有一套嵌入式自升降系统。重力基座式的平台由上部结构焊接在一个重力基座支撑结构上。重力基座支撑平台在陆上建造，然后拖拽至目标位置，在重力或者压重的作用下与海床附着固定。

14.3.3.2　高压直流海底出口电缆

高压直流海底出口电缆用来连接海上换流平台和陆上高压直流网络的换流站。高压直流海底电缆带有护套和铠装层，用来在海上恶劣的安装和维护条件下保护电缆。

整体浸渍纸绝缘（MI）电缆和挤压交联聚乙烯（XLPE）塑料电缆是两种高压直流海底电缆的商用设计形式。

MI 电缆的绝缘层由浸渍在以矿物油为主的高黏度化合物中的清洁纸制成。预计到 2020 年，下一代 MI 电缆将使用聚丙烯层压材料作为绝缘，可以实现额定电压 650kV 以及每条电缆线路 1500MW 的输电能力。单芯 MI 电缆导体截面 2500mm^2，重量 37kg/m。

2014 年，位于挪威和丹麦之间的 Skagerrak 4 号项目中，敷设的交联聚乙烯电缆具有额定电压 500kV，每条电缆 700MW 的输电能力。预计到 2020 年，500kV 的交联聚乙烯电缆可以实现 1000MW 的额定输电能力。

14.3.3.3　陆上换流站

高压直流换流技术主要有两种：线路换向换流器（LCC）和自换向电压源换流器（VSC）。线换向高压直流技术（LCC - HVPC）比较成熟，适用于远距离大功率输电。在线换向高压直流方案中使用的电力电子设备是晶闸管。LCC 技术要求换流站高度封装（Large Footprints），两端连接强健的交流电网，从而实现相对低阶的谐波滤波，因此并不适用于海上风电的功率传输。

电压源换流高压直流（VSC - HVDC）输电。是近年来发展起来的技术，能够实现独立的有功功率和无功功率控制，改善了黑启动（Black Start）能力，相对 LCC - HVDC 技术，平台占用更小的面积。因此，VSC - HVDC 是海上风力发电输电的关键技术。

14.4　电 压 源 换 流 器

本节介绍 VSC - HVDC 技术方案的物理结构、操作特性以及拓扑结构。

14.4.1　物理结构

通过 VSC - HVDC 系统连接的海上风电场如图 14.5 所示。VSC 方案的主要部件是换流站、相电抗器、交流滤波器和变压器。

14.4.1.1　换流站

VSC 使用绝缘栅双极型晶体管（IGBT）在发送站（整流器）将电能从交流转换为直

流，然后在接收站（逆变器）再将电能从直流变回交流。IGBT 是一种三端的功率半导体器件，由一个门控电压控制。这是一种全可控设备，允许功率全功率流入或者完全不流入。多个 IGBT 单元可以串联为 IGBT 阀，可以增强换流器的电压隔绝能力，提高高压直流输电系统的直流母线电压水平。

如图 14.5 所示，VSC 中的直流电容可以储存能量，并通过提供低通滤波通道消除直流输出电压的纹波，从而实现对功率的控制功能。换流站 A 和 B 的直流侧连接线可以采用海底电缆、地埋电缆和架空线路的组合形式。每一个换流站都配有一套冷却系统、辅助系统和控制系统。整流站 A 安装于一座海上换流平台上。

14.4.1.2 相电抗器

在 VSC 方案中，相电抗器以串联的形式连接在换流桥和变压器之间，如图 14.5 所示。它提供一个换流桥输出和交流系统之间的电压差。交流功率流过相电抗器时，可以对有功功率和无功功率加以控制。相电抗器也会对交流电流引入高次谐波成分。

14.4.1.3 交流滤波器

VSC 可以工作在 1kHz 以上的高开关频率，从而在输出电压中引入了高次谐波成分。交流滤波器并联于相电抗器和电网变压器之间，用来消除 VSC 输出电压中的高次谐波成分。

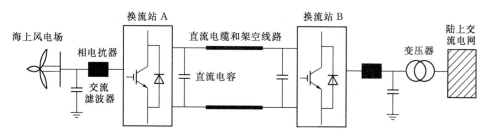

图 14.5 通过 VSC - HVDC 系统连接的海上风电场

14.4.1.4 变压器

变压器是交流系统与交流滤波器、相电抗器和换流站之间的接口，其作用是将电压调整到一个与高压直流输电相适应的水平。

14.4.2 VSC 的操作特性

VSC 输出交流电压波形，可以与另一个交流系统交换有功功率和无功功率。通过一个电抗器连接的两个交流电压源的等效电路图及向量图如图 14.6 所示。发送端的交流电压 U_{out} 由 VSC 产生，U_{ac} 是接收端交流系统电压。

假设图 14.6（a）中的电抗器 X_L 没有功率损耗，而且连接交流滤波器的交流系统是理想的，那么经过 VSC 传送的有功功率 P、无功功率 Q 和视在功率 S 为

$$P = \frac{U_{out}\sin\delta}{X_L}U_{ac} \tag{14.5}$$

$$Q = \frac{U_{out}\cos\delta - U_{ac}}{X_L}U_{ac} \tag{14.6}$$

$$S=\sqrt{P^2+Q^2} \tag{14.7}$$

式中　δ——在工频下电压相量 $\boldsymbol{U}_{\text{out}}$ 与 $\boldsymbol{U}_{\text{ac}}$ 之间的相角差［图 14.6（b）］，也就是通常所说的功角。

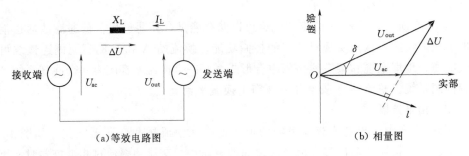

（a）等效电路图　　　　　　　　　（b）相量图

图 14.6　通过一个电抗器连接的两个交流电压源

14.4.3　VSC 的拓扑结构

VSC 可以采用两级电平、三级电平或者多级电平结构。VSC 的这些拓扑结构将在这部分介绍。

14.4.3.1　两级电平结构

两级电平的 VSC 采用 IGBT 阀组在充电的直流电容正负极之间起开关作用。两级电平 VSC 的单相电路如图 14.7 所示，接地点位于直流电容器中点。两级 VSC 可以在电容中点和"a"点之间输出 $1/2U_{\text{dc}}$ 和 $-1/2U_{\text{dc}}$ 两级电压。

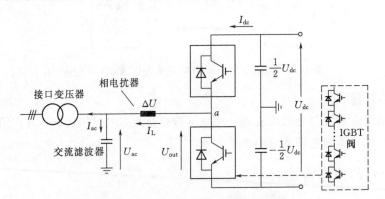

图 14.7　两级电平 VSC 的单相电路

U_{dc}—直流对地电压；U_{out}—IGBT 两端的交流电压；ΔU—相电抗器上的压降；
U_{ac}—交流滤波器两端的电压；I_{dc}—直流回路电流；I_{L}—流过相电抗器的
电流；I_{ac}—流过交流滤波器的电流；a—相电抗器和 IGBTs 之间的节点

14.4.3.2　三级电平结构

三级电平 VSC 有四种不同的设计，它们分别是中性点钳位型、T 型、有源中性点钳位型和混合中性点钳位型。三相电平中性点钳位型 VSC 的单相电路如图 14.8 所示。三级电平 VSC 的每一相输出电压在"a"点和中性点"0"之间可以有三种值（$1/2U_{\text{dc}}$、0 和 $-1/2U_{\text{dc}}$）。

IGBT 阀的开关信号使用 PWM（脉宽调制）技术生成。它们工作在较小的开关频率下，从而可以降低开关损耗，而且变压器承受的电压应力相比两级电平换流器来会更低。

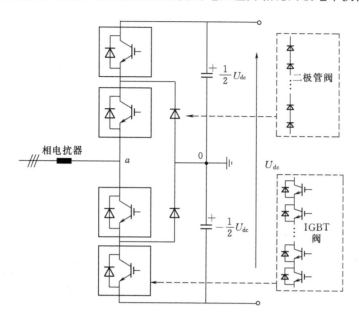

图 14.8　三级电平中性点钳位型 VSC 的单相电路

14.4.3.3　多级电平结构

　　多级电平换流器是一种较新的设计，其特点是低开关频率，降低了功率损耗，比两级电平和三级电平引入更少的谐波成分。目前市面可以见到的多级电平换流器有两种，分别是模块化多级电平换流器（MMC）和级联的两级电平换流器（CTL）。

　　MMC - HVDC 方案原理图如图 14.9 所示。MMC 的每一个阀臂由多个子模块组成，它们同臂电抗器（Arm Reactor）串联在一起。每一个子模块包括直流电容器、IGBT 组和二极管组，能够输出一个阶跃电压。每一相臂的不同子模块（图 14.9）以正确的顺序切换，从而在换流器输出侧生成一个正弦交流电压。

　　稳态操作时，子模块 IGBT 每个周波导通一次。MMC - HVDC 方案中的变压器不会承受直流电压应力，而且可以采用简单的双绕组变压器（Y/△接线）。MMC - HVDC 中每一相的电抗器起到平滑电流并抑制在电容电压平衡过程中产生的涌流作用，并能够流通在不平衡操作时相间产生的电流。

14.4.3.4　子模块电路

　　MMC 子模块中的开关电路类型分为半桥型、全桥型和双钳位型三种。半桥型电路在设计上最简单，它由两个 IGBT 与二极管反并联以及一个直流电容器组成，如图 14.9（b）所示。半桥型电路的输出电压要么是 0，要么是直流电容电压 U_c，在稳态工作时，电流只流经一个 IGBT。半桥型电路的价格最低，而且电能传导损耗最小。

　　全桥型电路由四个 IGBT 与二极管反并联以及一个直流电容组成，如图 14.9（c）所示。全桥型电路的输出电压是 $+U_c$、0 或者 $-U_c$，而且在稳态工作时有两组设备有电流流过。它比半桥型电路具有更高的价格和电能传导损耗。

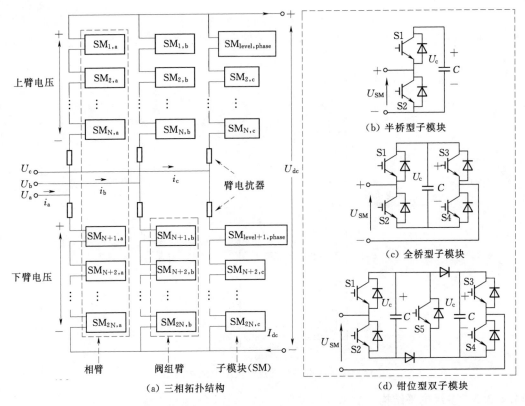

（a）三相拓扑结构　　　　　　　（d）钳位型双子模块

图 14.9　MMC - HVDC 方案原理图

双钳位型电路由两组半桥结构串联而成。一个半桥结构的正极与另一个半桥的负极连接，如图 14.9（d）所示。这种结构有两组 IGBT 和二极管反并联结构，两个直流电容器以及另外两个二极管。双钳位型电路的输出电压是 0、U_c 或 $2U_c$，在稳态工作时电流流经三个 IGBT。在正常工作中，开关 S5 处于常开状态，只产生电能的传导损耗。双钳位型电路相对于全桥型电路改善了效率，但是比半桥型电路产生更高的电能传导损耗。

14.4.3.5　VSC - HVDC 项目实例

现有 VSC - HVDC 输电计划的案例见表 14.1，同时列举了它们的换流结构、额定参数、应用目的和投运年份。

表 14.1　现有 VSC - HVDC 输电计划案例

项目名称（国家）	换流结构	每台换流器的额定参数			
		容量/MW	电压/kV	应用目的	投运年份
Estlink（爱沙尼亚—芬兰）	两级电平	350	±150	电网互联与加强	2006
Borwin 1（德国）	两级电平	400	±150	海上风电场连接	2009
Cross Sound（美国）	三级电平	330	±150	电网互联与加强	2002
Murray Link（澳大利亚）	三级电平	220	±150	电网互联与加强	2002
Trans Bay（美国）	子模块多级电平	400	±200	电网互联与加强	2010

续表

项目名称（国家）	换流结构	每台换流器的额定参数			
		容量/MW	电压/kV	应用目的	投运年份
Borwin 2（德国）	子模块多级电平	800	±300	海上风电场连接	2013
Dolwin 1（德国）	两级电平级联	800	±320	海上风电场连接	2015

信息来源：C. - C. Liu, L. He, S. Finney, G. P. Adam, J. - B. Curis, O. Despouys, T. Prevost, C. Moreira, Y. Phulpin, B. Silva, Preliminary Analysis of HVDC Networks for Off - shore Wind Farms and Their Coordinated Protection（Online）. http：//www. twenties - project. eu/node/18，2011（accessed 19. 04. 15）；G. Justin, Siemens Debuts HVDC PLUS with San Francisco's Trans Bay Cable, Living Energy（Online）. http：//www. energy. siemens. com/hq/pool/hq/energy—topics/publications/living - energy/pdf/issue - 05/Living - Energy - 5 - HVDC - San - Francisco - Trans - Bay - Cable. pdf，2011（accessed 18. 11. 14）；D. Das, J. Pan, S. Bala, HVDC light for large offshore wind farm integration, in：2012 IEEE Power Electronics and Machines in Wind Applications（PEMWA），2012，pp. 1e7；ABB, DolWin1（Online）. http：//new. abb. com/systems/hvdc/references/dolwin1，2013（accessed 18. 08. 14）.

14.5　未来海上风力发电输电计划的发展

本节主要介绍海上风力发电输电计划的发展。未来海底输电系统的关键技术是低频交流输电、二极管整流与 VSC 逆变器相结合、多端 VSC - HVDC 方案和超级节点（Supernode）概念。

14.5.1　低频交流输电

低频交流输电是通过降低交流系统的频率，减小电缆的充电电流，提高高压交流输电系统的传输距离，从而改善交流系统的性价比。通过该技术可以在电缆不变的情况下提高功率传输容量，从而减少海底出口电缆的数量。在陆上站点，频率变换器可以将交流低频变换回陆上电网的工频频率。该概念在未来的研究中还需要进一步发展和验证。

14.5.2　二极管整流与 VSC 逆变

二极管整流器与 VSC 逆变器的连接图如图 14.10 所示，这是一种海上风电场与电网互联的高压直流输电方案，其设计采用二极管整流与 VSC 逆变器结合的方式。海上二极管整流平台比现有海上 VSC 平台成本更低，损耗和占地面积也更小。

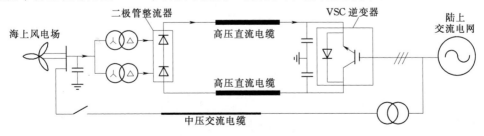

图 14.10　二极管整流器与 VSC 逆变器的连接图

在启动阶段，使用一条中压交流电缆将海上风电场与陆上交流电网进行连接，目的是在海上电网产生一个交流电压。在正常工作以后，这条电缆将退出运行，所以通常称其为脐带电缆（Umbilical Cable）。

多组二极管单元串联使用，这样可以增强换流器的耐压能力。二极管阀构成一个不可控的桥型整流结构。图 14.10 所示的高压直流输电方案由一个 12 脉冲海上二极管整流器和一个陆上 VSC 站组成。这种新型的换流设计预计会在 2016 年投入商业使用。

14.5.3 多端 VSC - HVDC 方案

多端 VSC - HVDC 输电方案使风电场产生的电能可以更便捷地传送至陆上，为海上油气平台提供电力，并可以帮助相邻国家的电网互联。VSC 极性不会随着功率方向改变而改变，因此多个 VSC 可以用固定的极性与直流母线连接，形成多端 HVDC（MTDC）系统。

MTDC 网路在运行时需要至少一个换流器来校准直流电压。陆上换流器连接到交流电网，其他储能单元植入直流电网。陆上换流器对直流电压的控制方法采用有功功率下垂控制，不但用来维持直流电压水平，而且可以使每一个连接到直流电网中的换流器流经的功率均匀分布。海上换流站为海上电网提供一个大小、频率和相位都固定不变的交流电压，使得海上电网可以接收风电机组发出的有功功率。

然而，MTDC 方案的可靠运行需要大功率直流断路器和直流电流控制设备，这些尚处于开发阶段。直流断路器制造商宣称的型式试验结果表明，大于 3kA 的直流电流可以在 3ms 内实现切断。下一步工作是将这样的断路器投入到实际的高压直流输电网络中。

14.5.4 超级节点的概念

超级节点概念的提出是为了消除多端 HVDC 输电系统对直流电路断路器的需求。海上风电输电系统的超级节点如图 14.11 所示。它由包含多个交流—直流变换器的交流网络岛组成，其中的变换器需要具备故障穿越能力，可以调节交流岛的频率和交流电压。如果有新的高压直流线路连接到超级节点，就需要额外配备海上换流平台，这会导致电网的投资成本和损耗的增加。

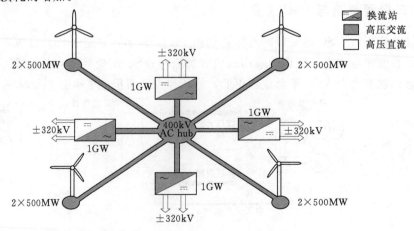

图 14.11　海上风电输电系统超级节点

14.6　总　　结

预计欧洲的海上风力发电装机容量将从 2014 年的 8GW 增加至 2020 年的 23.5GW。本章所述关键技术用于风力发电的集电系统和海上风电场与陆上电网的互联。海上风电场使用 HVAC 和 VSC - HVDC 输电技术将海上风电机组发出的电能输送到陆上电网。低频交流输电系统，用于直流电网的直流断路器和含有二极管整流器与 VSC 逆变器的海上风电场电网互联方案，有待于进一步研究发展。

缩　　略　　语

AC	Alternative Current	交流电
CTL	Cascaded Two Level	级联的两级电平换流器
DC	Direct Current	直流电
EPE	European Conference on Power Electronics and Applications	欧洲电力电子技术与应用会议
ERDF	European Regional Development Fund	欧洲区域发展基金
EWEA	European Wind Energy Association	欧洲风能协会
FOSG	Friends of the Supergrid	超级电网联盟
GBS	Gravity - base Support	重力基座支撑
HV	High Voltage	高压
HVAC	High Voltage Alternative Curren	高压交流
HVDC	High Voltage Direct Current	高压直流
IGBT	Insulated Gate Bipolar Transistor	绝缘栅双极型晶体管
ISLES	Irish Scottish Links on Energy Study	爱尔兰苏格兰能源研究协会
LCC	Line - commutated Converter	线换向换流器
LV	Low Voltage	低压
LVDC	Low Voltage Direct Current	低压直流
MI	Mass Impregnated	整体浸渍纸绝缘
MMC	Modular Multilevel Converter	模块化多级电平换流器
MTDC	Multiterminal HVDC	多端 HVDC
MV	Medium Voltage	中压
MVAC	Medium Voltage Alternative Current	中压交流
MVDC	Medium Voltage Direct Cureeent	中压直流
PEMWA	Power Electronics and Machines in Wind Applications	风能应用中的电力电子和机器
PMSG	Permanent Magnet Synchronous Generators	永磁同步发电机
PWM	Pulse Width Modulation	脉冲宽度调制

SM	Submodule　子模块
VSC	Voltage Source Converter　电压源换流器
XLPE	Cross – linked Polyethylene　交联聚乙烯

参 考 文 献

[1] EWEA. Offshore Statistics January 2008，2009（Online）. Available：http：//www. ewea. org/ fileadmin/ewea _ documents/documents/statistics/Offshore _ Wind _ Farms _ 2008. pdf（accessed 07. 10. 15）.

[2] B. Snyder，M. J. Kaiser. A comparison of offshore wind power development in Europe and the U. S. ：patterns and drivers of development，Appl. Energy 86（10）（October 2009）1845 - 1856.

[3] EWEA. Offshore Statistics 2014，2015（Online）. Available：http：//www. ewea. org/statistics/ offshore - statistics/（accessed 07. 10. 15）.

[4] Global Wind Energy Council（GWEC）. Global Offshore，2015（Online）. Available：http：//www. gwec. net/global - figures/global - offshore/（accessed 07. 10. 15）.

[5] EWEA. The European Offshore Wind Industry - Key Trends and Statistics 2014，2015（Online）. Available：http：//www. ewea. org/fileadmin/files/library/publications/statistics/EWEA - European - Offshore - Statistics - 2014. pdf（accessed 07. 10. 15）.

[6] Ernst & Young. Offshore Wind in Europe Walking the Tightrope to Success，2015（Online）. Available：http：//www. ewea. org/fileadmin/files/library/publications/reports/EYOffshore - Wind - in - Europe. pdf（accessed 07. 10. 15）.

[7] CIGRE TB 610. Offshore Generation Cable Connections，2015. Paris.

[8] BVG Associates. Offshore Wind：A 2013 Supply Chain Health Check，2013（Online）. Available：http：//www. bvgassociates. co. uk/Portals/0/publications/BVGATCE Offshore Wind SC Health Check 1311. pdf（accessed 28. 03. 15）.

[9] P. Lakshmanan，J. Liang，N. Jenkins. Assessment of collection systems for HVDC connected offshore wind farms，Electr. Power Syst. Res. 129（December 2015）75 - 82.

[10] J. Pan，S. Bala，M. Callavick，P. Sandeberg. DC connection of offshore wind power plants without platform，in：13th Wind Integration Workshop，2014.

[11] BVG Associates. Building an Industry 2013：Updated Scenarios for Industrial Development，2013 （Online）. Available：http：//www. renewableuk. com/en/publications/index. cfm/BAI2013（accessed 28. 03. 15）.

[12] BVG Associates. UK offshore Wind Supply Chain：Capabilities and Opportunities，2014（Online）. Available：https：//www. gov. uk/government/uploads/system/uploads/attachment _ data/file/ 277798/bis - 14 - 578 - offshore - wind - supply - chain - capabilities - andopportunities. pdf（accessed 28. 03. 15）.

[13] W. Chen，A. Q. Huang，C. Li，G. Wang，W. Gu. Analysis and comparison of medium voltage high power DC/DC converters for offshore wind energy systems，IEEE Trans. Power Electron. 28（4） （April 2013）2014 - 2023.

[14] ABB. HVDC MI Cables，2014（Online）. Available：http：//new. abb. com/systems/high - voltage - cables/cables/hvdc - mi - cables（accessed 03. 09. 14）.

[15] National Grid. Electricity Ten Year Statement，2012（Online）. Available：http：//www. national- grid. com/NR/rdonlyres/DF56DC3B - 13D7 - 4B19 - 9DFB - 6E1B971C43F6/57770/10761 _ NG _ ElectricityTenYearStatement _ LR. pdf（accessed 08. 06. 15）.

[16] FOSG. Roadmap to the Supergrid Technologies，Final Report，March 2011（Online）. Available：http：//mainstream - downloads. opendebate. co. uk/downloads/FOSG _ WG2 _ Final - report. pdf （accessed 31. 10. 12）.

[17] SKM. Review of Worldwide Experience of Voltage Source Converter（VSC）High Voltage Direct Current Technology（HVDC）Installations，2013（Online）. Available：https：//www. ofgem. gov. uk/ofgem − publications/52726/skmreviewofvschvdc. pdf（accessed 18. 02. 15）.

[18] R. Rudervall，J. P. Charpentier，R. Sharma. High voltage direct current（HVDC）transmission systems technology review paper，Energy Week 2000（2000）（Online）. Available：http：//www2. internetcad. com/pub/energy/technology_abb. pdf（accessed 20. 04. 15）.

[19] N. Flourentzou，V. G. Agelidis，G. D. Demetriades. VSC − based HVDC power transmission systems：an overview，IEEE Trans. Power Electron. 24（3）（March 2009）592 − 602.

[20] N. MacLeod. Enhancing System Performance by Means of HVDC Transmission（Online）. Available：http：//www. pbworld. com/pdfs/pb_in_the_news/gcc_power_paper_a095. pdf（accessed 22. 02. 14）.

[21] C. Du. The Control of VSC − HVDC and Its Use for Large Industrial Power Systems，2003（Online）. Available：http：//publications. lib. chalmers. se/records/fulltext/11875. pdf（accessed 08. 04. 15）.

[22] Alstom Grid. HVDC − Connecting to the Future，First，Alstom Grid，Levallois − Perret Cedex，2010.

[23] C. − C. Liu，L. He，S. Finney，G. P. Adam，J. − B. Curis，O. Despouys，T. Prevost，C. Moreira，Y. Phulpin，B. Silva. Preliminary Analysis of HVDC Networks for Off − shore Wind Farms and Their Coordinated Protection，2011（Online）. Available：http：//www. twenties − project. eu/node/18（accessed 19. 04. 15）.

[24] G. Justin. Siemens Debuts HVDC PLUS with San Francisco's Trans Bay Cable，Living Energy，2011（Online）. Available：http：//www. energy. siemens. com/hq/pool/hq/energy − topics/publications/living − energy/pdf/issue − 05/Living − Energy − 5 − HVDC − San − Francisco − Trans − Bay − Cable. pdf（accessed 18. 11. 14）.

[25] ERDF. Irish Scottish Links on Energy Study（ISLES）Technology Roadmap Report，2012（Online）. Available：http：//www. scotland. gov. uk/resource/0039/00395552. pdf（accessed 18. 02. 15）.

[26] T. B. Soeiro，J. W. Kolar. The new high − efficiency hybrid neutral − Point − clamped converter，IEEE Trans. Ind. Electron. 60（5）（May 2013）1919 − 1935.

[27] Siemens. High Voltage Direct Current Transmission − Proven Technology for Power Exchange，2015（Online）. Available：http：//www. siemens. com/about/sustainability/pool/en/environmental − portfolio/products − solutions/power − transmission − distribution/hvdc_proven_technology. pdf（accessed 31. 0315）.

[28] Siemens. The Sustainable Way：Grid Access Solutions Form Siemens，2011（Online）. Available：http：//www. energy. siemens. com/co/pool/hq/power − transmission/grid − accesssolutions/landingpage/Grid − Access − The − sustainable − way. pdf（accessed 21. 04. 15）.

[29] B. Jacobson，P. Karlsson，G. Asplund，L. Harnefors，T. Jonsson. VSC − HVDC transmission with cascaded two − level converters，in：Cigre 2010 Session，2010（accessed 20. 04. 15）.

[30] D. Das，J. Pan，S. Bala. HVDC light for large offshore wind farm integration，in：2012 IEEE Power Electronics and Machines in Wind Applications（PEMWA），2012，pp. 1 − 7.

[31] ABB，Skagerrak，2014（Online）. Available：http：//new. abb. com/systems/hvdc/references/skagerrak（accessed 18. 08. 14）.

[32] N. Ahmed，A. Haider，D. Van Hertem，L. Zhang，H. − P. Nee. Prospects and challenges of future HVDC SuperGrids with modular multilevel converters，in：Proceedings of the 14th European Con-

ference on Power Electronics and Applications (EPE 2011), 2011, pp. 1 – 10.

[33] J. Dorn, H. Gambach, J. Strauss, T. Westerweller, J. Alligan. Trans Bay Cable—a breakthrough of VSC multilevel converters in HVDC transmission, in: Cigre Colloquium – HVDC and Power Electronic Systems for Overhead Line and Insulated Cable Applications, 2012.

[34] T. Modeer, H. – P. Nee, S. Norrga. Loss comparison of different sub – module implementations for modular multilevel converters in HVDC applications, in: Proceedings of the 14th European Conference on Power Electronics and Applications (EPE 2011), 2011, pp. 1 – 7.

[35] ABB, DolWin1, 2013 (Online). Available: http: //new. abb. com/systems/hvdc/references/dolwin1 (accessed 18. 08. 14).

[36] R. Blasco – Gimenez, S. Añó – Villalba, J. Rodri. guez – D'Derlee, F. Morant, S. Bernal – Perez. Distributed voltage and frequency control of offshore wind farms connected with a diode – based HVdc link, IEEE Trans. Power Electron. 25 (12) (December 2010) 3095 – 3105.

[37] S. Bernal – Perez, S. Ano – Villalba, R. Blasco – Gimenez, J. Rodriguez – D'Derlee. Efficiency and fault ride – through performance of a diode – rectifier – and VSC – inverter – based HVDC link for offshore wind farms, IEEE Trans. Ind. Electron. 60 (6) (June 2013) 2401 – 2409.

[38] P. Menke. New grid access solution for offshore wind farms, in: European Wind Energy Association (EWEA) Conference, 2015 (Online). Available: http: //www. ewea. org/offshore2015/conference/allposters/PO208. pdf (accessed 20. 04. 15).

[39] Friends of the Supergrid (FOSG). Roadmap to Supergrid Technologies – Update Report, 2014 (Online). Available: http: //www. friendsofthesupergrid. eu/wp – content/uploads/2014/06/WG2 _ Supergrid – Technological – Roadmap _ 20140622 _ final. pdf (accessed 21. 08. 14).

[40] N. Hörle, M. Asmund, K. Eriksson, T. Nestli. Electrical supply for offshore installationsmade possible by use of VSC technology, in: Cigre 2002 Conference, 2002.

[41] T. M. Haileselassie, K. Uhlen. Power system security in a meshed North sea HVDC grid, Proc. IEEE 101 (4) (2013) 978 – 990.

[42] Alstom. Alstom Takes World Leadership in a Key Technology for the Future of Very High Voltage Direct Current Grids, 2013 (Online). Available: http: //www. alstom. com/press – centre/2013/2/alstom – takes – world – leadership – in – a – key – technology – for – the – future – ofvery – high – voltage – direct – current – grids/ (accessed 22. 04. 13).

[43] ABB. The High Voltage DC Breaker—The Power Grid Revolution, 2012 (Online). Available: http://www04. abb. com/global/seitp/seitp202. nsf/c71c66c1f02e6575c125711f004660e6/afefc067 cd-5a69c3c1257aae00543c03/ $ FILE/HV＋Hybrid＋DC＋Breaker. pdf (accessed 22. 04. 13).

第15章 海上风电场储能

D. A. Katsaprakakis

克里特技术教育学院，伊拉克里翁，希腊（Technological Educational Institute of Crete，Heraklion，Greece）

15.1 介 绍

15.1.1 储能的必要性

储存货物是人类活动和自然活动中普遍存在的行为。它有助于对实施特定行为或维持日常生活所需要的供给进行最优化管理。例如，冰箱的发明和使用可以延长食物的储存时间和保鲜时间，为我们的日常生活大大节省了时间和金钱。在动物和人类的身体中，储能也本能地存在，这对于在艰难条件下的生存非常重要。在人工系统中也设计了储能功能。把机动车辆的油箱加满油使得汽车能行驶更远的距离、给中央空调加足暖气能更久地加热房子。

这些简单的例子揭示了储能技术在技术层面及自然界中的重要性。在电气系统中，储存所扮演的重要角色主要通过发电厂的电能储备得以彰显。电的储存是一个重要的环节，在可再生能源（RES）发电厂（如风电场）高电产的情况下尤其如此。风电场产生的电能量与风电机组的技术规格可能会有冲突，尤其是在小的自动系统或那些强风电渗透的系统中。风电机组在遇到系统频率或电压幅值发生轻微变化时可能会跳闸（停止电力生产）。这种脆弱性可能是后续机组跳闸的开始，最终导致完全瘫痪，尤其是在弱的、没有相互连接的系统中，为了避免风电场在系统动态安全中的这种负面影响，仅当出现最大比例的电力需求时才会利用风力发电。这个比例取决于系统的大小、发电机可获得的热备用、天气条件，通常设定为电力需求的30%。多余的风电会被放弃。

风电场生产的电能不能随着用电需求的变化而变化。这就使得风电场生产的电能不能在小的自动电力系统，如孤立的电力系统中发挥最大的作用。在这些情形下，尽管较低的电力需求能通过风电场完全得到满足，这种可能性却不可行，因为风电的可获得性没有保证。

上述不足之处能通过引入储能厂及其与风电场和其他RES发电厂的合作来弥补。大量电力系统模拟证明，系统的动态安全可以通过诸如普通的电化学电池组、抽水储能系统的水力涡轮机或者压缩空气储能系统的空气涡轮机等储能设备的支持得到保证。此外，在储电厂的帮助下，无论何时出现电力富余或短缺，通过有序的充电和放电程序，来自风电场随机的电能产量都能满足电力需求。事实上，一个RES发电厂和储能设备的联合运转

（通常被描述为"混合发电装置"），将来自于 RES 的随机可获得电力转换成有保障的电能产量，使得发电厂能跟上变化着的电力需求并达到较高的年度能源生产使用。即使在大型的互联系统之间，强风电场的安装和高度无保障的电能会导致严重的动态安全问题。随着传统化石燃料储备的持续减少，以及不断增加的全球能源消耗，转向 RES 似乎是一个不可避免的选择。在相互连接的系统中联合引入风电场和储能设施成了电力系统中 RES 安全最大化目标以及逐渐完全替代化石燃料发电的独特解决方案。

15.1.2　目前研究综述

前人已经研究并讨论了大量的 RES 发电厂和储能设施联合运转的问题。其中最著名的是风力驱动抽水蓄能系统（WP－PSS）。这些系统旨在通过改善系统的稳定性并减少使用热电厂，利用当地的风能将化石燃料的消耗降低到最小，降低电力成本，繁荣地方经济。

目前最流行的主题是在偏远的小岛上引入 PSS 系统，来恢复对风能的利用，否则这些风能就要由于系统稳定性和动态安全方面的限制而被拒绝。PSS 系统用一根导水管，仅在电力需求的高峰时段生产电能，并减少被放弃的风电数量。

得到广泛研究的另一种方法是将风电场和 PSS 联合起来运转以在电能需求高峰时段生产有保障的电能。水力涡轮机专用于生产有保障的电能。为了使 PSS 储存的风能最多，使用了两根导水管。WP－PSS 的经济可行性强烈地依赖于馈网电价。

在以上方法的基础上更为革命性的做法是在具有强风潜力的独立系统中使用 WP－PSS，以期风能渗透最大化。从这些 WP－PSS 生产出来的电能不仅限于电力需求高峰时段，甚至整天都可以生产。强风潜力导致年度风能渗透可以超过 80％。由于生产的电能数量巨大，相应的投资非常有吸引力，并且对馈网电价不太敏感。

WP－PSS 在相互连接电力系统中的应用主要在希腊，爱尔兰和土耳其也有研究。这些研究得到的共同结论就是这个系统对于获得强风能渗透是非常必要的。他们的运转也可以与基本的火力发电机相结合，产生较大的电力需求调峰。考虑到相互连接系统对电力的巨大需求量，这类系统的经济可行性更有保障。

最后，有大量研究讨论 PSS 对改善电气系统动态安全性的贡献。模拟克里特岛的自动电力系统动态行为的结果如图 15.1 和图 15.2 所示。图中显示了放弃 80MW 风电后的

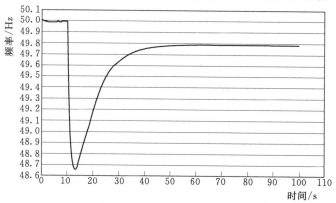

图 15.1　弃掉 80MW 风电后的频率变化（火力发电机备用支持）

频率变化。当时的电力需求假定为 250MW。在图 15.1 中，电能产量得到火力发电机充分的旋转备用支持，而在图 15.2 中，系统受到 PSS 同步水力涡轮机的支持。可以看到，在水力涡轮机的支持下，遭遇风电减少后系统恢复得更快并且显示出较低的恒定频率偏差。可以看出，与火力发电机旋转备用支持下的表现相比，水力涡轮机备用支持下的表现改善了很多。

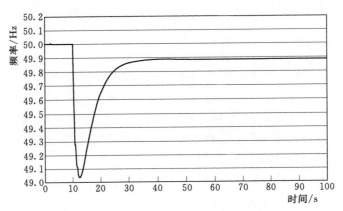

图 15.2　弃掉 80MW 风电后的频率变化
（抽水储能系统的同步水力涡轮发电机支持）

除 WP-PSS 以外，其他技术包括风能光伏电池系统及风能压缩空气系统（WCAES）。风能光伏电池系统通常用于小型或中型分散的生产方式。

传统的铅电池组通常不建议用于大型系统（电力需求超过 1MW），因为它们的寿命比较短，只有较低的储存电容，而且废弃后对环境有很大的影响。替代的电池技术，例如浮电池，尽管它们与铅电池相比，在电容与寿命方面显示出超强的技术特性，但它们的采购成本却很高。

WCAES 的引入得到了广泛的研究。人们探讨了好几种替代方案例如引入传统的、或隔热的 CAES，与飞轮或抽水储能系统的合作等。对这些系统的热力学模拟，对其效率的精确计算，是一个非常受欢迎的研究课题。另一个经常遇到的研究目标是 WCAES 最大化，即用尽可能低的成本达到尽可能大的风能渗透。WCAES 的主要缺点是要消耗化石燃料，这极大地影响了这些系统的环境效益。WCAES 的引入在低价化石燃料下似乎是可行的。在此类情形下，WCAES 显示了相当有吸引力的经济特点。

15.2　储　能　技　术

海上风电场通常的装机设备功率在几十到几百兆瓦。高额定功率的装机是弥补海上风电场相对于陆地风电场较高建设成本的唯一途径。所需的储电厂必须具备接近风电场的额定功率以及为风电场总年度电能产量 1%～3% 总能源容量的充电/放电能力，这个比例取决于风电场的大小及与之配合的电力系统，还有风电场能源储存站的操作算法。这意味着对于一个额定功率为 50MW，电容因子为 30% 的海上风电场来说，需要

1300MW·h 的储能容量。同时意味着抽水储能系统上端水库的有效容量约为 $1.7 \times 10^6 m^3$，净水头为 300m。尽管从理论上讲，可以有几种不同的储能技术供选择，但对于这样大型的蓄电站来说，选择是相当有限的。实际上，只有两种适合海上风电场所生产的巨大电量的储能技术：

（1）压缩空气储能系统（CAESs）。

（2）抽水储能系统（PSSs）。

15.2.1 压缩空气储能系统

CAES 就是通过压缩空气来实现储能的一种方法。CAES 分为：传统型和绝热型两种。目前，有两种传统的 CAES 系统在运作之中，一个位于德国 Neuen Huntorf，一个位于美国的 McIntosh。至于绝热压缩空气储能系统（AA-CAES），预期很快可以投入工业应用。

15.2.1.1 传统型 CAES

德国 Neuen Huntorf 现存传统型 CAES 蓄电厂的结构图如图 15.3 所示。图 15.3 说明了传统压缩空气储能系统的运作方式。任何潜在的电力过剩都配有一个带有内部冷却的压缩器，它将周围的空气压缩到 40~70bar。压缩空气被引入一个后冷却器中，使其温度冷却到和周围的温度相同。最后，压缩冷空气被存储到地下水库中。当需要电力的时候，燃烧室会加热被压缩空气以在膨胀的过程中获得电量（加热后膨胀）。

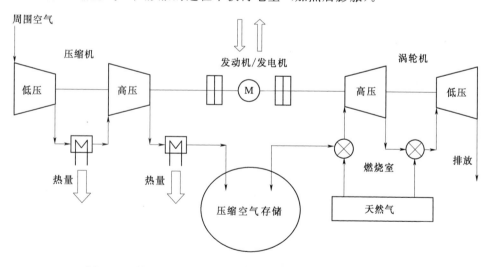

图 15.3　德国 Neuen Huntorf 现存传统型 CAES 蓄电厂的结构

在新的 CAES 系统中，储存的被压缩空气在进入燃烧室之前由一个回热器进行预热。回热器的使用使储存—生产循环的总效率增加 10%。但这一方案重大缺陷在于回热器的体积很大，这就意味着投资的增加。引入回热器后的现存传统 CAES 蓄电厂结构如图 15.4 所示，它已被应用于位于美国阿拉巴马州 McIntosh 的现存的 CAES 蓄电厂中。

现存传统型 CAES 发电厂的基本技术规格见表 15.1。

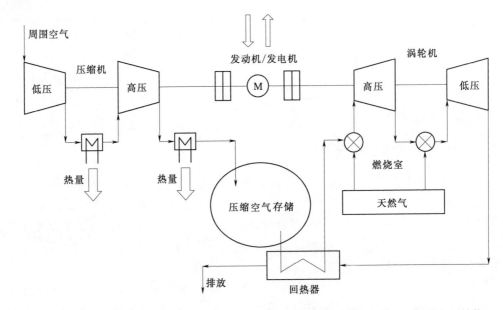

图 15.4 位于美国阿拉巴马州 McIntosh 的引入回热器后的现存传统型 CAES 蓄电厂结构

表 15.1 现存传统型 CAES 发电厂的基本技术规格

技术/经济数据	德国 Neuen Huntorf	美国阿拉巴马州 McIntosh
电量/MW	321	110
储存容量/(MW·h)	1160	2640
腔室体积/m³	310000（2 腔）	560000
储存最大压力/bar	70	75
涡轮机的流速/(kg·s⁻¹)	416	154
压缩器的流速/(kg·s⁻¹)	104	96
建设成本/美元	167000.000	65000000
建设专用成本/[美元/(kW·h)⁻¹]	143.966	24.621
建设专用成本/(美元·kW⁻¹)	520.25	590.91

　　无论是能使压力比约达到 20、流速达到 $1.4m^3/h$ 的轴式压缩机还是流速高达 $100000m^3/h$、最大压强达到 1000bar 的放射式的压缩机，都可以用来压缩空气。在现有的技术条件下，空气压缩分两个步骤进行：①先将空气冷却到 40～200℃；②不断增加的高压空气燃料混合物在空气涡轮机中膨胀，压力比达到 22 且最大进气温度为 1230℃。

　　在接近环境温度条件下，压缩后的空气的储存要求储存媒介有更高的密度，从而降低所需存贮水库的体积。为了储存压缩后的空气，地下蓄水层是由高质量的岩石制成的地下洞，通常利用废弃的天然气储存洞和盐坑，储存容积达 $300000～600000m^3$。另一个可行的方法是储存在地下高压（20～100bar）管道内。

15.2.1.2 绝热型 CAES

　　在 AA - CAES 中，空气压缩过程中释放的热量储存在单独的热量蓄水库里。这就是绝热型 CAES 与传统型 CAES 的主要不同之处。若采用 AA-CAES，压缩所需要的化石燃料消耗就没有了，这也是开发 AA-CAES 的主要原因之一。AA-CAES 系统的运作原理如图 15.5 所示。

当存在电力富余时，空气就直接被压缩，无需冷却，在存储前将其释放出的热量储存在一个独立的热存储库中。在放电阶段，通过从储热库中获得热量，压缩后的空气被加热到适当的涡轮进气温度（600℃）。绝热式压缩空气储存厂的总效率预计可达到 70%，接近相应 PSS 的效率。

在两步 AA-CAES 系统中，低压（LP）和高压（HP）空气压缩机所释放出来的热量被储存在独立的热水缸中。放电阶段在进入 HP 和 LP 涡轮机之前，压缩后的空气相应地从 HP 和 LP 热水缸中重新获得热量。两步 AA-CAES 系统能达到更高的储能密度，弥补了由此增加的工厂复杂性（两个储热缸和管道）的不足。

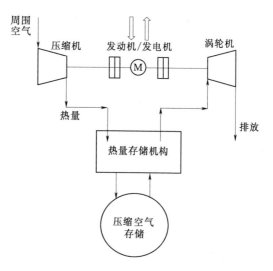

图 15.5　AA-CAES 系统的运作原理

AA-CAES 技术的重要优势在于免除了在进入涡轮机进行膨胀之前所需的燃料以及后续二氧化碳的排放，还有省去中间冷却直接压缩空气，从而使得空气从压缩机排放出来时有更高的温度，也就能将更多的热量储存到水缸中。然而，这个系统需要重新设计工厂的主要构成部件，因为传统的零件不能使用。尤其是对容积为 120～1800MW·h 的热储存水缸需要进行特殊的设计，以获得足够高的热转化率及恒定的排放温度。充热和放热时的热损失最小化是另一个需要考虑的问题。关于工厂的压缩机，在 AA-CAES 系统中，绝热压缩优于传统型 CAES 工厂中采用的等温压缩。然而，传统的压缩机不能达到绝热压缩所需要的较高的压力和温度（一步压缩 100bar/620℃，两步为 160bar/450℃）。而且，由于要求较低的反应时间和较高的定熵效率，必须为 AA-CAES 系统设计新的压缩机。近期研究聚焦于证明通过制造一个由三部分组成的压缩机可以最好地满足这些要求：一个轴式或放射式压缩机，如果遇到过高或过低的空气流速就相应地需要低压压缩机和一个单轴的放射式压缩机，用于中等或较高压力部分。需要重新设计涡轮机部分以增加进气温度、空气流速和效率。为了满足这些要求，应该设计一套非传统的、有较低损失的调节流程，以改善对压力和流速变动的应对。实验证明，为了获得温度数据、缩短反应时间，最好提前加热涡轮机。

15.2.2　抽水蓄能系统

15.2.2.1　基本概念

对于大型发电厂来说，PSS 是技术上最成熟、经济上最具竞争力的电能储存技术。已建成的十几个 PSS 项目正在世界各地不同的条件下运行，电能产量从 5MW 到 2GW 不等。已经积累了许多关于其技术规格和运转流程方面的经验。

抽水蓄能系统的基本结构如图 15.6 所示。在两个相邻的位置建了两座水库,其海拔高度有落差足够,通常是几百米。水库的容积从几百立方米、几千立方米到几百万立方米不等。通过一个单向或双向导水槽,水可以在这两个水库之间移动。导水槽较低的一边与抽水站和水电厂相连。当出现过剩的电能需要储存起来时,水就从较低的水库被抽出来,储存到较高的水库里。用这种方法,剩余的能源就以重力能源的形式储存起来了。当需要电能的时候,水就从较高的水库放出,经过水力发电站,以提供所需的电能。

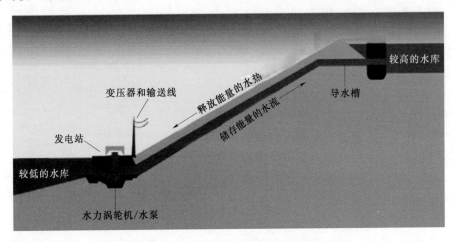

图 15.6 抽水蓄能系统的基本结构

目前,全世界已安装了十几座 PSS,与大型火电站合作,旨在解决所谓的"电力调峰"问题。电力调峰是指电能在用电需求低的时间段内(通常是夜间)被储存起来,以便在用电高峰时期可以直接使用。通过这种方法,在需求较低的时候生产的便宜电能被储存起来,而不是被弃掉,从而避免在用电需求较高时使用昂贵的发电机(最常用的是汽轮机)。使用 PSS 进行电力调峰通常用于有大型火电站或核电站的系统中,因为这些大型的、运转中的蒸汽涡轮机在低需求时期生产的总电能是不可能减少的。为了达到调峰的目的,所采用的 PSS 与一个单向导水槽连接起来,因为同时抽水或放水,也就是同时进行电能储存和生产是不合理的。

15.2.2.2 风力抽水蓄能系统

PSS 与风电场联合使用,尽管在以前的论文中得到广泛研究,却在实际应用中只有两例。第一个位于西班牙的加那利群岛中的 El Hierro 岛,第二个位于希腊的 Ikaria 岛,在爱琴海地区。这两个实例中引入 WP-PSS 是为了将主要能源,也就是风能对年度电力生产的渗透性最大化。两个岛上引入的风力抽水蓄能系统的基本技术参数见表 15.2。

WP-PSS 站,通常被称为"混合发电厂",其主要作用是将风能年度渗透最大化,需要在系统的设计和运作中引入几个特性。一个主要的设计变更就是安装双向导水槽,使得抽水和放水能同时进行。之所以有必要使用双向导水槽,是因为考虑到动态安全的因素。风能有一个最大的直接渗透比,安装双向导水槽使得不能直接渗透到电网中的风电得以储存而其余的电能需求能同时由水力涡轮机利用从导水槽流下的水来提供。双向导水槽也提高了系统的灵活性和在系统崩溃时做出反应的能力。例如，如果遇到突然没有风电生产的情况，专用的放、导水槽使得水力涡轮机能够直接生产电能，即使水是在溃网发生时被抽上去的也一样。

表 15.2　位于 El Hierro 和 Ikaria 岛的风力抽水蓄能系统的基本技术参数

技术/经济数据	西班牙的 El Hierro 岛	希腊的 Ikaria 岛
电力需求年度峰值/MW	13.3	7.8
年度电力消耗/(MW·h)	41000	27600
风电场	5×2.3MW=11.5MW	4×600kW=2.4MW
较高水库的有效容积/m³	380000	900000（第一个） 80000（第二个）
较低水库的有效容积/m³	150000	80000
总头/m	655	724（第一个） 555（第二个）
储存容量/(MW·h)	580	1500
抽水站	2×1500kW+6×500kW=6MW	8×250kW=2MW
水电站	4×2830kW=11.32MW	2×1550kW+1050kW=4.15MW
总建设成本/欧元	64700000	26000000
PSS 建设成本/欧元	50000000	23000000
PSS 建设专项成本/[欧元·(kW·h)$^{-1}$]	86.21	15.33
PSS 储存－生产循环效率/%	65	69
年度风能渗透百分比/%	80.0	50.0

一座 WP‐PSS 混合发电站的操作算法完全不同于常规用来调峰的 PSS。风力抽水储能系统运作原理如图 15.7 所示。

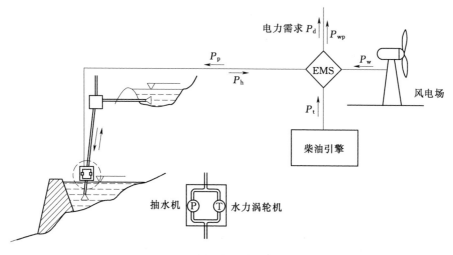

图 15.7　风力抽水储能系统的运作原理

电力需求 P_d 由风电场的风电量 P_w 在某个时间点提供。为了确保系统的动态安全，风电场的直接渗透率总是限制在最大值 $P_{wp}=a \cdot P_d$（$0<a<1$）。这是通过引入剩余风电的水泵负荷实现的。可分为两种情况：

（1）如果 PSS 高位水库是空的，剩余的电力需求由柴油发电机来完成，它生产出的电能为 $P_t=P_d-P_{wp}$。水力涡轮机不生产电能，$P_h=0$。为了将水储存在 PSS 的高位水库中，PSS 水泵由过剩的风电来提供动力 $P_p=P_w-P_{wp}$。

（2）当 PSS 的高位水库不为空时，电能需求则由水力涡轮机提供（$P_h=P_d-P_{wp}$）。与此同时，任何可能的过剩风电能源 P_w-P_{wp} 都通过抽水水阀储存起来，条件是高位水库不是满的。一旦达到满的状态，就不能储存更多的风电能源了；这些能源可被用于其他任务，例如生产氢气或脱盐等。来自柴油发电机的电能是零，即 $P_t=0$。

通过以上分析可以看出，火力发电机仅仅作为备用设备，主要的电能生产是由风电场完成的，PSS 是储存系统。

一旦 WP-PSS 的作用是调峰，有保证的电能生产就限于需求高峰时段。以上运作算法的其余部分仍然保持不变。

海上风电场的电力储存还没有得到广泛的研究。然而，基本原理不会与陆地风电场的原理不同。这两种情形的最大不同在于，海上风电场需安装的水下电缆线的采购成本和安装成本都比较高。但是这仅仅影响整体的投资的效率，而对储电厂的技术方面没有任何影响。

15.2.2.3　海水抽水蓄能系统

还有一个非常重要的方案是在 PSS 中直接利用海水并用大海作为较低的水库。截至本书写作时，全球只有一个已建成的用于调峰的商业性 S-PSS（海水 PSS），位于日本冲绳。冲绳 S-PSS 已经运转了十几年，是重要的经验资源。S-PSS 为有较低年降雨量的地理区域提供了有价值的解决方案，因为它充分保证了 PSS 的工作方式而不影响淡水储备。在小岛上或者靠近赤道的区域通常会遇到这些案例。

将海水作为 PSS 的较低水库，其储电厂必须建在海边。靠近海岸线的地面形态极大地影响着 S-PSS 的技术可行性，也影响着该项目的总建设成本。绝对海拔高于 200m 并低于 600m 的较小山坡或丘陵是建设 PSS 水库最为理想的地方。海岸线上柔和的地面形态（没有悬崖峭壁）有助于避免过大的土方工程，将水电站和抽水站的安装建设成本降到最低。山坡或丘陵的斜坡可能会要求安装地下导水槽，还需要建筑一个地下通道。这些工程极大地提高了总建设成本并对投资的经济可行性造成负面影响，对于小型的 S-PSS 电厂尤其如此。在这种情况下，不太陡峭的山或丘陵的存在，也构成了保证混合发电厂的经济可行性的一个基本前提条件。

如果 S-PSS 的安装地址靠近大海，对储存海上风电场生产的电能来说十分有利。这两个电厂（海上风电场和 S-PSS）能连接起来成为一个普通的变电所，建在靠近海岸线的地方，一方面降低了电网的连接成本；另一方面促进了整个混合发电厂的灵活运转，又对用电网的其余部分或其他电厂不产生任何干扰。

15.3 展示性案例研究：位于澳大利亚 Rhodes 岛和希腊 Astypalaia 岛的 S‐PSS

在本节中，我们对分别位于 Rhodes 和 Astypalaia 岛上的两个 WP‐PSS 进行研究。每一个展示的系统都致力于实现孤立绝缘电力系统中风电渗透的最大化。

每一个电力生产系统都由一个风电场（一个是海上的，一个是陆地的）和一个 PSS 组成。PSS 水库用一个双向导水槽连接起来。两个导水槽（一个专用于降水，一个专用于抽水）的建设使 PSS 能灵活运转，并使发电站对风电渗透最大化、系统稳定性和动态安全的贡献达到最大。

这里所展示的 PSS 用大海作为低位水库并用海水来工作，以便即使对于那些年降水量相对较低的地区来说，水供应也能得到保证。与大海之间近距离的 PSS 也是一个储存海上风电场电力的理想选择。

15.3.1 S‐PSS 的选址

我们所研究的位于 Rhodes 和 Astypalaia 岛上的 S‐PSS，其安装地点是通过考查了好几个能满足某种地形上的前提条件之后才选定的，这些条件包括：

（1）靠近海岸线。

（2）有适当的面积用来修建高位水库，也就是一块平地，或者有足够面积的（取决于水库的容积）实体大坑，以及至少 150m 的海拔高度。

（3）从高位水库到海岸线应有一个缓和的斜坡，用来安装导水槽（在导水槽的路线上不能有峭壁、沟、峡谷或大峡谷）。

（4）导水槽长度（L）与导水槽两端之间的绝对纬度差（H）之比不超过 5。

（5）足够靠近海岸线的土地（约 30000m²），用来安装水电站。

（6）在此区域内不能有会造成当地社区反对建设和运作 S‐PSS 的其他活动（例如旅游）。

（7）可以从海上或陆地上进入这一地点。

以上条件满足有助于平衡 S‐PSS 的技术及经济可行性，因为所要求的技术工程被最小化了，建设的投资就随之降低了。

除了以上因素，合适地点的选择也取决于 S‐PSS 的规模，而其规模又取决于非相互连接的电力系统的大小。Rhodes 岛和 Astypalaia 岛的主要电力需求特点见表 15.3。从表 15.3 中可以看出，Rhodes 岛上的是一个大型的、孤立的电力系统，而 Astypalaia 岛上的电力系统规模就比较小。所建的 S‐PSS 将与一个海上风电场和一个陆上风电场合作，目的是使风电渗透达到最大。因此，S‐PSS 的大小由用电需求决定。S‐PSS 的大小也由提高项目的经济可行性这一必要条件来决定（此项投资的经济指数与 S‐PSS 的大小成正比）。

能源储存容量由日常电能生产所决定，而且它决定了高位水库的容积（要考虑水库的绝对海拔高度）。根据经验初步估计，Rhodes 岛的 S‐PSS 需要一个海拔高度为 160m、容积为 4500000m³ 的高位水库，Astypalaia 岛的 S-PSS 需要一个海拔高度为 300m、容积为 300000m³ 的高位水库。

表 15.3　Rhodes 岛和 Astypalaia 岛的主要电力需求特点

项　目	Rhodes 岛 （2011）	Astypalaia 岛 （2013）
最大年度电力需求/MW	176.40	2.25
最小年度电力需求/MW	38.70	0.31
总年度能源消耗/(MW·h)	789168.37	6670.11
平均日能源消耗/(MW·h)	2162.11	18.27

15.3.2　水库的设计

以下是有关 Rhodes 岛和 Astypalaia 岛上 S-PSS 站两个水库的重要问题：

（1）Astypalaia 岛上的水库选址在小山丘顶上，而 Rhodes 岛上的水库地址位于坚实的大坑中。在两个地区都有足够的土地来满足水库所需的容积。

（2）Astypalaia 岛的水库将通过挖掘工程来建造，形成一个倒立的圆锥体形状。石灰石的形成是构造性的，还有联结处和裂缝系统，同时使用打桩机和爆破等工具和方法，使得在较高处建造人工水库的挖掘工程相对容易。

（3）在 Rhodes 岛上，选定的 PSS 高位水库的位置是一个山谷，通过修筑两个大坝，可以被改造成一个水库，不需要进行额外的挖掘工作。

（4）Rhodes 岛上选定的位置有一个不足之处，那就是它的绝对海拔高度较低（160m）。通过利用大海作为 PSS 的低位水库来将 PSS 的水头高度最大化。

（5）Rhodes 岛和 Astypalaia 岛上的水库外形分别是 160m 和 340m，在水平面上，也是在该址上平坦地形的外部轮廓，最大的平坦地面全部被占用，斜面倾角设定为 3：1。

由安装地的地形决定的 S-PSS 的特征见表 15.4。

表 15.4　由安装地的地形决定的 S-PSS 的特征

项　目	Rhodes	Astypalaia
高位水库位置的绝对海拔高度 H/m	160	350
高位水库可用土地面积/m²	450000	40000
高位水库到海岸的距离 L/m	750	1110
比例 L/H	4.69	3.17
导水槽路线的平均倾斜度/(°)	22.68	20.48

由 Hellenic Military Geographical Service 提供的水库安装位置测量学地图是数字化的，水库是在数字化的版图上设计的，有 4m 的高度差异。所需要挖掘的工程体积、水库的容积和深度等参数都被计算出来并在表 15.5 PSS 高位水库的特征中列示出来。

从表 15.5 可以看出，在 Rhodes 岛上发现的实体大坑减少了所需的挖掘工程。但对于 Astypa-laia 岛上的水库来说，情形却大不相同：这里的水库需要通过挖掘修建，提高了 S-PSS 的建设成本。在两个案例中，所需的水库容量都达到了要求。

事实上，Astypalaia 岛上的水库容积比最初要求的要高得多。后来发现这是一个很大的优势，因为它可以使 WP-PSS 对控制电力生产和改进系统安全性做出贡献。还有，过剩的储能容量使 WP-PSS 正常运转的同时将海水淡化成饮用水。

表 15.5　PSS 高位水库的特征

项　　目	Rhodes	Astypalaia
水库的总体特点		
总容积/m³	5107924	269238
有效容积/m³	4554257	255648
储能容量/(MW·h)	1787	219
水库中的最低储水量/m³	553667	13590
高位表面积/m²	414997	30503
底部面积/m²	424540	31676
高位海拔高度/m	160	348
底部海拔高度/m	145	333
最大深度/m	15	15
内部倾斜坡度	1：3	1：3
总挖掘量/m³	0	484980
大坝		
西北大坝体积/m³	81975	—
东南大坝体积/m³	304064	—
西北大坝总长度/m	220	—
东南大坝的长度/m	387	—
西北大坝的最大高度/m	20	—
东南大坝的最大高度/m	40	—

对于年降水量较低的地方（例如我们所研究的这两个岛屿）来说，海水强化这个前景非常重要。在两个案例中，较高的水库容量通过将岛屿和陆地上的电力系统连接起来得以调节。在此情况下，不会使用项目的混合功能；风电场将直接与电网相连，水电部分仅仅作为简单的抽水蓄能系统。

为了防止海水从高位水库泄露，采用了日本冲绳的 S-PSS 技术。高位水库防止海水泄露所使用的技术如图 15.8 所示。

三元乙丙橡胶（EPDM）板被用做高位水库的垫子。大量试验表明，EPDM 具有优秀的材料特性和对各种气候条件都耐受的特点。

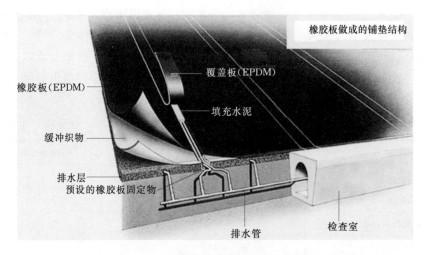

图 15.8 高位水库防止海水泄露所使用的技术

关于水库的垫底结构，会用砾石材料（20mm 或更小）来建筑一个排水层。水库全层的排水层厚 50cm。在这一层，还要用无纺涤纶织物作为缓冲材料来防止砾石的尖锐角造成损伤。然后安装一张 2mm 厚的 EPDM 板作为表面材料。这些 EPDM 板固定物的跨度设定为 8.5m 的标准（在斜坡上）。

如果发生了 EPDM 板损坏，海水感应器和压力计就会探测到海水泄露，它们都被安装在每一区域与排水层相连接的管道中。探测器发出警报表明发生了海水泄露。同时，水泵会将漏出的海水重新抽到高位水库中。这个系统有效防止了海水泄露到周围的环境中。不仅如此，由于橡胶板是水库底层的表面结构，修理它也很容易。

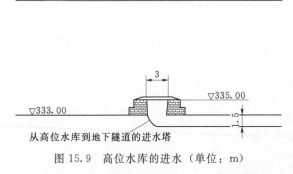

图 15.9 高位水库的进水（单位：m）

水库的进水将流过水库底部的一个进水塔，如图 15.9 所示。图 15.9 所显示的尺寸是 Astypalaia 岛上的高位水库尺寸。进水塔的入口用一个过滤网盖住，防止碎渣进入导水槽。所选定的进水塔高度要确保高位水库总能有最低水量。避免直接将密封材料暴露在太阳辐射中，是为了延长水库底部密封材料的寿命。

最后，由挖掘工程所产生的土壤和疏浚弃土将被用来增加水库周围堤岸的高度，防止由于大风造成的海水扩散到周围环境中。堤岸的高度必须至少达到 2m。

15.3.3 槽的建造

水槽的路线是根据以下标准来确定的：

（1）使水槽的长度最小。

（2）避免过陡的斜坡或悬崖。

（3）水槽与大海相接的一段地形必须是平缓的。

对于两个 S - PSS 来说，都必须挖掘一个地下隧道，从水库进水口的位置到另一边。这是由于在平坦或者低洼地区建造高位水库的地形条件和通过挖掘工程来造水库导致的必然要求。

Astypalaia 岛上的 S - PSS 从水库到大海的水槽路线截面垂直视图如图 15.10 所示，水槽在从水库出来的第一个 164m 是沿着地下隧道的。除了这开始的一段，其余是在山边的表面。Rhodes 岛上的 S - PSS 也用了同样的设计，其隧道的长度为 237m。

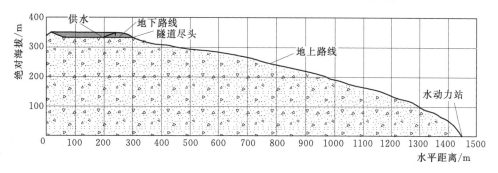

图 15.10 Astypalaia 岛上的 S - PSS 从水库到大海的水槽路线截面垂直视图

水槽建造的主要问题是选择防腐材料，适合运输海水。强化聚酯玻璃（GRP）是一种优秀的材料。这种材料的化学结构不会受到海水的影响。而且，它有较低的流动损失系数（约 0.030）。它比钢更轻更便宜，因此比钢管更容易运输和安装，极大地降低了项目的建设成本。另外，GRP 的耐静水压力能力限制了 GRP 管的使用（直径越大，GRP 管的标称压力就越小）。

在 Astypalaia 岛的 S - PSS 案例中，要求的标称直径是 1.50m。对于这个直径，GRP 管都按照低于 32bar 的标称压力建造。由于水头高是 348m，这意味着海拔高度在 40～348m 之间时，水槽能用 GRP 管建造。对于海拔高度在 40m 以下的部分，水槽可以用 St52 建造，其屈服点为 330MPa。为了保护钢管不受海水的侵蚀，将在钢管的内层表面贴上一层厚厚的苯酚和环氧树脂的混合薄膜，不加溶解剂。

在 Rhodes 岛的 S - PSS 案例中，经过计算 PSS 运转所要求的水流，降水时为 111.23m³/s，抽水时为 66.69m³/s。考虑到希腊在售钢管的最大直径为 2540mm，降水和抽水水槽分别用了两套平行管线。这种情况下用 GRP 管是不可使用的，因为所要求的直径太大了。

由于液压锤对瞬时流量的切断影响，水槽中的最大压力是 27.59bar（16.1bar 静水压力加上 11.49bar）。70 根钢管的最小管壁厚度是 2540mm，直径为 12.7mm，对应的标称压力为 44bar，足够满足指定的安装。

水槽建造分析见表 15.6（Rhodes）和表 15.7（Astypalaia）。不同管子厚度的选择（除了必须要承受静水压力和液压锤）的目标也是将成本降到最低。

要求使用特殊的挖掘工程和技术（例如切断和掩埋）以防沿着水槽路线及靠近海岸线地形的突发变化，目的是建造安全的通道和水槽基底，并保护它们免受海水和强风的侵蚀。Astypalaia 岛上 S - PSS 水槽路线 3D 视图如图 15.11 所示。该图显示了不同水槽部分的长度，也就是不同的额定压力。图 15.11 中还可以看见水下吸水管线和水力发电站。

表 15.6　Astypalaia 岛的 PSS 水槽建造分析

绝对海拔 高度/m	材料	最大静水 压力/bar	标称压力 /bar	水槽路线 长度/m	总管道长度 /m
348～300	GRP	4.8	6	323	646
300～240	GRP	10.8	12	382	764
240～200	GRP	14.8	16	188	376
200～160	GRP	18.8	20	157	315
160～120	GRP	22.8	25	138	276
120～40	GRP	30.8	32	201	402
40～0	钢 X70	34.8	44	95	190
总的路线和管道长度/m				1485	2969

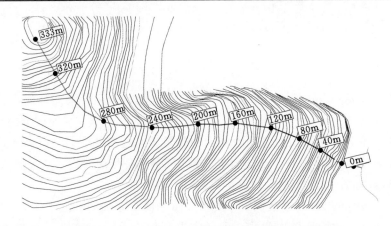

图 15.11　Astypalaia 岛上 S‐PSS 的水槽路线 3D 视图

Rhodes 岛上 S‐PSS 的水槽路线 3D 视图如图 15.12 所示。经计算，水头高 H 与水

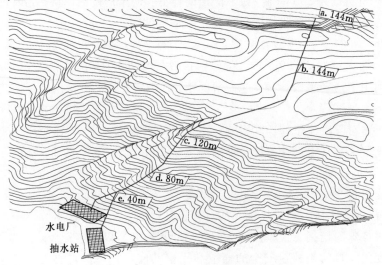

图 15.12　Rhodes 岛上 S‐PSS 的水槽路线 3D 视图

槽长度 L 的比值为 4.24（Astypalaia）和 5.48（Rhodes）。这些值（低于或接近 5）都是很令人满意的，它们能积极地影响关于水槽建造和 PSS 运转的几个参数，例如所要求的管线直径和厚度、水流线性损失、PSS 总体效率以及水槽的建设成本和投资的经济指标。

15.3.4 水动力站和吸水管线

水动力站也就是抽水站和水力发电厂，将在靠近大海的陆地上建造。选址必须满足的基本前提条件如下：

（1）建筑物必须受到保护，不受大海影响，例如在冬季，考虑到爱琴海地区的强风，海浪有可能达到几米高。

（2）水力发电厂的绝对海拔高度必须尽可能低，以使水头高达到最大。

（3）抽水吸水水平必须低于海平面，使水自然地从大海流入抽水吸水器。

要达到以上要求，将在两个不同的建筑物里安装水里涡轮机和水泵。图 15.11 和图 15.12 分别显示了 Astypalaia 岛和 Rhodes 岛上的最终定位 3D 视图。Rhodes 岛上的 PSS 水槽建造分析见表 15.7。

表 15.7　Rhodes 岛上的 PSS 水槽的建造分析

水槽	绝对海拔高度 /m	材料	标称（外部）直径/mm	管壁厚度 /mm	标称压力 /bar	路线长度 /m	总管道长度 /m
下降水槽	144-8	钢 X70	2540	12.70	44	856	17120
抽水水槽	144-1	钢 X70	2540	12.70	44	877	17540

在 Rhodes 岛上，水槽延伸至海岸线的地方有一块足够平坦的海滨土地（图 15.12）。可以建造抽水站和水力发电厂房，包括海岸线上相应的附属工程。

相反，在 Astypalaia 岛上，在水槽延伸到海岸线的地方，地面很陡，而且暴露在海洋的侵蚀环境中，因而容易发生坍塌和滑坡（图 15.13）。

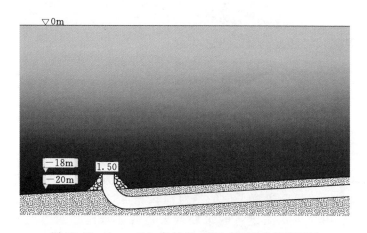

图 15.13　Astypalaia 岛的 S-PSS 水下吸水管线开端

有两种方法可以完成从大海吸水到抽水站这一任务：

（1）用预制混凝土砖建造一个防坡堤结构。冲绳 S－PSS 采用了这一技术。这一方法的主要缺点在于建造成本较高，能看出技术工程对自然地貌的改变。

（2）沿着海底安装一条长的管线，从抽水站开始到海水深度 15～20m 的地方结束。抽水站建造在海平面以下，以确保水能在水下管线中自然流动。这一技术的建设成本要比第一种技术的低得多，而且对自然地貌的改变很少。

两个 S－PSS 都选用了第二种方法。水下管线延伸到大海，直到水深超过 15m。Astypalaia 岛的 S－PSS 水下吸水管线开端如图 15.13 所示。在这个深度，海面大浪对吸水结构的压力几乎可以忽略不计。海水相对干净，没有水下杂质或废弃物（例如沙子、海藻、小石子），因为这些都被水下溪流冲走了，降低了这些物体进入管线的可能性。

水下吸水管线将被埋在海底 0.5～1.0m 的地方。管线进水口用滤网封住，防止物体进入水管。在所研究的两个 S－PSS 中，将用标称压力为 6bar 的 GRP 管来铺管线。在 Astypalaia 岛的 S－PSS 中，只需要一根内径为 1.50m 的吸水管线，而在 Rhodes 岛的 S－PSS 中，需 20 个内径为 2m 的平行吸水管线。水下管线的长度由海底地形决定，以确保吸水发生在深度超过 15m 的地方。在 Astypalaia 岛的 S－PSS 中，在离海岸线 92m 的地方就找到 20m 的等深线，而在 Rhodes 岛，要在离海岸线 350m 的地方才能找到 20m 的等深线。

抽水吸水水平必须低于海平面，以确保水能自然地从大海流进管线。通过应用伯努利定律（Bernoulli's Law），并考虑管线的长度和内径、吸水的地面高度（两个案例都是 $-20m$）、所要求的水流 [每根管线的速度为 $3.33m^3/s$（Rhodes 岛）和 $0.69m^3/s$（Astypalaia 岛）]、GRP 材料的流动损失系数（$f=0.029$），经计算，两个抽水站的吸水水平都是海平面以下 1m。Astypalaia 岛 S－PSS 抽水站的垂直截面视图如图 15.14 所示。抽水站房屋将建在离海岸线 15m 的地方，以防止受到海浪侵袭。

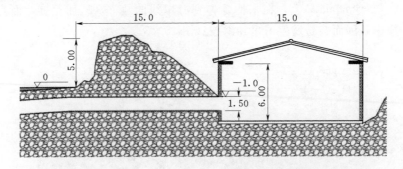

图 15.14　Astypalaia 岛 S－PSS 抽水站的垂直截面视图（单位：m）

水力发电厂房将建在抽水站旁边。Astypalaia 岛 S－PSS 水电厂厂房的截面视图如图 15.15 所示。在两个地方，水电厂的定位都是离海岸线 10m，以防止受到海浪侵袭。这决定了水力涡轮机距离海平面的绝对海拔高度，因此，也就决定了 S－PSS 电能生产的总水高。用强化水泥建造的水处理渠道会在水流经水力涡轮机后将其导入大海。

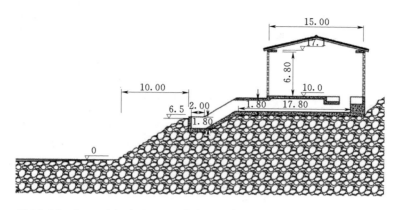

图 15.15　Astypalaia 岛 S-PSS 水电厂厂房的垂直截面视图（单位：m）

15.3.5　水力机器

　　为了让 S-PSS 正常运转，选择了佩尔顿水力涡轮机和多级抽水模型。之所以选择佩尔顿模型是因为它在 90％产出电力范围内具有稳定的高效率、低成本、构造坚固的特点，而且可以在几秒钟内增加电能产量。最后一个特点非常重要，因为它关乎电力系统的稳定性和动态安全。

　　两个 PSS 都选择了单级抽水模型。水泵的电力调节功能将通过一个安装在晶闸管上的交—交变频器来实现，以适应来自风电场的可获得的变化电能生产，并且避免由水泵负荷突然改变造成脆弱的系统安全性和稳定性事件。基于 IGBT 的现代电压源变频器（VSC）也可以用在兆瓦范围内的其他系统中，它们能为电网提供除启动速度运转和变速运转控制功能之外的额外无功控制能力。

　　Astypalaia 岛的 S-PSS 将安装两个平行的水平轴佩尔顿水力涡轮机，每个的额定功率为 2MW，提供 4MW 的总水力发电量。考虑到 2013 年最大的电力需求是 2.55MW，将一直会有 1.45MW 的过剩水电。这些过剩的电力可以利用起来作为电力生产的备用，为系统的频率调节和动态安全性改善做出贡献。全天 24h 都可生产出有保证的电能。

　　同样在 Rhodes 岛，将安装 20 个平行的水平轴佩尔顿水力涡轮机，每个的额定功率为 8MW，提供 160MW 的总水力发电量。考虑到对水力涡轮发电机的最大电力需求是 113.90MW，将一直会有 46.1MW 的过剩水电。这些过剩的电力可以利用起来作为电力生产的备用，为系统的频率调节和动态安全性的改善做出贡献。全天 24h 都可生产出有保证的电能。每个水力涡轮机的最大水流量是 $5.56m^3/s$。

　　对于 Astypalaia 的 S-PSS，所要求的抽水水流可以由四个平行抽水单元联合提供，每一个单元的额定轴功率为 842kW。所选的水泵模型是带水平轴的单级水泵。

　　所需的总泵水量（$66.69m^3/s$）可以通过 134 个平行单级水泵单元联合提供，每个单元的额定电机功率为 1074kW（吸收功率为 934kW）。总的最大电力需求是 143.9MW。额定水力效率给定为 85.0％。

　　两个佩尔顿模型的滑轨都是用 G-X5CrNi13.4Mo 级别的不锈钢制造的。针尖和油嘴密封环都可以换，它们也都是不锈钢材质。

在两个抽水站中，所选用的水泵模型都是为反渗透海水淡化工厂开发的。水泵的转轴和叶轮、进水段、套管、扩压器和压力套都是用双相钢制造的。

15.3.6 风电场

在 Rhodes 岛上观察到的奇怪的特点是，这里有相对较低的陆上潜在风能，其容量因子通常低于 25% 而其他爱琴海岛屿上的容量因子通常更高（＞40%）。与以上情况相反的是，Rhodes 岛的海上潜在风能较高，尤其是在靠近该岛西南海岸线的地方（其容量因子为 35%）。尽管海上风电场要求更高的建设成本，风力条件却得到了改善，降低了计划性限制，因而投资的回报周期也会缩短。基于以上原因，在 Rhodes 岛上建设海上风电场。

需要选择高额定功率风力涡轮机的原因如下：

(1) 安装风电场的空间有限，因为 Rhodes 岛附近海域的海洋深度很大。

(2) 根据 2011 年年度电力需求所预测的最大年度电力需求为 $150 \sim 200MW$（表15.3），以及安装地点的容量因子（最后的值仅低于 35%）。

最终选择了具有 5 MW 额定功率的风电机组模型。

风电机组（转子直径为 126m）定位在 Rhodes 岛的西南部。风电机组的位置与主要风向垂直。顺风机组放在它前面两个机组之间的中点。一条线上的两个风电机组之间的距离是 $5D = 630m$。两排风电机组之间的距离是 $7D = 882m$。离海岸线的最小距离是 300m，最大安装深度为 60m，这是为了避免由于基础成本的增加而导致的更高安装成本。根据这些数据，一共安装了 35 台风电机组，可以提供 175MW 的风电。

在以上讨论的限制条件下，有限的海上面积和所要求的风电量决定了风电机组的安装密度。这导致较高的遮光损失，其比例范围为 $1.36\% \sim 15.56\%$。

在 Astypalaia 岛，电力需求较小，也就降低了对安装风电的要求。一个装有四台 900kW 额定功率、可提供总额定功率为 3.6MW 涡轮机的小型风电场就足够与引入的 WP-PSS 匹配了。这个风电场安装在陆地上，在一座靠近 S-PSS 安装地点的小山上。风电机组的位置如图 15.9 所示，它们几乎与主流风向垂直，遮光损失较低（在 $0.11\% \sim 2.11\%$ 之间）。

15.3.7 年度能量生产和短缺

系统尺寸计算结果见表 15.8。根据表 15.8 所示的 WP-PSS 的大小，通过模拟系统的年度运转，可以计算出年度生产的和储存的能量。年度电能生产和储存—风电厂容量因子见表 15.9。

表 15.8 系统尺寸计算结果

项 目	Rhodes	Astypalaia
风电场额定功率/MW	175.00	3.60
水力涡轮机额定功率/MW	160.00	4.00
水泵额定功率/MW	143.92	3.54

续表

项 目	Rhodes	Astypalaia
最大落水流速/($m^3 \cdot s^{-1}$)	111.23	0.85
最大抽水流速（$m^3 \cdot s^{-1}$）	66.69	0.77
下行水槽最小直径/m	7.20	1.50
抽水水槽最小直径/m	5.60	1.50
平行下行水管的数量/额定直径/mm	20/2540	1/1500
平行抽水水管的数量/额定直径/mm	20/2540	1/1500

表 15.9 年度电能生产和储存—风电厂容量因子

项 目	Rhodes	Astypalaia
风电场电能渗透/($MW \cdot h$)	223501.56	0
水力涡轮机电能生产/($MW \cdot h$)	177886.96	6076.08
总的 RES 电能生产/($MW \cdot h$)	401388.52	6076.08
火力发电机电能生产/($MW \cdot h$)	387779.88	594.03
总储存电能/($MW \cdot h$)	271880.75	11551.22
风电厂弃用电能/($MW \cdot h$)	24250.67	530.22
风电厂生产的总电能/($MW \cdot h$)	519632.98	12081.44
风电场弃用电能的百分比/%	4.67	4.39
风电场的最终容量因子/%	33.90	38.30
PSS 总的年度效率/%	65.43	57.56
年度风电渗透率/%	50.86	91.09

Astypalaia 岛和 Rhodes 岛上在直接风电渗透占保证的电能生产量的百分比分别设定为 0 和 50%。

此外，表 15.9 还展示了 WP-PSS 运转的其他信息，总结如下：

（1）弃用风电百分比 w_r，计算为年度风电渗透 E_{wr} 比总年度风电产量 E_w

$$w_r = \frac{E_{wr}}{E_w} \tag{15.1}$$

（2）风电场容量因子 cf_w，计算为年度风电渗透 E_{wp} 比 $P_w \cdot T$，此处 P_w 是风电场的额定功率，T 是年度时间

$$cf_w = \frac{E_{wp}}{P_w \cdot T} \tag{15.2}$$

（3）年度效率 n_{pss}，计算为水力涡轮机的年度电力产量 E_h 比年度储存电能 E_{st}

$$n_{pss} = \frac{E_h}{E_{st}} \tag{15.3}$$

（4）年度对电力产量 RES 的渗透 p_{RES}，计算为总的风电渗透加上水电产量比上总的年度电力消耗 E_d。

$$p_{RES} = \frac{E_{wp} + E_h}{E_d} \tag{15.4}$$

Astypalaia 岛上较小的电力需求及可观的风力潜能使得其年度 RES 对电力生产的渗透高于 91%。在 Rhodes 岛上，与较低的风力潜能和有限的风电场安装空间相比，其电力需求较高，其年度 RES 渗透最高只有 50%。

15.3.8　经济结果

本节讨论 Rhodes 岛和 Astypalaia 岛上投资建设的 S-PSS 一些基本经济结果。表 15.10 中展示的 WP-PSS 建设成本是根据系统的数据及选址的定位计算出来的。每千瓦的总建设成本是根据 PSS 保证电能（Rhodes 岛为 160MW，Astypalaia 岛为 4MW）计算出来的。表 15.10 也清楚地显示了项目规模对每千瓦成本的影响。

根据希腊 WP-PSS 运营法律，进行了该投资的经济评估，给出了各项权益的经济指标，根据投资权益计算的经济指标见表 15.11。项目的年收入是根据 WP-PSS，也就是水力涡轮机或风电直接渗透所生产出的电力销售收入来计算的。

表 15.10　WP-PSS 建设成本计算

序号	建设成本项目	建设成本/欧元	
		Rhodes 岛	Astypalaia 岛
1	风电场	350000000	3960000
2	水力发电厂	60000000	2200000
3	抽水站	90000000	1700000
4	高位水库	18500000	3500000
5	水槽	45000000	1300000
6	新的道路修筑	1000000	2100000
7	新的用电网	30000000	400000
8	几个基础设施工程	5000000	500000
9	二级电机设备	5000000	500000
10	咨询师费用	2000000	500000
11	几项其他成本	5000000	500000
	总建设成本	611500000	17160000
	总 PSS 建设成本	213500000	8700000
	总建设特定 PSS 成本/（欧元·kW^{-1})	1334	2175
	总建设特定 PSS 成本/[欧元·$(kW·h)^{-1}$]	119.47	39.73

表 15.11　根据投资权益计算的经济指标

	Rhodes 岛	Astypalaia 岛
净现值 N.P.V./欧元	356052917	10298045
内部盈利率 I.R.R./%	13.73	31.42
回收年限/年	6.35	3.10
折旧后的回收年限/年	7.89	3.65
股本回报率 R.O.E./%	83.23	441.05
投资回报率 R.O.I./%	332.90	110.26

根据现存法律，电力销售价格是基于现有封闭系统火力发电厂的单位电量成本来确定的。Rhodes 岛的这些价格确定为 0.25 欧元/(kW·h)［现有单位电量成本 0.26 欧元/(kW·h)］，Astypalaia 岛的为 0.37［现有单位电量成本 0.40 欧元/(kW·h)］。

表 15.11 显示的指标证明了所研究投资的经济可行性。

15.4　结　论

能量储存对于实现电力系统普通的、性价比较高的运转来说是一个至关重要的环节。在非保证性发电厂（例如风电场）情况下，由于要让随机的电力生产适应没有弹性的电力需求，电力储存就更加重要了。在非相互连接的系统中，风电储存就显得更加必要了，这是由这种系统所具有的敏感动态安全性要求和有限的风电渗透可能性所决定的。

海上风电场是风电场的一个特殊类型，其特点是，与陆上风电场相比，其建设成本较高。为了弥补这一缺陷，通常会设计和开发有高额定功率的海上风电场，以增加年度电力生产和相应的投资收入。来自海上风电场的大量电能产量也意味着要相应地引入足够的储电厂。大型储电厂的现有技术就是 PSS 和 CAES。

PSS 是唯一在世界上有着十几个不同实际案例的能源储存技术。这种自 20 世纪 60 年代就开始运营的发电厂提供了大量的建设和运营方面的经验。PSS 已经被认为是一种成熟而且完善的技术。PSS 显示了能量储存—生产循环的高效率，通常高于 65%。从 1300~2500 欧元/kW 的保证电能或从 40~120 欧元/(kW·h) 的储存容量，PSS 的专项建设成本各不相同，这取决于储电厂的规模。在大多数情况下，PSS 是一种在经济上比较有竞争性的技术，能够提供初始的储存电能，其价格比已有特定电力生产系统的价格还要低。

CAES 是一种相当新的技术，尽管首个 CAES 工厂就于 20 世纪 70 年代（1978 年）在德国建成。然而，后来只于 20 世纪 90 年代初（1991 年）在美国建成了一个 CAES 工厂，为这种系统的运转留下非常少的经验。这种现状发生的最大可能原因是，另一种储存技术（例如 PSS），有着更好的经济与效率特点，是开发更多 CAES 储电厂的主要障碍。CAES 发电厂的效率比 PSS 低，目前的效率为 40%~50%。两个现存 CAES 厂的建设成本估计在 750~800 欧元/kW 的保证功率或 30~200 欧元/(kW·h) 的储存容量。

另一种绝热型 CAES（AA-CAES）系统预计会比 CAES 的总体效率高出 10%，其建设成本也会较高。

一种特殊类型的 PSS 就是那些使用海水的 PSS。截至成书之际，全世界只建成了一座海水 PSS（S-PSS），那就是位于日本冲绳的用来调峰的 S-PSS。

冲绳的 S-PSS 已经运转了十几年，是重要的经验资源。为海水 PSS 与海上及陆地风电场的合作提供了两个研究案例，一个大型一个小型。海水能直接从海里抽取，因此可以不用建造低位水库，弥补了由于在某些零件上使用防腐材料而造成的成本增加。

S-PSS 的安装地址靠近大海，这使得它们具有储存海上风电场所生产电力的优秀前景。两个发电厂（海上风电场和 S-PSS）能被连接到一个共同的陆地分站，一方面减少联网成本和增加成功率；另一方面，使得整个混合电站可以灵活运转而不会影响其余的用电网络或其他已有的发电厂。

关于在 PSS 中使用海水的特殊问题，例如用来建造水槽的材料、高位水库的建造、将抽水站和水电厂放在海岸线上以及水泵和水力涡轮机模型的选择，都有详细的讨论。

无论对于小型发电厂（电力需求在 2.5MW 以下）还是大型发电厂，所展示的研究案例证明了海水 PSS 的经济及技术可行性。影响储电厂的经济可行性的基本参数就是所生产的电能的价格，它必须根据现有电力生产系统的现有特定单位电量成本来确定。如果满足了这一前提条件，PSS 的经济可行性通常是可以得到保证的。

缩　略　语

AA – CAES	Adiabatic Compressed Air Energy Storage Systems　绝热压缩空气储能系统
CAES	Compressed Air Energy Storage Systems　压缩空气储能系统
EPDM	Ethylene Prophlene Diene Monomer　三元乙丙橡胶
GRP	Glass Reinforced Polyester　强化聚酯玻璃纤维
HP	High Pressure　高压
I. R. R.	Internal Rate of Return　内部盈利率
LP	Low Pressure　低压
N. P. V.	Net Present Value　净现值
PSS	Pumped Storage Systems　抽水蓄能系统
RES	Renewable Energy Sources　可再生能源
R. O. E.	Return on Equity　股本回报率
R. O. I.	Return on Investment　投资回报率
S – PSS	Seawater Pumped Storage Systems　海水抽水蓄能系统
VSC	Voltage Source Converter　电压源变频器
WCAES	Wind – compressed Air Systems　风力压缩空气系统
WP – PSS	Wind – powered Pumped Storage Systems　风力抽水蓄能系统

参 考 文 献

［1］ Katsaprakakis DA1, Papadakis N, Christakis DG, Zervos A. On the wind power rejection in the islands of Crete and Rhodes. Wind Energy 2007; 10: 415 – 34.

［2］ Daoutis LG, Dialynas EN. Impact of hybrid wind and hydroelectric power generation on the operational performance of isolated power systems. Electr Power Syst Res 2009; 79: 1360 – 73.

［3］ Slootweg JG, Kling WL. The impact of large scale wind power generation on power system oscillations. Electr Power Syst Res 2003; 67: 9 – 20.

［4］ Papathanassiou SA, Boulaxis NG. Power limitations and energy yield evaluation for wind farms operating in island systems. Renewable Energy 2006; 31: 457 – 79.

［5］ Hatziargyriou N, Papadopoulos M. Consequences of high wind power penetration in large autonomous power systems. Proceedings of CIGRE symposium, September 18 – 19, 1998, Neptum, Romania.

［6］ Katsaprakakis DA1. Maximisation of wind power penetration in non – interconnected power systems [Doctoral thesis]. National Technical University of Athens; March 2007 [in Greek].

［7］ Karapidakis E. Contribution of artificial intelligence to the estimation of the dynamic security of autonomous electricity systems in real time [Doctoral thesis]. National Technical University of Athens; 2003.

［8］ Deane JP, O Gallachoir BP, McKeogh EJ. Techno – economic review of existing and new pumped hydro energy storage plant. Renewable Sustainable Energy Rev 2010; 14: 1293 – 302.

［9］ Katsaprakakis DA1, Christakis DG. Maximisation of RES penetration in Greek insular isolated power systems with the introduction of pumped storage systems. In: European wind energy conference and exhibition; 2009. p. 4918 – 30. EWEC 2009 7.

［10］ Caralis G, Rados K, Zervos A. On the market of wind with hydro – pumped storage systemsin autonomous Greek islands. Renewable Sustainable Energy Rev 2010; 14: 2221 – 6.

［11］ Kapsali M, Anagnostopoulos JS, Kaldellis JK. Wind powered pumped – hydro storagesystems for remote islands: a complete sensitivity analysis based on economic perspectives. Appl Energy 2012; 99: 430 – 44.

［12］ Ding H, Hu Z, Song Y. Stochastic optimization of the daily operation of wind farm and pumped – hydro – storage plant. Renewable Energy 2012; 48: 571 – 8.

［13］ Dinglin L, Yingjie C, Kun Z, Ming Z. Economic evaluation of wind – powered pumped storage system. Syst Eng Procedia 2012; 4: 107 – 15.

［14］ Katsaprakakis DA1, Christakis DG. A wind parks, pumped storage and diesel engines power system for the electric power production in Astypalaia. In: European wind energy conference and exhibition; 2006. p. 621 – 36. EWEC 2006 1.

［15］ REN21. Renewables 2014 global status report. Paris: REN21 Secretariat; 2014, ISBN 978 – 3 – 9815934 – 2 – 6.

［16］ Kaldellis JK, Kapsali M, Kavadias KA. Energy balance analysis of wind – based pumpedhydro storage systems in remote island electrical networks. Appl Energy 2010; 87: 2427 – 37.

［17］ Kapsali M, Kaldellis JK. Combining hydro and variable wind power generation by means of pumped – storage under economically viable terms. Appl Energy 2010; 87: 3475 – 85.

［18］ Anagnostopoulos JS, Papantonis DE. Simulation and size optimization of a pumped – storage power plant for the recovery of wind – farms rejected energy. Renewable Energy 2008; 33: 1685 – 94.

［19］ Bueno C，Carta JA. Wind powered pumped hydro storage systems，a means of increasing the pene-tration of renewable energy in the Canary Islands. Renewable Sustainable Energy Rev 2006；10：312 – 40.

［20］ Islam SM. Increasing wind energy penetration level using pumped hydro storage in island micro – grid system. Int J Energy Environ Eng 2012；3：1 – 12.

［21］ Katsaprakakis DAl，Christakis DG，Pavlopoylos K，Stamataki S，Dimitrelou I，Stefanakis I，Spa-nos P. Introduction of a wind powered pumped storage system in the isolated insular power system of Karpathose – Kasos. Appl Energy 2012；97：38 – 48.

［22］ Katsaprakakis DAl，Christakis DG，Voumvoulakis E，Zervos A，Papantonis D，Voutsinas S. The introduction of wind powered pumped storage systems in isolated power systems with high wind po-tential. Int J Distrib Energy Resour 2007；3：83 – 112.

［23］ Katsaprakakis DAl，Christakis DG. Seawater pumped storage systems and offshore wind parks in islands with low onshore wind potential. A fundamental case study. Energy 2014；66：470 – 86.

［24］ Anagnostopoulos JS，Papantonis DE. Study of pumped storage schemes to support high RES pene-tration in the electric power system of Greece. Energy 2012；45：416 – 23.

［25］ Tuohy A，O'Malley M. Pumped storage in systems with very high wind penetration. Energy Policy 2011；39：1965 – 74.

［26］ Dursuna B，Alboyaci B. The contribution of wind – hydro pumped storage systems in meeting Turkey's electric energy demand. Renewable Sustainable Energy Rev 2010；14：1979 – 88.

［27］ Hessami M – A，Campbell H，Sanguinetti C. A feasibility study of hybrid wind power systems for remote communities. Energy Policy 2011；39：877 – 86.

［28］ Rehman S，Alam MdM，Meyer JP，Al – Hadhrami LM. Feasibility study of a wind – pv – diesel hy-brid power system for a village. Renewable Energy 2012；38：258 – 68.

［29］ Underwood CP，Ramachandran J，Giddings RD，Alwan Z. Renewable – energy clusters forremote communities. Appl Energy 2007；84：579 – 98.

［30］ Mason JE，Archer CL. Baseload electricity from wind via compressed air energy storage (CAES) . Renewable Sustainable Energy Rev 2012；16：1099 – 109.

［31］ Zafirakis D，Kaldellis JK. Autonomous dual – mode CAES systems for maximum wind energy contri-bution in remote island networks. Energy Convers Manage 2010；51：2150 – 61.

［32］ Zhao P，Dai Y，Wang J. Design and thermodynamic analysis of a hybrid energy storage system based on A – CAES (adiabatic compressed air energy storage) and FESS (flywheel energy storage system) for wind power application. Energy 2014；70：674 – 84.

［33］ Kim YM，Shin DG，Favrat D. Operating characteristics of constant – pressure compressed air energy storage (CAES) system combined with pumped hydro storage based on energy and exergy analysis. Energy 2011；36：6220 – 33.

［34］ Abbaspour M，Satkin M，Mohammadi – Ivatloo B，Hoseinzadeh Lotfi F，Noorollahi Y. Optimal op-eration scheduling of wind power integrated with compressed air energy storage (CAES) . Renew-able Energy 2013；51：53 – 9.

［35］ Wang SY，Yu JL. Optimal sizing of the CAES system in a power system with high wind power pen-etration. Int J Electr Power Energy Syst 2012；37：117 – 25.

［36］ Madlener R，Latz J. Economics of centralized and decentralized compressed air energy storage for enhanced grid integration of wind power. Appl Energy 2013；101：299 – 309.

［37］ Ibrahim H，Younes R，Ilinca A，Dimitrova M，Perron J. Study and design of a hybrid wind – diesel – compressed air energy storage system for remote areas. Appl Energy 2010；87：1749 – 62.

[38] Hessami M – A, Bowly DR. Economic feasibility and optimisation of an energy storage system for Portland Wind Farm (Victoria, Australia). Appl Energy 2011; 88: 2755 – 63.

[39] Karellas S, Tzouganatos N. Comparison of the performance of compressed – air and hydrogen energy storage systems: Karpathos island case study. Renewable Sustainable Energy Rev 2014; 29: 865 –82.

[40] Meyer F. Integration von regenerativen Stromerzeugern. 05/2007. Druckluft – Speicherkraftwerke, Projektinfo.

[41] Crotogino F. Compressed air storage. In: Internationale Konferenz "Energieautonomie durch Speicherung Erneuerbarer Energien" Hannover: KBB Underground Technologies GmbH; Oktober 2006. p. 30 – 1.

[42] Ibrahim H, Ilinca A, Perron J. Energy storage systems – characteristics and comparisons. Renewable Sustainable Energy Rev 2008; 12: 1221 – 50.

[43] Nölke M. Compressed Air Energy Storage (CAES) – Eine sinnvolle Erganzung zur Energieversorgung? Promotionsvortrag 2006.

[44] Jakiel C. Entwicklung von Großampfturbinen, Warmespeichern und Hochtemperatur – Kompressoren für adiabate Druckluftspeicherkraftwerke. 5. dena – EnergieForum. Berlin: Druckluftspeicherkraftwerke; September 8, 2005.

[45] Zunft S, Tamme R, Nowi A, Jakiel C. Adiabate Druckluftspeicherkraftwerke: Ein Element zur netzkonformen Integration von Windenergie. Energiewirtschaf – tliche Tagesfragen. 55 Jg 2005. Heft 7.

[46] Nowi A, Jakiel C, Moser P, Zunft S. Adiabate Druckluftspeicherkraftwerke zur netzvertäglichen Windstrominegration. VDI – GET Fachtagung "Fortschrittliche Energiewandlung und – anwendung. Strom – und Warmeerzeugung. Kommunale und industrielle Energieanwendungen" Leverkusen, 09 – 10 Mai 2006.

[47] Hiratsuka A, Arai T, Yoshimura T. Seawater pumped – storage power plant in Okinawa island, Japan. Eng Geol 1993; 35: 237 – 46.

[48] Japan Commission on Large Dams, http: //web. archive. org/web/20030430004611/http: //www. jcold. or. jp/Eng/Seawater/Summary. htm [last accessed 02. 11. 14.].

[49] Fujihara T, Imano H, Oshima K. Development of pump turbine for seawater pumped – storage power er plant. Hitachi Rev 1997; 47 (5).

[50] Katsaprakakis DAl, Christakis DG, Stefanakis I, Spanos P, Stefanakis N. Technical details regarding the design, the construction and the operation of seawater pumped storage systems. Energy 2013; 55: 619 – 30.

[51] FAO Irrigation and Drainage Paper 64. Manual on small earth dams. A guide to siting, design and construction. ISSN 0254 – 5284, http: //www. fao. org/docrep/012/i1531e/i1531e00. pdf [last accessed 02. 11. 14.].

[52] Gilbert Gedeon P. E, Slope stability. Continuing Education and Development Engineering Inc. Course No: G04eG001. Credit: 4 PDH, http: //www. cedengineering. com/upload/Slope% 20Stability. pdf [last accessed 02. 11. 14.].

第16章 水电的灵活性与输电网络拓展以支持海上风电的并网

N. A. Cutululis

丹麦科技大学，罗斯基勒，丹麦（Technical University of Denmark，Roskilde，Denmark）

H. Farahmand

挪威科技大学，特隆赫姆，挪威［Norwegian University of Science and Technology（NTNU），Trondheim，Norway］

S. Jaehnert

斯特封能源研究中心，特隆赫姆，挪威（Sintef Energy Research，Trondheim，Norway）

N. Detlefsen

丹麦供热协会，丹麦（Danish District Heating Association Merkurvej 7，Denmark）

I. P. Byriel

丹麦能源机构，丹麦（Energinet. dk Tonne Kjærsvej 65 Fredericia，Denmark）

P. Sørensen

丹麦科技大学，罗斯基勒，丹麦（Technical University of Denmark，Roskilde，Denmark）

16.1 介　绍

因为风力发电是由风力驱动进行发电的，所以它会自然地随着风的波动而变化。引起这种变化的原因，从较长的时间量程来看，是受跟天气类型相关联的气压梯度的影响，从较短的时间量程来看，是受湍流漩涡所影响。在整合海上风力发电时，这一变量和电力输送一样，是关键因素之一。通常，风力发电的地理互相关作用随着距离递增而减少，所以，随着更多的风电机组在更广泛的地区建立起来，这种作用会逐渐趋于平和。正如欧洲的北海计划一样，因为有大规模海上风力发电部署的发电厂在一个相对较小的地理区域，风力发电较为集中，所以这种平和作用也明显地减弱了。2013 年，海上风力发电的增长超过了 50%，全世界总装机容量达到了将近 7GW。水力发电是电力生产最快的方法之一，所以，拥有大量可供调控水资源的水利系统可以潜在地使海上风力发电整合变得更容易些。

本章将展示海上风力和水力的交互作用，同时分析了水力发电的灵活性以及如何对应海上风力发电的多变性，这一对应使得在不破坏其稳定性的前提下，将多变的风力发电中更多的电力整合到电网系统中。

16.2 技　术

16.2.1　海上风力发电

在发展大型现代化风力发电机组时，海上应用是最主要的驱动力之一。当今，几乎所有在运行中的海上风力发电机组都有 2MW 或以上的额定功率。在 2013 年，第一家有着 6MW 风力发电机组的示范型海上风力发电场已经投入运行。根据主要的电气设计，通常将风电机组分为四种类型。

对于海上应用来说，最为普遍运用的风电机组是图 16.1 中展示的风电机组。风电机组的主要机电组件如图 16.1 所示。其特别之处是有着与原物尺寸相同的背靠背变流器［机侧变流器（MSC）］和网侧变流器。使用原尺寸的变流器使多级发电机的应用成为现实，因此减去或减少了变速箱的使用。变速箱在海上风电场中的维护费用非常高。

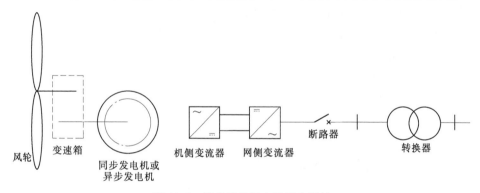

图 16.1　风电机组的主要机电组件

海上风电场里的电力收集网从每台风电机组中收集电力，然后将其传送至变电站。通常情况下，变电站建在海上平台上，但如果发电厂离海岸距离短，或者其规模不大，则变电站也可以建在岸边。

大部分已经建成的或正在计划建造的风电场中的电力收集网都是 33～36kV。并且，在所有有着 50MW 容量以上的风电场中，没有一个电压等级超过 36kV。但是，一些研究表明，在电力收集中，电压等级越高，经济优势越大，特别是在未来达到千兆瓦规模的发电场的运用中。

使用较高电压的一个最主要优势就是能够减少投资费用；另一个优势就是能够建造更多更大的排列。同时，因为短路概率的降低使得设计带有更稳定、更有成本效益的环形拓扑电力收集网成为可能，因此，电网整体的可靠性也得到提高。其他减少损失的方法取决于最终的设计。

同样地，发电机生产商们都不愿意生产超过 36kV 的发电机有很多原因，其中一个原因是超过 36kV 的干式变压器不能用于商业用途，因为这涉及安装费用、可靠性、安全性和环境问题。另外的问题还有发电机里开关装置的大小随着电压等级升高而越来越大，对维修工的技能要求也相应提高。

已经有好几个研究项目对风电场电力收集网中使用直流电的可能性进行过了研究。这一想法的目的是为了去掉图 16.1 中的网侧变流器，直接将机侧变流器连接到直流电网上。如果这与随后介绍到的高压直流（HVDC）输送结合起来，那将是非常有趣的一件事。

相比较高的交流电压，直流电有更长远的发展前景。现在的一个关键瓶颈就是可靠并有效的直流变流器的商业发展是要增加从单个的风电机组到电力收集网到高压直流电输送线上的电压。

16.2.2　水力发电

在提供平衡类资源上，水力发电具有一些很理想的特征，这是因为它有较高的可供操控的速度和相对较低的经营成本。因此，水力发电能给电力系统增加灵活性和储备量，以便弥补由可再生发电系统带来的不确定性。

16.2.2.1　北欧水电系统的灵活性

北欧水电系统发电灵活性产生波动的原因有以下两点：①在价格低廉时从邻国进口；②在价格高昂，例如能量交换网的平均值大致为零的时候，因为北欧水电系统的泵送能力几乎为零，所以平衡电力进口的唯一方法就是减少水力发电，增加蓄水量。因为有这些不确定因素，电力系统的机动性难以量化，但这其中有很多潜在的研究价值可供参考，北欧的水力发电系统见表 16.1。

表 16.1　北欧的水力发电系统

国　家		挪威	瑞典
发电容量/MW	水库	23.5	10.4
	河流量	6.2	5.8
	总量	29.7	16.2
水库积累容量/(TW·h)		85	34
水力发电产量/(TW·h)		125	65

连接着水库的水力发电站，其电力生产是比较好控制的，同时还具备灵活性。这种类型水电站的装机总量已经达到了 35GW。另外，可利用的水电储存量已达到 125TW·h，但是一些特大型水库的可利用时间却只有几年。

现实中水力发电的灵活性是由北欧地区同时发生的用电需求水平所决定的。此外，水力发电系统的操作也受到水量流放的限制，还要受环境法规要求的最大和最小水库的限制。此外，这种机动性还受北欧地区内部以及北欧和其他国家间的电力输送系统的瓶颈所制约。

16.2.2.2　未来水力发电系统的灵活性

未来，北欧水力发电系统的机动性有望随以下几个因素而发生改变：

（1）水力发电系统的改变，例如增加生产力或增加水泵的安装数量。

（2）根据环境法规更严格的执行水利操作系统。

（3）根据气候变化，改变流入/流入模式量。

灵活性的增加主要依赖于发电容量的增加。NVE 预计在挪威的西部和南部，可能会达到 16.5GW 的增幅。可再生能源环境设计中心（CEDREN）预测在不违反当前环境制约的条件下，挪威南部潜在的增幅会达到 18.2GW。这些增幅中只包括了新建的水电厂、水泵和水道，不包括新的水库。

16.2.3 输送系统

根据以往实践过的科学技术，将海上风电场的电力输送到陆上电网有两种方式：高压交流（HVAC）和高压直流（HVDC），后者还会被分为线路整流转换器（LCC）和电压源缓流器（VSC）。典型的海上风电场连接图如图 16.2 所示。输送的基础设施通常由以下几部分组成：①一个海上转换平台，用来收集风电场的电力并升级电压；②一个将电力从海上传至陆上的海底电缆；③陆上转换站。使用高压直流连接，转换站还需要安装交流/直流转换器。

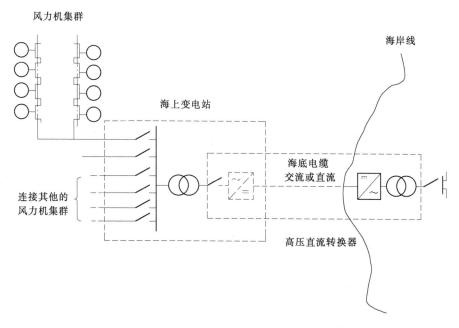

图 16.2　典型的海上风力发电厂连接图

大量无功功率的产生是高压交流电缆使用的最主要的制约因素，不过，在电缆的一端或两端使用一些补偿措施则可以在部分程度上克服这一缺陷。总的来说，从电力损耗这一点来看，在距海岸 50～100m 的距离，最好的解决办法是使用高压交流电。在交流连接器中，电力损耗与电流的平方成正比，而转换功率与电压的平方成正比。因此，电压越高越理想，而传输电路中电压增加的主要制约因素之一就是变压器的大小。

线路整流转换器－高压直流输电是一项已被证明运用了多年的技术，用来进行大规模的电力输送。这项技术的主要优势就是有可供证明的追踪记录，而这一优势又只适用于陆上应用，不适用于风力发电；另一个优势是总体相对较高的转换效率，范围在 97％～98％。而它的劣势则是要求在海上和陆上都要有一个相对发达的网络，还要有一个相对较大的海上变电站转换器。

电压源缓流器—高压直流输电是一项较先进的科技，人们认为它的优势要多于线路整流转换器—高压直流输电。它的主要优势就是它不需要一个发达的海上或陆上的交流电网络，并且可以独立地控制有功功率和无功功率的供应。它主要的劣势，除了没有可供证明的追踪记录和在场地运用的经验，尤其没有海上风力发电相关的经验以外，就是它的变流器有相对较大的能量损耗，而引起损耗的原因是电力半导体的高开关频率和使用状态下的高压下降。不过，电压源缓流器—高压直流输电正在逐步的改进，现在其变流器的损耗已经低到每个换流站只有1‰的损耗率了。

16.3　总结案例学习

分析包括了两个相关联的模型—市场模型和基于流模拟。

市场模型把目前市场上水力发电的策略性运用发挥到最大化，它包括了细节清晰的河道和水电生产的模型。虽然水力发电不需要非常大的经营成本，但是水库中有限的存水量和季节性流入模式的限制，要求要为水力发电选择一个最优化、最合适的计划策略。

市场模型所产生的结果要经过基于流模拟的验证，要有一个细节非常清晰的网格描述。这一模拟步骤会计算出路途沿线最佳的发电调度和水流量，其结果要与潮流方程（又称直流潮流）的线性估算是一致的。

1. 利用运输模型和地域展示进行的水力发电战略开发

鉴于水库中水资源的随机流入和从其他可再生能源资源中得到的间歇性电力，此分析的第一步重点关注水力发电最优策略。因为考虑到欧洲大陆地区以火力发电为主的系统和北欧地区的水热系统的差异特点，所以市场模型涵盖了电力系统的不同特征。

此模型是用于水力发电系统中长期模拟的最基础优化模型。此市场模型在水库储能的战略利用方面具有优势，采用随机动态编程（SDP）计算水资源的价值。因为水库的利用要随时与调度决策相呼应，加上天气中的自然变量因素，例如温度、风速、流入量和动态变化等，这种优化是随机性的。在用其他的生产资源代替水力发电的时候，水资源价值反映了水库中所储存水资源的期望边际价值。为了展示可再生能源（RES）中季节变量和年变量因素，因此考虑了很多气候年（在此案例中是 75 年）。与此同时，为了将可再生能源的短期变量记录考虑进来，模型中还用到了高时间分辨率。挪威水力发电系统的流入物情况如图 16.3 所示。

除了可再生能源外，个别的发电厂还对火力发电生产建立模型，这个模型输入的数据包括发电能力、火力发电的边际成本，还有风能生产、太阳能生产、电力消耗、输电能力，还包括历史气候变量的相关信息，例如流入量、风速、太阳辐射和温度等。

此模型以运输模型做基础，被分散到不同的市场区域中。各区域中的交换是以运输通道为模型参考，此交换量要与各区域间净传输容量（NTCs）相等。

2. 利用电力潮流分析法和节点展示分析详尽的系统网格对风能调度和水能调度的影响

传输系统在有效利用可利用的能源资源，特别是利用远离负载中心的可再生能源资源，获取弹性资源方面起着至关重要的作用。因此，模拟的下一步骤与技术经济评估相关，此评估研究的是运输瓶颈对风能穿透和水力发电弹性利用的影响。此模型是在基于发

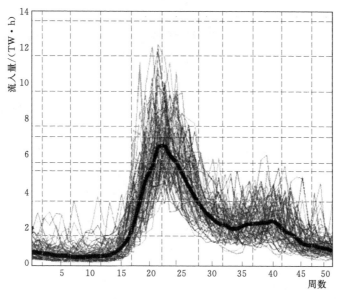

图 16.3　挪威水力发电系统的流入物情况

电市场的基础上，利用带有详细网格模型的直流输电最优潮流进行的。

此模拟步骤中所用到的工具是 SINTEF 的电力系统仿真工具（PSST）。电力系统仿真工具考虑用详细的网格模型，计算模拟年份中运输沿线每小时的最佳电力调度和电流量。根据现有发电站的不同边际发电成本，再通过减少能够真实得出发电成本的经营成本，就可以找到以小时为单位的最佳解决方案。在电力系统仿真工具中，发电组合和发电要求所需的步骤和数据同电磁脉冲模拟器（EMPS）中的步骤和数据是保持一致的。

区别于现存的 DCOPF 运算法则，此方法论的显著特点体现在水力发电和水库模型上。忽略火电机组持续不断的边际成本来说，水电机组的边际成本取决于水库的等级，因此也取决于可以产生电力的水资源总量。水力发电最终要与水资源的利用和水库的水力等级相关联，并且电力系统仿真工具要全年运行（持续不断运行 8760h）。这样，模拟步骤就能获取流入物变量和与水电机组相关的水库水利等级变量所带来的影响。每个模拟步骤中，水库中的水力等级都会根据上一阶段的发电机、抽泵等级和流入物情况进行更新。水资源的价值取决于水库等级以及一年之中的不同时间段。正如电磁脉冲模拟器中所解释的，水资源价值作为外源性输入，从电磁脉冲模拟器模型中引进而来，其目标是如何对有效的水资源进行战略性地利用。

16.4　具　体　情　况

16.4.1　地理区域（电磁脉冲模拟器—北欧系统和以北欧系统为主的欧洲大陆的电力系统仿真工具）

16.4.1.1　电磁脉冲模拟器模型概览

在电磁脉冲模拟器中实施的北欧电力市场模型，对挪威、瑞典、芬兰、丹麦、德国、荷兰、比利时和英国都有细节详尽的系统描述，在模型中还考虑到了与邻国的交换。在模型中，因为河道（尤其是北欧国家）和运输系统中的瓶颈因素，挪威、瑞典、丹麦、德国和英国被划分为不同的区域。电磁脉冲模拟器数据库地理位置概览如图 16.4 所示。

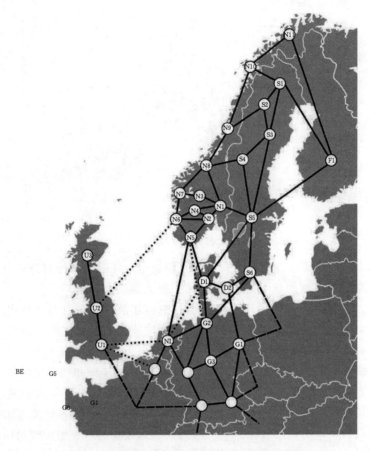

图 16.4　电磁脉冲模拟器数据库的地理位置概览

16.4.1.2　电力系统仿真工具模型概览

电力系统仿真工具覆盖了欧洲大陆的各个电网，欧洲的输送网模型同时包括了五个地区，分别是北欧、欧洲大陆互联电网地区、英国、爱尔兰和波罗的海地区。电力系统仿真工具模拟模型的型号见表 16.2。此模型涵盖了表 16.3 中列出的很多欧洲大陆国家。

表 16.2　电力系统仿真工具模拟模型的型号

同步进行的地区	编号	发电机编号	分支编号
欧洲大陆互联电网地区	3815	1235	6758
北欧	451	841	774
英国	1377	316	2071
爱尔兰	2	6	1
波罗的海地区	6	12	7
总和	5651	2410	9611

表 16.3 被 研 究 的 国 家

阿尔巴尼亚	丹麦	匈牙利	荷兰	斯洛文尼亚
奥地利	爱沙尼亚	爱尔兰	挪威	西班牙
比利时	芬兰	意大利	波兰	瑞典
波斯尼亚和黑塞哥维那	法国	拉脱维亚	葡萄牙	瑞士
保加利亚	德国	立陶宛	罗马尼亚	乌克兰
克罗地亚	英国	马其顿王国	塞尔维亚	
捷克共和国	希腊	黑山共和国	斯洛伐克共和国	

16.4.1.3 多能源发电 (2030)

以下案例研究运用的是欧洲电力系统 2030 年的预期情况。这一情况主要是根据 2030 年以前欧洲能源发展的前景和海上电网项目欧盟会议记录中的假设而建立的。为了更好地适应未来的多能源发电，现存的发电机组已经改变了效率低下且年代久远的发电机，安装新型发电机。在这个预测中，2030 年燃料费有可能和现在继续持平，但是根据海上电网项目欧盟会议记录中的假设，二氧化碳排放费用可能会从每吨 13 欧元 (2010 年) 升至每吨 44 欧元 (2030 年)。此外，根据很多国家当前的政策，尤其是德国在逐步淘汰原子能，此研究对原子能的发展前景也会进行评估。

为了让模拟结果具有一定代表性，研究选择了具有代表性的一年，来代表欧洲大陆互联电网地区报告中的多能源发电。欧洲北部所做的市场模型中的多能源发电如图 16.5 所示。实施步骤是通过调整可利用的因素适应火力发电厂中的不同科技来完成的，更多的校对流程可在 Jaehnert 和 Doorman (2014) 中找到。除德国外，其他国家的数据都是一致的。德国有此差异是因为其在模型中对所有电网等级的电力进行了运用，而欧洲大陆互联电网地区只报告了其传送电网的等级。

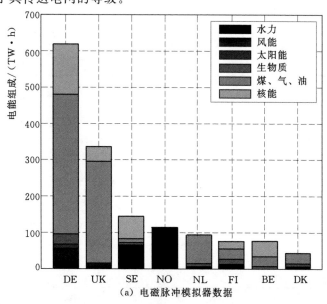

图 16.5 (一) 欧洲北部所做的市场模型中的多能源发电

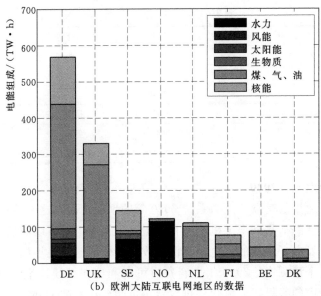

（b）欧洲大陆互联电网地区的数据

图 16.5（二）　欧洲北部所做的市场模型中的多能源发电

16.4.1.4　各区域的海上风力发电能力

海上风力发电量显著量增长，在 2012 年年底达到了 5111MW 的装机容量，其中的一大部分都坐落在欧洲北部。这一增长还有望继续增加，预计到 2020 年以前装机容量值为 40~56GW（根据不同情况），在 2030 年达到 110~141GW。

未来很大一部分的海上风电场将坐落在北欧和波罗的海，因此它们将集中在一个相对较小的地理区域。

各国海上风电场情况见表 16.4。

表 16.4　各国海上风电场情况

国家	2020 年年底安装量/MW		2030 年年底安装量/MW	
	基线	高度	基线	高度
比利时	2156	2156	3956	3956
丹麦	2811	3211	4611	5811
爱沙尼亚	0	0	1695	1695
芬兰	846	1446	3833	4933
法国	3275	3935	5650	7035
德国	8805	12999	24063	31702
爱尔兰	1155	2119	3480	4219
拉脱维亚	0	0	1100	1100
立陶宛	0	0	1000	1000
荷兰	5298	6298	13294	16794
挪威	415	1020	3215	5540
波兰	500	500	500	500

国家	2020 年年底安装量/MW		2030 年年底安装量/MW	
	基线	高度	基线	高度
俄罗斯	0	0	500	500
瑞典	1699	3129	6865	8215
英国	13711	19381	39901	48071
合计	40671	56194	113663	141071

16.4.1.5 水力拓展情况

挪威内部愈加紧密的互联互通和其邻国风力发电的大规模发展，增加了水力发电灵活性的潜在可能，提供了更加均衡的服务。因为水库等级的不定性和河流的限制，越来越大的水力发电容量将会给当地生态系统带来非常严重的影响。在当地环境影响下，对水力发电站运营越加严格的限制可能导致对水库利用的更多限制。在此背景下，可再生能源环境设计中心进行了一项实验，研究水力发电拓展的潜在可能性。可再生能源环境设计中心报告组成了对挪威南部水电生产能力和泵送能力案例研究的一部分，包含了挪威南部 19 个指定的风电场，这些风电场在三种不同情况下组合到了一起。

这些方案的范围从 11.2GW 的容量增幅上升到 18.2GW 的容量增幅，它们不要求有位于管控下的新水库，并且还不能违反现存的环境限制令，包括监管水位的最高和最低限制。

在可再生能源环境设计中心的研究中，假设情况之一就是不建立新的水库，而是在现有水库之间建立带有新管道的新发电所。方案 1（11GW）包括 12 个新发电所，其中有五个是装机容量为 5.2GW 的抽水蓄能电站，其余的是"蓄水式发电站"。抽水蓄能发电站带有可逆式水轮机，能在两个水库之间抽水，而蓄水式发电站则不配备这样的水泵水轮机。

这些潜在拓展工程中的一个工程就坐落在挪威的 Tonstad，这里有望建立一个新的抽水蓄能电站。与 Tonstad 有关的两个案列分别为：① A1 Tonstad 抽水蓄能电站（Homstølvatn—Sirdalsvatn）；②A2 Tonstad 抽水蓄能电站（Nesjen—Sirdalsvatn）。

Tonstad 案例如图 16.6 所示。

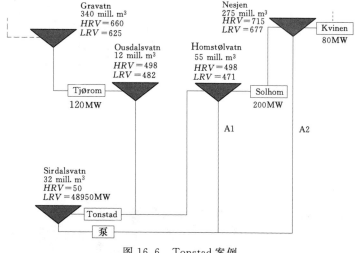

图 16.6　Tonstad 案例

为了分析 2030 年的电力系统方案，可以选择方案 1，它有 11.2GW 增幅的水力发电容量。挪威水电系统的拓展仅仅是发电和泵流量的拓展，没有额外的流入物。但是，瑞典的水利系统拓展有可能以小型水利设施改造的形式进行，由此，瑞典的水力发电容量有望增加约 1GW。芬兰和英国不计划进行水利系统拓展项目。

电力系统仿真工具模型在生产装机容量和泵流量之间也有显著不同，当泵流量增加时，水力发电能力也随之增加。因为同一河道中各发电机的容量不同，所以拓展容量也有所区别。Solvang 等挪威南部水力发电拓展和泵流量见表 16.5。

表 16.5　Solvang 等挪威南部水力发电拓展和泵流量

CEDREN 案例	发电站名称	发电站	容量/MW
A2	Tonstad	抽水蓄能	1400
B3	Holen	抽水蓄能	700
B6a	Kvilldal	抽水蓄能	1400
B7a	Jøsenfjorden	蓄水式发电站	1400
C1	Tinnsjø	抽水蓄能	1000
D1	Lysebotn	蓄水式发电站	1400
E1	Mauranger	蓄水式发电站	400
E2	Oksla	蓄水式发电站	700
E3	Tysso	抽水蓄能	700
F1	Sy－Sima	蓄水式发电站	700
G1	Aurland	蓄水式发电站	700
G2	Tyin	蓄水式发电站	700
新发电容量总量			11200

16.5　总　　结

16.5.1　输送系统的拓展和水电灵活性供应的影响

贯穿挪威南部的新型水力发电厂其位置和当前已安装的大型水力发电厂的位置一致。大部分的新型水力发电厂可以直接连接高压直流电缆，不需要对挪威内部的中央输送网进行重新加固，但是如果一个或多个外部链接瘫痪，这时为了更好地保持国际电网间的互换，进行内部电网的升级则势在必行。

这一改变要求建设新的 420kV 链接线路并将相关线路上的几个点都升级至 420kV。根据国家电网发展计划，挪威内部，从 Aurland 向下一直到南部的一个点，这段西南的狭长地带中要进行内部电网升级。中央输送网的新连接和电压升级的计划在 Statnett 中有所描述。

因为 Tinnsjø 与合适的国际链接间的距离最长，所以此处发电厂的安装可能面临来自电网容量方面的最大挑战。电厂的大小也会决定哪些选择更为合适。在中央输送网中，会有几个链接点适合 Tinnsjø 地区新的或升级后的 420kV 链接。这些链接点可能会被安置在挪威北部，面向 Nore，或被安置在东部或东南部，面向 Flesaker 和 Rød/Hasle。而西南链接是面向欧洲进行互换路径链接的可能之选。

当 Tinnsjø 电厂中的电力能够代替挪威西部和东南部区域间的电力输送时，除了从西到东的输送网络以外，电力还能得到供给，那么电网拓展的需要就少了很多。但是，在评估电网容量要求时这些事实是否还具有意义，还待商榷。

以上的讨论表明，从欧洲大陆到挪威水利系统供应的灵活性这点来说，不仅要具备水电生产和泵流量能力，还要具有合适的输送能力。

16.5.2　电磁脉冲模拟器结果

16.5.2.1　水力发电应用策略

因为水库中储存的水量有限，所以要长期利用水资源就要找到最佳方法。当用其他的生产资源代替水资源时，水能成本能够反映出预期边际价值水能成本。水能成本被计算进了市场模型中，同时它还是潮流模型中的外源性输入。水能成本结果的矩阵模型是一年内水库等级和周数的应变量。挪威南部一个水库的水资源价值计算值如图 16.7 所示。

水力发电将水资源价值作为边际生产成本，假设这些生产成本为最佳策略，那么对水力发电系统，不论从短期还是长期，都能平衡浮动的能量流入。

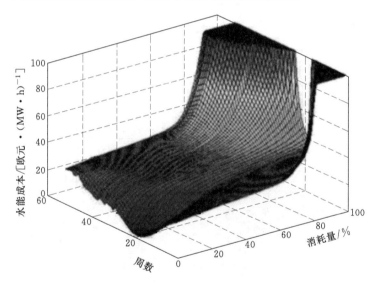

图 16.7　挪威南部一个水库的水资源价值计算值

16.5.2.2　水电生产和水库处理

在北欧，水电生产的很大一部分都被认为是为大陆电力系统提供生产灵活性的一部分，其目的是将可再生能源资源中电力生产中的一大部分整合进电力系统。

2010 年和 2030 年挪威水库处理情况和水力发电如图 16.8 和图 16.9 所示，图 16.8 和图 16.9 还展示了挪威 75 个气候年中所有小时累积的水库处理情况（水库轨线）和水力发电情况。为了展示年均变量，全部 75 个气候年的制图都以百分比表示。

2010 年的水库处理情况 [图 16.8（a）] 对北欧国家来说有些特殊，因为冬季和早春的消耗量和一年之中其余月份的填补量一样多。而 2030 的水库处理情况 [图 16.9（a）]

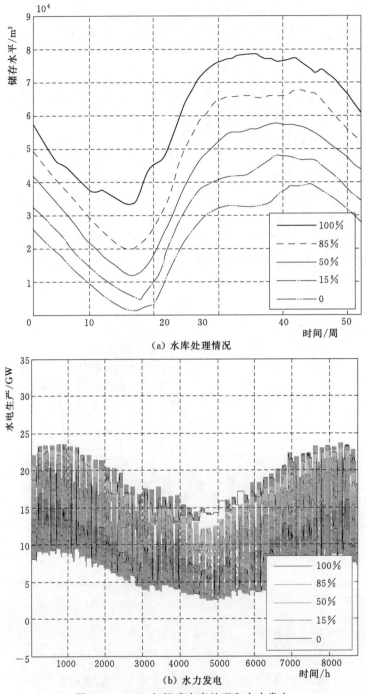

图 16.8　2010 年挪威水库处理和水力发电

评估则展现了些许不同。通过观察可以看出因为水库的季节性储存能力利用率下降，所以水库水位总体上有所升高。这意味着水库处理情况的百分比数变得范围更宽且更平缓了，同时还展现出与短期的水库利用相比，长期的水库利用中存在的变化。

挪威水电生产的总量表明了水电生产结构还有望进行一些变化。2010 年〔图 16.8

（b）] 的季节性电力生产趋势比较稳定，根据北欧地区的需求，冬季电力产量较高，夏季较低。此外，根据白天、夜晚和周末用电量需求的不同，得出了昼夜模式。

在 2030 年的情况中，稳定的季节性模式不再存在，取而代之的是易变的水电生产量 [图 16.9（b）]。将风力发电与未来的电力系统进行重要的整合则是这些变化产生的原因。

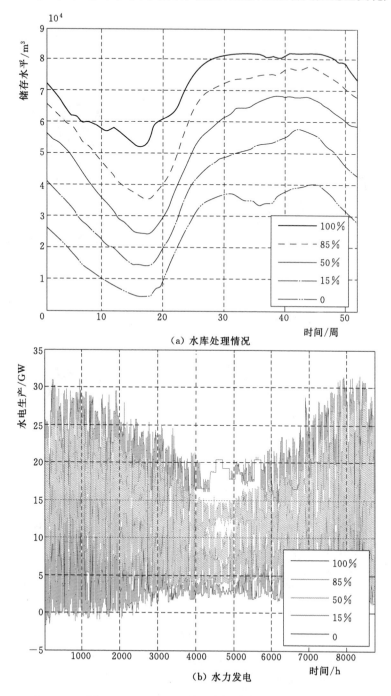

（a）水库处理情况

（b）水力发电

图 16.9　2030 年挪威水库处理和水力发电

16.5.2.3　电价和电力输送

2010 年和 2030 年的地理概况如图 16.10 和图 16.11 所示。图 16.10 和图 16.11 展示了各地区的平均电价和电力输送通道的边际利润（拥塞租金）。各地区的电价是 75 个气候年电价平均后的结果，边际利润也是 75 个气候年中每年的平均利润。

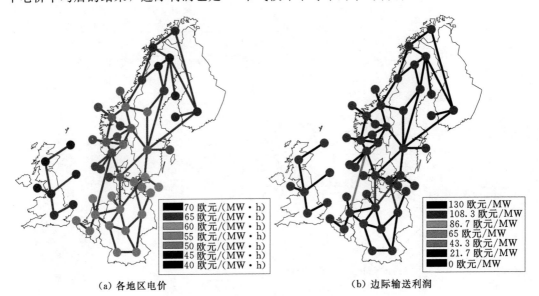

（a）各地区电价　　　　　　　　　　　（b）边际输送利润

图 16.10　2010 年地理概况

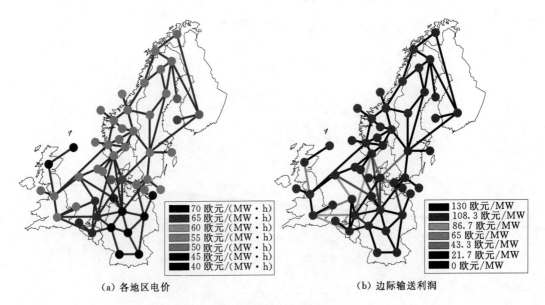

（a）各地区电价　　　　　　　　　　　（b）边际输送利润

图 16.11　2030 年地理概况

在 2010 年（图 16.10）中，各个国家的北部电价较低，南部电价较高，但也有例外存在，那就是瑞典南部和德国东部。

拥塞租金在连接北欧地区和欧洲大陆的连接部分达到最高值，特别是 NorNed 电缆

（大约每年 60 欧元/kV）。而在英国，有的地区电价较低，这是因为基地负荷发电站有较高的电力生产能力。

在 2030 年的案例中（图 16.11）中，欧洲大陆的电价显著增长，而北欧地区和英国的电价则有一定的降低。电价的增长是因为欧洲大陆地区占大份额比例的火力发电在逐步瓦解，而电价降低则是因为大规模的风力发电有望在北欧地区（瑞典）和英国（苏格兰）建成投入。

北欧地区和欧洲大陆的电力输送通道始终还是最拥挤的，而与 2010 年相比，其边际利润增长了两倍之多。此外，英格兰和苏格兰的电力输送通道的拥挤度也在持续增加。而这些运输通道带来的大量边际利润，显示它们未来还有拓展的需求和潜力。

在未来的方案中，影响平均电价发展的主要因素有两个：可再生资源的额外的电力生产和火力发电厂预期生产成本的增加。

16.5.3 电力系统仿真工具成果

为了进行此分析而选择的案例研究覆盖了整个欧洲的输送网络模型，此模型在北欧地区、欧洲电网互联地区、英国、爱尔兰和波罗的海地区五个地区同步进行。北欧电力系统的网络模型的数据来自挪威水资源和能源指挥部（NVE）的输送数据库。此模型决定了电网的拓扑学、电量分配和发电机的分布。欧洲大陆电网互联地区使用的模型为"2008年的冬天"，此模型是电力系统一个小阶段的缩影，展现了一年之中，当需求和发电机组都由其他资源提供时，电力系统是如何运作的。英国地区关于输送系统、需求和电力生产原料类型的相关网络资料，都可以在国家电网网站查找到。爱尔兰没有为此案例分析提供相应的电网数据，但是，因为这确实是一个较小的网络系统，鉴于爱尔兰和北爱尔兰的信息是互通，所以就假设此次研究的目的已经达到。而对于波罗的海地区国家，也就是爱沙尼亚、拉脱维亚和立陶宛的研究，采用的是 Korpås 等利用价值有所减弱的等价模型。

16.5.3.1 能将北欧地区水力发电灵活性出口至欧洲大陆的海上电网

此分析主要为了展示一个细节详尽的技术经济分析，找出海上电网和陆上电网带来的影响，并发掘可再生能源资源生产和北欧水电生产的灵活性。因此，为了得出 2030 年方案中不同海上电网的拓扑学和陆上电网所需的限制，对几个不同的电网案例研究进行了调研。

为了研究出最优化的海上电网拓扑学，考虑将电气工程师学会-欧盟（IEE - EU）海上电网项目（Woyte 等，2011）中最优化的海上电网拓扑学作为基础。在 2030 年的案例模拟中，已经考虑到了挪威南部水力发电容量在逐渐增加的因素。除了在 IEE - EV 中所做的假设以外，为了用一个最合适的方法发掘潜在的、额外的水力发电能力，考虑为海上电网拓扑学进一步寻找可供替代的选择仍然至关重要的。

从这点来看，有三个不同的海上电网结构可供考虑：

（1）"方案 A"：根据 IEE - EV 打造原始化的海上电网，在挪威的 Ægir 海上风力发电场和电网其他部分之间没有任何连接。

（2）"方案 B"：在 Ægir 海上风力发电厂和荷兰北部海港埃姆斯港之间建立带有连接的海上电网。

（3）"方案 C"：在 Ægir 海上风力发电厂和德国的盖亚海上风力发电厂之间建立带有连接的海上电网。

此研究中可供选择的海上电网如图 16.12 所示。"方案 A"是 IEE‐Eu 提供的设计。到 2030 年以前，挪威将考虑进行有一定限制的水电容量拓展。但是，在 Solvang 等（2012）描述到的水电容量拓展方案带来了海上电网的新选择，也就是"方案 B"和"方案 C"。

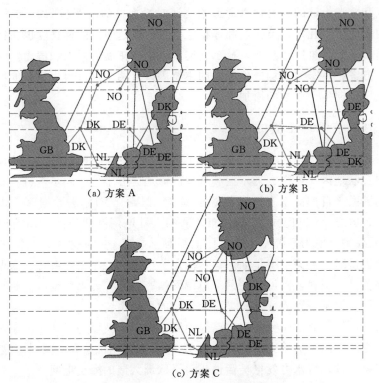

图 16.12　可供选择的海上电网

在"方案 B"中，挪威的海上站点和荷兰陆上电网间是直接相连的，这就方便了海上水力发电的灵活性转移，并方便海上风力发电直接转移至陆上电网。在"方案 C"中，海上电网是在挪威、英国和德国海上站点的环形线路中巡回的，在这个海上电网装置中，电流在北海沿岸国家间进行环形流动。这一结构加快了电流流通，加快了挪威系统内部水力发电灵活性的使用，加快了海上风电场和陆上电网的互联互通。

为了更好地研究陆上电网限制的影响，我们为海上电网方案中的陆上电网限制这一内容添加了模拟情景，这些情景分为以下三类：

（1）没有限制（NC）。

（2）内部限制（IC）。

（3）带拓展的内部限制（ICE）。

"NC"方案表示欧洲电网没有对内部的限制。而跨境电网的限制在各个独立跨境输送线的输送容量受到限制和输电连接国以及德国内部地区的 NTC 价值受到限制时，可能会被纳入考虑范围。

"IC"方案考虑的是在德国、荷兰、英国和斯堪的纳维亚系统内的陆上电网,这些电网带有当代的内部电网限制。

"ICE"方案代表了一种情景,在此情景中,"IC"方案中的电网得到了拓展。在挪威,这个拓展包括根据《国家电网网络发展计划》对网络进行加固,同时还包括将输送走廊与可再生能源环境设计中心研究中位于挪威南部的水力发电站连接在一起。在欧洲中部,电网拓展计划发展根据的是《十年网络发展计划》。

2030年方案中每年的经营成本见表16.6。这些成本中已经考虑进了建议中的陆上限制("NC""IC"和"ICE")和建议中的海上电网方案因素。德国和荷兰系统中的陆上电网约束限制了风力发电和水力发电到负荷中心岛的电力输送,经营成本也随之增加。通过对比发现,因为海上风力穿透力最高,最能进入到电力系统中,所以"IC"永远是最低经营成本的选择。在此情景中,海上电网的"方案B"(挪威海上节点和荷兰陆上电网的直接连接)的经营成本最低。

"IC"和"ICE"情景展示了海上电网拓扑学的不同结果,而最佳海上电网拓扑学有可能是"方案C",也就是海上电网在挪威、英国和德国的海上站点中进行封闭式的循环。

表 16.6　2030 年方案研究中每年的经营成本

欧洲大陆系统和英国的陆上电网限制	海上电网方案	花费/(欧元·年$^{-1}$)
没有限制	方案 A	92.846
	方案 B	92.749
	方案 C	92.766
内部限制	方案 A	95.577
	方案 B	95.527
	方案 C	95.517
带拓展的内部限制	方案 A	92.992
	方案 B	92.928
	方案 C	92.927

根据 L'Abbate 和 Migliavacca(2011)中的投资估计,海上高压直流电网的投资花费可能会达到 1700 欧元/(MW·km)。挪威和德国两国海上风电场的距离约为 35 万 m,挪威和荷兰埃姆斯港两地的海上风电场的距离约为 50 万 m,节点承载力预计达到 1000MW。在这方面,就"方案 A"来说,"方案 B"和"方案 C"中额外的连接路线投资花费预计分别达到 8 亿 5 千万欧元和 6 亿欧元。再考虑到直流/交流转换器、开关和变压器大概要花费 1 亿欧元,互联互通的总共花费大致为 9 亿 5 千万欧元,"方案 B"和"方案 C"大致花费为 7 亿欧元。30 年使用寿命中的寿命因素(LFT)和 5%的损耗率为

$$\sum_{n=1}^{30} \left[\frac{1}{(1+5\%)^n} \right] = 15.3725$$

这个因素使电网项目在使用过程中不断累积的运营成本得到了比较。"NC-方案 B"

"IC-方案 C" 和 "ICE-方案 C" 的累积成本分别是 12 亿 2500 万欧元、9 亿 3600 万欧元和 10 亿 500 万欧元。此数量的运营成本推荐的海上方案是 "方案 A"。将这些数字与投入到所有输电通道上的投资相比，所有累积的运营成本都要大于每条输电通道的投资花费。因此，事实证明，比起在输电通道使用寿命年限内不断累积的运营成本，对这些通道进行投资更有利可取。

16.5.3.2　利用 Tonstad 的案例研究评估风力和泵能力的相关性

欧洲大陆系统内部电网的瓶颈限制了位于北海的海上风电设备和负荷中心之间的风能运输。因此，过剩的电力就被转运到北欧系统，这对有望在挪威南部安装的抽水蓄能机组的生产行为和水库等级产生了巨大影响。这一影响已经在 Tonstad 水力发电站的模拟水库轨迹实验中得到了观察。根据 Solvang 等（2012），此水库有望为一个新的抽水蓄能机组提供一个栖息之地。此外，Tonstad 还将和德国（NordLink）计划中的高压直流电缆连接在一起。NordLink 电缆将会从挪威南部连接至德国北部。此外，德国的两个海上风力发电设施机构 DanTysk 和 NordseeOst 海上风电场，都将按计划连接到 NordLink 电缆德国终端的电网网点上。因此，NordLink 电网一头连接在 Tonstad 泵水站，另一头连接着两个海上风电场。

Tonstad 水泵模式如图 16.3 所示，图 16.13 展示了 Tonstad 的水泵模式和连接着 NordLink 高压直流电缆的风电设备所产生的德国海上风力发电产量间的相互联系。数据表明 Tonstad 水力发电站的水泵能力与 DanTysk 和 NordseeOst 中风能的变量有着非常高的相互关联性。这些结果表明，在未来带有高强风能穿透力和联系紧密的互联互通电力系统中，北欧地区有关水泵的策略不仅受到季节性流入物的影响，还受到北海附近风能变量的影响。

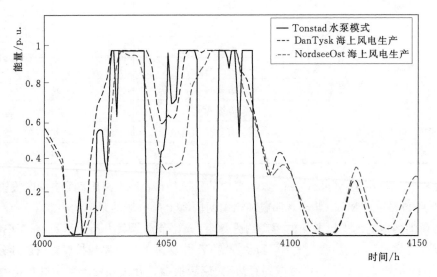

图 16.13　Tonstad 水泵模式

16.6　结　　论

对于平衡风电产能中的变量来说，水电系统是一个很好的选择。水电系统的灵活性使得带有大比重可再生能源资源的电力系统保持平衡。但是，水电系统的灵活性不受限制，并且是由北欧地区同时的用电需求所决定的。此外，水电系统的操作还受限于执行上的制约以及在环境监管下的最高最低水库等级的制约。同时，运输瓶颈也同时会限制水电系统的灵活性。

以上分析表明了对于欧洲电力系统来说，水电灵活性的价值具有重大意义，也证明了为运输通道拓展进行投资是正确的结果。

缩　略　语

AC   Alternating Current　交流

AG   Asynchronous Generator　异步发电机

CEDREN   Centre for Environmental Design of RenewableEnergy　可再生能源环境设计中心

DC   Direct Current　直流

DCOPF   DC Optimal Powerflow　直流最佳潮流

EMPS   Electromagnetic Pulses　电磁脉冲模拟器

ENTSO‐E   European Network of Transmission System Operators for Electricity　欧洲互联电网

EU   European Union　欧盟

EWEA   European Wind Energy Association　欧洲风能协会

GB   Gearbox　变速箱

GSC   Grid Side Converter　网侧交流器

HVAC   High Voltage Alternating Current　高压交流电

HVDC   High Voltage Direct Current　高压直流

ICE   Internal Constraint with Expansion　带拓展的内部限制

IC   Internal Constraint　内部限制

IEE‐EU   Institution of Electrical Engineers，European Union　电气工程师学会‐欧盟

LCC   Line Commutated Converter　线路整流转换器

MSC   Machine Side Converter　机侧变流器

NC   No Constraiont　没有限制

NTCs   Net Transfer Capacities　净传输容量

NVE   Norwegian Water Resources and Energy Directorate　挪威水资源和能源指挥部

PSST   Power System Simulation Tool　电力系统仿真工具

RES   Renewable Energy Sources　可再生能源

SDP   Stochastic Dynamic Programming　随机动态编程

SG	Synchronous Generator	同步发电机
TR	Transformer	转换器
VSC	Voltage Source Converter	电压源缓流器
WTR	Wind Turbine Rotor	风电机组转子

参 考 文 献

［1］ Ackerman, T., Orths, A., Rudion, K., 2012. Transmission system for offshore wind power plants and operation planning strategies for offshore power systems. In: Ackermann, T. (Ed.), Wind Power in Power Systems. Wiley, pp. 293 – 327.

［2］ ADAPT, 2008. KMB Balance Management in Multinational Power Markets. ADAPT Consulting AS.

［3］ Barberis Negra, N., Todorovic, J., Ackermann, J., 2006. Electric Power Systems Research 76, 916 – 927.

［4］ BTM Wind Report, 2014. World Market Update 2013, Navigant Research.

［5］ Belsnes, M. M., Feilberg, N., Bakken, B. H., 2009. Stochastic modelling of electricity market prices in Europe with large shares of renewable generation. In: Presented at the 10th European Conference, Vienna, Austria.

［6］ Callavik, M., Ahström, J., Yuen, C., 2011. HVDC grids for continental – wide power balancing. In: Proceedings 10th International Workshopon Large – Scale Integration of Wind Power as Well as Transmission Networks for Offshore Wind Farms, Energynautics, October, pp. 332 – 337.

［7］ Cutululis, N. A., Litong – Palima, M., Sorensen, P., 2012a. North sea offshore wind power variability in 2020 and 2030. In: Proceedings 11th International Workshop on Large – Scale Integration of Wind Power as Well as Transmission Networks for Offshore Wind Farms, Energynautics, November.

［8］ Cutululis, N. A., Litong – Palima, M., Zeni, L., Gottig, A., Detlefsen, N., Sorensen, P., 2012b. Offshore Wind Power Data. TWENTIES project, D16. 1.

［9］ ENTSO – E, 2012. 10 – Year Network Development Plan 2012 ［Online］. Available: https: // www. entsoe. eu/fileadmin/user _ upload/ _ library/SDC/TYNDP/2012/TYNDP _ 2012 _ report. pdf.

［10］ European Commission, 2009. EU Energy Trends to 2030 – Update. Available: http: //ec. europa. eu/energy/ observatory/trends _ 2030/doc/trends _ to _ 2030 _ update _ 2009. pdf.

［11］ Farahmand, H., 2012. Integrated Power System Balancing in Northern Europe – Models and Case Studies (Doctoral thesis). Department of Electric Power Engineering, Norwegian University of Science and Technology (NTNU), Trondheim, Norway.

［12］ Farahmand, H., Jaehnert, S., Aigner, T., Huertas – Hernando, D., 2015. Nordic hydropower-flexibility and transmission expansion to support integration of North European wind power. Wind Energy 18 (6), 1075 – 1103.

［13］ Farahmand, H., Jaehnert, S., Aigner, T., Huertas – Hernando, D., 2013. TWENTIES Task 16. 3. Nordic Hydro Power Generation Flexibility and Transmission Capacity Expansion to Support North European Wind Power: 2020 and 2030 Case Studies. SINTEF Energy Research. D 16. 3.

［14］ Flatabø, N., Haugstad, A., Mo, B., Fosso, O. B., 1998. Short – term and medium – term generation scheduling in the Norwegian hydrosystem under a competitive power market structure. In: Presented at the EPSOM 98 Zurich, Switzerland.

［15］ dena German Energy Agency, 2010. dena Grid Study II – Integration of Renewable Energy Sources in the German Power Supply System from 2015—2020 with an Outlook to 2025 ［Online］. Available: http: //www. dena. de/fileadmin/user _ upload/Projekte/Erneuerbare/Dokumente/dena _ Grid _ Study _ II_–_final _ report. pdf.

［16］ Hansen, A., 2012. Generators and power electronics for wind turbines. In: Ackermann, T.

(Ed.), Wind Power in Power Systems. Wiley, pp. 293 – 327.

[17] Jaehnert, S., Doorman, G., 2014. Thenorth European power system dispatch in 2010 and 2020. Energy Systems 5, 123 – 143.

[18] Korpås, M., et al., 2007. Grid Modelling and Power System Data. IEE – EU TradeWind project, SINTEF Energy Research D3. 2.

[19] L' Abbate, A., Migliavacca, G., 2011. Review of Costs of Transmission Infrastructures, Including Cross Border Connections. Technical Report D3. 3. 2, EU FP7 REALISEGRID project [Online]. Available: http://realisegrid. rse – web. it/Publications – and – results. asp.

[20] Max, L., 2007. Energy Evaluation for DC/DC Converters in DC – Based Wind Farms. Chalmers University of Technology.

[21] Moccia, J., Arapogianni, A., 2011. Pure Power. Wind Energy Targets for 2020 and 2030. European Wind Energy Association, [Online]. Available: http://www. ewea. org/fileadmin/ewea _ documents/documents/publications/reports/Pure _ Power _ III. pdf.

[22] Mc Dermott, R., 2009. Investigation of use of higher AC voltages on offshore wind farms. In: Proceedings EWEA.

[23] National Grid, 2011. 2011 NETS Seven Year Statement: Chapter 8 – Transmission System Capability.

[24] NVE, 2011. Økt Installasjon I Eksisterende Vannkraftverk, Potensial Og Kostnader [Increased Installation at Existing Hydroelectric Power Stations]. NVE Report No. 10 – 2011, Oslo, (in Norwegian).

[25] Roshanfekr, P., 2013. Energy – Efficient Generating System for HVDC Off – Shore Wind Turbines. Chalmers University of technology.

[26] Saez, D., Iglesias, J., Giménez, E., Romero, I., Rez, M., 2012. Evaluation of 72kV collection grid on offshore wind farms. In: Proceedings EWEA.

[27] Solvang, E., Harby, A., Killingtveit, Å., 2012. Increasing Balance Power Capacityin Norwegian Hydroelectric Power Stations (A Preliminary Study of Specific Cases in Southern Norway). SINTEF Energy Research. CEDREN Project, Project No. 12X757.

[28] Statnett, A., 2013. Grid Development Plan [Online]. Available at: http://www. statnett. no/ Global/Dokumenter/Prosjekter/Nettutviklingsplan％ 202013/Statnett – Nettutviklingsplan 2013 – engelsk _ 03korr. pdf.

[29] The Federal German Government, 2011. *Government statement on the energy strategy – switching to the electricityof the future.* http://www. bundesregierung. de/ContentArchiv/EN/Archiv17/Artikel/ _ 2011/06/2011 – 06 – 09 – regierungserklaerung _ en. html? nn＝709674.

[30] Wood, A. J., Wollenberg, B. F., 1996. Power Generation & Control, second ed. Wiely – Interscience, USA.

[31] Wolfgang, O., et al., 2009. Hydro reservoir handling in Norway before and after deregulation. Energy 34, 1642 – 1651.

[32] Woyte, A., et al., 2011. Offshore Electricity Grid Infrastructure in Europe.

第四部分

海上风电场的
安装和运营

第 17 章 海上风电场的装配、运输、安装和调试

M. Asgarpour
荷兰能源研究中心，佩腾，荷兰；奥尔堡大学，奥尔堡，丹麦 ［Energy Research Centre of the Netherl and s（ECN），Petten，The Netherlands；Aalborg University，Aalborg，Denmark］

17.1 引　　言

海上风电场的安装是海上风电场调试之前的最后一步，占开发成本的 20%～30%，或能源价格的 15%～20%。预计在未来几年，海上风电安装市场将快速增长。仅在欧洲一地，截至 2014 年，74 个海上风电场大约安装有 2500 台海上风电机组，总装机能力达 8GW。此外，政府计划到 2020 年将在欧洲再安装 32GW 的海上风电装机容量。这意味着在随后几年里，需要为遥远的大型海上风电场做出巨大努力。

在海上风电场发展过程中，安装这一步通常被忽视，从而导致项目延期以及明显的风险和经济后果。因此，有必要更好的检查安装步骤，并尽可能对步骤进行优化，从而降低安装成本和风险，避免项目延期。在海上风电实际安装之前，应该设计并制造各个组成部件，并运输到港口的陆上装配点，按照装配策略进行装配，然后运输到海上风电场所在位置。塔架、机舱和叶片等发电机组的部件设计由风电机组制造商负责。本章将以典型的三叶片水平轴风电机组为例简单介绍这些步骤。

17.2 部　件　交　付

海上风电场安装的第一步是向位于港口的陆上装配点交付设备部件。这些部件包括基础、塔节、机舱、转子。

陆上和海上变电站直接交付到其安装位置，不需要在港口进行陆上装配。此外，阵列和输出电缆铺设船已经装载了电缆，不需要在港口进行装配。风电机组的基础一般直接运送到海上风电场的所在位置，因此也不需要港口交付。

一般情况下，土木工程处设计发电机组的基础，而土木与电气工程处负责设计陆上和海上变电站。为了实现最佳可靠性并将成本降至最低，应在基础和风电机组结构设计中使用同样的结构工具，确保在基础设计时考虑到所有的空气动力载荷，正确计算完整结构的自然频率。遗憾的是实际情况并不总是如此，发电机组制造商和基础设计师有严格的保密协议。

当所有的部件设计并制造完成后，应交付港口的陆上装配点，陆上装配点如图 17.1

所示。根据制造商的所在位置和部件尺寸，这些部件在陆上可以利用超大型卡车运送，或在海上利用船只运送。需要注意的是不需要在同一时间将风电场的所有部件都送达。事实上，陆上装配点的空间有限，而根据制定好的安装策略，各部件应在上一组部件装载到安装船上之后送达。此外，部件供应商可以在计划的运送时间之前制造部件，这样可以避免存储问题。

（a）超大型卡车　　　　　　　　　　　　　（b）轨道

图 17.1　陆上装配点

17.3　陆　上　装　配

根据安装策略，港口的陆上装配点是完成所有部件安装的场所，然后装载到装配船上并运输到海上风电场。海上风电场的港口陆上装配点如图 17.2 所示。

图 17.2　海上风电场的港口陆上装配点

如上所述，陆上和海上变电站不需要装配，一般它们会被直接运输到安装地点。此外，基础也不需要装配，根据它们的制造位置，可以直接转移到海上风电场。因此，在港口的安装仅适用于发电机组的部件。根据安装策略，以下概念可能适用于风电机组部件的装配：

（1）没有陆上装配：所有的部件都应运送到海上风电场所在位置，并逐件安装好。

（2）塔架装配：塔节（一般是3节或4节）在陆上装配点安装。然后，整个塔架结构用螺栓固定在装配船的甲板上，以最大限度地提高装配船的载荷能力。

（3）两个叶片和机舱的装配：机舱、轮毂和两个叶片连接到一起。这一概念也称为"兔耳"概念。当装配完成时，机舱和附带的两个叶片放置到安装船上。

（4）三个叶片和机舱的装配：这一概念与"兔耳"概念类似，但是整个转子附加到机舱上。这一概念的问题是每个转子—机舱装配所需的甲板面积巨大，采用现有的海上船只设计，甲板上只能装载一个转子—机舱装配线。一个权变措施是将转子—机舱装配彼此重叠安置，这需要在甲板上采取正确的结构，以便装载操作并防止损伤。

第一个概念在过去已经用于几个风电场的安装，并证明此概念用于大型（超过15台风电机组）和远距离（距离海岸超过15km）风电场的安装，在天气状况不合适时效率低下。第二个概念证明是一种非常高效的选择，目前绝大多数的海上风电场都利用预先装配的塔架安装。根据安装船的甲板配置。第三个概念也是一种高效的选择。第四个概念需要特定的多个转子—机舱装配安装船，因此不是一个最佳选择。

作为最佳装配概念，根据风电场的位置和安装船的可用性，可以选择以下两个概念中的任一个：

（1）仅塔架安装。

（2）塔架安装和"兔耳"转子—机舱概念。

但是，最佳的安装和装配概念应根据项目规格、风电场位置和安装船的可用性来选择。

17.4 海 上 运 输

海上风电场安装之前的最后一步是将所有的部件运输到海上风电场的所在位置。根据港口、风电场和制造工厂的位置，基础和海上变电站可以直接运输到风电场所在位置。但是，风电机组的部件一般要运输到港口的岸上装配点，然后装载到安装船上。

目前，有几种安装船可供客户定制用于海上风电行业，而更多的优化船只目前正处于设计阶段。根据项目规格，可以从下面几种安装船中选择一种用于基础、变电站和发电机组安装：

（1）配稳定缆绳的浮船。

（2）配备运动补偿起重机的浮船。

（3）自升式驳船。

目前，自升式驳船如图17.3所示，其用于绝大部分靠近海岸的风电场，而配有运动补偿起重机的浮船用于深水区的风电场。对于阵列和输出电缆的安装，使用客户定制船只。这些船只定制用于电缆铺设、挖沟和抛石。

对于每一个具体的项目和安装策略，重新配置安装船用于设备安置和甲板准备。这一

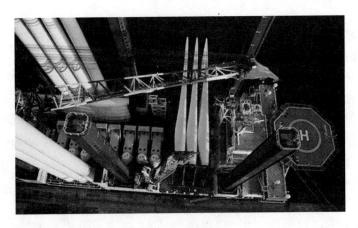

图 17.3　自升式驳船

步通常称为设备进场，在从制造工厂或港口陆上装配点将部件装载到船只甲板之前发生。当安装完成之后，甲板面积重新配置，用于下一次的海上风电安装。这一步通常称为撤场。大型安装船的入场和撤场成本高昂，并且耗时久（每次操作可以耗时 1 个月）。

　　在安装船入场并在甲板上装载了部件之后，安装船可以驶向风电场所在位置。需要注意的是，只有当风电场所在位置的天气状况适合下一步安装操作步骤时，安装船才能驶向风电场所在位置。否则，安装船应在港口等待合适的天气条件，但是仍需缴纳船只的每日费用。这种情况下的延误通常称为天气延误，这对远距离的海上风电场而言是重大项目风险。因此，根据历史天气数据计算每次安装步骤的天气延误是明智的做法。如果完成计算，可以找到安装的最佳开始日期，从而将天气延误的总时间降到最低。

<h2 align="center">17.5　海　上　安　装</h2>

　　海上风电场的安装步骤是实现多年的计划。当载有风电机组基础的安装船到达风电场所在位置时，这一步骤从安装第一基础开始，并在电缆安装船利用输出电缆将海上变电站连接到陆上变电站时完成。海上风电场的安装可以划分为四步：

　　（1）基础安装。

　　（2）发电机安装。

　　1）塔架。

　　2）机舱。

　　3）转子。

　　（3）变电站安装。

　　1）海上变电站。

　　2）陆上变电站。

　　（4）电缆安装。

　　1）阵列电缆。

　　2）输出电缆。

17.5.1　基础安装

根据基础类型不同，安装船和策略可能会有不同。目前，约 90% 的海上风电场安装在单桩基础上，剩余的安装在导管架式基础、三脚架或基于重力的支撑结构。也有少量的示范漂浮式发电机组没有底部固定的基础。

17.5.1.1　单桩基础

单桩基础是大型的中空钢或混凝土管，厚度和直径根据发电机组的规模、土壤条件和水深而不同。在单桩基础安装之前，应涂覆一层冲刷防护层，以避免围绕单桩基础的海底腐蚀。第一层冲刷防护层是围绕着单桩基础以抛石构成。当第一层冲刷防护层完成之后，单桩基础从安装船上被提起然后安置到海底。单桩基础的一般安装方法是使用液压锤或钻孔桩打桩。利用自升式驳船上配备的液压锤打桩如图 17.4 所示。使用这些方法，平均需要一到两天安装一个单桩基础。如果选择使用液压锤打桩，根据海床条件和水深，需要 2000～3000 次锤击才能将单桩基础打入地面。在打桩或钻桩的过程中，打桩深度处于持续的监控之下，以便确保单桩基础位于正确的深度。因为需要锤击或钻出一个稳定的平台，在安装单桩基础时通常采用自升式驳船。

图 17.4　利用自升式驳船上配备的液压锤打桩

如果单桩基础用作风电场的基础，为了连接并对准发电机组塔架和单桩基础，需要额外的过渡联结件配件。

过渡联结件被提起并放置在单桩基础的顶部，然后单桩基础和过渡联结件之间的空间（10～20cm 厚）以水泥薄浆填塞。过渡联结件的顶部用作工作平台，侧边用作登船平台和爬梯安置。此外，J 型管道安装在过渡联结件侧，以引导从塔架到海底的电缆。

17.5.1.2　导管架式基础和三脚架

导管架式基础和三脚架在某种程度上彼此类似。与单桩基础类似，需要抛石构成的第一层冲刷防护层。安装完单桩基础和过渡联结件之后的冲刷防护层如图 17.5 所示。导管架式基础或三脚架使用自升式驳船或配稳定缆绳的浮船运输到风电场所在位置。当安装船到达正确位置后，导管架式基础或三脚架被提起并放置到海床上。导管架式基础或三脚架可以是漂浮式的，然后利用起重机放置到指定位置。在这种情况下，就不再需要重型起重机。当结构体放置到指定位置时，导管架式基础的四桩或三脚架的三桩被打入海底以固定基础。导管架式基础和三脚架的打桩法与单桩基础类似。当完成基础安装之后，风电机组塔架可以直接安装在导管架式基础或三脚架的顶端。

图 17.5　安装完单桩基础和过渡联结件之后的冲刷防护层

17.5.1.3　重力式基础

　　重力式基础通常是自浮式的，可以漂浮或者拖到海上风电场所在位置。因为海床上的重力式基础需要一个平面，因此需要海床准备和冲刷防护施工。当海床准备好且基础放置于指定位置之后，基础由于水流而下沉，然后基础的地基填满碎石以固定基础。当填满碎石之后，风电机组塔架可以直接安装在重力式基础的顶端。

17.5.2　风电机组安装

　　要安装的风电机组部件包括塔架、机舱、轮毂和叶片。安装步骤从塔架开始。塔节一般在港口的陆上装配点完成装配，而完整的塔架以自升式驳船运输到海上风电场所在位置，利用自升式驳船安装海上风电机组叶片如图 17.6 所示。当安装船到位并稳定之后，塔架被提起并安放在基础的顶部，然后以螺栓固定。如果塔节没在陆上装配点装配好，那么需要在海上进行装配。因为海上恶劣的天气情况，这样一般需要耗费更多的时间和努力。第二件要安装的风电机组部件是机舱。与塔架类似，机舱被起重机从安装船上提起，然后放置到塔架的顶端。如果叶片没有安装到机舱上，每个叶片会分别被提起并连接到轮毂上。为了不改变安装船或起重机的位置，转子转动为安装新叶片提供空间。重复这一步骤直到所有的叶片都安装完成。

17.5.3　变电站安装

　　为了将风电机组连接到电网，需要合适的电力基础设施。如果海上风电场的位置靠近海岸，只需要陆上变电站就足够了。但是如果风电场的位置远离海岸，那么陆上和海上变电站都需要。本节只讨论海上变电站的安装，因为陆上变电站的安装遵循一般的陆上土木工程要求。海上变电站的安装如图 17.7 所示。

图 17.6　利用自升式驳船安装海上风电机组叶片

图 17.7　海上风电变电站安装

在安装海上变电站之前，应先安装变电站的基础。海上变电站基础的典型选择是导管架式基础或重力式基础。当基础安装完成之后，整个变电站应从安装船上提起，然后安放到基础的顶端。

17.5.4　电缆安装

海上风电场安装的最后一步是电缆的安装。根据风电场的规模和位置，连接到涡轮发电机输出功率阵列电缆连接到一个或两个海上变电站的母线上。然后利用输出电缆，海上风电场生产的高压电传输到陆上变电站，然后从那里传输到当地电网。阵列和输出电缆路线的设计要尽可能降低电缆的总长度，并符合所有环境法律法规和海上限制。下面分别讨论阵列和输出电缆的安装。

17.5.4.1　阵列电缆的安装

阵列或场内电缆是将数台发电机连接到海上变电站的电缆线。如果采用的是单桩基础，阵列电缆从 J 型管中拉出来，然后连接到塔架底部风电机组的电缆。在拉出电缆之后，应在基础周围施加第二层抛石冲刷保护层。

阵列电缆应埋在风电机组之间，深度应在海底以下 1m 或 2m。这一工程使用远程操控机械（ROV）完成，机械来自海上船只并由有经验的操控人员监控，以便确保不损伤电缆，利用远程操控电缆挖沟机将电缆埋入海床如图 17.8 所示。挖沟的远程操控机械根据环境要求和 IEC 和 DNV 标准（例如 DNV - RP - J301 指南），将阵列电缆埋入海底 1m 或 2m 深。一排中的最后一台风电机组连接到海上变电站。每一排的连接风电机组都需要完成这一步骤。

图 17.8　利用远程操控电缆挖沟机将电缆埋入海床

17.5.4.2　输出电缆安装

在利用变压器将阵列电缆和海上变电站连接到一起之后，提高电压实现远距离向上传输。输出高压交流或直流电电缆将海上变电站连接到陆上变电站。输出电缆的安装与阵列电缆类似。一般情况下，靠近海岸的电缆埋入深度应比远离海岸的电缆深一些。完成输出电缆安装之后，可以进行调试前测试，然后海上风电场可以进行调试。

17.6　测　试　和　调　试

在海上风电场调试之前和之后，进行几次测试，确保风电场的所有部件功能都正常，然后将风电场作为稳定的发电厂连接到电网。DNV - OSS - 901 作为通用指南，可以用于海上风电场的项目认证。根据风电场的项目所在位置和风电场运营商、风电机组制造商和电网运营商的规范，海上风电场可能要进行几次强制性的测试。NoordzeeWind（2008）和 Larsen 等（2009）的研究显示，应该对风电机组进行下面的测试，针对海上风电场的数据采集与监视控制（SCADA）系统，基础和电气系统：

（1）工厂验收测试。

（2）现场验收测试。

（3）调试测试。

（4）完工测试。

（5）性能测试。

17.6.1 工厂验收测试

工厂验收测试是尺寸、材料和功能性测试，应该在基础和风电机组部件制造过程中和之后进行。在工厂验收测试过程中，所有的部件都运送到陆上装配点或它们的安装地点。

17.6.2 现场验收测试

现场验收测试一般是在 SCADA 系统上进行，确保风电机组和风电场的电力基础设施之间的恰当通信。除了基于 IEC 104 的通信测试之外，航空灯、不间断电源（UPS）和自动化模块都要进行测试。

17.6.3 调试测试

调试测试是在风电机组、基础和电气系统组件上进行的，以说明它们的安全性和正常运行。

风电机组的一般调试测试包括：

（1）连接到电网时的风力涡轮发电机测试（数小时）。

（2）当发生电网损耗时风力涡轮发电机的测试。

（3）风电机组振动测试。

（4）偏航系统测试。

（5）变桨系统测试。

电力基础设施和基础的典型调试测试如下：

（1）功率测量系统测试。

（2）阵列和输出电缆电压测试。

（3）变压器冷却设备测试。

（4）控制设备测试。

（5）柴油发电机测试，如果有的话。

（6）钢筋混凝土的导电性测试。

（7）电缆连接正确接地测试。

17.6.4 完工测试

完工测试可以在所有调试测试成功完成之后进行。完工测试是对各个风电机组以及风电场整体进行的测试，以证明他们承诺的功能性。

当风电机组故障没有超出最高数量时，每台风电机组的完工测试一般计划为连接电网几天连续运行测试。风电场的完工测试一般也是所有风电机组的连续运行测试，所有风电机组都能发电，且工作总量高于最低数量。完工测试的条件和阈值一般由风电场运营商和风电机组制造商设定。

17.6.5　性能测试

在风电场保修期内（一般为 5 年保修），风电场运营商有权进行几项性能测试，检查风电场是否能够按合同条款运行并发电。根据 Larsen 等（2009）的研究论文，风电机组的性能测试包括：

（1）可用性测试：风电机组的时间可用度，其定义为风电机组能够为电网发电的时间与电网能够接受风电机组发电的时间之间的关系。

（2）功率曲线测试：测量的风电机组功率曲线与风电机组制造商报告的功率曲线进行验证。功率曲线的测量应以 IEC 61400 - 12 标准和其他地方政府制定的规范为依据。

（3）电气系统测试：在这一测试中，测量主变压器、高压和中压电缆中发生的功率损耗，并展示它们对定义的阈值的合规性。

（4）噪声测试：风电机组发出的噪音根据 IEC 61400 - 11 标准进行测量，并与指定的环境阈值进行比较。

如果风电场通过了所有的调试和完工测试，那么可以正式投入使用。需要注意的是，对于大型风电场，有时候一半的风电场投运时间早于其他的，而当所有的风电机组和电气基础设施都已经做好准备之后，才能正式投产。

17.7　结 论 和 展 望

只有当几个连续的并行步骤根据项目计划和预算成功执行之后，海上风电场的安装才算完成。由于恶劣的海上环境条件，海上风电场的安装具有高风险和高成本的特点。预计未来的海上风电场位置将距离海岸更远，因此水深更深，气候条件更恶劣。

17.7.1　最佳安装计划

没有适用于所有海上风电场的通用最佳安装计划。根据风电场的规模、风电场到海岸的距离、水深以及气候条件，可以指定最佳安装计划，将安装成本和风险降到最低。

在最近几十年里，由于对安装计划和海上风电场优化不够重视，市场上只有 OWE-COP 和 ECN Install 等有限数量的规划和优化工具可供公共使用。例如，使用 ECN Install 工具对基础、发电机和电缆安装的整个过程建模，可用的资源可以分配到每一个安装步骤。ECN Install 工具用于海上风电安装项目的最佳计划如图 17.9 所示。有了选定的安装策略，可以获得整个过程的计划，可以计算与每一个安装步骤相关的成本和资源。此外，根据定义的安装策略，可以计算整个运行时间、天气延误和成本，可以估算调试时间。一个通用的安装计划工具可以被参与海上风电场的各方使用，并促进他们之间的合作。利用这样的工具风电场业主可以监控各方实施的工作，确保项目根据预算和计划的时间表顺利执行。保险和金融机构可以识别与每一个单独安装步骤相关的风险，并相应地更新他们的政策。船只和设备业主可以估算项目所有可能的延误，并相应地重新制定未来的项目时间表。此外，工程处可以使用安装计划来展示他们的创新性解决方案与传统安装策略相比的所呈现的增加值。下面简单描述两个创新性的安装解决方案。

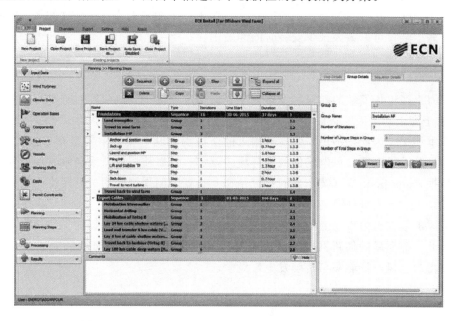

图 17.9　ECN Install 工具用于海上风电安装项目最佳计划

17.7.2　海上港口

海上安装船是海上风电场安装费用高昂的主要原因。减少安装时间和成本的一种方法是减少昂贵的自升式驳船的操作时间。为了减少自升式驳船的操作时间，采用海上港口浮动式海上港口如图 17.10 所示。海上港口可以设计为固定在海床上的浮动式浮体结构。如

图 17.10　浮动式海上港口

果有海上港口可用，一种较便宜的进料机械可以继续向海上港口供给新部件。然后，就不再需要昂贵的自升式驳船往返于陆上装配点去装载新的部件。

根据 Asgarpour 等（2015）的研究论文，对于一个距离海岸 85km 远的 300MW 海上风电场，海上港口可以大大减少安装时间和费用。

17.7.3 防波堤

用于海上风电场安装的船只和设备只能在海浪高度低于一定限度时进行，一般是低于 1.5m。由于海上恶劣天气条件和船只运行限制，在项目执行时会发生严重的天气延误，这与高成本相关。因此，利用安装地点附近的防波堤有利于将海浪限制在可接受的程度。此外，如果防波堤安置在风电场的周围环境中，那么可以使用较低浪高限制的较便宜的安装船。根据 Asgarpour 等（2015）的研究论文，在安装船周围使用一到两排固定在海床上的防波堤，可以大大降低浪高以及显著减少随后的天气延误。

海上风电场在电力市场上的份额正在快速增长，但是海上风电场的安装技术仍然不够成熟。因此，需要新的创新性安装解决方案来降低未来大型远海海上风电场的成本和风险，并使得海上风电场能够与传统发电厂竞争。

缩 略 语

DNV	Det Norske Veritas 挪威船级社
ECN	Energy Research Contre of the Netherlands 荷兰能源研究中心
EWEA	European Wind Energy Association 欧洲风能协会
IEC	International Electrotechnical Commission 国际电工委员会
IWEC	International Wind Engineering Conference 国际风力工程会议
OWECOP	Off shore Wind Energy – Cost and Potential 海上风力能源成本和潜力
ROV	Remotely Operated Vehicles 远程操控机械
SCADA	Supervisory Control And Data Acquisition 数据采集与监视控制
UPS	Uninterruptible Power Supply 不间断电源

参 考 文 献

[1] Asgarpour, M. , Dewan, A. , Savenije, L. B. , 2015. Commercial proof of innovative installation concepts using ECN install. In: European Wind Energy Association (EWEA) . EWEA, Copenhagen.

[2] Asgarpour, M. , Dewan, A. , Savenije, L. B. , 2014. Robust installation planning of offshore wind farms. In: International Wind Engineering Conference (IWEC) . Fraunhofer, Hannover.

[3] Corbetta, G. , Mbistrova, A. , 2015. The European Offshore Wind Industry – Key Trends and Statistics 2014. Brussels.

[4] European Commission, 2013. Report from the Commission to the European Parliament, the Council, the European Economic and Social Committee and the Committee of the Regions – Renewable Energy Progress Report. Brussels.

[5] Herman, S. A. , 2002. Offshore Wind Farms – Analysis of Transport and Installation Costs. Petten.

[6] Larsen, P. E. , Larsson, Å. , Jeppsson, J. , 2009. Testing and Commissioning of Lillgrund Wind Farm. Sweden.

[7] NoordzeeWind, 2008. Off Shore Windfarm Egmond Aan Zee General Report. The Netherlands.

第 18 章 海上风电机组的状态监控

W. Yang

纽卡斯尔大学，英国（Newcastle University，United Kingdom）

18.1 海上风电机组可靠性

截至目前，我们已经发展了各种不同的风电机组的概念。但是，现代风电技术尚未发展成熟并实现标准化。根据动力传动系统组件的配置，这些风电机组大体可以划分为：

（1）齿轮驱动风电机组，配有一种高速异步发电机和一个部分功率变频器。

（2）齿轮驱动风电机组，配有变速箱、中速异步发电机和全功率变频器。

（3）直接驱动风电机组，没有配备变速箱，但是配有低速异步发电机和全功率变频器。

最近，业界发展了一些风电机组的创新性概念，例如 Goldwind 开发的半直接驱动风电机组；采用数字位移传输等。原则上，这些创新性设计在系统可靠性和效率上优于传统概念。但是，这些设计目前仍然处于研究中。仍然需要对他们在各种不同操作条件下的实际性能进行进一步的验证。因此，如今商用风电场市场上的主流产品是齿轮驱动和传统的直接驱动风电机组。要理解这两种类型风电机组的基本可靠性和故障模式，可以参考 Upwind 项目对陆上风电机组各种概念进行的调查，齿轮驱动和直接驱动风电机组的可靠性如图 18.1 所示。

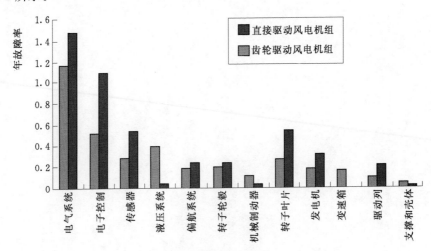

图 18.1　齿轮驱动和直接驱动风电机组的可靠性

图 18.1 显示，直接驱动风电机组在以下方面要优于传统的齿轮驱动风电机组：

（1）没有变速箱故障。

（2）液压系统可靠性高。

（3）机械制动器问题少。

但是，参考文献［6］中的总结直接驱动风电机组电气组件方面的问题更多（例如节距控制和电力电子变频器、转子叶片和发电机）。对 Enercon E32/33 直接驱动风电机组的可靠性调查也得出了类似的结论，WMEP 调查的可靠性特点如图 18.2 所示。图 18.2 中的故障率和停机时间数据来自为期 17 年的德国政府资助计划 "250MW Wind" 下 Fraunhofer IWES 管理的科学测量和评估计划（WMEP）。科学测量和评估计划从 1500 台风电机组中收集了 193000 份运行月度报告和 64000 份维护报告。这些数据被视为截止目前可公开获得的最为全面的陆上风电机组可靠性信息。

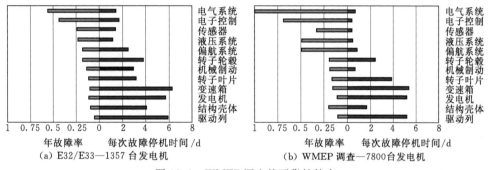

图 18.2 WMEP 调查的可靠性特点

从图 18.2 中可以看出，尽管电气系统、电子控制、液压系统和偏航系统等显示出比转子叶片、变速箱和发电机更高的故障率，但是，他们导致的停机时间更短，因为容易更换和维修。与此相反，转子叶片、变速箱和发电机虽然显示相对较低的故障率，但是导致的停机时间更长，因为物流、起吊、替换和维修困难。

图 18.2 中阐明的信息是关于陆上风电机组的。最近的研究也显示，陆上风电机组中，75％的故障造成了 5％的停机时间，而 25％的故障造成 95％的停机时间。也就是说，陆上风电机组的停机时间主要是由于一些大型故障造成的，其中很多与变速箱、发电机和叶片等这些难以替换或修理的部件相关。而 5％的停机时间主要与电气和电力电子控制系统有关，因为他们的故障在陆上环境中相对比较容易修好。由于陆上风电机组的故障模式与海上风电机组的类似，海上风电机组的故障率也应与图 18.2 中显示的类似，虽然潮湿和腐蚀性的海上环境会或多或少地影响风电机组部件的故障率。但是，众所周知，海上风电机组的停机时间会受到海上风场可达性的很大影响。因此，海上风电机组的停机时间数据与图 18.2 中所示的有很大不同。例如，电力电子控制系统故障造成的陆上风电机组停机时间短是因为修理简单。但是，这样的故障可能会导致海上风电机组很长时间的停机，因为海上风电机组的停机时间通常受到不利的天气以及海洋条件的决定性影响，而不是仅仅取决于故障多快能够维修好。

海上风电机组的状态监控（CM）应扩大到驱动列系统部件（例如叶片、变速箱和发电机）之外的其他部件，监控非机械性部件（例如电气和电力电子控制系统）。早期的实践已经证明，海上风电场的运行和维护（O&M）成本和复杂性远远高于陆上风电场。特别是在气候不利的季节，风电场可能长时间难以接近。因此，任何需要人工维修或重置的故障都可能导致长时间的停机以及重大的收入损失。但是，如果可以借助状态监控系统的帮助，事先预测故障，这在财务上将有利于运营商。即使是在天气有利的季节，实地考察海上风电场仍然是花费昂贵，因为雇用合适的船只成本高昂。如今，运营商仍然倾向于通过在现场的外观检测，对海上风电机组进行定期维护。频繁的现场考察可能会导致很多不必要的支出，增加海上风电的能源成本。但是，如果风电机组配有远程状态监控系统，这种由于不必要的现场考察导致的成本可以减少。因此，为了实现更高的可用性以及良好的经济回报，有效的状态监控系统对于海上风电机组而言必不可少。

18.2　海上风电机组运营和维护所面临的挑战

从风电机组状态监控系统的角度看，海上风电机组运营和维护的挑战可以归结为以下几种：

（1）除了由于海上交流电连接电缆阵列和交流电输出电缆引起的故障，海上风电机组几乎没有与海上环境有关的故障模式。由于这个原因，用于陆上风电机组的状态监控技术同样适用于海上风电机组。但是，在海上条件下，需要考虑更多的功能以避免与海上物流相关的长时间停机。

（2）海上天气对于海上风电机组的运营和维护有巨大的影响。早期的经验已经显示，风速越高，可用性越低。这是因为在大风天气，停机和访问受限增加。参考文献［9］中的数据支持这样的观点，如果可以做好维护和维修活动安排，这些数据显示的海上风电机组的可用性可以改善。除了海上天气的影响之外，海上风电机组的可用性也受到合适的船只、配件和维护人员的可用性影响。

（3）海上风电场的可达性对于保证所期望的海上风电机组的可用性至关重要。以英国多格滩 Round 3 为例，该地到布莱斯（Blyth）的最小距离为 118km，最大距离为 200.6km。这意味着油田支援船（航速 12 节）从布莱斯到多格滩最近的边缘需要 10h 的航行时间，17h 到最远边缘。很明显，较长的航行时间和多变的海上天气条件给海上风电机组带来挑战。

（4）目前，转运船的平均成本约为每小时 73 欧元。用于海上风电机组安装和大修的自升式驳船的每日费用在 67800～259900 欧元，这取决于船只类型和与船主的合同。但是，很多船只不能覆盖那些远离海岸的海上风电场，例如多格滩，因为它们距离安全海港的距离达到 111km。此外，当浪高超过 1.5m 时，它们不能在海上航行，这就使得高于 98% 的可达性目标难以实现。此外，这种船只的承载和提升能力经常受到限制。由于这些原因，当对那些远离海岸的风电机组进行维护时，配有安装船和直升机仍然是重要选择。由此造成的极高成本是个问题。

（5）海上风电机组的维护是一个非常年轻的产业领域。迄今为止，没有特别适合这一市场需求的专用船只。目前，海上风电机组的维护工作是由海上风电场安装船或油气自升式驳船承担。风电场的施工船往往限于繁忙的风电场施工活动，因此用于风电机组维护的可用性有限。此外，与海上风电机组维护的实际要求相比，他们通常规模过大。同时，油气自升式驳船的使用费用极高，而且他们不能总是满足海上风电机组维护的目的。例如，他们的起重机规格小，支架太短，顶推性能差，由于施工性能差而导致停机时间长等。因此，仍然需要专门设计的海上风电机组维护船。

（6）与船只相比，直升机能够快速到达遥远的海上风电场。因此，他们看起来是对远离海岸的海上风电场进行维护的理想的工具。但是，Horns Rev 1 的实践显示，直升机不能解决所有的风电场访问问题。换言之，直升机的确可以解决距离远的问题，但是他们的安全运营仍然受到恶劣天气条件的约束（例如，能见度低、风切变和湍流等）。此外，要注意的是油气行业在运营中已经减少了直升机的使用，历史上和统计数据表明，直升机已经被确认为海上活动最危险的一个方面。

总之，访问困难、可用性低以及高成本是海上风电机组运营和维护的特点。但是，原则上，所有这些挑战都可以通过有效的风电机组状态监控缓解。因此，从运营和维护角度看，远程状态监控对海上风电机组而言至关重要。

18.3　海上风电机组状态监控技术

基本上，用于陆上风电机组监控的状态监控技术被视为同样适用于海上风电机组。但是，在发展海上风电机组状态监控系统（CMSs）时，仍然有很多的基本挑战需要具体解决。

18.3.1　新开发的海上风电场离岸距离遥远

统计显示，英国 Round 3 海上风电场的平均离岸距离为 93.7～189.4km，而 Round 1 和 Round 2 的海上风电场平均离岸距离只有 8.6～16km。海上风电场的离岸距离远，风电机组的维护带来更多挑战，因为遥远的离岸距离使得风电场更难以接近，特别是在冬天。在冬季，适于风电机组维护的时间窗更窄，而在不利的海洋和天气条件下，不能进行维护活动。因此，即使只有小问题的部件也会提前维修或更换，以避免在天气不利的季节由于它们的故障造成潜在的长时间停机。这将不可避免地浪费风电机组部件的剩余使用寿命中的绝大部分时间，导致重大的经济损失。由于这个原因，与安装在陆上风电机组的状态监控系统不同，专为海上风电机组设计的状态监控系统，除了进行传统的运营和健康条件检测任务之外，将在剩余使用寿命预测方面起到至关重要的作用。但是，众所周知，准确的剩余使用寿命预测在实践中很难实现，特别是在恶劣的海上环境中，因为在极端天气状况下的极限载荷，潮湿、含盐的腐蚀性海洋空气将加快故障的发展。

18.3.2　多样化的海上风电机组概念

自 2008 年以来，无齿轮或直接驱动发电机的市场份额已经从 12% 上升到 20%。这就意味着有越来越多的不同概念的风电机组出现在陆上风电场中。目前，海上风电市场仍然由齿轮驱动发电机主宰。但是，海上风电机组的多样性迟早会增加。既然不同的风电机组概念有不同的工作机制和硬件配置，不同的状态监控系统和相关的状态监控技术需要满足具体的状态监控目的。目前，商业上可用的风电机组状态监控系统绝大部分是基于振动的分析系统，该系统善于检测发生在齿轮驱动风电机组中的齿轮和轴承故障。但是，这些系统在检测其他概念的风电机组故障时是否同样有效，目前尚值得怀疑。图 18.2 显示，电力电子系统导致了风电机组相当大数量的故障。但是，这些故障不能由现有的振动分析系统成功检测出来。因此如何加强风电机组状态监控并使其适于监控更多类型的故障和更多概念的风电机组，是一个挑战性问题，在发展未来风电机组状态监控系统时需要解决。

18.3.3　海上风电机组尺寸增大

由于视线、噪声、土地使用和社会限制少，一般而言，海上风电机组比陆上风电机组尺寸要大，以便实现经济效益最大化。但是，在丹麦和德国对 6000 多个发电机在 300～1800kW 的陆上风电机组进行的调查显示，较大的风电机组比较小的发生的故障更多。不成熟的设计技术、变速操作、复杂的控制以及缺少运行大型风电机组的经验是导致该调查结论的原因。因此，大型风电机组需要一个有效的状态监控系统来减轻这一问题。大型海上风电机组故障引发的重大经济损失也突出了状态监控系统的附加值。但是，如何检测不断变速的大型海上风电机组刚出现的机械和/或电气故障，是一个颇具挑战性的问题，这个问题仍然没有得到解决。

18.3.4　电气和电力电子部件的使用增加

现在的风电机组采用了复杂的控制系统，用于变桨、发电机和变频器控制。但是，实践显示电气和电力电子部件一般比机械部件可靠性低。因为便于维修，他们的故障可能对陆上风电场而言不是问题。但是，由于可达性降低，海上风电场发生同样的故障，会导致很长的停机时间，并伴有重大经济损失。当前的风电机组状态监控系统不是为检测发生在这些电气和电子系统中的故障而设计的。因此，在发展海上风电机组条件控制系统时，如何加强状态监控系统的状态监控条件并使他们监控更多的风电机组部件，是值得考虑的问题。最近几年，我们已经做了很多初步研究，取得的进展将对获得最终的解决方案有非常大的帮助。

18.3.5　海上风电机组状态监控的高成本

随着海上风电产业的持续繁荣，在未来几年，将会开发越来越多的海上风电机组。在未来，数百台风电机组将在风电场安装。假设基于振动分析的状态监控系统单价约为 10000 欧元，那么为每个风电机组配备一个这样的条件控制系统将要求运营商花费至少 1000 万欧元。因为状态监控系统本质上是电力电子系统，在潮湿、含盐的腐蚀性海上环境中不可靠。一旦风电机组状态监控系统由于部件故障而崩溃，不仅仅造成个体风电机组失去保护，还会造成大量的资本损失。由于这个原因，未来的海上风电机组状态监控系统必须不仅高效且成本效率高，而且即使在海上运行也足够可靠。

到目前为止，有很多非破坏性试验（NDT）技术可用于海上风电机组状态监控。这些技术要么已经在实验室里得到证明，要么已经用于实践。从参考文献［19］～［23］中可以看到这些技术的简略介绍，适用于风电机组状态监控的非破坏性试验技术见表 18.1。

在表 18.1 中，不同的非破坏性试验技术的成本分为如下几类：

（1）低：＜2000 欧元。

（2）中等：2000～5000 欧元。

（3）高：5000～10000 欧元。

（4）非常高：＞10000 欧元。

表 18.1　适用于风电机组状态监控的非破坏性试验技术

编号	状态监控技术	成本	在线状态监控	故障诊断	部署	状态监控部件
1	热电偶	低	是	否	已经使用	轴承、发电机、变频器、机舱、变电站
2	油粒子计数器	低	是	否	已经使用	变速箱、轴承
3	振动分析	低	是	是	已经使用	主轴、主轴承、变速箱、发电机、机舱、塔架、基础
4	超声波探伤	低到中等	是	否	已经试验	塔架、叶片
5	电子效应（例如排放测量）	低	是	否	已经使用	发电机
6	声振测量	中等	是	否	否	叶片、主轴承、变速箱、发电机
7	油质分析	中等到高	否	是	否	变速箱、轴承
8	声发射传感器	高	是	否	否	叶片、主轴承、变速箱、发电机、塔架
9	扭矩振动	低	是	否	已经测试	主轴、变速箱
10	光纤应变仪	非常高	是	否	已经使用	叶片
11	热成像	非常高	是	否	否	叶片、主轴、主轴承、变速箱、发电机、变频器、机舱、变电站
12	轴扭矩测量	非常高	是	否	已经测试	叶片、主轴、主轴承
13	冲击脉冲法	低	是	否	否	轴承、变速箱

但是，成本的变化取决于测量精度、分辨率、功能和适用环境。

从表 18.1 可以看出，各种非破坏性试验技术的特点和潜在应用可以概括如下：

（1）振动分析和油粒子计数器，成本低且经过良好的验证，是可行的监控技术。此外，它们的结合使用是风电机组驱动列监控的关键。目前振动分析在追踪风电机组变速箱和轴承故障发展方面比油粒子计数器使用范围更广。

（2）油质分析对变速箱齿轮和轴承监控有重要价值，特别是通过分析润滑油金属粒子的成分和形状进行的故障诊断。同时，这也是监控润滑油本身老化和污染的一种有效方法。但是，由于成本高，这种方法最有可能离线使用。

（3）已经对轴扭矩和扭矩振动测量进行了研究，但是安装扭矩传感器成本高昂，可能受到新一代风电机组的紧凑结构的限制。

（4）超声波探伤是检测早期风电机组叶片或塔架缺陷的潜在有效工具，但是其应用需要扫描个体部件的方法。

（5）热电偶价格低廉又可靠。他们广泛用于监控机舱、变速箱和发电机轴承、润滑和液压油和电力电子温度。与此相对，热成像很少使用，因为热成像相机成本高昂，在风电机组实践应用中有着诸多困难，虽然已经研究了热成像在风电机组状态监控系统中的潜在应用。

（6）光纤应变测量被证明是测量叶根弯曲力矩的一种宝贵技术，作为高级变桨控制器的一项输入，可以用来监控风电机组叶片。它们已经在运营中得到证明，可以期待成本和可靠性方面的改善。与此相对，机械应变仪仅用于实验室测试，因为在冲击和疲劳载荷下它们很容易出现故障。

（7）在型式检测中，声发射有助于检测驱动列、叶片或塔架的缺陷，但是，该方法有着宽带宽，且对于测量和分析而言成本昂贵。例如，声振技术已经成功用于航空航天行业，但是它们的高成本也阻止了在风电行业的应用，风电机组不适合收集麦克风数据。

（8）电气信号测量已经广泛用于在实践中检测旋转的电气设备。但是尚未被商业上可用的风电机组状态监控系统采用。

（9）冲击脉冲法（SPM）可以作为在线检测风电机组轴承故障的替代方法，虽然在风电行业仍然需要进一步的检验。

值得注意的是，上述状态监控技术主要设计用于监控风电机组驱动列配件。但是，电力电子配件的高故障率及其潜在的海上长时间停机显示，现场监测这些电力电子部件至关重要。这对于实现海上风电机组的高可用性有着非常大的帮助。最近几年，这一领域已经做了很大努力。遗憾的是，还没有专门用于监控风电机组电力电子系统的完全成功的技术。例如，虽然已经对电力电子配件的故障模式做了调查研究，根据这些研究已经开发了一些有趣的状态监控技术，例如温度测量、涡流脉冲热成像、阻力和电容测量等。但是，这些技术中的绝大部分设计用于监控个体部件，而不是电力电子系统整体。现实中，在空间和成本的限制下，配备大量的传感器来监控所有的个体配件是不现实的。因此，要开发适合于整个风电机组状态监控电力电子系统的创新性技术是一个尚未解决的开放性问题。

18.4　海上风电机组状态监控系统

目前，风电机组状态监控主要通过以下两种状态监控系统实现：

（1）数据采集与监视控制系统（SCADA）。该系统已经安装到风电场，目的是提供低分辨率监控和监视风电机组的运营。

（2）专门设计的风电机组状态监控系统。这些系统为诊断和预测提供高分辨率的风电机组部件监控。

我们最近对这两种类型的状态监控系统进行了调查。它们的特点和问题在下文中讨论。

18.4.1　风电场数据采集与监视控制系统

典型的风电机组数据采集和监视控制系统示意图如图 18.3 所示。

数据采集与监视控制系统监控信号和报警，通常以 10min 为间隔，以便减少从风电场传输数据的带宽。这些数据包括以下参数：

（1）有功功率及其标准偏差。

（2）无功功率。

（3）功率因数。

（4）发电机电流和电压。

（5）风速计测量的风速及其标准偏差。

（6）涡轮发电机和发电机轴的转速。

（7）齿轮箱轴承温度（齿轮传动发电机）。

（8）变速箱润滑油温度（齿轮传动发电机）。

（9）发电机绕组温度。

（10）发电机轴承温度。

（11）机舱内的平均环境温度。

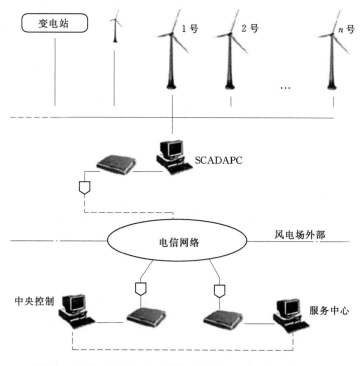

图 18.3　典型的风电机组数据采集和监视控制系统示意图

为了运营目的，报警状态也将处于数据采集和监视控制系统的监控之下。潜在地，这些报警可以帮助发电机运营商理解风电机组主要部件的运行状态。但是，在一个大型风电场中，这些报警用于理性分析则往往过于频繁。与那些专门设计的状态监控系统相比，风电场数据采集和监视控制系统从某些风电机组部件收集运营信息，这些信息可以用于完成一些简单的风电机组状态监控任务。但是，尚有以下担忧：

（1）数据采集和监视控制数据通常是 10min 的平均数据。风电机组状态监控广泛采用的基于传统频谱分析的状态监控技术不能用于解读如此低的采样率数据。

（2）数据采集和监视控制系统最初并不是为状态监控目的设计。该系统并不收集风电机组全面状态监控所需的所有的信息。

（3）数据采集和监视控制数据（例如轴承振动和温度）的数值在不同的操作条件下有很大不同。没有合适的数据分析工具，很难从粗略的数据采集和监视控制数据中检测出隐患。

尽管如此，将数据采集和监视控制数据用于风电机组状态监控也有很多优势。例如，数据采集和监视控制系统已经安装在风电场。发展基于数据采集和监视控制的状态监控系统不需要更多的硬件投资，因此它们的成本低。但是，到目前为止，几乎没有运营商意识到数据采集和监视控制数据有这样附加值，因为其采样率太低，不能进行准确的故障分析。为了解决这一问题，EU FP6 CONMOW 项目调查了以高采样频率获得数据采集和监视控制数据。但是，参考文献［35］中提到，还没有成功的基于数据采集和监视控制系统的风电机组状态监控。

为了进一步探讨风电场数据采集和监视控制数据对于风电机组状态监控的附加值，业内正在做出更多努力。例如，EU FP7 ReliaWind 项目正在使用数据采集和监视控制数据为风电机组、变速箱和变桨故障提供状态监控，已经在防止虚假报警的简单信号算法开发方面取得了进展。参考文献［40］等研究了风电机组转子叶片和发电机故障的状态监控。

总之，风电场数据采集和监视控制数据可能适用于风电机组状态监控，在不产生附加成本的情况下加强风电机组的状态监控系统。但是，由于以下原因，仍需进一步的改善：

（1）收集在不同运行条件下的风电机组数据采集和监视控制数据。除了可能抑制故障特征的非线性控制影响，很难从数据采集和监视控制数据中检测出隐患，除非隐患已经充分发展，可以大大影响发电机的性能。换言之，严重的缺陷可能会导致数据采集和监视控制数据的改变，但是数据采集和监视控制数据的改变并不一定意味着故障的发生。

（2）如上文所述，目前已经开发了大量的先进技术来处理风电机组的数据采集和监视控制数据。但是，这些技术在商业化之前需要进一步的验证。

（3）风电机组不断变化的运行条件要求状态监控技术具有智能化和自适性特点。但是，这样的技术还没有得到充分发展。

（4）目前出现的一些基于数据采集和监视控制的状态监控技术实施简单，例如通过比较相邻风电机组的性能进行状态监控。但是，通过利用这样的方法获得的状态监控结果的可靠性经常受到当地地形和尾流效应的影响。

因为以下原因，尽管基于数据采集和监视控制的状态监控系统成本低，但是不能取代专门设计的风电机组状态监控系统：

（1）数据采集和监视控制系统不是设计用于收集进行全面的风电机组状态监控所需的所有信号。

（2）数据采集和监控信号的采样率低，缺乏进行全面风电机组状态监控和故障诊断的关键详细信息。

（3）迄今为止，尚未有完全开发的成功用于状态监控目的的数据采集和监控数据分析工具。

（4）数据采集和监控数据上故障相关的变化，例如轴承温度的升高，通常是故障后期的迹象，不能为有用的风电机组状态监控提供必要的诊断预后前置时间。

18.4.2 专门设计的风电机组状态监控系统

在 20 世纪 90 年代末期发生了一系列灾难性的风电机组变速箱故障之后，认证机构强烈推荐采用专门设计的风电机组状态监控系统，例如 Germanischer LIoyd。今天，风电行业中有了大量的商用风电机组状态监控系统。其中很多是由经验丰富的条件控制从业者根据监控传统的旋转机械长期经验开发，例如 SKF、Bruel & Kjær、GE Bently Nevada、Prueftechnik 和 Gram & Juhl。部分专门设计的风电机组状态监控系统见表 18.2。

表 18.2 部分专门设计的风电机组状态监控系统

编号	名称		产品信息	
	产品	公司	主要功能	注释
1	WindCon 3.0	SKF（瑞典）	收集、分析和编译状态监控数据，这些数据可以配置以满足管理层、运营商和维护工程师需要	该系统通过综合利用振动传感器和润滑油残渣计数器，重点放在风电机组叶片、主轴承、轴、变速箱、发电机和塔架的状态监控
2	TCM	Gram & Juhl（丹麦）	振动、声振和应力的先进信号分析，与生成参考和报警的自动化规则和算法结合	采用频谱分析法监控风电机组叶片、主轴承、轴、变速箱、发电机、机舱和塔架
3	WP4086	Mita - Teknik（丹麦）	该系统与 WT SCADA 集成，提供涡轮发电机运行信号的实时频率和时间域分析，根据事前定义的阈值发出报警	借助于八个加速计的帮助，使用时间域和频率域分析技术监控风电机组主轴承、变速箱和发电机
4	Bruel & Kjær Vibro	Bruel & Kjær（丹麦）	以固定间隔收集并处理数据，并远程发送结果到诊断服务器。可以访问任何时间的数据时间波形以便进行进一步的分析	采用振动分析与温度和声学分析相结合的方法监控风电机组主轴承、变速箱、发电机和机舱（温度和噪声）
5	CBM	GE Bently Nevada（美国）	系统给出驱动列参数的监控和诊断。关联状态监控信号和风电机组运行信息（例如风速和轴转动速度），通过 SCADA 发出报警	监控风电机组主轴承、变速箱和发电机的振动和机舱以及轴承和油温。
6	CMS	Nordex（德国）	在风电机组启动期间实际振动值与参考值分析。有些 Nordex 发电机也采用了 Moog Insensys 光纤测量系统	系统重点监控主轴承、变速箱和发电机。如果风电机组也安装了 Insensys 光纤系统，风电机组叶片也处于监控之下
7	SMP - 8C	Gamesa Eolica（西班牙）	对风电机组主轴、变速箱和发电机进行连续的在线分析，并比较它们的频谱趋势。风电场管理系统发出警告和报警	通过它们的振动频谱分析监控风电机组主轴、变速箱和发电机
8	PCM200	Pall Europe（英国）	这是一个实时测试和评估液体清洁度的系统	监控变速箱润滑油清洁度

续表

编号	名 称		产 品 信 息	
	产品	公司	主 要 功 能	注 释
9	TechAlert 10/20	MACOM（英国）	TechAlert 10 是一个感应传感器，对亚铁和有色金属残渣进行计数并根据尺寸分类，同时 TechAlert 20 仅仅是一个计算铁粒子的传感器	两个系统的设计都是为了监控润滑油或其他循环油中含有的碎屑
10	转子监控系统（RMS）	Moog Insensys Ltd（英国）	RMS 事实上是一个叶片监控系统，利用光纤技术测量叶片-叶根部分的应力对风电机组的叶片和转子进行状态监控	RMS 的负荷测量有助于变桨风电机组的负荷控制
11	MDSWind MDSWind－T	VULKLN SELCOM（德国）	MDSWind 系统测量风电机组的主轴承、变速箱、发电机和塔架振动，计算并在线显示它们的统计指数（例如 RMS 和波峰因数）	MDSWind－T 是一个以 MDSWind 系统为基础开发的四通道便携式系统
12	Ascent	Commtest（新西兰）	Ascent 是一个振动分析系统，通过频谱分析和时间域统计，用于监控风电机组的主轴、变速箱和发电机	系统在三个复杂性等级上可用。三级包括频带报警、机器模板创建和统计性报警
13	状态诊断系统	Winergy（德国）	该系统分析振动、负载和润滑油来做出诊断，预测并建议改正措施。提供自动化故障识别。变桨、偏转和逆变器监控也集成到系统中	该系统主要通过振动分析和油残渣计数，对风电机组的主轴、变速箱和发电机进行健康监控
14	状态管理系统	Moventas（芬兰）	这是一个紧凑型系统，最初设计通过测量温度、振动、负载、压力、速度、润滑油老化和油粒子，用于监控风电机组变速箱	该系统可以扩展到监控发电机和转子以及风电机组的控制器
15	OneProd Wind	Areva（法国）	这个系统通过测量油残渣、结构和轴替换和电气信号监控风电机组的主轴承、变速箱和发电机	该系统由引发数据收集的运行状态通道、用于监视和诊断的测量通道和扩展监控的可选附加通道组成
16	WinTControl	Flender Services GmbH（德国）	这是一个振动监控系统，评估风电机组主轴承、变速箱和发电机的健康状态。并采用了时间域和频率域分析	当实现了负载和速度触发时，进行振动测量
17	WiPro FAG	Industrial Services GmbH（德国）	进行温度和振动测量来监控风电机组的主轴承、主轴、变速箱和发电机	系统使用了时间频率分析，实现基于速度的频带追踪和变速报警等级
18	HYDACLab	HYDAC Filtertechnik GmbH（德国）	这是一个监控液压和润滑系统中粒子（包括气泡）的系统	该系统主要用于监控风电机组变速箱
19	BLADEcontrol	IGUS ITS GmbH（德国）	BLADEcontrol 是一个专用系统，通过将叶片频谱与从正常叶片获得的历史频谱进行比较，监控风电机组叶片	加速计直接连接到叶片上，轮毂测量单元将数据无线传递到机舱

续表

编号	名 称		产 品 信 息	
	产品	公司	主 要 功 能	注 释
20	FS2500	FiberSensing（葡萄牙）	这也是一个光纤系统，设计用于监控风电机组叶片，借助于布拉格光纤光栅（Fibre Bragg）传感器的帮助	本系统可以用于风电机组叶片监控，但是目前还没有广泛部署
21	润滑油状态监控系统	Rexroth Bosch Group（德国）	这是变速箱损伤早期检测和润滑油清洁度监控系统。测量润滑油中的粒子和水含量的高溶解性传感器可供使用。两者都可以估算润滑油的剩余使用寿命	该系统不但可以提高风电机组的可靠性，还能通过预测维护来提高它们的运行效率
22	变速箱油状态监控	Intertek（英国）	Intertek油状态监控服务包括变速箱油和润滑油测试，帮助客户延长昂贵的涡轮机、风车和其他设备的运行时间，同时尽可能降低停机时间和成本昂贵的修理	这是一个离线油分析系统
23	Icount system 和 IcountPD Particle Detector	Parker（Finl 和）	Parker 的系统是一个一体化系统，确定系统油是否受到污染是在线或离线检测粒子的最佳途径	IcountPD 是一个粒子探测器；Icount 系统为液压或润滑油品质出现任何意料之外的变化时提供预警。因此通过减少不必要的停机时间，提高了机械的可用性

表 18.2 显示绝大部分商业上可用的风电机组状态监控系统是基于振动分析的系统，虽然有些与油粒子计数器和光纤应变仪合并使用，以加强它们的风电机组状态监控能力。有些系统是基于轴扭矩或扭转振动测量，有些采用了结构性健康监控。可以看出，现有的风电机组状态监控主要集中于监控风电机组驱动列，即主轴承、轴、变速箱和发电机，并利用频谱分析技术。有些系统特别设计用于风电机组变速箱润滑油或叶片监控。这是因为风电机组驱动列和叶片部件价格昂贵，其故障可能会导致长时间停机。典型的基于振动分析的风电机组状态监控系统概况如图 18.4 所示，其中的光纤应变仪和油粒子计数器是选配。原则上，这一系统的应用将有助于减少风电机组的运行风险。但是，到目前为止，没有出版的著作证明其在提高风电机组可用性方面的有效性，但是有些关于虚假报警和无效故障的报告。风电机组状态监控系统的高成本及其复杂性阻止了风电机组运营商对该

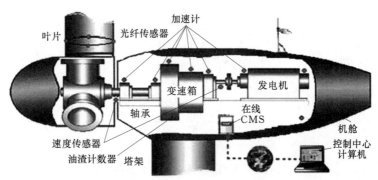

图 18.4 典型的基于振动分析的风电机组状态监控系统概况

系统的广泛应用，尽管事实上它们安装在大部分的大型风电机组（＞1.5MW）上用以简化认证。不可靠的状态监控系统结果造成了这一尴尬的局面。

与传统的旋转机械不同，风电机组通常是在偏远地点运行，可以实现低速旋转，且在不断变化的载荷下工作。因此，风电机组状态监控信号，例如振动和温度，不仅仅取决于部件的完整性，还取决于运行条件（例如旋转速度、负载和环境温度）。换言之，风电机组部件振动和温度变化并不一定表明有故障发生，虽然出现故障可能会导致这样的变化。为了显示这一点，变化负载下的轴横向振动如图 18.5 所示。图 18.5 显示了从专门设计的风电机组状态监控试验台收集的一个以变速运行且经受变动负载的理想状态轴的横向振动数据。从图 18.5 可以看到，即使没有损伤，轴横向振动也会随着风电机组负荷扭矩和旋转速度的变化而变化。此外，传输的扭矩越大，振动越强。因此，轴振动不仅受到机械本身动力完整性的影响，还受到其运行条件的影响。类似的，发电机轴承或变速箱油温等部件温度也与风电机组载荷和机舱温度有关。为了展示这一点，风电机组输出功率和发电机轴承温度之间的关系如图 18.6 所示。图 18.6 显示了从运行的风电机组测量的实用状态监控数据，其中发电机轴承温度波动明显对应发电机功率波动。

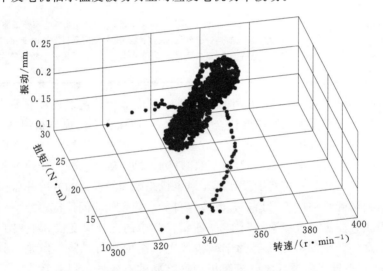

图 18.5　变化负载下的轴横向振动

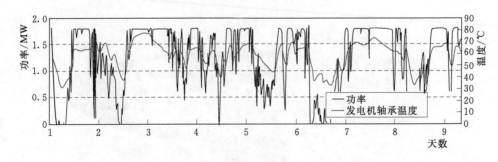

图 18.6　风电机组输出功率和发电机轴承温度之间的关系

因此可以推断，虽然发电机轴承故障导致轴承温度升高，但是温度变化也与环境温度变化和风电机组生产的电力有关，即使在发电机制冷系统状态良好的情况下也如此。

从上面的讨论可以做出这样的结论，即振动、温度或其他与风电机组故障相关的参数反应不完全取决于风电机组的完整性。也就是说，这些与故障相关的参数变化不一定表示发生故障。为了减少虚假报警，风电机组状态监控系统必须进行更多详细的调查，而不仅是测量振幅来识别变化的真正原因以及引发故障报警。

此外，恶劣的操作环境将风电机组暴露在极端温度、狂风和雷击等风险下。因此，风电机组电气和电力电子系统也容易发生故障，可归结于齿轮传动的陆上风电机组部件的故障率比例如图 18.7 所示。它们可能会在恶劣的海上环境中加速恶化。这样的故障在陆上可能会很快修复。但是海上的强风速度和访问困难将加剧这些故障的影响，导致长时间的停机。现有的风电机组状态监控系统不能全面考虑这些故障的检测、诊断和预测。

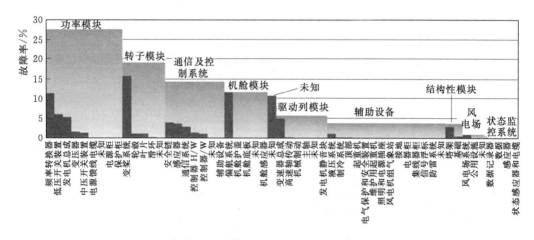

图 18.7 可归结于齿轮传动的陆上风电机组部件的故障率比例

风电机组状态监控系统的成本也是一个问题，因为大型风电场可能需要数百万镑来为整个风电场来配备这样的风电机组状态监控系统，还不包括定期的重新校准费用。此外运营商还面临处理、传输、存储和解读这些系统产生的大量数据的挑战。

除此之外，风电机组状态监控系统的开发目前也受到当前信息技术的限制。众所周知，风电机组中含有低速和高速旋转配件。理论上，不同转速部件的状态监控数据应该使用不同的取样频率采集，以便尽可能降低状态监控数据的大小。例如，轴振动数据通常以2kHz 取样；变速箱和轴承振动数据为 20kHz 等。但是，因为硬件限制，在实践中通常很难实现。为了将数据传输最小化，风电机组状态监控系统处理风电机组数据并继续向微处理器传输趋势发展。频谱分析只有在探测到不正常变化的时候进行。这样的策略可以减轻数据处理量和从海上到陆上的传输负担。但是，一旦被要求提供详细分析时，也增加了丧失原始历史数据的风险。

最后是关于风电机组状态监控系统的维护问题。本质上，状态监控系统由大量的电子部件和传感器组成，它们在恶劣的海上环境中很容易发生故障。因此，应定期对这些电子部件和传感器进行维护和重新校准，以保持良好状态以及正确的性能。但是，众所周知，海上风电机组维护窗口非常窄。维护活动很难覆盖状态监控系统的维护。由于缺乏照看，如何使状态监控系统在长期使用过程中保持良好的状态是一个挑战性问题。

18.5　用于风电机组状态监控的信号处理技术

选择合适的信号处理和数据分析技术对于风电机组状态监控的成功至关重要。如果能够利用这些技术成功提取故障相关的特点，就可以通过观察特点变化来评估故障的发展，而这些特点也是故障诊断的重要线索。下文分别讨论了商用风电机组状态监控系统技术和仍然在研发中的技术。

18.5.1　商用状态监控系统采用的技术

商用状态监控系统采用了时间域和频率域信号处理技术，例如图 18.8 中显示的 SKF WindCon3.0 软件界面。

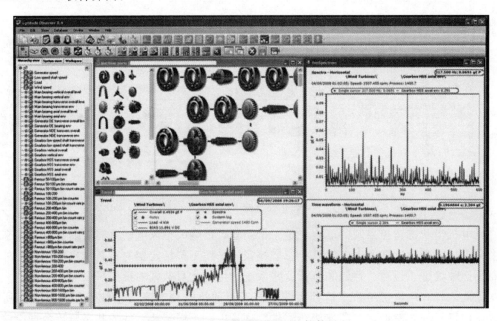

图 18.8　SKF WindCon3.0 的软件界面

18.5.1.1　时间域分析

SKF 公司的 WindCon 系统设置了时间域警告和报警等级，针对事件、负荷或旋转速度划分了数据，当趋势接近于预先设定的阈值，系统引发报警。时间域趋势通常从众所周知的参数获取，例如整体振动等级、波峰因数、平均振动等级等，在线进行整体状态监控处理。但是，状态监控数据结果不可避免地受到变化的负载和环境因素的影响。系统也允许用户回顾原始信号时间波形和轴振动轨道。不过，经验显示，仅仅通过观察信号波形很难评估风电机组的健康状况，特别是当涡轮发电机在变化的负载条件下运行时。实践中，有些风电机组性能监控系统通过将信号与周围风电机组的信号进行比较，评估风电机组的健康状况，根据与周围风电机组的关联性进行的性能监控如图 18.9 所示。

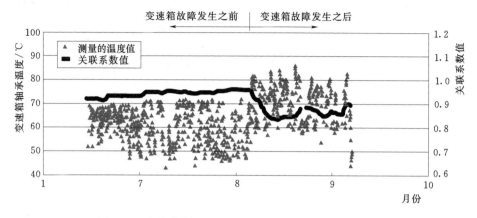

图 18.9　根据与周围风电机组的关联性进行的性能监控

从图 18.9 可以看出，当受到监控的风电机组正常时，维持几乎恒定的相关性。一旦其中一个的健康状态参数发生变化，显示它们之间关系的关联系数将会土崩瓦解。这样的技术计算简单，但是可靠性将受到风电场当地地形和尾流效应的影响。

18.5.1.2　频率域分析

用于风电机组状态控制系统的频率域技术，例如包络分析、倒频谱分析和谱峭度法，是以快速傅里叶变换（FFT）为基础。鉴于快速傅里叶变换最初设计用于处理具有恒定幅度和固定频率成分线性平稳信号，检测的风电机组状态监控信号的最大变化需要事先定义，这样可以保证信号分析精度。借助于瀑布图可以追踪历史频谱。但是，由于风电机组转速和负载是变化的，即使经过转速校准之后，所获得的瀑布图也很难观察。光标功能使用户可以选择频谱的波峰、谐波和边带。如果获得了关于机器或部件的足够信息，可以借助这个很容易地判断故障类型。虽然不同系统之间存在差异，但是其他风电机组状态监控系统的信号处理技术类似。例如，有些风电机组状态监控系统采用快速傅里叶变换或倒频谱分析。例如 Mita - Teknik 开发的 WP4086 和 GE Bently Nevada 开发的 CBM 采用了加速度包络频谱；而有一些，例如 Bruel & Kjær 开发的系统采用了包络和倒频谱分析两种方法。这两种分析方法是以快速傅里叶变换为基础，并已经证明在从变速箱和轴承振动信号中提取故障特点时很强大。虽然快速傅里叶变换法应用广泛，但是并不是处理风电机组状态监控信号的理想工具，因为由于变化的转速、负载以及环境对风电机组控制的负面影响，风电机组状态监控信号是非线性、不稳定的。因此，需要为风电机组状态监控开发更多的高级信号处理技术。

18.5.2　研发中的技术

为了克服传统的基于快速傅里叶变换技术的问题并为风电机组状态监控找到更好的解决方案，很多高级的信号处理技术正在研发中，包括时间—频率分析和神经网络。为了概括这些新开发的技术，本章节做了一个简单的总结。新开发技术总结见表 18.3。我们总结考虑了以下四个方面：①优势；②劣势；③在线状态监控能力；④故障诊断能力。

表 18.3　新 开 发 技 术 总 结

序号	技术	优　势	劣　势	在线状态监控	故障诊断
1	高阶频谱	能够探测信号中含有的谐波不同等级之间的非线性关系	这仍然是处理线性信号的工具，不是分析风电机组状态监控信号的理想工具	否	否
2	连续小波转换	能够令人满意地分析非平稳信号	该技术涉及密集计算，仍然是处理线性信号的工具。但是，风电机组状态监控信号通常是非线性的	否	是
3	离散小波转换	能够有效的分析非平稳信号	不能准确分析非线性风电机组状态监控信号，不能灵活定位理想频率范围	否	是
4	经验模式分解	处理像风电机组状态信号类的非平稳非线性信号的理想工具	不能灵活的定位理想频率范围	否	是
5	能源追踪	分析风电机组状态监控信号的高效工具	该技术继承了小波转换的劣势，其结果的精确性高度依赖于风电机组速度的正确性	是	是
6	Wignere – Ville 分布	能够令人满意地分析非平稳信号	不能正确地分析非线性风电机组状态监控信号	否	是
7	神经网络	开发实时状态监控系统的理想工具。该网络考虑了所有状态监控信息，能够高效地处理这些信息	很难培训神经网络	是	是
8	数据驱动技术	归功于原始信号的"自然"分解和相位信息的利用，这是探测发生在风电机组的初期机械和电气缺陷的理想工具	计算复杂以及人工选择利益相关的内在模式功能使得该技术难以在线使用	否	是
9	遗传编程	能够以数学方式模拟复杂的问题	获得的数学模式的物理平均值未知	是	是

从表 18.3 的内容，可以看出以下问题：

（1）绝大部分的技术仅仅适合离线的状态监控和故障诊断，但是因为计算的复杂性，在线使用并不理想。

（2）有些新研发的技术还没有完全展示，尽管可能已经对一种或两种类型的故障进行了测试。从大修、重建活动收集真实的风电机组状态数据的困难，以及并不是所有的运行中的风电机组都得到了恰当的监控这一事实，意味着目前测试或证明这些技术是一项挑战性工作。

（3）神经网络和遗传编程可以用于在线应用，但是恰当的培训是项挑战性的任务。

其他的技术，例如自组织映射和支持向量机，由于强大的非线性分类能力，可能适合用于风电机组状态监控。但是，目前这些技术尚未用于风电机组状态监控的报告。

18.6　风电机组状态监控的现有问题和未来趋势

本章回顾了海上风电机组的状态监控，得出了以下结论：

（1）基于 SCADA 的专门设计的状态监控系统目前可用于现代海上风电机组，并具有以下特点：

1）基于 SCADA 的状态监控系统需要额外的费用。但是，SCADA 数据的低取样频率阻碍了该系统进行详细的状态监控分析、诊断和预测功能。

2）专门设计的状态监控系统是一个独立的状态监控系统，由数据采集、数据调节、数据传输和大量的传感器构成。因此，其硬件昂贵。但是该系统使用高取样率收集数据，实现了关键风电机组部件的详细分析、诊断和预测。

3）要将这些不同的监控方法集成起来需要作出更多努力。

（2）海上风电机组的大规模开发为有效的风电机组状态监控技术提出了迫切要求，应该是：

1）适用于比如今的风电机组概念更广的范围。

2）能够监控整个风电机组的关键部件，而不是仅仅专注于驱动类部件。

3）能够探测初期缺陷并阻止二次伤害。

4）能够进行故障检测、诊断和预测。

5）硬件成本效率高，状态监控结果可靠。

（3）与陆上风电机组相比，海上风电机组在规格上更大，并具有以下特点：

1）经历更强劲的风力和更恶劣的环境。

2）由于接近困难，造成更长的修理和替换停机时间。

3）由于在特殊船只和起吊设施上额外的开支，产生更高的修理/替换费用。

因此，海上风电机组状态监控在增加经济回报上，会起到更加重要的作用。

（4）振动和润滑油分析目前能有效监控陆上风电机组。但是，它们难以满足未来海上风电机组状态监控系统的新要求。

（5）需要进一步的研究来解决以下问题：

1）快速且准确地处理非线性、非平稳状态监控信号。

2）在不断变化的操作条件下，成功地检测到初期风电机组故障，通过克服外部负荷和其他运营条件造成的负面影响，改善状态监控结果的可靠性。

3）开发专门用于监控风电机组电气和电力电子系统的技术，这些系统在发电机故障中占了相当比例。因为易于维修，这些系统的故障对陆上风电场而言不是问题。但是对海上风电场而言，由于场地到达困难，可能造成长时间的停机。

缩　略　语

CM   Condition Monitoring　状态监控
CMSs   CM Systems　状态监控系统
EU   European Union　欧盟
EWEA   European Wind Energy Association　欧洲风能协会
EWEC   Proceeding of European Wind Energy Conference & Exhibition　欧洲风能大会暨展览会

FFT	Fast Fourier Transform　快速傅里叶变换
ICEMS	International Conference on Electrical Machines and Systems　电机与系统国际会议
IEEE	Institute of Electrical and Electronic Engineers　电气和电子工程师协会
IET	The Institution of Engineering and Technology　英国工程技术学会
IMAM	International Maritime Association of the Moditerranean　地中海国际海运协会
NDT	Non‐destructive Testing　非破坏性试验
O&M	Operation and Maintenance　运行和维护
PEMD	Power Electronics，Machines and Drives　电力电子，机器和驱动器
SCADA	Supervisory Control And Data Acquisition　数据采集与监视控制
SPM	Shock Pulse Method　冲击脉冲法
WMEP	Scientific Measurement and Evaluation Programme　科学测量和评估计划

参 考 文 献

［1］ P. Tavner. Offshore Wind Turbines – Reliability, Availability and Maintenance, The Institution of Engineering and Technology, 2012.

［2］ Beijing Goldwind Science & Creation Windpower Equipment Co. , Ltd. （Online）. Available：http：//www. goldwind. cn. （accessed December 2014）.

［3］ Artemis Intelligent Power Ltd. Digital Displacement Technology, July 2012.

［4］ S. Faulstich, B. Hahn. Comparison of Different Wind Turbine Concepts Due to Their Effects on Reliability, 2009. UpWind, EU supported project no. 019945 （SES6）, deliver – able WP7. 3. 2, public report, Kassel, Germany.

［5］ W. Yang. Condition monitoring the drive train of a direct drive permanent magnet wind turbine using generator electrical signals, J. Sol. Energy Eng. 136 （2014） 021008.

［6］ P. Tavner, F. Spinato, G. J. W. van Bussel, E. Koutoulakos. Reliability of different wind turbine concepts with relevance to offshore application, Proceedings of European Wind Energy Conference, Brussels, Belgium, March 31 – April 3, 2008.

［7］ S. Faulstich, B. Hahn, K. Rohrig. Windenergie Report Deutschland, Institut fur solare Energieversorgungstechnik, Kassel, 2008.

［8］ P. Tavner, D. M. Greenwood, M. W. G. Whittle, R. Gindele, S. Faulstich, B. Hahn. Study of weather and location effects on wind turbine failure rates, Wind Energy 16 （2013） 175 – 187.

［9］ S. Faulstich, B. Hahn, P. Tavner. Wind turbine downtime and its importance for offshore deployment, Wind Energy 14 （3） （2011） 327 – 337.

［10］ Y. Feng, P. Tavner, H. Long. Early experience of UK round 1 offshore wind farms, Proc. Inst. Civ. Eng. 163 （4） （2010） 167 – 181.

［11］ Y. Dalgic, I. Lazakis, O. Turan. Vessel charter rate estimation for offshore wind O&M activities, 15th International Congress of the International Maritime Association of the Mediterranean （IMAM 2013）, October 14 – 17, 2013.

［12］ W. Yang, P. Tavner, C. Crabtree, Y. Feng, Y. Qiu. Wind turbine condition monitoring：technical and commercial challenges, Wind Energy 17 （5） （2014） 673 – 693.

［13］ International Energy Agency. Technology Roadmap – Wind Energy, 2013 （edition）.

［14］ P. Tavner, F. Spinato, G. J. W. Bussel, E. Koutoulakosb. Reliability of wind turbine subassemblies, IET Renew. Power Gen. 3 （4） （2009） 1 – 15.

［15］ J. Ribrant, L. Bertling. Survey of failures in wind power systems with focus on Swedish wind power plants during 1997 – 2005, IEEE Trans. Energy Convers. 22 （1） （2007） 167 – 173.

［16］ P. Tavner, J. Xiang, F. Spinato. Reliability analysis for wind turbines, Wind Energy 10 （2007） 1 –18.

［17］ S. Yang, D. Xiang, A. T. Bryant, P. Mawby, L. Ran, P. Tavner. Condition monitoring for device reliability in power electronic converters – a review, IEEE Trans. Power Electron. 25 （11） （2010） 2734 –2752.

［18］ P. Greenacre, R. Gross, P. Heptonstall. Great Expectations：The Cost of Offshore Wind in UK Waters – Understanding the Past and Projecting the Future, Technical report of UK Energy Research Centre, September 2010.

［19］ C. C. Ciang, J. R. Lee, H. J. Bang. Structural health monitoring for a wind turbinesystem：a review of damage detection methods, Meas. Sci. Technol. 19 （2008） 1 – 20.

[20] Z. Hameed, Y. S. Hong, Y. M. Cho, S. H. Ahn, C. K. Song. Condition monitoring and fault detection of wind turbines and related algorithms: areview, Renewable SustainableEnergy Rev. 13 (1) (2009) 1 – 39.

[21] E. Jasiuniene, R. Raisutis, R. Sliteris, A. Voleisis, A. Vladisauskas, D. Mitchard, M. Amos. NDT of wind turbine blades using adapted ultrasonic and radiographic techniques, Insight Non – Destr. Test. Cond. Monit. 51 (9) (2009) 477 – 483.

[22] M. A. Rumsey, W. Musial. Application of infrared thermography nondestructive testing during wind turbine blade tests, J. Sol. Energy Eng. 123 (4) (2001) 271.

[23] L. Zhen, Z. J. He, Y. Y. Zi, X. F. Chen. Bearing condition monitoring based on shock pulse method and improved redundant lifting scheme, Math. Comput. Simul. 79 (3) (2008) 318 – 338.

[24] P. Tavner, L. Ran, J. Penman, H. Sedding. Condition Monitoring of Rotating Electrical Machines, IET, Stevenage, 2008, ISBN 978 – 0 – 86341 – 741 – 2.

[25] P. Tavner. Review of condition monitoring of rotating electrical machines, IET Electr. Power Appl. 2 (4) (2008) 215 – 247.

[26] V. Smet, F. Forest, J. J. Huselstein, F. Richardeau, Z. Khatir, S. Lefebvre, M. berkani. Ageing and failure modes of IGBT modules in high – temperature power cycling, IEEE Trans. Ind. Electron. 58(10)(2011)4931 – 4941.

[27] H. Wang, M. Liserre, F. Blaabjerg, P. de Place Rimmen, J. B. Jacobsen, T. Kvisgaard, J. Landkildehus. Transitioning to physics – of – failure as a reliability driver in power electronics, IEEE J. Emerg. Sel. Top. Power Electron. 2 (1) (2014) 97 – 114.

[28] B. Ji, V. Pickert, B. Zahawi, M. Zhang. In – situ bond wire health monitoring circuit for IGBT power modules, in: The 6th IET International Conference on Power Electronics, Machines and Drives (PEMD), 2012.

[29] D. Xiang, L. Ran, P. Tavner, S. Yang, A. Bryant, P. Mawby. Condition monitoring power module solder fatigue using inverter harmonic identification, IEEETrans. Power Electron. 27 (1) (2012) 235 –247.

[30] D. Xiang, L. Ran, P. Tavner, A. Bryant, S. Yang, P. Mawby. Monitoring solder fatigue in a power module using case – above – ambient temperature rise, IEEE Trans. Ind. Appl. 47 (6) (2011) 2578 – 2591.

[31] K. J. Li, G. Tian, L. Cheng, A. Yin, W. Cao, S. Crichton. State detection of bond wires in IGBT modules using eddy current pulsed thermography, IEEE Trans. Power Electron. 29 (9) (2014) 5000 –5009.

[32] A. M. Imam, D. M. Divan, R. G. Harley, T. G. Habetler. Real – time condition monitoring of the electrolytic capacitors for power electronics applications, in: The 22nd IEEE Applied Power Electronics Conference, February 25 – March 1, CA, USA, 2007, pp. 1057 – 1061.

[33] B. D. Chen. Survey of Commercially Available SCADA Data Analysis Tools for Wind Turbine Health Monitoring, Technical report of Supergen Wind EPSRC Project, November 2010.

[34] A. Zaher, S. D. J. McArthur, D. G. Infield, Y. Patel. Online wind turbine fault detection through automated SCADA data analysis, Wind Energy 12 (6) (2009) 574 – 593.

[35] E. J. Wiggelinkhuizen, T. W. Verbruggen, H. Braam, L. Rademakers, J. Xiang, S. Watson. Assessment of condition monitoring techniques for offshore wind farms, J. Sol. Energy Eng. 130 (3) (2008) 031004.

[36] S. Watson, B. J. Xiang, W. Yang, P. Tavner. Condition monitoring of the power output of wind turbine generators using wavelets, IEEE Trans. Energy Convers. 25 (3) (2010) 715 – 721.

[37] ReliaWind. Web – link: http: //www. reliawind. eu, (last accessed 25. 11. 10) .

[38] Y. Qiu, P. Richardson, Y. Feng, P. Tavner. SCADA alarm analysis for improving wind turbine reliability, in: Proceedings of European Wind Energy Conference (EWEA), Brussels, 2011.

[39] Y. Feng, Y. Qiu, C. Crabtree, H. Long, P. Tavner. Use of SCADA and CMS signals for failure detection & diagnosis of a wind turbine gearbox, in: Proceedings of European Wind Energy Conference (EWEA), Brussels, 2011.

[40] W. Yang, C. Richard, J. Jiang. Wind turbine condition monitoring by the approach of SCADA data analysis, Renewable Energy 53 (2013) 366 – 376.

[41] Germanischer LIoyd. Rules and Guidelines, IV Industry Services, 4 Guideline for the Certification of Condition Monitoring Systems for Wind Turbines. Edition 2007.

[42] Germanischer LIoyd. Guideline for the Certification of Wind Turbines. Edition 2003 with Supplement 2004 and Reprint 2007.

[43] Germanischer LIoyd. Guideline for the Certification of Offshore Wind Turbines. Edition 2005, Reprint 2007.

[44] S. Sheng. Investigation of oil conditioning, real – time monitoring and oil sample analysis for wind turbine gearbox, in: AWEA Project Performance and Reliability Workshop, San Diego, California, USA, 2011.

[45] S. Sheng, P. Veers. Wind turbine drive train condition monitoring—an overview, in: Applied Systems Health Management Conference, Virginia Beach, Virginia, USA, 2011.

[46] W. Yang, P. Tavner, M. Wilkinson. Condition monitoring and fault diagnosis of a wind turbine synchronous generator drive train, IET Renew. Power Gen. 3 (1) (2009) pp. 1 – 11.

[47] W. Yang, P. Tavner, C. Crabtree, M. Wilkinson. Cost – effective condition monitoring for wind turbines, IEEE Trans. Ind. Electron. 57 (1) (2010) 263 – 271.

[48] M. Wilkinson, F. Spinato. Measuring & understanding wind turbine reliability, Proceeding of European Wind Energy Conference & Exhibition (EWEC) 2010, Warsaw, Poland, 20 – 23 April, 2010.

[49] D. McLaughlin. Wind farm performance assessment: experience in the real world, Renewable Energy World Conference & Expo Europe 2009, KoelnMesse, Cologne, Germany, 26 – 28 May, 2009.

[50] C. Hatch. Improved wind turbine condition monitoring using acceleration enveloping, Orbit (2004) 58 – 61.

[51] C. Hatch, A. Weiss, M. Kalb. Cracked bearing race detection in wind turbine gearboxes, Orbit 30 (1) (2010) 40 – 47.

[52] P. Caselitz, J. Giebhardt, M. Mevenkamp. Application of condition monitoring systems in wind energy converters, in: Proceedings of European Wind Energy Conference (EWEC) 1997, Dublin, Ireland, 1997.

[53] J. Antoni, R. B. Randall. The spectral kurtosis: application to the vibratory surveillance and diagnostics of rotating machines, Mech. Syst. Signal Process. 20 (2) (2006) 308 – 331.

[54] W. Q. Jeffries, J. A. Chambers, D. G. Infield. Experience with bicoherence of electrical power for condition monitoring of wind turbine blades, IEE Proc. Vis. Image Signal Process. 45 (3) (1998) 141 – 148.

[55] C. S. Tsai, C. T. Hsieh, S. J. Huang. Enhancement of damage – detection of wind turbine blades viaCWT – based approaches, IEEETrans. Energy Convers. 21 (3) (2006) 776 – 781.

[56] K. Basset, C. Rupp, D. S. K. Ting. Vibration analysis of 2. 3MW wind turbine operation using the discrete wavelet transform, Wind Engineering 34 (4) (2010) 375 – 388.

[57] W. Yang, P. Tavner, C. Crabtree. An intelligent approach to the condition monitoring of large scale wind turbines, Proceeding of European Wind Energy Conference (EWEC) 2009, Marseille,

France，16 - 19 March，2009.

[58]　W. Yang，J. Jiang，P. Tavner，C. Crabtree. Monitoring wind turbine condition by the approach of empirical mode decomposition，The 11th International Conference on Elec - trical Machines and Systems (ICEMS) 2008，Wuhan，China，October 17 - 20，2008.

[59]　W. Yang，L. Christian，R. Court. S - transform and its contribution to wind turbine condition monitoring，Renewable Energy 62 (2014) 137 - 146.

[60]　W. Yang，L. Christian，P. Tavner，R. Court. Data - driven technique for interpreting wind turbine condition monitoring signals，IET Renew. Power Gen. 8 (2) (2014) 151 - 159.

[61]　W. Yang，P. Tavner，R. Court. An online technique for condition monitoring the induction generators used in wind and marine turbines，Mech. Syst. Signal Process. 38 (1) (2013) 103 - 112.

[62]　W. Yang，C. Ng，J. Jiang. Wind turbine condition and power quality monitoring by the approach of fast individual harmonic extratcion，J. Sol. Energy Eng. 135 (3) (2013) 034504.

[63]　W. Yang，S. W. Tian. Research on a power quality monitoring technique for individual wind turbines，Renewable Energy 75 (2015) 187 - 198.

[64]　B. P. Tang，W. Y. Liu，T. Song. Wind turbine fault diagnosis based on Morlet wavelet transformation and Wigner - Ville distribution，Renewable Energy 35 (12) (2010) 2862 - 2866.

[65]　W. Yang，R. Court，P. Tavner，C. Crabtree. Bivariate empirical mode decomposition and its contribution to wind turbine condition monitoring，J. Sound Vib. 330 (15) (2011) 3766 - 3782.

[66]　A. Kusiak，A. Verma. A data - driven approach for monitoring blade pitch faults in wind turbines，IEEE Trans. Sustainable Energy 2 (1) (2011) 87 - 96.

[67]　M. Prokopenko. Advances in Applied Self - organizing Systems，Springer，2008，ISBN 978 - 1 - 84628 - 981 - 1.

[68]　B. Scholkopf，C. J. C. Burges，A. J. Smola. Advances in Kernel Methods：Support VectorLearning，MIT Press，1999，ISBN 0 - 262 - 19416 - 3.

第 19 章 海上风电场的健康和安全

P. O. Lloyd

西门子海上风电场健康安全管理中心，汉堡，德国（Siemens Centre of Competence EHS Offshore Beim Storhhause，Hamburg，Deutschland）

19.1 介　　绍

风电机组（WTG）只有当在海上建设时才能成为现实。施工过程包括调查工作、铺设电缆、单桩或导管架式基础海底施工、塔架建造、机舱起吊、轮毂和叶片附件和最终的调试。这些活动中包含的危险包括重型起重、电缆处于张力下，电力和化学处理。风电机组部件在船只装载时坠落，起重系统发生故障，叶片坠落、发生伤害。虽然原始设备制造商（OEM）计划尽可能减少对风电机组的访问，但是需要定期维护和整改访问。风电机组的维修是一个有计划的协调过程，通常需要一周的时间来完成。与汽车维修类似，要检查油品和液体等级，以及其他关键部件。除了维修维护之外，可以进行额外的现场考察，进行改造或保修，以及故障发现和部件更改活动。在人工操作涡轮发电机时，发生过火灾，极少数情况下造成人员伤亡。整改可能涉及重要部件调换迫使使用自升式驳船。

到达并转移到海上风电机组的要求包含了物流问题，以及海上和航空风险。船只包括携带 12～14 名技师的小型快捷员工转运船（CTV）、能搭载约 60 人的维修/施工运营船到搭载数百人的酒店船只。海上事故包括船只起火导致的弃船和撞击带电物体导致出动救生艇和搜救直升机。虽然海上直升机事故极为少见，但是后果往往是灾难性的。

发电机设计本质上要求高空作业。这包括从员工转运船上进行海上转移之后攀爬涡轮发电机基础的梯子，当没有电梯时，利用内部爬梯系统爬到发电机的高度。这样的强体力活动可能会导致心脏病发作。高空作业部分还包含坠物和从高处坠落的风险。

此外，还有海上结构体与过路船只或飞机碰撞的风险，碰撞可能会导致结构体倒塌，而海上环境可能在温度、风力、海浪和潮汐力量上施加极端影响。

19.2 法　律　框　架

所有的雇主都有义务照顾他们雇佣的员工。例如，风电机组必须满足对机器的法定要求。所有的海上活动都处于海事海岸警备局管理之下。通过思考如果发生事故后会发生什么，这有助于澄清要求。如果海上可再生能源设施（OREI）发生事故，健康和安全执行局将进行调查，而海事海岸警备局或海上事故调查局将调查海上事故。当事故发生在责任边缘时，组织之间的谅解备忘录确定谁具有优先级，例如当从船只转移到海上可再生能源设施过程中发生的事故。

人员的健康、安全和福利受到法律保护。《英国健康和安全法》采用了目标设定方法。不是事先规定要做的事项检查单，因为检查单并不是在所有情况下都正确，目标设定法设定了需要实现的目标。那些负责在工作场所创造风险的机构负责控制这些风险，至少必须包括：

（1）系统的危险识别。

（2）评估风险以及那些风险可能造成的后果。

（3）采取合适的步骤和措施控制风险。

海上风电行业仍然处于幼年期，在发电机规格和距离海岸的距离方面正在不断突破，继续产生额外的健康和安全挑战。健康和安全执行局文件《降低风险保护人民》（2001）建议，如果由于新技术或新工艺而导致风险等级不清楚，那么应该采取"预防原则"。如果可能会发生严重伤害的风险合理可信，那么不论频率信息或数据如何缺乏，该风险都会被减轻。

简而言之，雇员的期望应该是一天工作结束之后回家时，没有任何身体和精神健康的恶化。

19.3　安全管理系统

经验显示，组织必须有安全管理系统（SMS）来控制风险。现在有各种模式的安全管理系统，但是英国标准职业健康和安全管理（BS OHSAS）18001 和 BS EN ISO 9001 分别是安全和质量标准，被视为国际标准，被海上可再生能源行业的主要企业采用。雇主采用这些标准作为他们控制安全和质量的公认的简单办法。有些公司拒绝与没有实施这些认证的其他公司合作。因此企业需要获得证明它们满足这些标准的独立认证；这一服务由挪威船级社—德国劳埃德船级社［Det Norske Veritas—Germanischer Lloyd（DNV-GL）］等国际认证机构提供。认证过程本身是一项具有挑战性且耗时但是有益的工作。但是，也存在这样的风险，即公司的目标仅在于获得认证，而不是保护雇员的安全。

监管机构不仅监督健康和安全法，还对雇主和雇员应该期望什么提供指导。

有效的健康和安全管理的关键是：

（1）领导能力和管理（包括合适的业务流程）。

（2）受过培训的/熟练的员工。

（3）人们信任并参与的环境。

HSG65 没有描述应该具体落实什么措施，但是使用了目标设定的计划、执行、检查和处理周期。

19.4　计划、执行、检查、处理

计划、执行、检查和处理方法如图 19.1 所示，计划、执行、检查和处理方法应视为一个循环过程，可能随着项目的发展和实施，需要完成不止一次。

图 19.1　计划、执行、检查和处理方法

19.5　海上可再生能源产业

世界上第一个商用海上风电场于 1991 年在丹麦的 Vindeby 安装。该风电场由 11 个距离海岸约 2km 的 450kW 发电机组组成。英国的第一座风电场于 2000 年在英格兰东北部的布莱斯港的近海岸安装。作为比较，Vindeby 风电场的总输出约为 5MW，而 2015 年，单一一个风电机组的输出可达 7MW，而更大型的风电机组正在开发之中。随着风电机组规格的扩大，他们距离海岸的位置也越来越远。德国 Bard 海上风电场是第一座距离海岸 100km 的风电场，2013 年 9 月并网。规格、复杂性和距海岸的距离等因素共同造成了复杂的工作环境，有很多各种各样的危险可能造成伤害和生命损失。尽管如此，可再生产业并没有被判定为危险产业，同样的并不受英国《重大事故危险控制条例》的管辖，与石油和天然气行业一样。计划、执行、检查和处理循环周期将用作考虑海上可再生能源产业的框架。

19.6　计　　划

政策—领导层和管理层需要对组织内部提供有力的指导。这不仅仅是语言上的声明，更是行动和资源需要遵守的规范。简明清晰的政策在整个组织内都要被认识到并得到遵守。很多处于海上可再生行业的公司都有石化产业的背景，将他们的危害零容忍文化带入了可再生能源行业。

想想你现在在哪儿以及你需要去哪儿——因为项目在海上进行，对组织当前管理健康和安全的能力分析是评估风险的前提。这可能需要新的能力，这些能力可能需要从组织外部和其他行业获得。作为一个相对较新的行业，健康和安全规则、规范和程度在不断发展，孤立地通过合规角度来控制风险是行不通的。

希望达到的目标以及谁对此负责——目的和目标必须是可实现的，并必须认识到谁负责实现这些目标。具有管理航空等复杂和高危险活动的长期业绩记录的组织，认识到风险是风险责任人管理的，而不是健康和安全专业人士的特权。清晰的问责制和责任划分将确保正确的资源应用，那些必须要实施政策的人员接受了培训，并有能力完成他们的行动。问责制最好可以描述为风险责任人，当任何事情出现错误时谁最终负责，并有预算实施改正。负责的个人实施到位的过程和步骤来管理风险，应该得到适当的培训及装备来承担其义务。

决定如何衡量业绩——业绩可以以很多方法衡量。最简单的方法是查看历史数据，即每 10 万工作小时事故出现的频率。这样的历史数据表明在重大伤害（事故）、轻伤（事件）和无伤害的事故（险情）数量之间的关联。

预防工业事故：一种科学方法如图 19.2 所示。

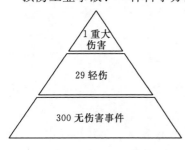

图 19.2 预防工业事故：
一种科学方法

这导致了这样的信念，即追求无伤害事故也会消除重大伤害事故的发生。这一活动倾向于集中在小事故的成因上，而不是重大事故的前兆。最近的工作是专注于研究重大伤害事故的前兆。一个常用的做法是统计没有发生时间损失的事故的工作天数（通常在发生事故后产生时间损失）。

这样的历史信息被称为滞后指标。这是一个项目内安全绩效的最低数字。这些信息告诉我们发生了多少事故，有多少人受伤。它们不会说一个组织在多大程度上预防了事故。相反，低报告率可能会产生一个虚假的印象，认为安全性已经在控制范围内。一个主要指标是领先或显示未来事件的措施，用于驱动或衡量所采取的预防和控制伤害的活动。具体案例包括安全培训、员工意见调查和安全审核。可再生能源行业中一个有效的例子是管理安全巡视的数量记录，这显示领导层的安全承诺，体现了与员工的相互作用。

考虑危险并与那些具有那些同样风险的组织合作。风电场项目是风险责任人之间复杂的相互作用。AWTG 是设备的复杂部分，从转动设备、燃烧材料、电力和存储的能源引入风险。设计风险评估（DRA）由原始设备制造商（OEM）完成，如果可能，在初始设计中将这些风险排除。并不是所有的风险都能排除，因此引入流程和步骤来控制并减轻这些风险。这样的流程和步骤需要在原始设备制造商和客户之间清楚地传递。绝大多数项目涉及众多的分包商，从海上重型升降机到专家检查组等。在识别风险时，那些暴露在风险下或者受它影响的因素，都应参与审议。这也适用于毗邻的风险产生者，例如在同一地点的石油和天然气设施。

为变化做出计划并识别必须要满足的任何法律要求，环境的变化可能会改变风险状况。如果考虑到风电场发展的不同阶段：

（1）再次同意调查。

（2）施工阶段。

1）水下。

2）电缆敷设。

3）基础。

4）发电机施工。

（3）运营和维护（O&M）。

1）计划的维护。

2）纠正。

（4）电厂更新改造。

（5）退役。

暴露在危险下的员工数量和危险类型可以发生显著变化。与运营和维护阶段相比，在海上施工现场可能有 10 倍数量的船只和人员。应急程序和急救物资在施工过程中可能很容易发现，但是在项目转移到运营和维护阶段后，数量可能会大幅度减少。天气变化可能会改变海上风险，夜间操作可能会让工作程序复杂化，延误救援程序。必须监控变化并预测其影响，以便确保风险处于控制之下。

19.7 执 行

识别你的风险状况—在这样的新产业中，识别风险是任何与海上可再生能源相关的安全管理系统的基础，应该完全涵盖在内。与石油和天然气等类似的产业一样，是未能识别并处理的危险造成事故的发生。

下面进行一些解释：

（1）危险是指可能造成伤害的任何事物，例如电力、高空作业或旋转的设备。

（2）风险是指有人可能会被这些或其他危险伤害的或高或低的机会，以及危害严重程度的指示，例如事故是否造成一人或多人死亡。

简言之，风险评估程序由以下部分组成：

（1）识别危险。

（2）确定谁可能会受到伤害，以及如何受到伤害。

（3）评估风险并确定预防措施。

要求记录重要发现，并带入程序中定期以及在发生事故或重大变化之后对做出的评估进行审核。

下面转向系统性的危险识别。目前没有可再生能源危险清单构成的指南。但是，有些行业有着类似的状况。例如，已经开发了 ISO 17776 来帮助石油和天然气行业。虽然海上可再生能源具有类似的地理足迹，但是没有石化风险，而且人员倾向于分散分布，以较小的群体工作。下面提供了类似的危险领域的概要：

（1）风电机组。

（2）变压器平台。在两种情况下，这些可以进一步划分为危险能源控制：①火；②电气；③机械；④液压和气动。

将产品置于海上的地理和环境有以下影响：

（1）船只和飞机碰撞。

（2）结构性故障。

人类与产品的相互作用有：

（1）高空作业。

（2）吊装。

（3）通过海上和航空访问。

（4）职业活动。

减轻风险或应对事故的活动有：

（1）在海上保持身体健康。

（2）海上急救培训。

（3）海上应急响应。

（4）陆上综合应急响应训练。

行业机构提供行业指导，而客户分组也共同建立最佳工作实践。RenewableUK 门户网站提供健康和安全文件。他们的文件《海上风能和海洋能源健康和安全指南》提供了识别可能会发生风险的结构性方法，并将风险分成 24 大类。

海上可再生能源行业的危险主要是对其员工而言的，与公众的相互影响有限。尽管如此，也要考虑到风电机组的意外访客。在为遇险船员提供庇护的要求和实地管制对风电机组访问的要求之间有冲突。

下面介绍风险评估方面的内容。《健康与安全执行局信息表-海上设施风险评估指南》概括了需要遵守的程序。虽然特别为石油和天然气行业而开发，但是关键的原则同样适用于可再生能源行业。

在评估风险时，该文件声明采用的风险评估方法应该高效（成本效率），并足够详细，以便能够对风险按顺序进行分级，以便为减少风险进行后续考虑。评估的准确性应该与问题的复杂性和风险的程度成正比。

风险评估可以通过以下不同等级的评估扩展：

（1）定性评估（Q），即纯粹从定性方面确定频率和严重性。

（2）半定性评估（SQ），即在范围内对频率和严重性大约定量。

（3）量化风险评估（QRA），即发生量化。

这一方法确保在适当的范围内耗费时间和精力。

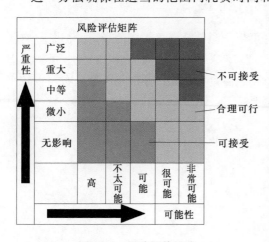

图 19.3　风险评估矩阵

在可再生能源行业，定性评估是标准，因为已经理解了绝大部分危险，并且对于如何控制其他行业的这些风险已经有了相当丰富的经验。举例包括重型吊装、高空作业和旋转的机械。这样的评估将在内部进行，并构成所实施评估的绝大部分。可以在风险评估矩阵划分风险，而矩阵可以由组织的风险承受能力叠加。例如，风险评估矩阵如图 19.3 所示，不可接受区域内的任何风险都是不可接受的，在采取减轻事故发生的严重性或概率的缓和措施之前不会考虑任何活动。可接受区域会被视为受到控制，不需要采取进一步的行动。合理可行区域是主观区域，有时候被称为最低合理可行（ALARP）区域。此处剩余的风险对组织而言是可以接受的，因为任何进一步减少风险的活动都被视为在时间和金钱方面需要采取额外的措施。

这一事实确认，资源方面总是有压力，而剩余风险与其他风险相比较，注意力总是放在可以实现最佳经济价值的方面。虽然如此，更高的风险仍然存在，企业承担这样的责任，即这种水平的风险在企业的承受范围之内。因为这是一个非常主观的决定，这一决定由风险责任人做出，并至关重要。在有些组织中，接受这样风险的权限在公司内各有不同，最高风险由首席执行官等最高层批准。

在有些领域，危险的后果可能会更严重，由于这样的新产业缺乏历史数据，适合半定性评估。例如火灾的风险，对个人而言后果是可以理解的，但是这些发生的可能性不清楚。在这样的情况下，可以考虑详细的计算机建模，来构成半定性评估。这可以在内部进行，但是也需要专家支持。

在最高端，后果可能会非常严重，可能会涉及多人死亡，且危险可能会影响公众，这样需要专家组织进行量化风险评估。例如涡轮风电机组失去一个叶片相关的风险。

一旦风险得到确认、量化并按优先顺序排序，应该得到处理，将剩余风险降到可接受程度。下面是推荐的降低风险的分层法：

（1）通过设计消除并最小化风险（也称为安全源于设计）。

（2）预防（减少发生的可能性）。

（3）探测（提高了警告）。

（4）控制（范围、密度和持续时间的限制）。

（5）减轻后果（免受影响）。

（6）逃生、疏散和救援（EER）。

对于减轻风险的建议可以从很多组织中找到。下面是组织提供的具体危险建议的举例。

19.7.1　风电机组危险

（1）HSE：作业设备的安全使用—作业设备的准备和使用 1998（通常称为 PUWER 1998）批准的实务守则和指导。

（2）HSE：工作场所电力规范指导备忘录 1989—规范指导。

19.7.2　海上危险

（1）IMCA：海上船只和结构体往返指南。

（2）IMCA：起重作业指南。

（3）MCA 和 NWA：作业船法规—国际工作组技术标准。

19.7.3　职业危险

（1）HSE：人工操作评估图（MAC 工具）规则指南。

（2）HSE：起重设备安全使用—重操作和起重设备规范 1998（通常称为 LOLER 1998）批准的实务守则和指导。

（3）G9—良好实践指南：海上风能行业的高空作业。

（4）G9—良好实践指南：用于海上风能行业的小型作业船安全管理。

19.7.4 应急准备和响应

（1）RenewableUK—事故响应：海上风能和海上项目。

（2）MCA—MGN371—海上可再生能源设施（OREIs）—英国航海实践、安全和应急响应事宜指南。

（3）MCA—海上可再生能源设施。施工和运营阶段的应急响应合作计划（ERCoP）以及应急响应和 SAR 直升机操作要求❶。

尽管如此，上述文件仅仅是建议，如何处理风险的最终决定取决于负责将个人置于易于受到伤害环境中的管理层。

组织活动以实现该计划。在决定如何控制风险的过程中，让工人参与其中并进行沟通很重要，这样每个人都清楚需要什么，可以公开讨论问题。这样有助于发展积极的态度和行为。管理层必须提供足够的资源来实施计划，包括在需要的时候提供专家建议。

实施计划。在计划的实施过程中，管理层必须做到以下几点：

（1）决定所需的预防性和保护性措施，并将这些措施实施到位。这样的信息应该清楚地公布，确保建立一个安全工作系统。《RenewableUK -风力发电机安全规则》是这样程序的很好的例子。

（2）提供工作所用的正确的工具和设备，并保证这些工具和设备得到恰当的维护。

（3）培训和指导，确保每个人都有能力完成他们自己的工作。因为可再生能源工作人员一般会从一个项目转移到另一个项目，主要的行业领导将该行业内工作所需的最低安全培训标准化。这些信息可以查阅世界风能协会（Global Wind Organization）的门户网站。

（4）监督并确保所有的安排得到遵守。

在海上可再生能源行业中，管理承包商是一个引人关注的特殊事业。承包商的事故率高于核心员工。其中的原因是多方面的，每一种情况都应该从其本身价值进行评估，需要开发特殊的程序来监视和控制情况。当内部经验缺乏时，需要外部专家支持。

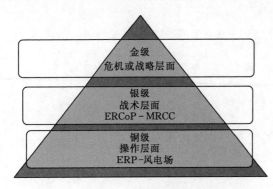

图 19.4 三级响应系统

任何计划的一个关键部分是当任何事故发生时，都有应急措施安排到位。在可再生风能行业，事故可能会有组织的从风电场内部活动中发生，或者风电场也可能从经过的或相邻的一般海上活动中收集事件。

英国的应急服务对任何事故实行三级响应系统，如图 19.4 所示。处理与事故源相关的活动被视为是操作层面的活动。当事故需要大量的响应资产之间的协作时，这一层面的响应被定义为战

---

❶ 2015 年末，这些文件被应急联动—可再生能源行业（IOER - R）替代。

术层面。当事故很可能超出预先定义的突发事件，那么可能会上升到战略层面（有时也称为危机应对），这样所有组织的物资都能做出响应。这三个等级也称为铜级、银级和金级。

　　监管机构希望风电场有能力立即对可预见的事件做出响应。历史证据表明，有些人会受到危及生命的医疗紧急情况，例如心脏病、影响四肢的工业事故、导致扭伤和脱臼的人体工学事件。多人伤亡是少见的，虽然与海上相关的事件见证了人员被迫进入救生艇，面临意外进水、暴露和溺水的风险。所有的海上事故最终都会到达海岸，在陆上恢复应该计入所有的响应计划。这可能需要创建接待中心、近亲通知和幸存者支持。最有可能也需要联络官和通信专家。

　　风电场主要责任人准备如何应对事故将由事故的可能幅度和可用的响应物资决定。由于项目在生命周期中不断发展，这一方面将也将发生变化。相应的，任何评估和响应计划都需要随着风险和相应的物资变化而更新。

　　操作层面的活动在主要责任人的应急响应计划中详细说明。这将涵盖所有活动和所有人员，包括指定风电场的转包商。如何强调命令的清晰明确都不过分，这是石油和天然气行业确认的主要教训之一。如果事故需要综合复杂的响应或外部协助，将升级到战术层面。这首先将是 MCA 海上救援协调中心（MRCC），并符合事先确定的应急响应合作计划（ERCoP）。在海上风电场开始施工之前，必须建立应急响应合作计划，并在风电场进度进入运营和维护阶段时及时更新。关于应急响应合作计划的全部要求见 MCA—海上可再生能源设施。应急响应合作计划是主要负责人和 MCA 共同制定的，不能孤立的创建，因此要确保面对面的对话。

　　只要有危及生命或生活质量的风险，事故就应立即根据应急响应合作计划的规定逐级上报 MCA。然后 MCA 将负责事故的协调并决定是否部署国家搜寻和救援物资。在医疗事故中，MCA 将就立即采用救援直升机转运的紧迫性和有效性寻求远距离医疗建议。风电场资产仍然是首选的运输手段，但是，与救护车机构等其他应急服务机构协调仍然是 MCA 的责任。

　　当事故超出了风电场能力范围和正常备用国家应急响应时，那么事故将会升级到战略/危机事故等级。很难想象源自风电场的事故需要这样的等级升级。更有可能的是由位于风电场内或附近的海上事故引起的。所有的水手都有义务对海上遇险的人员做出响应。随着风电场发展进一步远离海岸，并进入石油和天然气领域，将建立地理综合响应程序，详细规定不同的利益相关者如何提供相互支持。任何造成生命损失的事故也将由警察进行调查。这可能要求证人面谈以及对海上可再生能源设施（OREI）进行实情调查。

19.8 检　　查

　　衡量绩效。一个安全管理系统仅仅与其产生的反馈一样好。监视可以划分为"主动"和"被动"两种情况。主动监视包括例行检查、健康监督和安全设备检查。被动方法包括调查事故和意外事故，并监视生病的原因以及因病缺勤记录。主动监视在海上可再生能源行业很难。工作团队规模小，工作不受上级监督。此外，不事先通知的访问很难，因为海上物流需要事先通知。相应的，自我监督与活动远程监控成为常态。

调查意外事故、事故或险情的原因。被动监控的关键是选择正确的调查等级。当受害方和主管都充分认识到事故原因以及所需要的纠正措施时，完成全面调查几乎得不到什么。调查可能会有严重后果的险情可能会更有利。意外事故调查需要其本身的记录。但是，要注意识别是什么出现了问题，而不是谁做错了。追查元凶是确保永远不会报告事故和险情的可靠方法。这样的文化被称为悬挂文化（Hanging culture），具有很强的讽刺性。相反的方法是无罪责文化（Non - blameworthy culture），即任何事故只要上报，都可以得到原谅。这样也有问题，故意违法程序被视为没有影响，因此鼓励了不安全行为。一个中间地带被命名为公平文化（Just Culture），即诚实的错误更多地被视为系统故障而不是个人的失败。但是，故意违反安全程序不会被容忍，并将受到纪律处分。有些时候管理层可能觉察到是故意违反行为，但是个人或许会声明为错误。公平文化要想成功，就必须被职工认为公平。

有大量的工具和方法可以用来协助调查意外事故、事故或险情。他们帮助识别任何事故的根本原因。管理层的疏忽经常被称为根本原因，或至少是一个影响因素。毕竟并没有多少人是为了伤害自己去工作。一项深度调查可以识别组织内的很多缺点。但是，这些缺点可能既耗费时间，又耗费财力。因此当务之急是按照教训行事，以公开且诚实的方式与员工分享所得到的信息，不管调查结果对管理层而言是多么令人无法接受。

19.9　处　　理

回顾绩效。所有雇员都应该有办法报告意外事故、事故和险情。这可以是简单的口头向部门管理层报告，向能够记录、散布并将所有信息处理成支持趋势分析的友好类型 IT 解决方案报告。组织规模越大，对这样的 IT 系统的要求越强。此外，IMCA、G9 和 RenewableUK 等行业组织运行特定行业的报告系统，尝试整理整个行业的信息，这样以便策动集体的进步。

监管机构也要求强制性地报告特定阈值之上的意外事故和事故。他们认为需要采取行动时，他们可以发出改善通知书，当监管机构认为可能会有严重人员伤害的风险时，会发出要求停止活动的执行通知。

对学到的教训采取措施，包括从审计和检验报告中学到的教训。确认的教训必须转化为学到的教训。在系统性确定根本原因之后，应采取纠正措施（试图防止再次发生）或预防性行动（阻止事件发生）。这些行动统称为纠正措施预防措施（CAPA），而组织有恰当的系统安排，确保确定纠正措施预防措施的责任人，监督并结束那些行动。

19.10　展　　望

随着风电场的规模越来越大，距离海岸越来越远，雇用的人员长时间在海上，要么待在船上（船舶酒店），要么在固定的海上变电站平台上。石油和天然气行业数十年来也处于类似的情况。但是，目前可再生能源行业的风险管理方法可能达不到计划中的活动要求。历史已经证实，事故发生在风险和风险责任人之间的相互影响和范围。这可以通过

1988 年发生的灾难性 Piper Alpha 平台事故进行很好的诠释，该事故导致 167 名工人死亡。卡伦爵士率领团队对这次灾难的原因进行了调查，并提出了新的安全建议。经确认，事故原因是由于泵的拆卸和关闭以及管道再次加载石油而造成的碳氢化合物泄漏造成的。据称，泵拆除的后果没有得到那些负责重新启动人员的充分理解。卡伦爵士的报告促使石油和天然气行业采用安全状况报告的方法来管理风险。安全状况报告需提供健康和安全管理以及在设施上控制重大事故的全部详细安排。这种方法的目的是确保不要错过任何风险，特别是活动和风险负责人遇到的风险。安全状况报告是石油和天然气行业的法律强制性报告。但是，提供报告目前不是海上可再生能源行业的要求。但是，如果不采取这样的安全状态报告，主要责任负责人非常难以说明是控制了风险。

19.11　结　论

如果想百分百地无风险，那么要避免海上活动。但是，大型的风电机组在海上有着稳定且强大风力的环境中工作良好。风险管理是以详细的危险识别为基础。这一活动必须从项目一开始进行，并要求采取系统性的方法；这不是事后的想法。只有早期对风险暴露有了了解，那些负责活动的人员才能在设计阶段采取恰当的控制措施；这是唯一可能消除风险的时间。这虽然是一个年轻的产业，但是通过采用类似行业的程序和步骤，已经取得了巨大进步。有了强有力的领导能力、管理层和受到良好培训的专业人员，才有可能到海上工作并安全返回，但是这也需要每一个人的参与，从设计人员、供应链管理人员、吊装监督人员、海上协调人员、运营管理人员和工程师到所有人都发挥自己的作用。安全是团队工作，海上作业更需要团队精神。

缩　略　语

ALARP　　As Low as Reasonably Practical　最低合理可行
BS OHSAS　British Standard Occupational Health and Safety Management 英国标准职业健康和安全管理
CAPA　　Corrective Actions Preventative Actions　纠正措施预防措施
CTV　　Crew Transfer Vessels　员工转运船
DNV - GL　Det Norske Veritas e Germanischer Lloyd　挪威船级社—德国劳埃德船级社
DRA　　Design Risk Assessments　设计风险评估
EER　　Escape，Evacuation and Rescue　逃生、疏散和救援
ERCoP　Emergency Response Cooperation Plan　应急反应合作计划
HSE　　Health and Safety Executive　健康和安全执行局
IOER - R　Integrated Emergency Response - Renewables　应急联动—可再生能源行业
ISO　　International Standardization Organization　国际标准化组织

IT   Information Technology 信息技术

LOLER   Lifting Operations and Lifting Equipment Regulations 起重操作和起重设备规范

MAIB   The Marine Accident Investigation Branch 海上事故调查局

MCA   The Maritime and Coastguard Agency 海事海岸警备局

MRCC   Maritime Rescue Coordination Centre 海上救援协调中心

OEM   Orginal Equipment Manufacturers 原始设备制造商

OREI   Offshore Renewable Energy Installation 海上可再生能源设施

Q   Qualitative 定性评估

QRA   Quantified Risk Assessment 最化风险评估

SMS   Safety Management System 安全管理系统

SQ   Semiquantitative 半定性评估

第 20 章　海上风电机组基础分析和设计

B. C. O' Kelly

都柏林圣三一学院，都柏林，爱尔兰（Trinity College Dublin，Dublin，Ireland）

M. Arshad

工程技术大学，拉合尔，巴基斯坦（University of Engineering & Technology，Lahore，Pakistan）

20.1　海上风电机组结构体的基础选择

风电场在经济上的存续发展要依靠多种能解决一系列技术争议的有效解决方案，而其中一项就是基础的形式。基础的选择很大程度上取决于水深、海底特征、采用的装载方式、可用的施工技术，更重要的是经济成本。海上风电机组（OWT）结构体可采用重力型基础、吸力式沉箱、单桩基础、三脚架或导管架式/桁格式基础（这些统称为底部安装结构体）或拴在海底的漂浮式平台。典型的水深应用范围的支撑结构如图 20.1 所示。在安装简易性、经济性和物流方面，应用最广泛的基础选择是单桩基础，一种单一的大直径中空（管）桩基础；估计已安装的海上风电机组中约 75% 采用了这种方案。因此，本章的重点是介绍单桩基础的地质技术特点，并讨论了基础选择中其他的主要形式。

单桩基础一般用于较浅的水深（如 20~40m），但是当水深在 30~40m 时，也可灵活应用，在这种情况下，单桩基础配有拉索或三脚架、导管架式/桁格式结构，这也可被视为经济划算的替代品。由于水深加大，安装耗时和土壤退化的影响（这些情况经常在海底围绕着桩身发生），导致此种情况下采取单桩基础解决方案成本高企，无法实施。三脚架基础由一个位于中央的大直径钢制管状截面和三个长度较短对其提供支持的支柱构成，如图 20.1 所示。这些支柱采用不同的基础方法连接到海底，包括重力型基础、吸力式沉箱或支柱。这样，施加到海上风电机组及其支持结构体上的负载能绝大部分以轴向传递到海底基础（通过支柱）上。从水面到海底长度最高 50m 的三脚架式基础完整安装，一般需要 2~3 个工作日，经常需要特殊的驱动和钻孔设备在水下工作。导管架基础结构（图 20.1）是一个由小直径钢制支柱组成的桁格式框架，与三脚架式基础类似，利用不同的基础类型，固定在海底。导管架基础的完整安装一般最多需要 3 天时间。与单桩基础相比，这些结构体特别适应极端海上天气状况，因为有额外的结构刚度和更大的力臂（在海底）来应对弯曲载荷。导管架/桁格结构体也更适用于现场突发情况，扩大了他们的应用范围，底部结构几何变化的实现也相对简单，但是不会改变总体结构的刚度。据估计，到 2020 年，50%~60% 的海上风电机组将由单桩基础支撑，35%~40% 的采用导管架和三脚架系统支撑。这种转变的主要原因是因为导管架和三脚架系统可向更深层的海上位置进发，那样就可持续提供更高的风速，从而产生更高的风能，这是风速的立方函数。

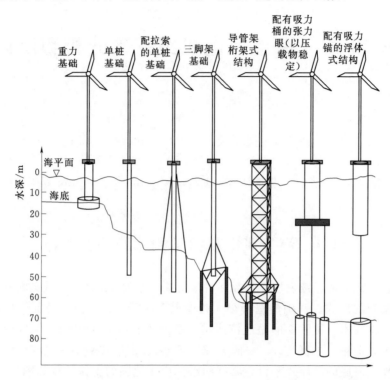

图 20.1　典型的水深应用范围的支持结构（选自 Malhotra，2010）

在将来，预计目前正处于研发阶段的漂浮式结构将可以商用，特别是水深深度超过 50m 的情况。这样用于风电机组的漂浮式平台将带来很多新的设计挑战。除此之外，张力腿平台概念（图 20.1）目前被认为经济性更高，因为浮体的刚体运动模式限于水平转换（起伏和摆动）以及沿着立轴转动（偏转）。对于备用浮体系统（图 20.1），向风力发电机组提供的浮力通过水面下伸出的一个细长圆柱体/缸体井来实现。对于闸堰浮体系统而言，风电机组结构体被安置到闸堰上并通过锚索固定到海底。

20.2　海上基础的载荷系统

海上基础要承受组合载荷，即结构体/机械的轴向（自重）力、重复的水平/测量载荷、弯曲力矩和扭矩。除了自重力之外，本载荷系统是随环境条件和机械运行来驱动的。环境对海上风电机组的影响如图 20.2 所示。基础设计必须能够在项目的生命周期内（一般 25 年甚至更长），在预设地址上承受大量来自各个方向、具有不同幅度和频率的风力和流体动力（海浪、洋流和潮汐/涌浪行动）所带来的载荷。另一个作用于海上风电机组结构体上的变量/周期性载荷（根据所处地理环境）来自冰川。地震载荷被视为是一种特殊类型的动态载荷。但是，本章的重点是风力和海浪载荷，因为在评估海上风电机组结构体疲劳寿命时，这些是很重要的方面。

海浪载荷（力量）对海上风电机组的影响力通常高于风力载荷。但是，就所产生的倾

翻力矩（弯曲力矩）而言，与转子—推力
对风力载荷的反应相比，海浪载荷通常只
产生很小的作用。出现这种情况是因为与
整体塔架长度相比，海浪载荷产生的弯曲
力矩的杠杆臂较小，在考虑到对基础系统
上的整体倾覆力作用时，转子推力的杠杆
臂较长。例如，对位于北海的海上风电机
组单桩基础而言，Byrne 和 Houlsby
（2003）报告称转子推力反作用力约占总水
平载荷的 25%，但是产生约 75% 的总倾翻
力矩。当比较风力和海浪载荷时，媒介的
密度必须考虑，因为海水密度远远大于空
气密度。流体动力载荷一般只有水深更深

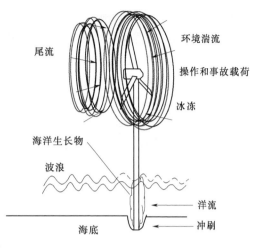

图 20.2 环境对海上风电机组的影响

和（或）浪高更高时才会显著变大，这造成海浪载荷的杠杆臂增加，同时海水产生的横向
载荷密度增加。风速以一个平均值上下起伏，形成持续的流体动力载荷，尽管当考虑海上
结构体的动态行为时，这一周期性特点与持续性海浪载荷相比整体来讲是微不足道的。当
风电场含有能量的频率接近海上结构体的自然频率时，必须进行包含风力载荷波动统计的
海上结构体动力分析，虽然对单桩基础而言，这些频率之间的差异通常都很大。当载荷频
率接近结构体的自然震动频率时，重复载荷可以成为动态载荷。这一趋势动态激发了结构
体，导致了支撑结构体和基础的共振和更高应力的发展，但是更明显地到了一个较高的应
力范围；这是考虑疲劳寿命的一个不利情形。对海上结构体总流体动力载荷的正确评估必
须考虑合并的洋流和波浪质点速度。Morison 等（1950）制定了一个公式来预测海浪载
荷，以水平正弦震荡流探测海浪载荷对竖桩的作用力。在他们的方程式中，线性惯性力和
相对应的二次方程拖拽力（从真实洋流和恒定洋流）叠加，测算出作用到桩所投影面积部
分的合力。Morison 的公式严格限定了用于修长结构体的要素，特点是 $D/l<0.2$，此处
D 是在海底平面和过渡性连接件之间的结构体要素的直径，I 是海浪的撞击波长。对于较
大的海上结构体而言（例如重力基础和海上风电机组单桩基础），波动场受到很大影响，
这样出现一个衍射系统。潜流理论更适合于计算在这样结构体上的波浪载荷。但是，现有
海上结构体中有很大一部分的设计采用了 Morison 的方程式，即使 $D/l<0.2$ 的标准可能
并不完全满足。

　　对岩土工程设计而言，不同类型载荷的相对比例和重要性基本上取决于所考虑的基础
系统的类型。对重力型基础而言，潜在的故障模式在于承载能力或过度沉陷；因此垂直
（自重）载荷一般是主要的设计考虑问题。对单桩基础而言，单桩基础侧向偏转（转动）
响应很大程度上控制了整个结构体的正常使用极限状态。因此，横向载荷和导致的力矩与
单桩基础的垂直载荷相比更加关键。换言之，在重复横向载荷下单桩基础响应是主要的设
计考虑，单桩基础设计主要是考虑在工作载荷下的动态和疲劳反应，而不是最终负载能
力。例如，现有的海上风电机组的转子直径在 90m 和 120m 之间变化〔发电能力在 3～
6MW（Tong，2010）〕，且产生的重力载荷在 2～8MN。例如 Byrne 和 Houlsby（2003）

报告称，作用在位于北海预计 3.5MW 的海上风电机组单桩基础上的垂直载荷为 6MN，来自风力和波浪因素的横向载荷占垂直载荷的比例高达 66%。这些载荷的精确幅度将随着设施的规格、详细设计及本地环境条件的变化而变化。当横向载荷的频率、载荷幅度和方向上在不断变化时，这一情况更加严重。在某些关键的载荷幅度和（或）频率上，重复的横向载荷能导致单桩基础的侧向土壤阻力发生显著下降。

20.3　海上风电机组单桩基础的一般情况

已经成功安装了外径为 4~6m 的单桩基础，能埋置（穿透）深度在 20~40m 之间，这取决于海上风电机组的风力发电能力。这些单桩基础的壁厚（取决于安装和载荷条件）在 55~150mm 之间，但通常是 60~80mm，总重量最高可达 1000t。根据土壤条件，单桩基础一般利用大型冲击锤安装在海底，采用振动桩驱动（振动打桩）、预钻孔打桩或钻孔/驱动技术。在打桩过程中，已经采用了降低噪声的措施，包括气泡帷幕、隔离套筒（桩套）、无水围堰以及水声阻尼器，目的是将噪声排放限制到环保水平。单桩基础的完整安装通常可以在 24h 完成。海上风电机组结构体的过渡联结件提供了纠正单桩基础安装过程中可能发生的垂直精确度不足问题。过渡联结件的直径略微大于（或小于）单桩基础的直径，浇筑到单桩基础上，并有一部分重叠。机械剪切连接器增加了连接的可靠性，减轻了连接能力因受到长期浇筑收缩的影响。新设计的特点包括浇筑的圆锥形连接和剪力键。在有些情况下，已安装的单桩基础可以延伸到水面，直接连接到塔架。

单桩基础的直径和埋置长度主要取决于海上风电机组的发电能力（施加载荷的间接测量）、海底特点/土壤特点和环境载荷的严重性。海上风电机组单桩基础的长度直径比（埋置长度与直径之比）值会小于 10（一般在 5~6），单桩基础的预埋部分因此被视为像拥有一个"刚性"的结构体，对其旋转而言过渡弯曲是显著的。换句话讲，周围的土壤会因为承载能力而损坏，而不是因为单桩基础将埋置长度故障通过塑性铰转移；即在横向载荷下的结构性能是由其作为一个刚性体的旋转定义的。埋置长度必须满足单桩基础设计标准，包括在设计寿命内的垂直稳定性和限制水平倾斜/旋转。限制旋转比"刚性"单桩基础更重要。作为一条基本原则，在现场载荷下，单桩基础从其竖向定线的旋转最高不超过 0.5°或在海底层面的侧向偏转最高不超过 120mm（根据实践经验），这些被视为风电机组正确操作的极限值。在海上风电机组单桩基础周边冲刷保护区下的泥沙流动（典型的岩石/石子层）可能会导致冲刷保护层的下沉，特别是对在沙质土壤沉积层上的基础桩。这以一种不利的方式改变了动态响应的自然频率。

一个在北海安装的常规 5MW 海上风电机组，其轮毂高度在平均海平面以上约 95m 且转子直径为 125m，可以产生近似准静态载荷场景（作用到海底层面），见表 20.1。这一示例场景显示，对于单桩基础而言，来自风力和波浪的水平载荷造成极高的弯曲力矩（以周围土壤的横向压缩抵制）并主要控制基础设计。为了确保单桩基础的扭力稳定，虽然要抵制的扭力通常较小（表 20.1），但必须在单桩—土壤界面积蓄足够的圆周剪切阻力。此外，塔架和过渡联结件之间的连接以及过渡联结件与单桩基础之间的联结必须能够将这些弯曲和扭力转移，并具有充足的安全系数。

表 20.1 支持 5MW 海上风电机组的单桩基础在海底层面的载荷
（Lesny 和 Wiemann，2005）

名称	大小	名称	大小
轴向载荷	35MN	弯曲力矩	562MN·m
水平载荷	16MN	扭转力矩	4MN·m

20.4 海上设计规范和方法

目前，海上风电机组单桩基础的分析、设计和安装通常依赖一般岩土工程标准，这些标准还会有一些专业的来自海上石油/天然气行业开发的指南和半经验规则补充。但是，目前和未来海上风电机组结构体的大直径单桩基础不在当前的经验和分析/设计方法范围之内，包括 API（2010）和 DNV（2011）推荐的实践，这些在很大程度上是以为相对小直径（即灵活的）在较低数量载荷周期下的桩而获得的有限现场数据为基础的。对这些标准而言，当思考预测极端事件时，海浪载荷是首先要关心的问题。但是，海上风电机组的设计人员必须同时考虑波浪和风力载荷范围。因此，在构想海上风电机组单桩基础设计的这些规范时，要仔细考虑这些施加载荷的差异，以及在海上石油/天然气行业实用标准的其他内部限制规定。海上风力发电行业不确信能靠这些规范来实现最佳结果和经济性。

当前关于周期性横向载荷下桩的服务性设计标准和指南有限。在设施的生命周期内，一个典型的 2MW 海上风电机组结构体经受 2.0MN 量级的约 100 个周期以及 1.4MN 量级的 10^7 个周期的横向载荷，分别对应服务性限制状态和疲劳限制状态。影响周期性反应的因素包括单桩基础的直径和壁厚，其悬垂跨度和埋置长度、土壤特性、土壤—桩相对刚度、施加的载荷特点和桩安装方法。

20.5 单桩—土壤性能调查

20.5.1 土壤性能和测试

除了非常小的应力等级（$<10^3$ 的应力），土壤的压力—应力关系必然是高度非线性的（无弹性的），强度和刚度特点通常很大程度上依赖载荷下的应力历史和应力路径走向。海底/沉积层一般是交叉各向异性体。由于初始和应力诱发的各向异性，只要因为施加的周期性横向载荷作用到土壤因素和（或）主要应力轴方向上的这三个主要应力的数量级内发生变化，土壤变形可能随时在埋置单桩基础的影响范围内发生。在这一方面，可以对直接位于海上风电机组单桩基础轴临近区域的土壤性能和位于不同强度的反复车轮载荷下公路路面下的土壤性能做一个类比。在这两种情况下，作用到土壤要素的主要应力量级和方向在每一个载荷周期内同时都发生了变化。

用于描述周期性载荷下土壤反应的相关参数值通常通过周期性三轴压缩测试来确定，

虽然周期性轴向载荷的轴对称系统和作用到测试样本的环绕约束压力通常与在现场遇到的广义压力条件不相容。空心圆柱仪（HCA）实现了周期性轴向测试的进步，这使得三个主要应力的量级以及主要—次要主应力轴的方向得到独立控制。空心圆柱仪非常适合在交叉各向异性样本上模拟多向载荷条件。进行广义应力路径测试可以来模拟土壤基础中各个具体位置的应力历史和工作载荷条件。在很多实际情况下，实验室测试可能变得太费力、成本高昂且耗时久。现场测试技术包括圆锥触探测试方法，可以用于海上地点的调查并在决定相关设计参数值时提供另一种方法。

20.5.2　单桩基础安装的物理测试

与海上石油和天然气行业常用的单一—一次性结构相比，风电场项目上的每一个海上风电机组的基础预测战略和现场测量通常在技术上费力，经济上难以实现，因此不可行。风电场实桩测试成本高昂又耗时间。在这种情况下，一种节约型设计程序可以有效地、安心地被采用，也可提供实验验证，以便通过模型研究了解单桩—土壤性能。例如，El Naggar 和 Wei（1999），Dührkop（2009），LeBlanc 等（2010），Peng 等（2011）和 Arshad 和 O'Kelly（2014）已经提交了成比例缩小的单桩基础模型在承受数千横向载荷周期的调查报告，目的是验证数值预测和设计规则。例如，Arshad 和 O'Kelly（2014）设计的装置可以调查横向载荷方向、幅度、频率和波形对处于 1g 的模型单桩的影响。比例定律（Lai，1989；Muir Wood 等，2002；LeBlanc 等，2010；Bhattacharya 等，2011；Cuéllar等，2012）保留了原型和模型之间的构成和运动相似性，这样一旦现场的土壤与用于比例测试的一样，测试结果可以直接采用。最佳方法是在模型测试与元素测试参数之间建立关联性（Lombardi 等，2013）。

20.5.3　应力累积模型

20.5.3.1　长期周期性横向载荷模型

处于重复载荷下的土壤要素里的应力累积取决于工程特点、应力通道/水平和载荷周期的数量。目前已经开发了很多具有多重复杂性和可接受程度的方法，用于预测承受大量载荷周期的土壤要素中的应力累积。但是，这些预测对海上基础设计计算的一个主要局限性是只有少数考虑了在周期性横向载荷下模拟单桩基础—土壤基础相互作用。对于周期性应力累积率有相当多的不同意见，例如已经提出的功率函数和对数趋势的关系。这其中最流行的以及海上设计标准中推荐的，包括 API（2010）和 DNV（2011），是以 Winkler 模型（即桩起到了横梁的作用，由一系列非耦合的非线性弹性弹簧支撑，代表了土壤的反应）为基础的，通常被称为 p-y 法。

20.5.3.2　p-y 法

一般而言，p-y 曲线绘制侧向土壤阻力（p）应对桩的侧向偏转，这源自施加到桩头的水平载荷（H）。横向载荷桩的 p-y 分析法如图 20.3 所示。图中 E_{py} 为弹簧刚度；H 为水平/横向载荷；M 为弯曲力矩；V 为轴向载荷。图 20.3（b）显示，在特定深度（x_t）和相应的桩偏转（y_t）作用下，沿着桩周围产生侧向土壤阻力。在决定沿着桩埋置深度上针对不同深度范围的 p-y 曲线时，自动考虑土壤层序、非线性和其他土壤特性的影响

[图 20.3（c）]。例如，土壤刚性一般会随着深度增加而增加，通过弹簧刚性（E_{py}）的增加值反映出来，定义为 p-y 曲线的割线模量。在给定载荷条件和约束条件下发生的桩偏转可以通过在简单的无量纲架构下运行相关的 p-y 曲线来预测，或使用 COM624P 等计算机软件的数字方法预测。

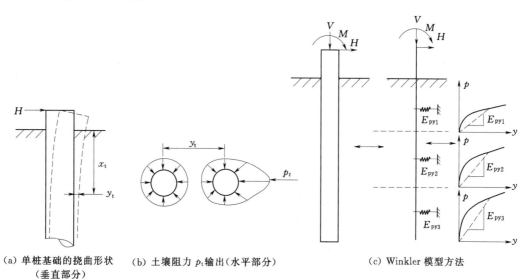

（a）单桩基础的挠曲形状　　（b）土壤阻力 p_t 输出（水平部分）　　（c）Winkler 模型方法
　　　（垂直部分）

图 20.3　横向载荷桩的 p-y 分析法

20.5.3.3　基于 p-y 设计方法的限制

当前基于 p-y 曲线的桩设计方法，如 API（2010）所描述和 DNV（2011）所推荐的实例，由于数十年来在役桩的故障率低，已经获得了广泛的认可。但是在使用这一方法设计海上风电机组单桩基础时有必要小心谨慎，因为这一方法的使用可能会超出其验证的范围。此外，几个重要的设计问题也没有得到正确的考虑。

（1）这些标准（规范）是建立在长（灵活）桩获得的、很有限的经验数据而建立的方法，对其而言，弯曲很明显。与此相反，现有的和计划中的海上风电机组单桩基础的长度直径比数值低于 10，显示了刚性桩性能。

（2）桩转动（而不是偏转）一般对海上风电机组基础而言更加突出，而转动发生在位于桩基础之上一个直径范围内的一点。

（3）在 API（2010）和 DNV（2011）中描述的周期性载荷 p-y 曲线主要是为评估在相对较少的载荷周期（<200）下最终横向载荷能力而设计的。与此相反，海上风电机组结构体在其使用年限中经历数百万的低幅周期。这几点问题让人怀疑使用 API（2010）和 DNV（2011）推荐的实践（以 p-y 曲线为基础）预测在役海上风电机组单桩基础性能的适宜性。

（4）尽管 p-y 刚性参数 E_{py} 是桩-土壤相互作用参数，但这些标准仅在制定 p-y 曲线时考虑了土壤的特性。不断变化的 p-y 曲线对桩性能的影响目前尚未得知。

（5）这些标准总是预测位于沙质土壤中单桩基础绝对割线刚度的退化，而没有考虑密度状态或横向载荷周期的数量。在疏松和致密沙质中对单桩基础的模型研究显示，由于靠近桩周围土壤的致密化，基础刚性（周期性）随着载荷周期数量的增加而增加。此外，API（2010）和 DNV（2011）方法的确没有提供计算发生在周期性载荷中累计桩偏转（转动）的方法，仅仅是提供了一个经验系数。

20.6　海上风电机组基础设计

20.6.1　结构体系的共振

设计的基本工作目的是避免结构系统在工作载荷时的动态行为发生响应。如果海上风电机组结构体的自然频率处于"软—软"区域［第一激发（1P），频率范围 0.17～0.33Hz 之前的区域］，则被视为太灵活；如果自然频率处于"硬—硬"区域［对三叶片风电机组而言，叶频范围（3P），0.5～1.0Hz 之后的区域］，则被视为太死板、沉重和昂贵。另一个避免"软—软"频率区的重要原因是风湍流和波激励频率通常处于这一区域。对海上风电机组结构体而言，这不可避免地会导致支撑结构体及其基础中应力增大的发生，这是考虑疲劳寿命时的不利情况。因此，确保带有高能级的激励频率不与支撑结构体及其基础的自然频率重合很重要。在这一方面，DNV（2011）建议，自然频率不能靠近 1P 或 3P 频率范围，而"需要"的频率（指"软—硬"区）远离 1P 和 3P 范围，至少有 10％的余地。要注意，冲刷会以一种不利的方式改变动态响应的自然频率，特别是安装在沙质土壤中的海上风电机组单桩基础。最大冲刷深度取决于单桩基础的直径、流量、弗劳德数和土壤特点。Adhikari 和 Bhattacharya（2011，2012），Bhattacharya 等（2011，2013），Bhattacharya 和 Adhikari（2011）和 Lombardi 等（2013）就海上应用的土壤结构性能的动态的详细情况给出了深刻见解。

对海上风电机组单桩基础而言，"软—硬"设计需要很高的结构性和动态刚性，这一要求可以通过增加单桩的直径实现，或者增加桩的壁厚实现，但是这一方法效率略低。更大直径的单桩基础也有缺点，包括更高的海浪载荷和安装需要更大的设备，从而造成项目的初始资金成本的增加。与单桩基础相比，导管架支撑结构体的桁架式结构提供了大型的弯曲刚度，更加有利的质量—刚性比，从而导致相对较高的弯曲本征频率和减少水体激振力。然而由于扭曲刚度降低了，却可能导致动态问题。此外，导管架结构体的制造复杂，难以自动化，是资源密集型活动，安装一般最多需要 3 天，而单桩基础一般 24h 内即可完成。这些因素都容易导致导管架结构体成本高昂。他们的设计要么是"软—硬"系统，要么是"硬—硬"系统，并要求避免与 3P 频率共振，特别是"软—硬"系统。对于三脚架基础，就类似的转子—机舱配置和环境条件而言，沿着中央管状部分（降低弯曲力矩载荷）中的不长的支撑可增加整体的弯曲刚度，同时本征频率值一般在那些单桩基础（位于该范围的低端）频率值和导管架支撑结构的频率值之间。

20.6.2　设计程序

设计过程中通常采取迭代程序，海上风电机组支撑机构及其单桩基础设计的基本步骤如图 20.4 所示。需要环境数据、风电机组、土壤地层学数据。环境数据用于确定海上风电机组结构体所需的平台和轮毂高度，并选择单桩基础的初始/试验尺寸，从而确定整个结构体系统的自然频率。需要检查共振频率，以及预测备选单桩基础在其设计寿命期内，预期的旋转/偏转和沉降反应。估算海上风电机组结构体的初始/试验尺寸施加的载荷和力矩，同时考虑与其相关的发电机和环境数据。例如 RECAL 软件，Cerda Salzmann (2004) 开发的一个用于海上风电机组建模的 MATLAB 工具，可以用于估算单桩基础的水平（剪切）力和弯曲力矩（在海底层面），如 De Vries 和 van der Tempel（2007）文件记录的。RECAL 可以模拟风能和海浪时间序列，并利用这些数据计算作用到支撑结构（包括单桩基础）的载荷及其动态性能。对单桩基础而言，扭转力矩 通常只是弯曲力矩的一小部分；例如表 20.1 中列出的 5MW 风电机组的典型载荷值。因此，假设侧向力和弯曲力矩的检查得到满足，扭转力矩一般不是关键。考虑到动态土壤本构模型、扭转载荷和阻尼相关问题，本章不讨论数字模拟。

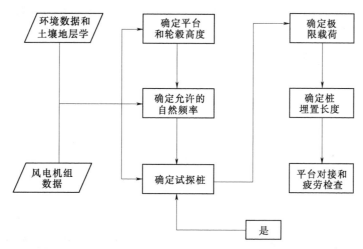

图 20.4　海上风电机组支撑机构及其单桩基础设计的基本步骤

20.6.3　单桩基础埋置长度和基础稳定性

单桩基础埋置长度必须足以确保垂直和横向稳定性。研究轴向和横向载荷对桩的相互作用影响毫无疑问需要对系统性的复杂分析，虽然相关文献有限。Karthigeyan 等 (2007) 的数值分析表明，对于砂质土壤，轴向载荷的存在使得桩的横向载荷能力增加了高达 40%（取决于轴向载荷的量级），但是导致黏质土壤余量减少。根据当前的实测，对于单桩设计，进行独立分析需要两个方面：①仅考虑轴向载荷，来决定承载能力和沉降反应；②仅考虑横向载荷，通过悬臂行动来决定其最终横向载荷能力以及弯曲性能。单桩设计需要输入的数据包括土壤强度和相对于深度的刚度特点、桩特点（其横切面尺寸和特点，材料强度和刚度）以及设计载荷和力矩。

20.6.3.1　轴向桩的稳定性

单桩的最终轴向承载能力（静载荷）（Q_d）可以利用式（20.1）确定，这是 API (2010) 推荐的实践，已经被很多研究人员采用，例如 De Vries（2007），Igoe 等

(2010)，Haiderali 等（2013）和 Bisoi 和 Haldar（2014）。

$$Q_d = Q_f + Q_b = fA + qA_b \qquad (20.1)$$

式中　　Q_f——轴摩擦能力；

Q_b——桩端承载能力；

f——单位表面摩擦；

A——关于埋置单桩长度的轴面积；

q——单位端承载能力；

A_b——单桩的底面积。

对于直径大于或等于 4m 的单桩基础而言，通常不考虑桩键阻力。此外，已经证实由于周期性轴向载荷而造成的轴摩擦能力的退化会导致累计位移，还可能最终导致轴向承载能力的严重下降。设计程序中，轴摩擦退化的考虑仍然是一个悬而未决的问题。但是如果不超过特定范围的周期性载荷幅度，那么轴向承载能力不会降低是可以预期的。更多细节见 Poulos（1988）和 Abdel-Rahman 和 Achmus（2011）。文献中有无数的设计图使得区分稳定和不稳定水平成为可能，从而确保有一个安全的设计解决方案。

20.6.3.2　横向桩稳定性

在当前实践中，单桩的最终横向承载能力利用传统的 $p-y$ 缺陷确定，这一方法取决于土壤类型和承载条件。对于服务性而言，与轴向载荷情况相比，周期性横向载荷被视为起主导作用，如一些设计规范中［例如 API（2010）；DNV（2011）］所描述的和很多研究人员所记录的（Achmus，2010；Leblanc 等，2010；Malhotra，2010；Peng 等，2011；Bhattacharya 等，2013；Kuo 等，2012；Zhu 等，2013；Haiderali 等，2013；Lombardi 等，2013；Nicolai 和 Ibsen，2014；Carswell 等，2015）。因此，满足横向载荷要求所需的桩尺寸和埋置长度一般大于那些轴向载荷所需的。对于海上风电机组基础而言，单桩基础必须在其埋置长度上积蓄足够的土壤阻力来转移各种各样施加到周围土壤的载荷，并提供足够的安全冗余，同时也避免发生桩轴踵反冲（桩基的位移）和过度的横向偏转/转动。遏制了横向偏转值（发生在海底层面）和单桩旋转，相应的埋置长度得以优化。针对设计载荷而预期的横向偏转和转动可以通过推荐的闭合形式的解决方案计算得出，例如 Randolph（1981）、Broms（1964）或 Matlock 和 Reese（1960）所进行的。这些方法与单调（静态）载荷条件相关，因此没有考虑横向载荷周期的数量。

20.7　未来展望和研究需要

在某种程度上，通过发展和实施不断改进的海上风力发电机组支撑结构和基础（以及风力发电机组本身）设计标准，以及在制造过程中采用创新性材料，能够实现单位电量成本的降低和海上风力发电机组项目设计寿命的预期增加。分析对施加到海上风力发电机组基础的环境载荷量级和力矩的源头、类型和方式，包括在长期和极端条件下的情况，都在文献中进行了很好的记录。但是海上风力发电机组大直径（刚性）单桩基础的设计超出了当前的经验范围和分析/设计方法［包括 API（2010）和 DNV（2011）推荐的实践］，现在主要是基于小直径（灵活）桩［经受低数量的载荷周期（<200）］的实验数据。此外，

海上风力发电机组单桩基础对于在役周期性（动态）载荷情景及其长期低量级周期性横向载荷性能的响应，仍没有得到良好的记录/理解。在研究人员中，对于单桩基础在不同的载荷情况下的横向应变累积还有相互冲突的观点。文中关于大直桩基础周期性横向载荷的现场数据比较少，使得目前以及不断改善的设计方法，还包括海上单桩基础的数字模型获得批准与校正都很难。为了在现有的设计标准/指南（主要开发用于海上石油/天气气行业）和更加繁重的载荷条件和海上风力发电机组需要更大型单桩基础之间，搭建起知识沟壑的桥梁，进行深入的试验和数值研究是很有必要的。采用高频次的横向载荷周期（＞10^6），并结合了大量针对不同土壤条件下缩尺寸单桩综合测试方案，全尺寸单桩〔对应现有的以及推荐的海上风力发电机组的单桩基础，拥有相近尺寸（长度直径比）〕的仪表实地测试是必要的。这样的研究能够为海上风力发电机组单桩基础的分析和设计，在现有和不断改进的方法/理论核准方面，以及数值模型的校正方面，都能提供很多有价值的信息。

缩 略 语

1P	First Excitation Frequency Range　第一激励频率范围
3P	Blade – Passing frequency range for three – bladed turbine　三叶片风力发电机的叶片通过频率
API	American Petroleum Institute　美国石油学会
DIN	Deutsches Institut for Normung　德国国家标准学会
DNV	Det Norske Veritas　挪威船级社
GL	Germanischer Lloyd　德国劳动乱德船级社
HCA	Hollow Cylinder Apparatus　空心圆柱仪
IEC	International Electrotechnical Commission　国际电工委员会
OWT	Offshore Wind Turbine　海上风电机组

变 量

A_b	桩底面积
A	埋置桩长度的轴面积
D	海底层面和过渡联结件之间结构性部件的直径
E_{py}	土壤刚度（p-y 曲线的割线模量）
f	桩的单位表面摩擦力
H	施加到桩头的水平载荷
M	弯曲力矩
p	水平土壤阻力
p_t	由于桩水平偏转 y_t 而发出的水平土壤阻力
q	单位桩端承载能力
Q_d	桩的最终静态轴向承载能力

Q_f	轴摩擦能力
Q_b	端承载能力
V	施加到轴端的轴向载荷
y	桩的横向偏转
y_t	具体土壤深度 x_t 下的桩横向偏转
λ	海浪的撞击波长

参 考 文 献

［ 1 ］ Abdel – Rahman, K., Achmus, M., 2011. Behavior of foundation piles for offshore wind energy plants under axial cyclic loading. In: Proceedings of the SIMULIA Customer Conference, 17 – 19th May 2011, Barcelona, Spain. Dassault Systemes Press, Paris, France, pp. 331 – 341.

［ 2 ］ Achmus, M., Kuo, Y. – S., Abdel – Rahman, K., 2009. Behavior of monopile foundations under cyclic lateral load. Computers and Geotechnics 36 (5), 725 – 735.

［ 3 ］ Achmus, M., 2010. Design of axially and laterally loaded piles for the support of offshore wind energy converters. In: Proceedings of the Indian Geotechnical Conference GEOtrendz, 16 – 18th December 2010, Mumbai, India, pp. 92 – 102.

［ 4 ］ Adhikari, S., Bhattacharya, S., 2011. Vibrations of wind – turbines considering soil – structure interaction. Wind and Structures 14 (2), 85 – 112.

［ 5 ］ Adhikari, S., Bhattacharya, S., 2012. Dynamic analysis of wind turbine towers on flexible foundations. Shock and Vibration 19 (1), 37 – 56.

［ 6 ］ API (American Petroleum Institute), 2010. API RPA2: Recommended Practice for Planning, Designing and Constructing Fixed Offshore Platforms – Working Stress Design, twenty – second ed. API, Washington, DC.

［ 7 ］ Arshad, M., O' Kelly, B. C., 2013. Offshorewind – turbinestructures: areview. Proceedings of the Institution of Civil Engineers, Energy 166 (4), 139 – 152.

［ 8 ］ Arshad, M., O' Kelly, B. C., 2014. Development of a rig to study model pile behaviour under repeating lateral loads. International Journal of Physical Modelling in Geotechnics 14 (3), 54 – 67.

［ 9 ］ Atkinson, J. H., Sallfors, G., 1991. Experimental determination of stress – strain – time characteristics in laboratory and in – situ tests. In: Proceedings of the 10th European Conference on Soil Mechanics and Foundation Engineering, 26 – 30th May 1991, vol. 3, pp. 915 – 956. Florence, Italy. Balkema: Rotterdam, The Netherlands.

［10］ Babcock and Brown Company, 2012. The Future of Offshore Wind Energy. See. http: //bluewaterwind. com (accessed 20. 08. 12.) .

［11］ Basack, S., Dey, S., 2012. Influence of relative pile – soil stiffness and load eccentricity on single pile response in sand under lateral cyclicloading. Geotechnical and Geological Engineering 30 (4), 737 –751.

［12］ Basack, S., Sen, S., 2014. Numerical solution of single piles subjected to pure torsion. Geotechnical and Geoenvironmental Engineering 140 (1), 74 – 90.

［13］ Batchelor, G. K., 1967. An Introduction to Fluid Dynamics. Cambridge University Press, Cambridge, UK.

［14］ Bhattacharya, S., Adhikari, S., 2011. Experimental validation of soil – structure interaction of offshore wind turbines. Soil Dynamics and Earthquake Engineering 31 (5 – 6), 805 – 816.

［15］ Bhattacharya, S., Lombardi, D., Muir Wood, D., 2011. Similitude relationships for physical modelling of monopile – supported offshore wind turbines. International Journal of Physical Modelling in Geotechnics 11 (2), 58 – 68.

［16］ Bhattacharya, S., Cox, J., Lombardi, D., Muir Wood, D., 2013. Dynamics of offshore wind turbines supported on two foundations. Proceedings of the Institution of Civil Engineers, Geotechnical Engineering 166 (2), 159 – 169.

［17］ Bienen, B., Dührkop, J., Grabe, J., Randolph, M. F., White, D., 2012. Response of piles with wings to monotonic and cyclic lateral loading in sand. Geotechnical and Geoenvironmental Engineering 138 (3), 364 – 375.

[18] Bisoi, S., Haldar, S., 2014. Dynamic analysis of offshore wind turbine in clay considering soil – monopile – tower interaction. Soil Dynamics and Earthquake Engineering 63 (2014), 19 – 35.

[19] Blanco, M. I., 2009. The economics of wind energy. Renewable and Sustainable Energy Re – views 13 (6 – 7), 1372 – 1382.

[20] Broms, B., 1964. Lateral resistance of piles in cohesionless soils. Soil Mechanics and Foun – dation Engineering Division, ASCE 90 (3), 123 – 156.

[21] Byrne, B. W., Houlsby, G. T., 2003. Foundations for offshore wind turbines. Philosophical Transactions of the Royal Society of London 361 (1813), 2909 – 2930.

[22] Carswell, W., Arwade, S. R., DeGroot, D. J., Lackner, M. A., 2015. Soil – structure reliability of offshore wind turbine monopile foundations. Wind Energy 18 (3), 483 – 498.

[23] Cerda Salzmann, D. J., 2004. Dynamic Response Calculations of Offshore Wind Turbine Monopile Support Structures (M. Sc. thesis). Delft University of Technology, Delft, The Netherlands.

[24] Cuéllar, P., Georgi, S., BaeSler, M., Rucker, W., 2012. On the quasi – static granular convective flow and sand densification around pile foundations under cyclic lateral loading. Granular Matter 14 (1), 11 – 25.

[25] Wang, S. T., Reese, L. C., 1993. COM624P – Laterally Loaded Pile Analysis Program for the Microcomputer, Version 2. 0. Final report FHWA – SA – 91 – 048. Federal Highway Admin – istration, Washington, DC.

[26] Das, B. M., 2008. Advanced Soil Mechanics. CRC Press, New York, NY.

[27] De Vries, W. E., 2007. Project UpWind WP4 Deliverable D4. 2. 1: Assessment of Bottom – Mounted Support Structure Types with Conventional Design Stiffness and Installation Techniques for Typical Deep Water Sites. See: http://www. upwind. eu/Publications/~/media/UpWind/Documents/Publications/4% 20 –% 20Offshore% 20Foundations/UpwindWP4D421% 20Assessment% 20of% 20bottommounted% 20support% 20structure% 20types. ashx (accessed 15. 03. 15.).

[28] De Vries, W. E., van der Tempel, J., 2007. Quick monopile design. In: Proceedings of the Eu – ropean Offshore Wind Conference and Exhibition, Berlin, Germany, 4 – 6th December 2007.

[29] De Vries, W. E., Vemula, N. K., Passon, P., Fischer, T., Kaufer, D., Matha, D., Schmidt, B., Vorpahl, F., 2011. Support Structure Concepts for Deep Water Sites. Final report WP4. 2. UpWind Project: Offshore Foundations and Support Structures Deliverable D4. 2. 8. See: http://repository. tudelft. nl/view/ir/uuid% 3A4d009175 – 4cc4 – 4a90 – 881c – 9ffb056b0806/ (accessed 30. 05. 15.).

[30] DIN (Deutsches Institut für Normung), 2005. DIN1054: Baugrund Sicherheitsnachweise im Erd und Grundbau. DIN, Berlin, Germany. See: http://www. baunormenlexikon. de/Normen/DIN/DIN% 201054/1b69b621 – 74a0 – 4c33 – 8b29 – a82a24afd4d4 (accessed 15. 03. 15.).

[31] DNV (DetNorskeVeritas), 2011. DNV – OS – J101: Design of Offshore Wind Turbine Structures. DNV, Oslo, Norway.

[32] Dobry, R., Vicenti, E., O' Rourke, M. J., Roesset, J. M., 1982. Horizontal stiffness and damping of single piles. Journal of Geotechnical Engineering Division, ASCE 108 (3), 439 – 459.

[33] Doherty, P., Kirwan, L., Gavin, K., Igoe, D., Tyrrell, S., Ward, D., O' Kelly, B., 2012. Soil properties at the UCD geotechnical research site at Blessington. In: Proceedings of the Bridgeand Concrete Research in IrelandConference (BCRI2012), Dublin, Ireland, 6 – 7th September 2012, vol. 1, pp. 499 – 504. http://www. tara. tcd. ie/handle/2262/67119.

[34] Duhrkop, J., 2009. On the Influence of Expanders and Cyclic Loads on the Deformation Behavior of Lateral Stressed Piles in Sand (Ph. D. thesis). Hamburg University of Technology, Hamburg, Germany.

[35] El Naggar, M. H., Wei, J. Q., 1999. Response of tapered piles subjected to lateral loading. Canadian Geotechnical Journal 36 (1), 52 – 71.

[36] Esteban, M., Lopes – Gutierrez, J., Diez, J., Negro, V., 2011. Foundations for offshore wind farms. In: Proceedings of the 12th International Conference on Environmental Science and Technology, Rhodes, Greece, pp. 516 – 523.

[37] Fischer, T., 2011. Executive Summary – Upwind Project WP4: Offshore Foundations and Support-Structures. See. http: //www. upwind. eu/Publications/~/media/UpWind/Documents/Publications/4％20 –％20Offshore％20Foundations/WP4 _ Executive _ Summary _ Final. ashx (accessed 15. 03. 15.).

[38] Gavin, K. G., O' Kelly, B. C., 2007. Effect of friction fatigue on pile capacity in dense sand. Geotechnical and Geoenvironmental Engineering 133 (1), 63 – 71.

[39] GL (Germanischer Lloyd WindEnergie GmbH), 2005. Rulesand Guidelines, IVIndustrial Services, Guideline for the Certification of Offshore Wind Turbines, Ch. 2and6. See. http: //online-pubs. trb. org/onlinepubs/mb/Offshore％20Wind/Guideline. pdf (accessed17. 09. 15.).

[40] Guo, W. D., 2006. On limiting force profile, slip depth and response of lateral piles. Computerand Geotechnics 33 (1), 47 – 67.

[41] Guo, W. D., 2013. P_u – based solutions for slope stabilizing piles. International Journal of Geo – mechanics 13 (3), 292 – 310.

[42] Haiderali, A., Cilingir, U., Madabhushi, G., 2013. Lateral and axial capacity of monopiles for offshore wind turbines. Indian Geotechnical Journal 43 (3), 181 – 194.

[43] Haritos, N., 2007. Introduction to the analysis and design of offshore structures—an overview. Electronic Journal of Structural Engineering 2007, 55 – 65.

[44] IEC (International Electrotechnical Commission), 2005. IEC61400 – 1: WindTurbines – Part1: Design requirements, third ed. IEC, Geneva, Switzerland.

[45] Igoe, D. J. P., Gavin, K. G., O' Kelly, B. C., 2011. Shaft capacity of open – ended piles in sand. Geotechnical and Geoenvironmental Engineering 137 (10), 903 – 913.

[46] Igoe, D., Gavin, K., O' Kelly, B., 2013a. An investigation into the use of push – in pile foundations by the offshore wind sector. International Journal of Environmental Studies 70 (5), 777 – 791.

[47] Igoe, D. J. P., Gavin, K. G., O' Kelly, B. C., Byrne, B., 2013b. The use of in – situ site investigation techniques for the axial design of offshore piles. In: Coutinho, R. Q., Mayne, P. W. (Eds.), Proceedings of the Fourth International Conference on Geotechnical and Geophysical Site Characterization (ISC'4), 18th – 21st September 2012. Pernambuco, Brazil, vol. 2, pp. 1123 –1129.

[48] Igoe, D., Gavin, K., O' Kelly, B., 2010. Field tests using an instrumented model pipe pile in sand. In: Springman, S., Laue, J., Seward, L. (Eds.), Proceedings of the Seventh International Conference on Physical Modelling in Geotechnics, Zurich, Switzerland, 28th June – 1st July 2010, vol. 2. CRC Press/Balkema, Leiden, The Netherlands, pp. 775 – 780.

[49] Irvine, J. H., Allan, P. G., Clarke, B. G., Peng, J. R., 2003. Improving the lateral stability of monopile foundations. In: Newson, T. A. (Ed.), Proceedings of the International Conference on Foundations: Innovations, Observations, Design and Practice. 2nd – 5th September 2003, Dundee,

UK. Thomas Telford，London，pp. 371 – 380.

[50] Jaimes，O. G.，2010. Design Concepts for Offshore Wind Turbines: A Technical and Economic Study on the Trade – off between Stall and Pitch Controlled Systems (M. Sc. thesis). Delft University of Technology，Delft，The Netherlands.

[51] Journée，J. M. J.，Massie，W. W.，2001. Offshore Hydrodynamics，first ed. Delft University of Technology，Delft，The Netherlands.

[52] Junginger，M.，Agterbosch，S.，Faaij，A.，Turkenburg，W.，2004. Renewable electricity in the Netherlands. Energy Policy 32 (9)，1053 – 1073.

[53] Karg，C.，2007. Modelling of Strain Accumulation Due to Low Level Vibrations in Granular Soils (Ph. D. thesis). Ghent University，Ghent，Belgium.

[54] Karthigeyan，S.，Ramakrishna，V. V. G. S. T.，Rajagopal，K.，2006. Influence of vertical load onfl the lateral response of piles in sand. Computers and Geotechnics 33 (2)，121 – 131.

[55] Karthigeyan，S.，Ramakrishna，V. V. G. S. T.，Rajagopal，K.，2007. Numerical investigation of the effect of vertical load on the lateral response of piles. Geotechnical and Geoenvironmental Engineering 133 (5)，512 – 521.

[56] Klinkvort，R. T.，Hededal，O.，2013. Lateral response of monopile supporting an offshore wind turbine. Proceedings of the Institution of Civil Engineers，Geotechnical Engineering 166 (2)，147 –158.

[57] Kopp，D. R.，2010. Foundations for an Offshore Wind Turbine (M. Sc. thesis). Massachusetts Institute of Technology，Cambridge，MA.

[58] Kuo，Y. S.，Achmus，M.，Abdel – Rahman，K.，2012. Minimum embedded length of cyclic horizon – tally loaded monopiles. Geotechnical and Geoenvironmental Engineering138 (3)，357 – 363.

[59] Lai，S.，1989. Similitude for shaking table test on soil – structure – fluid model in 1 – g gravitational field. Soils and Foundations 29 (1)，105 – 118.

[60] LeBlanc，C.，2009. Design of Offshore Wind Turbine Support Structures: Selected Topics in the Field of Geotechnical Engineering (Ph. D. thesis). Aalborg University，Aalborg，Denmark.

[61] LeBlanc，C.，Houlsby，G. T.，Byrne，B. W.，2010. Response of stiff piles in sand to long – termcyclic lateral loading. Géotechnique 60 (2)，79 – 90.

[62] Lesny，K.，Wiemann，J.，2005. Design aspects of monopiles in German offshore wind farms. In: Gourvenec，S.，Cassidy，M. (Eds.)，Proceedings of the First International Symposium on Frontiers in Offshore Geotechnics. Perth，Australia，19th – 21st September 2005. Balkema，Leiden，The Netherlands，pp. 383 – 389.

[63] Li，D.，Haigh，S. K.，Bolton，M. D.，2010. Centrifuge modelling of mono – pile under cyclic lateral loads. In: Springman，S.，Laue，J.，Seward，L. (Eds.)，Proceedings of the Seventh Inter – national Conference on Physical Modelling in Geotechnics，28th June – 1st July 2010，Zurich，Switzerland，vol. 2. CRC Press，Leiden，The Netherlands，pp. 965 – 970.

[64] Lin，S. – S.，Liao，J. – C.，1999. Permanent strains of piles in sand due to cyclic lateral loads. Geotechnical and Geoenvironmental Engineering 125 (9)，798 – 802.

[65] Little，R. L.，Briaud，J. L.，1988. Full Scale Cyclic Lateral Load Tests on Six Single Piles in Sand. Miscellaneous paper GL – 88 – 27. Geotechnical Division，Civil Engineering Department，Texas A&M University，College Station，TX.

[66] Lombardi，D.，Bhattacharya，S.，Muir Wood，D.，2013. Dynamic soil – structure interaction of monopile supported wind turbines in cohesive soil. Soil Dynamics and Earthquake Engineering 49 (2013)，165 – 180.

[67] Long, J., Vanneste, G., 1994. Effects of cyclic lateral loads on piles in sand. Journal of Geotechnical Engineering, ASCE 120 (1), 225 – 244.

[68] Malhotra, S., 2010. Design and construction considerations for offshore wind turbine founda – tions in North America. In: Fratta, D. O., Puppala, A. J., Muhunthan, B. (Eds.), Proceedings of GeoFlorida 2010: Advances in Analysis, Modeling & Design, Orlando, Florida, 20 – 24th February 2010, GSP 199, pp. 1533 – 1542.

[69] Matlock, H., Reese, L. C., 1960. Generalized solutions for laterally loaded piles. Journal of the Soil Mechanics and Foundations Division ASCE 86 (5), 63 – 94.

[70] Moayed, R. Z., Mehdipour, I., Judi, A., 2012. Undrained lateral behaviour of short pile under combination of axial, lateral and moment loading in clayey soils. Kuwait Journal of Science and Engineering 39 (1B), 59 – 78.

[71] Morison, J. R., Johnson, J. W., Schaff, S. A., 1950. The forces exerted by surface waves on piles. Journal of Petroleum Technology 2 (5), 149 – 154.

[72] Muir Wood, D., Crewe, A. J., Taylor, C. A., 2002. Shaking table testing of geotechnical models. International Journal of Physical Modelling in Geotechnics 2 (1), 1 – 13.

[73] Naughton, P. J., O' Kelly, B. C., 2004. The induced anisotropy of Leighton Buzzard sand. In: Jardine, R. J., Potts, D. M., Higgins, K. G. (Eds.), Proceedings of Advances in Geotechnical Engineering: The Skempton Conference, 28th – 31st March 2004, London, UK, vol. 1. Thomas Telford, London, UK, pp. 556 – 567.

[74] Naughton, P. J., O' Kelly, B. C., 2005. Yield behaviour of sand under generalized stress condi – tions. In: Proceedings of the 16th International Conference on Soil Mechanics and Geotechnical Engineering, 12 – 16th September 2005, vol. 2. IOS Press, Osaka, Japan, pp. 555 – 558.

[75] Nicolai, G., Ibsen, L. B., 2014. Small – scale testing of cyclic laterally loaded monopiles in dense saturated sand. Journal of Ocean and Wind Energy 1 (4), 240 – 245.

[76] Niemunis, A., Wichtmann, T., Triantafyllidis, T., 2005. A high – cycle accumulation model for sand. Computers and Geotechnics 32 (4), 245 – 263.

[77] OSPARCommission, 2014. Inventory of Measures to Mitigate the Emission and Environmental Impact of Underwater Noise. In: Biodiversity Series. OSPAR Commission, London, UK. See. http://www. ospar. org/documents/dbase/publications/p00626/p00626 _ inventory _ of _ noise _ mitigation. pdf (accessed 03. 06. 15.).

[78] O' Kelly, B. C., Naughton, P. J., 2005. Development of a new hollow cylinder apparatus for stress path measurements over a wide strain range. Geotechnical Testing Journal 28 (4), 345 – 354.

[79] O' Kelly, B. C., 2006. Compression and consolidation anisotropy of some soft soils. Geotech – nical and Geological Engineering 24 (6), 1715 – 1728.

[80] O' Kelly, B. C., Naughton, P. J., 2008. Local measurements of the polardeformation response in a hollow cylinder apparatus. Geomechanics and Geoengineering 3 (4), 217 – 229.

[81] O' Kelly, B. C., Naughton, P. J., 2009. Study of the yielding of sand under generalized stress conditions using a versatile hollow cylinder torsional apparatus. Mechanics of Materials 41 (3), 187 –198.

[82] Pappusetty, D., Pando, M. A., 2013. Numerical evaluation of long term monopile headbehaviour for ocean energy converters under sustained low amplitude lateral loading. International Journal of Civil and Structural Engineering 3 (4), 669 – 684.

[83] Peng, J., Clarke, B., Rouainia, M., 2006. A device to cyclic lateral loaded model piles. Geotechnical Testing Journal 29 (4), 1 – 7.

［84］　Peng, J. - R. , Rouainia, M. , Clarke, B. G. , 2010. Finite element analysis of laterally loaded fin piles. Computers and Structures 88 (21 - 22), 1239 - 1247.

［85］　Peng, J. , Clarke, B. , Rouainia, M. , 2011. Increasing the resistance of piles subject to cycliclateral loading. Geotechnical and Geoenvironmental Engineering 137 (10), 977 - 982.

［86］　Peralta, P. , Achmus, M. , 2010. An experimental investigation of piles in sandsubjected to lateral cyclic loads. In: Springman, S. , Laue, J. , Seward, L. (Eds.), Proceedings of the Seventh International Conference on Physical Modelling in Geotechnics, 28th June - 1st July 2010, Zurich, Switzerland, vol. 2. CRC Press, Leiden, The Netherlands, pp. 985 - 990.

［87］　Poulos, H. G. , 1988. Cyclic stability diagram for axially loaded piles. Journal of Geotechnical Engineering, ASCE 114 (8), 877 - 895.

［88］　Rahim, A. , Stevens, R. F. , 2013. Design procedures for marine renewable energy foundations. In: Proceedings of the First Marine Energy Technology Symposium, 10 - 11th April 2013, Washington, DC. 10 p.

［89］　Ramakrishna, V. G. S. T. , Rao, S. N. , 1999. Critical cyclic load levels for laterally loaded piles in soft clays. In: Sing, S. K. , Lacasse, S. (Eds.), Proceedings of the International Conference on Offshore and Nearshore Geotechnical Engineering, Panvil, Mumbai, India, pp. 301 - 307.

［90］　 Randolph, M. F. , 1981. The response of flexible piles to lateral loading. Géotechnique 31 (2), 247 -259.

［91］　Rani, S. , Prashant, A. , 2015. Estimation of the linear spring constant for a laterally loaded monopile embedded in nonlinear soil. International Journal of Geomechanics15 (6) . http: // dx. doi. org/10. 1061/ (ASCE) GM. 1943 - 5622. 0000441.

［92］　Rosquoet, F. , Thorel, L. , Garnier, J. , Canepa, Y. , 2007. Lateral cyclic loading of sand - installed piles. Soils and Foundations 47 (5), 821 - 832.

［93］　Şahin, A. D. , 2004. Progress and recent trends in wind energy. Progress in Energy and Com - bustion Science 30 (5), 501 - 543.

［94］　Saleem, Z. , 2011. Alternatives and Modifications of Monopile Foundation or its Installation Technique for Noise Mitigation. Delft University of Technology, Delft, The Netherlands. See. http: // www. vliz. be/imisdocs/publications/223688. pdf (accessed 03. 08. 15.) .

［95］　Schaumann, P. , Boker, C. , 2005. Can tripods and jackets compete with monopiles? . In: Proceedings of the European Offshore Wind Conferenceand Exhibition, 26 - 28thOctober2005, Copenhagen, Denmark, 10 p. See. http://wind. nrel. gov/public/SeaCon/Proceedings/Copenhagen. Offshore. Wind. 2005/documents/papers/Low_cost_foundations/P. Schaumann_Can_jackets_and_tripods_compete_with_monopile. pdf(accessed 30. 06. 15.).

［96］　van der Tempel, J. , Molenaar, D. - P. , 2002. Wind turbine structural dynamics - a reviewof the principles for modern power generation, onshore and offshore. Wind Engineering 26 (2), 211 -220.

［97］　Tomlinson,M. J. , 2001. Foundation Design and Construction, seventh ed. Pearson, Harlow, Essex, UK.

［98］　Tong,W. , 2010. Wind Power Generation and Wind Turbine Design. WIT Press, Southampton, UK.

［99］　van der Tempel, J. , 2006. Design of Support Structures for Offshore Wind Turbines (Ph. D. thesis) . Delft University of Technology, Delft, The Netherlands.

［100］　van der Tempel, J. , Zaaijer, M. B. , Subroto, H. , 2004. The effects of scour on the design of offshore wind turbines. In: Proceedings of the Third International Conference on Marine Renewable

Energy, 7 – 9th July 2004, Blyth, UK. Institute of Marine Engineering, Science, and Technology, London, UK, pp. 27 – 35.

[101] Verdure, L., Garnier, J., Levacher, D., 2003. Lateral cyclic loading of single piles in sand. International Journal of Physical Modelling in Geotechnics 3 (3), 17 – 28.

[102] Wichtmann, T., Rondon, H. A., Niemunis, A., Triantafyllidis, T., Lizcano, A., 2010. Prediction of permanent deformations in pavements using a high – cycle accumulation model. Geotechnical and Geoenvironmental Engineering 136 (5), 728 – 740.

[103] Zhu, B., Byrne, B. W., Houlsby, G. T., 2013. Long – term lateral cyclic response of suction caisson foundations in sand. Geotechnical and Geoenvironmental Engineering 139 (1), 73 – 83.

编委会办公室

主　任　胡昌支　陈东明

副主任　王春学　李　莉

成　员　殷海军　丁　琪　高丽霄　王　梅

　　　　邹　昱　张秀娟　汤何美子　王　惠

本书编辑出版人员名单

封面设计　芦　博　李　菲

版式设计　黄云燕

责任排版　吴建军　郭会东　孙　静　丁英玲　聂彦环

责任校对　张　莉　梁晓静　张伟娜　黄　梅　曹　敏

　　　　　吴翠翠　杨文佳

责任印制　刘志明　崔志强　帅　丹　孙长福　王　凌